철은 이렇게 만들어집니다.

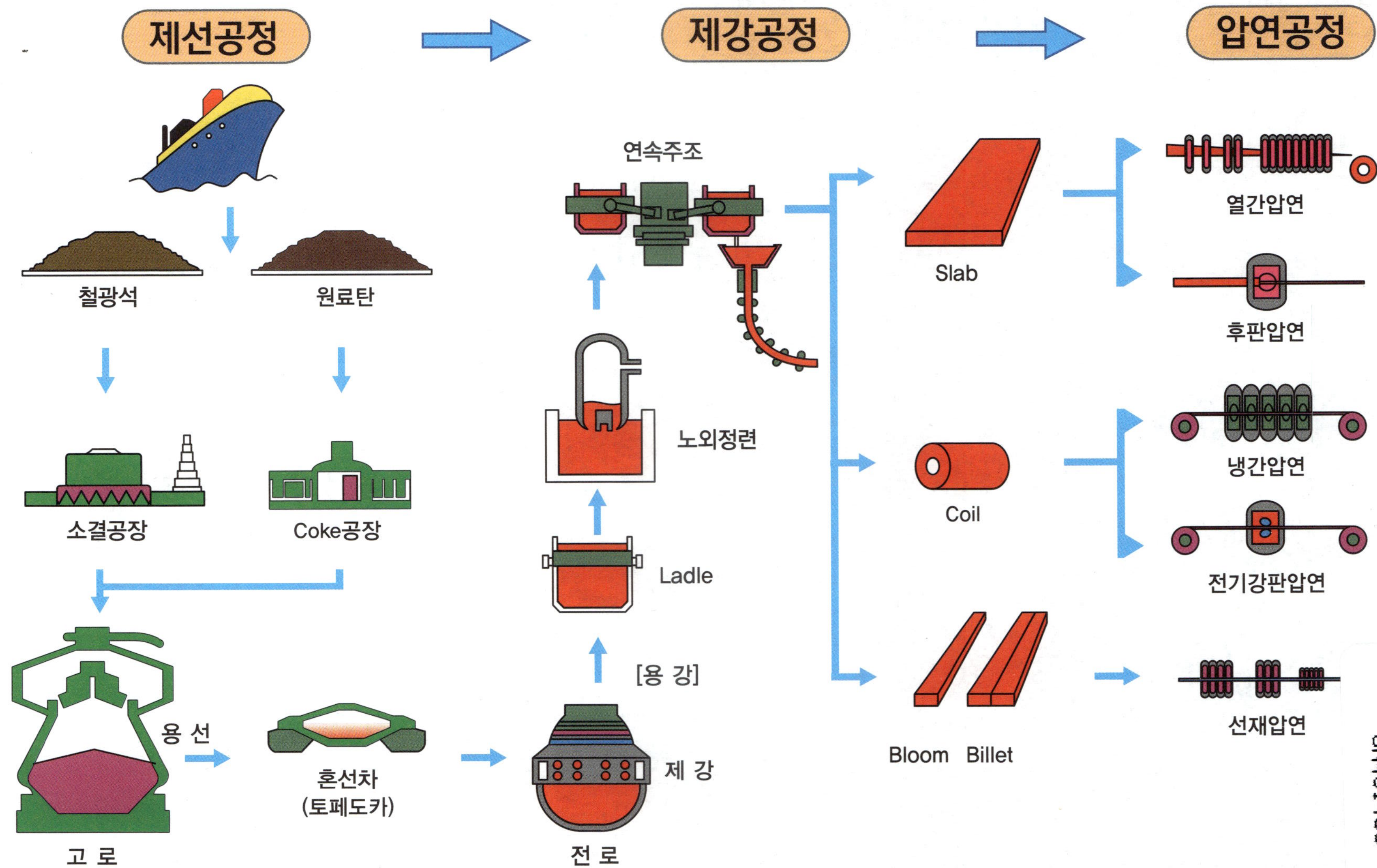

철이 있어 세상은 더 즐겁고 아름다워

주조응용공학

목차

부 록 417

머리말

우리나라는 1962년 공업입국을 시작으로 발전을 거듭하여 오늘날에는 G20 국가로서 선진국 대열에 서 있다.

현재 금속가공 산업의 약 25% 이상을 주물이 차지하고 있으며 자동차, 선박 및 우주 항공 산업에서 그 수요가 날로 증대되고 있다. 특히 주조산업은 다른 산업에 소재를 공급하는 뿌리산업 이라는 점에서 매우 중요한 역할을 담당하고 있다.

무한기술 장벽주의와 기술 패권주의를 지향하는 세계 속에서 국가산업 기술자립의 터전을 마련해 줄 수 있는 국가 전략산업으로, 중국이나 동남아 등 기술 후발국에 하청을 주기 어려운 국내 육성이 절대 필요한 분야이다. 또한, 폐자원 활용 및 재활용률이 다른 산업에 비하여 우위에 있고, 에너지절감 기술개발에 의해 에너지 사용량을 획기적으로 감소시킬 수 있는 산업으로서 과거의 공해산업 이라는 오명에서 벗어나 친환경적인 녹색산업으로 거듭날 수 있는 노력이 절실하다.

산업사회의 급속한 발전과 더불어 생산제품이 다양하게 고급화 되면서 생산재료 및 제품이 요구하는 성질을 용도에 맞게 생산하려면 금속가공의 기본이 되는 주조기술의 우수성에 따라 제품의 성능이 좌우된다 해도 잘못된 표현은 아닐 것이다.

과거의 주조응고 기술은 산업현장 및 기술수준이 열악하여 대부분 수작업으로 하였으나, 현재는 주조응고 기술의 향상과 산업현장의 현대화로 반자동 또는 전자동으로 모든 제품을 생산할 수 있게 되었다.

이러한 시대의 발전에 따라 주조응고학의 교재를 교육기관과 산업현장의 주조기술 내용을 접목시켜 내용을 정리하여 편찬하게 되었다.

이 책의 내용은 주조응고기술에 직접 활용할 수 있도록 주물의 총론, 주형재료 및 주물사관리, 원형 및 주형제작법, 주조방안설계, 특수주형 및 특수주조법, 정밀주조법, 용해재료, 용해, 후처리와 보수, 주물의 결함과 방지대책 등의 순서로 단원을 구성하여 내용을 전개 하였다.

특히, 주조공장의 환경오염을 방지하고 에너지관리를 위한 내용과 주조용어에 대한 통일성을 기하기 위하여 KS D0001~8591에 수록된 주물용어와 해설을 부록으로 편집하여 주조응고에 적용할 수 있도록 자세히 수록하였다.

이 책은 각 단원마다 단원 평가문제를 두어 학습내용을 정리할 수 있도록 하였다. 이 책을 충분히 활용함으로써 전문 주조기술인의 꿈이 실현되기를 기원한다.

저자 씀

주조응 고학

Chapter

01

총 론

Chapter 01 주조응고학

총 론

제1절 | 주물의 개요

1 주물

용해된 금속을 만들고자 하는 모양의 주형(mould) 속에 용융금속을 주입·응고시켜 제품을 만드는 과정을 주조라 하며, 주조작업 후 얻어진 제품을 주물(casting) 또는 주조품이라 한다.

용융금속을 주형속에 주입하여 단순한 덩어리로 만든 것을 잉곳(ingot)이라 하며, 주물은 잉곳과 구별되고 응고하여 냉각되었을 때 이미 목적하는 모양에 가까운 것으로 되어 있는 것이다. 따라서 주물을 만들 때는 조형, 배합, 용해, 주입, 후처리 등의 각 부분의 요소가 완전히 일치되어야 한다. 즉, 충분한 금속의 유동성, 응고할 때의 수축, 기계적 성질, 주형으로서의 내구성 등을 고려해야 한다.

오늘날 우리들이 사용하고 있는 금속은 거의 주물로 만들어서 사용할 수 있다. 다만 금속을 녹이는데 높은 열과 유동성이 양호하지 못한 금속은 주물을 만들기가 매우 곤란하다.

구리 및 구리 합금은 옛날부터 주물로 만들어 사용하여 왔는데, 그 이유는 아름다움이나 녹이 슬지 않는 성질을 이용한 것이다. 아연, 납, 안티몬 등 백색금속은 아름다운 주물 표면을 가지므로 일용품이나 정밀 기계부품으로 사용되고 알루미늄, 마그네슘 등은 가볍고 강도를 필요로 하는 합금용 제품에, 또한 철강류는 주물의 대부분을 차지하고 있다. 이와 같이 주물은 일용품 외에 자동차 엔진, 철도차량 부품, 선박용 부품, 주철관, 항공기 부품, 농기계 부품 등 전 산업에 사용되며 그 중요성이 매우 크다고 생각할 수 있다.

2 주물의 특징

주조용 금속 재료를 가열 용해한 용탕을 주형속에 주입 응고시켜 소정의 형태로 만드는 과정을 주조라 하며, 이렇게 얻어진 제품을 주물이라 한다.

주물은 주괴(ingot)와 달리 2차 가공을 하지 않고 사용하는 것으로서 주형에 주입하여 응고 시켰을 때 희망하는 사항과 매우 비슷한 것이다.

이러한 주물을 만들 때 사용되는 원재료와 조업조건은 주물의 품질에 크게 영향을 미친다. 이러한 **주조기술의 특징**은 다음과 같다.

① **원하는 형태의 모든 것을 만들 수 있다.**

② **작은 것부터 큰 제품까지 모양과 무게에 관계없이 만들 수 있다.**

③ **모든 합금의 주조가 가능하므로 이용할 수 있는 금속이나 합금의 폭이 넓다.**

④ **다량생산을 할 수 있어 융통성이 크다.**

⑤ **다른 가공기술에 비해 작업이 비교적 쉽다.**

이와 같이 좋은 주물을 만들기 위해서는 금속의 용융점이 낮고, 유동성이 좋으며, 응고시에는 수축이 적을 것 등의 조건을 갖추어야 한다.

3 주물의 역사

주물은 5000년 이상의 역사를 가진 성형법으로 미술품, 생활용품 등에 사용되었다. 즉, 인류 초기에는 구리합금이 사용되었는데, 이는 인류가 불을 이용할 수 있었기 때문에 처음에는 금속을 제련하는 야금공정에 불이 이용되었고 용융상태의 금속도 얻을 수가 있었다. 우리 나라는 불교의 전래와 더불어 주조기술이 발전하였으며, 주물이 들어온 정확한 장소, 시간은 알려져 있지 않으나 삼한시대에 이미 제철을 하였고 이를 사용해서 철화폐를 만들어 사용하였다고 한다. 2300년 전에 훌륭한 청동 제품을 제조하였고 1200년 전에는 성덕대왕 신종과 같은 수톤(ton)에 이르는 대형주물이 우리 선조들의 손에 의하여 만들어졌다.

4 주물의 제조공정

주물의 제조공정은 [그림 1-1]과 같이 매우 복잡하여 많은 인자들이 주조공정에 따라서는 기술자가 협력하여 종합적인 연구와 검토를 하여야 하며, 이중에서 한 공정의 작업이 불완전하며 건전한 주물을 만들 수 없게 된다.

어떤 제품을 생산하고자 할 경우는 제품의 재질뿐만 아니라 열처리 후의 성질 변화가 검토되어야 하고, 생산속도가 빠르고 정확하며 제조 원가가 싼 주조방법은 무엇인가, 즉 재질, 형상 치수의 정밀도 표면거칠기 및 제조원가에 있어서 수요자의 요구를 만족시키는 주조 방안을 결정해야 하며, 작업공정별 내용은 [그림 1-2]와 같다.

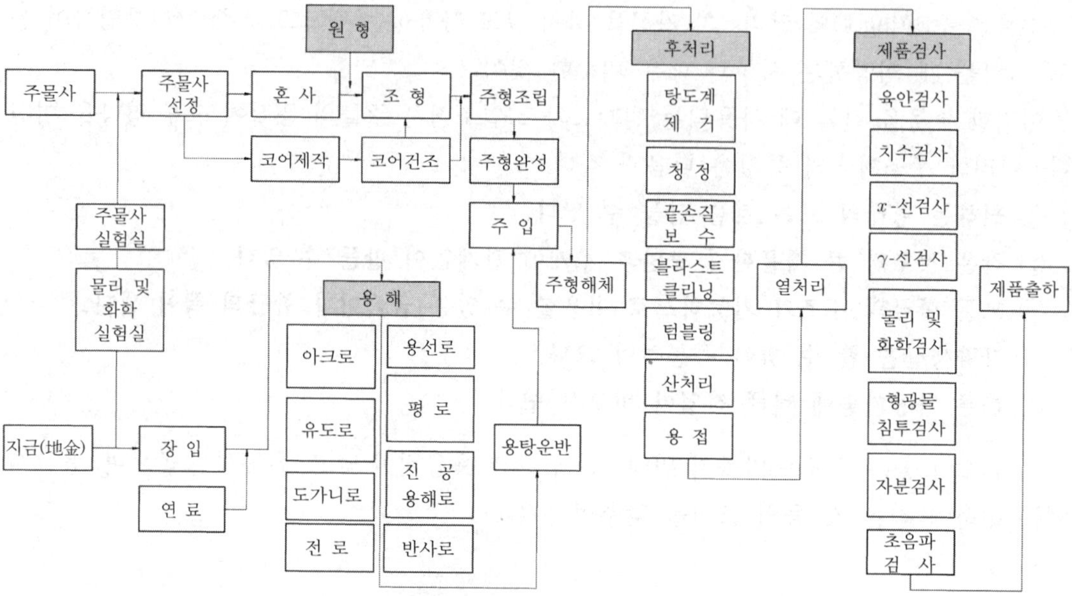

그림 1-1 주물의 제작공정도

그림 1-2 주물의 제조공정

(1) 주조계획 수립

설계도면을 보면서 그 주물의 용도, 금속의 종류, 재질, 후처리의 종류, 주물의 수량 등을 확인한다.

① 주조에 사용할 주형
② 용탕금속의 주입방법
③ 응고된 주물의 처리와 가공방법 등을 결정한다.

(2) 원형제작

주조계획이 수립되면 주형을 하기 위한 원형을 만든다. 원형에는 주물 외형을 만들기 위한 외형(外型)과 주물의 구멍 또는 중공(中空)부분을 만들기 위한 내형인 코어(core)가 있다.

(3) 주형제작

주형은 용융금속을 주입하여 응고시키는 내부공간이며 원형을 기준으로 만드는데 모래로 만든 모래주형과 금속으로 만든 금속주형이 있고 기타 특수한 것으로는 석고주형, 시멘트주형 등이 있다. 이중 모래주형이 가장 일반적인 것으로 생형(green sand mould)과 건조형(dry sand mould)이 있다.

(4) 용해

주형이 완성되면 사용할 금속을 용해한다. 용해는 용선로(cupola), 도가니로, 전기로, 반사로 등을 사용한다.

(5) 주입

용탕은 주형에 부어 넣는 공정을 주입이라 한다. 일반적으로는 레이들(ladle)로서 주형속에 주입하지만 원심주조법에서는 주형을 회전시켜 이때 생기는 원심력을 이용하여 용탕을 주형내에 넣는다. 또 압력주조법에서는 압축공기를 이용하여 용탕을 주입한다.

(6) 후처리

주입한 용탕이 주형내에서 냉각 응고되면 이것을 꺼내어 탕구, 압탕 등을 절단하고 표면을 청정하며, 주물의 종류에 따라서는 그 후 용접보수 및 열처리를 한다.

(7) 검사

후처리가 끝난 제품은 필요한 검사를 한 다음 출하시킨다.

제2절 | 주물의 종류

1 재질에 의한 분류

주물에 사용되는 금속재료는 〈표 1-1〉과 같이 분류할 수 있다.

표 1-1 재질에 의한 주물의 분류

- 주물
  - 철주물
    - 강주물
      - 탄소강주물(보통주강)
      - 합금강주물(특수주강)
    - 주철주물
      - 보통주철주물(회주철주물)
      - 고급주철주물
      - 가단주철주물
      - 구상흑연주철주물(강인주철주물)
      - 합금주철주물
  - 비철주물
    - 구리합금주물 — 황동주물 · 청동주물
    - 경합금주물
      - 알루미늄합금주물
      - 마그네슘합금주물
    - 기타주물 — 납, 아연, 주석, 카드뮴합금주물

2 주형에 의한 분류

각 주형은 생산수량, 제품의 크기, 기본설비의 유무, 경제성 등에 따라 장단점이 있으며 많은 경험과 숙련을 요하며 주조 공정 중에 많은 시간이 소요된다.
또한 조형비와 조형시간이 생산원가에 가장 큰 영향을 미치므로 조형기를 사용하여 인력과 시간을 절감하고 있다.

표 1-2 주형에 따른 분류

- 주물(castings)
  - 사형주물(sand casting)
    - 생형주물(green sand mould casting)
    - 건조형주물(dry sand mould casting)
    - 표면건조형주물(flared mould casting)
    - 셸몰드형주물(shell mould casting)
    - CO_2형주물(CO_2 mould casting)
    - 푸란수지형주물(furan resin mould casting)
  - 금형주물(permanent mould casting)
    - 다이캐스트주물(die casting)
    - 칠드주물(chill casting)
    - 기타의 금형주물

3 주조방법에 의한 분류

주조방법에 따라 분류하면 가장 많이 사용하는 치주법과 원심주조법 이외에도 압력 금형주조법, 중력 금형주조법, 폭발주조법, 압박주조법, 흡입주조법, 진공주조법, 연속주조법 및 이들을 적절히 조합한 조합주조법 등이 있다.

진공주조는 진공중에서 용해하여 만드는 방법이며 일부에서는 대기중에서 용해한 금속을 진공에 의하여 탈가스 처리하여 주조하는 방법을 실시하고 있다.

연속주조는 대부분이 조괴에 이용되고 있으며 압박주조는 치과용 합금의 주조에 사용되고 있다.

4 용도에 의한 분류

주조품을 용도에 따라 분류하면 산업기계용, 금속공작기계용, 섬유기계용, 농업용, 전기통신기기용, 자동차용, 철도용, 선박용, 일용품, 미술품 등으로 분류한다.

5 그 밖의 주물의 분류

주물을 무게, 두께 등에 따라 분류하면 주물 1개의 무게가 1톤 이상인 것은 대형주물, 10kg$_f$ 이하인 것은 소형주물, 그 중간에 속하는 것은 중형주물이라 하며, 두께 25mm 이상의 것을 두꺼운 주물 그 이하를 얇은 주물이라 한다.

제3절 | 금속의 주조성

복잡한 모양과 치수를 가진 제품은 단조법으로 만들기 어려우므로 주조법으로 만든다. 주조방법은 어느 모양의 주물을 만들고자 할 때에는 먼저 나무 또는 기타의 재료로 제품과 같은 동일모양, 치수의 원형을 만들어 이를 이용해서 주물사 등으로 주형을 제작하고, 여기에 용융금속을 주입하여 성형시킨 후 가공하면 제품이 된다. 이러한 주조작업상 필요한 금속주조의 난이성을 나타내는 성능, 유동성, 점성, 수축성, 용해로 및 조업법, 원형과 주형의 제작과 주입작업 등에 관한 항목을 주조성이라고 한다.

1 유동성

가. 유동성의 개념

용융금속의 유동성(fluidity)에는 실용 유동성과 참 유동성이 있다. **실용 유동성이란 어떤 일정한 온도에서 용융합금을 주입할 때의 유동성이고, 참 유동성이란 액상과 고상이 평형을 이루는 온도를 넘는 일정한 과열온도에서 용융합금을 주입할 때의 유동성이다.([그림 1-3] 참조) 주물 생산에서는 실용 유동성의 개념이 적용**되고 있으므로 융점이 낮은 합금에 있어서는 과열 온도가 높아져 그 만큼 유동성이 향상된다. 따라서 **합금의 성질을 검토할 때에는 참 유동성을 이용**한다.

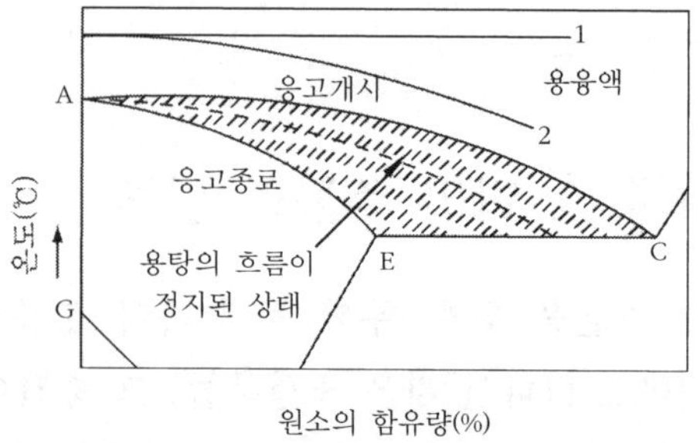

1. 일정한 온도 2. 일정한 과열온도
AC : 액상선 ---- : 액상과 고체상의 평형점

그림 1-3 유동성 측정에서의 두가지 주입온도

나. 합금의 유동성 비교

금속이나 합금의 유동성을 비교하려면 일반적으로 공공률(空孔率)이 같은 주형을 이용하여 일정한 조건에서 금속이나 합금을 주입한다. 주형에는 [그림 1-4]와 같은 것이 있다. 그림 중 (a), (b), (c)의 3가지 주형의 시료에서는 주형의 빈자리를 채운 부분의 길이[cm]로서, 용융금속이나 합금의 유동성이 결정되고 (d)의 쐐기 시료에서는 그림에 표시한 (a)의 값으로 유동성을 평가하며 보통합금은 유동성이 클수록 (a)의 값이 적어진다.

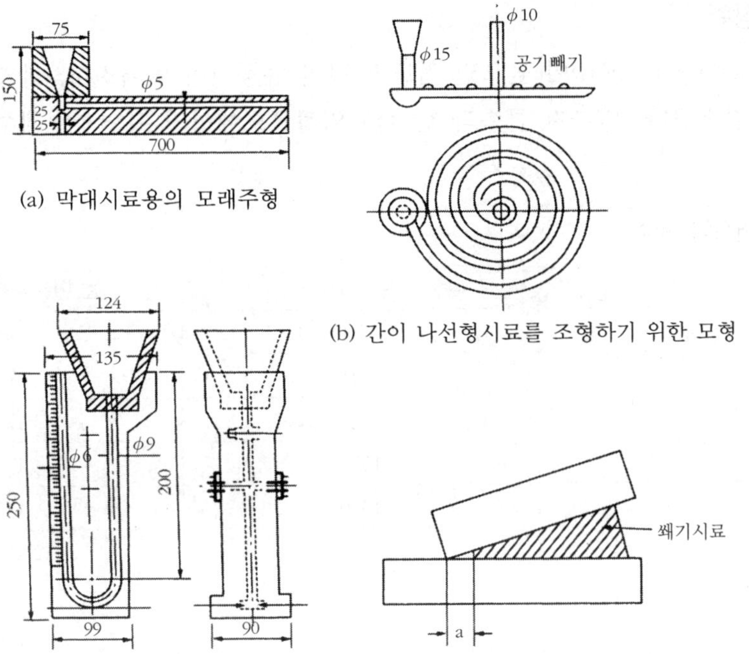

(a) 막대시료용의 모래주형

(b) 간이 나선형시료를 조형하기 위한 모형

(c) U자형시료용의 금속주형

(d) 쐐기시료에 의한 유동성 결정법

그림 1-4 합금의 유동성, 시험편을 만들기 위한 장치

나선형시료로서 시험한 결과에 의하면 회주철은 주물의 살두께에 따라서 〈표 1-3〉과 같이 최소의 유동성을 가져야 한다.

표 1-3 회주철의 주물 살두께에 따른 필요 유동성

주물두께(mm)	3~6	6~15	16~25	25이상
유동성(cm)	500~700	400~500	300~400	200~300

다. 유동성에 영향을 미치는 인자

용융금속의 유동성은 주형과 용융합금의 성질, 합금의 조성, 점도, 표면장력 등에 의해서 영향을 받는다.

(1) 점도

점도(viscosity)가 높으면 유동성이 떨어진다. 점도는 합금의 조성에 따라 다르며 합금내에 비금속 개재물, 가스, 기타 혼입물이 있을 때 높아진다. 그러나 용융합금의 용해도가 높아지면 점도는 급격히 떨어지므로 유동성이 좋아진다.

(2) 표면장력

표면장력(surface tension)이 높으면 점도와 같이 유동성이 떨어진다. 과열온도를 높이면 표면장력은 감소된다. 몇가지 금속과 합금의 일정온도에서의 표면장력계수는 〈표 1-4〉와 같다.

표 1-4 표면장력 계수

종류	온도(℃)	표면장력계수(N/m)
알루미늄	750	489
마그네슘	680	547
구리	1120	1270
철	1570	1835
회주철	1300	1150
강인주철	1340	1240~1150
접종개량주철	1300	1070
백주철(2.2%C)	1420	1500

2 수축

가. 용융합금의 응고과정

주형내에서의 용융합금의 냉각, 응고를 관찰하면 [그림 1-5]와 같은 순서로 변화가 일어난다.

① **용융합금의 냉각에 따라 체적 감소가 생긴다.**
② **합금의 전 표면이 수 초 사이에 미립으로 된 피막이 생기며 점차 이 피막이 두꺼워진다.**
③ **피막이 생긴 후 부터는 용융금속의 냉각 응고가 외부 분위기와 접촉없이 피막 내부에서 진행된다.**
④ **응고시에 체적의 감소 또는 팽창이 생긴다.**
⑤ **고체상태에서 냉각되면 다소 체적이 감소된다.**
⑥ **합금주물 내에 수지상이 많으면 수축공이 발생한다.**

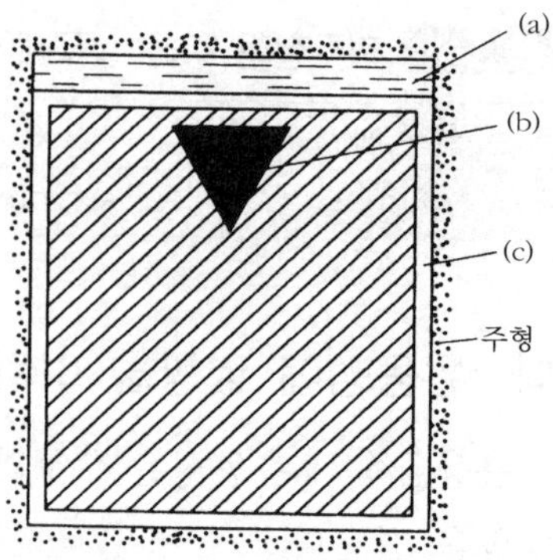

(a) 용융합금(액상)의 냉각에 따른 수축
(b) 액상에서 껍질 형성 후 응고시의 수축
(c) 고체상에서의 냉각에 따른 수축

그림 1-5 응고수축 과정

나. 수축의 정의

수축(shriukage)이란 주물의 체적과 치수의 전반적인 감소를 말한다. 이 값은 용융합금의 수축, 응고시의 합금의 수축 또는 팽창, 고체상에서 수축을 모두 합한 것이다. 응고시에 팽창하는 합금으로는 회주철 등이 있는데 이것은 응고시에 흑연이 분리되는 것과 같이 원래 합금보다 비중이 작고 체적이 큰 물질이 분리될 때에 생긴다. 또 고체상에서 변태를 일으키는 합금은 그 수축이 몇 단계로 이루어진다. 철-탄소 합금의 고체상에서의 수축은 γ철에서 α철로 변태할 때까지의 수축 및 팽창과 변태 후의 수축등 2단계로 나누어 진다.

다. 수축의 종류

(1) 체적수축

주형의 빈자리에 충전된 용융합금의 체적과 완전냉각 후 주물 체적과의 차이다.

(2) 선수축

주형의 빈 자리의 선치수와 냉각주물의 선치수와의 차이다.

(3) 자유수축

합금의 수축으로 체적이나 치수가 감소하는데 아무 장애가 없을 때의 수축을 말한다.

(4) 주조수축

실제 주물생산에서 일어나는 선수축을 말한다. 주조수축의 값은 항상 자유수축보다 작다.

라. 수축에 영향을 미치는 인자

수축은 합금의 화학조성에 따라 변화되며 회주철의 경우 탄소와 규소함유량의 증가 및 망간과 황의 함유량 감소 등에 따라 수축도 감소된다. 그러나 구리와 마그네슘의 존재는 오히려 수축을 증가시킨다. 마그네슘합금에서는 알루미늄과 아연의 함유량 증가에 따라 수축 감소를 가져온다.

3 주조응력

주조응력(casting stress)은 주물 수축의 제약을 받아 생기는 수축응력, 냉각이 균일하지 않아 생기는 열응력, 결정구조의 변화로 생기는 상응력 등이 있으며, 주물에 주조응력이 생기면 그 값에 따라 다음과 같은 영향이 생긴다.

① **주조응력이 합금의 항복점 보다 작으면 주물 내에 내부응력이 남아서 기공 또는 사용 시에 생기는 응력에 의하여 점차 커진다.**

② **주조응력이 합금의 항복점보다 크고 파괴강도 보다 작으면 물체에 비틀림이 생긴다.**

③ **주조응력이 합금의 파괴강도 보다 크면 주물에 균열이 생기고 파괴 등을 일으킨다.**

가. 열간균열

응고하는 과정 중 고·액공존(mushy zone) 영역에서 어느 정도의 강도를 지닌 고체결정의 망상이 형성된다. 이러 고액공존구간에서는 매우 낮은 응력에서도 파단이 쉽게 일어난다. 이러한 고상선 또는 이의 직상에서 발생하는 균열을 **열간균열(hot tear)이라 한다**. 열간균열을 일으키는 원인은 주형과 주물의 수축 차이와 주물내 각점에서 수축이 발생할 때 시간의 차이 때문이다.

합금의 열간균열(hot tear crack) 발생은 고온에서 수축이 심할수록 또 강도와 소성이 작고 열전도율이 낮을수록 커진다. 예를 들면 크롬, 니켈의 함량이 많은 합금강에서 열간균열 발생 경향이 현저하며 0.05%~0.18%까지의 탄소함유량의 증가와 더불어 증대하고 0.17%~0.2%에서 최대값에 도달한다.

회주철은 열간균열의 발생 경향이 적다. 구리합금은 열전도성이 높기 때문에 대부분 열간균열이 발생하지 않고 다만 규소-황동과 같이 고온에서 소성이 낮은 합금 및 알루미늄청동과 같이 주조 수축이 큰 구리합금은 열간균열 발생경향이 약간 높다.

일반적으로 응고 온도범위가 큰 합금은 그 만큼 주조 수축이 크고 열간균열발생 경향도 높으며 **열간균열발생을 감소하려면** 다음과 같다.

① **용융금속의 유동성 증가**

② **주조합금의 입자를 미세화**

③ **합금내의 유해 혼입물과 가스 및 비금속 혼입물의 함량을 감소**

④ **주물내 미세한 수축공을 제거**

⑤ **고온에서 주물을 서냉**

열간균열의 방지에는 주형과 코어 의한 수축장애를 없애고 또 주물 구조에 있어서 균일한 단면과 원활한 이행부를 갖도록 하는 것이 매우 중요하다.

또한 살이 두꺼운 주물은 비교적 낮은 온도와 느린 속도로서 주입을 해야 한다.

나. 냉간균열

냉간균열(cold crack)은 주물의 상온에서 생기는 균열을 말하며 균열의 발생은 다음 내용에 따라 증가한다.

① **합금의 탄성이 높다.**

② **낮은 온도에서 수축이 심하다.**

③ **열전도율이 낮다.**

④ **조직의 상변태에서 합금의 체적변화가 크다.**

합금내에 유해 혼입물이 존재하면 냉간균열발생이 촉진된다. 예로서 인(P) 함유량이 높은 고탄소강이 냉간취성을 가지며 냉간균열발생 경향이 강하다. 냉간균열의 발생을 방지하려면 단면이 균일해야하며 원활한 주물 설계와 응고후에는 서냉되도록 해야 한다.

따라서 균열발생 경향이 강한 주물은 초기에 형 해체를 하는 일은 피해야 하며, 주형 자체가 주물내에 큰 주조응력을 가져오는 경우가 아니면 가급적 주형내에서 서냉되도록 하는 것이 좋다.

다. 주조응력의 제거

주물내의 주조응력은 대부분 열처리법으로 제거할 수 있다. 이 열처리는 먼저 합금의 탄성이 현저히 감소되는 온도까지 주물을 서서히 가열했다가 단계적으로 균일하게 냉각시킨다. 이와 같은 열처리를 **주물의 내부 응력제거풀림**(stress relief annealing)이라고 한다.

4 편석

주물의 각 부분에서 또는 합금의 각 수지상정 내에서 화학조성이 균일하지 않은 것을 편석(segregation)이라고 하며 종류로는 대역편석, 입내편석, 비중편석 등이 있다.

가. 대역편석

주물의 각 부분에서 화학조성이 불균일한 것을 말하며 대다수의 합금에서 가장 중요한 인자이다. 이 편석은 보통 합금의 특정성분의 비중이 같지 않고 응고온도에 차이가 있으므로 액체상 또는 응고시에 합금의 주체로부터 분리되어 이루어진다. 예를 들면 강철내에는 황, 인, 탄소, 가스, 및 비금속 개재물이 편석되어 응고시에 주물 상부에 분포한다. 반대로 외각층과 주물 내부의 아래부분에서는 이들의 함유량이 훨씬 적어지는데 편석의 견지에서 보면 주물 외부와 아래부분이 가장 양질의 부분이라고 말할 수 있다.

편석현상은 합금 내의 혼입물의 함유량이 많고, 또 주물의 치수나 체적이 큰 경우에 심하다. 또 주입온도와 주입속도의 저하, 그리고 주물의 응고를 가속화하면 감소되고 주물합금의 조직이 미세화되면 약화된다.

나. 입내편석

합금의 수지상정(결정립)내에서의 편석을 말하며 대역편석에 비하면 주물에 큰 영향을 미치지는 않는다. 주물의 냉각시에 급냉을 하면 응고시간이 짧아 결정립 사이의 조성이 균일하게 될 여유가 없어 편석이 약간 강화된다. 그러므로 고온 균질화 풀림을 하면 어느 정도 제거 할 수 있다.

다. 비중편석

합금성분의 비중차이에서 일어나는 편석은 납을 다량 함유한 청동합금과 같이 중금속을 함유하는 합금에서 주로 일어나며 주입 전에 용탕을 충분히 교반하고 금속주형을 사용하여 신속히 응고시키면 방지할 수 있다.

5 가스의 흡수

금속과 합금은 여러 가지 종류의 가스를 흡수하는 능력을 갖고 있으며 흡수된 가스는 다음과 같은 상태로 존재한다.

① **용융금속(용융합금)과 공기 또는 기타 가스가 혼합할 때 얻어지는 비교적 큰 비금속 개재물의 형태**
② **용해상태**
③ **화합물의 형태**

기계적으로 개재된 가스는 진정시키면 쉽게 제거되므로 주물 내의 가스구멍의 발생이나 금속 또는 합금의 성질에 별다른 영향을 미치지 않는다.

가. 가스의 용해성

가스의 용해성은 [그림 1-6]과 같이 온도에 의하여 결정된다 수소는 금속내부로 침투하여 금속의 성질을 취약시키는 가장 해로운 가스이다.

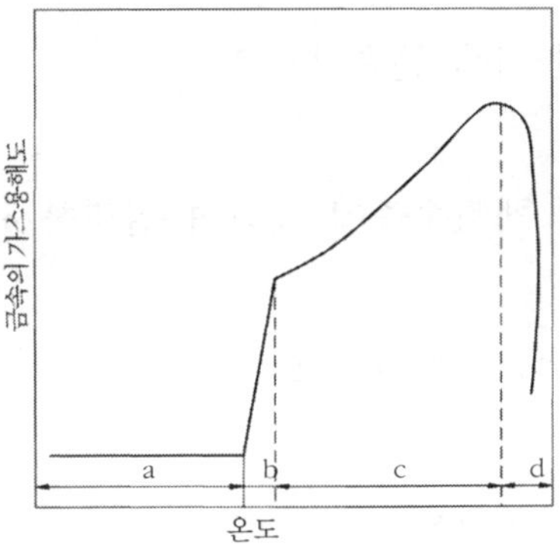

a : 온도상승　b : 용해　c : 용융금속의 온도상승　d : 비등점 근접

그림 1-6 금속의 가스용해성과 온도의 관계

나. 가스구멍의 발생

일정한 조건에서 주물 내의 가스가 분리하면 가스 구멍이 생기는데 이것은 합금 내의 가스 함유량에 따라 증가한다.

가스 구멍의 발생원인은 용탕의 온도가 저하됨에 따라 가스의 용해도가 감소되어 용탕으로부터 분리되어 방출되면 용탕의 점도가 높아져서 가스의 분리를 저해한다. 합금이 응고될 때 가스의 용해도가 급격히 낮아져서 분리되는 가스의 양이 많아지면 점도가 증가되어 가스구멍의 발생 가능성이 많다. 대기압과 용탕의 압력 및 금속의 표면장력에 의한 압력의 합, 즉 전 압력을 증대시키면 가스를 용해상태로 합금내에 잔류시키고 그 분리를 방지하여 가스구멍의 발생을 억제한다.

가스구멍의 발생은 주형과 코어의 특성, 주입조건 응고속도 등에 따라서도 달라진다. 금속주형 내의 응고속도가 커지면 가스구멍의 발생이 적고 건조 모래주형에서 응고를 완만히 하면 가스구멍 발생이 용이하게 된다. 특수한 경우도 있지만 일반적으로 주조용 합금의 수소나 질소가스의 함유량을 감소하면 가스구멍이나 균열의 발생을 방지할 뿐만 아니라 합금의 기계적 성질도 개선된다. 따라서 합금내의 가스는 특히 강도와 소성을 해친다.

익힘문제

1 주조의 정의를 설명하시오.

2 주물의 역사와 발달과정을 설명하시오.

3 주물을 재질에 의해 분류하시오.

4 금속의 냉각시 체적수축에 대하여 설명하시오.

5 유동성에 대하여 설명하시오.

6 수축의 종류를 쓰시오.

7 열간균열의 발생경향을 감소시키기 위한 사항을 쓰시오.

8 냉간균열의 발생경향을 쓰시오.

9 실용 유동성과 참 유동성을 비교 설명하시오.

10 편석의 종류를 쓰고 간단히 설명하시오.

11 주물의 제조공정 순서를 쓰시오.

주 조 응 고 학

Chapter 02

주형재료 및 주물사 관리

제1절 주물사 | 제2절 주형재료 | 제3절 주물사 배합 및 재생 처리법 | 제4절 주물사 시험법

Chapter 02 주조응고학

주형재료 및 주물사 관리

제1절 | 주물사

주물사란 주형을 만드는데 사용되는 재료를 말하며 대부분의 주물사는 사립자를 주성분으로 하여 성형성과 강도를 부여하기 위해 점결제가 사용되고 있다. 주물사는 배합하여 만든 합성사 및 코어사 등이 있다.

1 주물사의 구비조건

주물사는 주조의 양부를 좌우하는 중요한 요소이기 때문에 주물사를 선택할 때에는 반드시 **주형사로서의 필요한 다음의 조건을 구비**해야 한다.

① **용탕의 온도에 견딜 만한 내화도**

② **성형성이 있어 주형을 만들기 쉽고 용탕의 압력에 견딜 만한 고온 강도**

③ **용탕에서 나오는 가스를 외부로 배출시킬 만한 통기도**

④ **반복 사용하여도 노화하지 않을 것 등**

또한 **사립은 주형사의 85~99%를 함유할 때 다음의 조건들을 만족하는 것이 필요**하다.

① **충분한 성형을 가질것**

② **사립은 알맞은 입도 분포를 가질 것**

③ **통기성이 좋을 것**

④ **가축성이 있을 것**

⑤ **보온성이 있을 것**

⑥ **반복사용이 가능할 것**

⑦ **값이 저렴할 것**

2 주물사의 성질

주물사는 앞에서 설명한 여러 가지의 구비조건을 갖추어야 하는데 이러한 조건은 주조하고자 하는 제품의 재질이나 크기 및 모양에 따라 조금씩 달라질 수 있다. 이러한 조건들은 **주물사의 4대 구성 요건인 모래, 점결제, 첨가제 및 수분의 적절한 배합**에 의하여 얻어질 수 있다.

가. 구조적 성질

일반적으로 사립자의 형태, 크기 및 분포상태와 점토함유량 등을 구조적 성질이라 한다. 주물사의 선정의 기준은 그 밖에 불순물의 종류와 양, 점결제의 성질 등이다. 사립자의 형상은 보통 환형, 준각형, 다각형, 첨각형, 첨편각형 등으로 구분되지만 구형에 가까울수록 입자의 충전성과 공극률 및 표면적 등의 문제에서 명백하다. 사립자의 입도 분포는 보통 3~6스크린(screen)의 것이 좋으나 4스크린의 주물사가 가장 많이 사용되고 있다. (4개의 체에 모인 것을 4스크린 샌드라고 말한다.)

나. 습태성질

주물사에 물이 함유된 성질을 습태성질(濕態性質)이라 하며 통기도를 비롯하여 압축강도, 경도, 변형량, 점결력, 전단강도 등 많은 성질이 있으나 이들은 모두 수분의 영향을 크게 받는다. 수분의 영향은 [그림 2-1]과 같으며, 수분과 통기도, 경도의 관계는 [그림 2-2]에 나타내었다. 통기도는 내부에서 연결하고 있는 공간의 크기로 결정되므로 입도 및 충전성 등과 관계되고, 경도는 입자간의 점결강도의 함수, 항압력은 점결제의 함수라 할 수 있다. 수분은 또 노화된 모래에 대하여 허위의 점결성을 줌으로서 이것을 사실상의 점결성으로 오인하지 않도록 주의한다.

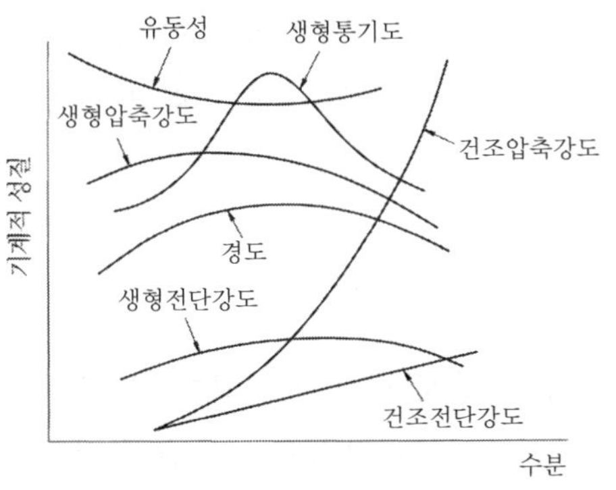

그림 2-1 수분의 영향

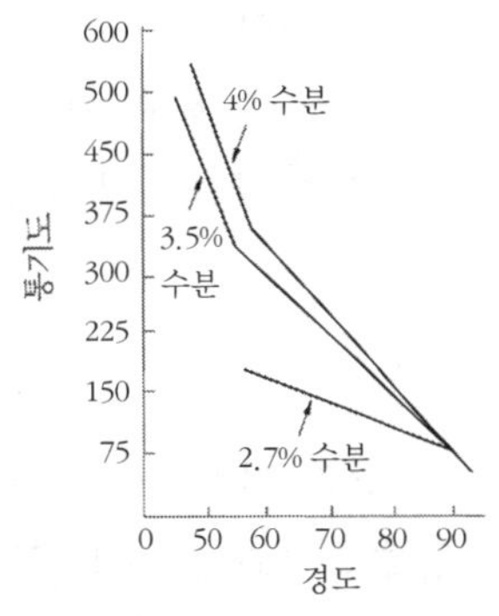

그림 2-2 통기도와 경도의 관계

다. 경시성질

주형이 제작되면 주탕할 때까지 어떠한 변화를 일으키는가를 아는 것이 매우 중요하며 이를 경시성질(硬時性質)이라 한다. 성질변화의 주요한 원인은 수분의 이동과 변화에 있다. 주형에는 수분의 증발에 따라 주형면의 표면강도는 점차 증가하나 그 속도는 모래의 배합이나 다짐 정도, 기타 조건 등에 따라 다르다. 특히 벤토나이트 점결제는 수분의 증발과 함께 주형표면은 취성이 증가하므로 수분의 증발속도 조정에 세심한 주의가 필요하다.

라. 건태성질

주물사의 건태성질(乾態性質)은 4대 구성요소에 영향이 크며, 특히 습태와의 차이점은 점결제의 종류와 양에 크게 관계된다. 또 건태의 성질에는 이의 건조온도와 시간의 영향이 크고, 각 점결제에 따라 최고온도가 존재하므로 필요 이상의 온도와 시간으로 건조하지 않도록 한다. 보통 점토질 점결제는 300~450℃, 유기질 점결제는 150~250℃의 온도가 적당하다.

마. 고온성질

고온성질(高溫性質)에서 특히 고온 강도에 가장 영향이 큰 것은 점결제의 종류와 양, 사립의 화학조성이다. 고온에 가열하면 주물사는 일단 점결제가 분해되어 강도의 일시적 저하를 초래하나, 기준시간이상 고온 가열하면 소결을 일으켜 주물사의 강도가 다시 증가된다.

고온강도가 너무 클 때에는 주물에 균열이 발생되므로 주의를 해야 한다.

3 주물사의 종류

주형을 만들기 위하여 가소성을 갖는 모래, 즉 점결제를 함유하여 조형 능력이 있는 모래를 총칭하여 주물사라 하며 용도에 따라 표면사, 이면사, 코어사로 조제 방법에 따라 자연사, 반합성사 및 합성사로 분류한다.

가. 자연사

자연사는 사립과 점토로 구성되며, 사립은 석영과 장석으로 되어 있다. 사립의 형태와 크기는 심한 풍화작용과 장거리 운반 등으로 인하여 파쇄된 것일수록 둥글고 세립이며 그렇지 않은 것일수록 모가 나고 조립이다.

또 사립의 크기에 따라 3종으로 구분되는데, 평균지름 5.0~0.3mm를 조립, 0.3~0.15mm를 중립, 0.15~0.05mm를 세립하며 사립의 형태, 크기 및 입도 분포는 중요한 요소로서 이에 따라 주물사의 성질이 달라진다. 사립의 형태가 둥글고 입자가 균일하면 유동성이 좋고 모래 다지기가 용이하며 가열시에도 파괴되지 않고 통기도는 좋으나 주형의 강도는 약해진다. 각형은 유동성은 좋지 않고 강도는 크지만 혼련중에 사립이 깨지기 쉽고 고열로 인하여 팽창하면 공극이 적고 주형이 깨지기 쉽다. 따라서 주물사의 선택에서 사립의 크기와 형상에 특히 유의한다. 그러므로 주물사는 주물의 종류에 따라 다르지만 보통 준환형의 3~4스크린 샌드(screen sand)를 널리 사용하고 있다.

자연사는 함유되어 있는 점토의 함유량에 따라 저점토사(점토분 5~10%), 중점토사(점토분 10~20%), 고점토사(점토분 20~30%)로 대별된다. 5% 이하의 점토분이 함유된 자연사를 규사로 취급하고 코어사로도 가끔 사용하고 있다. 30% 이상의 것을 진토라 하여 이는 점토류에 속한다.

나. 배합사

일반적으로 배합사란 규사와 무기 점결제를 적당히 배합하고 수분을 첨가해서 인공적으로 조제한 주물사를 말한다. 이 때의 사립자, 점토 및 수분은 전부 인공적으로 접착 공존케 한 상태이다. 따라서 **배합사를 주물사로서 사용하는 데는 다음과 같은 장점**이 있다.

① **주물사의 배합 원료를 임의로 선택, 채취할 수 있으므로 제품과 조형방법에 따라 원하는 성질을 갖는 주물사를 조제**할 수 있다.

② **자연사보다는 주물사 성능의 대부분을 선천적 조건에 의하여 제한받지 않으므로 주물사의 성질 개선**이 용이하다.

③ **기본 원료로서 양질의 주형용 규사를 선택할 수 있으므로 복용성이 풍부하고 적절한 재생처리를 함으로써 순환사용이 가능하게 되어 주형용 원료의 비용을 절감할 수 있다.**

④ **생산성 면에서 보면 각종 조형기, 조형설비에 적합한 유동성, 강도, 통기성 등의 주물사를 임의로 조제할 수 있으므로 자연사와 같이 선천적 조건에 의한 제약을 받지 않으므로 조형에 특수한 요령과 숙련을 요하지 않는다.**

다. 코어사(중자사)

코어는 건조하면 함유된 수분이 증발하여 기공이 증기되어 통기도가 좋지만 공극의 대부분이 수축에 의해서 메워지므로 결국 통기도는 생형과 같아진다. 따라서 **통기도를 높이기 위해서는 단일입도에 가깝고 입도 분포 범위가 좁은 모래를 사용**해야 하는데 보통 소형 코어에는 0.05~0.1mm, 중형에는 0.1~0.2mm, 대형에는 0.5~1.5mm의 크기가 사용되며, 이 범위에 들어가는 것이 85~90%가 되도록 한다.

제2절 | 주형재료

1 주물용 모래

가. 규사

규사는 SiO_2를 주성분으로 하고 여기에 Fe_2O_3, Al_2O_3, MgO, CaO 등의 불순물이 소량 함유된 것을 말하며 〈표 2-1〉과 같이 규사의 등급을 정하고 있다.

표 2-1 주형용 규사의 등급 및 화학성분

(단위 : %)

종류	화학성분	불순물함유최대허용량		
	SiO_2	Fe_2O_3	Al_2O_3	MgO+CaO
1종	98이상	1.0	1.0	1.0
2종	96이상 98미만	1.0	2.0	1.5
3종	93이상 96미만	1.5	4.5	2.0
4종	90이상 93미만	2.0	6.0	2.5
5종	85이상 90미만	3.0	8.0	3.0

입형은 입자형상에 따라 [그림 2-3]에서와 같이 원형, 각형, 복합형 등으로 분류한다.

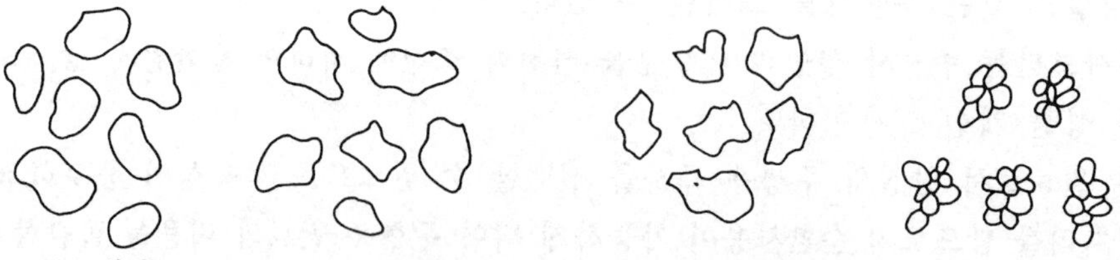

(a) 원형 (b) 각형 (c) 다각형 (d) 복합형

그림 2-3 미국주물 협회(AFS)모래의 입형 분류

입형은 주물사의 여러 가지 성질에 영향을 미친다. 특히 첨각형, 첨편각형의 입형은 통기성이 떨어지고 또 표면적이 커져서 첨가되는 점결제의 소비량이 많아진다.

점결제로 기름만을 사용할 때는 원형 모래를 사용하면 건조 강도가 크지만 점토를 사용할 때는 오히려 각형 모래를 사용한 쪽이 강도가 커진다. 규사는 산출량이 많고 값이 싸서 주형용 모래로서 가장 많이 사용되고 있으나 다른 모래에 비하면 물리적 성질이 떨어진다.

(1) 천연규사

천연적으로 산출되는 규사로 전혀 가공하지 않은 것이며 산출장소에 따라 해사, 하천사, 산사 등으로 구분되나 일반적으로 산사에는 다량의 점결제가 함유되어 있으므로 별도로 구분한다.

(2) 인조규사

석영질 암석을 파쇄한 것으로 원석의 종류 및 제조법에 따라서 제품의 입형, 입도 분포, 화학성분 등이 다르다. 풍화규사를 원료로 한 것은 파쇄가 용이하고 입도가 미세하여 셀주형용에 많이 사용된다.

(3) 처리규사

자연적으로 산출되는 규사에는 규사분 이외에 점토, 풍화가 불충분한 장석 및 운모 등을 제거 처리하여 만든 규사로서 이산화규사(SiO_2)함유량이 천연규사에 비하여 높다.

나. 산사

산사 또는 자연사에는 석영질(SiO_2)을 주로 한 모래입자에 점토분이 2%이상 함유된 것을 말하며 KS규격에서는 점토분의 함유량에 따라 4종류로 규정하고 있다.(KS D2120)

산사는 이산화규소의 함유량이 많지 않지만 천연점토가 2~30% 함유되어 있어 사용하기 편하고 첨가 점토를 절약할 수 있으나 균일성이 좋지 않으므로 이것을 처리해서 사용하면 효과적이다.

다. 올리빈사

올리빈사(olivine sand)는 (Mg · Fe)2SiO_2의 형태로 표시하며 2MgO · SiO_2와 2FeO · SiO_2의 고체를 이루며 FeO의 양이 증가함에 따라 용융점이 강화된다. 올리빈사의 화학성분은 〈표 2-2〉와 같다. 이것은 지르콘사 보다는 좋지 않지만 **내화도가 약 1700℃**로서 규사보다 높으며 열팽창률이 균일하고, 입도가 작기 때문에 주물 표면용 모래에 사용하고 고운 가루는 도형제로도 쓰인다.

표 2-2 올리빈사의 화학성분

성분	SiO_2	Al_2O_3	Fe_2O_3	CaO	MgO	작열감량
중량(%)	43.08	1.02	8.98	0.4	46	1.18

라. 지르콘사

순수한 지르콘사(zircon sand)의 화학식은 $ZrO_2 \cdot SiO_2$로서 화강암이 풍화·붕괴하여 강하류나 해안에 운반, 퇴적된 것이다. 지르콘사는 우수한 물리적 성질을 가지고 있어 강주물의 주형에 많이 사용된다. 내화도가 2200℃ 정도 되고 열팽창률은 규사의 1/3~1/6 밖에 되지 않는다.

마. 샤모트사(chamotte sand)

내화 점토를 1300℃ 이상의 높은 온도로 구어 이것을 파쇄하여 만든 것으로 내화도와 강도가 크고, 파괴되거나 소결이 되지 않는다. 또 열팽창과 수축이 비교적 적기 때문에 성형한 주형은 주입후의 변형이 적고 반복사용이 가능하므로 단순한 형상의 소형주물에 이용되며 이것은 900~1000℃에서 주형을 소성한다.

바. 카본사(carbon sand)

석유정체 공장에서 나오는 폐액을 코크스하여 1100℃ 이상의 온도에서 소성, 탈황하여 얻은 경질탄소 입자로 탄소가 99.4%, 휘발분이 0.11%이다. 비중은 규사의 약 70%, 열팽창률은 1/8이며 열전도도 좋다. 도 단독 또는 규사와 배합하여 각종 점결제를 이용한 주형 혹은 코어 제작에 사용한다.

2 점결제

주형재료인 규사만으로 주형을 만들 수 없으므로 규사을 결합시켜주는 점결제를 배합하여 성형성을 좋게 한다. 점결제는 무기점결제와 유기점결제로 분류한다.

가. 무기점결제

점토는 석영, 장석 등의 암석이 풍화하여 지름 0.01mm 이하로 된 미세한 입자로서 Si, Al, O, Fe, Mg와 그밖에 알카리금속, 알카리토금속 등의 화학적 성분과 수분의 혼합물이다. 무기 점결제 중에서 많이 사용되는 것은 점토질 점결제로서 주로 사용되는 점토는 다음과 같다.

(1) 내화점토

알칼리규산 반토질의 암석, 예를 들면 운석 등이 지열, 지압 및 염류 등의 작용을 받아 생성된 것이며, 이 분해생성물 중에서 카올린(kaolin)이 원위치에 남아있는 것을 1차점토, 물에 의하여 다른 장소로 이동하여 모여있는 것을 2차점토라 한다. 따라서 카올린 이외의 불순물이 유출된 2차 점토는 순도가 높고, 1차 점토는 SiO_2가 상당량 있다. 따라서 전자를 와목점토 후자는 목절점토이다. 카올리나이트(kaolinite)점토는 $(OH)_8Al_4Si_4O_{10}$인 구조식으로 보통 카올리나이트 60%, 일라이트(illite) 30%, 석영 10% 정도로 된 것이며 내화성이 좋고 수축이 적으므로 점결제로서 널리 사용된다. 절점토는 내화점토와 같이 2차점토에 속하나 불순물이 많기 때문에 연화점과 내화도가 낮으나 양질의 것은 점결력이 강하다. 또한 결점으로는 내화점토를 구성하는 카올리나이트는 500℃ 이상되면 급속히 구조물 중에서 수분을 방출하여 강도가 적어지므로 주형으로서는 생형 또는 건조형으로 사용된다. [그림 2-4]는 점토의 점결력과 온도와의 관계를 나타낸 것이다.

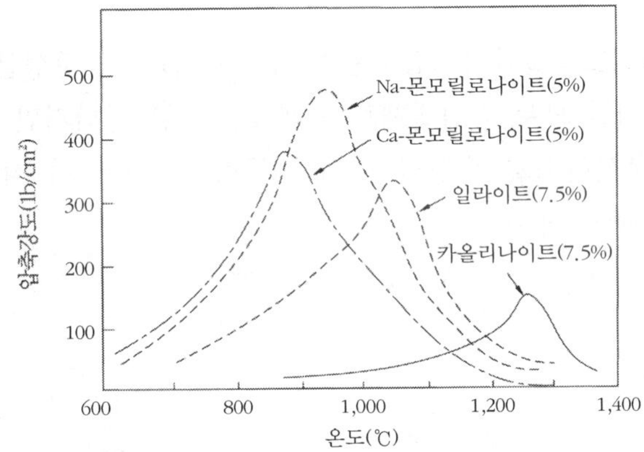

그림 2-4 점토의 점결력과 온도의 관계

(2) 벤토나이트

벤토나이트(bentonite)는 화산재의 풍화에 의하여 생성된 몬모릴로나이트(montmorillonite)계의 점토로서 K, Na 이온을 가진 약알카리성 반응을 일으키는 알카리 벤토나이트와 H_2, Mg, Ca이온을 가진 약산성 반응을 일으키는 알카리토류 벤토나이트의 두 종류가 있다.

전자는 $(OH)_4Al_4Si_8O_{20} \cdot nH_2O$의 Al이 Na을 대치한 것이며 후자는 철을 비롯하여 주요한 교환이온으로서 Ca 또는 H_2를 함유하고 있다. 〈표 2-3〉은 벤토나이트의 화학성분을 나타낸 것이다.

표 2-3 벤토나이트의 화학성분

(단위 : %)

산지		SiO_2	Al_2O_3	Fe_2O_3	MgO	CaO	Na2O	K_2O	작열감량
한국	충북, 영동	61.63	21.48	2.06	2.31	1.02	1.02		10.42
	경북, 영일	58.58	19.61	3.10	2.65	0.20	1.05	0.31	6.21
	경남, 울산	67.73	20.57	2.39	2.33	1.70	0.27		5.03
일본	1	71.18	19.38	1.96	0.72	0.98	1.73	0.49	7.29
	2	68.99	14.52	2.50	1.47	0.80	2.16	0.17	9.19
	3	72.73	15.02	1.50	0.45	0.43	1.59	0.49	7.71

(3) 특수점토

① **백점토(halloysite)** : 백점토는 내화도가 매우 높고 적당한 수축성과 가소성을 가지고 있다. 이 점토로 점결한 주물사는 압축강도가 낮다. 즉 조형 후 상당시간 강도가 최고값에 도달하지 않아 조형이 용이하며 주입시 필요한 강도로 유지할 수 있는 것이 특징이다

② **일라이트(illite)점토** : 일라이트점토는 $KAl_3Si_3O_{10}(OH)_2$가 주성분이며 이 광물조성이 광범위하므로 이들 모두가 점결제로서 적합한 것은 아니지만, 점결력이 크고 동시에 용이하게 분산하므로 습련하기 쉬운 특징이 있다. 이 점토를 사용하면 핀홀(pinhole)의 발생이 적다.

나. 유기점결제

(1) 유류

가장 널리 사용되는 것은 건성유로서 아마인유, 대두유 등의 식물성, 광물성 및 어류와 같은 해상 동물성의 것이 있다. 보통 아마인유, 대두유가 널리 사용되며, 코어 제조시의 점결제로서 여러 가지 특성이 있다. 유류를 점결제로 사용한 오일 코어는 200~250℃ 정도에서 큰 건태강도를 가지며 대기중 및 생형중의 흡습성이 적을 뿐만 아니라, 주립 후의 붕괴성이 좋고 주물의 살결이 미려하므로 코어뿐만 아니라 복잡한 내연기관부품의 주형용으로도 이용된다. 그러나 조형시 습태강도가 매우 적기 때문에 생형에서는 취급이 곤란한 경우가 많으므로 습태강도를 높이기 위하여 곡분, 펄프 폐액 등의 첨가제를 배합한다. 그러나 펄프 폐액과 유류와의 병용배합은 유류를 흡수하여 이의 강도를 저하시키기 때문에 적당하지 않고 산화가 필요할 때는 산화촉진제를 배합한다.

[그림 2-5]는 아마인유 배합시의 건조온도와 경도 및 인장강도의 관계를 표시한 것이다.

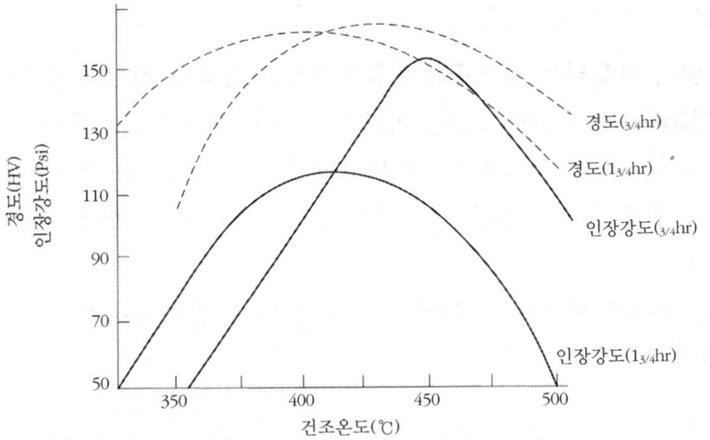

그림 2-5 아마인유에 의한 코어의 경도와 온도와의 관계

(2) 곡분류

곡분류는 외형 및 코어의 점결제로서 대부분 다른 점결제와 함께 0.5~1%를 배합하고 소맥분, 호밀분, 옥수수분말, 전분분말 등을 많이 사용하고 있다.

곡분류의 특징은 한번 혼련한 주물사로서 사용전에 건조하여 바삭바삭해지는 것을 방지하는 것과 습태강도를 높이는 성질을 가지고 있다. 또 주입 후의 적당한 완충제로 되어 붕괴성이 양호하다.

한편, 건조 후의 코어의 흡습을 촉진시키며 보통 500~700℃에서 완전히 연소한다는 결점이 있다.

(3) 당류

당류는 펄프제조시 폐액에서 부산물로 제조되는 것이며 오진(crgin), 설피트(sulfit), 스텟카아 등의 여러 종류가 있다. 최근에는 귤껍질에서도 이와 거의 동일한 조성의 것이 제조되고 있다.

습태강도가 양호하므로 취급이 용이하나 건태정도가 적다는 것이 결점이다. 코어 제조에 많이 사용되며, 이것을 사용한 코어는 성형 후 건조 전에 주위에 이 액을 분무상으로 뿌려 강도를 올리는 것이 좋다. 입하할 때마다 액의 농도가 변하므로 비중계에 의한 관리가 필요하다 이러한 경우에도 건조 후의 보존과 생형시의 흡습성이 높은 결점도 있다.

(4) 합성수지

합성수지 중 많이 사용되는 것으로는 셸몰드법으로 금속성 원형과 접속한 상태로 열경화시키는 규소수지(sillicon resin)가 있다. 비교적 새로운 점결제로서 폴리비닐알콜, 요소수지 및 석탄수지가 있으며 앞의 두 가지는 수용성이며, 대체로 코어사용으로서 아마인유 대용으로 사용되나 열분해 온도가 유류보다 낮으므로 식물유 등과 배합 사용하고 취급요령은 오일코어와 동일하다.

요소계 수지는 미국에서 비교적 많이 이용되며 낮은 건조 온도와 짧은 건조시간, 높은 강도 등의 이점이 있다.

(5) 피치

피치(pitch)**는 타르**(tar)**증류시 찌꺼기로 남는 탄수화물**이며, 수용성이 전혀 없어 다른 점결제와는 달리 흡수에 의한 강도의 저하, 기포(blow)가 없는 것이 특징이다. 가열하면 코어에 침투되고 냉각시에는 경화하는데 주입시 가스 발생이 크고 사락작업이 곤란하다는 결점이 있어서 별로 사용하지 않는다.

다. 특수점결제

(1) 규산나트륨

가스형법에 사용되는 점결제로서 CO_2가스를 취입하면 탄산나트륨과 규산으로 변화하여 경화한다. 규산나트륨의 성분, 성능은 각 범위에 걸쳐 있으나 이 종류의 점결제로서의 적당한 몰(mol)비는 2.4~2.7 정도이며, 보통은 수산화나트륨, 유기질 첨가제와 함께 병용하여 배합한다.

이 방법은 주형이나 코어에 이용되고 주강, 주철, 비철합금 등 각종 주조용 금속재료와 제품의 크기 등에 따라 여러 가지로 이용되고 있다.

(2) 시멘트

포틀랜드 시멘트(portland cement)**는 보통 시멘트형 제조시에 8~12% 배합하여 수분 4~6%로서 혼련하여 대형의 주형 및 코어제조에 사용한다.** 이것으로 제조한 주형 및 코어는 원형으로 꺼내기 전에 일단 경화시켜 그 후에 꺼낸후 72시간 정도 대기 중에서 건조한 후에 조립한다. 강도, 경고가 크며 1200℃까지는 연소하지 않는다. 대형 주형에서 예각부터 정확히 나타나므로 허용차가 적은 주물을 만들 수 있다는 이점이 있으나, 고온에서는 붕괴성이 좋지 않으므로 주물에 균열이 발생하기 쉬운 결점도 있다.

(3) 석고

주형 결점제로는 소석고가 사용되나 통기도가 적고 고온 용해 합금에서는 주입시 열분해를 일으키므로 이의 사용에는 한도가 제한되어 있으며, 정밀 주조용으로 사용할 때가 있다.

3 첨가제

주형은 모래와 점결제만으로 형성할 수 있지만 경우에 따라 특수한 성질을 부여할 필요가 있으며 이를 위해 첨가제를 넣는다. 예를 들면 강도의 보강, 붕괴성 향성, 고온성질의 개선, 주물표면의 미려화 등을 위하여 첨가제를 배합한다.

가. 탄소계

주철주물의 표면을 깨끗이 하기 위해 많이 사용되는 것으로써 석탄, 피치, 코크스 및 흑연분말 등이 있다. 이것은 용탕과의 연소반응에 따라 생기는 휘발성 가스에 의하여 주형과 금속표면과의 사이에 절연층을 만든다. 즉 모래의 표면에 탄소의 피막을 만들어 주물표면이 깨끗해지며 환원성 가스에 의한 용탕의 산화와 소착을 방지하고 주물사의 복용성을 증가시켜 주는 작용도 한다.

나. 목분 및 곡분

목분은 소착을 방지하고 살결을 좋게하는 이외에 주입 후 주물사가 잘 떨어지도록 하므로 균열방지의 목적에서 붕괴성을 얻기 위하여 0.5~1.0% **정도 첨가**한다. 대체로 생형사, 오일 코어, 가스형의 주형, 코어에도 사용된다.

곡분은 옥수수가루 또는 전분 0.25~1.50%첨가되나 습태강도를 증가시키는 목적 외에 붕괴성을 향상시키고 규사의 팽창으로 인한 패임(scab)을 방지한다.

다. 당밀

당밀은 생형에 사용하면 주형표면을 경화시켜 주므로 주입할 때 주형이 파손되거나 주물사가 혼입되는 것을 막아준다.

라. 규산분말

규산분말(silica powder)**은 200메시보다 미세한 것을 주물의 표면사 중에 대략** 5~10% **첨가하여 사립의 사이의 간격을 적게 하고 용금의 침입을 방지**하며 주물사의 강도는 증가하지만 유동성은 감소된다.

마. 산화철

코어사에 많이 사용하는 것으로 1~2%의 산화철(Fe_2O_3)을 첨가하면 1250~1350℃에서의 고온강도가 2~3배로 증가하게 되며 주형표면의 용탕의 침입을 막아 패임(scab)을 방지한다.

이것은 산화철이 규사와 반응하여 생긴 유리와 같은 규산염이 사립사이를 메워주기 때문에 소착을 일으키는 장소에 부분적으로 사용할 때가 있는데 이것은 적홍색 빛깔로서 그 사용장소를 확실히 식별할 수가 있다. 〈표 2-4〉는 주로 사용되고 있는 첨가제의 종류 및 용도를 나타낸 것이다.

표 2-4 첨가제의 종류와 사용목적

첨가제	첨가량	사용목적	비고
곡분	2.0% 이하	습태·건태강도 및 붕괴성 향상	
피치	3.0% 이하	Fe계 주물의 고온강도증가, 주물표면 향상	코크스의 부산물
아스팔트	3.0% 이하	〃 〃	석유정제시 부산물
시콜	2~8%	표면 미려, 후처리작업 용이	주철에 사용
흑연	0.2~2.0%	조형성 향상, 표면 미려	
연료용기름	0.01~0.1%	조형성 향상	
목분, 쌀겨	0.5~2.0%	완충재, 붕괴성, 유동성 향상	200 메시 이상
규사분말	5~10%	고온강도 증가(침투방지)	사용
산화철	1~2%	고온강도 증가	

4 도형제

주물사로 조형된 주물은 입자간에 틈이 생기며 점결제나 첨가제의 첨가에 따라 내화도가 떨어지는 수가 많다. 따라서 용금의 물리적 침투나 화학반응이 일어나는 것을 막고 주형표면을 곱게 하기 위하여 주형표면에 도장을 하는 것을 도형제(coating agent)**라 하고 도형제는 흑연, 숯가루, 운모분말, 활석가루 등이 있다.**

가. 흑연 및 숯가루

주형의 내화도를 높이고 환원가스를 발생시켜 주는 것으로 흑연이나 숯가루 등의 탄소계 물질이 많이 사용되는데 탄소성분이 많고 회분이 적을수록 좋다. 사용할 때에는 건조된 분말을 생형에 뿌리거나 붓으로 바르는 방법 및 점토나 당밀 등을 혼합하여 건조형에 도형하는 방법이 있다.

나. 운모분말

일반적으로 활석(talc)분말이 많이 쓰인다. 이것은 분말 그대로 사용할 때가 많지만 내열성이 작기 때문에 대형주물에는 사용할 수가 없고 너무 많이 사용하면 용탕에 섞여 들어가기 쉽다. 주철주물계에서는 주로 탄소계의 것이 단독 또는 점결제와 혼합하여 사용되지만 양질의 운모분말, 활석분말 등은 단독으로 사용된다.

다. 도형제의 역할과 구비성질

(1) 도형제의 주요역할

① **용융금속의 주형표면애서 주물사의 입자 사이로 침투되는 것을 방지한다.**

② **용융금속의 주입시 주형표면의 모래소착(sand burning)을 방지한다.**

③ **주물표면을 아름답게 유지한다.**

(2) 도형제가 구비해야 할 성질

① **도포성이 양호할 것**

② **도형제가 주형의 모래 입자 사시에 침투하는 침투성이 양호할 것**

③ **도형제를 용해시킨 용제가 주형의 점결제를 용해하지 않을 것**

④ **도포한 조형제의 층이 건조시와 용탕주입시에 균열, 박리를 일으키지 않을 것**

⑤ **용융금속을 주입시에 모래 소착현상이 일어나지 않을 것**

⑥ **열전도성이 낮아 용융금속의 열을 주형에 전달하는 속도가 느릴 것**

5 이형제

조형 작업에 상형과 하형을 쉽게 분리하기 위하여 또는 원형이 주물사에서 쉽게 빠지도록 분할면이나 원형 표면에 뿌리거나 바르는 것을 이형제(parting agent)라 한다.

때로는 분리사라고도 하며, 고운 규사나 점토분에 없는 강모래를 사용한다. 원형의 분리에는 니스, 락카, 실리콘유(silicon oil)등이 주로 쓰인다. 실리콘유는 경화 온도가 높고, 또 화학적으로도 안정하며, 이형성이 우수하여 기계 조형에 많이 쓰인다.

제3절 | 주물사 배합 및 재생 처리법

1 주물사 배합

가. 주철용 주물사

일반주철의 주입온도는 1350~1400℃ 가량으로서 주강에 비하여 높지 않으나 탄소의 함유량이 많은 것은 비교적 주입온도가 낮다.

그러나 강 스크랩(steel scrap)이 많이 배합된 것이나 합금주철 등은 주입온도가 높아서 100℃ 이상의 차이를 가져온다. 따라서 주철용 주형에 사용되는 주물사는 천연사보다는 합성사나 배합사가 많이 쓰인다.

(1) 생형사

생형에는 주로 산사(山砂)에 통기성과 점결성을 증가시키기 위하여 석탄분, 점토, 규사 등을 배합하며 산사는 천연적으로 수분과 점토성분이 있으므로 그대로 사용하는 경우가 많다.

생형사(生型砂)의 주요 특징은 통기성이 좋고, 주물표면이 아름답고, 사립이 가늘고, 내구성이 높고, 성형성이 풍부한 점 등이다.

보통 소결점은 1070℃, 연화점은 1450℃정도의 모래가 쓰인다. 내화도가 높은 세립의 좋은 산사를 쓰면 주물표면에 운모(雲母)나 흑연을 바르지 않아도 모래가 잘 떨어지고 주형표면이 곱다.

생형에 쓰이는 건조 주형에는 산사에 40~50%석탄분을 섞은 것이 좋다. 작은 주물용 코어에는 오일샌드(oil sand)가 많이 쓰인다.

(2) 건조형사

건조형사(乾燥型砂)는 주로 하천사, 해사(海砂)와 같은 규사에 점토를 넣어서 혼합하고 필요에 따라서 코크스분(cokes粉), 기타 등을 섞어 적당한 수분을 가하여 성형성을 좋게 한다. 또 볏짚, 톱밥 등을 넣어 적당한 점성을 준 것도 있다.

외형 건조형사는 사립이 균일하며 너무 둥근 입자는 강도가 약하므로 각(角)이 있는 입자가 좋다. 대형 주물과 중형 주물에는 강도와 통기성을 좋게 하기 위하여 입자가 큰 것을, 소형 주물에는 입자가 적은 것이 좋다. 이것들을 혼사기에 혼련하면 모래중의 장석 등과 같은 풍화물은 가루로 되고 규사의 알맹이만 남는다. 그러므로 점토를 넣지 않아도 다소 점성이 있으나 부족하기 때문에 점토와 물을 첨가해야 한다.

점토는 그대로 점토수로 하여 사용하거나 한번 구어서 유기물들을 제거하고 이것을 가루로 해서 물을 첨가하기도 한다. 이상의 배합등으로 통기성이 좋지 않으면 톱밥, 볏짚 같은 것을 넣고 내화도가 낮을 경우에는 규사 등을 배합한다. 소착에 잘 견디고 성형성을 증가시키기 위하여 코크스나 콜 파우더(coal powder)를 혼합한다. 코크스는 성형성을 향상시키고 건조형에서는 형을 강화시키는 일이 없고 다량 사용하여도 모래의 점결성이 떨어지지 않으므로 소착을 방지하는데 효력이 있고 두껍거나 용탕이 씻기는 부분에는 주물에 모래가 붙지 않으므로 보통 7~40%, 석탄분 2.4~4%, 흑연 2~0.8%, 톱밥 5~11% 가량 쓴다. 그러나 외형에는 톱밥이나 볏짚 등은 많이 쓰지 말고 통기성을 좋게 하여야 한다. 그러므로 건조형의 모래 배합과 고려해야 하며 통기성, 내화성, 경도 등을 고려해야 한다.

나. 주강용 주물사

주강은 주입 온도가 1530~1560℃로서 매우 높기 때문에 주입할 때 주형과 용탕간에 화학반응이 일어나기 쉽고 주형의 표면사가 소착되는 수가 많다. 원료사는 일반적으로 순도가 높은 이산화규소(순도 95% 이상)를 많이 사용하고 있으며 특수한 경우에는 표면사로 지르콘사나 올리빈사가 이용된다. 또 점토의 양이 많으면 내화도가 낮으므로 그 첨가량을 최소로 하는 것이 좋다.

대형 주물일 때는 용탕이 모래입자 사이에 침투 소착되는 것을 방지하기 위하여 규석가루나 그 밖의 것이 사용된다. 즉 주강은 특유한 고온균열이 발생함으로 오일사(oil sand)와 목분을 첨가하여 주형에 신축성을 주는 것이 좋다.

주강 주조용 주형에는 건조형이 많이 사용되는데 무게가 작을 때에는 생형이 사용된다. 주형의 수분은 기포 발생의 원인이 되므로 생형에는 수분함유량을 5% 이하로 한다.

다. 구리합금용 주물사

구리합금계 주물의 주입온도는 1150~1200℃로서 원료사의 순도는 높지 않아도 되므로 일반주철형으로 사용하는 것이면 된다. 그러나 합금은 주강에 비하여 주입온도가 낮아 내화도는 크게 필요로 하지 않으나 용융금속의 유동성이 일반적으로 좋지 않고 탕구계를 크게하여 강하게 주입하므로 주형은 약간 견고하고 또 주형의 접촉면도 밀도가 높고 부드러워야 한다.

특히 청동과 같이 주석(Sn)을 함유하는 합금은 주물사의 입도가 크면 그 사이로 주석이 침입하여 주물표면이 거칠게 되기 쉽기 때문에 주물사는 강도를 증가시킨 표면사를 사용한다. 일반적으로 천연사는 생형과 건조형에 쓰인다. 주형중의 수분은 용탕과 반응을 일으키기 쉬우므로 생형에서는 수분을 되도록 적게 하는 것이 좋다. 도형제로서는 작은 주물품의 생형에는 활석 또는 운모분 등이 이용되며 대형에는 흑연계가 사용된다.

라. 알루미늄 합금용 주물사

알루미늄 합금계 주물의 주입온도는 670~760℃로서 원료사의 순도는 문제가 되지 않으나 무게가 가벼운 소형주물에는 깨끗한 주물표면이 요구된다. 일반적으로 생형에는 70~150 메시의 고운 자연사의 사용된다.

알루미늄 합금계 주물은 주입할 때 주형과의 열반응으로 용탕이 끓어 올라오기 쉬우므로 주물사의 수분 관리가 중요하다. 또 용융금속에 마그네슘 함량이 많으면 주형속에서 용탕의 산화가 일어나기 쉬우므로 주의해야 한다.

마. 마그네슘 함금용 주물사

대기 중에서 연소되기 쉬운 성질을 가지고 있으므로 주입할 때 용탕에 인(P)분말을 뿌려주고 또 생형을 일 때에는 함유수분 중의 산소와 반응하여 산화되어 때에 따라서는 폭발할 위험도 있다. 또 산화물은 원금속(original metal)보다 무거워서 생성된 산화물을 주조방안에 의하여 주형 밖으로 제거하기 매우 어려우므로 산화를 방지하고 대기중에서는 황분말을, 주형의 주물사에는 황 또는 암모니아수(NH_4OH)를 섞어주면 된다. 또 건조형이나 코어형일 때에는 암모니아수를 뿌려준다. 마그네슘합금에 사용되는 주물사는 다른 주물사와 구분하여 사용한다.

2 주물사의 재생처리법

가. 주물사의 노화현상

주물사는 반복 사용할수록 노화되어 간다. 주성분이 규사와 점토이므로 노화의 현상은 이 두가지 외에 **금속산화물에 의한 노화**이며 다음과 같다.

① **사립이 열로 인하여 붕괴되어 가늘게 되어가는 현상**
② **점토가 점결력을 잃어가는 현상**
③ **금속산화물의 혼입 등이다.**

(1) 규사의 노화현상

규사는 온도에 따라서 수축과 팽창을 하며, 주조작업에서는 매우 빨리 가열되기 때문에 입자에 균열을 일으킨다. 처음에는 투명한 것이라도 용탕과 접촉 및 용탕과 가까이 있는 것들은 유백색으로 변하는데 이것은 사립의 내부에 균열이 발생된 것을 뜻한다. 균열이 된 사립은 자연 시효와 조형할 때 다져주는 외력에 의하여 쉽게 분쇄되어 이러한 사립의 변화가 주물사의 노화를 가져오게 된다.

(2) 점토의 노화현상

주물사의 점결제로서 많이 쓰이는 것은 점토이며 점토의 점결력은 점토가 갖는 화합수(결합수)와 관계가 크며, 보통 550~600℃에서 소실된다. 즉 주형의 용탕에 접촉된 부분의 화합수는 모두 소실되며 화합수를 잃은 점토, 즉 점결력을 잃은 점토는 주물사 중에서 단지 미분으로 존재하므로 좋지 않다.

주입회수가 많아지면 주물사는 타서 부서지고 또 사립의 노화와 점토의 노화에서 오는 미분이 증가되며 이러한 영향을 받아 통기성을 저하된다. 또 점토는 600℃ 이상으로 건조되면 점결력을 잃게 되므로 대체로 600℃를 점토의 노화온도라고 한다.

(3) 산화물의 혼입

주형에는 고온의 용탕이 주입되기 때문에 주형내의 모래 및 점토의 일부는 분해를 일으켜 유리규산을 생성시킨다. 이것이 주입금속의 산화에 의하여 생기는 FeO와 반응하여 저융점의 슬래그를 생성하고 가스를 발생시키므로 주물에 여러 가지 기공이 생긴다.

또 녹는점이 낮은 주형사는 소결 및 소착을 일으켜 주물표면이 거칠어지므로 이들 산화물은 혼입되지 않도록 주의해야 한다.

나. 주물사의 재생 처리법

주물사의 재생처리는 주물사의 사용회수가 많아짐에 따라 노화되어 그 질이 낮아지고 계속해서 주물사로서의 가치를 잃게 되므로 이것을 재생처리하여 그 질이 복원될 수 있도록 한다.

주물사의 처리는 국부처리와 전체처리가 있으며, 전체처리 방법에는 건식과 습식처리 방법, 가열처리법이 있다.

(1) 국부처리

주입작업을 한 주형에서 주물 제품만을 꺼내면 주물제품에 가까운 주물사는 건조되어 제품에 붙어나오고 주형을 형성하고 있던 대부분의 주물사는 공장 바닥에 남게된다. 주물제품 부근의 주물사는 용탕을 주입할 때 높은 온도에서 접촉되어 노화되기 쉽다. 그러므로 **주물제품에 가까이 있는 주물사 만을 처리하는 방법을 주물사의 국부처리라 한다.**

(2) 전체처리법

주형에서 사용한 모래 전부에서 대해서 처리한 것을 전체처리라 하며 보통 주물사의 처리방법으로는 전체처리 방법이 효과적이다.

① 건식처리법 : 이 방법에는 주물사를 건조하는데 가열장치가 필요하고 또 미분이 처리공장내에 쌓여 위생상 좋지 않고 사립의 표면에 붙어있는 배합제 등을 제거할 수 없는 결점이 있으나 처리방법 및 장치가 간단하므로 널리 사용되고 있다. 처리 방법은 [그림 2-6]과 같은 분쇄기를 이용하여 파쇄한 후 [그림 2-7]과 같은 장치에 의하여 주물사를 처리한다.

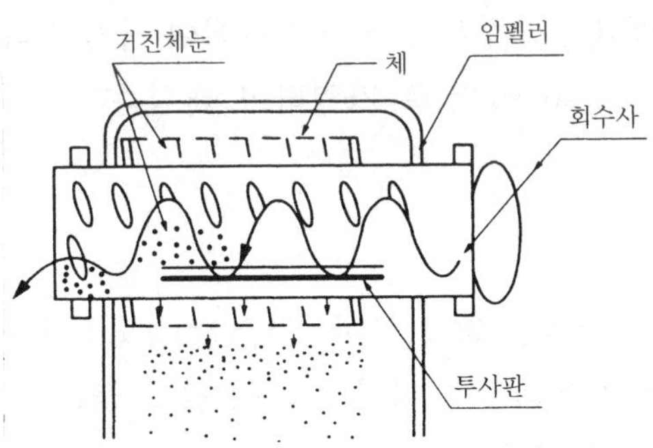

그림 2-6 모래 분쇄기

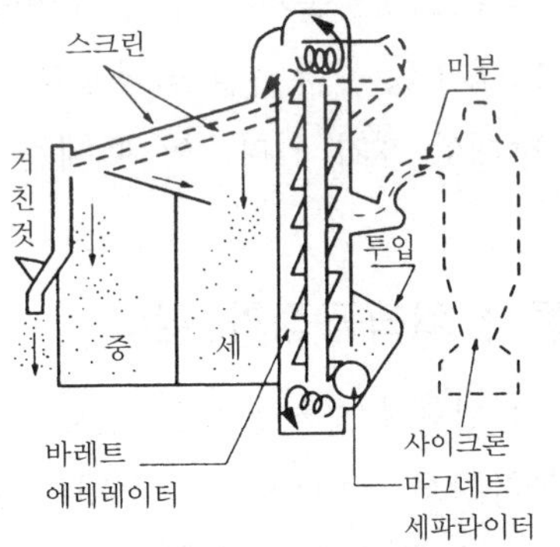

그림 2-7 건식 처리장치

② 습식 처리법 : 습식 처리는 물을 사용하여 주물사를 입도별로 나누며 모래가 거칠수록 빨리 가라 앉기 때문에 적정 사립으로 분리할 수 있다 수용성 점결제나 배합체를 함유한 주물사의 처리에 가장 좋은 방법으로 대개 원형을 띠고 있어 복용성이 양호하다. 주물사의 습식처리는 건식처리에 비하여 미분(dust)이 매우 적으며 [그림 2-8]은 습식 처리장치를 나타낸 것이다.

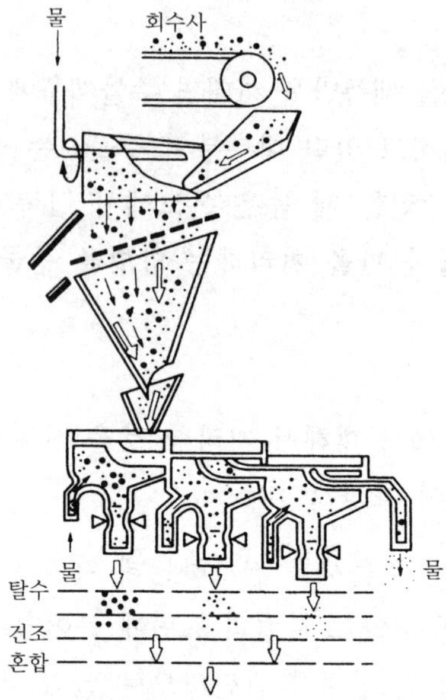

그림 2-8 습식 처리장치

③ **가열처리법** : 주물사는 주형 표면에서는 높은 열에 접촉되거나 표면에서 떨어진 곳에서는 그렇지 않고 유기질 점결제와 유기질 배합체가 주물사 중에 잔류하여 사립의 복용성을 방해할 때가 있다. 이 때에는 주물사를 700~800℃로 가열하여 태워준다.

다. 주물사 처리공정과 설비

주물사를 반복하여 사용하면 점차 통기성과 점결성을 잃고 규사는 575℃ 정도에서 약 2% 정도 팽창하므로 금이 생기고 쪼개지게 되므로 사용회수에 따라 미분이 많고 불순물이 혼입된다. 그러므로 묵은 모래를 처리하고 새로운 모래를 보충하여 주물사로서 기능을 회복시켜 항상 일정한 성질의 주물사를 얻으려면 올바른 배합과 조정이 필요하다. 주물사의 조정과 회수는 [그림 2-9]와 같으며, 주물사 재생처리 공정에 필요한 설비는 〈표 2-5〉와 같다.

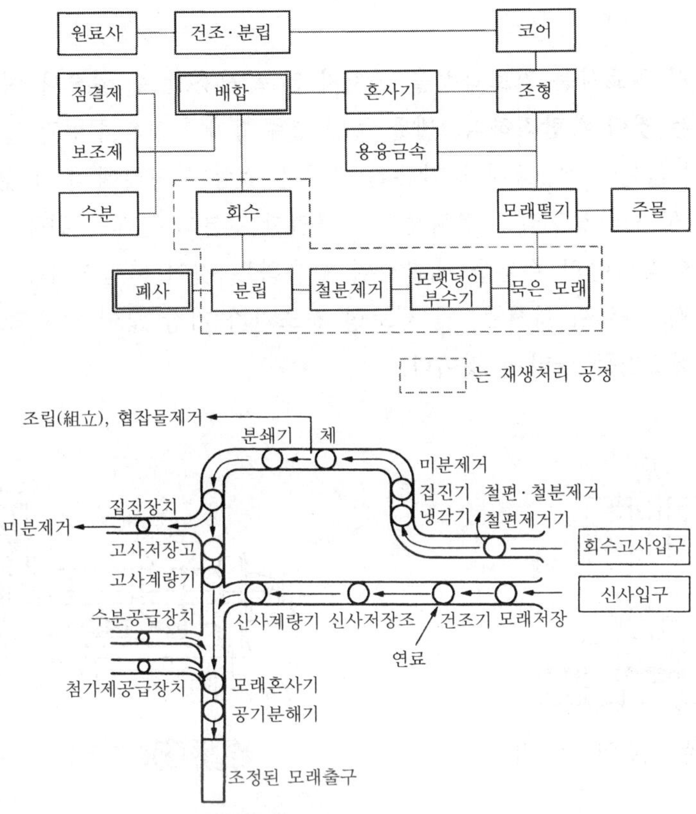

그림 2-9 주물사 처리 공정도

표 2-5 주물사처리 시설 및 기계

설비분류	기계의 종류
건조기(乾燥機)	직화식(直火式)건조기, 가로형건조기, 세로형건조기
분리기(分離機) 분쇄	파쇄식 스크린(breaker screen)
체질	회전식 스크린(rotary screen), 진동식 스크린(vibrating screen)
집진	미분제거기(微粉除去機), 자기(磁氣)분리기, 건조규사회수기
기타	인조규사수세기(水洗機)
냉각기(冷却機)	회전식 모래냉각기, 교반식 모래냉각기
혼사기(混砂機)	샌드밀(sand mil), 믹스뮬러(mix-muller), 간이속련기(簡易速練機) 연속밀, 멀티멀(multi-mull), 회전식 뮬러, 니더(kneader)
혼련기	와류믹서, 심프손믹스뮬러, 스피드뮬러
공기분해기(airator)	디스인테그레이터(disintegrator), 블렌더(blender) 리바이비 파이어(revivifier), 샌드블렌더, 큘레이터
주형 해체용 기계	녹아웃 머신(knock-out machine), 세이크아웃 머신(shake-out machine), 펀치아웃 머신(punch-out machine)
고사(古砂)재생기	건식모래재생기, 습식모래재생기

(1) 모래건조

주물사의 배합시 원료사는 건조과정을 거치지 않고 사용할 수 있으나 여러 가지 면에서 건조시켜 사용하는 것이 바람직하다. 예를 들면 셸주형이나 CO_2 주형과 같이 점결제에 수분을 필요로 하지 않는 경우, 규사에 함유된 수분은 주형의 성질에 좋지 않으므로, 자연사나 재생처리한 주물사의 경우라도 전체적으로 균일한 수분의 분배를 위해서는 일차로 건조한 후에 혼련시에 적당량의 수분을 배합하여 사용하는 것이 바람직하다.

건조기는 직화형, 가로형(회전형) 및 세로형 건조기가 가장 많이 사용되고 있으며 [그림 2-10,11]은 이들 건조기를 나타낸 것이다.

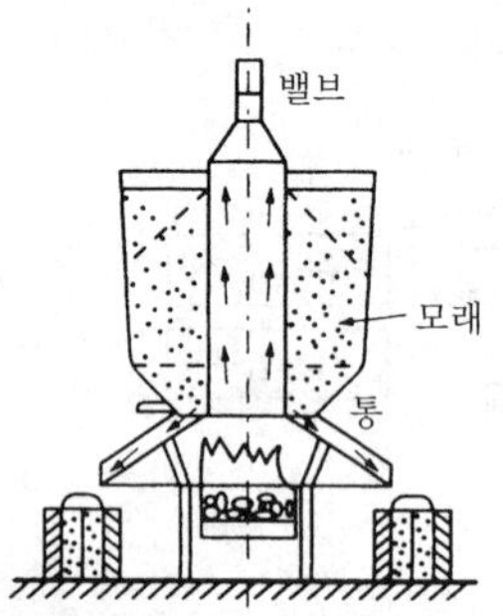

그림 2-10 직화형 건조기

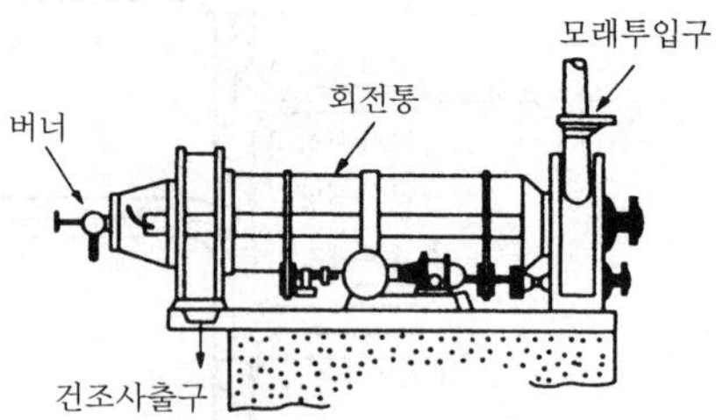

그림 2-11 가로형 건조기

(2) 냉각

건조된 모래나 주형 후 재생처리 공정을 거치지 않고 재사용되는 주물사의 온도는 상당히 높아 배합시 수분 조절이 어렵고 조형시에도 원형에 달라붙어 모형빼기 작업이 어려워진다. 이러한 것을 방지하기 위하여 **건조된 모래나 재사용되는 주물사는 반드시 냉각시켜 사용하여야 하며** 냉각설비로는 회전식, 교반식 모래냉각기 등이 있고 [그림 12-12, 13]은 이들 냉각기를 나타낸 것이다.

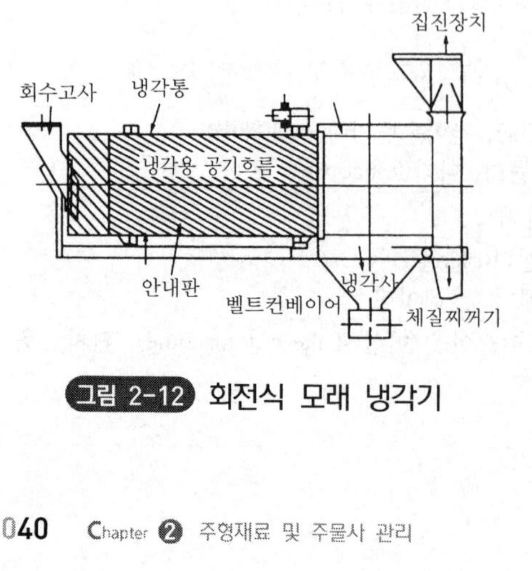

그림 2-12 회전식 모래 냉각기

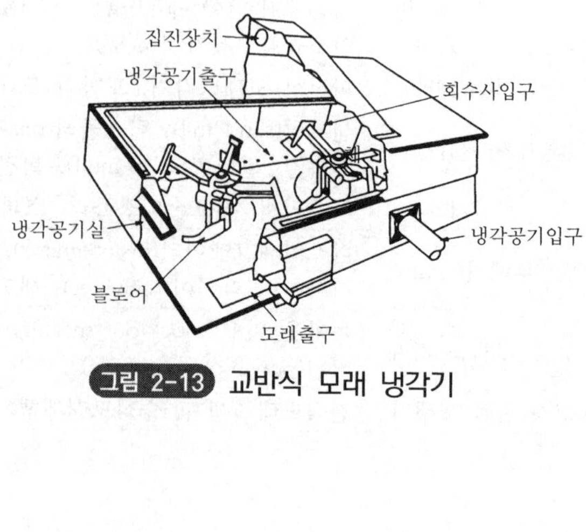

그림 2-13 교반식 모래 냉각기

(3) 체질(screening)

신사속에 들어있는 각종 불순물과, 고사에서는 미분 철편, 철분 등의 개재물을 제거하고 또 재생처리사의 덩어리 모래의 분쇄나 입도조정이 필요하다. 여기에 사용되는 설비는 회전식 스크린, 진동식 스크린, 파쇄식 스크린과 철분제거에 사용되는 자기분리기, 집진설비 등이 있다.

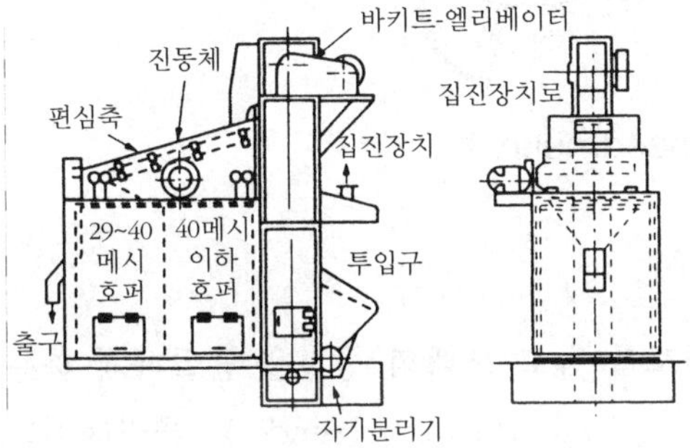

그림 2-14 진동식 스크린

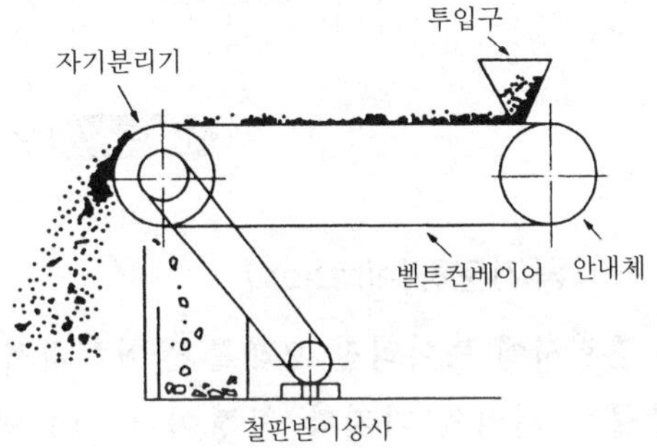

그림 2-15 자기분리기

(4) 혼련

원료사(규사, 자연사, 고사), 점결제, 첨가제 및 물 등을 섞는 작업과 원료사의 표면에 점결제가 고루 피복되도록 하는 작업을 뜻하는 것으로 주물사 처리작업 중의 중요한 공정으로 이 작업에 의해 주물사의 기계적 성질은 크게 변한다.

혼련에서는 잘 조제된 사립자가 가능한 파쇄되는 일이 없도록 주의 깊게 조작해야 한다. 혼련기에는 [그림 2-16, 17, 18]과 같이 여러 가지 있으며 작업 환경이나 목적에 따라 알맞은 것을 선택하도록 한다.

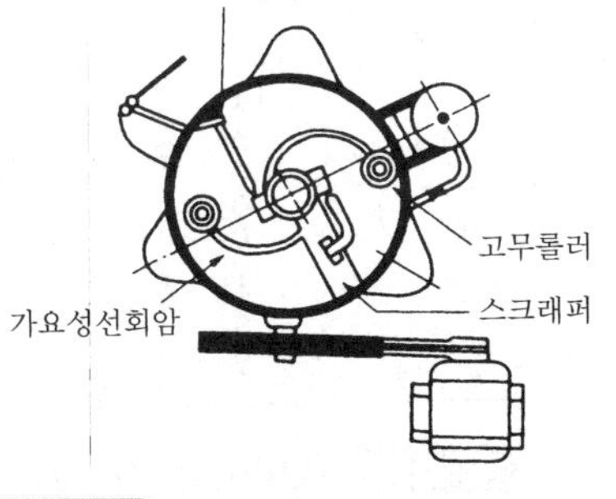

그림 2-16 와류믹서(whirlmixer)

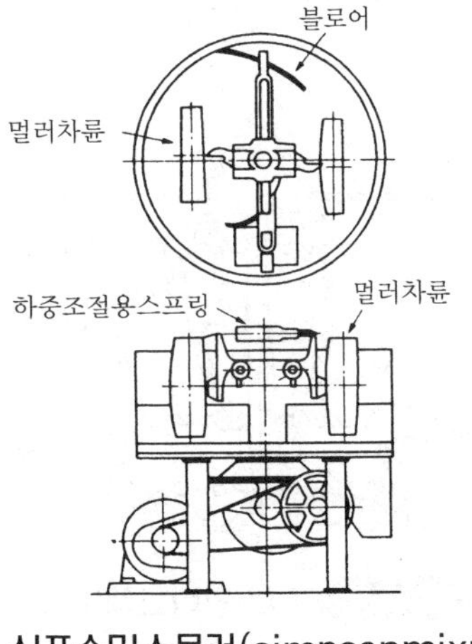

그림 2-17 심프손믹스뮬러(simpsonmixmuller)

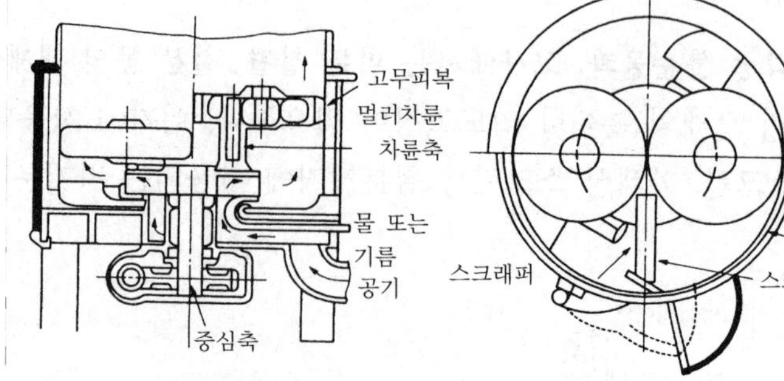

그림 2-18 스피드뮬러(speedmuller)

(5) 공기분해(airation)

혼련시에 덩어리진 모래를 풀어헤쳐서 다지기 쉽도록 하고 모래의 성질을 균일하게 하는 주물사 처리의 마지막 공정이며 사용되는 기구는 샌드블랜더(sand blender), 쿨러레이터(coolerator), 디스인티그레이터(disintegrator), 리비비파이어(revivifier) 등이 있다.

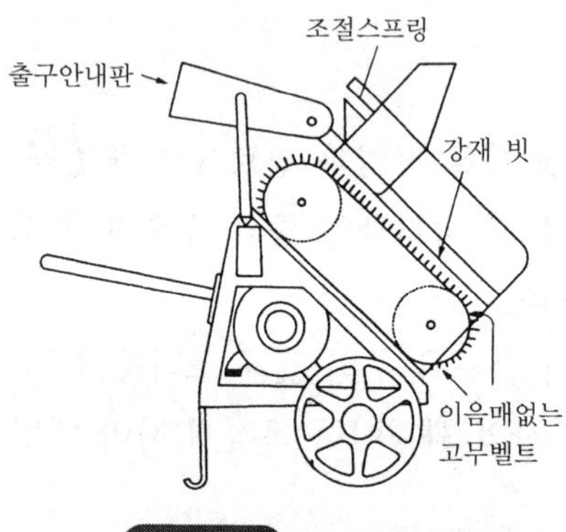

그림 2-19 샌드 블랜더

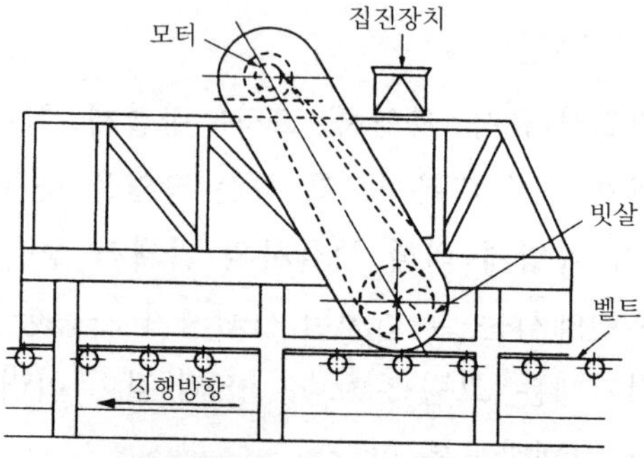

그림 2-20 쿨러 레이터

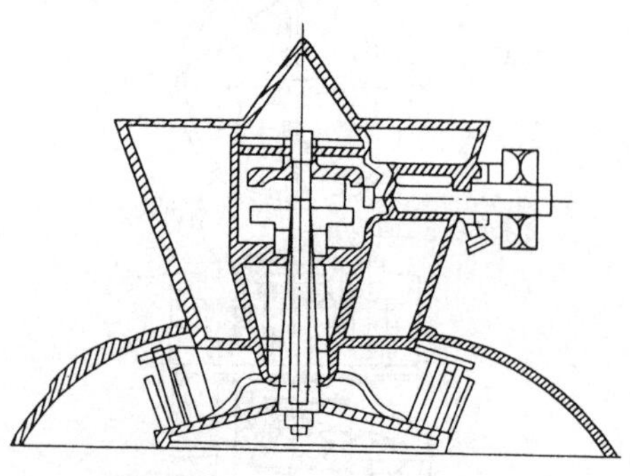
그림 2-21 디스인티그레이터

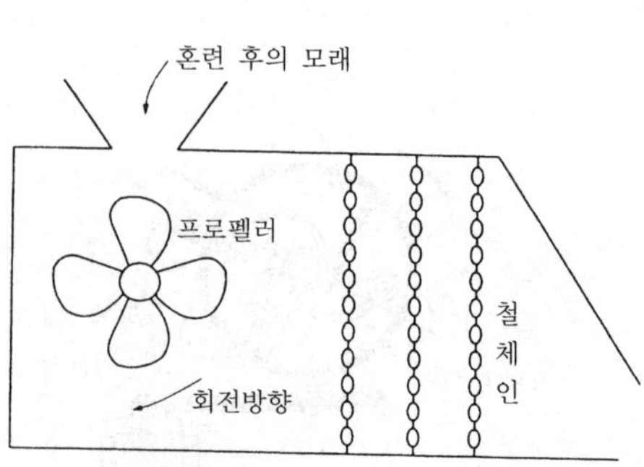

그림 2-22 리비비파이어

제4절 | 주물사 시험법

1 수분측정 시험법(KS A 5305)

주물사에는 알맞은 양의 수분이 함유되어 있는가를 측정하는 시험으로 실험실에서 실시하는 표준시험의 증발법과 모래처리 현장에서 실시하는 신속시험의 카바이드법 및 전기법 등이 있다.

가. 증발법

일반적인 방법으로는 잘 혼련된 시료 50g을 채취하여 105±5℃에서 1~2시간 건조시킨 다음 냉각시키는데 흡습을 방지하기 위하여 데시케이터(decicator)에 넣어 냉각시킨다. 상온으로 냉각된 시료의 무게를 측정하여 다음 식에 의해 수분함량을 결정한다.

$$\text{수분함유량}(\%) = \frac{\text{건조 전 시료의 무게}50(g) - \text{건조 후 시료의 무게}(g)}{\text{건조 전 시료의 무게}50(g)} \times 100$$

나. 카바이드법

현장에서 신속하게 시험할 수 있는 방법으로 일정한 양의 시료와 칼슘카바이드(CaC_2)분을 밀폐된 용기속에 혼합시켰을 때 발생되는 아세틸렌(C_2H_2)가스를 [그림 2-33]과 같은 수분측정기구에 부착된 게이지(gauge) 압력을 측정하여 간접적으로 수분 함유량을 구한다.

다. 전기법

수분을 함유한 주물사에 전류가 흐르기 쉬운 현상을 이용하여 수분을 측정하는 방법이다. 즉 일정한 간격의 전극을 가진 측정구를 모래 속으로 밀어 넣고 전류를 통과시키면 수분이 함유된 상태에 따라 전류가 흐르게 되므로 그 전류량으로 수분의 함유량을 측정한다. 이 방법에서는 모래와 전극과의 접촉에 신경 쓰면 거의 소모품 없이 순간적으로 수분 시험을 할 수 있으므로 매우 능률적이다.

그림 2-23 신속 수분 측정기구

2 점토분 시험법(KS A 5301)

주물사중의 점토분을 사립과 분리시켜 측정하는 시험으로 이 방법은 지름 0.02mm보다 적은 사립도 점토분과 같이 취급한다. **시료는 증발법에 의하여 수분을 측정할 때와 같이 시험하려는 주물사의 대표 시료 약 100g을 취하여 105±5℃에서 1~2시간 건조시켜 데시케이터 중에서 냉각시킨 시료에서 50g을 취하여 시료로 한다. 수분 측정시험을 마친 시료를 그대로 점토분 측정 시험에 이용하면 좋다.**

시료를 다음에 지시한 방법으로 분산시킨 후 사립과 점토분을 분리시켜 남는 사립의 중량을 계산하여 점토분을 구한다.

가. 수세기 또는 끓여서 시료를 분산시킨다.

(1) 회전식 수세기를 써서 교반하는 방법

시료 50g을 [그림 2-24] (b)의 용기 (약2000cc의 용량)에 넣고 물(증류수)475cc와 3%수산화나트륨(NaOH)수용액을 25cc를 가하여 [그림 2-24] (a)의 회전식 수세기에 붙여 1시간 정도 회전시키거나 [그림 2-25]와 같은 점토 분리용 용기에 넣어 교반시킨다.

(a) 겉모양

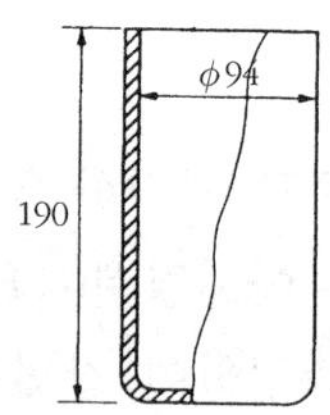

(b) 용기

그림 2-24 회전식 점토분 수세 장치

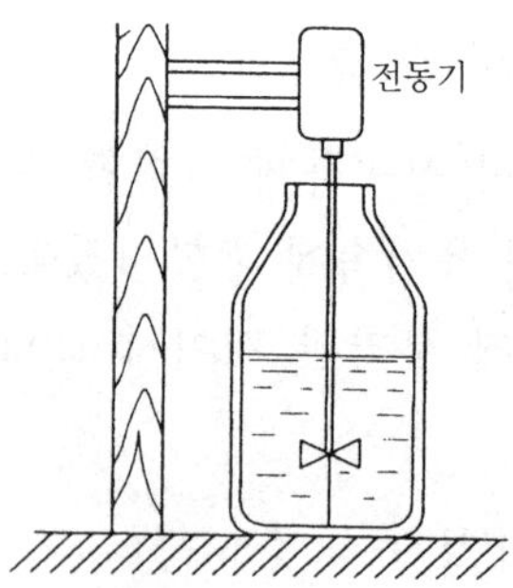

그림 2-25 교반장치

(2) 끓이는 방법

시료 50g을 약 400cc의 증발접시에 옮겨 물 300cc 및 3%수산화나트륨 2.5cc를 가하여 30분간 끓인다. 수분이 증발하여 150cc이하로 되지 않도록 주의해야 한다. 끓이는 것이 끝난 시료는 [그림 2-24] (b)와 같은 용기나 비커(약 200cc 용량의 것)에 옮겨 증발접시 내측에 시료가 남지 않도록 물에 잘 씻은 후 비커중의 물 깊이를 150mm 정도로 한다.

나. 시료에서 점토분만을 분리시킨다.

(1) 사이펀에 의한 방법

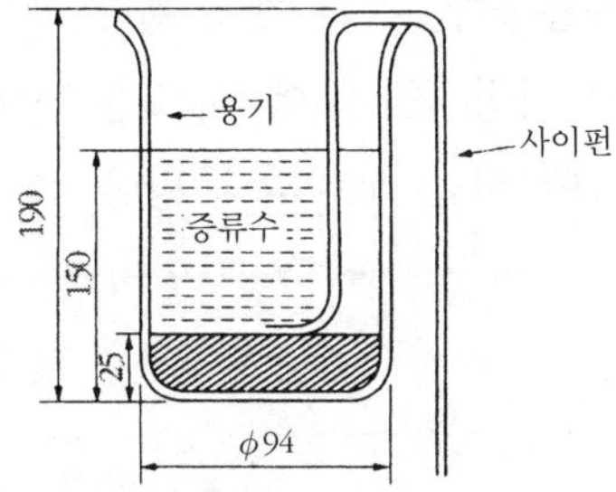

그림 2-26 사이펀법

분산조작이 끝나면 시험기에서 용기를 분리하여 10분간 방치하여 두었다가 [그림 2-26]과 같이 사이펀으로 밑바닥으로부터 25mm 이상의 윗물을 유출시킨 후 여기에 다시 증류수를 150mm 까지 넣고 잘 저어 10분간 두었다가 같은 방법으로 25mm 이상의 물을 따라낸다.

이 과정을 윗물이 맑아질 때까지 반복한 후 용기 안에 남은 모래를 105±5℃에서 충분히 건조시켜 데시케이터중에서 냉각한 다음 그 중량을 측정한다.

(2) 수류터빈법에 의한 방법

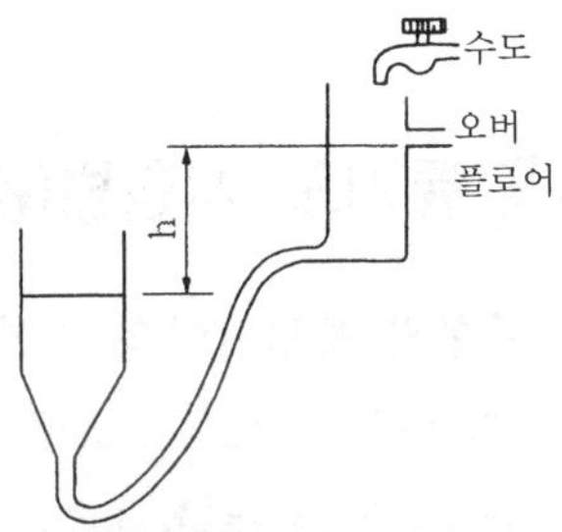

그림 2-27 수류터빈법

분산조직이 끝난 시료를 [그림 2-27]과 같은 수류지그(Jig)병에 완전히 옮겨 그림과 같이 수도관을 배치하여 1분간에 약 260cc의 물을 보내 점토분을 유출시켜 방출수가 깨끗하게 될 때가지 이 조작을 계속한다. 유출수가 깨끗하게 되면 떼내고 시료를 비커에 옮겨 105±5℃에서 수분을 완전히 증발시켜 데시케이터중에서 냉각 한 다음 시료의 중량을 측정한다.

(3) 점토분을 계산하여 값을 구한다.

시료 및 점토분을 분산 분리하고 남은 사립의 중량을 소수점이하 한자리 까지 정확히 측정하고 다음 식에 의한다.

$$\text{점토분}(\%) = \frac{\text{시료의 무게(g)} - \text{남은 모래의 무게(g)}}{\text{시료의 무게(g)}} \times 100$$

이 시험은 같은 종류의 시료를 2회 이상 실시하여 결과가 ±5% 이내의 것을 산출 평균값을 계산하여 그 시료의 점토분으로 한다.

3 입도 시험법(KS A 5302)

주물사의 입도별의 분포를 측정하는 실험으로 시료는 점토분 시험에서 남은 모래전량을 사용한다. 여러 가지 체를 체눈이 큰 순서로 위에서부터 아래로 쌓아놓고 맨 위의 체(체눈이 가장 큰 체)에 시료를 털어 넣은 후 약 15분 동안 체질 한다. 각 입도는 그 체면상에 남아 있는 모래의 중량을 측정하고 다음 식에 의하여 구한다.

$$\text{입도}(\%) = \frac{\text{체면상의 모래(g)}}{\text{시료의 무게(g)}} \times 100$$

단, 여기서 시료무게는 점토분과 모래 무게의 합(50g)으로 한다.

입도시험에 쓰이는 모래체의 체틀직경은 200mm이며 체눈의 크기는 메시로 표시한다. 메시는 1인치(25.4mm)길이 당 체 구멍 개수로 나타낸다.

4 통기도 시험법(KS A 5303)

주형의 사립사이의 크기를 나타내는 값을 통기도라 하며 생형에서는 주입시의 함유 수분과 가스를 밖으로 내보낼 수 있는 정도를 말하고 건조형에서는 건조할 때 수분을 밖으로 배제할 수 있는 정도, 또는 기포의 발생 및 주물표면의 거칠기 등을 나타내는 중요한 값이다.

통기도는 사립의 크기 점결제 의 성질과 양, 다지기 강도 등 여러 가지 요인으로 그 값이 달라지게 되므로 많은 실험과 경험을 바탕으로 주물에 알맞게 사용해야 한다.

가. 표준시험법

주물사의 통기도는 일정한 규격의 시험편을 통해 일정한 압력으로 보내어진 기체가 흐르는 정도를 표시한 값이며 통기도를 구하려면 [그림 2-28]과 같은 표준 시험편 다짐기를 사용하여 직경 50mm 높이 50±1mm의 원통형 표준시험편을 제조해야 하며, 내경 50mm의 원통형 강철 파이프에 적당량의 주물사를 표준다짐기에 넣고 세번 다져서 높이가 상기의 오차범위 내의 것만을 시험편으로 하는데 이때 시료의 중량은 주물사의 종류에 따라서 조금씩 차이가 생기므로 여러회 실험을 거쳐 알맞은 시료의 중량을 결정해야 한다.

이와 같이 만들어진 시험편을 [그림 2-29]와 같은 통기도 시험기에 올려 놓고 이 시험편을 통해 일정 압력으로 2000cc의 공기 흘려 보내는데 시험편 앞 뒤에서의 압력차이와 공기가 완전히 통과하는데 소요된 시간을 측정하여 다음과 같은 식으로 통기도를 구한다.

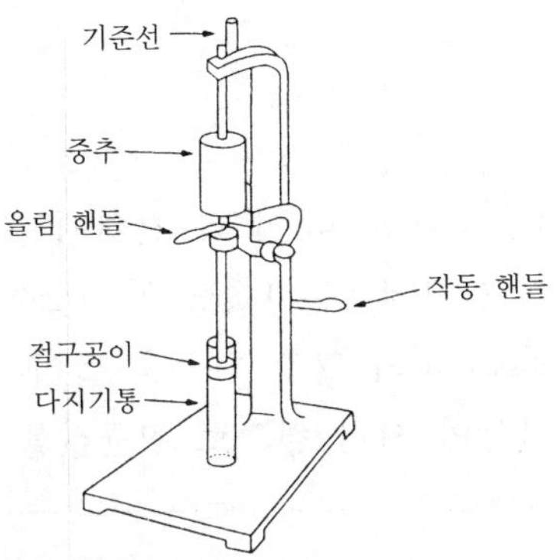

그림 2-28 표준시험편 다짐기

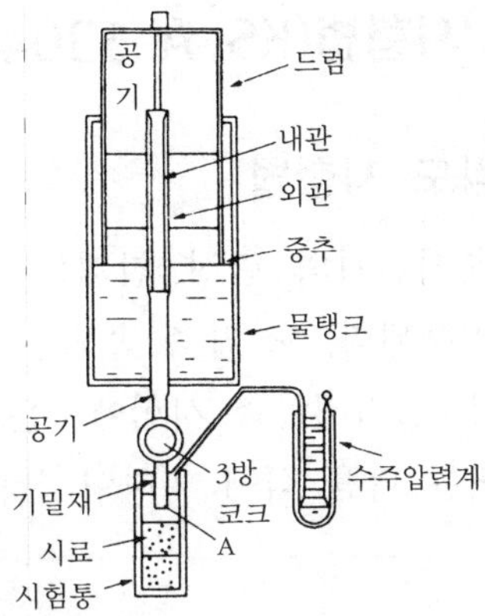

그림 2-29 통기도 시험기

$$\text{통기도} = \frac{V \times h}{P \times A \times t}$$

- V : 시험편을 통과한 공기의 양(cc)
- h : 시험편의 높이(cm)
- P : 시험편 상하의 압력차이에 의한 수주높이(cm/Hg)
- A : 시험편의 단면적(cm^2)
- t : 공기가 통과하는데 걸리는 시간(min)

나. 속성시험법

현장에서 신속한 처리를 위해 이용되는 방법으로 동일한 통기도 시험기를 사용하는 오리피스(orifice)법이 있다.

이 신속법은 상온하에서 오리피스에 의하여 일정한 유속을 가진 공기가 소정의 시험편을 통과 배출되는 동안에 일어나는 공기압이 일정하였을 때의 수치를 측정하여 통기도를 결정하는 방법이다.

오리피스는 작은 오리피스(지름 0.5mm)와 큰 오리피스(지름 1.5mm) 두가지가 있는데 통기도가 40이하일 때 작은 것을 그 이상일 때는 큰 것을 사용한다.

5 강도 시험법(KS A 5304)

가. 압축강도 시험법

일반 압축시험기의 측정 한계는 습태에서는 1.3~1.4kgf/cm^{2}이고, 건태에서는 6.5~7.0 kgf/cm^{2}이 적용된다. 또 압축 속도는 보통 습태압축 시험에서는 1초당 약 30gf/cm^{2}로 압축 하중을 가하고, 건태압축 시험에서는 1초당 약 150gf/cm^{2}의 압축 하중을 걸어 파괴한다.

압축 강도는 다음 식에 의하여 산출하며, 3회 이상의 시험 결과로 평균값을 구한다.

$$\sigma_c = \frac{W}{A}$$

σ_c : 압축강도(kgf/cm^2)
W : 시험편이 절단되었을 때의 하중(kgf)
A : 시험편의 단면적(cm^2, 19.6cm^2)

나. 항절강도 시험법

시험편은 넓이 10mm, 길이 50mm의 홈통중에 시료를 넣고 높이 10±1mm로 되게 다짐기로 3회 다져서 장방체의 시험편을 만들어 시료를 빼내는 봉으로 눌러 빼낸다. 다음에 매초 약 1g의 하중을 가하여 다음의 식에 의하여 항정 강도를 구한다.

$$\sigma_t = \frac{3LW}{2b\,h^2}$$

σ_t : 항절강도(kgf/cm^2)
L : 항절대의 지점간 거리(cm)
W : 시험편이 절단되었을 때의 하중(kgf)
b : 시험편의 넓이(cm^2)
h : 시험편의 높이(cm)이다.

6 표면경도 시험법(KS A 5304)

주형의 다짐 경도를 측정하는 시험으로 경도계는 생형용과 건조형으로 구분한다. 생형경도계는 [그림 2-30]과 같이 스프링 강구를 주형 표면에 눌렀을 때 강구가 주형표면에 들어간 깊이를 다이얼 게이지로 읽을 수 있도록 되어 있으며, 건조형에 사용되는 경도계는 [그림 2-31]와 같이 칼날을 사용한다.

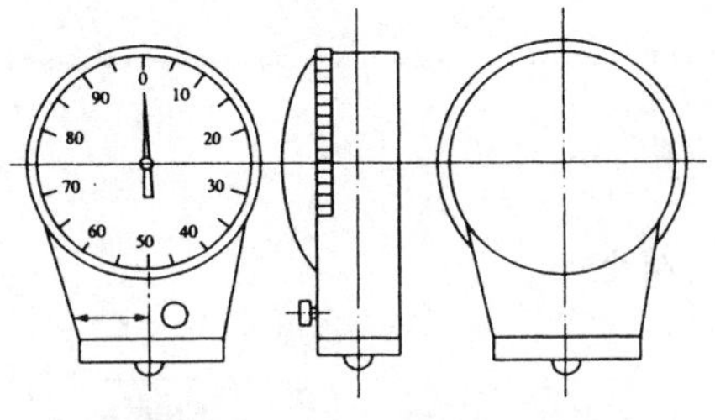

그림 2-30 생형경도계(표준형)

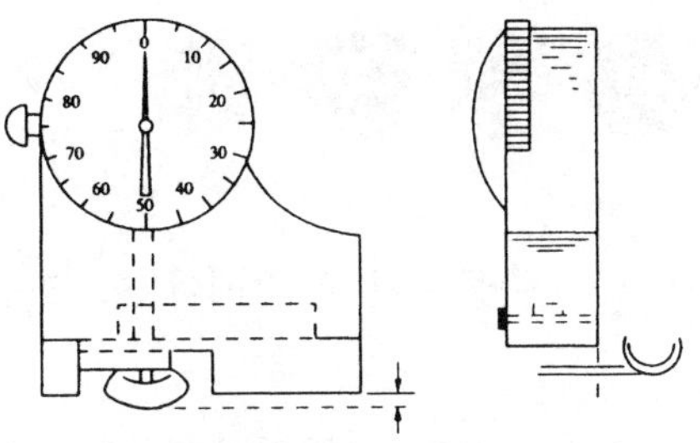

그림 2-31 건조형경도계

일반 생형사를 손으로 다졌을 정도는 30~40이며, **기계조형시는** 65~85, **강질주형**(rigidmould)**과 같이 특수한 것은 90이 넘는 것도 있다.**

일정한 주물사를 사용할 때에는 [그림 2-32]와 같이 경도만 알면 주형의 항압력이나 통기도를 짐작할 수 있으므로 유리하다.

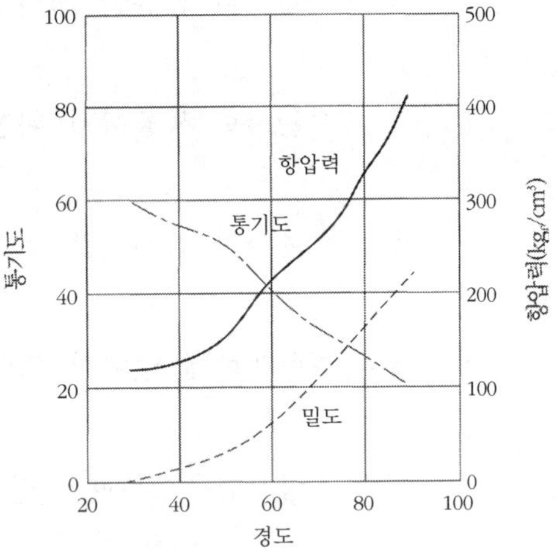

그림 2-32 경도와 기타 성질과의 비교

익힘문제

1 주물사가 구비해야 할 조건을 쓰시오.

2 규사의 화학성분에 대하여 설명하시오.

3 주물사의 종류를 쓰시오.

4 주물사로 사용하기 위한 점결제의 구비 조건을 쓰시오.

5 주물사의 첨가제란 무엇이며 첨가제로 사용하는 재료를 쓰시오.

6 주형재료에 있어서 도형제에 대하여 설명하시오.

7 조형작업을 할 때 사용하는 이형제에 대하여 설명하시오.

8 주물사의 노화현상에 대하여 쓰시오.

9 주물사의 혼련작업을 설명하시오.

10 지르콘사(zircone sand)에 대하여 설명하시오.

11 지르콘사의 화학 성분을 쓰시오.

12 주물사의 첨가제로서 산화철(Fe_2O_3)을 첨가하는 이유를 쓰시오.

13 사립자의 크기에 대한 표시법을 설명하시오.

익힘문제

14 도형제가 구비할 성질에 대하여 쓰시오.

15 주물사의 분쇄나 입도 조정에 사용하는 설비를 쓰시오.

16 주물사의 수분측정법에서 표준시험법에 대하여 쓰시오.

주 조 응 고 학 Chapter

03

원형 및 주형제작법

제1절 원 형 | 제2절 주 형 | 제3절 기계 조형법 | 제4절 코어 제작법

Chapter 03 주조응고학

원형 및 주형제작법

제1절 | 원형

1 원형재료

원형에는 목재 이외에 금속, 석고, 플라스틱 등이 사용되고, 정밀주조법에서는 왁스가 사용된다. 이 중 **목재가 가장 많이 사용되는 이유**는 다음과 같다.

① **금속에 비하여 재료비, 가공비가 싸며, 특히 대량생산과 특별한 정밀도를 고려하지 않는 경우에 유리하다.**

② **금속, 석고보다 가볍고 가공성이 좋으며 취성이 적다.**

③ **합성수지에 비하여 값이 싸며, 소량의 경우에는 가공비가 저렴하다.**

반면에 목재원형의 결점은 다음과 같다.

① **재질이 불균일하고 온도, 습도에 의한 신축이 있기 때문에 치수 변화의 원인이 된다.**

② **주조에 의하여 제작되는 것이 아니므로 대량생산에는 좋지 않다.**

③ **기계적 강도가 금속 및 합성수지보다 약하며, 치수의 정밀성을 유지하지 못한다.**

원형용 목재로서는 소나무, 회나무, 박나무, 벚나무, 마호가니(mahogany), 티크(teak)등이 있으며 회나무는 수축이 적어서 고급에 속하고 삼나무는 온도, 습도 등에는 수축이 크나 대형의 주형용 재료로서는 저렴한 편이다.

한편 같은 종류의 목재라도 나무의 연륜, 나이테, 중심과 외주부 등의 차이에 따라 재질이 달라지는 것이 보통이나 대체로 건조시키면 수축되고, 건조한 목재를 습기가 있는 공기중에 놓아두면 팽창하게 된다.

[그림 3-1]에서 환목을 오른편 그림과 같이 평행으로 절단하여 판재로 하면 건조됨에 따라 변형하는 형상이 수축 방향에 차이가 있으므로 원형으로 사용할 때에는 그 특성을 고려하여 충분히 건조한 것을 사용해야 한다.

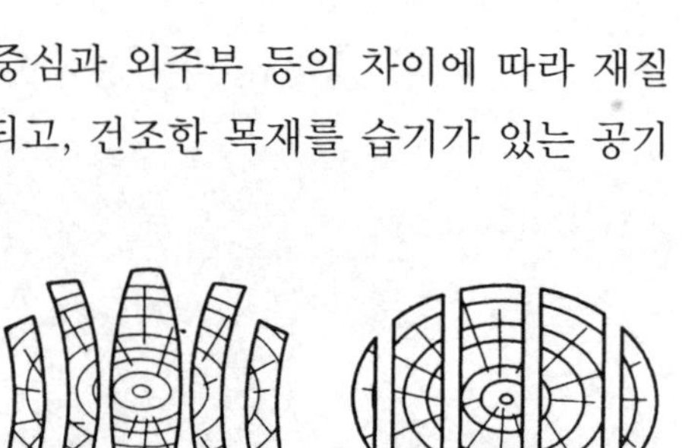

그림 3-1 목재의 수축변형

금속제 원형은 마모, 파손, 변형이 적고, 표면이 매끈하여 형을 꺼내기가 쉽다. 또 미세한 부분의 가공도 가능하며, 주물이 대량 생산될수록 원형의 재료비, 가공비는 비싸지만 제품의 원가에는 영향을 미치지 않아 기계조형용 원형에 적합하다.

석고원형에는 복잡한 형상을 정확히 만들 수 있으나 취성이 크고 흡습되어 소모하는 것이 결점이다. 흡습은 방습도장을 하면 실용상 지장이 없으며, 취성은 골조(skeleton)로서 보강할 수 있으나 표면의 파손은 방지할 수 없다.

수지원형은 흡습성이 없어 도장이 필요없고 표면의 청정이 매우 용이한 장점이 있다. 아직 성형기술이 부족하여 핀홀 등의 결함이 원형표면에 발생하여 수율이 불량하다.

2 원형의 종류

가. 재료에 따른 분류

원형은 주조할 주물의 크기, 형상, 정밀도, 수량 및 조형재료 등에 따라 여러 가지 재료가 사용되나 가장 많이 쓰이는 것은 목재이다. **목재로 만든 원형을 목형(wooden pattern)**이라 하고, 가공이 용이하며 제작비용이 적게드는 장점이 있다. 원형제작용 목재는 수분함유량이 8~10%가 넘지 않도록 미리 건조한다.

주철, 구리합금, 알루미늄합금 등의 금속을 사용하여 만든 원형은 금속원형(metal pattern)이라 하며 제작비가 비싸고 내구성과 정밀도가 높으며 다량생산용으로 많이 이용된다.

이외에 현물원형, 석고원형, 합성수지원형, 풀몰드(full mould)원형 등이 있다. 풀몰드원형은 발포성수지를 재료로 해서 만든 원형으로서 이것을 주형속에 넣고 그대로 용탕을 주입하면 발포성수지가 연소 소실되어 생긴 공간으로 용탕이 들어가서 주물이 된다.

나. 구조에 따른 분류

(1) 현형(solid pattern)

[그림 3-2]는 **주물과 동일한 형상으로 단체형(one piece pattern)이 가장 기본적인 것**으로 원형의 형상이 주물과 비슷하여 작고 단단한 주물생산에 많이 이용된다.

분할형(split pattern)은 원형을 두 쪽으로 나누고 이것을 다월(dowel)로 맞춘 것이고 조립형(built-up pattern)은 복잡한 형상이나 대형 원형을 여러 부분으로 분할해서 맞춘다.

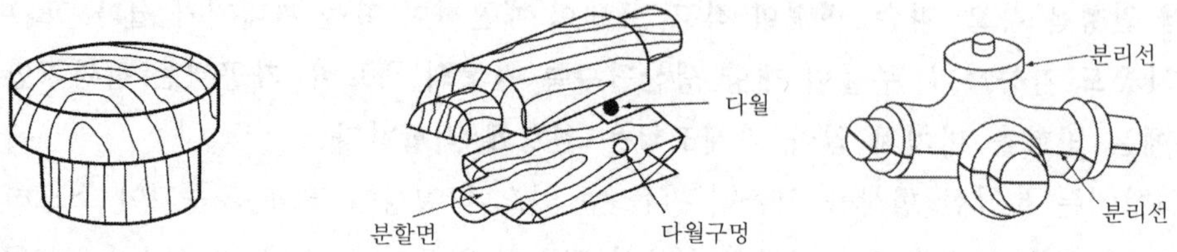

(a) 단체원형 (b) 분할원형 (c) 조립형

그림 3-2 현형

(2) 회전형(sweep pattern)

주물의 반지름 단면과 같은 형상으로 된 회전판을 일정한 중심축 주위에 회전시켜 주형을 만드는 것으로 간편하고 값이 싸나 조형시간이 길고 기술을 요하기 때문에 그 제작선택에 주의해야 한다. [그림 3-3]은 주물의 모양, 원형과 주형의 단면을 나타내었으며 원형, 반원형, 원판상, 차바퀴, 벨트풀리, 기어 소재 등의 형상을 가진 비교적 대형이고 제작 개수가 적은 것에 이용된다.

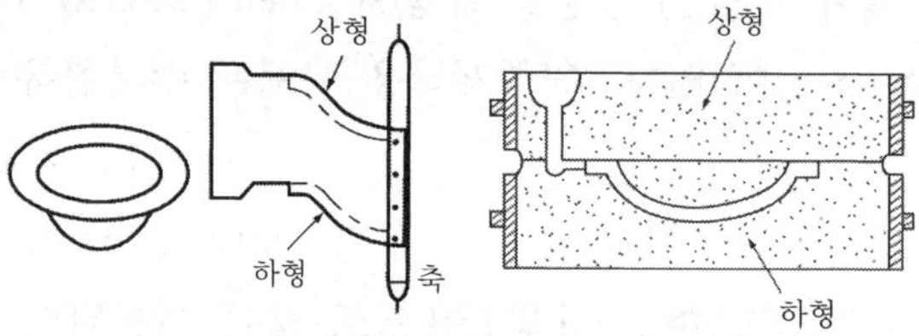

(a) 주물 (b) 원형 (c) 주형

그림 3-3 회전형

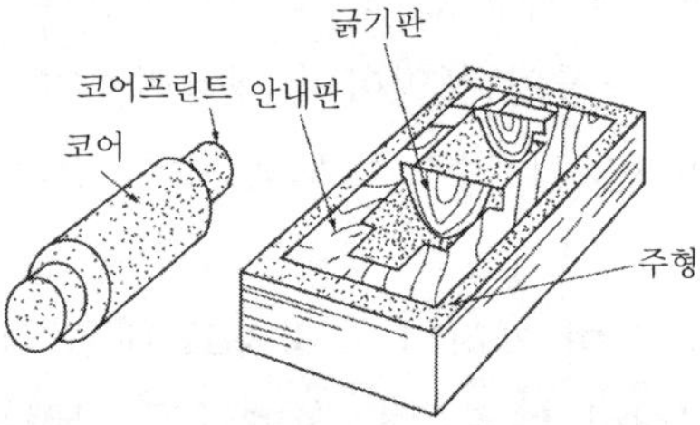

그림 3-4 긁기형

(3) 긁기형(strickle pattern)

[그림 3-4]와 같이 **긁기판을 일정한 안내판에 따라 움직여서 주형을 만든다.**

(4) 골격형(skeleton pattern)

재료의 절약을 위해서 주물 요소 요소에 단면형상을 골격으로 만들어 모래를 붙여 현형을 대신해서 외형의 표면을 만든 것이다. [그림 3-5]와 같이 주물의 형상이 간단하고 대형이며 제작 개수가 적은 경우에 이용된다.

(5) 부분형(section pattern)

[그림 3-6]과 **같은 모양의 부분이 연속되어 전체를 이루고 있을 때 그 일부분에 해당하는 원형을 말한다**. 예를 들면 기어를 만들때 전 원주를 몇 개로 분할한 부분형을 만들어서 주형의 일부분을 완성하고 차례로 전 주형을 완성시키는 것이다.

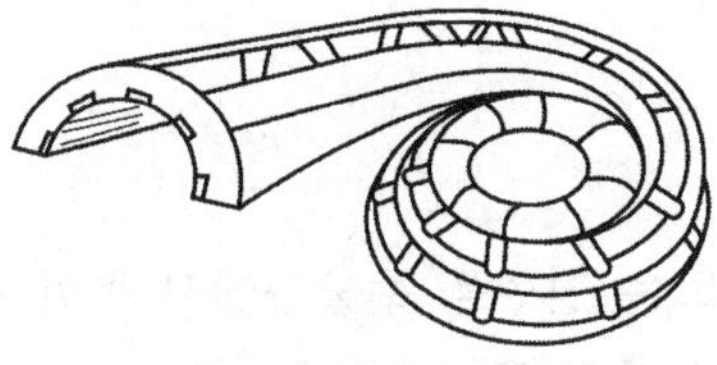

그림 3-5 골격형

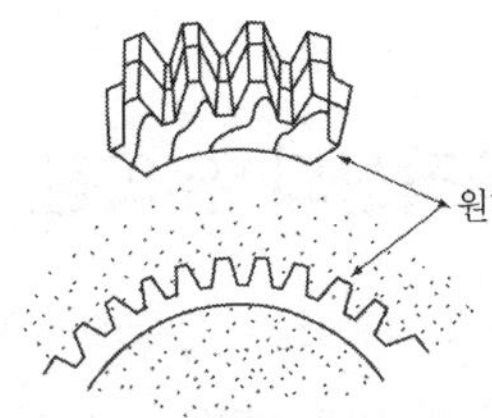

그림 3-6 부분형

다. 특수원형

(1) 마스터패턴(master pattern)

금형원형을 제작하는 경우 특별히 간단한 형상의 주물이 아닌 이상, 목형의 원형을 사용하여 만든 주형에 주입하여 금형을 제작하는 것이다. 따라서 이 원형은 원제품에 대하여 2중의 수축량을 원형에 붙인다. 예를 들면 회주철 부분품의 금속원형을 알루미늄 합금으로 만들때는 회주철과 알루미늄주물의 양쪽 금속의 수축량 합계를 예측하여 원형을 만들고, 금형을 기계절삭 가공할 때는 이 재료의 가공량도 계산하여 원형을 제작해야 한다.

(2) 매치 플레이트(match plate)

소형의 주물로서 대량생산에서는 이 매치플레이트를 사용하는 것이 유리하다. 이것은 상하형 양쪽 원형이 분리선(parting line)을 구성하는 평판의 양쪽에 바로 교착되는 곳에 장치한 것이다. 다시 말하면 이 평판의 양측에 원형을 일체로 하여 주물로 하는 경우, 사전에 미리 평판을 만들어 이의 양측면에 반씩 붙이는 경우와 일정한 넓이의 상 하형에 해당되는 원형을 평판에 해당되는 두께 만큼 두껍게 만들어 끼우는 박는 3종류의 제조법이 있다.

상하를 개별적으로 붙이는 방법에서는 코어의 정위치와 평판의 상하 양면의 평행도가 매우 중요한 문제로 된다. 반씩 맞붙이는 경우에는 상하가 서로 완전히 일치되어야 하고 탕구계, 탕도계도 함께 붙인다. 또한 매치 플레이트로서 대량 생산할 때에는 가급적 조형기를 사용하여 조형하는 것이 매우 유리하다. 이 평판은 각종 금속, 목재 등으로 만들고 있는데 알루미늄합금 등이 유리하며 목재는 휘는 경우가 있어 약간 두꺼운 것이라야 하며 최근에는 내수합판제가 이용되고 있다.

(3) 패턴 플레이트(pattern plate)

두 개의 플레이트의 한쪽에만 맞붙여서 상하 주형을 각개의 조형기로 조형하는 것으로 매치플레이트의 경우보다 큰 대형, 중형용에 적합하며, 조형기를 사용하면 대량생산에 유리하다.

3 원형 제작상의 유의점

원형을 제작할 때에는 용탕의 응고수축, 가공여유 또는 원형을 주물사에서 뽑아 내기에 편리하도록 하기 위하여는 다음과 같은 몇가지의 보정이 요구된다.

가. 수축여유와 주물자

용융금속은 주형속에서 냉각, 응고시에 수축이 생겨 주물이 주형보다 작아지는 현상이 생긴다. 그러므로 주형은 실제 주물보다 수축량만큼 크게 만들어 주어야 하고 이 수축에 대한 보정량을 수축여유(shrinkage allowance)라 한다.

일반적으로 수축량은 재질뿐만 아니라 실제주물의 모양, 크기, 두께, 주입온도, 주형온도, 냉각속도 등에 따라 달라지므로 경험적 자료로 정하는 경우가 많다. 〈표 3-1〉은 금속의 수축의 정도를 표시한 것이다.

표 3-1 주물의 수축량

종류	수축량	종류	수축량
대형주철실린더	0.8%	아연	2.6%
소형주철실린더	0.55%	납	1.55%
주철비임	0.55%	주석	2.0%
주철파이프	1.0%	비스무트	1.3%
강주물	2.0%	알루미늄	1.65%
두꺼운 황동	1.3%	가단주철	1.00%
얇은 황동	1.55%		

원형을 만들 때에는 수축여유를 고려한 주물자(foundry scale)를 사용한다. 예를 들면 주철에서는 1m에 8mm의 수축이 있다고 보아 주철용 주물자에 8mm의 수축여유를 더한 1008mm를 1000등분하여 그 한눈금을 1mm로 한 주물자가 사용된다. 〈표 3-2〉는 제품과 재질에 따른 주물자의 사용 예를 나타낸 것이다.

표 3-2 주물자의 사용 예

주물자	사용재료 및 그 장소
+8/1000	주철 일반, 얇은 주강의 일부
+9/1000	수축이 많은 주철품, 얇은 주강의 일부
+10/1000	수축이 많은 주철품, 얇은 주강의 일부
+12/1000	알루미늄합금, 청동, 주강(두께 5~7mm)
+14/1000	고력황동, 주강
+16/1000	주강(두께 10mm이상 일반)
+20/1000	주강 대형 주물
+25/1000	주강두께가 두꺼운 대형주물

나. 가공여유

설계도면에서 기계절삭가공을 위하여 미리 주물의 표면에 그 만큼의 가공 여유를 붙인 것을 말하며 이 양은 절삭방법, 주조용 합금의 종류, 형상치수, 주조방안, 또는 접촉하게 될 주형, 코어의 위치에 따라 다르다. 〈표 3-3〉은 주물의 가공여유(finfshing allowance)를 나타낸 것이다.

표 3-3 주물의 가공여유

주조합금	원형치수(in)	공경(孔經)	가공여유(in)
주철	12이하	1/8	3/32
	13~24	1/36	1/8
	25~42	1/4	3/16
	43~60	5/16	1/4
	61~80	3/8	5/16
	81~120	7/16	3/8
	120이상	특별히 지정	
주강	12이하	3/16	1/8
	13~24	1/4	3/16
	25~42	5/16	5/16
	43~60	3/8	3/8
	61~80	1/2	7/16
	81~120	5/8	1/2
	120이상	특별히 지정	특별히 지정

주조합금	원형치수(in)	공경(孔經)	가공여유(in)
가단주철	6이하	1/16	1/16
	6	3/32	1/16
	9	3/32	3/32
	12	5/32	3/16
	24	3/16	
	36이상	특별히 지정	특별히 지정
황동·청동	12이하	3/32	1/16
	13~24	3/16	1/8
	25~36	3/19	3/32
	36이상	특별히 지정	특별히 지정

다. 보정여유

주물자, 가공여유 등에서도 주물의 변형 등으로 인해 살두께에 여유를 두어야 할 때, 감소시켜야 할 때 등 치수의 정확을 기하기 위하여 이 부분의 치수를 보정하는 것을 보정여유라고 한다.

라. 빼기기울기

주형에서 수직인 면을 가진 원형을 빼낼때 그 면이 클수록, 길이가 길수록 작업이 곤란하여 주형이 파손되기 쉬우므로 원형을 빼내는 방향에 구배를 주는데 이것을 빼기기울기 (pattern draft, draft taper)**라 하며 보통** 1/4~1° **정도이다.**

마. 라운딩

용해된 용탕이 주형내에서 응고할 때 주형면의 직각방향에 수지상정이 발달하므로 주물에 직각 부분이 있으면 재질이 취약해진다. 이것을 방지하기 위하여 각부를 둥글게 하는 것을 라운딩 (rounding)**이라 한다**. 원형의 외부는 라운딩하기 쉬우나 내부는 어렵기 때문에 수지 등으로 라운딩한다. [그림 3-7]은 라운딩과 라운딩효과를 나타낸 것이다.

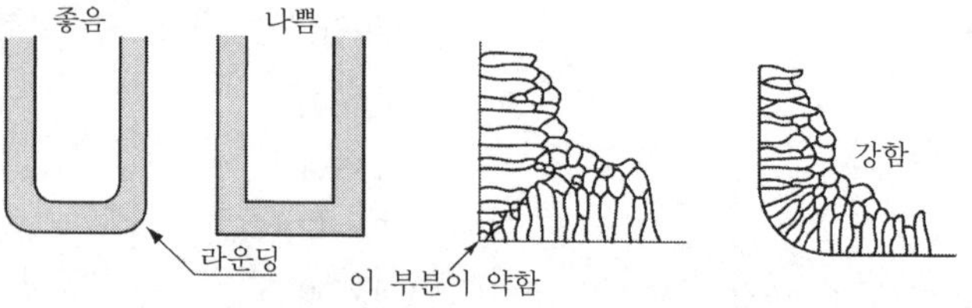

그림 3-7 라운딩과 라운딩효과

바. 덧붙임

원형의 두께가 얇거나 파손되기 쉬운 것은 [그림 3-8]과 같은 덧붙임(stop off)으로 보강하여 주형 제작을 쉽게 하는 원형 덧붙임과 주입 후의 내부응력에 따른 주물의 변형을 막기 위하여 덧붙임으로 보강하고 주조한 다음 이것을 잘라버리는 주물 덧붙임이 있다.

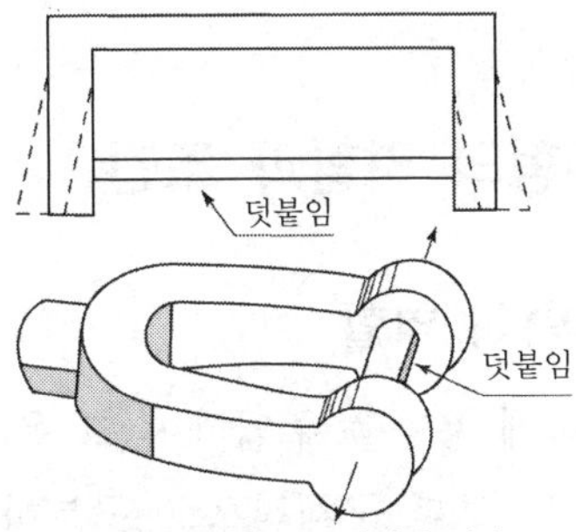

그림 3-8 덧붙임

사. 원형의 색깔분류법

주형을 만들때 코어를 넣는 것을 잊어버리거나 코어 프린트(core print)가 붙은 주물을 만들거나, 루스피스(loose piece)를 꺼내는 것을 잊는 실수를 미연에 방지하고자 원형을 색으로 식별한다. 덧붙임도 특별한 색으로 구별하려면 조형한 다음 주물사로서 메울수 있다.

〈표 3-4〉는 원형의 구별예이며, 금속형에서는 색으로 식별하지 않는 것이 보통이다.

표 3-4 모형 색깔의 "예"

구분	영국규격	한국·미국 규격	
		구	1959년개정
주방상태	검정	검정	모형 원색 투명 락카
기계가공을 요하는 부분	빨강	빨강	빨강
core print	노랑	노랑	검정
core print seat	노랑	노랑	검정
loose piece seat에 해당하는 면	노란색 바탕에 붉은색 선	노란색 바탕에 붉은색 선	은색
덧붙임	노란색 바탕에 검정색 선	노란색 바탕에 검정색 선	녹색

제2절 | 주형

1 주형의 역할과 조건

가. 주형의 역할

주형속에 용탕을 주입하여 그 응고 금속에 소정의 형상을 부여하는 역할을 하는 것으로 그 역할을 보다 구체적으로 구분하면 다음과 같다.

(1) **용탕을 받아 들인다.**
(2) **용탕이 공간부 안까지 흘러 들어가는 통로의 역할을 한다.**
(3) **용탕에 소정의 형상을 부여하여, 그 모양을 유지하면서 응고하도록 한다.**
(4) **응고된 주물의 표면상태를 결정한다.**
(5) **주물에 해가 되는 가스를 쉽게 외부로 배출할 수 있어야 한다.**
(6) **주물을 바람직한 분위기에 있도록 한다.**
(7) **주물로 부터 적당한 속도로 열을 제거한다.**

나. 주형(사형)의 필요조건

주형은 주물사를 재료로 하여 조형한 후 용탕이 주입되는 것으로 여러 가지의 기능을 완만히 수행하기 위해서는 다음과 같은 성질을 만족해야 한다.

(1) **주형은 조형 후의 운반이나 용탕 주입시 파손되지 않도록 충분한 강도를 갖추어야 한다.**
(2) **주형에는 고온의 용탕이 주입되므로 점결제, 첨가제, 수분 등의 열분해에 의해 상당량의 가스가 발생하고 용탕 온도저하 및 응고시에 가스를 방출하는데 이러한 가스를 배출하기에 필요한 통기도를 유지하도록 한다.**
(3) **주형에는 용탕이 주입되는 동안 주형의 열간온도가 약한 경우에는 주형벽이 파손되어 여러 가지 결함을 유발한다. 또한 열간강도, 열간팽창, 열간변형량 등의 열간 성질이 부적당하거나 내열성이 부족하면 소착 등의 표면결함을 발생하게 된다.**
(4) **주형은 용탕에 의해 가열되어 점결제 등이 소실되어 잔류강도가 증가되는 경우가 많다. 그러나 잔류강도가 지나치게 높으면 주물이 응고 후 주형 해체 작업이 어려워지므로 주형의 제작 즉 주물사의 배합, 주형의 설계, 조형시에는 이러한 점들을 고루 만족시킬수 있도록 해야 한다.**

2 주형의 분류

주형은 1회용 주형과 영구 및 반영구 주형으로 구분된다. 영구 및 반영구 주형은 금속이나 세라믹(ceramic) 또는 흑연 등을 사용한 것이며 1회용 주형은 모래를 주원료로 하여 여기에 점결제나 기타의 첨가제를 배합하여 만든 것을 말한다. 주형을 구체적으로 분류하면 〈표 3-5〉와 같다.

표 3-5 주형의 종류

- 주형
  - **사형**
    - 보통주형
      - 생형
        - 손조형
        - 기계조형
          - 저압·중압조형
          - 고압조형
      - 건조형
    - 특수주형
      - 정밀주조주형
        - 로스트왁스법
        - 플라스터몰드법
        - 세라믹몰드법
      - 열경화성주형
        - 유사형법
        - 셸몰두법
        - 가열법
      - 자경성주형
        - 자경성주형
          - 무기계주형
            - 규산나트륨계
              - 슬랙분말
              - 금속분말
              - 유기에스테로
            - 시멘트계
              - 포틀랜드시멘트
              - 제트시멘트
          - 유기계주형
            - 푸란계
            - 요소계
            - 페놀계
        - 유동성주형
          - 규산나트륨계
          - 시멘트계
          - 레진계
        - 기타
      - 가스경화성주형
        - 무기계주형
          - 규산나트륨계
          - 시멘트계
        - 유기계주형
          - 푸란계
          - 요소계
      - 기타특수주형
        - 비점결제주형
        - 수용성주형
          - 골재수용성주형
          - 점결제수용성주형
  - **금형**
    - 원심주조법
    - 금형주조법
      - 중력주조법
      - 다이캐스팅법
      - 저압주조법
      - 용탕단조법

가. 주형재료에 의한 분류

(1) 모래주형

주물사로 만들어진 가장 일반적인 주형이며 용탕 주입시 주형의 상태에 따라 분류된다.

① 생형(green sand mould) : **수분을 5~10% 함유**하고 있는 주물사로 만든 주형으로 바로 용탕을 주입하게 된다. 값이 싸고 주물제작 시간이 단축되며 조형과 형 해체가 신속한 장점이 있으나, 수분이 많으면 가스 발생이 심하고 강도가 낮은 결점도 있어 비교적 간단한 주물제작에 이용되고 고급주물사로 만들어지며 제작에는 숙련된 기술이 필요하다.

② 건조형(dry sand mould) : **건조형은 생형을 건조해서 수분을 제거한 상태**로 만들어 용탕을 주입하는 주형으로서 중량이 큰 코어와 많은 기계가공이 필요하고, 압력을 받는 중형 및 대형주물에 이용된다.

③ 표면건조형(roast sand mould) : **표면사에 속경성 점결제를 배합하여 조형한 후 표면만을 버너, 토치램프 등으로 건조시킨 주형**으로 중량 5톤 또는 그 이상의 주물제작에 이용된다. 수축공이 적으며 표면이 비교적 고운 주물을 얻을 수 있다. 건조형에 비하여 건조시간을 1/10이상 단축시킬 수 있다.

④ 탄산가스형(CO_2형) : **규산나트륨을 점결제로 배합한 주물사로 만든 주형에 탄산가스를 취입 또는 투과시켜 화학적 반응을 일으키게 하여 신속히 경화시킨 주형이다.**

(2) 금속주형

특수강 기타 합금으로 만든 주형이며 주물의 다량생산에 적합한 **영구주형**이기도 하다.

(3) 특수주형

조형방법 또는 주형재료의 배합 등 특수한 주형들을 말한다.

나. 조형법에 의한 분류

(1) 개방주형법(open sand moulding)

바닥에 주물사를 깔고 수평으로 만든 다음 다짐봉으로 적당히 다져서 여기에 원형을 수직으로 눌러서 만든 주형이다. 주형의 상부가 개방되어 주입한 용탕의 표면이 직접 대기에 노출되므로 주물이 조잡해진다. 주형상자, 코어메탈 등 주물표면이 미려하지 않아도 되는 경우에 사용된다. ([그림 3-9(a)] 참조)

(2) 주형상자 주형법(flask moulding)

보통 많이 사용되는 방법이며 소형, 중형주물을 제작하는데 적당하다. 주형상자 속에 원형을 넣고 주물사를 다져서 주형을 만든다. 상, 하형을 맞추어서 한 개의 주형을 만들며 때에 따라서는 2개 이상의 주형상자를 포개서 만들 때도 있다.

(3) 토간 주형법(bed in moulding)

대형주물에 사용되며 하형 제작시 주형상자를 쓰지 않는 방법이다. 주형의 대부분은 바닥의 주물사 속에 만들고 상형상자를 그 위에 포개어 탕도계를 만든다. 대형주물은 거의 이 방법으로 만드는데 주입할 때 다량의 가스발생이 있으므로 가스빼기에 주의를 요한다. ([그림 3-9(c)] 참조)

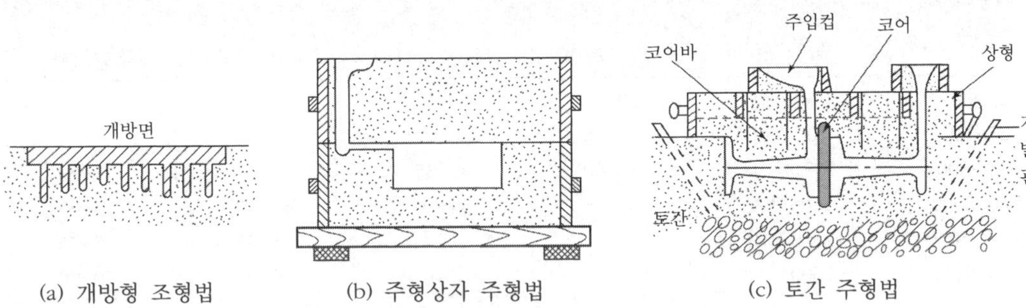

그림 3-9 조형법의 종류

3 손 조형법

손 조형법은 장비 및 설비가 필요없으며, 수공구를 이용하여 간단히 조형할 수 있는 장점이 있으나 생산속도가 느리고, 다짐작업의 불균일에 의해 주형강도가 불균일하고 작업자에 따라 제품에 차이가 난다는 단점이 있다.

손 조형의 주요작업내용은 다음과 같다.

① 원형정반 위에 원형과 탕도계 요소를 배치한다.

② 표면사로 원형면을 균일하게 덮는다.

〈표 3-6〉는 표면사층의 최소한의 두께이다.

표 3-6 표면사의 최소 두께

(단위 : mm)

주형상자 조형			원형을 사용한 벽돌 쌓기 조형	진흙형 조형
소형 주물용	중형 주물용	대형 주물용		
10~15	20~25	40~60	15~20	20~25

③ 램머 또는 기계 다짐대(air rammer)를 이용하여 필요한 경도가 될 때 까지 균일하게 다진다. 주형의 다짐정도는 주물사 경도계로 측정하고 주물의 치수 특히 그 높이 등에 따라 다르다.(〈표 3-7〉 참조)

표 3-7 손 조형에서의 표면 다짐 밀도

주물중량 (kg_f)	주형 바닥에서 주입컵까지의 높이(mm)	경도계에 의한 다짐 밀도			
		생형		건조형	
		주형 하부	주형 상부	주형 하부	주형 상부
25까지	150까지	20~35	15~25	-	-
25~100	300까지	35~50	30~40	-	-
100~500	750까지	45~60	40~55	60~70	45~60
500~2000	1500까지	60~75	50~70	65~75	55~65
2000~5000	2500까지	-	-	75~85	65~75
5000이상	2500이상	-	-	80~95	70~80

④ 통기도를 높이기 위해 주형의 배기(venting)는 기발침(vent wire)을 사용해서 주형내에 배기공(가스빼기)을 뚫는다. 배기공의 깊이는 용탕의 침입, 원형의 손상 등의 방지를 위해서 원형면으로부터 10~25mm정도 떨어지도록 하며 구멍의 수는 $1dm^2$당 7~10개이면 통기가 잘된다.

⑤ 주형의 분할, 원형 빼내기, 주형의 다듬질은 기발침을 찌른 후에 하고, 상형에 원형을 배치할 경우에는 주형상자에 원형을 고정시켜야 한다. 원형을 빼낼 때에는 먼저 원형 주위의 주물사를 물에 적시고 원형에 붙은 금속판을 해머로 두들기면 원형이 흔들리면서 빠져 나온다.

⑥ 모래 소착을 방지하기 위하여 도형제를 살포 또는 도포한다.

⑦ 상하형을 맞추고 주입컵, 배기공, 압탕을 붙이며 필요하면 클램프로 주형을 고정시키던가 또는 주형에 중추를 올려 놓는다.

주형틀에 의한 손주형법의 조형작업 종류는 단체형, 분할형, 부분형, 회전형, 긁기형 등이 있다.

4 주형의 마무리 작업

가. 주형의 건조

주형의 건조는 주형의 강도와 통기도 및 습기에 의한 결함 방지를 목적으로 한다. 즉 조형시에 주형의 강도와 통기도를 높이기 위해 주물사에 목분과 같은 유기물질을 첨가한다. 이러한 물질은 건조시 수분의 증발과 함께 휘발성 물질이 제거되면서 주형 내에 기공이 생겨 통기도가 높아진다.

(1) 건조로 건조법

완전건조형을 얻기 위해서는 건조로 내에서 건조하며 주형의 건조시간과 온도는 주물의 치수, 모양 및 종류에 따라 달라진다. (〈표 3-8〉 참조)

표 3-8 주형의 건조온도 및 시간

주형상자의 치수(mm)	주철 및 비철주물		강주물	
	건조온도 (℃)	건조시간 (시간)	건조온도 (℃)	건조시간 (시간)
500×400×250이내	320~375	4~6	400~500	6~8
1000×800×400이내	〃	6~8	〃	8~12
3000×2000×500이내	〃	8~12	〃	12~16
5000×3000×700이내	〃	12~24	〃	16~24
5000×3000×700이상	〃	24~36	〃	24~36

(2) 표면건조법

대형주형인 경우 건조로에서 건조가 불가능하거나, 표면의 도형층 건조만으로 충분한 경우에 실시하는 건조방법이다.

① **연소도형제법** : 소형에서 중형까지의 주형에 적합한 방법으로 흑연, 규석분 등의 모래 소착 방지물질과 점결제로 조성된 도형제를 신속히 발화하는 연료에 용해시켜 주형에 도포한 다음 점화시키면 연료가 연소하면서 발생된 열로 인하여 1~2mm두께의 표면층이 건조된다.

② **화염건조법** : 석유 또는 가스를 사용한 특수설계된 대형 버너 또는 토치램프 등을 이용하여 화염에 의한 건조방법으로서 건조되는 표면층의 깊이는 2~3mm이다. 이 방법은 연소도형제법에 비해 연기와 가스가 발산되는 결점이 있다.

③ **적외선 건조법** : 적외선 등을 사용하는 방법으로 이것은 내면에 얇게 은도금한 유리관구를 오목거울로 하여 그 초점에 텅스텐 필라멘트를 고정시킨 것이다. 이 필라멘트의 백열온도는 2200℃정도 되며 수명은 1만시간 정도이다. 복사열로 건조되기 때문에 열효율은 높으나 전력비와 움푹들어간 부분의 가열이 곤란하다.

④ **이동식 건조기법** : 이동식 건조기에 의한 표면건조는 주형표면층의 필요한 깊이까지 신속하게 건조시킬 수 있어 조형공정의 단축과 연료가 절감된다. 표면건조의 깊이, 건조온도 등은 주물의 살두께, 중량, 형상, 용탕의 주입온도, 주입방법, 주물사와 점결제의 종류 등에 따라 결정되는데 중형주물용 주형은 200~290℃에서 20~30분 정도에 깊이 10~20mm의 건조층을 대형주물용 주형에서는 270~320℃, 40~70분정도에 깊이 13~15mm의 건조층을 얻을 수 있다.

나. 주형의 보수와 관리

주형의 건조작업이 끝나면 이것을 점검한다. 주형의 강도에 크게 영향을 미치지 않는 작은 균열은 도형제나 점토수를 도포하여 보수하거나, 주물사로 땜질을 한 후 손톱으로 긁어 보거나 가느다란 철사 바늘로 찔려 보아 건조도를 조사한다. 잘 건조된 주형은 맑은 음을 내며, 바늘이 주형에 들어가지 않고, 바늘을 뺀 뒤 바늘표면에 모래입자가 붙어 있지 않다. 또 각 부위의 치수를 계측공구로 세밀하게 점검하고 복잡한 것은 나무로 만든 전용 게이지를 사용하면 편리하다.

코어 프린트에 번호를 붙여 주형내의 배치 순서를 표시하여 조립작업순서에 혼동이 없도록 하고, 코어 설치시에는 코어의 위치를 안정시키고 치수상의 변동이 없도록 주의해야 하며 코어프린트에 바늘로 가스구멍을 만들어 가스가 자유롭게 방출되도록 한다.

조립 후 주입된 용탕의 압력으로 인하여 상형이 뜨는 것을 방지하기 위하여 상하형을 서로 고정해야 한다. 대형 주형에서는 클램프, 핀, 볼트, 너트 등으로 고정하며 때로는 중추를 올려 놓기도 한다. 이때 사용되는 중추의 무게는 대략 계산된 압력의 3~4배 정도로 한다.

제3절 | 기계 조형법

대량생산과 조형작업의 균일화를 위하여 모래다지기, 원형빼기, 완성된 주형의 반전 및 합형 등에 여러 종류의 기계가 사용되며 주조작업 전 공정에 자동화가 이루어지고 있다.

조형기계는 주형제작의 모든 작업을 기계화 하는 것으로 대량생산에 필요한 조형시간의 단축과 균일한 작업 등이 이루어지므로 생산관리면에서 효과적이지만 주물사의 관리가 필요하다.

기계 조형법은 손 조형법에 비하여 다음과 같은 장점이 있다.

① **생산능률이 향성된다.**(1.5~2배)

② **불량률이 적어진다.**

③ **제품이 균등하다**

④ **기계가공 시간이 단축된다.**

⑤ **제품의 중량이 감소된다.**

⑥ **작업자의 자세는 서 있는 상태이므로 쉽게 피곤해지지 않는다.**

⑦ **주물사가 원형에 강하게 붙게 되어서 표면사를 쓰지 않아도 주물면은 깨끗하다.**

⑧ **기계사용법이 비교적 간단하므로 숙련공이 아니라도 조형할 수 있다.**

1 정반형

조형기계를 사용하여도 손작업과 같이 일반 원형이나 목재를 이용한 상자를 사용하면 작업능률을 올릴 수 없다. 조형기계에 사용되는 원형은 정반에 조립하여 정반형(pattern plate mould)으로 하는데 탕구, 압탕, 주입구 등도 원형의 일부분으로 설치한다. [그림 3-10]과 같

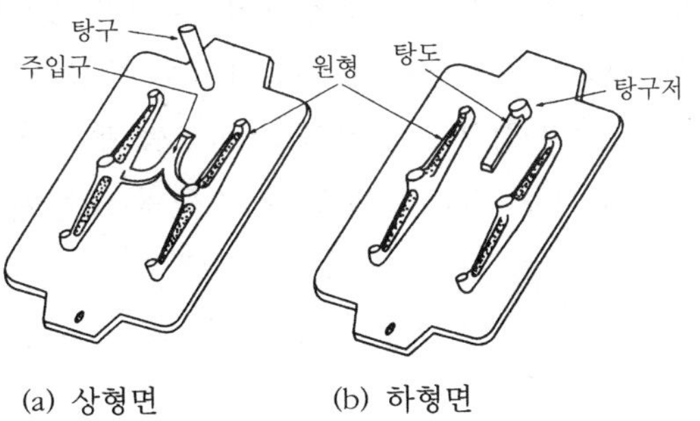

(a) 상형면 (b) 하형면

그림 3-10 정반형

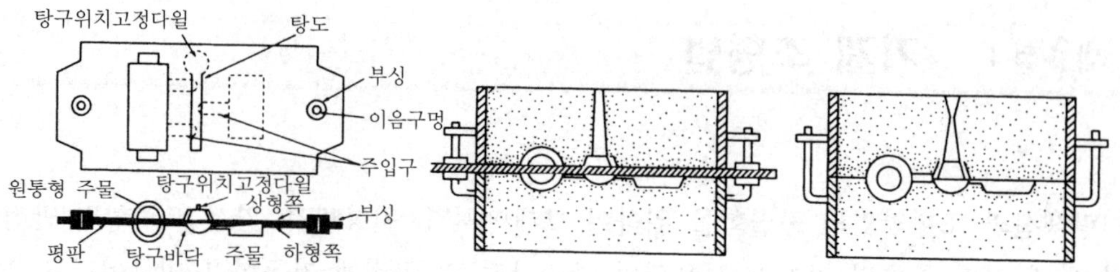

(a) 매치 플레이트형　　(b) 매치 플레이트형 사용 예　　(c) 완성된 주형

그림 3-11 매치플레이트형과 그 주형

이 한쪽면에만 각각의 반쪽 분할형을 붙인 2개의 정반으로 위 아래 양쪽의 주형을 만들고 이것을 조합하여 1개의 원형을 제작할 수 있도록 한 것이다. 특히 [그림 3-11]과 같이 정반 양면에 상형 및 하형이 될 형상을 분할하여 붙인 것을 매치플레이트형이라 한다.

2 조형기

가. 졸트식 조형기(jolt machine)

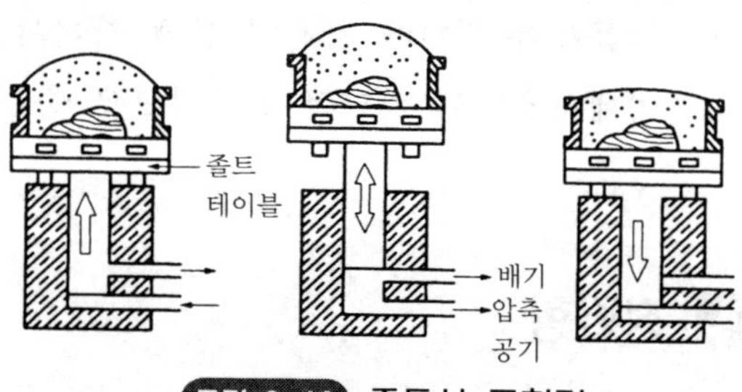

그림 3-12 졸트식 조형기

[그림 3-12]와 같이 매치플레이트를 조형기의 테이블에 고정하고 그 위에 주형상자를 놓고 주물사를 채운다. 졸트용 압축공기를 열어 공기를 실린더에 내어 넣으면 상승피스톤에 압력이 걸려 조형기의 테이블이 매치플레이트 및 주형상자와 함께 75~80mm 높이까지 들어올리는 동시에 압축공기는 밖으로 빠져나가고 기계의 테이블은 하중에 의하여 원위치에 떨어지며 이때 모래가 요동되어 다져진다.

원형의 형상, 주형의 치수, 조형기의 구조에 따라 차이가 있으나 보통 1분간에 10~20회의 충격을 가해준다. 이 방식에는 매치플레이트에 가까운 주형과 하층부는 잘 다져지지만 상부층의 다짐이 약해지므로 추가적으로 상부를 스퀴즈할 필요가 있다. 진동에 의해 원형 구석까지 모래가 쉽게 충전되므로 비교적 복잡한 주물의 조형에 이용된다.

나. 스퀴즈식 조형기(squeeze machine)

[그림 3-13]과 같이 **주형상자 속에 담겨져 있는 모래를 스퀴즈 테이블과 스퀴즈 헤드 사이의 압력에 의해 압축시키는 하강식이나 상승식으로 조형하는 방법**이다.

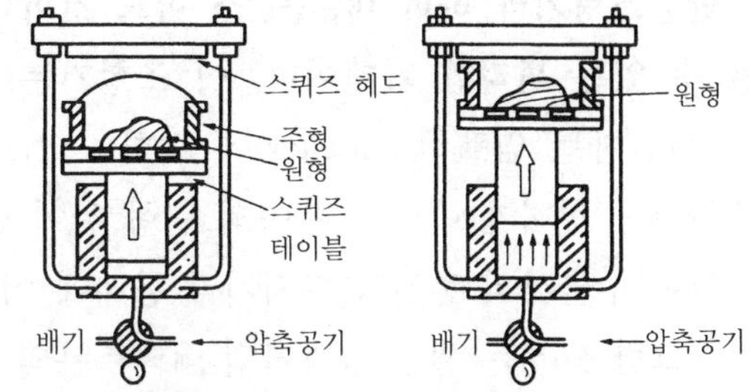

그림 3-13 스퀴즈식 조형기

하강식은 주형 상층부의 주물사가 강하게 다져지고 매치플레이트 부근에서는 주물사가 약하게 다져진다. 따라서 주형상자 상하층부의 주물사 사이에는 다짐정도의 차이가 생긴다. 보통 주형상자가 높아지면 차이가 그 만큼 커지므로 하강식 스퀴즈에서는 높이 150~200mm이내의 주형상자를 사용하여 비교적 낮은 원형으로 주형할 때 적합하고 복잡한 모양은 부적합하다.

다. 졸트 스퀴즈식 조형기(jolt squeeze machine)

졸트법과 스퀴즈법을 병용하는 방법으로 먼저 졸트법으로 모래를 충전한 후 스퀴즈법으로 강도를 높이는 방법으로 [그림 3-14]는 정반형을 사용한 졸트-스퀴즈법으로 작업순서를 나타낸 것이다.

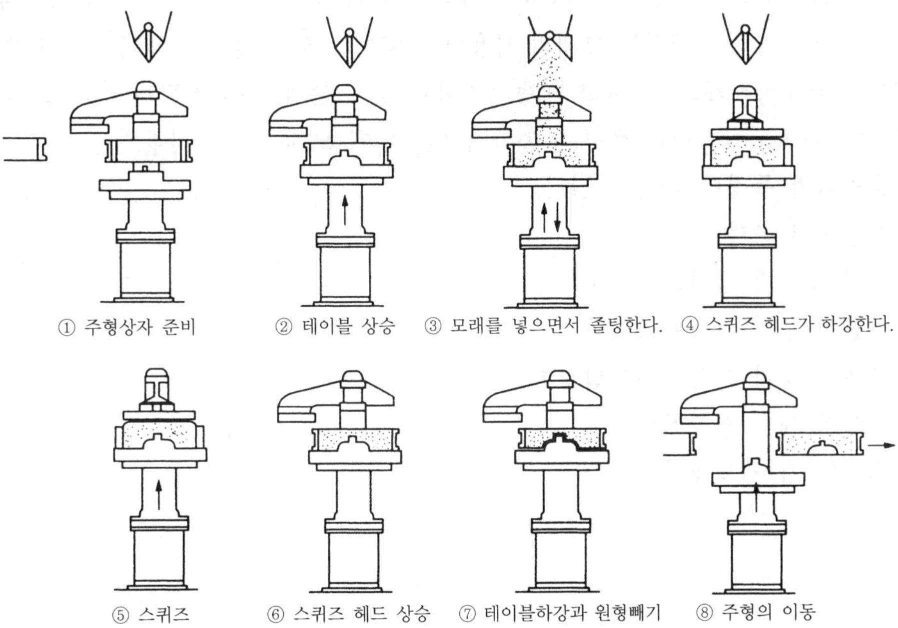

그림 3-14 졸트, 스퀴즈, 조형기의 작업공정

라. 샌드 슬링거(sand slinger)

만능조형기라 하며 대, 중, 소 어느 것이나 조형할 수 있는 편리한 기계이다. 이 조형기는 고속으로 회전하는 임펠러(impeller)에 의하여 벨트 위의 주물사를 강하게 주물상자 속의 원형 위에 난타 투사하여 주물사의 충전과 다지기가 동시에 이루워진다. [그림 3-15]는 샌드 슬링거의 머리부분의 구조를 나타낸 것으로 머리부분은 커버로 씌워져 있으며, 임펠러는 주물사에 의하여 강하게 마모를 받으므로 스텔라이트(stellite)와 같은 초경합금으로 되어 있다. 이 조형기는 주형상자의 깊이 또는 슬링거 머리부의 높이에 관계없이 일정 수준을 취하여도 매우 균일하게 형입된다. 다지기는 임펠러의 회전속도에 따라서 조절되나 속도는 보통 1000~1800rpm이다.

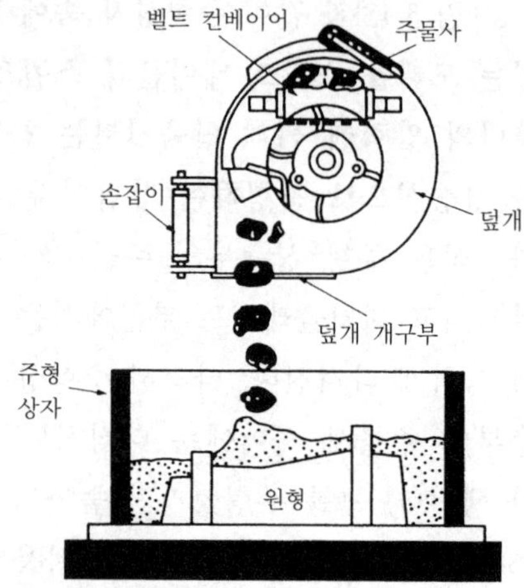

그림 3-15 샌드 블링거의 머리부분의 구조와 조형

이 방법에 의한 조형법은 중형에서 대형까지 광범위한 조형작업에 가장 좋은 방법이며 소형일 때는 완전 자동 방법이 응용된다. 초대형 주형에서는 고정식이 아니고 레일이동식 또는 트랙터(tractor)형의 샌드슬링거 기계가 사용되며 이 조형기의 크기도 매우 광범위하다.

이와 같이 샌드 슬링거에서는 모래의 사용량이 매우 커서 보급이 문제되며 소형기에서는 상부에서 호퍼(hopper)로 보급하고 대형기에서는 뒷 부분에 모래 저장탱크를 설치하여 버킷 컨베이어(bucket conveyer)로서 운송하여 벨트위에 모래를 보급한다.

샌드 슬링거의 특징은 다음과 같다.

① **조형능력이 크다.**

② **기계의 보수가 쉽다.**

③ **투사중에 통기성이 주어진다.**

④ **주형의 경도가 모든 층에 일정하다.**

⑤ **융통성이 매우 풍부하다.**

⑥ **기초 공사가 필요없다.**

마. 샌드 블로어(sand blower)

[그림 3-16]은 **샌드 블로어에 의한 다짐 방법으로 압축공기를 이용하여 모래를 고압으로 원형 위에 분사하는 방법**이다. 모래 불어넣기 구멍 $1cm^2$당 1초에 방출되는 모래량은 5.5~6.0기압의 압축공기에서 200~300kgf 정도이다.

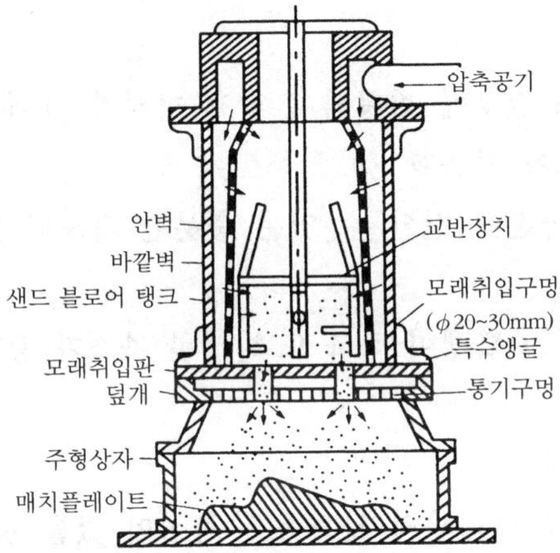

그림 3-16 샌드블로어에 의한 모래다짐

바. 자동연속 조형 장치

기계 조형법을 발전시킨 것으로 주물사의 운반 및 공급장치, 다짐작업, 원형빼기, 코어설치, 형합침 및 완성된 주형을 주입장소로 이동 등 일련의 주조공정을 한 공정에서 다른 공정으로의 전환에 사람의 손이 필요치 않게 한 시스템이다.

제4절 | 코어 제작법

1 코어의 특성

가. 코어의 구비조건

① **코어제작이 쉽고 건조 전후에 변형되지 않고 형태가 그대로 보존될 것**
② **신속하고 완전한 건조가 가능할 것**
③ **용탕에 의한 충격과 파손에 견딜 수 있는 충분한 강도와 경도를 가질 것**
④ **내열성이 좋을 것**
⑤ **용탕과 접했을 때에 가스 발생이 적고 또 발생한 가스가 충분히 배출될 수** 있도록 통기도가 높을 것
⑥ **코어의 표면이 고울 것**
⑦ **용탕이 응고 수축될 때 방해되지 않도록 수축성이 있을 것**
⑧ **붕괴성이 좋아 용탕 응고 후 모래가 잘 떨어질 것**

나. 코어가 갖추어야 할 성질

(1) 내화도

코어는 용탕의 용융점 또는 주입온도에 견디는 충분한 내열성을 가져야 한다. 황동, 청동 주물용 코어 모래는 1260℃, 주철주물용은 1483℃ 또는 그 이상의 소결온도가 요구되고 주강용 코어 모래는 최고의 내열성이 요구되어 고순도의 규사 또는 지르콘사가 이용된다.

(2) 강도

주형에 용탕을 주입하면 용탕이 응고하기 까지는 코어가 차지한 부피의 용탕 무게와 같은 부력을 받으므로 이것을 견디어낼 수 있는 강도를 가져야 한다.

구리합금주물에 있어서는 코어모래 중량의 4.3배의 부력을 받으며, 주철주물에서는 3.5배, 주강용에서는 3.9배의 부력을 받게 되므로 이것에 견딜 수 있는 건태강도와 고온강도가 필요하다.

(3) 가스 발생도

가스의 발생도는 주형에 용탕을 주입한 최초의 15~60초간에 코어 모래 1g당 15cm^2 이하가 되어야 한다. 주물에서 가스구멍이 발생할 위험은 이때가 가장 크기 때문이다.

(4) 통기도

코어는 주형보다 통기도가 커야 한다. 점토를 배합하면 통기도는 좋지 않다.

(5) 흡습도

코어의 흡습도는 코어의 보존시간과 주입전 생형 내에서의 체류시간에 따라 달라진다. 사용한 점결제에 따라 다르지만 생형 내에서 수분을 흡수하여 건조시의 강도를 대부분 잃게 되므로 코어는 건조된 곳에 보관해야 하며 생형 내의 체류시간을 짧게 해야 한다.

2 코어의 구조상의 특징

코어 모래에 요구되는 성질은 내화도, 강도, 가스발생도, 통기도, 흡습성 등이며 이러한 점은 코어 자체로서의 필요한 성질이기도 하며, 코어의 구조도 이러한 요구조건에 부합되어야 한다.

가. 코어 프린트(core print)

[그림 3-17]은 코어를 필요로 하는 원통형 주물을 위한 주형의 구조를 나타낸 것으로 그림 중의 흰부분에 용탕이 채워지며, **코어는 두가지 의미로 사용되고 있다. 그 중 하나는 코어의 일부분으로 주형에 고정시키기 위한 연장부를 말하며, 또 하나는 주형의 일부분으로 코어 프린트를 올려놓을 수 있도록 파여진 부분을 말한다. 코어프린트는 주형내에서 코어의 위치를 고정시켜 주입시 용융금속의 흐름이나 부력에 의해 코어가 움직이거나 떠오르는 것을 방지**하며, 코어 내에서 발생한 가스의 배출구 역할을 한다.

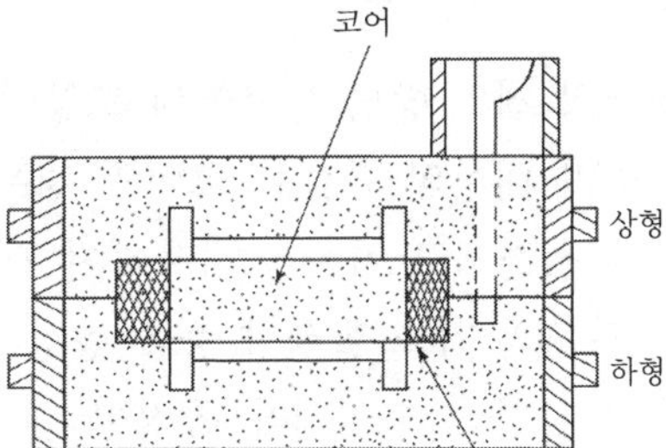

(a) 주형

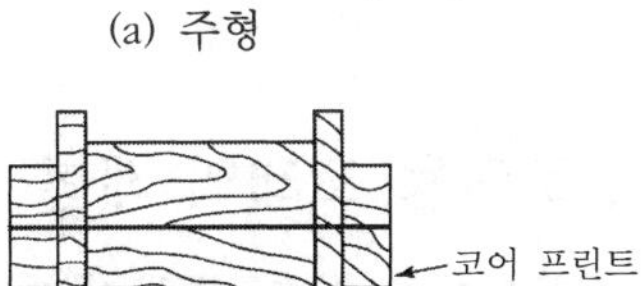

(b) 코어형

그림 3-17 코어와 코어프린트

나. 코어 메탈(core metel)

코어에 요구되는 강도가 코어모래의 점결력만으로 부족할 경우에는 코어 건조시에 [그림 3-18]과 같은 방법으로 내부에 철사 또는 주철제의 코어 메탈을 사용하여 보강한다.

다. 배기구멍

용탕주입 후 코어 내에서 발생한 가스의 배출을 쉽게 하기 위하여 [그림 3-19]와 같이 코어의 중심부에 구멍을 내거나 코크스 등의 다공질 물질을 채워 넣기도 하며, 코어가 가늘고 긴 경우에는 파라핀을 칠한 실이나 다공질의 합성수지로 만든 실을 사용한다.

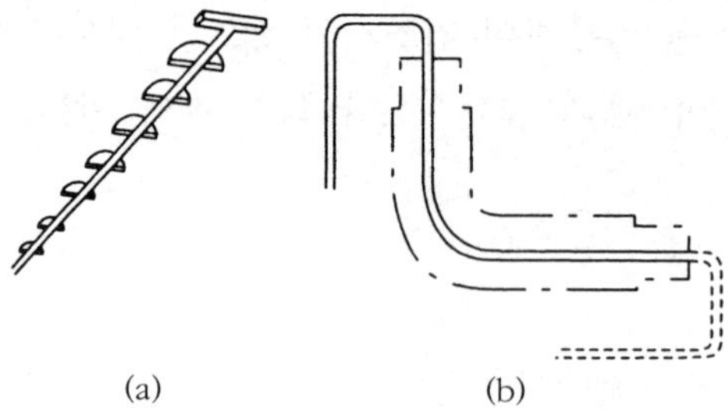

(a) 곧은 관에 쓰이는 코어 메탈
(b) 굽은 관에 코어 메탈을 넣은 보기

그림 3-18 코어 메탈

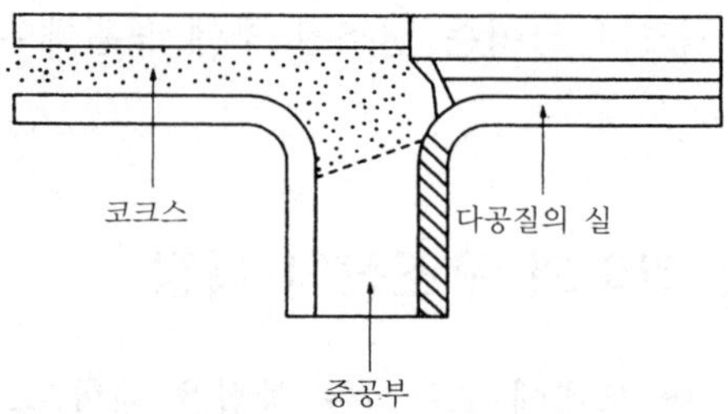

그림 3-19 코어의 배기구멍의 예

3 코어의 제조

코어의 제조 방법은 코어의 모양이나 크기에 따라 달라진다. 보통 코어 박스(core box)를 사용하며 대형의 단순한 코어인 경우에는 긁기형법이나 회전형법 등도 이용된다. 또한 종래에는 점결제로 기름을 사용하여 건조시킨 건조형 코어가 주로 사용되었으나 최근에는 코어의 강도와 가스 발생량 등을 향상시킨 셸코어 등의 열경화성 코어나 자경성 코어가 많이 사용됨에 따라 코어제작 공정이 급속히 기계화되어 가고 있는 실정이다.

코어제작(core making)은 코어모래의 배합, 코어의 제작, 건조 등의 순서로 되어 있다.

가. 코어용 모래의 배합

생형용에는 보통 주물사가 이용될 때가 있으며 건조용은 규사가 이용되며 점결제로서는 점토, 유류, 곡분, 합성수지 등이 이용된다. 코어사는 내화성이 높아야 하므로 규사와 지르콘사(zircone sand)가 이용된다.

입자가 크고 입도분포가 작은 것이 통기성이 양호하며 3입도 분포의 모래(3 screen sand)가 좋다. 주강용 코어사는 AFS입도 30~40번 정도의 내화도가 높은 규사가 이용되고, 주철 또는 비철용에는 미세한 천연사가 이용되며 4~5의 입도분포의 모래는 통기성이 앞의 것 보다 적으나 강도가 큰 경우는 적합하다. 따라서 회주철, 가단 주철용에는 입도 AFS 40번 모래 30~40%에 AFS 150번 모래 60~65%를 혼합한 것과 같이 입도가 다른 2종의 모래 입자를 배합할 때도 있다.

점결제는 유기질과 무기질 점결제가 있으며 유기질 점결제는 가연성이 있어서 용융금속과 접촉하면 약 480℃에서 열분해하여 점결력을 잃으므로 붕괴성이 양호함을 필요로 하는 코어에 사용한다. 무기질 점결제는 불연성이고 고온에서도 상당한 잔류 강도를 가지고 있으며 스캡(scab)를 방지할 수 있다.

코어유(core oil)는 보통 모래에 대하여 용적비 1의 비율로 모든 종류의 코어용에 사용되며 이것은 건조강도가 큰 것이 특징이나 생형 그대로는 약하다. 아마인유가 대표적이며 기타의 식물유로서는 대두유(大豆油), 동유(桐油), 면실유(綿實油)등이 있다.

오일코어모래(oil core sand)의 장점과 단점은 다음과 같다.

(1) 장점

① 오일코어모래의 건조강도는 점토코어(clay core) 모래의 4~6배이므로 코어메탈이 적어도 된다.

② 고온강도(잔류강도)가 낮으므로 가축성에 의하여 주입 후 제품에 균열이 생길 염려가 적고 또 코어메탈을 꺼낼 때의 공구가 적어진다.

③ 주입후의 모래떨기 작업이 쉬워진다.

(2) 단점

① 용금차입(penetratoin), 핀, 램테일(ram tail)등이 발생된다.

② 건조강도 범위가 좁다.

③ 원형에 부착되기 쉽다.

④ 생형강도가 낮다.

나. 코어의 제작

주물의 원형에 따라서 코어상자도 그 형식과 제작방법이 달라진다. 제한된 적은 개수의 코어를 제작할 때에는 손 작업으로 할 수 있으나 신속하게 대량생산 하려면 코어제작 기계를 이용한다.

기계 사용시에는 특히 코어상자의 설계와 마모에 대한 예방대책을 강구하는 동시에 사전에 코어박스의 비어 있는 부분의 공기를 없애기 위하여 코어용 모래와 함께 취입된 공기의 배기를 목적으로 코어 가스빼기를 코어상자에 구비해야 한다. 보통 지름 0.2~0.3mm 정도이며 공기가 방출되어도 모래의 입자가 빠지지 않을 정도의 크기이다. 코어 가스빼기의 적당한 사용이 기계조형 코어의 여러 가지 결함을 방지한다. 10kgf정도의 코어용 코어상자로서 몇 개 이상의 코어 가스빼기를 사용한 예는 많으며 작은 것에서도 1~2개는 필요하다. 코어상자의 접합부에서만 공기를 내보낸다는 생각은 좋지 못하며 시험적으로 취입하여 모래의 분포상태가 불량하거나 막혀서 곤란한 곳에 코어 가스빼기를 순차적으로 붙이는 것이 좋다.

다. 코어의 다듬질과 도형

모래-점토계 주물사와 유기점결제를 바탕으로 하는 코어는 강도가 불충분한 생형 상태로 코어상자에서 빼내기 때문에 약간의 파손이 생기며 빼낸 즉시 보수하며 다듬질해야 한다. 돌출된 모서리부분, 사이가 좁은 부분에는 누름쇠를 꽂아두어야 한다, 코어는 다듬질이 끝나면 내화성 도형제로 도형을 해야 하는데 이것을 주물표면을 깨끗하게 하고 모래소착을 방지한다.

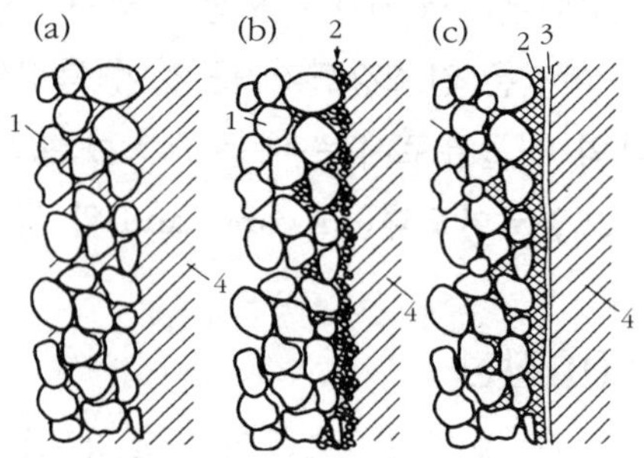

(a) 도형하지 않은 코어
(b) 규소계 도형제를 도포한 코어(강주물)
(c) 가스발생물질 함유 도형제를 도포한 코어(주철주물)
1. 코어 2. 도형층 3. 가스층 4. 용탕

그림 3-20 주물 표면거칠기에 미치는 코어의 표면상태의 영향

용탕을 주입할 때 지르콘계 도형제의 피복은 코어표면에서 벗겨지지 않지만 규소계 피복은 높은 온도에 견디지 못하여 균열 또는 표면에서 벗겨져 주물을 오염시키거나 국부적인 모래소착을 일으킨다.

망간강주물용에는 도형제의 성분으로 야금용 마그네사이트를 첨가하는 것이 좋다. 알루미늄주물에서는 소착방지를 위하여 도형제에 활석(talc)를 첨가하며 그런데 도형제에 가스 발생물이 함유되면 주물에 가스구멍이 발생한다. 이는 용탕과 주형 경계에서 발생된 가스가 주물 내로 침입하기 때문이다.

알루미늄이나 마그네슘보다 높은 주입온도를 갖는 구리합금 주물의 도형제에는 코어표면의 모래입자 사이의 구멍을 메우기 위해서 활석이나 가스발생물질을 첨가한다.

코어의 도형법에는 침지, 붓칠 또는 흙손질 등이 있는데 코어의 치수가 변화될 우려가 있으므로 특히 도형제가 흘러서 모이게 될 오목한 부분에서는 주의를 요한다.

또 도형제가 코어 표면층에 잘 침투되려면 습한 때가 좋으므로 도형전에 물붓으로 코어 표면을 습하게 할 필요가 있다. [그림 3-20]은 주물표면 거칠기에 미치는 코어의 표면상태의 영향을 나타낸 것이다.

라. 코어의 건조

코어의 건조는 배치형의 건조로를 사용하고, 대량생산 공장에서는 수직식, 수평식의 연속 건조로를 사용하고 있다.

건조로는 점결제에 따라 달라지지만 점토류 300~400℃, 유류 200~250℃ 정도가 적당하다. 수지류에서는 180~200℃, 폴리비닐알콜 등은 150~180℃ 온도에서 건조한다. 건조시간은 점결제의 종류와 코어의 크기에 따라 다르다.

마. 코어에서의 기타 사항

(1) 코어메탈의 사용

소형 주물인 경우 코어메탈은 철선을 사용하나 대형 코어를 만들때는 철선은 약하기 때문에 주철제의 코어메탈을 사용한다.

그러나 주철제의 코어메탈은 주철의 수축에 따라 잘 맞지 않으므로 모래 붙임을 많이 해야 할 필요가 있다. 그리고 코어메탈은 사락작업시 쉽게 파손시킬 수 있도록 만들어야 한다.

[그림 3-21]은 철선을 코어메탈로 사용할 때의 코어를 넣는 요령과 주철제 코어메탈을 나타낸 것으로 코어메탈을 넣을때 주입된 용탕에 대해 수축 저항이 적도록 코어의 바깥쪽에서 일정 치수만큼 안쪽에 들어갈 수 있도록 설치한다.

안쪽에 넣어진 코어사를 모래붙임이라 하며 모래 붙임이 적으면 용탕의 응고시에 지장이 있고, 많을 때는 코어가 파손되어 코어메탈의 효과가 없다.

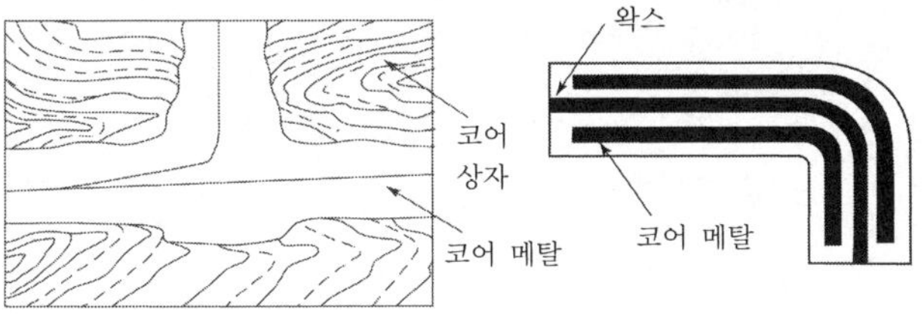

(a) 철선 코어 메탈

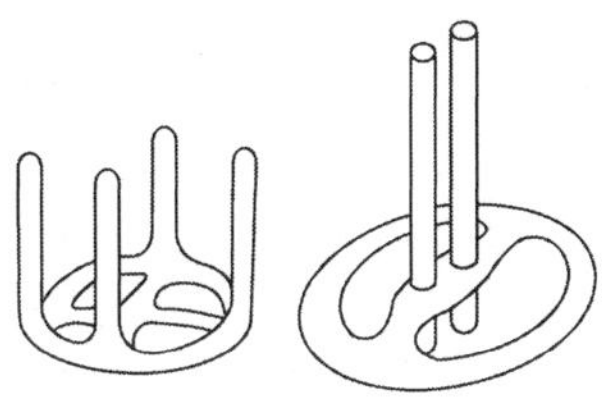

(b) 주철제 코어

그림 3-21 코어메탈의 사용 예

(2) 코어의 설치

[그림 3-22]는 원형, 주형, 주물제품을 각각 나타낸 것으로 **코어를 설치할 때 일단 형이 완성되면 코어를 놓아 보고 주위의 살 두께와 코어프린트의 관계를 조사한 후 코어프린트의 관계가 양호하면 상형을 씌워본다. 이것을 공씌움(空合相)**이라 한다.

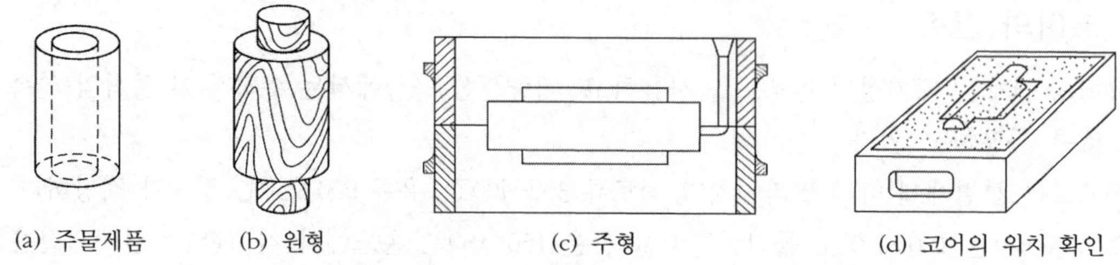

그림 3-22 주형 및 원형, 코어의 위치 확인

상형을 씌울때 코어가 코어프린트의 부분에 맞지 않아서 주형이 파손될 때가 있으므로 [그림 3-23]과 같이 코어를 a-b로 또는 상형을 c-d와 같이 할 것 인가를 결정하여 어느 한 가지 방법을 선택한다.

공씩움 결과 이상이 없을 때에는 에어 셀 등을 코어프린트 끝에 발라서 주형에 코어를 정식으로 넣는다. 코어의 위치를 안정시켜주고 용탕주입시 코어의 가스빼기에 용탕이 들어가지 않도록 하기 위해서 사용한다.

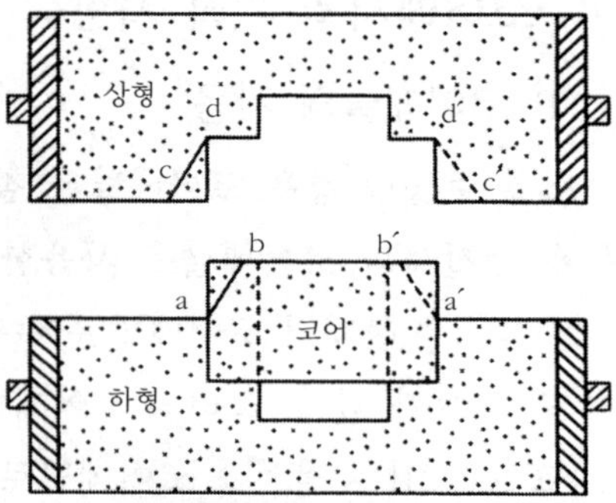

그림 3-23 형의 파손방지

익힘문제

1 원형을 구조에 따라 분류하고 설명하시오.

2 원형의 종류에서 상, 하형 양쪽 원형이 분리선(parting line)을 구성하는 평판의 양쪽에 바로 교착되는 곳에 장치한 특수원형은?

3 원형의 종류에서 별도로 두 개의 플레이트의 한쪽에만 맞붙여서 상하 주형을 각 개의 조형기로 조형하는 원형은?

4 주형속에 용탕을 주입하여 그 응고 금속에 소정의 형상을 부여하는 주형의 역할에 대하여 쓰시오.

5 주형상자에 의한 손 조형법의 조형작업의 종류를 쓰시오.

6 기계 조형법이 손조형법에 비하여 우수한 장점을 쓰시오.

7 고속으로 회전하는 임펠러(Impeller)에 의해서 벨트 위의 주물사를 강하게 주물 상자 속의 원형 위에 난타 투사하여 주물사의 충전과 다지기가 동시에 이루어지는 기계는 무엇인가?

8 코어가 갖추어야 할 성질을 쓰시오.

9 샌드 슬링거의 특징에 대하여 쓰시오.

10 주형내에 코어의 위치를 고정시켜 주입시 용융금속의 흐름이나 부력에 의해 코어가 움직이거나 떠오르는 것을 방지하며 코어내에서 발생한 가스의 배출구 역할을 하여 주는 것은 무엇인가?

익힘문제

11 코어제작(core making)의 3공정을 쓰시오.

12 오일 코어모래(oil core sand)의 장·단점을 쓰시오.

13 코어에 요구되는 강도가 코어 모래의 점결력만으로는 부족할 경우에는 코어 건조시에 내부에 철사 또는 주철제로 만들어 사용하는 것을 무엇이라고 하는가?

14 원형은 반드시 원형제작 도면에 따라서 제작하여야 한다. 원형설계도를 작성할 때 반드시 고려해야 될 점은 무엇인가?

Chapter 04

주조방안 설계

Chapter 04 주조응고학

주조방안 설계

제1절 | 탕구 방안

1 탕구계(gating system)

탕구계(gating system)**라 함은 주형 중의 빈 자리에 용탕을 충만시키는데 필요한 통로**를 말한다. 즉, **탕구계는 탕구**(sprue, downgate), **탕도**(runner, crossgate), **주입구**(gate, ingate) **등을 포함한 총칭**을 할 수 있다.

[그림 4-1]은 탕구계를 표시한 예이며 이들은 환봉 또는 각봉 및 흙손 등과 같은 간단한 수공구를 사용하여 직접 주형을 만들때도 있으나 경우에 따라서는 정반위에 모형을 부착시켜 사용하는 경우도 있으며,

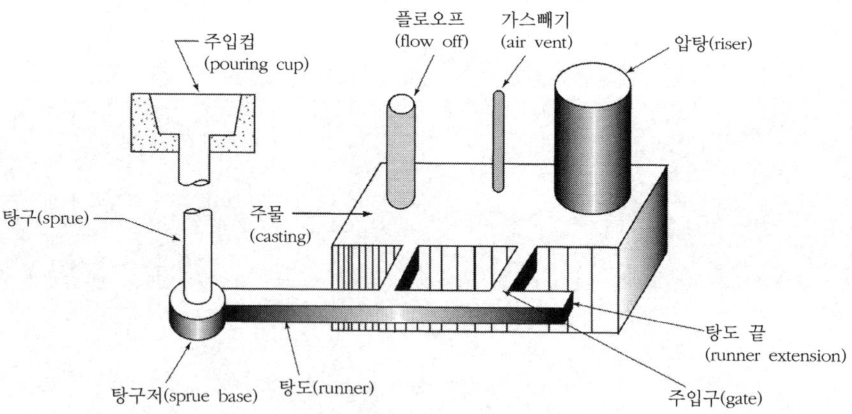

그림 4-1 탕구계의 명칭

탕구계의 기능은 다음과 같다.

① 주형의 공간에 용탕을 주입시킨다.

② 주형의 침식과 가스의 혼입을 방지하기 위하여 가급적 난류를 일으키지 않고 주형내에 인도할 것

③ **주물의 응고에 가급적 최적의 온도구배를 이룰 것**

④ **용탕이 탕구계를 통하여 유입될 때 적당한 제재작용(skimming action)을 유도할 것**

탕구계가 이러한 기능을 발휘하려면 주입속도, 주입구의 크기와 수 및 위치, 탕도와 탕구의 크기와 형식, 레이들 및 주입컵과 같은 주입설비 형상, 용탕의 온도(유동성) 등이 최적의 조건을 가져야 한다.

가. 주입컵(pouring cup)

주형 외부로부터 용탕을 주입한 곳을 주입컵(pouring cup)이라 하고 탕구에 바로 용탕이 주입되지 않고 탕구 위에서 일단 고이게 한 다음 슬래그이나 이물질을 제거할 수 있게 한 것을 탕류(pouring basin)라 한다. 탕류는 일반적으로 주형과는 별도로 만들어 탕구부분에 올려 놓는 것이 보통이므로 이 부분을 런너박스(runner box)라고도 한다.

주입컵은 용탕이 탕구에 잘들어 간다고 좋은 것이라고 할 수 없다. 주물의 재질을 중요시하지 않을때는 [그림 4-2](a)와 같이 탕구의 윗부분을 원추형으로 넓혀도 좋으나 불순물이나 슬래그가 없는 깨끗한 용탕을 조용히 주입하려면 (b)~(h)와 같은 주입컵을 붙여야 한다. (b)와 (c)는 작은 주형에 쓰이는 것이고 (d)는 불순물 을 제거하기 위한 것이며 (e)는 주입컵에 어느 정도 용탕을 고이게 한 다음 정지봉(stoper)을 제거하면 깨끗한 용탕만 들어가게 하는 것이며 (f), (g), (h)는 탕구의 입구에 스트레이너(strainer)를 붙인 것이다. 스트레이너는 철강에는 규사로 만든 코어를 사용하고 구리합금이나 경합금에는 (g)와 같이 강으로 만든 망을 쓴다. 주입컵을 사용하면 불순물이나 슬래그는 잘 제거되나 용탕이 들어가는 힘이 약해지므로 용탕의 흐름성이 좋은 용탕을 주입해야 한다.

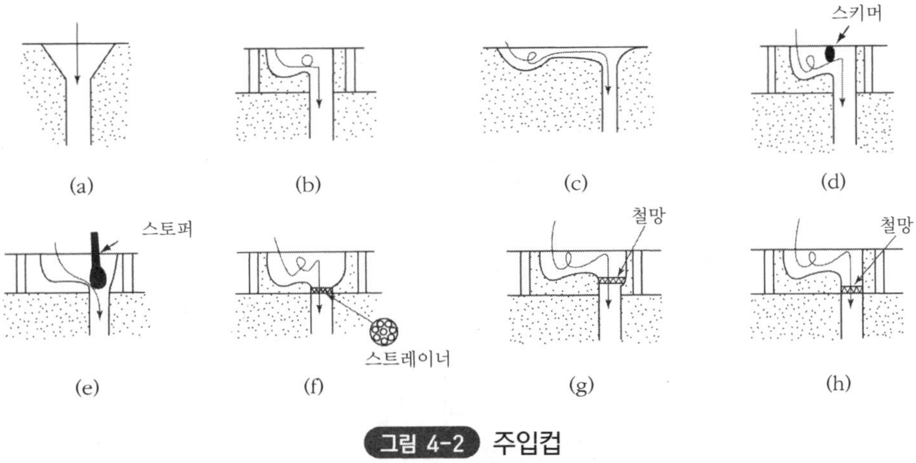

그림 4-2 주입컵

나. 탕구(sprue)

탕구는 주형 중의 빈 자리에 용탕을 충만시키는데 필요한 통로를 말하며 일반적으로 주입컵에서 밑으로 수직하게 되어 있어 용탕이 주형으로 들어가는 첫 통로로서 단면은 원형이고 윗 부분이 조금 넓은 원뿔 모양의 부분이다.

탕구의 지름과 높이는 주입할 금속의 무게 및 유동성과 주물의 모양 및 사용목적에 따라 결정된다. 또 주입 방식에 따라 탕도를 통하여 주형에 주입하는 일반적인 주물을 만들 때 이용되는 것과 탕도 없이 주형에 직접 주입되는 것이 있다. 탕구는 주형 안에 있는 용탕에 정압을 가하는 역할도 한다.

탕구바닥(sprue base)은 탕구의 가장 아래쪽에 만든 반원형의 오목부로서 탕구로부터 주입되는 용탕이 처음 닿는 곳인데 탕구의 높이에 따라 큰 충격을 받는 곳이다. 이 부분은 조형방법에 따라 용탕속에 섞인 슬래그나 협잡물을 분리하는 역할도 하기 때문에 매우 중요한 것이다.

탕구는 [그림 4-3] (a)와 같이 각이 지면 안되며 (b)와 같이 라운딩(rounding)을 붙이든가 (c)와 같이 깔대기 모양으로 전체를 원추형으로 한다. 너무 강하게 용탕이 들어가서 곤란할 때는 (d) 또는 (e)와 같이 탕구 중간에 굽게 된다. 탕구바닥은 주형이 파손되기 쉬우므로 (f)와 같이 특별히 만든 강한 내화벽돌이나 건조형 형재로 만들기도 한다. 또 (g)와 같이 탕구바닥에 스트레이너를 설치하면 주입컵에서 불순물이나 슬랙을 제거하는 계획을 세우지 않아도 된다.

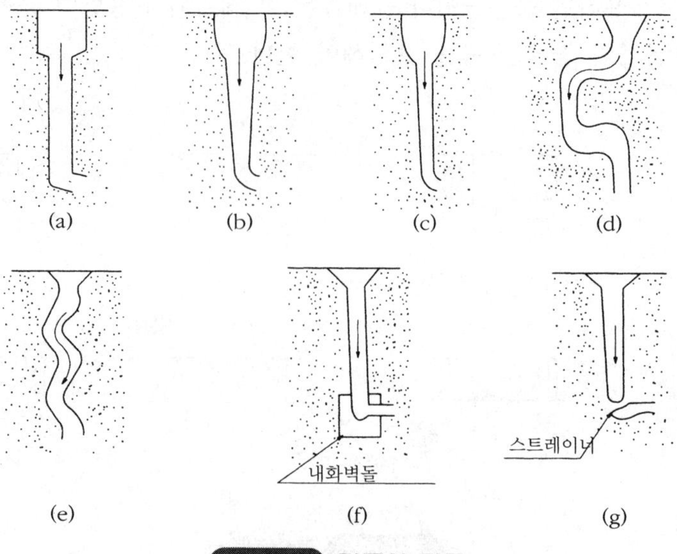

그림 4-3 각종의 탕구

다. 탕도(runner)

용탕이 탕구로부터 주형에 주입되는 입구(주입구)까지 용탕을 보내는 수평부분을 탕도(runner)라 한다. 탕도는 주입되는 용탕 속에 섞인 불순물이나 슬래그를 최종적으로 걸러주어 깨끗한 용탕이 주입구를 통하여 조용하고 빠르게 주형안에 충만되도록 하는 역할을 한다. 탕도는 끝부분(先端)을 탕도끝이라 하며 주입시 주형에 처음 유입된 용탕은 온도가 낮고 불순물이 많이 함유되어 있어 이러한 불순물을 포집하기 위하여 설치한다. 또한 주입컵, 탕구바닥에서도 제거되지 않은 불순물을 제거시키면서 용탕이 조용하고 빠르게 주형에 주이되도록 하기 위해서는 [그림 4-4]와 같이 만든다. (a)는 3각형의 부분에서 불순물을 제거할 수 있게 한 것이고 (b)는 불순물이 떠오르도록 탕구를 2중으로 한 것이고 (c)는 U자 모양의 탕도 도중에서 주입구로 행한 탕도를 유도한 것이며 (d)와 (e)는 상기 방법들을 응용한 것으로 위에서 보면 (f)와 같이 용탕이 회오리 현상을 일으키면서 주입되므로 불순물이 중앙에 오며 압탕 등으로 떠오른다.

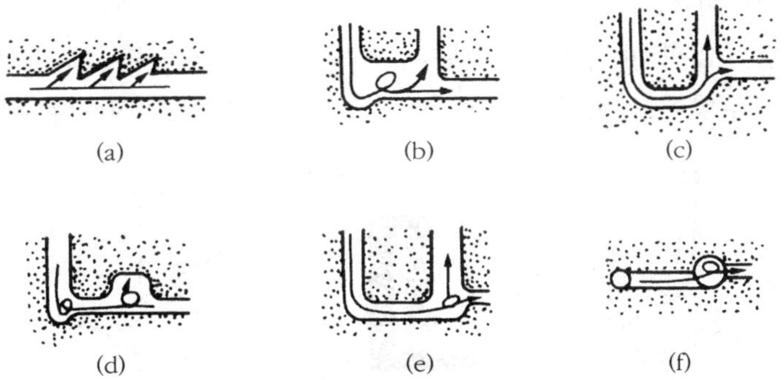

그림 4-4 탕도

이들 **탕도의 단면은 [그림 4-5](a)와 같은 원형이 가장 좋으나 원형을 만들기 어려우므로 육각형(d)와 사다리꼴(c)이 많이 쓰인다. 또 U자 모양(d), 반원형(e), 삼각형(f)도 이용된다.**

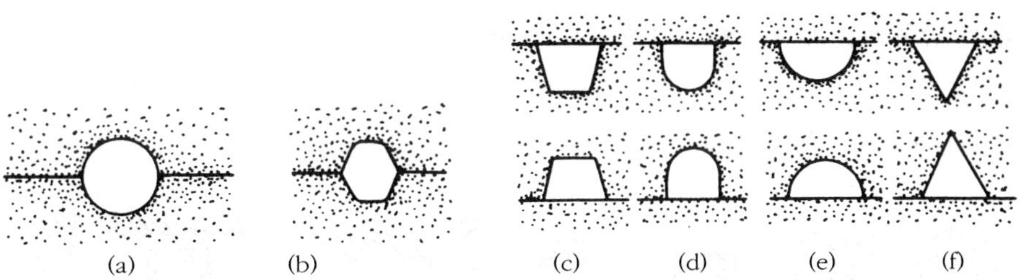

그림 4-5 탕도의 단면

라. 주입구(gate)

탕도에서 용탕이 주형에 들어가는 곳을 주입구(gate)라 하며 주입구는 주입할 때 용탕이 주형에 부딛쳐 역류 현상이 일어나지 않고 주형안에 들어 있는 공기와 가스가 잘 빠져 나가게 하여 주형의 구석구석까지 잘 채워지도록 한다. 따라서 주입구의 크기, 위치, 방향 및 개수 등을 알맞게 계획하고 또 주입 후 주물 각부의 냉각이 고르게 하여 균열이나 수축 등의 결함이 생기지 않도록 해야 한다.

일반적으로 주입구의 위치는 가공부나 두꺼운 부분을 피하고 가장 아래쪽의 얇은 부분에 두는 것이 보통이며 안전하다. 또 한곳에만 세우면 흘러들어가는 용탕의 압력이 너무 커져 주형이 파괴되거나 주입구 부근이 과열되므로 2개 이상을 설치할 때도 있다.

주입구는 탕도에서 주형의 한곳에 주입되는 [그림 4-6] (a)와 같은 경우는 탕도와 주입구는 구별되지 않으나 대부분은 (b)~(e)와 같이 탕도의 도중에 많은 가지를 낸 모양으로 한다. (b)와 (c)는 탕구와 L모양으로 배치된 가지 모양의 주입구이고 (d)는 T자가 거꾸로 된 모양의 것이며 어떤 경우라도 (e)와 같이 탕구의 바로 밑과 탕도 끝에는 주입구를 설치해서는 안된다. 또 용탕을 주입할 때 탕도 끝 부분에 가까운 주입구와 탕구에 가까운 주입구는 같은 정도의 용탕이 주형에 들어갈 수 있도록 각 부분의 크기를 정해야 한다.

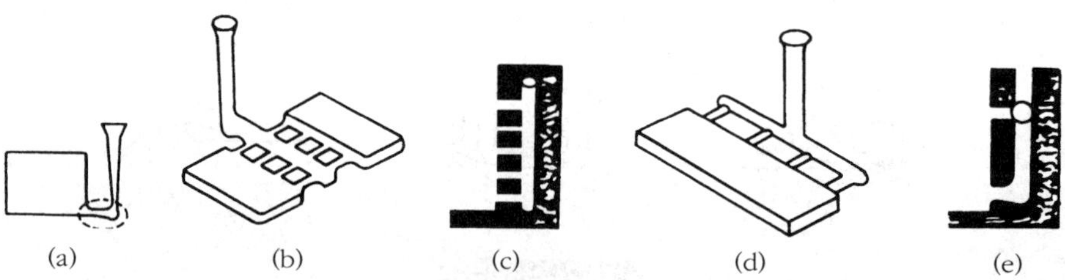

그림 4-6 각종 주입구

주입구의 단면은 [그림 4-7]과 같이 원형, U자형, 반원형, 4각형, 3각형, W형 등 여러 가지가 있으며 주입구쪽을 향하여 가늘게 하는 경우가 많은데 이것은 주입이 끝난 주물을 주형에서 꺼내어 탕구계를 떼어 내기 쉽게 하기 위함이다. 만일 주물제품에 손상이 생길 염려가 있을 때에는 주입구가 붙은 주물품 외에 떼어낼 자리를 만들어 떼어내면 된다.

주입구는 설치하는 위치에 따라서 다음과 같이 나누어서 생각할 수 있다.

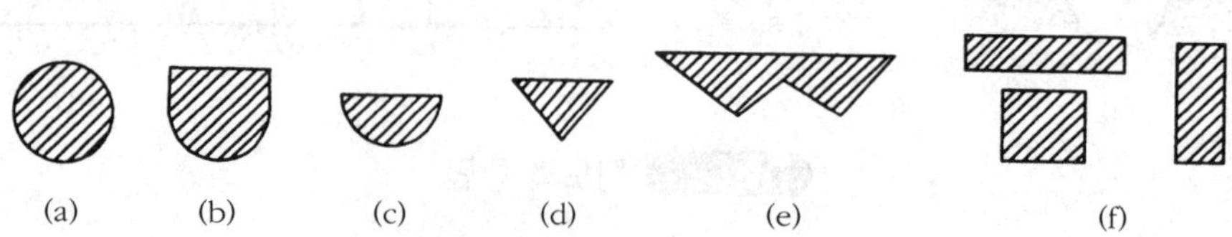

그림 4-7 주입구의 단면

(1) 직접 주입구(direct gate, top gate)

주형의 제품으로 되는 부분에 직접 주입구를 만든 것으로써, 주입컵에서 직접 주입되므로 도중에서 냉각되는 일이 없고 주입 후 아래쪽에서 위쪽으로 점차 응고하게 되므로 이상적이나 용탕이 낙하할 때 압력에 의하여 주형이 파손되기 쉽고 슬래그 등이 떠오르는 것을 방해하는 수가 있어 보통 사용하지 않으나 [그림 4-8] (b)와 같은 원형의 주물에는 주입된 용탕이 각 방향에서 냉각될 수 있도록 하지 않으면 온도가 불균일하게 냉각되고 주물제품에 응력이 많이 생기게 되므로 가운데 부분에서 직접 주입구를 세워야 한다.

(2) 샤워 주입구(shawer gate)

직접 주입구를 응용한 것에 [그림 4-8] (a)와 같은 샤워주입구가 있다. 직접 주입구에서는 불순물을 제거하기 곤란하므로 주입컵을 크게 하고 주입구의 부분을 가늘게 그 수를 많이 한 것이다. 이것은 직접주입구에서 주형이 파손될 염려가 있을 때 방지하는 방법으로 효과적이다.

(3) 휠 주입구(wheel gate)

입구가 옆으로 비스듬히 되어 있는 휠 주입구는 원형주물이나 원형에 가까운 형상의 주물에 용탕을 주입할 때 사용되며 코어 또는 주형표면에 용탕이 충돌되어 파손 및 과열되지 않고 주형의 접선방향으로 된 주입구로써 [그림 4-8] (c)와 같이 전체의 원둘레에서 많은 주입구를 설치하기도 한다.

또 큰 주물에서는 탕도를 2개로 하며 간단한 것에는 [그림 4-8] (d)와 같은 말굽형 주입구(horseshoe gate)도 있다.

(4) 나이프 주입구(knife gate)

지느러미(fin)와 같이 얇고 폭이 넓고 탕도에 붙인 주입구를 나이프 주입구라 하며 [그림 4-8] (e)와 같다. 이것은 제품이 얇을 때 많이 사용된다.

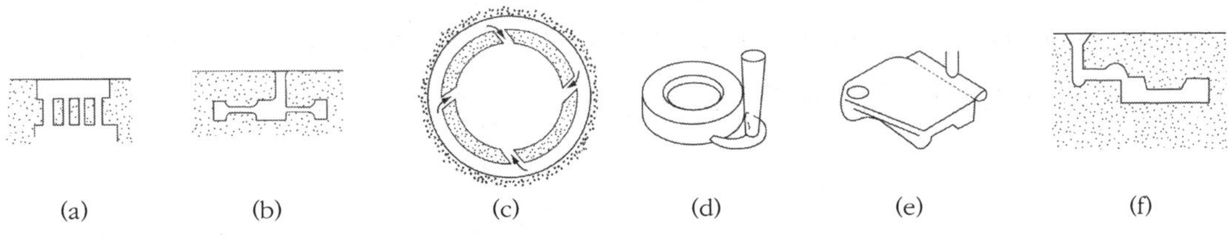

그림 4-8 주입구의 종류

(5) 랩 주입구(lap gate)

[그림 4-8]의 (f)와 같이 **탕도를 굵게 하여 제품에 직접 얹히게 배치하여 압탕의 작용과 겸한 것**을 랩 주입구라 한다.

이와 같은 **여러 가지 주입구 중에서 어떤 것을 선택할 것인가에 대하여 주의할 점**을 요약하면 다음과 같다.

① **탕도까지 깨끗하게 된 용탕을 빨리 주입할 수 있을 것**

② **용탕은 주형의 구석구석까지 잘 흐르게 할 수 있을 것**

③ **주형에 들어간 용탕은 길게 흘러가지 않게 할 것**

④ **주형이 파손되지 않게 할 것**

이상과 같이 만족을 충족시키기 위해서는 주입컵, 탕구, 주입구 등은 [그림 4-9]와 같이 설치하는 것이 좋다.

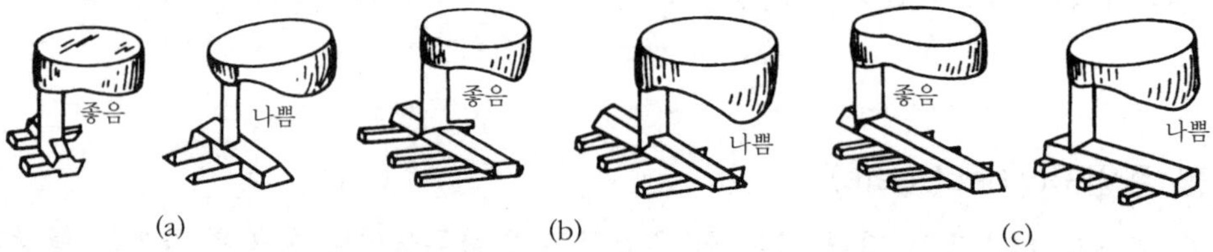

그림 4-9 탕구계의 설치 보기

2 탕구의 종류

가. 상주식 탕구

상주식 탕구(top gate)**는 간단한 소형주물로서 침식성에 견디는 주형에 사용**하며 ([그림 4-10] 참조), 용탕이 주형공간으로 들어갈 때 생기는 난류가 부딪히는 부분은 침식하기 쉽고, 동시에 공기를 유입시켜 주물자체 내에서 금속이 산화하는 경향이 있다. 그러나 주철에서는 주형이 침식에 잘 견디도록 만들면 비교적 건전한 주물을 얻게 된다. 그 한 예로서 샤워형 탕구(shawer gate)는 [그림 4-11]과 같은 주입구에서는 유입 속도를 조절하고 슬래그를 탕구 위로 부상시켜 슬래그의 유입을 저지시킨다. 그러나 이 방식에서도 난류는 발생한다.

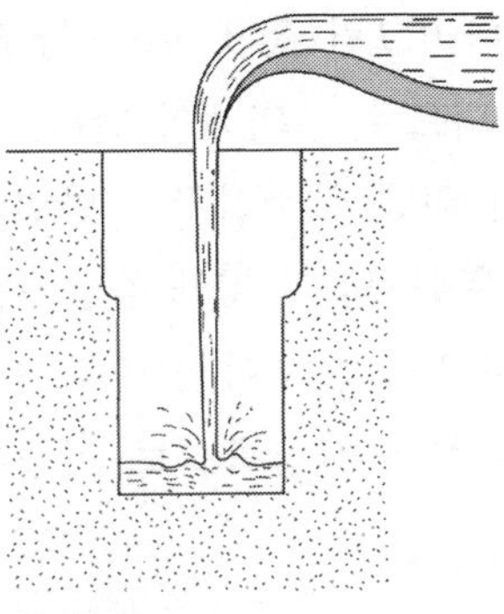

그림 4-10 상주식 탕구

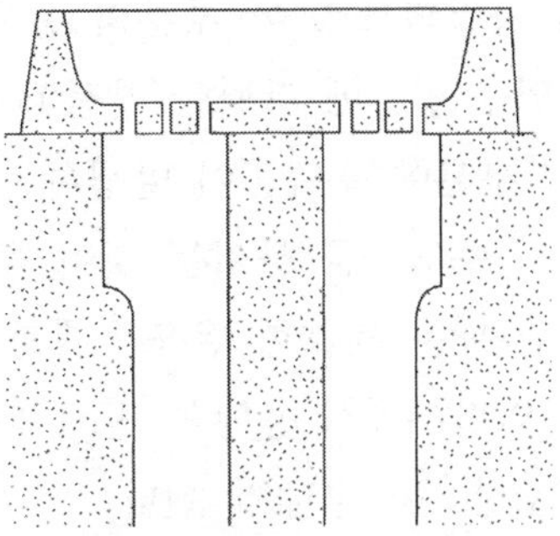

그림 4-11 샤워형 탕구

나. 분할선 탕구(parting line gate)

보통 주형의 분리선상에 주입구를 만드는 것이 가장 용이하다.

분리선이 주물의 밑부분에 없는 한 용탕은 항상 주형의 빈 자리에 폭포와 같이 낙하하여 난류를 일으킨다. 이 방식은 상주법과 하주법의 중간이라 생각할 수 있으나 용탕의 흐름의 유리한 것보다 오히려 주입구를 만들기 쉽다는 점에서 채택되고 있다.

주형의 빈자리에 용탕이 급류와 같이 유입되어 주형이나 코어에 부딪히는 것보다는 오히려 비교적 느린 속도로 주형벽을 따라 낙하하도록 탕구를 설계하면 폭포와 같이 낙하하는 용탕에 의해서 생기는 난류를 감소시킬 수 있다. 유입속도를 저하시키기 위해서는 탕구보다 탕도, 주입구를 크게 하면 되는데 이러한 것을 비가압식탕구라 한다.(그림 4-12 참조)

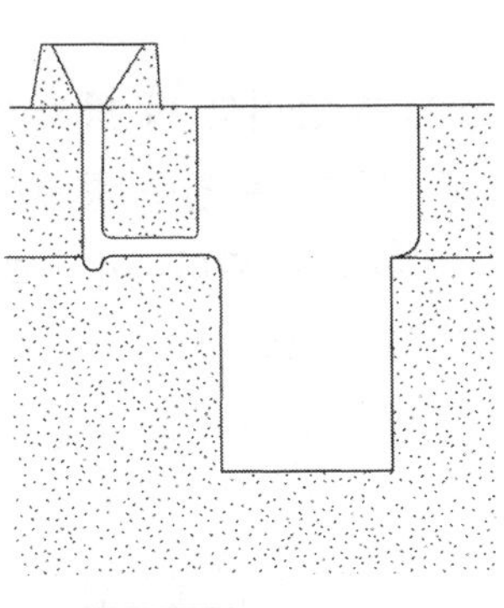

그림 4-12 분할선 탕구

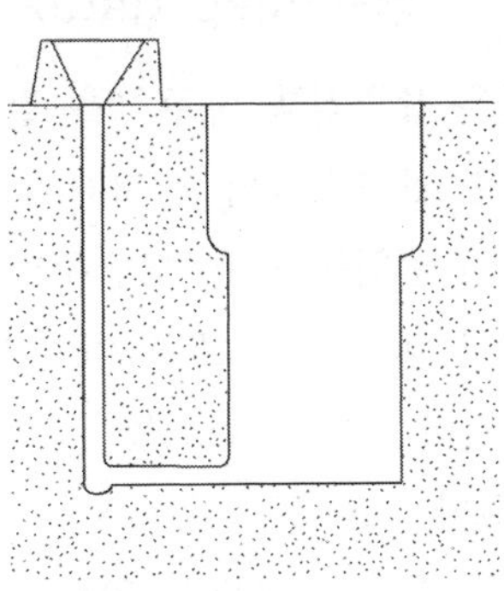

그림 4-13 하주식 탕구

다. 하주식 탕구(bottom gate)

하주식 주입구는 주형 내에서 침식 및 난류를 최소로 줄일 수 있으나 상부에 압탕을 붙이면 온도구배가 나쁘게 된다. 이러한 주형의 하부는 주형 밑바닥으로부터 채워 올라가는 용

탕에 의하여 가열되므로 이 부분의 응고가 늦어지게 된다.([그림 참조 4-13 참조)

따라서 주입구 입구에 강렬한 열점(hot spot)이 생기게 되므로 주의해야 한다. 그렇지 않을 때에는 이 부분에 수축공이 발생하는데 이것을 피하기 위해서 주입구의 단면적을 적게 하여 여러개의 주입구를 붙이는 것이 좋다. 하주식 방법은 [그림 4-14]와 같은 측면압탕과 함께 사용하면 매우 양호한 온도구배를 얻을 수 있다. 고온의 용탕이 압탕부에 공급되면 주입구는 이 압탕부에서 용탕을 받게 되므로 주입구의 열점은 압탕쪽으로 이동하게 되어 전체로는 양호한 온도구배가 된다.

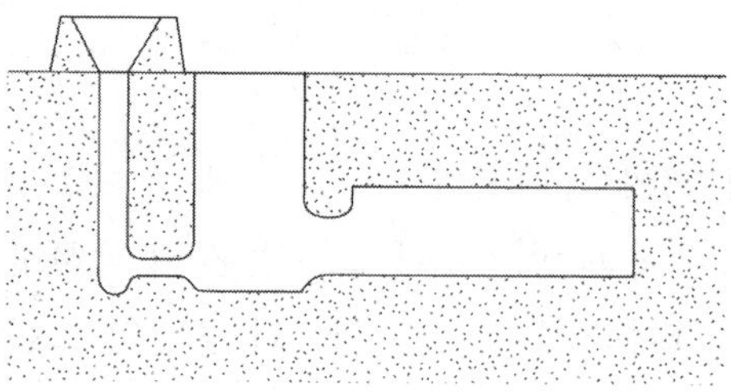

그림 4-14 측면압탕을 통한 하주식 탕구

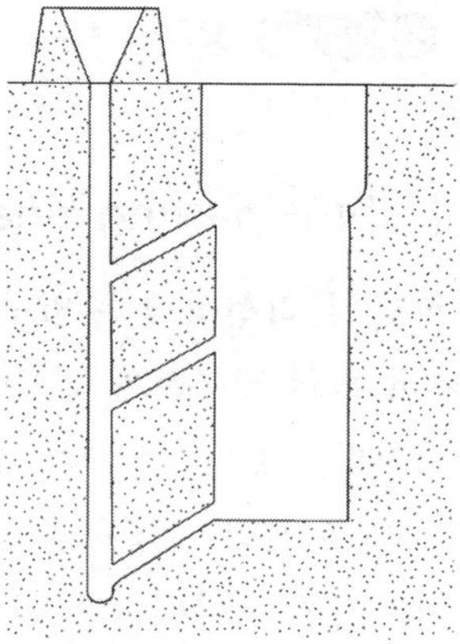

그림 4-15 다단식 탕구

라. 다단식 탕구(step gate)

이 방식은 **상주식과 하주식을 절충한 것으로, 주입구를 상단에 붙이면 이 양자의 장점을 구비시킬 수 있다.** [그림 4-15]에 표시한 바와 같이 몇 단으로 설치한 주입구 중에서 최초에는 최하단의 주입구를 통하여 주형속으로 용탕이 주입되어 충만하게 된다. 이 높이가 다음번의 주입구 높이에 이르면 이곳의 주입구를 통하여 유입된다. 이와 같이 용탕이 주형을 충만함에 따라 점차적으로 높은 주입구를 지나서 유입할 수 있다. 따라서 최고 온도의 용탕을 갖게 된다.

또한 최고 온도의 용탕은 압탕쪽으로 가지고 갈 수도 있다. 그러나 실제작업에 있어서는 이상적인 작용을 기대하기는 곤란하며, 탕구를 통하여 낙하하는 관성에 의해서 높은 위치에 있는 주입구를 그대로 지나 거의 대부분의 용탕은 가장 아래쪽의 주입구를 통하여 주입하게 된다.

이것을 방지하는 방법으로서는 주입구를 주물에 대해서 어떤 각도로 경사시켜 준다. 또한 하부 주입구로도 저항이 증가하게 되는 경우도 있다.

마. 주형의 반전조작(경사식 주입법)

상주식 주입구를 용탕 주입 후에 반전시켜 상부 압탕형으로 하는 경우가 있다. 이 경우 용탕 주입시에 상주식에 의한 난류와 침식을 방지할 수 있고, 조용히 주입할 수 있다.

다음에 주형을 어느 각도만큼 회전시키면 고온의 용탕은 상부로 올라가고 응고는 상부의 압탕을 향하여 진행되고 반대로 고온의 용탕이 압탕으로부터 하부로 공급하게 된다.

[그림 4-16]은 주형의 반전조작을 나타낸 것이며, [그림 4-17]은 경사식을 나타낸 것이다. 또 용탕 주입의 진행 정도에 따라 반전하는 방법도 있다.

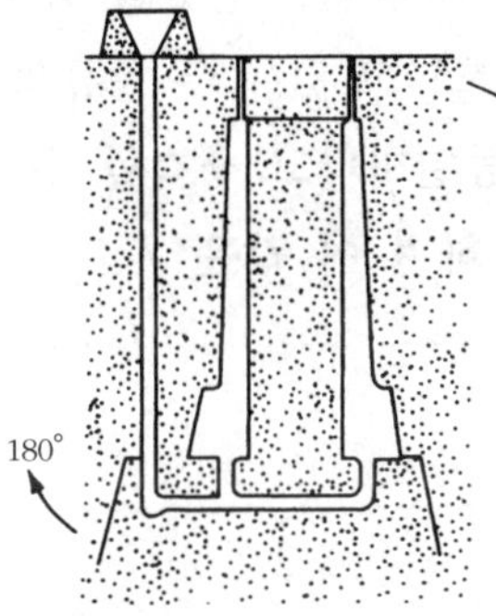

그림 4-16 주형의 반전조작

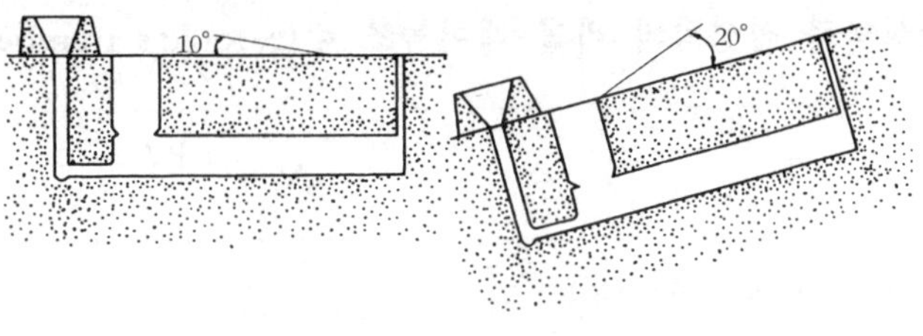

그림 4-17 경사식 주입

3 탕구계 내의 용탕의 흐름

주형내를 흐르는 용탕은 주형 벽으로부터 냉각되기 때문에 응고를 수반한다. 그러므로 용탕의 흐름을 보통 액체의 경우와 동일하게 생각할 수는 없으나 현실적으로 액체의 흐름과 같은 것이라고 생각하면 된다. 그리고 용탕과 보통 유체와의 차이 및 온도의 영향 등을 고려해야 한다.

가. 유체의 흐름

유체에는 층류와 난류가 있다. 유속이 작을 경우에는 어떠한 유체라도 층류(유선형 흐름)로 된다. 층류는 어느 부분에서도 흐름의 방향이 일정하며 직각방향의 속도성분은 0이다.

그러나 유속이 커지면 난류로 되고, 유체의 각 부분에서 흐름의 방향과 직각방향에 속도 성분이 존재한다.

이와 같이 층류에서 유속이 점점 커져서 일부 난류가 발생되는 속도를 하부 임계속도라 하며, 유속이 더욱 커져서 완전히 난류로 되는 속도를 상부 임계속도라 한다.

만일 교란이 전혀 일어나지 않는 상태로 유채가 흐른다면, 상부 임계속도까지는 층류로만 흐를 것이다. 따라서 상부 임계속도는 일정한 값이지만 하부 임계속도는 흐름의 조건에 따라 변한다. 실제로 액체의 흐름에서 난류가 발생되지 않도록 주의하기란 매우 어려우므로, 하부 임계속도는 매우 중요한 값이라고 하겠다.(층류가 커지면 난류가 되고, 난류가 커지면 불량품 발생이 높다.)

(1) 레이놀즈 수

유체의 흐름에는 점성과 관성에 의한 힘이 존재한다. 점성에 의한 힘은 층류를 촉진하고 관성에 의한 힘은 난류를 일으키는 방향으로 작용한다. 따라서 흐르고 있는 두 종류의 유체에서 관성력과 점성력의 비가 동일하다면, 두 유체의 성질은 동일하다고 생각할 수 있다. 이 **관성력과 점성력의 비를 레이놀즈 수(reynold's number)라 하며 이 값은**

$$N_R = \frac{\rho V d}{u}$$

- N_R : 레이놀즈 수(상수)
- ρ : 유체의 밀도(kg_f/cm^3)
- V : 유속(cm/sec)
- d : 통로의 지름(cm)
- u : 점성계수(cm · sec/g)

로 표시되며, 단위가 없다. 어떠한 유체라도 **하부 임계속도에서의 N_R값은 약 2000이며, 상부 임계속도에서의 N_R은 3000~4000**이다. 액체의 레이놀즈 수가 약 2000이하의 속도로 흐를 때에는 진정한 유선층 흐름이 얻어진다. 레이놀즈 수가 2000이상일 때 흐름도 각별한 주의를 한다면 레이놀즈 수 4000에서도 유선형 흐름을 얻을 수 있다.

(2) 탕구계 내의 흐름

만일 용탕의 흐름에서 응고를 수반하지 않고 또 정상류에의 레이놀즈 수도 같다고 가정하면, 유체의 흐름과 동일하다고 볼 수 있다.

4 탕구계의 설계

가. 탕구계 설계에 있어서의 중요인자.

탕구계의 설계가 적절하지 못할 경우에 생길 수 있는 문제점을 요약하면 다음과 같다.

① 주물사, 슬래그, 협잡물 이외의 불순물
② 주물의 거친 표면
③ 혼입되어 갇힌 가스
④ 과도하게 산화된 가스
⑤ 국부적 수축소(pipe shrinkage, macro shrinkage)
⑥ 내부에 분포하는 기공률(porosity)
⑦ 두 흐름이 만나는 곳에서 용탕의 불완전 접합
⑧ 미리 응고되어 남아 있는 금속입자
⑨ 주형이 덜 채워짐(misruns)
⑩ 사형 또는 코어에 대한 용탕의 침식작용

이런 문제점들을 참작하여 와란스(Wallace)와 에반스(Evans)는 탕구계를 설계함에 있어서 **다음과 같은 기준을 세웠다.**

① 용탕의 요동없이 주입 온도를 너무 높이지 말고 신속히 주입할 것
② 난류도를 줄여 주형 내에서의 협잡물 형성을 막거나 줄일 것
③ 탕구계를 적절히 설계해서 슬래그나 부유물을 막고 주형의 침식을 줄일 것
④ 주형으로부터 용탕으로의 가스 혼입을 막을 것
⑤ 주형과 코어의 침식을 막을 것
⑥ 적당한 온도구배로 방향성 응고를 이루게 하고 응고 후 주물의 변형을 막을 것
⑦ 최대의 주물 회수율을 얻도록 하며 가공비를 줄여줄 것
⑧ 주입을 쉽게 하기 위하여 레이들이나 크레인 장치를 이용할 것

나. 주입컵과 탕류

주입컵과 탕류의 역할은 다음과 같다.

① **레이들을 조작할 때 필요한 유입속도로 유지하게 해준다.**
② **탕구 입구에 있어서 난류와 와류의 발생을 감소시켜준다.**
③ **용탕이 탕도에 들어가기 전에 협잡물이나 슬래그를 분리해서 부상시키는 목적으로 사용된다.**

[그림 4-18]은 대표적인 주입컵의 몇가지 예이다. 이러한 것들은 코어사나 금형으로 제작될 수 있다. 또는 사형의 상형에 분리된 상태로 또는 함께 조형할 수 있다.

탕구에 직접 주입되지 않으므로 난류나 와류작용에 의해서 공기가 혼입될 위험은 없어진다. 대부분의 탕류는 크기 때문에 산화개재물이나 슬래그를 충분히 부유시킬 수 있으므로 비교적 깨끗한 용탕만을 주형내부로 들어가게 할 수 있다. 청정작용은 때때로 주입컵 내에 [그림 4-19]와 같은 스키머(skimmer)를 설치하여 효과를 볼 수도 있다.

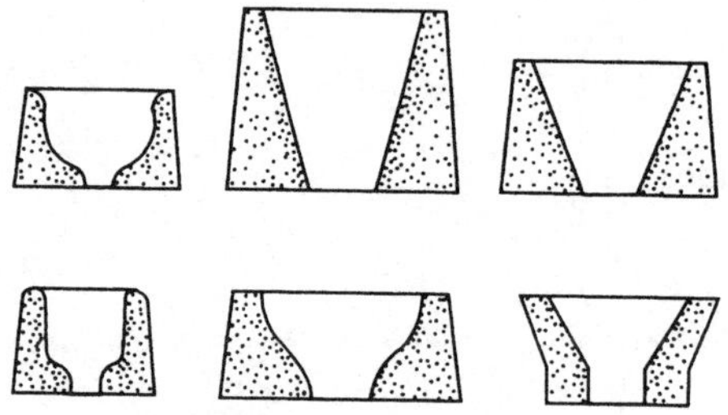

그림 4-18 주입컵의 설계 보기

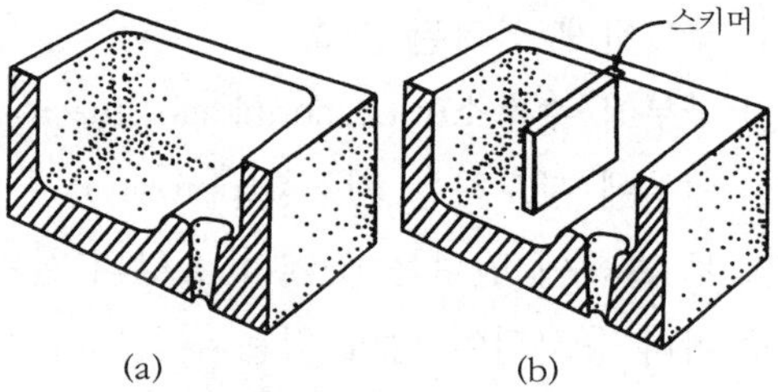

그림 4-19 탕류 설계

다. 탕구계의 형상

용탕을 원활하게 주입하기 위해서 탕구계는 반드시 유선형으로 설계할 필요가 있다. 이는 경제적인 관점에서도 유리하다. 탕구계 내의 유속은 유선형이면 더욱 빠르다. 따라서 탕구계의 크기가 감소됨으로써 주조수율이 높아진다.

[그림 4-20, 4-21, 4-22]는 부적당한 탕구설계가 어떻게 하여 용탕의 난류와 가스를 흡수하는가를 나타내고 있다. 또한 이들은 다음과 같은 결과를 초래하므로 유선형으로 하여 피해를 최소로 줄이는 것이 바람직하다.

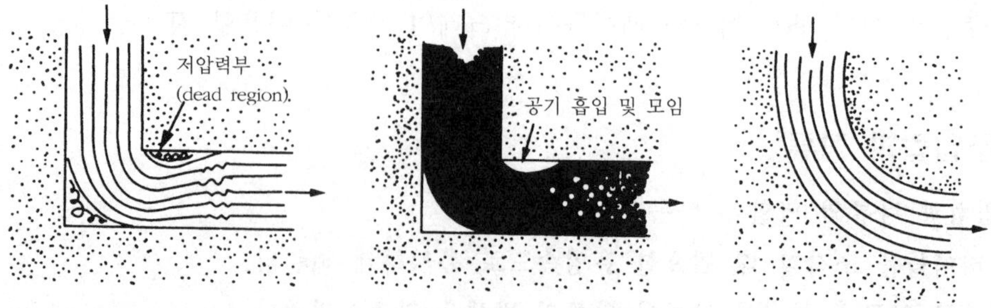

(a) 예각부에 의해서 생기는 난류 (b) 예각부에서의 용탕불량 (c) 유선형 만곡부

그림 4-20 탕구계의 만곡부에서의 용탕의 흐름

① **공기 또는 산화개재물이 주물에 혼입된다.**

② **탕구계의 주형벽을 침식하여 주물에 주물사를 개재시킨다.**

③ **용탕의 유속을 감소시킨다.**

[그림 4-20] (a)는 탕구계의 예각부에서 생기는 난류를 나타내고 있다. 저압의 사각(dead region)부분이 예각부에 생기며, 용탕이 속도가 상당히 높을 때는 이러한 부분의 압력은 대기압 이하로 떨어진다. 그렇게 되면 주형 내의 가스는 용탕이 흐를 때 용탕속에 흡입된다. ([그림 4-20 (b) 참조), 따라서 심한 예각부에서는 적당한 반지름의 유선형으로 바꾸어 난류를 줄이고 가스혼입을 막을 수 있다.([그림 4-20 (c) 참조)

또한 유선형은 유속을 대폭적으로 증가시킨다.([그림 4-21 참조)

용탕의 유입경로에서의 돌연한 수축이나 팽창이 생길 때도 예각부에서 이와 비슷한 효과가 일어난다(그림 4-22 참조). 역시 난류와 공기혼입이 생긴다.

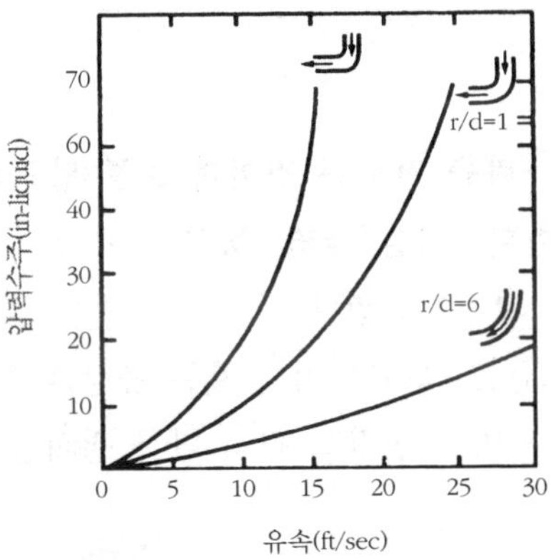

그림 4-21 용탕의 유속에 미치는 유선형 탕구계 효과

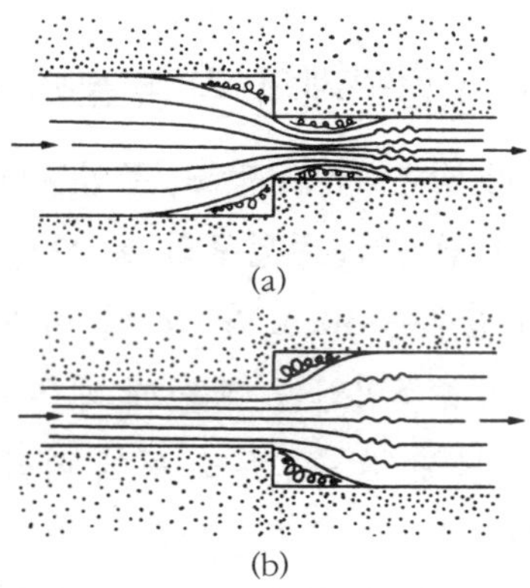

그림 4-22 탕구계의 갑작스런 확대 또는 축소로 인한 난류의 발생

[그림 4-23]은 난류를 최소한으로 해주기 위해서 수직탕구를 유선형탕구로 해주어야 할 필요성을 나타내고 있다. 수직탕구(균일한 단면적)에서는 심한 공기의 혼입을 초래한다.

수직탕구가 아래로 내려갈수록 용탕의 속도는 증가하기 때문에 공기의 혼입이 일어난다. 만일 용탕이 일정한 속도를 유지하도록 탕구가 주형벽에 대하여 일정한 기울기를 이룬다면 공기혼입은 감소하고 난류는 최소한으로 된다. [그림 4-23], (a)에 나타낸 바와 같이 유해한 입구효과(entrance effects)를 방지하기 위해서는 탕구의 입구와 출구를 둥글게 할 필요가 있다. 탕구와 탕도의 연결부에 있어서 수직면 내에 원만한 기울기를 조형에 의하여 만들어 주기는 매우 곤란하므로 흔히 [그림 4-23] (b)와 같이 탕구저(sprue base)를 만들어 용탕의 운동에너지를 흡수하여 공기혼입을 최소한으로 줄이고 있다.

라. 탕구비(탕구계의 각 부분의 단면적 비)

탕구비라 함은 탕구, 탕도, 주입구의 총 단면적의 비를 말하는 것이며 보통 탕구의 단면적, 탕도의 단면적, 주입구의 총 단면적으로 표시한다. 예를 들면, 탕구는 25cm^2, 탕도는 50cm^2, 주입구는 50cm^{2}라 할 때 이의 탕구비는 1 : 2 : 2로 된다.

탕구비는 주조방안을 세울 때 매우 중요한 값이 된다. 그러나 이 관계는 용탕의 화학성분과 주형의 모양 및 주입온도 등에 따라 일정하지 않으며 실험값도 각각 다른 결과를 가져올 때가 많다.

〈표 4-1〉은 주물의 종류와 탕구비를 〈표 4-2〉는 주철의 경우 탕구, 탕도, 주입구의 관계를 치수와 모양으로 표시된 것이다.

주입계통의 형식 즉 탕구비에는 일반적으로 2가지 형식으로 구분하는데 압력주입방식(press gating system)과 비압력주입방식(unpress gating system) 등이 있다.

표 4-1 주물의 종류와 탕구비

합금의 종류	탕구비	비고
주철	1 : 0.81 : 0.625 1 : 0.86 : 0.715 1 : 0.96 : 0.9 1 : 0.75 : 0.5 1 : 0.9 : 0.5 1 : 0.95 : 0.9 1 : 0.75 : 0.25 1 : 0.75 : 0.25 1 : 1.2 : 0.9	10t이상의 것 10t이하의 것 얇은판상의 것 라디에이터 탕도가 탕구 한쪽에 있을 때 탕도가 탕구 양쪽에 있을 때

합금의 종류	탕구비	비고
가단주철	1 : 0.5 : 2.45 1 : 0.6 : 1.67	살이 두꺼운 것 살이 엷은 것
주강	1 : 0.81 : 6.25 1 : 1 : 1 1 : 2 : 2 1 : 2 : 1	 운동량을 감소시키는 방법 압력을 높이는 방법
고력황동	1 : 2 : 1 1 : 2.88 : 4.80	 탕도양측
Al-청동	1 : 2.88 : 4.80	탕도양측
Al-합금	1 : 4 : 4 1 : 6 : 6 1 : 22 : 2 1 : 2 :1 0.6~0.7 : 1 : 0.75 1 : 2 : 4 5 : 6 : 10	탕도양측 탕도양측
Mg-합금	1 : 2 : 2~1 : 4 : 4 1 : 2 : 2	

표 4-2 탕구계의 치수와 모양(주철)

구분	관계치수와 모양					
탕구	ø15	ø20	ø25	ø30	ø40	ø45
탕도	9	13	17 21 21	20 24 24	27 32 32	33 40 40
주입구 2일 때 (4개일 때는 1 : 2로한다)	9 9	13 13	16 16 16 16	25 25 25 25	25 25 25 25	31 31 31 31

탕구비=4 : 3 : 2(탕구 : 탕도 : 주입구)일 경우

(1) 주입구의 총단면적을 구하는 방법

목표의 주입시간내에 주입이 끝날 수있는 주입구의 총단면적을 구해야 한다. 주입구의 총단면적을 구하는 식은 다음과 같다.

$$\textbf{주입구 총단면적} = \frac{w}{V \cdot d \cdot T}$$

- w : 주입 중량(kg_f)
- V : 주입구를 지나는 용탕의 흐름속도[cm/sec] = $\sqrt{2gH}$
- g : 중력의 가속도 980cm/sec^2
- H : 탕구의 유효높이
- T : 주입시간[S]
- d : 주철의 밀도[kg_f/m^3] = 7000~7200

(2) 탕구의 단면적을 구하는 방법

목표의 주입시간과 주입중량에서 필요한 탕구봉의 단면적을 구하는 데는 탕구 : 탕도 : 주입구의 비가 정해져 있으면 윗식에서 구한 주입구의 단면적에서 비례적으로 구하는 방법은 다음과 같다.

$$\textbf{탕구부의 교축의 단면적} = \frac{\text{주입중량}}{\text{주입시간}} \times \frac{\text{정수}}{\sqrt{\text{유효탕구높이}}} \times 7.160$$

정수 : 탕구봉 교축에서는 0.200
　　　탕도 교축에서는 0.286

(3) 탕구비의 계산

탕구, 탕도, 주입구의 치수를 [그림 4-24]와 같이 했을 때의 탕구비는 다음과 같이 구해지는데 반대로 먼저 탕구비를 결정했을 때에는 탕구, 탕도, 주입구의 어느 하나가 정해지면 탕구비에서는 다른 2개는 계산할 수 있다.

- 탕구 단면적 = $\frac{\pi}{4} 30^2 = 707mm^2$
- 탕도 단면적 = $\frac{23+27}{2} \times 25 = 625mm^2$
- 주입구의 총단면적(2개소) = $(47 \times 6) \times 2 = 561mm^2$
- 탕구 단면적(707) : 탕도 단면적(625) : 주입구 단면적(564)
- 탕구비 1 : 0.9 : 0.8

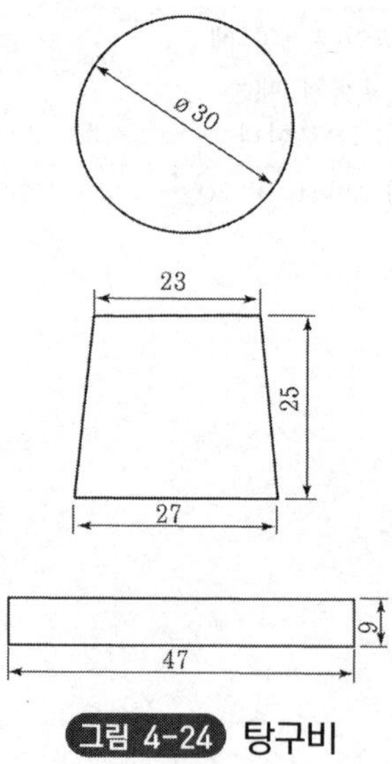

그림 4-24 탕구비

[그림 4-25]는 전형적인 압력주입 반식으로 탕구비가 1 : 0.75 : 0.5인 경우이다.

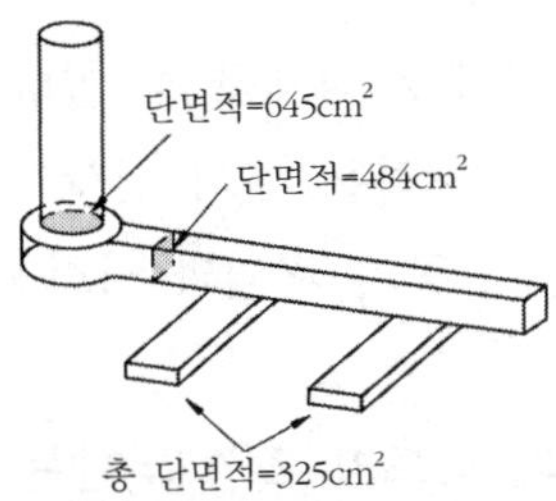

그림 4-25 압력 주입탕구계

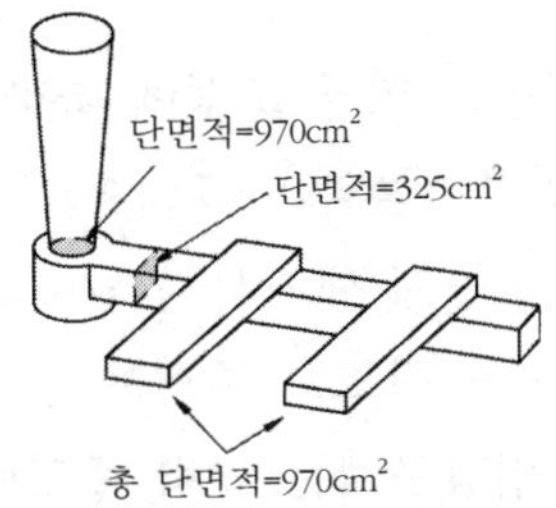

그림 4-26 비압력 주입탕구계

[그림 4-26]는 부분적으로 유선화된 탕구비 1 : 3 : 3의 비압력 주입방식의 탕구계를 나타낸 것이다.

압력 주입방식(가압주입방식)에서는 탕구비가 주철에서 많이 쓰이는 1 : 0.75 : 0.5 또는 1 : 2 : 1 등과 같이 주입구의 면적이 탕구의 면적보다 크지 않아서 용탕 흐름의 제한 때문에 남게 되는데 **압력 주입 장점을 열거하면 다음과 같다.**

① 탕구계에는 항상 용탕이 충만되고 있다. 즉 주입구에 걸리는 저항 때문에 생기는 압력에 의하여 용탕은 주형벽에서 분리되지 않으며 이로 인해서 공기의 혼입을 생각할 필요가 없다

② 여러 개의 주입구를 만들 때 각각의 단면적이 동일하지 않으면 용탕의 흐름도 동일하지 않고 압력이 걸리지 않는 비압력주입(비가압주입방식)방식에서는 용탕의 흐름에 의한 운동에너지는 탕도의 거리에 반비례하게 되어 탕구에서 멀리 떨어져 있는 주입구에서는 용탕이 부족하게 되는 경향이 있다.

압력 주입방식에 있어서 탕구 단면적을 제한하면 운동에너지의 효과는 감소하게 되고 동일한 탕구의 크기라면 유속은 거의 같게 된다.

③ 일정한 유속에 있어서 압력 주입 방식은 저압의 경우보다 부피가 적어지며 주물의 주조수율이 커진다.(단면적이 적기 때문에)

한편 압력 주입방식은 용탕의 유속이 비교적 크므로 다음 몇가지 결점이 발생한다.

즉 단면 형상이 양호한 유선형이 아니면 연결부나, 꺼지는 부분에서 상당한 난류가 일어나며 또한 용탕이 주형 내에 유입할 때의 속도가 크기 때문에 많은 난류가 생기며 공기의 혼입, 협잡물의 발생, 주형의 침식 등을 일으킬 가능성이 있다.

주철 주조공장의 대부분이 탕도는 탕구보다 10%, 주입구는 탕도보다 10%씩 적은 단면을 가진 1 : 0.9 : 0.81의 압력 주입탕구를 이용하여 약간의 압력이 걸릴 정도로 하고 있다. 이는 탕구계에서는 다소의 난류가 일어나도 재질에 특별한 해를 끼치지 않는다고 생각하기

때문이다. 그러나 만일 주형 내에 유입되는 용탕의 속도가 너무 크면 주형 침식이 일어날 수 있다.

황동과 청동은 합금 조성에 따라 압력 또는 비압력 탕구계로 설계할 수 있다. 산화성이 큰 경금속(알루미늄과 마그네슘)은 비압력 주입탕구계로 설계하는 것이 정상적이다. 이런 합금에서는 탕구계 내에서의 난류를 최소한으로 해야 하고, 공기 혼입과 산화물의 형성을 억제할 수 있을 정도로 주형에의 유입속도는 낮아야 한다.

비압력 주입탕구계는 압력 주입탕구계에 비하여 용탕의 속도가 훨씬 낮다는 이점이 있다. 탕도와 탕구의 단면적이 크면 비교적 낮은 유속에서도 충분한 유량을 갖게 한다.

따라서 탕구 내의 난류가 주형의 공극부에서의 용탕 분출이 줄어든다.

비압력 주조방식의 불리한 조건들은 다음과 같다.

① 비압력 주입방식은 주입 중에 용탕이 완전하게 채워질 수 있도록 하기 위해서 신중한 설계가 필요하다. 탕구는 거의 또는 전혀 배압을 나타내지 않으므로 부적당하게 설계된 탕구나 탕도는 결코 완전히 충만하지 않으며, 만일 충만된다 하더라도 분리효과가 쉽게 일어난다. 하형에 탕도를, 상형에 탕구를 설치한다는 것은 완전 충만을 유지하는 데는 도움이 되지만 유선형으로 하는 것이 분리효과 및 공기의 혼입을 막아주기 위해서 중요하다.

기울기를 준 탕구에 주탕받이를 함께 사용하는 경우가 많다. 탕구와 탕구 연결부는 [그림 4-27]과 같이 유선형과 각 주입구에서 탕구의 크기를 점차 줄여나가는 방법을 권장하고 있다.

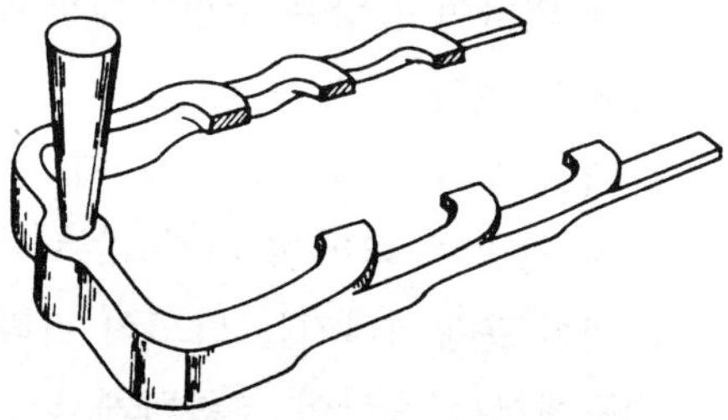

그림 4-27 완전한 유성형 탕구계

② 비압력 주입방식에서는 여러 개의 주입구에서 균등한 유량을 얻기 힘들다. 다단탕구에서처럼 비압력 탕구계에서는 흐르고 있는 용탕의 운동에너지에 의해서 용탕은 탕도 끝까지 운반되어 탕구에서 가장 먼 주입구에 유입되게 하는 경향이 있다.

③ 비압력 주입방식은 큰 탕도와 탕구를 필요로 한다. 비압력 주입탕구계는 탕도와 탕구의 비교적 큰 단면적 때문에 일반적으로 같은 유량의 압력 주입방식 탕구계에 비하여 탕구계의 크기가 더 크기 때문에 주조수율이 좋지 않다.

(주조수율 : 1kgf의 주물을 주입했을 때 제품이 500g 만 나왔을 때 주조수율은 500g이다.)

마. 주입온도 및 주입시간

(1) 주입온도

주입온도와 주입시간은 탕구, 탕도, 주입구의 크기와 모양에 따라 달라진다. 그러므로 주입시간을 미리 결정한 다음, 이것을 기준으로 하여 탕구비를 정하는 것이 보통이다. 같은 화학성분을 가진 용탕이라도 그 주입온도가 용탕의 유동성에 미치는 영향은 크며 주물의 모양 및 두께에 따라 주입온도를 조절할 필요가 있다. 또한 주입온도가 기계적 성질에 영향을 주는 원인이 된다.

① 주입온도가 높을 때 : **용탕의 가스 흡수가 심하므로 기포의 원인이 되며 수축이 커서 균열을 일으키기** 쉽다.

② 주입온도가 낮을 때 : **압탕(riser), 플로오프(flow off)등에 의한 충분한 용탕의 보급이 이루러지기 전에 응고가 되어 불량의 원인이 되고 유동성이 나쁘므로 용탕의 흐름이 나쁘다.** 주입온도는 여러 가지 요소 즉 제품의 모양, 조형 방법, 용탕의 성분 등에 따라 결정하지만 일반적 기준은 〈표 4-3〉과 같다.

표 4-3 각종 주물의 주입온도

주물재질	주입온도(℃)
청동주물	1150~1200
황동주물	1050~1150
알루미늄합금주물	670~760
주철대형기계주물	1350~1360
주철소형기계주물(생형)	1350~1400
주철잉곳케이스	1265~1280
대형주강	1520~1540
소형주강	1540~1560

(2) 주입시간(주입속도)

주입속도라고도 하며 주형에 용탕을 주입할 때 걸리는 시간이며 초(sec)로 표시한다. 주입은 조심스럽게 그리고 빨리하는 것이 요구되는데 오직 용탕이 난류를 일으키지 않도록 탕구 방안을 세우도록 주의해야 한다. 그러나 주강과 같이 주입온도가 높은 것이 속도가 너무 빠르면 주형을 파손시킬 염려가 있고 두꺼운 살부분에 수축이 많이 생기므로 일반적으로 모양이 복잡하고 엷은 두께인 주물의 경우는 압탕을 크게하여 주입속도를 빠르게 하고, 모양이 간단하고 두꺼운 주물의 경우는 주입시간을 길게 한다.

주입시간은 〈표 4-4〉의 기준에 의한 합리적인 주입시간을 주물사의 통기도, 주물의 무게 및 살두께로부터 계산한다.

주입시간에 대한 실험식은 다음과 같다.

$$T = S\sqrt{W}$$

T : 주입시간(초)
W : 주물의 중량(kgf)
S : 주물의 살두께 따른 상수
S = 1.63(주물 살두께 2.8~3.6mm)
S = 1.86(주물 살두께 4.0~8.0mm)
S = 2.23(주물 살두께 8.3~15.8mm)

위의 S의 값은 450kgf까지의 소형 주철주물에 대하여 적당한 것이다.
무게 1ton까지의 건조형의 주강인 경우는

- 살두께와 모양이 복잡한 것 : $T \fallingdotseq 0.5\sqrt{W}$
- 모양이 간단한 것 : $T \fallingdotseq 0.75\sqrt{W}$ 가 적당하다.

표 4-4 주철, 주강의 주입시간(초)

주물중량(kgf)	회주철주물	강주물
5	3~5	5~8
10	4~6	7~10
25	7~10	8~12
50	8~12	10~15
100	10~15	12~20
200	15~25	25~35
400	25~40	40~50
1000	35~60	50~80
4000	70~100	100~160
10000	120~150	150~235
15000	140~180	-
25000	150~200	-

바. 기타

(1) 유효 탕구의 높이(effective sprue height)

유효탕구의 높이는 [그림 4-28]에 의거 다음 식으로 구할 수 있다.

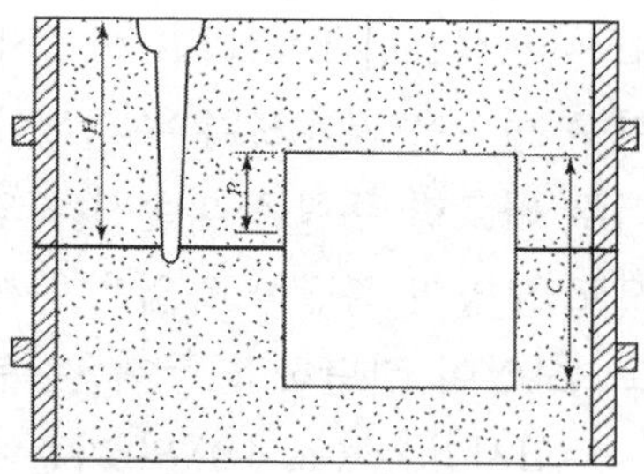

그림 4-28 유효탕구의 높이

유효탕구의 높이 $= \dfrac{2HC - P^2}{2C}$ **(사이드 게이트일 때)** $= \dfrac{2HC - 0}{2C}$ **(톱 게이트일 때)**

- H : 탕구의 높이(cm)
- C : 주물의 높이(cm)
- P : 주입구 위부분에서의 주물높이(cm)

(2) 주입구 넓이

주입구의 넓이는 탕구 및 탕도의 크기를 정하는 요소가 되며 다음과 같이 구할 수 있다.

$$A = 2.0\sqrt{\frac{W}{E \cdot S \cdot H}}$$

- A : 주입구 단면적(cm^2)
- W : 주물의 무게(kgf)
- $E \cdot S \cdot H$: 유효탕구 높이(cm)

(3) 용탕이 주형에 가하는 압력

주형에 용탕을 주입하면 주형의 각 부분은 그 투상면적과 탕구의 높이에 비례하여 압력을 받게 된다. 이 압력은 주형의 각 부분에 가하게 되며 코어에도 부력을 준다. 이와 같은 힘이 상형의 무게보다 클 때에는 상형을 올리게 되므로 용탕이 새거나 주형이 파괴되는 수가 있다. 따라서 상형과 하형을 크램프 등으로 조이든지 무거운 중추를 상형 위에 올려 놓아야 한다.

그리고, **용탕의 압력 P를 구하는 식은 다음과 같다.**

$$P = A \times H \times S$$

- A : 주물을 위에서 본 면적(m^2)
- H : 주물의 윗면에서 주입컵의 면까지의 높이(m)
- S : 주입금속의 비중(kgf/m^3)

사실 이론상으로는 상형의 무게를 W라 한다면

압상력 $P' = A \times H \times S - W = P - W$이므로 중추의 무게는 $(P - W)$보다 크면 된다. 그러나 실제로는 용탕이 흐를 때 큰 압력을 받게 되므로 계산값의 3배 가량으로 여유있게 하는 것이 안전하다.

예제 1

그림과 같이 A=500×500mm인 주철주물을 만들때 필요한 중추의 무게는 얼마로 하면 안전한가? (단, H= 100mm, S=7200kgf/m^{3}로 한다.)

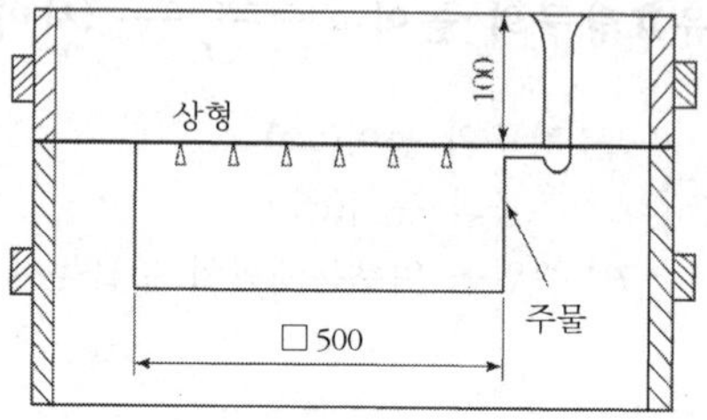

풀이

$P = A \times H \times S$

$P = (0.5)^2 \times 0.1 \times 7200 = 180kg_f$

180kgf이 상형에 주는 총 압력이 되므로 상형이 무게는 생각 않고 3배되는 540kgf 정도로 하면 안정하다.

예제 2

그림과 같은 치수를 가진 주물에서 위의 상자가 받는 압력은 H가 150mm 및 350mm의 높이일 때 받는 압력의 합(P_1+P_2)을 받게 된다. 이때 필요한 중추의 무게는 얼마로 하는 것이 안전한가? (단, S=7,200kgf/m^3)

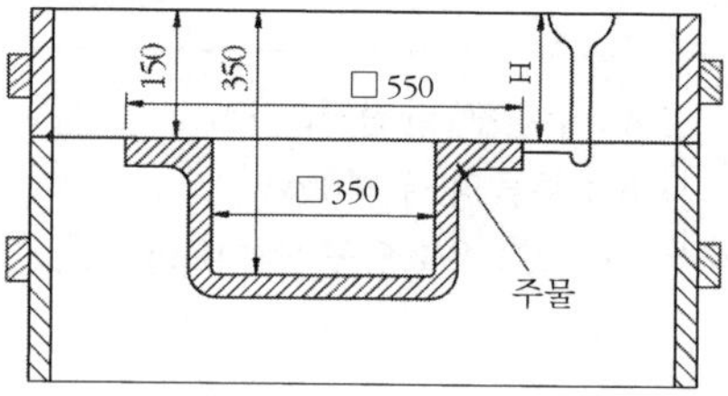

풀이

$P_1 = [(0.55)^2-(0.35)^2] \times 0.15 \times 7200 \fallingdotseq 194kg_f$

$P_2 = (0.35)^2 \times 0.35 \times 7200 \fallingdotseq 309kg_f$

$\therefore P_1+P_2 = 194+309 \fallingdotseq 503kg_f$

따라서, 안전한 중추의 무게는 1509kgf(503×3 ≒ 1500kgf)으로 한다.

5 탕구의 처리(슬래그와 산화물 제거)

탕구계를 잘 만들어도 슬래그와 산화물이 주물 내에 혼입되는 경우가 가끔 있다. 이들은 용해로, 레이들중에서 생성되어 혼입되는 경우도 있고 용탕주입시 숙련 부족으로 탕구계에서 발생하는 경우도 있다. 특히 용탕이 완전히 충만되어 있지 않은 주입의 초기에는 약간의 공기혼입, 산화물의 생성은 피할 수 없다.

용탕이 주형의 공간(cavity)에 도달할 때까지의 과정 중에서 불필요한 이들의 협잡물을 제거하기 위하여 여러 가지 방법이 강구되고 있으나 이들 중에서 가장 일반적으로 이용되는 대책은 탕도를 여분으로 길게 하는 탕도끝을 설치하는 방법이다.

제2절 | 압탕 방안

1 압탕의 필요성

주입된 용탕이 주형에서 냉각될 때에 응고 수축에 따른 부피의 감소가 일어나게 되므로 용탕을 계속하여 보급하고 치밀한 재질을 얻기 위하여 응고되기 전에 압력을 가할 수 있게 만든 것을 압탕(riser)이라 한다. 즉 압탕의 주요 기능은 주물이 응고하는 마지막까지 용탕을 보급하는데 있다.

비스무트(Bi)와 그 합금 및 회주철을 제외한 대부분의 금속 및 합금은 응고나 냉각시에 체적 수축이 생긴다. 이러한 체적수축은 3가지 단계로 구분할 수 있다. 즉 주입온도로부터 응고 온도로 냉각시킬 때 액체수축(liquid contraction)이 생기고, 그것이 응고함에 따라 응고수축(solidification contraction)이 생기며, 고체 주물은 상온을 냉각시킴에 따라 고체수축(soild contraction)이 생긴다.

압탕의 구비조건으로는

① **압탕은 주물보다 나중에 응고할 수 있도록 충분히 커야 한다.**
② **주물의 응고수축을 보충할 수 있을 정도로 오랫동안 액체금속으로 유지해야한다.**
③ **압탕은 주물의 모든 부분에 정압이 유지되도록 설치해야 하며 대기에 개방되어 있어야 한다.**
④ **압탕이 주물보다 먼저 응고되면 주물의 응고수축을 보충해 줄 수 없기 때문에 주물에서부터 압탕쪽으로 지향성 응고(directional solidification)가 일어나도록 설치해야 한다.**
⑤ **용융금속을 절약할 수 있는 압탕을 설계해야 하는 등 경제적인 면도 고려되어야 한다.**

2 압탕의 종류

압탕의 종류는 위치에 따라 분류하면 직압탕(top riser)과 측면 압탕(side riser)이 있으며 또한 외측까지 나타나는가에 따라 개방형(open type), 폐쇄형압탕(맹압탕, blind riser)으로 분류할 수 있으며 녹 오프 코어(knock off core)를 사용하는 넥 다운 압탕(neck down riser)이 있다.

각종 압탕을 그림으로 나타내면 [그림 4-29]와 같고 경우에 따라서는 직압탕 대신에 측면 압탕을 사용하는 것이 유리할 때도 있다.

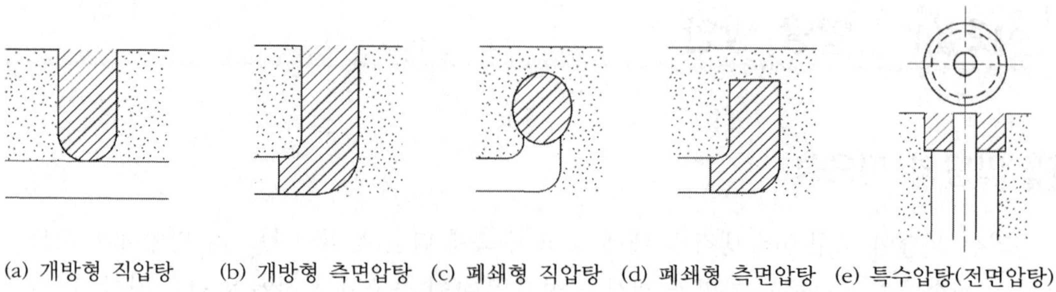

그림 4-29 압탕의 종류

측면압탕은 전체가 모래로 포위된 압탕(맹압탕)이든 또는 상형의 표면까지 노출된 개방형압탕이든 모두 무방하다.

그런데 주철이나 비철합금에서는 응고할 때 생성되는 응고 표피의 강도가 강철에서와 같이 강력하지 않으므로 패쇄형이든 개방형 압탕이든 상향으로 용탕을 보급하는 작용은 없다, 따라서 측면압탕은 주물 본체보다 높아야 한다.

이러한 **폐쇄형압탕은 직압탕보다 몇 가지 장점**이 있다.

① 압탕을 통하여 주물 저부에 주입구를 설치할 때에는 온도의 분포 상황이 매우 양호하게된다. 주입되는 최종의 용탕, 즉 최고온도의 용탕은 주물의 저부와 압탕 사이에 있으므로 보급에 있어서 유리한 조건으로 된다. 또한 이 장소의 주형사도 충분히 예열되어 있기 때문에 방열도 적다.

② 맹압탕은 주물 중 필요로 하는 어떤 장소에도 설치할 수 있다.

③ 두부가 반구의 원통형 압탕인 경우에는 체적에 대한 표면적의 비가 최소로 되기 때문에 압탕 자체의 냉각효과는 최소로 된다. 지름이 큰 반구압탕은 중앙을 둥글게 함으로써 열의 집중부를 중앙에 오게 하여 압탕의 효과를 향상시킨 것도 있다. ([그림 4-30] 참조)

④ 맹압탕은 [그림 4-31]에서와 같이 주물이 평탄한 측면에 붙일 수도 있어서 개방형 직압탕과 같은 복잡한 곡면에 붙일 때보다도 훨씬 쉽게 제거할 수 있으며, 또한 제거할 때에 제품의 살이 떨어져 나가는 위험도 줄일 수 있다.

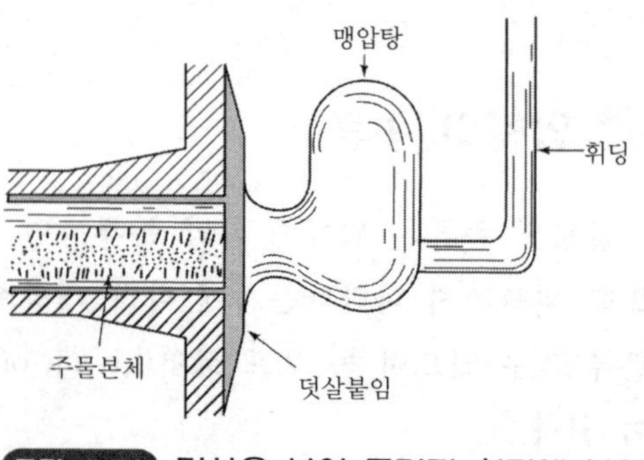

그림 4-30 덧살을 붙인 플런저 휘딩에 붙인 맹압탕

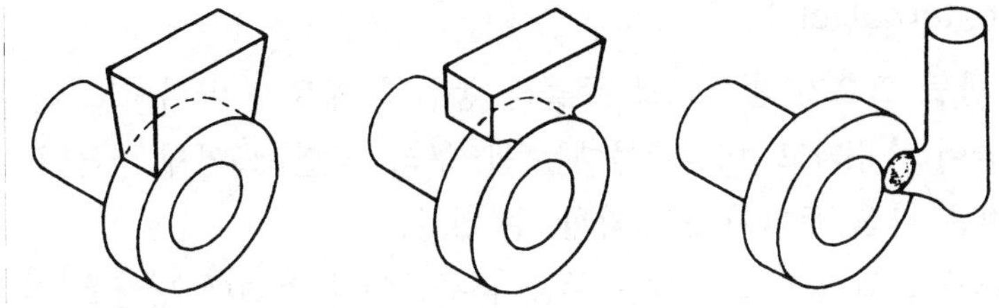

(a) 제거난이 (b) 제거난이 (c) 제거용이

그림 4-31 압탕의 설치 방법

3 압탕의 방향성 응고와 압탕효과

가. 덧살붙임

[그림 4-32]는 주물의 건전성을 높이기 위한 덧살붙임의 보기이다. 주물은 압탕부에서 멀어질수록 얇아지기 때문에 응고는 얇은 곳에서부터 시작된다. 두께는 지향성 응고가 압탕쪽으로 갈수록 점점 두꺼워지며 연속부분은 그 부분에 적당한 압탕효과가 있게끔 충분한 양의 용탕을 받는다. 이 덧살부분은 나중에 기계가공으로 제거해도 되고 또는 기울기를 준 부분이 완제품의 유용한 일부가 되도록 설계 할 수도 있다. 그러나 특히 강주물의 경우 경사진 단면의 설계를 예외적인 것으로 하기보다는 오히려 통례적으로 하는 것이 좋다.

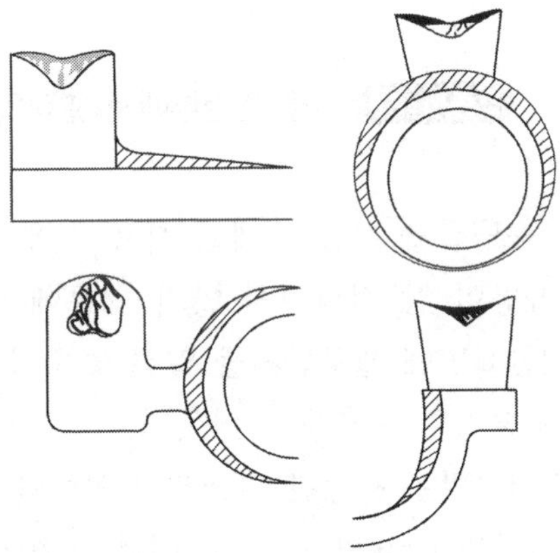

그림 4-32 덧살붙임의 보기

덧살을 붙인다는 것은 반드시 주물을 어떻게 제작할 것인가를 결정한 다음에 실시되어야 한다. 그렇지 않으면 기울기가 틀린 방향으로 붙여지기 쉽다.

나. 냉금메탈(chill metal)

주물의 필릿 두께가 고르지 않거나 압탕만으로는 용탕의 보급이 미치지 못하는 곳 또는 압탕의 효과가 불충분할 때에는 국부적으로 두꺼운 부분에 수축공을 일으키는 경우가 많으므로 이러한 부분의 응고를 촉진시키기 위하여 냉금메탈을 사용한다. 이 때 주물의 바깥쪽에 대는 것을 외부냉금, 안쪽에 대는 것을 내부냉금이라 한다.

(1) 외부냉금(external chill)

외부냉금은 융합될 필요가 없으므로 주물과 동일한 재료가 아니어도 된다. 철주물에는 철 또는 강제 냉금이 사용되고, 비철주물에는 철, 구리, 강철, 흑연제 냉금이 사용되며, 외부 **냉금의 사용 목적은 다음 두가지를 생각할 수 있다.**

① 비교적 두께가 균일한 주물에서는 주물 끝부분이나 측면에 냉금을 설치하여 지향성 응고를 촉진시킨다.

② 두꺼운 부분이나 교차되는 부분에 냉금을 설치하여 열점을 제거시키는 것 등이다. [그림 4-33]은 주물의 열점부에서 설치하는 냉금의 보기를 나타낸 것이다.

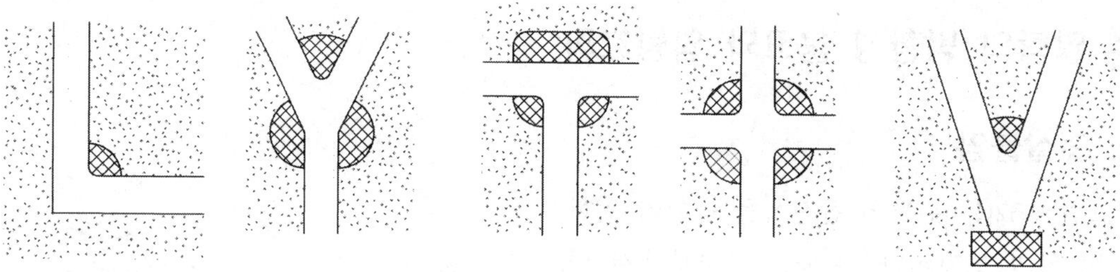

그림 4-33 주물 연결부에서 열점의 형성을 방지하기 위해서 사용된 외부냉금의 사용

금속냉금을 사용할 때는 사용 전에 샌드 블라스트를 하면 좋으나 매끈하게 연마된 냉금은 용탕이 잘 접촉되지 않기 때문에 좋지 않다.

냉금표면에 셀로판지를 입혀 놓으면 주형 속에 냉금을 넣어 두더라도 냉금표면의 부식이나 수증기의 응축을 막아준다.

흑연피막은 훌륭한 냉금제의 역할을 한다. 흑연의 열전도율은 강에 비해 약 3배나 되지만 그 비열은 1/3밖에 안된다. 이는 흑연냉금이 같은 효과를 나타내기 위해서 강제의 경우보다 최소한 3배의 크기를 가져야 한다는 것을 뜻한다.

외부냉금은 불규칙하고 복잡한 형상에는 물론 평탄한 부분에도 사용될 수 있다. 다만 필요한 형상으로 냉금을 주조해야 한다.

(2) 내부냉금(internal chill)

내부냉금에는 [그림 4-34]과 같이 여러 가지 형태가 있다. 이것은 압탕의 효과가 미치지 않는 부분에 응고를 촉진하기 위해 [그림 4-35]와 같이 사용된다. 내부냉금은 보통 주조금속과 같은 조성을 가지며 냉금은 전 표면을 통하여 주물 본체에 융합될 수 있도록 표면이 다소 녹아들어가는 것이 바람직하다. 또한 이를 위해서 크기와 형상을 잘 선택해야 하며 냉금이 너무 일찍 녹아 그 위치가 바뀌는 것을 방지하기 때문이다. **냉금을 사용할 때 주의 할 사항은 다음과 같다.**

① **냉금메탈의 표면을 깨끗이 하여 녹슬지 않게 해야 한다(기포의 원인이 됨).**

② **냉금메탈 표면에 기름을 엷게 발라 녹의 발생을 방지하고 주형 내에 있어 주탕할 때 습기가 부착되어 물방울로 되는 것을 방지한다(기름은 모빌유, 기계유 등을 사용한다).**

③ **냉금메탈 위에 도형을 해도 좋다.**

④ **일반적으로 생형 또는 건조 불충분한 주형에 냉금메탈을 사용하면 주탕할 때 냉금메탈 표면에 물방울을 일으켜 기포의 원인이 된다.**

⑤ **생형을 버너로 말린 상태에서 냉금메탈을 사용하여도 역시 기포의 원인이 된다.**

내부냉금은 주철 또는 연강봉 등이 쓰이는데 이 때에는 표면에 녹이 없는 것을 쓰기 위하여 주석, 알루미늄 등으로 표면처리한 것을 사용한다. 내부냉금의 두께는 주물 살두께의 20~30%정도이다.

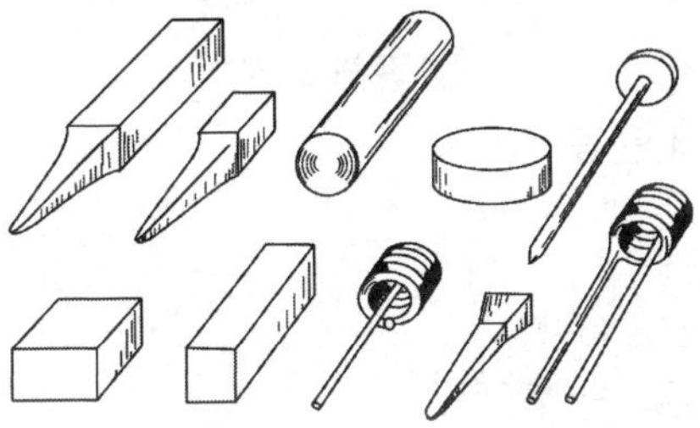

그림 4-34 냉금의 종류

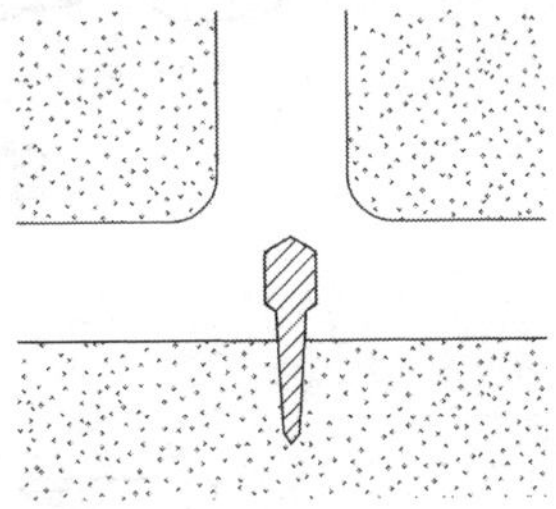

그림 4-35 내부냉금의 사용보기

(3) 채플릿(chaplet)

코어를 고정시킬 때 보조하는 것을 채플릿이라 하는데 [그림 4-36]과 같이 여러 가지 모양의 것이 있다.

채플릿은 코어의 설치가 불안정하거나 용탕의 부력에 의하여 위로 떠오를 염려가 있을 때 코어를 고정시켜 주며 주입 금속과 용착이 잘되는 것이어야 한다. 특히 가공면이나 수압을 요하는 주물에는 그 사용에 주의해야 한다. 보일러 주물, 라디에이터(radiator)주물은 얇고 또한 거의 채플릿이 삽입되는 경우가 많으므로 채플릿의 사용은 중요한 문제이다.

체플릿은 일종의 내부냉금이므로 용착해야 하며 주물 지금과의 경계면에 불순물의 혼입, 기포발생이 쉬워서 채플릿 사용은 되도록 피하는 것이 좋지만 부득이한 경우에도 주석 도금을 하여 녹이 없는 것을 표면에 물기나 기름기를 없게하고 주입온도에 알맞은 것을 선택해야 한다. 내부냉금과 채플릿은 비철주물에서는 거의 쓰지 않는다. 왜냐하면 적당한 융합을 얻기 힘들기 때문이다.

[그림 4-37]은 채플릿의 사용보기를 나타낸 것이다.

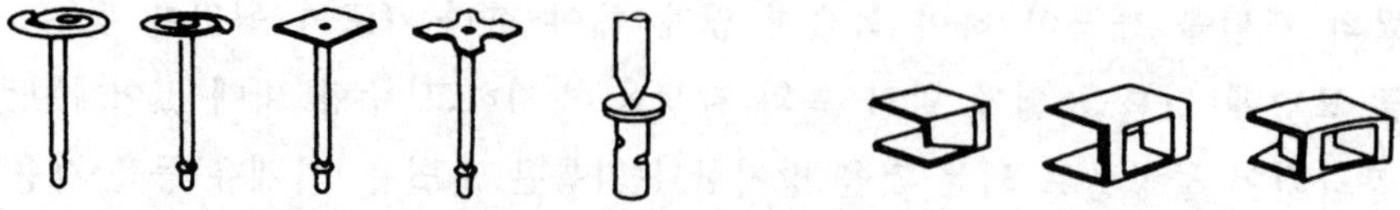

(a) 라디에이터용 채플릿 (b) 금속관 채플릿

(c) 양머리 채플릿

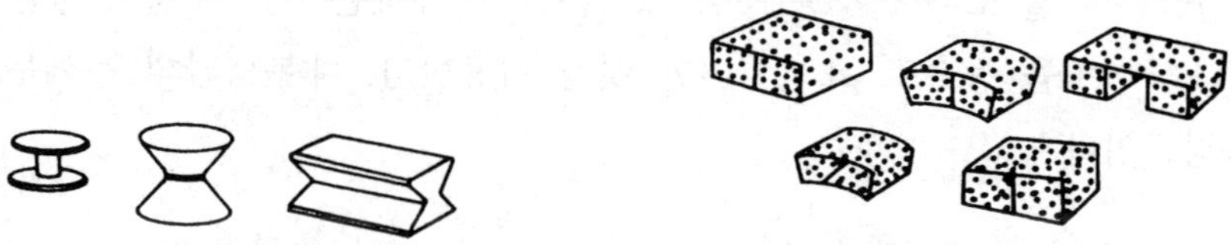

(d) 주조 채플릿 (e) 타발강 채플릿

그림 4-36 채플릿의 종류

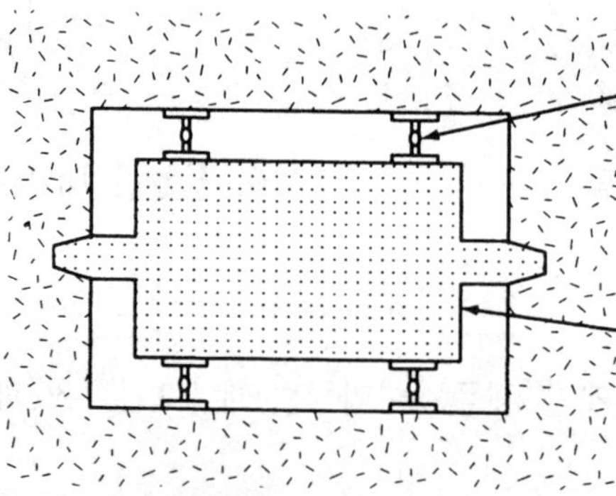

그림 4-37 채플릿의 사용 보기

4 압탕설계

가. 지향성 응고

일반적으로 주형에 주입된 용융 금속은 주물 표면에서부터 내부로 향하여 응고층이 성장하며 얇은 부분이 두꺼운 부분보다 먼저 응고한다.

[그림 4-38]과 같이 두꺼운 압탕 부분이 늦게 응고하여, 주물이 응고할 때 수축하는 양만큼의 용융 금속을 보충해 주어야 한다. 이와 같이 **압탕에서 먼 곳부터 차례로 압탕 쪽으로 응고되는 것을 지향성 응고**라 한다.

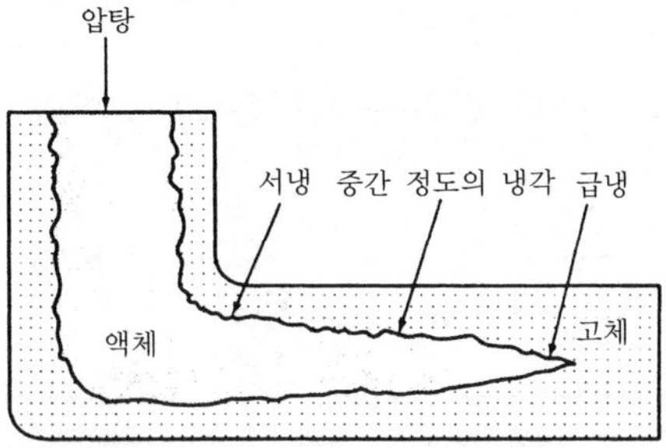

그림 4-38 압탕을 이용한 방향성 응고

나. 압탕의 크기

(1) 고려할 점

압탕으로부터 용탕을 보충받지 못할 경우 건전한 주물이 될 수 없다. 따라서 압탕내의 금속은 주물이 응고할 때까지 액체 상태로 있어야 하므로 최소한 주물보다 늦게 응고하여야 한다. **주물이 응고할 때까지 용탕의 공급은 다음과 같은 조건에 따른다.**

① **압탕의 크기**

② **압탕의 모양**

③ **압탕의 위치**

④ **압탕과 주물부의 연결부**

⑤ **칠 메탈의 사용 여부**

⑥ **단열재나 발열재의 사용 여부**

[그림 4-39]는 압탕의 위치, 칠 메탈의 사용, 단열재의 사용에 따른 수축과 압탕의 관계를 나타낸 것이다.

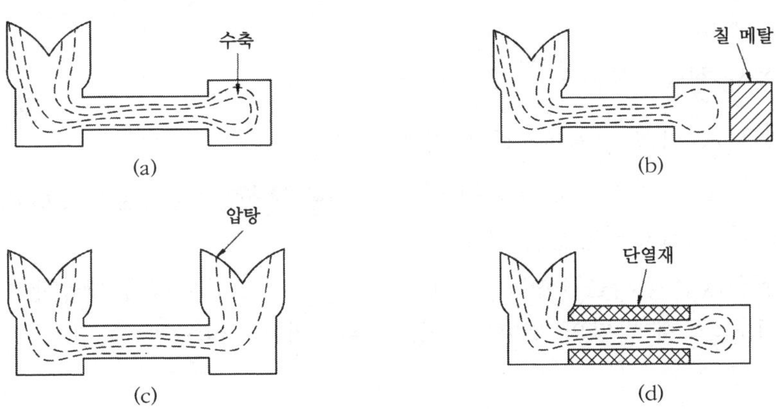

그림 4-39 압탕, 칠 메탈, 단열재에 의한 수축 방지

(2) 압탕의 모양

동일한 모양의 주물이 응고하는데 걸리는 시간은 그 부피와 표면적 비의 제곱에 비례한다. 즉

$$\theta_f = K(\frac{V}{A})^2$$

- θ_f : 응고시간(sec)
- V : 주물의 체적(cm^3)
- A : 주물의 물면적(cm^2)
- K : 용융금속과 모양에 따른 상수

위의 식으로부터 동일한 부피의 압탕이 최대의 응고 시간을 가지려면 구형이 되어야 함을 알 수 있다. 그러나 실제 조업에서는 원주형의 모양이 사용되고 있다.

원주형의 주물을 만들 때에는 압탕의 지름은 주물보다 크거나 최소한 같아야 하며, 판상 주물에서는 압탕이 작아도 된다.

그리고 압탕의 크기가 클수록 주물 회수율이 낮으므로 경제성을 높이기 위해서는 단열재 또는 발열재를 사용하여 압탕의 응고 속도를 늦추어 주거나 칠 메탈을 사용하여 두꺼운 부분의 응고속도를 빨리하여야 한다.

(3) 압탕의 크기 계산

압탕의 크기는 여러 가지 방법으로 계산하고 있으나 일반적으로 형성 인자를 사용하여 압탕과 주물 부피의 비를 구하는 방법을 이용한다.

[그림 4-40]에서 형상 인자 $\frac{\ell + w}{t}$와 압탕과 주물의 부피비 Vr/Vc와의 관계로부터 압탕의 압탕의 크기를 구한다. 예를 들면 주물의 길이(ℓ)=18, 주물의 폭(w)=18, 압탕을 설치할 주물의 두께(t)=2라면 형상 인자는 18이다. 그림에서는 형상 인자에 18에 해당하는 Vr/Vc는 약 0.29(=29%)이다. 따라서 압탕의 부피는 주물의 부피의 약 30%이어야 한다.

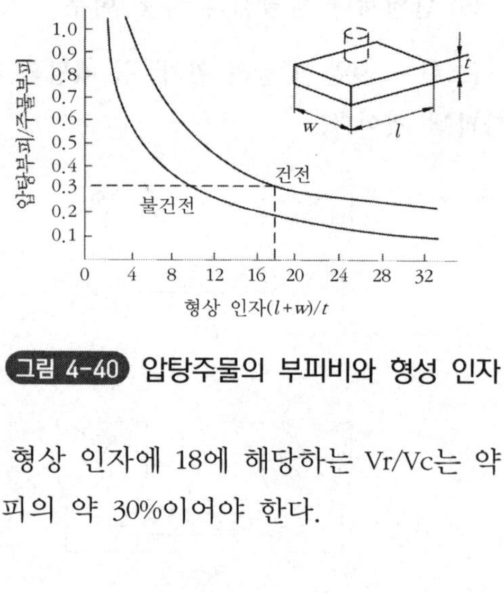

그림 4-40 압탕주물의 부피비와 형성 인자

다. 압탕의 위치

긴 봉 또는 판재를 주조하면 양끝으로부터 어느 정도의 거리까지는 수축이 없는 건전한 주물이 만들어진다. 이것은 끝 부분에서부터 방향성 응고가 일어나기 때문이다.

또, 긴 봉이나 판재의 중앙 지점에 압탕을 설치하여 주조하면 압탕으로부터 양쪽으로 어느 정도의 거리까지 압탕에 의해 용탕이 공급되어 건전한 주물이 된다. 즉, 압탕으로부터 급탕 될 수 있는 거리가 있다.

예를 들면, 판상의 주강 주물에서 압탕의 효과로 수축이 방지되는 거리는 2T, 또 끝 부분에서 방향성 응고되어 수축이 일어나지 않는 거리는 2.5T이므로, 주물의 길이가 4.5T를 넘으면 가운데 부분에 수축이 생기게 된다. (여기서 T는 주물 두께임)

[그림 4-41]의(a)는 중심선 수축이 생성된 예를 나타내었고 방향성 응고를 촉진시키기 위해서는 [그림 4-41]의 (b)와 같이 주물 덧살을 덧붙여(패딩) 주조할 때도 있다.

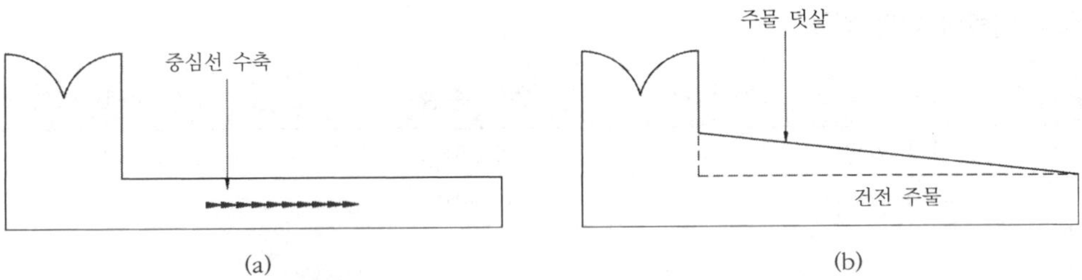

그림 4-41 금속 덧살로 건전한 주물을 만드는 예

라. 각종 금속 주물의 압탕

(1) 주철 주물의 압탕

주철의 응고 수축은 주강이나 비철 합금에 비교하면 작다. 압탕의 목적은 응고 수축에 의한 수축된 부분에 용탕을 보급하여 수축공을 방지하기 위한 것인데, 이외에도 용탕에 혼입된 모래, 슬래그 또는 가스 등을 주물에 남지 않고 떠오르게 하는 목적도 있다.

수축량만큼 용탕을 보급하는 데에는 어떤 크기의 압탕을 설치하면 좋은가를 생각하지 않으면 안된다. 압탕은 그 중량 전부가 압탕으로 작용하지 않는다. 그것은 압탕 주형이 표면 및 대기에 접촉한 용탕이 급속히 온도를 떨어뜨려 고체로 되기 때문이다. 또 [그림 4-42]의 측면 압탕과 같이 주물의 측면부에 설치하거나 탕구계에 직접 연결한 압탕은 효율이 좋고 [그림 4-43]의 상부 압탕과 같이 주물의 상부에 설치한 것은 대형 주물에 많이 사용된다. 일단 주물 중에 들어오는 용탕으로는 이 온도 차이에 의하여 유효 공급 비율이 다르다.

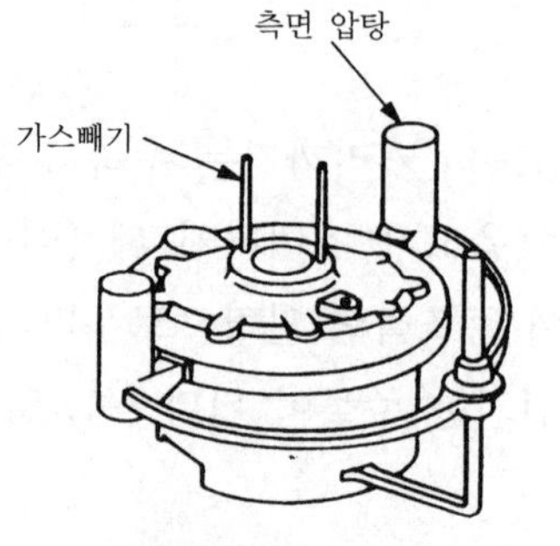

그림 4-42 측면 압탕

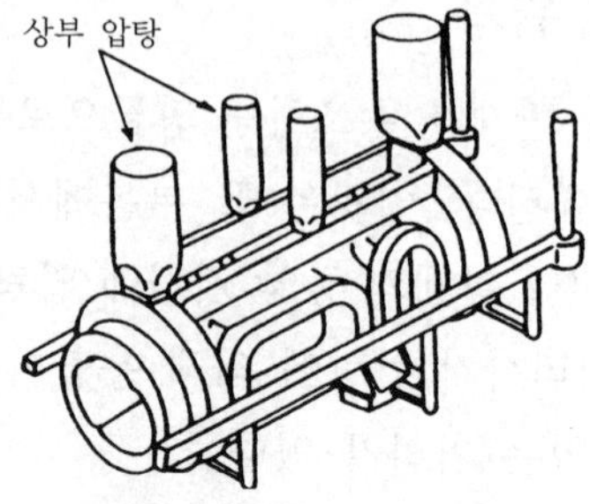

그림 4-43 상부 압탕

〈표 4-5〉는 보통 주철의 측면 압탕으로 30~40%가 압탕의 작용을 한다. 상부 압탕은 25~30%가 유효한 압탕 중량으로 작용한다. 압탕의 형태는 그 효율과 작업성을 고려한 원주형이 좋다. 원주형의 지름은 〈표 4-6〉이 나타낸 바와 같이 모든 주물의 두께로부터 결정된다.

표 4-5 압탕의 유효 비율

압탕의 종류 \ 재질	일반 주철	구상 흑연 주철
상부 압탕	30~35%	20~25%
측면 압탕	35~40%	25~30%

표 4-6 압탕 지름의 결정 방법

재질의 인장 강도 \ 압탕 지름 종류	D(mm)	
$20kg_f/mm^2$ $25kg_f/mm^2$	측면 압탕	상부 압탕
	T+30	T+40
$30kg_f/mm^2$ 이상	T+40	T+50

(2) 강 주물의 압탕

용해 온도가 높고 수축률이 대단히 큰 것이 강 주물이다. 또 주철 주물과 달리 짧은 시간에 응고되므로 압탕 단면적은 아주 크게 해야 한다.

압탕의 위치는 게이트 바로 위에, 주조 방안에서 맨 위쪽 및 두꺼운 부분에서 제거 가능한 장소에 위치하여야 하며 형태는 일반적으로 원주형이 좋다. 압탕의 위치, 형태가 선정되면 압탕의 수는 [그림 4-44]의 곡선에서 두께에 따른 압탕, 급탕 거리를 구한다. 다음 식에 따라 구한다.

$$\text{압탕의 수} = \frac{\text{압탕을 설치하는 부분의 전체 길이(mm)}}{2\times\text{압탕급탕거리 } D_f\text{(mm)}}$$

단, 압탕의 수에 소수점 이하의 수가 있는 경우에는 모두 정수로 한다.

압탕의 위치, 형태, 수가 결정되면 다음에 각 치수를 결정하지 않으면 안된다. 이때, 압탕의 형태는 모두 원주형이다. 그러나, 주형상자의 씌움 및 주물의 형태에 따라 계산하여 압탕이 설치되지 않는 경우는 압탕 사이에 급탕 불충분의 부분이 발생하므로 압탕의 두께는 지금 그대로 급탕 불능 부분의 방향으로 필요한 길이만큼 압탕 길이를 늘려야 목적을 달성하게 된다.

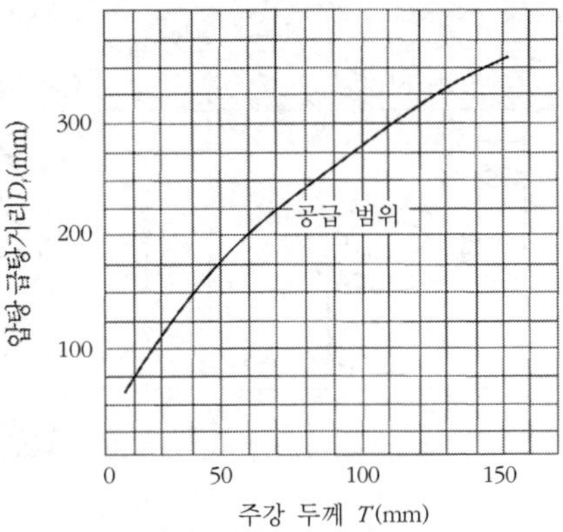

그림 4-44 주강 두께와 압탕, 급탕 거리와의 관계

압탕의 높이 H는 다음의 식에 의해 구하는데 발열 슬리브 및 단열재를 사용하는 경우도 압탕 지름 D와 높이 H는 동일하게 하는 것이 좋다.

압탕 높이가 원추형인 경우

$H = (1.5 \pm 0.2) \times D$

압탕높이가 타원형인 경우

$H = (2.0 \pm 0.2) \times$ 짧은 지름

(3) 비철 주물의 압탕

비철 주물은 일반적으로 응고 수축이 크기 때문에 응고시에 발생하는 결정립 사이의 틈에 용탕을 보급할 필요가 있다.

특히 구리 합금 주물은 재질적으로 응고 온도 차이가 큰 금속의 합금이기 때문에 압탕계를 결정하는 것이 매우 어렵다. 이것은 각 공장마다 결정하는 방법이 다르므로 규정으로 정할 수는 없다.

[그림 4-45]는 비철 주물 압탕의 예를 나타낸 것이다.

청 동		망 간 청 동	
측면압탕	상부압탕	측면압탕	상부압탕

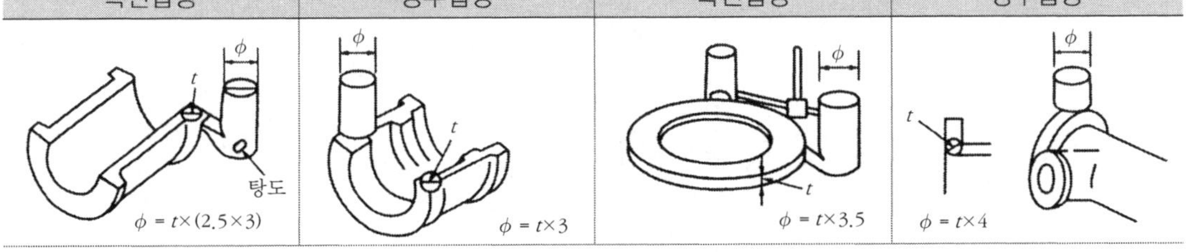

인 청 동		알루미늄 합금	
측면압탕	상부압탕	측면압탕	상부압탕

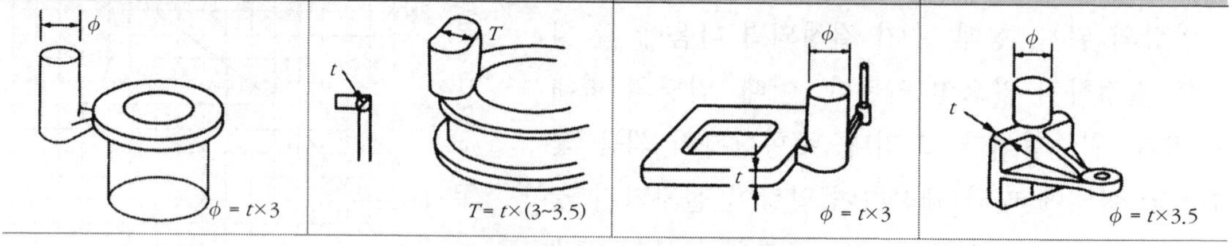

그림 4-45 비철 주물의 압탕

압탕의 유효 범위는 〈표 4-7〉과 같이 주철에 비하여 그 범위가 좁아서 회수율이 나쁘다. 그러나 유효한 칠 메탈의 사용 방법을 고려하면 청동 주물과 같이 유효 범위가 넓어진다.

표 4-7 압탕이 유효 범위

재질	유효 범위 T : 두께	비고
주강	4.5T	
구상 흑연 주철	6~6.5T	
주철	8T	
청동	6T	20~40(두께)
청동	10T	칠 메탈사용
황동	5.5T	
알루미늄 청동	5~6T	
알루미늄	6T	

제3절 | 주조설계

결함이 없는 주조품을 만들기 위해서는 설계시 주조품의 외형, 내형 및 각 부분에 대해서 조형하기 쉽고 결함을 방지할 수 있으며 후가공이 쉬운 점 등을 상세하게 검토하여야만 주조품의 품질 향상과, 불량률 감소 및 제품의 원가를 절감할 수 있다.

1 주조응력에 대한 설계

높은 주입온도 때문에 철강 주물은 특히 주형 내에서 외부 균열 또는 열간균열을 일으키기 쉽다. 즉 총 수축량이 크고 임계온도에서의 열간강도 및 연성은 작다. 이들의 결함은 주물의 외적 조건 또는 주물 고유의 특성에 기인된다.

외적으로 중요한 영향은 주형에 의한 영향뿐이다. 이는 보통의 수축을 억제하여 균열, 열간균열 또는 뒤틀림(warpage)을 유발시킨다. 이러한 응력은 조형의 기술에 의해서 감소될 수가 있다. 주물이 대형이고 또한 형상이 복잡한 경우에는 2개 또는 그 이상의 부분으로 각각 주조하여 그 부분들을 서로 용접하는 것이 바람직한 경우도 있다.

조그만 티이바(tie bar)는 때때로 위험한 부분에 열간균열을 방지하기 위해 사용되며 차륜의 살(spoke)과 같이 곧은 부분은 응력을 약간 감소시키기 위해 구부린다. 주물 본래의 특성에 기인되는 응력에는 엄밀하게 말하면 설계에 의한 응력과 금속의 성분에 의한 독자적인 응력이 있다. 얇은 단면의 주물은 두꺼운 (대형) 주물보다 빠르게 냉각되고 수축한다. 그와 같은 얇은 단면부가 자유단이 없이 연결된다면 높은 응력이 나타난다.

얇은 부분이 냉각하여 수축할 때 그들 부분은 두께가 보다 두껍고 냉각속도가 보다 늦은 단면에 의해서 구속된다, 얇은 부분은 응력을 완화하려고 균열을 일으키거나 그렇지 않으면 소성변형한다. 만일 얇은 부분에서 균열이 일어나지 않다면 연장된 얇은 부분으로부터 수축될 때에 뒤틀림이 일어난다.

균열은 양단에서 구속하지 않은 곧은 봉에서도 일어날 수 있다. 왜냐하면 봉이 냉각되어 수축할 때에 주물을 파괴하려는, 수축변형을 억제하기에 충분한 저항력이 주형과 금속 사이의 마찰로부터 생기기 때문이다. 균일한 단면을 가진 봉이면 특별히 약한 부분은 생기지 않으며 봉은 응고 및 수축이 단면에서 균일하게 일어나기 때문에 균열은 생기지 않는다. 다른 부분이 곧은 봉에 접속된다면 열점이 형성되고 응고형식은 열간균열을 조장시킨다.

금속의 조성은 적어도 3가지 원인에 의해서 열간균열의 발생에 영향을 미친다.

① 임계온도에서 고유강도와 연성에 의해
② 고체변태(solid transformation)의 존재와 범위에 의해
③ 결정립계에서 황과 같은 불순물의 존재에 의해

일반적으로 고품질의 보통 탄소강은 합금강보다 열간균열에 대한 저항력이 크고 회주철은 합금주철보다도 균열에 민감하지 않다. 철 및 비철주물에서의 열간균열은 일반적으로는 조성의 문제보다는 오히려 설계의 문제이다.

2 방향성 응고를 위한 설계

건전한 주물이 만들어지기 위해서는 주물이 응고할 때에 온도 기울기가 잘 조절되어야만 한다는 것은 이미 배운 바 있다. 설계가 매우 나빠서 충분한 방향성이 있는 점진적인 응고를 얻을 수 없을 때는 설계 변경이 필요하다. 이를 쉽게 이해하기 위해 여러 가지 설계상의 주의사항은 다음과 같다.

① 큰 단면은 작은 단면을 통하여 압탕효과를 줄 수 없다. 주물의 여러 가지 구성 성분은 L, Y, T, + 또는 V자의 형태로 연결된다. [그림 4-33]의 주물연결부와 같이 지금 T형단면을 예를 들면 [그림 4-46]에 나타낸 것과 같이 내접원을 그려봄으로써 원 d에 의해서 그려진 부분이 원 a, b또는 c의 부분보다도 금속의 양이 많다는 것을 쉽게 알 수 있다. 이에 의해 보통 냉각 속도에서 d부분의 중심에 있는 금속이 최후에 응고하는 열점으로 된다는 것을 알 수 있다. 일반적으로 이 점에 압탕을 설치하는 것은 편리하지 않고 비경제적이다.

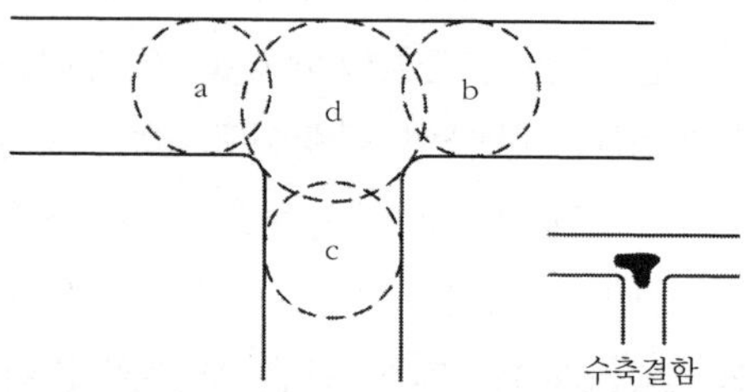

그림 4-46 내접원에 의한 열점 위치결정

어떤 거리를 두고 설치된 압탕으로부터 1개 또는 그 이상의 분기를 통하여 압탕의 효과를 높이도록 하는 것이 필요하다. 그러나 분기는 적기 때문에 연결부가 응고하기 전에 응고하여 분기의 압탕효과가 없어져 수축을 일으킨다. [그림 4-47]은 이에 대한 좋은 대책을 나타냈다.

설계시 연결부는 가능한 한 적게 설치해야 한다. 예를 들면, L형 연결부는 Y 또는 V 단면보다도 문제점이 적고 또한 취급이 용이하다. L단면은 다른 어떤 단면보다도 단지 설계만으로써 정정하기가 용이하다. 때로는 연결부의 수를 줄이는 방법으로 각 부분을 주조한 후에 이들을 용접 또는 볼트 결합에 의해서 하나로 하는 방법이 있는데, 이와 같은 수단은 매우 가치가 있는 경우가 있다.

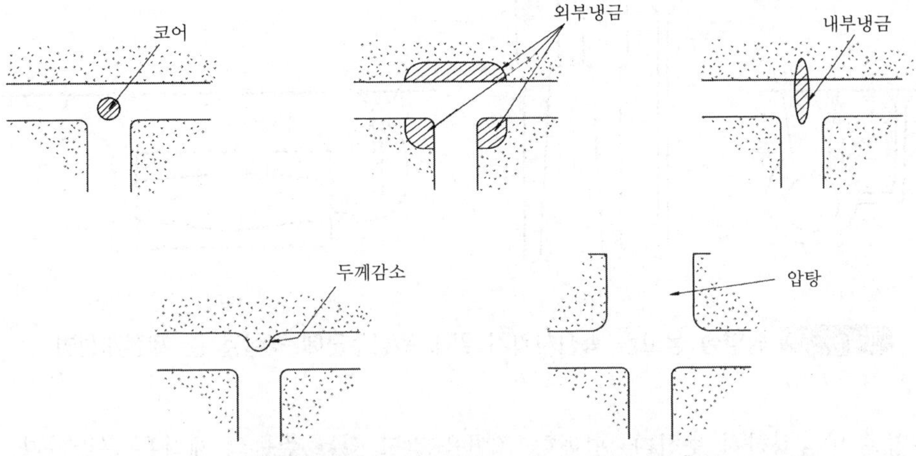

그림 4-47 T단면에서의 열점 제거방법

② 가능한 한 단면은 압탕쪽을 향해 기울기를 주어야 한다. 자연 응고에 의해 얻어질 수 있는 주물의 건전성은 허용된 기울기의 정도에 비례한다.
[그림 4-48]은 밸브주물의 설계를 나타냈다. 즉 왼편쪽은 압탕효과를 증진시키기 위한 설계를 하지 않은 일반적인 상태이고 반대쪽은 주물의 외부로 방향성 응고를 유도하기 위하여 주물의 살 두께를 부여한 올바른 설계이다.

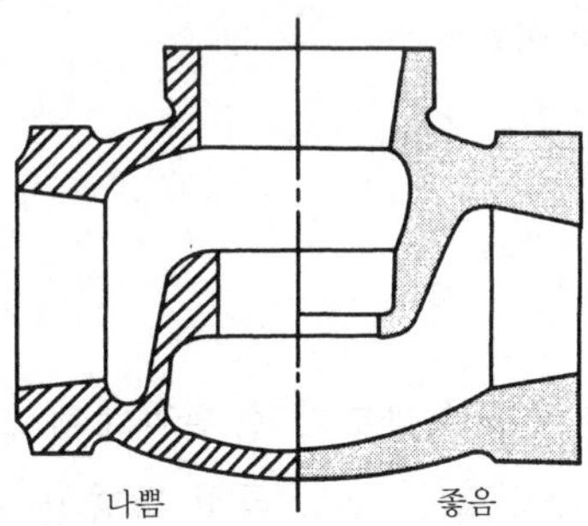

그림 4-48 방향성 응고를 하기 위한 주형의 설계

원통상의 주물은 정적인 방법에 의해서 건전하게 제작하는 것은 곤란하다. 즉, 원통상의 주물은 원심주조에 의해서 가장 양호하게 제작할 수 있다. 정적인 방법에 의해 중심선 수축(center line shrinkage)이 없는 원통상주물(강 또는 비철주물)을 제작하기 위해서는 기울기 또는 어느 정도의 정교한 작업이 필요하다. 원통은 [그림 4-49]에 나타낸 3개의 방법 중에서 어떤 것에 의해서 기울기와 압탕을 설치할 수가 있다.

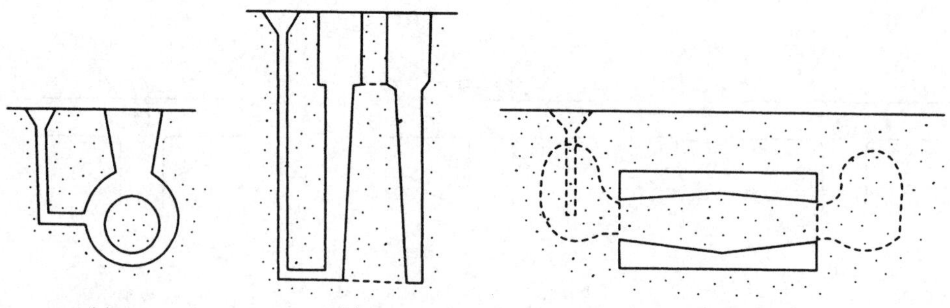

그림 4-49 방향성 응고를 촉진시키기 위해 관상주물에 덧살을 준 체질개선법

③ 수평은 바람직하지 못하다. 평편한 표면을 갖고 있는 주물의 제작은 곤란하다. 그 이유는 온도 기울기가 좋지 않기 때문에 중심선 수축을 방지하기가 곤란하며, 금속보다도 가벼운 슬래그, 가스 및 기타 불순물은 상부의 평편한 표면이 모이는 경향이 있기 때문이다. 가능하면 항상 만곡선 표면을 갖거나 또는 평편한 표면에 수평에 대해 직각 또는 경사지게 주물을 제작하는 것이 가장 좋다.

④ 고립된 열점은 피하지 않으면 안된다. 용탕에 둘러 쌓여져 있는 코어나 주물사 부분은 개방된 부분에 비하여 냉각속도가 늦다. 이와 같은 고립된 장소는 문제점이 많은 곳이다. 따라서 냉금 또는 압탕효과의 개선을 위한 특별한 수단을 강구하지 않으면, 수축공 또는 균열이 발생할 수 있다.

3 유동성에 대한 설계

사형주물의 최소 단면의 두께는 금속성분과 함수관계에 있다. 일반적으로 회주철 및 알루미늄, 마그네슘의 사형주물과 구리합금 등은 극히 소형인 주물에서도 3.2mm 이하의 단면으로 되지 않게 설계해야 하며 대형주물에 있어서는 4.8~6.4mm 이상으로 해야 한다. 강주물은 소형인 경우에 두께는 6.4mm이상으로, 대형의 경우에는 12.7mm 이상으로 해야 한다. 0.5~1%의 인을 함유하는 주철은(stove plate와 같은 엷은 살의 주철)경우에 따라서는 1.0mm 정도의 두께로 한다. 가정용 라디에이터가 그의 예이다.

4 안전율

주물의 설계에 이용되는 안전율(safty factor)은 종종 낮출 수가 있다. 주물이 가혹한 구조물로 사용될 때에는 항상 초과된 높은 안전율이 이용되며 3 : 1의 크기로 취해진다.

양호하게 용해된 용탕으로부터 적절하게 만들어진 건전한 주물은 단조재의 기계적 성질과 동일하다. 주물보다도 단조에 적합한 부품을 기준으로 하는 기계적 성질은 단조품과 주물과의 우열을 비교하는 경우가 있는데 이는 바람직한 비교는 아니다. 현재 사용되고 있는 검사법과 개선된 주조작업을 이용하게 된다면 결함이 있는 주물은 중요한 용도로 사용될 수가 없다.

5 주조방안의 수립

주조방안은 기계장치가 계획되고 그것에 필요한 주물부분이 설계되는 단계에서부터 전문기술자가 관여하여야 한다.

그렇지만 설계의 단계에서 주물 제조상의 문제점까지 고려되는 일은 적으며 도면이 만들어지고 나서 원형제작자의 생각만으로 주조용 원형이 생기고 그것이 주물공장에 넘겨지는 것이 일반적인 현상이다. 주물을 경제적으로, 기술적으로 쉽게 만들 수 있는 가의 대책을 세워야 하는 것을 주조방안이라고 하며 그 내용은 다음과 같다.

① **지금(地金) 등의 주요 원재료의 선정에 관한 사항(품질, 형상, 분량)**

② **용해에 관한 사항(배합, 강도, 성분)**

③ **원형에 관한 사항(원형의 종류, 제작법, 다듬질 여유)**

④ **주물사, 주형재료에 관한 사항(주형의 종류, 도형제)**

⑤ **조형에 관한 사항(주형의 종류, 도형재)**

⑥ **주입에 관한 사항(주입온도, 주입속도, 주형의 상태)**

⑦ **주입 후 주조품 처리에 관한 사항**

⑧ **다듬질에 관한 사항**

⑨ **운반에 관한 사항 등이다.**

가. 주입용탕 중량의 결정

주입에 필요한 용탕을 예측하여 일정량의 용탕을 레이들에 저류 할 때는 용해로의 능력에 따라서 그 최대 주입 중량에 한도가 있다. 용탕의 온도 저하를 초래하지 않고 또한 적정 주입온도를 유지할 수 있는 범위에서 용탕을 저류 할 필요가 있다. 이와 같은 경우에 대략 그 공장의 큐폴라 용해 능력의 1시간의 출탕량 범위일 것이다.

주입에 필요한 용탕량은 주물 제품의 부분 외에 탕구계, 압탕, 주입기준 등의 중량을 생각해서 부족하지 않도록 준비되어야 한다. 소형주물의 중량은 때로는 원형에서 계산할 수도 있는데 커지면 도면 치수에서 중량을 계산하여 탕구계, 압탕, 주입기준 등의 중량을 가하여 이것에 다소 여유를 지닌 용탕의 중량이 준비되어야 한다. 주조품의 중량이 정확하게 계산 되었을때라도 주조품만은 중량은 보통 흑피면(黑皮面)이 많은 주물일 경우 그 중량 계산의 약 1.1배 정도로 하고 다듬질면이 많은 것에서는 약 1.3배 정도의 여유가 있는 용탕의 준비가 필요하다. 한편 장력(張力)이 생겼다고 하면 그 증가분을 고려해야 할 것이다. 용탕을 저류하기 위한 용탕 대기에는 레이들 예열을 충분히 행한 뒤 덮개를 덮거나 혹은 용탕 위를 충분히 짚을 태운 재로 덮어서 대기 시간중의 온도 강하를 방지해야 한다.

나. 걸치기 주입컵(용탕 저류부) 설계

걸치기 주입컵 레이들에서 주형에 주탕을 행하기 쉽도록 하고 외부로의 용탕의 넘쳐 흐름을 방지하거나 또는 용탕의 흐름을 갖춰서 주형에 주입시키는 곳인 동시에 용탕속에 혼입되어 있는 슬래그나 찌꺼지 등을 분리시키고 또한 사립(砂粒), 불순물 등의 탕구로부터 유입을 되도록 저지할 수 있도록 설치되어야 한다.

일반적으로 액체가 바닥 구멍에서 유출할 경우 액체의 흐름이 소용돌이를 이루면서 구멍에서 유출되는 상태가 있다. 이 소용돌이를 자유 소용돌이라고 하는데 이것은 용기의 깊이가 얕고 용기속의 액체가 적어질 때에 생기기 쉽다. 걸치기 주입컵내의 용탕의 높이(h)가 얕고 탕구경(d)이 클수록 소용돌이는 일어나기 쉽고 h/d가 작으면 회전운동을 일으키는데 편리하게 된다.

따라서 걸치기 주입컵 윗면의 표면은 적은 탕구 구멍의 지름(d)에 대하여 $\pi d^2/4(4\sim100)$의 범위로 해놓은 것이 안전하며 걸치기 주입컵 속의 용탕 높이는 항상 d의 4배이상으로 유지할 수 있게 주탕할 필요가 있다. 걸치기 주입컵을 사용하지 않고 직접 주형에 주입할 때는 탕구 윗부를 나팔상의 입구를 만들어 작은 레이들이나 핸드섕크 등으로 주입하는데 편리한 크기의 수구(受口)가 필요하다. 주입중은 항상 수구 가득히 용량이 충만하고 있어야 하며 용탕의 흐름에 대하여 소용돌이가 생기지 않도록 만들어지고 주입해야 한다.

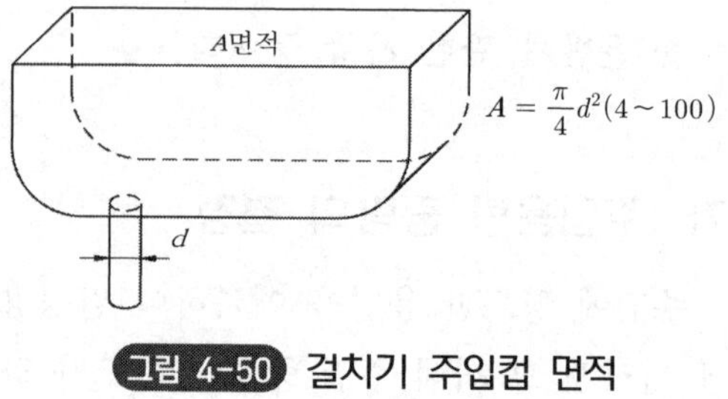

그림 4-50 걸치기 주입컵 면적

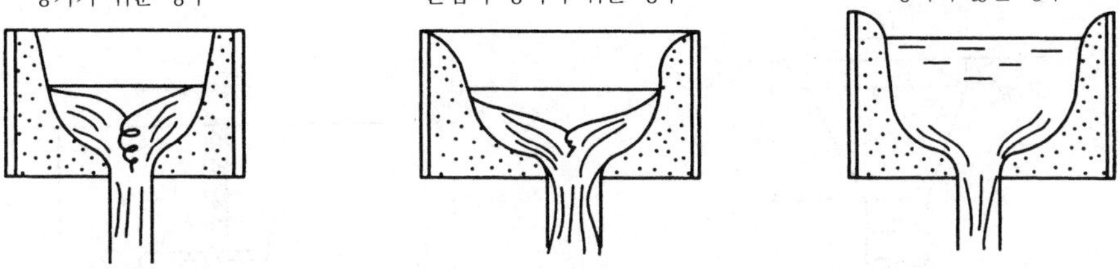

그림 4-51 걸치기 주입컵의 종류

(1) 걸치기 주입컵의 설계에 관한 요점

걸치기 주입컵의 설계에 있어서는 다음과 같은 점을 고려해야 한다.

① 용탕 저류부의 형상은 원형보다도 장방형 또는 타원형이 좋다.

② 탕구 구멍의 위치는 중심에서 한쪽으로 벗어난 위치로 한다.

③ 걸치기 주입컵의 밑부의 형상은 깔대기 형상으로 하고 너무 경사를 붙이지 말 것

④ 탕구 구멍에 스트레이너를 사용하면 불순물의 유입 방지에는 다른 곳에 사용하는 것보다 효과는 크나 용탕을 조용히 유입한다고 하는 점에서는 다른 부분에 사용할 때보다 효과는 작다.([그림 4-52] 참조)

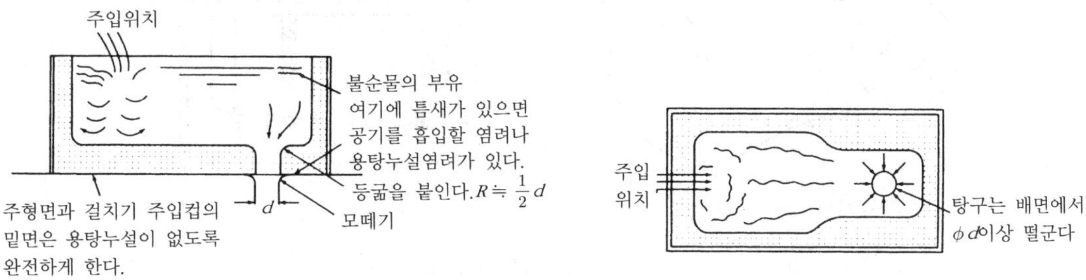

그림 4-52 걸치기 주입컵 설계

(2) 각종 걸치기 주입컵의 구조와 치수

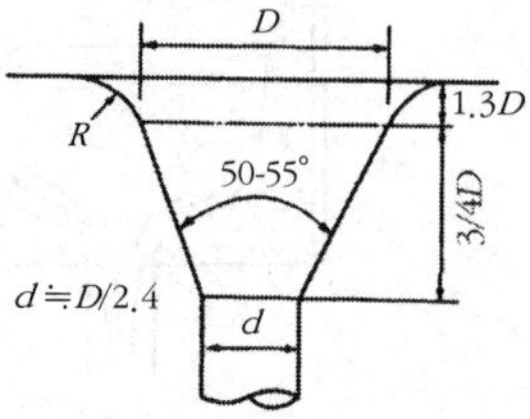

(a) 표준적인 수구의 형상, 치수

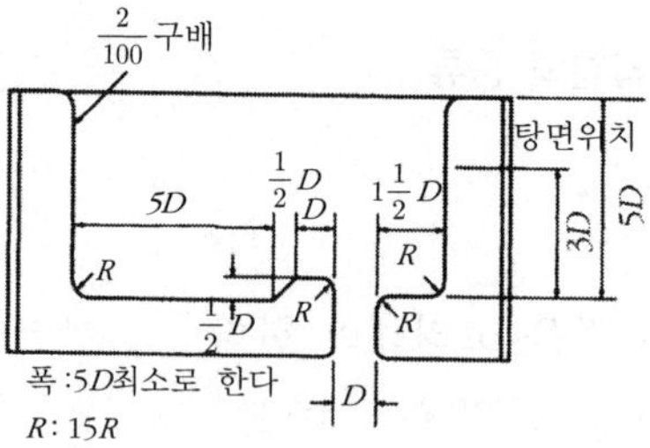

(b) 표준 걸치기 주입컵의 형상, 치수

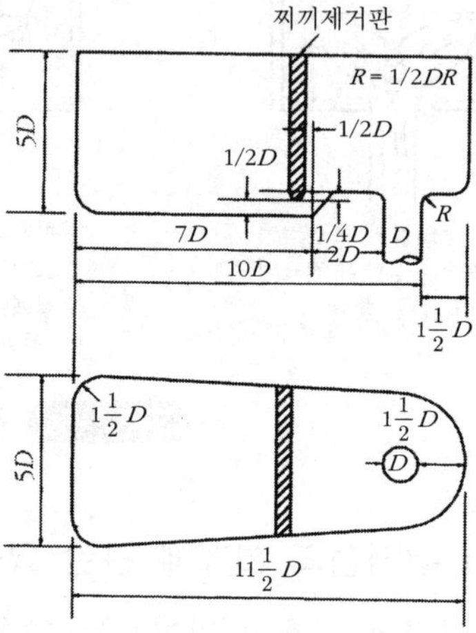

(c) 걸치기 주입컵의 예1
(찌끼제거판을 사용한 터널식 댐형 걸치기 주입컵의 예)

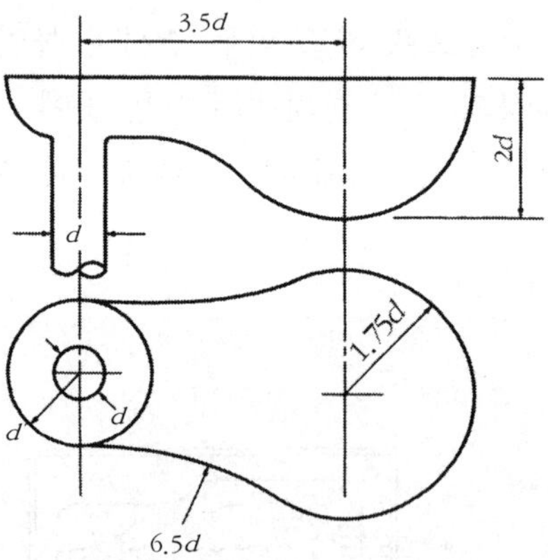

(d) 걸치기 주입컵의 예2

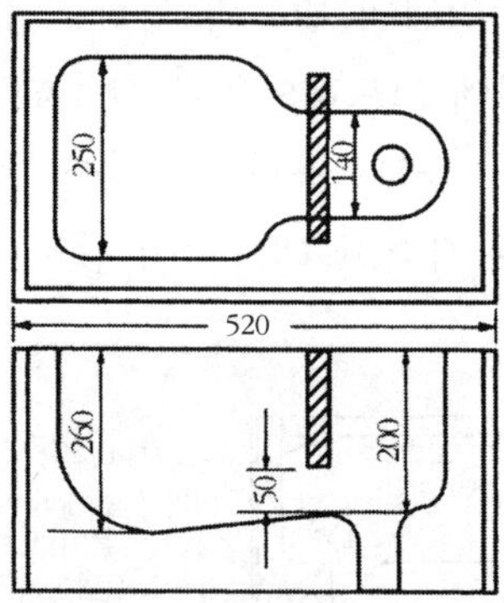

(d) 걸치기 주입컵의 예3

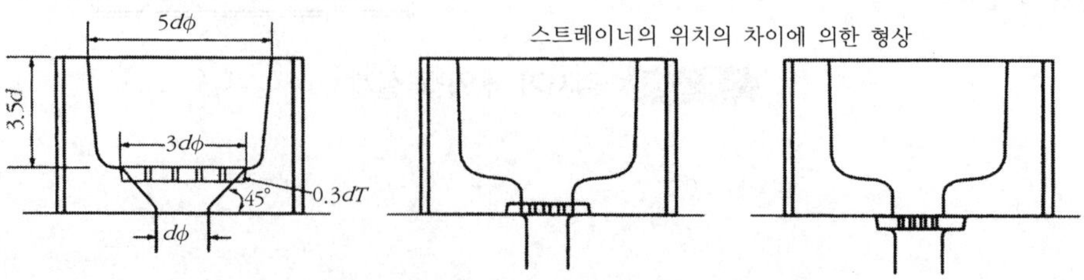

(f) 걸치기 주입컵에 스트레이너를 사용한 예

그림 4-53 걸치기 주입컵의 구조와 치수

6 주물의 기본적인 형상과 그 주조방안

1개의 주물을 주조하는데도 주입 방법은 다양하며 주형의 종류에 따라서 주입방법도 달라지게 된다.

가. 블록형 [동불(銅佛)류]

주로 수축방지의 입장에서 [그림 4-54]에 표시하는 바와 같은 탕구가 행하여진다.

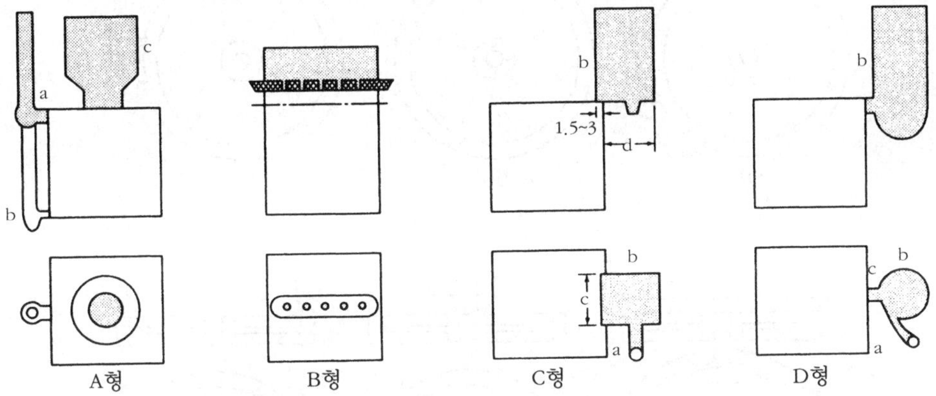

그림 4-54 동불주물에 사용되는 탕구양식의 종류

블록형 주물은 동불류 라고도 불리며 형상은 일반적으로 간단하나 후형(厚形)이며 수축이 없는 건전한 주물을 실용성있게 만들기란 의외로 힘들다.

동불류에 발생하는 결함은 수축공이 주가 된다. 이 수축주소의 원인은 용탕의 응고 수축에 의하는 것이 주가 되며 주형벽의 경도에도 수축주소는 관계가 있다. 그래서 주조방안은 수축주소 방지의 입장에서 선정해야 한다.

나. 휠형

휠(wheel)형 주물이란 다음과 같은 것을 가리키고 있다.

① 기어 또는 기어바탕
② V풀리 또는 풀리바탕
③ 평벨트풀리 또는 드럼
④ 플라이 휠
⑤ 차륜

이와 같은 주물의 대부분은 림의 외주(外周) 및 상·하면, 보스의 내면과 그 상하면이 기계가공 되므로 흠이 없는 것이 요구되고 있다.

이 주물에 채용되고 있는 탕구 양식에는 대별해서 [그림 4-55]와 같이 6종류가 있는데 지름의 크기, 림, 아암 및 보스의 두께, 주형의 종류 등에 따라 선정된다.

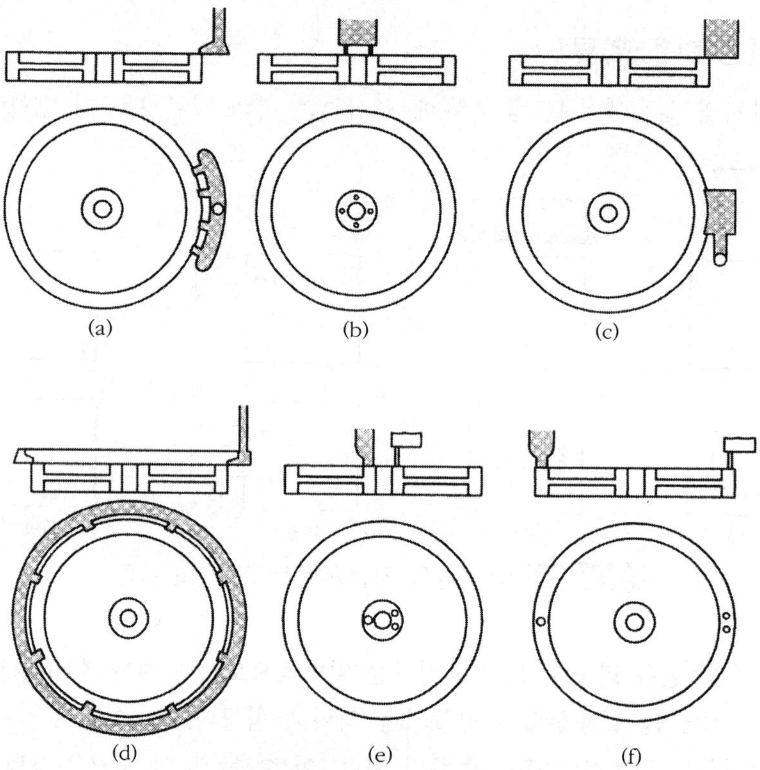

그림 4-55 휠주물의 탕구양식

다. 커플링

커플링은 형상이 간단하나 전면 기계가공을 향하여 가공면은 물론 내부결함도 허용되지 않으므로 블록형이나 휠형 주물과 같이 힘든 주물의 하나이다.

커플링 주물의 특징으로서는 다른 부분의 살두께에 비해서 보스부가 후육이다. 수축주소가 보스부에 집중할 때가 상당히 많다. 그 밖에 모래의 씻김, 기타의 원인에 의한 불순물 혼입 혹은 핀홀, 블로홀이 있다.

이런 종류의 주물에서는 [그림 4-56]에 표시한 바와 같은 5종류의 양식을 생각할 수 있다.

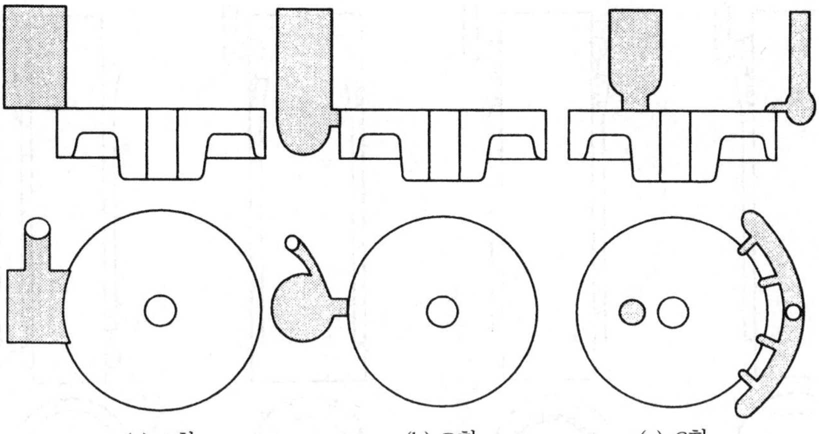

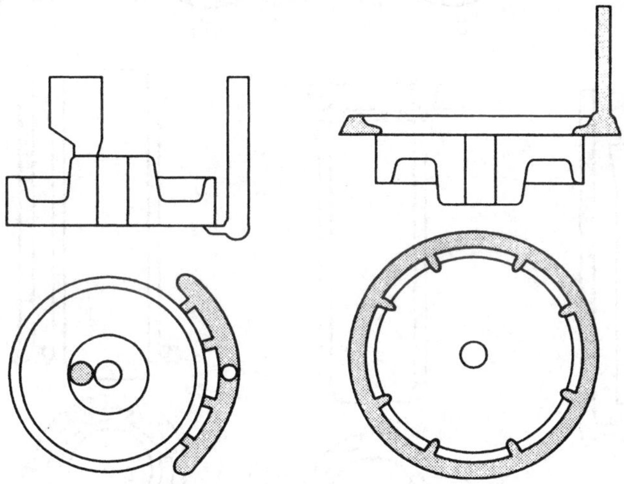

그림 4-56 커플링주물의 탕구양식

라. 원통형

원통형 주물의 대표적인 것에는 실린더라이너 및 실린더가 있다. 내·외면이 한쪽 또는 양쪽 모두 기계가공을 행하여 조그마한 흠도 남지 않고 또한 다듬질후의 수압 시험에도 합격해야 하며 조그마한 결함도 허용되지 않는 것으로서 가장 힘든 주물의 하나이다. 원통형 주물에 체용되는 탕구양식에는 [그림 4-57]과 같다.

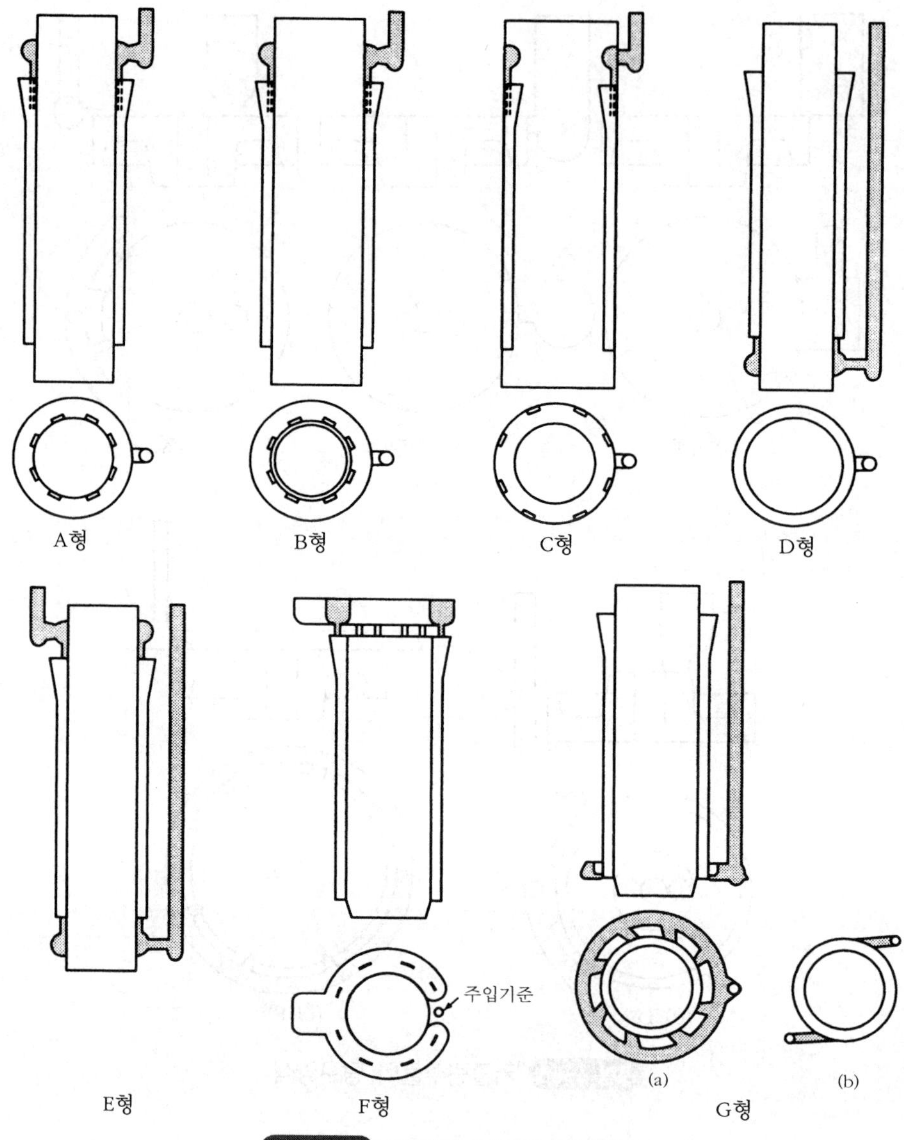

그림 4-57 원통형 주물의 탕구양식

마. 링형

링형 주물중에는 지름에 비해서 높이가 낮은 원통형과 두께에 비해서 폭이 넓은 단면을 지닌 환상인 것의 2종류가 있다. 이와 같은 링형 주물에는 전면 기계가공 후 결함이 전혀 없는 것이 요구되는 것, 지정면 이외는 다소의 결함이 허용되는 것, 한쪽 면만 기계가공을 행하는 것, 혹은 주방(鑄放)한 채로 사용되는 것 등 요구 조건이 각각 다르므로 탕구양식도 이와 같은 조건을 고려해서 확실하며 경제적인 것을 선택해야 한다.

링형 주물에 사용되는 탕구양식으로는 [그림 4-58]에 표시하는 바와 같이 6종류를 일반적으로 생각할 수 있다.

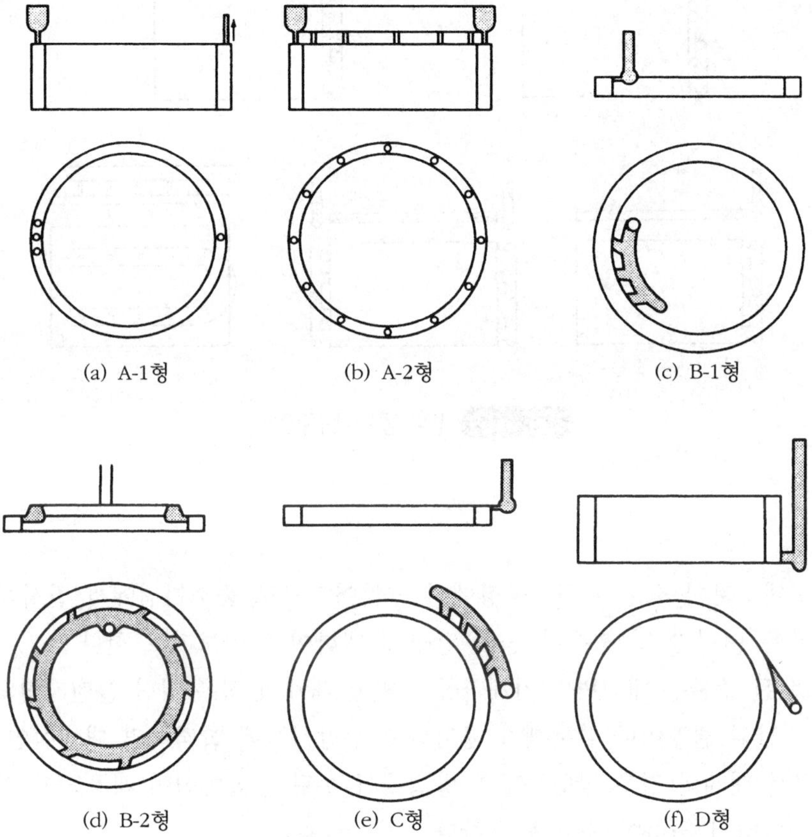

그림 4-58 링형주물의 탕구양식

바. 판주물

판상인 주물중에는 주방한 채로 사용되는 것, 한쪽면 혹은 양쪽면이 일부 또는 전부를 기계가공하여 사용하는 것 등이 있으며 또 같은 넓이의 평면에서도 살두께가 두꺼운 것, 얇은 것 등 여러 가지가 있다. 탕구양식도 역시 개개의 용도나 형상, 크기, 살두께 등에 따라 선택해야 한다.

일반적으로 판주물에서 소형인 제품은 생형, 중형이상인 제품에는 원칙적으로 건조형, 가스형, 자경성주형 등을 채용하는 것이 안전하다.([그림 4-59] 참조)

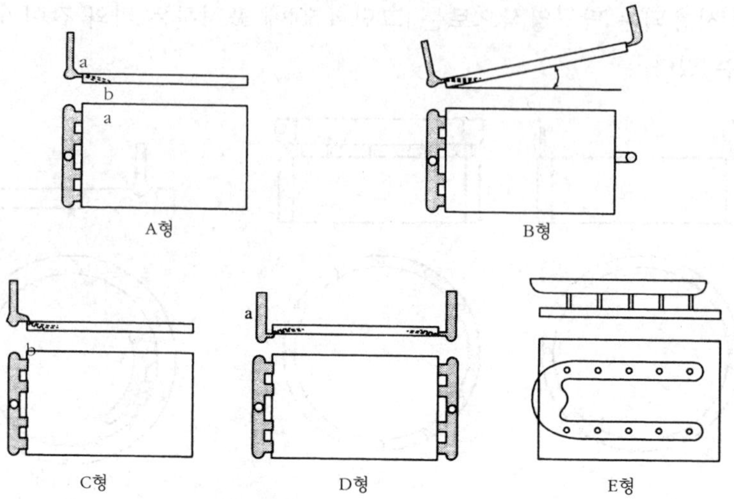

그림 4-59 판주물의 탕구양식

사. 관

관 주물은 대부분이 소수의 전문공장에서 만들어지므로 중소기업에서 일시적으로 수주하는 직관 혹은 이형관 및 특수관 등의 탕구에 대하여 알아보기로 한다.

일반적으로 관 주물은 내외면의 기계가공은 없고 대개의 경우 양단 플랜지면의 가공만이다. 그래서 외관의 결점이나 살두께가 균일하고 수압시험에 합격하면 대체적인 목적은 달성된다. 따라서 대개의 경우 작업능률의 방법에서 수평 주입방식이 사용되고 있는데 살두께를 균일하게 하기 위하여 숙련을 요한다.

관 주물에 사용되는 탕구는 관의 지름, 길이, 살두께 및 주형의 종류에 따라서 적당한 양식을 선택해야 한다.([그림 4-60] 참조)

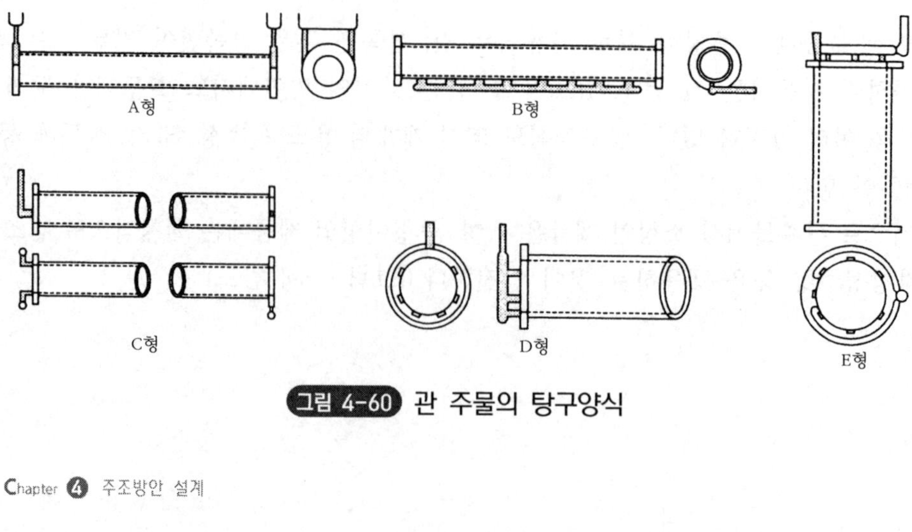

그림 4-60 관 주물의 탕구양식

7 주조방안과 열전달

가. 주조방안

사형주조법이나, 중력금형주조법, 다이캐스팅 등 각종 주조법에서 건전한 주조품을 적절한 가격으로 제조하기 위해서는 주조품의 형상, 재질, 치수정밀도, 생산량 등에 따라 적절한 재질, 형상, 치수의 주형을 만들어 용융금속을 주형에 주입하여 응고시켜야만 한다.

용융금속은 온도저하와 더불어 밀도가 증가하며, 응고와 더불어 수축하는 것이 보통이다. 따라서 주입 후의 온도 저하와 더불어 주조품 표면에 수축이 발생하며 주조품의 내부에도 수축공이 발생하게 된다. 이와 같이 수축공 결함은 주조품의 강도, 내압성 등을 떨어뜨리기 때문에 방지하여야 한다.

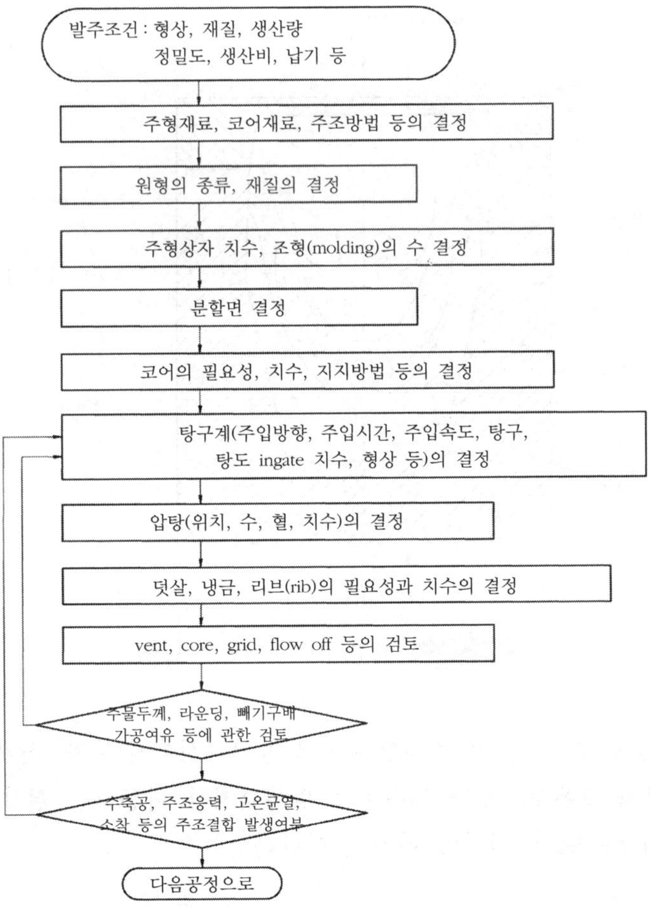

그림 4-61 주조방안 순서의 한 예

그러므로 냉각, 응고시의 수축량에 상응하는 용탕의 공급원으로서 압탕이 필요하다. 또, 용탕이 압탕으로부터 응고부에 이동하기 쉽도록 압탕을 향한 지향성응고가 일어나도록 해야 한다.

이를 위해서는 적절한 주형의 구조, 탕구계, 압탕의 설계 및 주입조건의 설정, 즉 주조방안이 아주 중요하다. [그림 4-61]에 주조방안의 예를 나타내었다.

나. 주조과정에 있어서의 열전달

(1) 열전도

응고는 용탕온도가 액상선 온도 이하로 냉각되면서 진행된다. 용탕의 온도강하는 용탕 중의 열에너지가 응고층과 주형을 통하여 열전도에 의해 이동함으로써 일어난다.([그림 4-62] 참조)

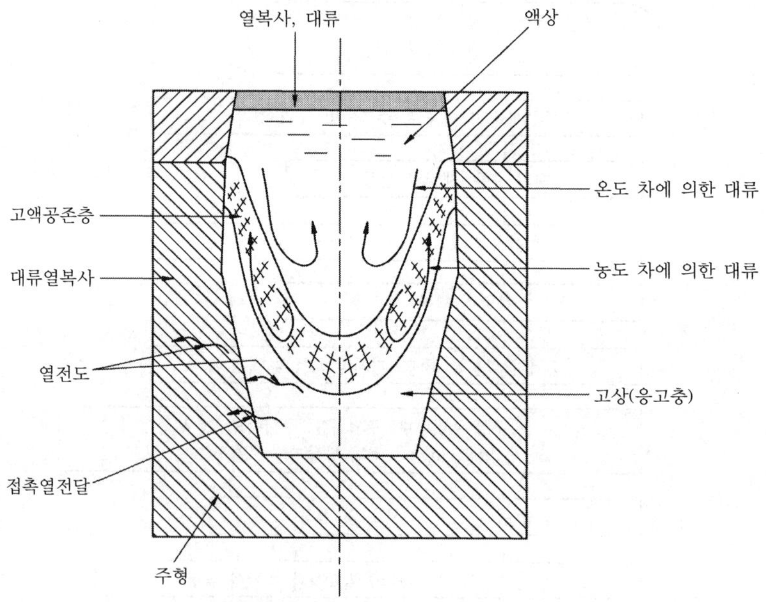

그림 4-62 응고시의 열이동과 유동

열전도란 물질 중에 온도분포가 존재할 때, 그 물질구성분자(분자, 원자, 자유전자 등)의 상호작용의 효과로서 고온부로부터 저온부로 열에너지가 이동하는 현상이다.

열전도는 다음의 fourier의 법칙에 따라 일어난다.

$$q = -\lambda \frac{\partial T}{\partial n} \quad \cdots\cdots (4\text{-}1)$$

여기서, q는 열유속(w/m^2), $\partial T/\partial n$는 온도구배(k/m), 비례상수 λ는 열전도율(w/cm·k)을 나타낸다.

[그림 4-63]은 대표적인 열전도율을 나타낸다. 일반적으로 순금속, 저합금에서는 온도상승과 더불어 열전도율은 저하하고, 고합금에서는 상승한다. 철계 합금에서는 약 1100k이상에서 대략 동일한 값이 된다. 또, 금속의 열전도율은 세라믹등보다 상당히 크다.

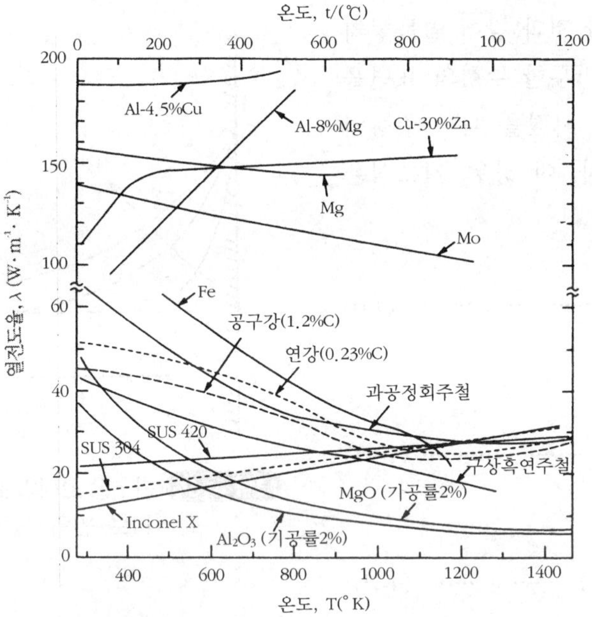

그림 4-63 금속 및 Al_2O_3, MgO의 열전도율

열전도에 의해 형성되는 온도분포는 다음의 기초 미분방정식을 초기조건 및 경계조건하에서 해석하여 얻어진다.

$$\rho Cp\frac{\partial T}{\partial t}=\nabla(\lambda\nabla T) \quad \cdots\cdots (4\text{-}2)$$

여기서, ρ : 밀도(kg$_f$/m^3), Cp : 정압비율(J/kg$_f$·K), (K), t : 시간(s)이며, T: 온도(°K)∇는 3차원 직교좌표계에서는

$$\nabla=\left(\frac{\partial}{x},\frac{\partial}{y},\frac{\partial}{z}\right) \quad \cdots\cdots (4\text{-}3)$$

이다. 이 경우 식(4. 2)는

$$\rho Cp\frac{\partial T}{\partial t}=\frac{\partial}{\partial x}\left(\lambda\frac{\partial T}{\partial x}\right)+\frac{\partial}{\partial y}\left(\lambda\frac{\partial T}{\partial y}\right)+\frac{\partial}{\partial z}\left(\lambda\frac{\partial T}{\partial z}\right) \quad \cdots\cdots (4\text{-}4)$$

이 된다. 만약, 열전도율 λ가 온도, 장소에 관계없이 일정하다면, 이식은

$$\frac{\partial T}{\partial t}=\alpha\left(\frac{\partial^2 T}{\partial x^2}+\frac{\partial^2 T}{\partial y^2}+\frac{\partial^2 T}{\partial z^2}\right) \quad \cdots\cdots (4\text{-}5)$$

로 변형된다. 여기서 $\alpha = \lambda/Cp$는 열확산율 (또는 온도전도율)로서 온도 전달속도를 나타낸다.

[그림 4-64]에 표시한 것과 같이 열물성치 (ρ, Cp, λ)가 일정한 반무한 주형의 표면을 순간적으로 T_1로 변화 시켰을 때의 주형의 온도 분포를 구해 보자. 이 경우, 기초식은 식 (4-5)에 의해

$$\frac{\partial T}{\partial t}=\alpha\frac{\partial^2 T}{\partial x^2} \quad \cdots\cdots (4\text{-}6)$$

이며, 초기조건은

t = 0 : T : T_0 ······························ (4-7a)

경계조건은

x = 0 : T = $T_1(t > 0)$ ················· (4-7b)

x = ∞ : T = T_0 ······························ (4-7c)

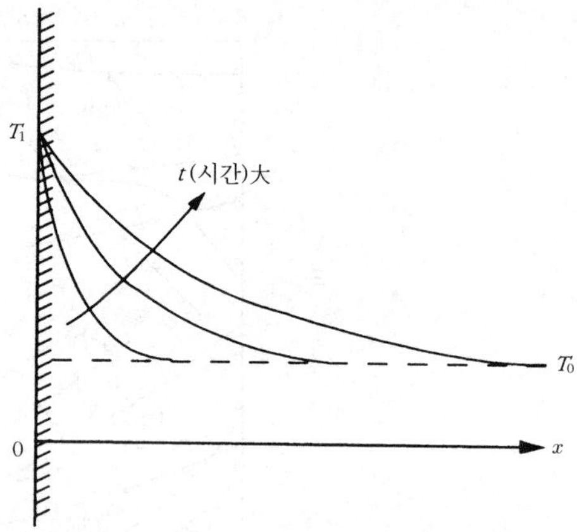

그림 4-64 반무한 고체의 표면온도를 순간적으로 T_1로 변화시켰을 때의 온도분포

이다. 해석 방법으로서는 Laplace변환법, 변수분리법, 적분법 등이 있다. 예를 들면, Laplace 변환법에서는, 우선 식(4, 6)을 Laplace 변환하여 상미분방정식으로 변환한다. 상미분방정식의 해를 구한 후 역변환하여

$$T - T_0 = (T_1 - T_0)\left(1 - erf\frac{x}{2\sqrt{at}}\right) \quad \cdots\cdots (4\text{-}8)$$

을 구한다. 여기서 erf(y)는 오차함수로서 다음 식과 같이 정의된다.

$$\text{erf(y)} = \frac{2}{\sqrt{\pi}}\int_0^y e^{-p^2}dp \quad \cdots\cdots (4\text{-}9)$$

또한 오차함수는 다음과 같은 성질을 갖고 있다.

$$\text{erf}(\infty) = 1,\ \text{erf}(0) = \text{erf}(-y) = -\text{erf}(y) \quad \cdots\cdots (4\text{-}10)$$

여기서 ⊏ erf(y) = 1-erf(y).

다. 주조과정에 있어서의 유동현상과 탕구계의 설계

(1) 탕구계에서의 흐름

[그림 4-65]는 상주식(上注式)으로 V벨트 풀리를 제작할 때에 주형공간이 용탕에 의해 충만되는 모양을 나타내고 있다.

주입컵(pouring)으로부터 탕도에 유입된 용탕(이 경우에는 주철)은 탕도 끝(runner extension)을 충만한 후 주입구(ingate)로부터 주형공간에 유입되고 일부분의 용탕은 갈라져 저부로부터 상부를 향하여 흐르고 있음을 알 수 있다.

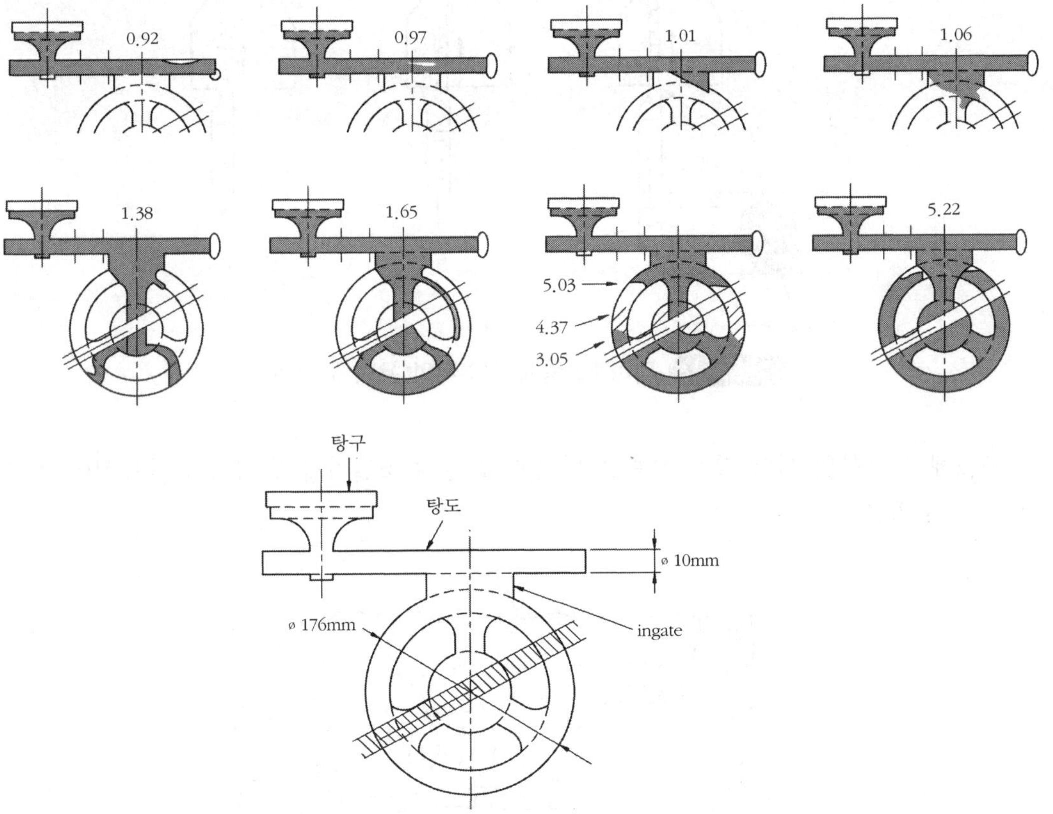

그림 4-65 V belt pulley 주탕시의 주철용탕의 유동
(숫자는 주탕후의 시간(sec)을 나타낸다)

이 경우 유로의 대표치수는 10~20mm, 유속은 0.2~0.4m/s 정도이다.

이와 같이 시간적으로 변화하는 흐름이라고 부른다. 시간적으로 변화하지 않는 흐름을 정상흐름이라고 한다. 상술한 탕구계의 흐름은 자유표면을 수반하는 흐름이다. 그러나 탕도부에서는 용탕이 유로를 충만하는 관내 흐름이 되고 있다.

흐름은 층류나 난류로 분류된다. 유체중의 유선이 서로 섞이지 않고 질서정연하게 흐르는 것을 층류라고 부른다. 유선이 섞이며 흐르는 것을 난류라고 부른다. 탕구계와 같은 유로내를 흐르는 흐름은 Reynolds수로 나타낸다.

[그림 4-66]은 다이캐스팅과 같이 고압으로 용탕을 유동시켰을 때 생기는 제트류 및 분무류를 나타내고 있다.

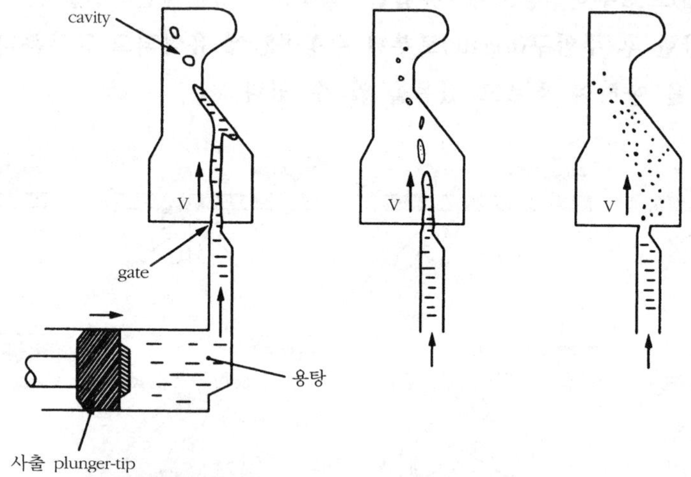

그림 4-66 다이캐스팅에 있어서의 용탕의 유동

탕구계에 있어서의 이와 같은 흐름은 다음과 같은 주조결함을 발생시킬 가능성이 있다. ([그림 4-67] 참조)

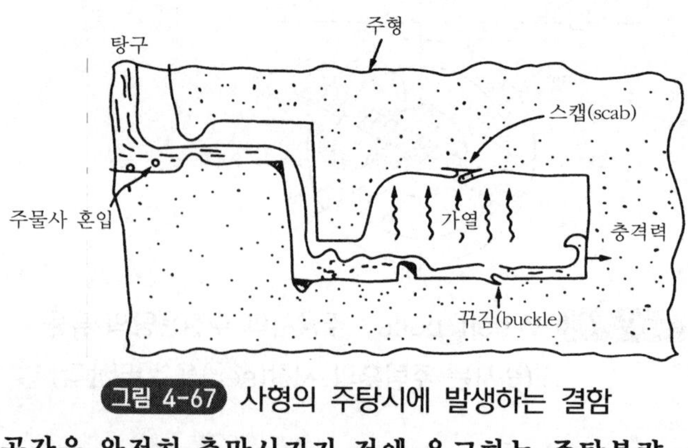

그림 4-67 사형의 주탕시에 발생하는 결함

① **용탕이 주형공간을 완전히 충만시키기 전에 응고하는 주탕불량, 용탕이 만나는 부분이 완전히 융착되지 않은 용탕경계(cold shut)**

② **주형내의 공기나 주형 표면에서 용탕과의 반응에 의해 발생한 가스를 혼입하는 가스결함**

③ **용탕이 주형에 충돌하여 주형을 변형시키므로 생기는 치수불량, 주형의 일부를 파손 시켜서 생기는 파임(scab)**

④ **슬래그나 내화물이 주형공간에 혼입되는 결함**

⑤ **주형의 국부적 가열에 의해 지향성 응고가 방해되어 생기는 수축공 결함**

이러한 결함을 방지하기 위해서는 [그림 4-65]에 표시한 유동의 관찰 (이 밖에 주형내에 여러 개의 전극을 설치해 두고 전류의 흐름으로부터 용탕의 유입상황을 파악하는 측정기, X선측정, 수모델에 의한 시뮬레이션 등이 이용된다.) 이나 수치해석법 등은 참고로 하여 적절한 유동상황을 실현하는 탕구계로 만들어 주어야 한다.

(2) 응고시의 유동

주형공간을 용탕이 충만한 후의 응고 과정에서도 유동이 일어난다. 즉, 냉각에 의해 용탕중에 온도분포가 생기면 밀도분포가 생겨 자연대류를 일으킨다. 또 고상과 액상에서 용질이 재분배가 일어나 micro편석이 생기면 농도분포, 밀도분포가 생겨 역시 자연대류를 일으킨다. 더욱이 응고시의 밀도변화 (일반적으로 고상의 밀도 ρ_S는 액상의 밀도 ρ_L보다 크다.) 에 의해 응고수축에 의한 유동이 생긴다. 또한 연속주조에서는 전자교반에 의해 강제적으로 유동을 일으키게 하는 수가 있다.

이와 같은 응고시의 유동은 각종 마이크로편석이나 수축공 결함, 응고조직의 변화(동축정의 생성 등) 등을 일으킨다.

(3) 수치해석

주조과정에 있어서의 유동현상은 복잡하여 앞에서 논한 해석은 극히 일부만이 적용될 수 있다. 특히 주탕시의 열전달이나 응고시의 대류 등을 해석하는 푸는 것은 아주 어렵기 때문에 수치해석이 필요하게 된다.

수치해석에서는 기초식 또는 물리현상으로부터 차분식을 유도하여 컴퓨터로 해석하게 되지만 유동문제의 해석은 열전도문제의 해석보다 복잡하다. 이것은 유동문제에서는 변수가 많고 (유속, 압력, 온도), 비선형(운동량항, 대류항 등)이 강하기 때문이다.

탕구계의 자유표면을 갖는 유동은 MAC법(marker and cell 법)과 같은 방법으로 해석할 수 있다. 이 방법에서는 중심에 압력 대표점, 각 변에 유속 대표점을 정의한다.

그리고 Navier-Stokes의 차분식으로 유속을 구하고 연속의 식을 만족하도록 압력을 보정한다. 또 동시에 자유표면에 있어서의 표면장력과 압력의 평형식을 고려한다. 한편 자유표면은 cell내에 설정된 marker를 이동시켜서 나타내어진다.

[그림 4-68]은 직접 차분법에 의해 중력주조시의 탕류해석을 행한 예를 표시하고 있고 상부로부터 주입된 용탕이 우선 하부의 주입구로부터 주형내에 유입되며 (a), (b)에 이어 (c)에서와 같이 상부 주입구로부터 유입되는 것을 알 수 있다.

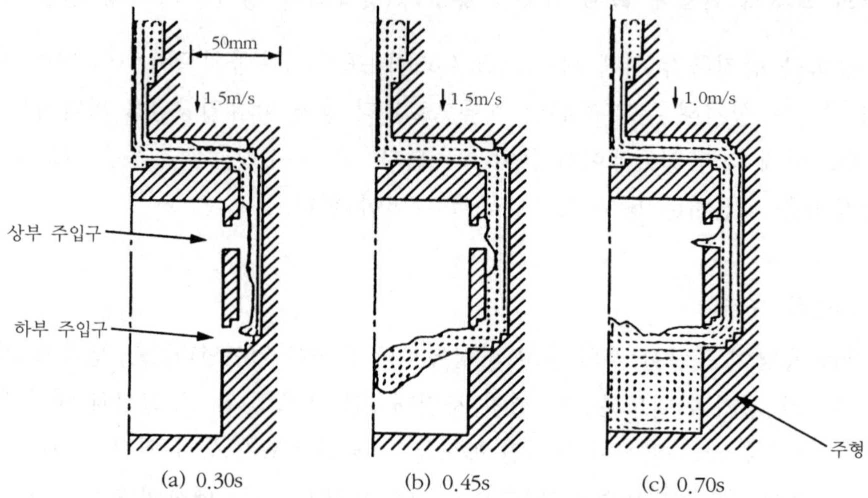

그림 4-68 직접차분법에 의한 중력주조시의 유동 시뮬레이션

제4절 | 각종 주물의 주조방안

주조방안은 여러 가지 기준을 바탕으로 하여 결정하게 되지만 특히 주물의 재질에 따라 각각 다른 특징이 있기 때문에 먼저 주조할 주물의 재질에 알맞은 주조방안을 세워야 한다.

1 주철주물과 주강

가. 보통 주철

주철은 용해작업이 잘되면 유동성이 좋아지고 응고 수축률도 적어 주조성이 좋아진다. 그러나 엔진의 블록(block)이나 해드(head)와 같이 복잡한 제품이 많고 재질이나 모양으로 보아 그 종류도 매우 많기 때문에 주조방안도 일정하지 않으나 일반적인 요점을 들면 다음과 같다.

① 탕구비는 1 : 1.2 : 1.8 또는 2 : 2 : 1인 압력방식과 1 : 4 : 2인 비압력방식등이 적용된다.

② 주입온도는 1350~1400℃로 한다.

③ 모양이 복잡한것은 용탕이 빨리 균일하게 주입, 충만되도록 주입구의 수를 늘인다.

④ 아랫부분이 먼저 응고할 수 있게 주입구를 배치한다.

⑤ 일반 주철주물에는 압탕은 가능하면 만들지 않는 것이 좋다.

나. 구상흑연주철 주물

구상흑연주철(spheroidal graphite cast iron)은 보통주철과는 용탕의 성질이 다르므로 주조방안에 있어서도 따로 고려하여야 한다.

① 탕구비는 2 : 4 : 3 또는 1.2 : 3 : 2인 비입력방식과 2 : 4 : 1인 압력방식이 이용된다. 탕도의 단면 높이는 폭의 2배로 하거나 오목부를 만들어 슬래그나 잡물 등이 주입구 앞에서 분리되어 떠오르게 된다.

② 주입온도는 주물의 필릿 두께에 따라 온도를 적용한다.

③ 탕구, 탕도 및 주입구는 슬래그나 불순물의 혼입을 막고 용탕이 조용히 주입되도록 압상방식을 이용하는 것을 원칙으로 한다.

④ 주입속도는 $T=0.65\sqrt{W}$의 관계를 기준으로 하며 또는 주입구의 유량을 기준으로 $1.1kg_f/cm^2/s$를 들고 있다. 이 값들은 실제의 값과 비교 수정하여 사용한다.

⑤ 압탕의 크기는 화학성분과 주형의 성질 등에 따라 달라진다. 특히 탄소당량[C.E (carbon equivalent)=T·C+1/3(si)]이 낮은 강력형은 수축률이 높으므로 주강에 쓰이는 정도의 압탕이어야 한다. 또 중심선 수축이 생기는 수도 있으므로 칠 메탈도 고려하여야 한다.

다. 주강

주강은 유동성이 나쁘며 응고수축이 많고 주입온도가 높아서 주형과의 열반응이 크므로 주조방안을 특별히 연구할 필요가 있다.

① 탕구비는 대개 1.0 : (1.0~1.2) : 3.0으로 하는 것이 필요하다.

② 주입온도는 제품의 종류에 따라 다르지만 1520~1560℃ 가량으로 한다.

③ 탕구, 탕도 및 주입구는 슬래그나 모래 등이 섞여 들어가지 않는 한도 내에서 빨리 주입되게 한다. 대형 및 중형의 주물에서는 주형벽을 용탕이 매초 15~40mm 가량의 속도로 증가되게 하는 것이 보통이다.

④ 압탕과 칠 메탈 등을 충분히 두어서 수축결함을 방지하여야 한다.([그림 4-69(a)] 참조)

⑤ 비교적 큰 주물은 [그림 4-69(b)]와 같이 탕구와 주입구를 되도록 많이 만들어 주물의 주위에서 용탕이 신속하게 주입, 충만되도록 한다.

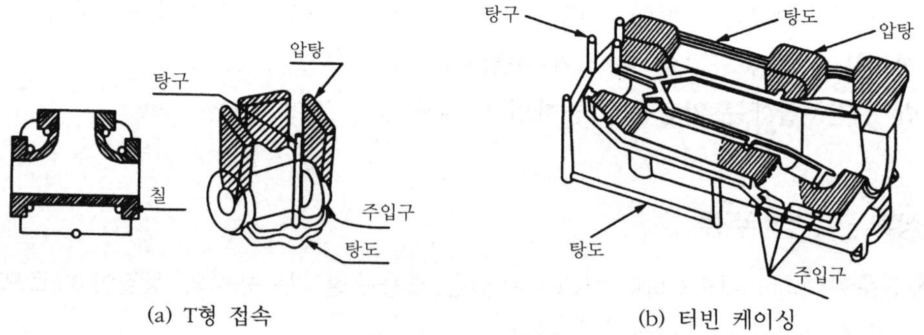

(a) T형 접속 (b) 터빈 케이싱

그림 4-69 주강의 주조방안 예

2 구리합금 주물

가. 황동계

황동계 주물에서는 아연의 함유량에 따라 수축율이나 응고온도 범위가 다르므로 일반적인 원칙을 세우기는 어렵다. 또, 아연의 증발에서 오는 슬래그의 발생도 피할 수 없다. 특히 황동계 주물에서는 용탕의 유입거리를 짧게 하고 주입 도중에 용탕이 응고되어 주입이 중단되는 일이 없도록 주의하여야 한다.

① 탕구비는 1 : 2 : 2로 한다.

② 일반적으로 작은 주물에서는 탕구를 주물의 위쪽에서 직접 주입하는 톱게이트로 한다. 대형 주물일 때에는 주물에 가깝고 굵은 탕구를 여러개 두어 용탕이 주형안에 짧은 시간에 충만되도록 한다.

③ 탕도는 짧고 굵게하며 용탕의 흐름속도를 조절할 수 있고 주입구와 조합하여 슬래그의 분리에 중점을 두며, 주입구의 끝은 작고 짧게 한다.

④ 주물의 위쪽에 떠오른 슬래그나 잡물을 제거하기 위하여 플로오프를 둔다. 주물과 가장 가까운 탕도의 윗쪽에 탕도보다 단면이 큰 플로오프를 두어 압탕을 겸하게 할 때도 있다.

⑤ 외형의 수축결함이 많으므로 주강과 같은 정도의 압탕을 두어야 한다. 특히 고력황동은 주입할 때 산화물이 생겨 용탕에 불순물로 주물중에 남게 되므로 주조 방안의 하나로서 잡물의 방지와 그 제거에 특별한 대책을 세워야 한다. 여기에는 압상방식과 같은 사이드 게이트가 좋지만, 지향성 응고가 반대로 되므로 칠 메탈이나 압상 등을 알맞게 두고, 주입시간을 짧게 할수록 좋다.(〈표 4-8〉 참조)

나. 청동계

청동계의 주조방안도 황동계와 원칙적으로 같지만, 다음 몇 가지에 대한 주의가 필요하다.

① 수축량이 많으므로 치수의 보정에 유의하여야 한다.

② 용탕의 유동성이 나쁘기 때문에 주입속도를 빠르게 한다.

③ 냉각속도에 따라 주물의 조성이 달라지므로 압탕 외에 각 부분의 온도를 고르게 하여야 한다.

④ 인청동은 유동성이 좋으므로 주입온도는 낮고 주입속도는 빠르게 하다. 고온으로 주입하면 응고된 다음에 편석이 일어나기 쉽다.([그림 4-70] 참조)

표 4-8 구리합금주물의 주입온도[℃]

청동주물	BC 2 1150~1200	BC 3 1150~1200	BC 6 1050~1100	BC 7 1050~1070
인청동 주물	PBC 1 1050~1130	PBC 2 1050~1130	PBC 3 1000~1080	
황동 주물	BSC 1 1100~1150	BSC 2 1000~1050	BSC 3, 4 980~1030	

고력 황동 주물	필릿 두께 <12mm 1000~1050	필릿 두께 12~25mm 1000~1030	필릿 두께 >30mm 980~1000	

다. 알루미늄 청동

알루미늄 청동에는 8~12%의 알루미늄이 들어 있기 때문에 산화물의 발생이 매우 심하다. 또, 수축율과 수소의 흡수력이 커서 기포가 생기기 쉽다.

① 탕구비 1 : 3 : (4~5)로 한다.

② 주입할 때 용탕의 흐름이 조용하고 빠르며, 주입중에 발생한 산화물이나 잡물은 분리, 제거할 수 있도록 탕구계를 만들어야 한다. 그밖에 용탕의 와류가 주형안에서 생기지 않도록 특별한 대책을 세워야 한다.

③ 수축율이 매우 크므로 압탕은 주강에서와 같은 정도로 크게 하며, 발열 보온재를 사용하여 새로운 용탕을 보충하여야 한다.

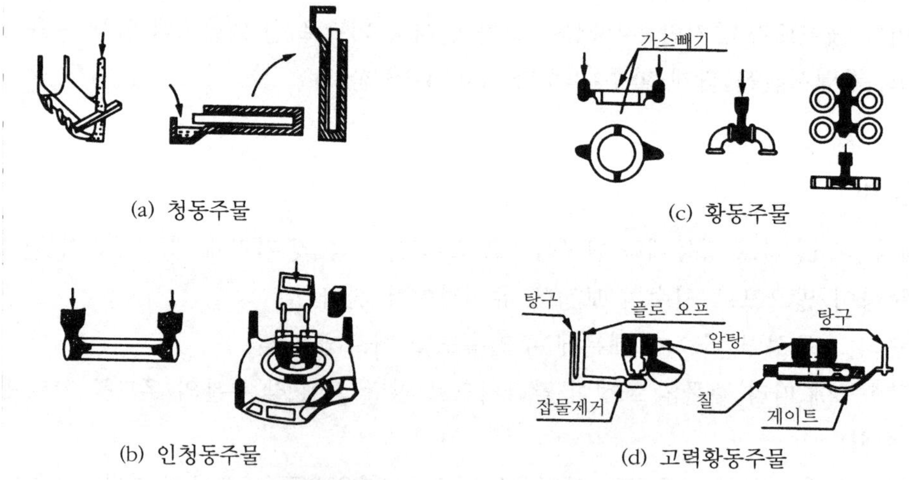

(a) 청동주물 (c) 황동주물

(b) 인청동주물 (d) 고력황동주물

그림 4-70 구리합금의 주조방안 예

3 알루미늄합금 주물

알루미늄 합금 주물은 응고 수축율이 크고 산화 및 열간균열이 생기기 쉬우므로 알맞은 주조방안이 마련되어야 한다.

① 탕구비는 1 : 2 : 2 또는 1 : 4 : 4인 비압력방식을 이용하며 탕구의 높이가 너무 클 때에는 2~3단으로 하는 것이 좋다. 또 생성된 산화물이나 잡물 등은 가스를 포함하는

수가 많아 용탕위로 떠오르기 쉬우므로, 탕도는 상형, 주입구는 하형에 두는 것이 보통이다. 필요에 따라서는 주입 도중에 잡물을 제거할 목적으로 스크린(screen)을 사용할 때도 있다.([그림 4-71] 참조)

② 수축율이 크므로 용탕의 주입방식은 아랫 부분에서 부터 방향성 응고를 도울 수 있게 해야 하며, 압탕은 용탕의 보급이 충분히 될 수 있도록 크게 해야 한다.
그러나 [그림 4-72(a)]와 같이 너무 크게 하면 주형의 과열로 과열점(hat spot)을 만들어 좋지 않게 되므로 [그림 4-72(b)]와 같이 칠 메탈을 사용하면 된다.

③ 주입온도는 제품의 모양, 크기 및 화학성분 등에 따라 다르지만 될 수 있으면 낮은 온도로 하는 것이 좋은데 690~730℃에서 주입하는 것이 일반적이다.

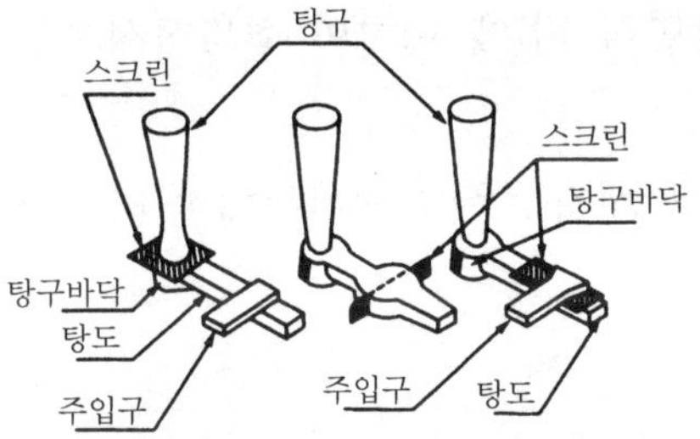

그림 4-71 스크린 사용법

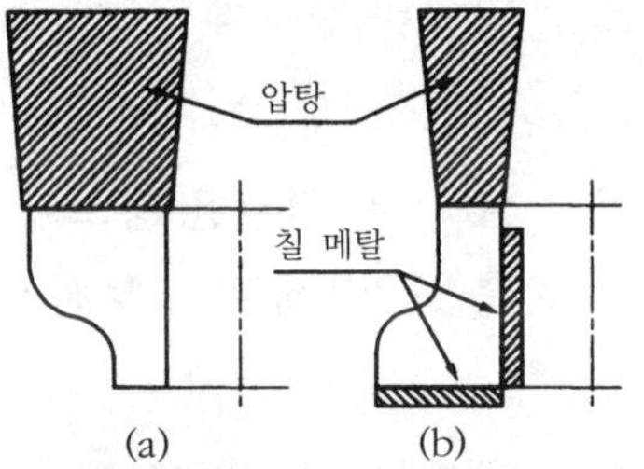

그림 4-72 압탕과 칠 메탈

익힘문제

1 탕구계의 기능(역할)에 대하여 쓰시오.

2 주입구(gate)의 종류를 쓰시오.

3 주입구 선택시 주의할 점에 대하여 쓰시오.

4 탕구비(탕구계의 각 부분의 단면적 비)에 대하여 설명하시오.

5 금속 및 합금은 응고나 냉각시에 체적수축이 생기는데 이러한 체적수축을 3단계로 구분하시오.

6 압탕의 기본적인 구비조건에 대해서 쓰시오.

7 주물의 필릿 두께가 고르지 않거나 압탕만으로는 용탕의 보급이 미치지 못하는 곳 또는 압탕의 효과가 불충분할 때에는 국부적으로 두꺼운 부분에 수축공을 일으키는 경우가 많으므로 이러한 부분의 응고를 촉진시키기 위하여 사용하는 것을 쓰시오.

8 압탕효과를 증가시킬 수 있는 방법을 쓰시오.

9 용탕을 주형에 주입할 때 산화물이나 슬래그를 제거시킬 수 있는 탕구 방안에는 어떠한 것들이 있는지 쓰시오.

10 냉금(내부냉금)을 사용할 때 주의해야 할점에 대하여 쓰시오.

익힘문제

11 그림에서 유효탕구의 높이를 구하시오.

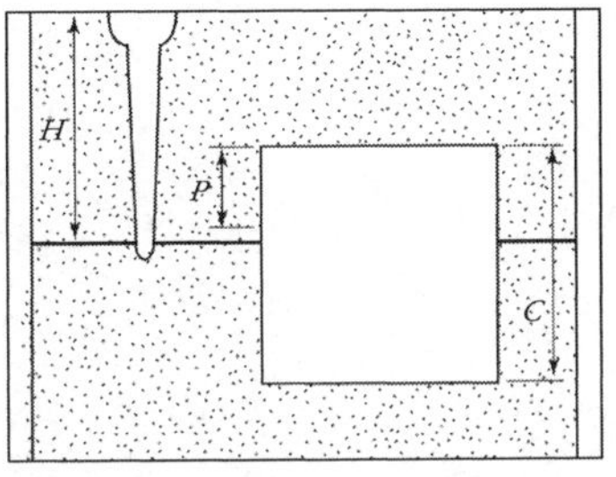

12 다음 그림에서 압탕의 명칭을 쓰시오.

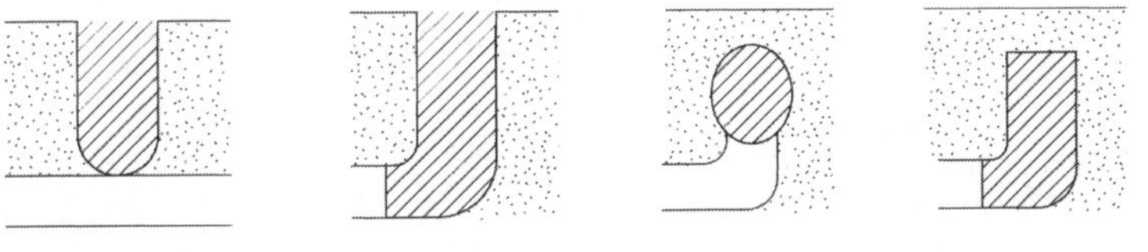

13 목형의 중량이 12kgf이고 주물의 비중이 7.2, 목형의 비중이 1.2일 때 주물제품의 중량을 구하시오.

14 다음 그림에서 탕구계(gating system)의 명칭을 쓰시오.

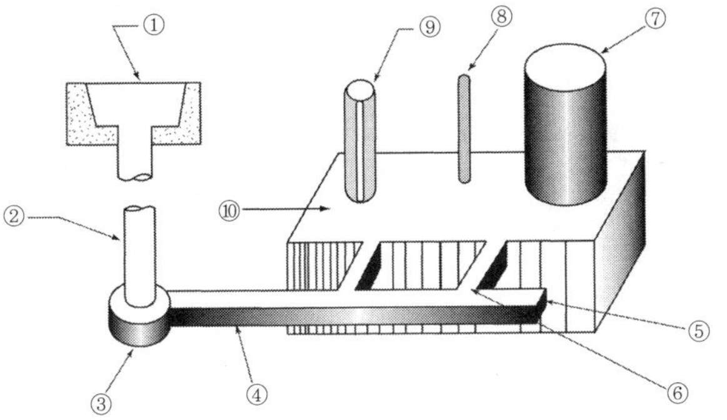

Chapter 05

특수주형 및 특수주조법

제1절 특수주형 | 제2절 특수주조법

Chapter 05 주조응고학

특수주형 및 특수주조법

제1절 | 특수주형

1 CO_2 주형법

CO_2법은 규사에 규산나트륨(Na_2SiO_3)을 4~6%정도 첨가, 혼련시켜 일반적인 주형조형법과 동일한 방법으로 주형 또는 코어를 조형하고 여기에 CO_2가스를 불어넣어 경화시키는 방법이다.

CO_2법에 있어서 규산나트륨의 경화기구에 관해서는 다음식으로 많이 설명된다.

$$Na_2O \cdot mSiO_2(mn+x)H_2O + CO_2 = Na_2CO_3 \cdot xH_2O + m(SiO_2 \cdot nH_2O)$$

- m : 규산나트륨의 몰(mol)비
- n : 규산겔의 함수량
- x : 탄산나트륨의 결정수 몰비

위의 반응에서 CO_2가스와 Na_2O가 반응하여 Na_2CO_3가 생성되고 동시에 SiO_2의 겔화가 진행해서 사립이 견고하게 결합된다. CO_2법에서는 경화기구로서의 중요한 것은 규산나트륨의 탈수경화가 주목적이다. 경화속도와 경화강도는 탈수반응시의 여러 가지 조건에 의해 결정되어지며 탈수반응의 상황은 규산나트륨의 몰비와 농도에 의해 결정된다고 말하고 있다. **CO_2형의 장단점**을 열거하면 다음과 같다.

장점

① 건조가 불필요하기 때문에 조형이 빠르고 주탕까지의 시간을 단축할 수 있다.
② 주형과 코어가 곧 경화하기 때문에 변형이 적고 운반이 용이하다.
③ 코어의 보강재와 심금 등을 생략할 수 있다.
④ 건조할 필요가 없기 때문에 건조 중 변형 등을 고려할 필요가 없다.
⑤ 모래의 유동성이 좋기 때문에 조형에너지가 적게 든다.
⑥ 원형이 있는 상태에서 주형이나 코어가 경화하기 때문에 주형의 정밀도가 높다.

⑦ 주입시 가스 발생이 적다.

⑧ 숙련을 필요로 하지 않고 설비비도 저렴하다.

단점

① 규산나트륨 첨가시는 대기 중에서 서서히 경화하기 때문에 밀폐용기 중에 보관하여야 한다.

② 원형 및 코어박스는 조립식으로 해야 하며 원형을 CO_2속에 넣어 경화시키므로 원형에 기울기를 많이 준다.

③ 주형의 가축성, 붕괴성이 나쁘고 고사(古砂)의 회수율이 낮다.

④ 주형면이 좋지 않기 때문에 도형을 해야 하고 또 소결을 일으키기 쉽고 모서리부에서는 소착이 발생되기 쉽다.

⑤ CO_2가스 사용 중에 용기가 동결하기 때문에 이것을 방지하기 위하여 특별한 장치를 필요로 한다.

⑥ 조형 후 시간이 지나면 강도가 떨어지고 흡습성이 있으므로 빠른 시간 내에 주입한다.

가. CO_2형용 모래

CO_2형에 사용하는 모래는 일반적으로 어떤 모래라도 가능하지만 규산나트륨의 첨가량과의 관계로 모래의 입도와 분포에 주의해야 한다. 규산나트륨의 첨가량과의 관계로 모래의 입도와 분포에 주의해야 한다. 규산나트륨의 첨가량은 사립의 크기와 관계 있으므로 미립의 경우에는 주형강도는 크게 되지만 첨가량이 증가한다. 규산나트륨의 첨가량이 많으면 고온에서의 소결성이 높아 사락성이 좋지 않기 때문에 필요 이상의 미세립 모래는 좋지 않다.

CO_2법에서는 원칙적으로 점토가 필요 없지만 내용에 따라 생형강도를 필요로 할 때는 점토를 이용할 경우가 있다. 그러나 벤토나이트가 조금이라도 섞이면 방치압축강도가 크게 낮아지고, 목절점토와 규석분이 섞이면 처음은 강도가 상승하나 첨가량이 많으면 낮아진다.

나. CO_2형용 재료

CO_2형에 사용되는 주요재료는 규사 이외에 점결제인 규산나트륨과 경화제로 CO_2가스가 있다. 기타 첨가재료로서 붕괴성을 좋게 하기 위하여 시콜(seacoal) 및 톱밥 등을 사용하기도 한다.

규산나트륨은 물유리라도 하며, SiO_2, Na_2O 및 H_2O의 3화합물로 된 용액이다. 점결재로서 사용되는 범위의 몰비(比)는 2.0~3.3이며, 몰비가 크면 수분이 많은 것이 보통이다.

탄산가스의 분자식은 CO_2로서 무수탄산(carbonic acid anhydride)이다. 또한 이를 이산화탄소(carbon dioxide)라고 한다.

다. 혼련

CO_2법 모래는 혼련이 불충분하면 강도가 증가하지 않으며 혼련시간이 길면 후기강도가 저하한다. 그러므로 단시간에 잘 혼련 할 수 있는 혼련기를 선택해야 한다. 이것을 요약하면 다음과 같다.

① **혼련 중 모래의 온도를 상승시키지 않아야 한다.**

② **혼련 중 공기와 사립이 접촉하지 않아야 한다.**

③ **혼련사의 유동성을 해치지 않아야 한다.**

④ **혼련 후에 청소가 용이해야 한다.** [그림 5-1]은 혼련사에 공기와 사립의 접촉조건과 강도의 관계를 나타낸 것이다.

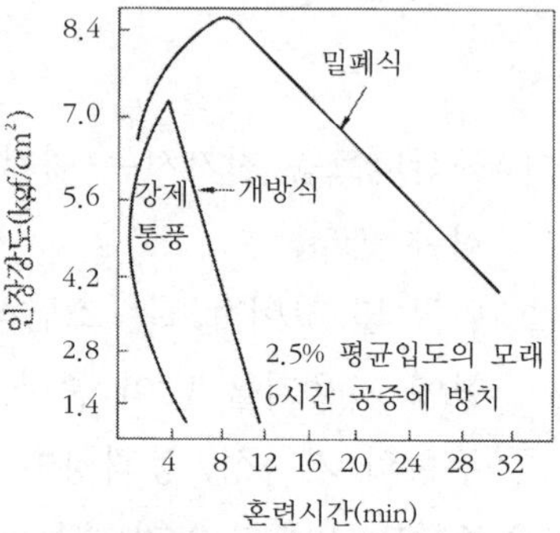

그림 5-1 혼련방법과 강도의 관계

라. 조형방법

CO_2 주형재료를 혼합할 때는 밀폐식 믹서(mixer)를 사용하는 것이 개방식에 비하여 주형의 강도면에서 유리하며 혼합시간은 4~5분 이하가 좋다. 혼합된 모래를 주형상자 속에 넣고 골고루 잘 다진 후 원형을 그대로 둔 채로 탄산가스를 불어넣어 준다. 이때 지름 2~3mm의 관을 꽂아 탄산가스를 주형속으로 보내는데 주형 전체에 골고루 미치도록 해야 한다. 이를 위해서는 여러 곳에 차례로 관을 꽂아 탄산가스를 보내는 방법과 적당한 용기를 위에 씌워서 그 속에 탄산가스를 불어넣어 경화시키는 방법이 있다.

[그림 5-2]는 주형 또는 코어를 CO_2 형으로 제작하는 예를 나타낸 것이다. 코어의 경우는 고무판을 대고 탄산가스가 밖으로 나가지 않도록하여 코어상자의 중앙부 또는 정해진 여러 군데를 불어 넣는다. CO_2 주형의 강도는 탄산가스를 불어넣는 시간과 관계없이 일정한 한계가 있다. 따라서 첨가된 물유리의 몰비와 양, 모래의 입도와 입형 등에 따라서 탄산가스 취입시간을 적당히 정하지 않으면 가스의 소비량도 많아지고 강도면에서 오히려 손해를 보게 된다. 탄산가스 취입시간은 짧게, 압력은 높게 하는 것이 좋으며, 물유리 첨가량이 많을수록 탄산가스 취입시간이 길며 압력은 높아야 한다. 또 주형을 경화시킨 후 자연방치하면 5시간 정도는 강도가 증가한 그 후는 CO_2주형의 흡습성으로 인하여 강도가 점차 떨어지므로 조형 후 주입까지의 시간이 너무 길지 않도록 한다.

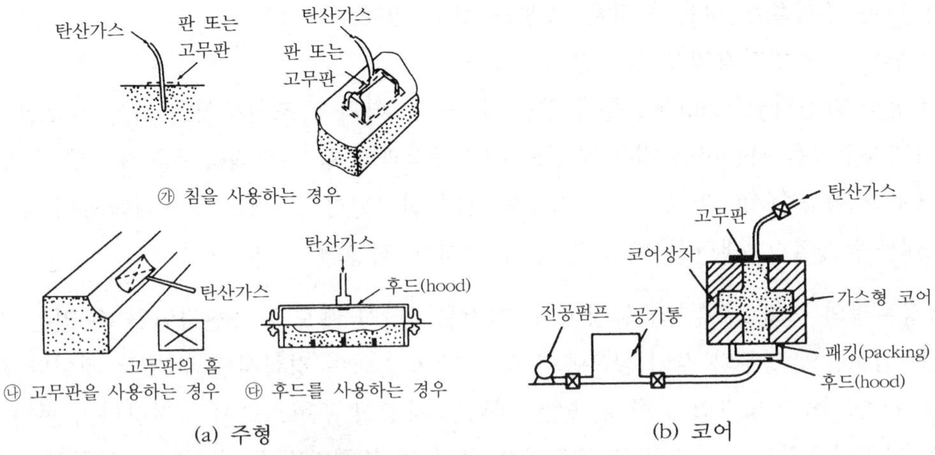

그림 5-2 탄산가스를 불어넣는 방법

마. CO_2법 조형시의 주의사항

① 사용되는 탄산가스 자체는 유독하지 않으나 공기 중에 3~4%가 존재하게 되면 두통으로부터 뇌빈혈까지, 15%이상 이면 생명에 위험이 있으므로 환기에 주의하여야 한다.

② 용탕의 종류에 의해 모래의 품질과 입도분포를 선정해야 한다.

③ 혼합물의 조성 종류는 작업의 간편성, 혼합사의 균일성을 고려해야 한다.

④ 모래에 대한 규산나트륨의 첨가량을 가능한 적게 해야 한다.

⑤ CO_2 가스의 통기 조건을 변화하지 않도록 관리하고 가스압을 높이거나 통기시간을 필요 이상으로 길게 하지 않는다.

2 자경성 주형법

자경성(自硬性) 주형은 원료사에 자경성 점결제를 첨가, 혼합하여 주형을 만들며, 대기중에 방치하면 경화된다. 자경성 주형에는 다지기 방식의 자경성 주형과 흘려 붓는 방식의 유동 자경성 주형이 있다.

다지기 방식의 자경성 주형에 사용되는 점결제에는 물유리가 있으며, 여기에 Fe-Si, Ca-Si와 Al-Zn 등의 분말을 혼합하면 발열하여 경화되는 발열 자경성 주형과 경화제로 슬래그를 사용하는 비발열 자경성 주형이 있다. 유동 자경성 주형은 크림 형태의 슬러리를 주형 상자에 흘려 채운 다음, 어느정도 경화되었을 때에 원형을 빼내고, 그 후 더욱 경화시키는 방법이다. 현재 사용되고 있는 유동 자경성 주형에는 물유리를 혼합한 주물사에 계면 활성제를 첨가하여 유동성을 향상시켜 사용한다. 또, 시멘트를 점결제로 사용하는 경우도 있다.

이와 같은 주형들은 다음과 같은 특성을 갖고 있다.

① 주형의 건조경화작업을 생략할 수 있다.

② 조형시 다짐작업(ramming)을 생략할 수 있다. 따라서 조형작업을 하는 주물공장에서 자경성주형을 사용하는 경우 주형의 건조공정과 조형시 다짐작업을 생략할 수가 있으므로 조형공수 및 그 외 여러 가지가 크게 절약된다. 그러므로 조형작업의 능률화는 생산·원가절감, 생산성 향상, 기업 근대화에 직결될 수 있다.

자경성주형의 경화속도는 각 공장에서 작업에 적당한 속도로 자연경화될 수 있는 것이어야 한다. 점토류의 경우와 같이 실온에 오랫 동안 보존하여 경화시킬 수 있는 것이나 혼련작업 도중 경화되어 조형작업을 할 수 없는 재료는 자경성 주형으로서는 적당하지 못하다. 여러 가지 자경성주형을 경화기구 및 점결제의 종류 및 조형방법 등에 의하여 분류할 수 있다.

① 경화기구에 의한 자경성주형의 분류

㉠ **산화중합 또는 축합반응에 의한 것**

㉡ **수경성에 의한 것**

㉢ **겔(gal)화에 의한 것**

② 점결제의 종류에 의한 자경성주형의 분류

㉠ **무기질 점결제를 사용한 것**

㉡ **유기질 점결제를 사용한 것**

㉢ **양자를 병용한 것**

보통주형사가 사립, 점결제, 첨가제 및 물로서 구성되어 있는 바와 같이 특수 주형사도 사립, 점결제 및 첨가제로 되어 있으나 첨가제 중에는 경화촉진제나 유동화제 등이 함유되어 있는 점이 보통주형사와 다르다.

비교적 오래 전부터 사용되는 특수주형의 종류에는 CO_2주형과 셀주형이 대표적인 것이며 이외에 로스트 왁스법(Lost wax process)과 쇼법(show process)에 의한 주형 및 석고주형 등이 있다.

3 마그네틱 조형법

마그네틱 조형법(magnetic molding process)**은 풀몰드법의 한 응용법이라 볼 수 있다. 즉 원형을 발포폴리스티렌으로 만들고 이것을 용탕의 열에 의하여 기화, 소실시키는 방법은 풀몰드법과 같으나 모래입자 대신에 강철입자를 사용하며 점결제 대신에 자력을 이용하는 방법**이다.([그림 5-3] 참조)

따라서, 모래, 점토, 물을 배합하여 사용하던 지금까지의 모래 주형 제작법과는 개념이 완전히 다른 것이다. 주형재료는 자성체이면 모두 가능하므로 강철입자 대신 산화철을 쓸 수도 있다.

또한 마그네틱 조형법은 조형이 빠르고 손쉬우며 조형비가 싸다. 또 주형 재료가 간단하고 내구성을 가지므로 주물사의 처리, 보관 등에 문제가 별로 없으므로 주형자체의 통기도도 좋은 장점이 있다.

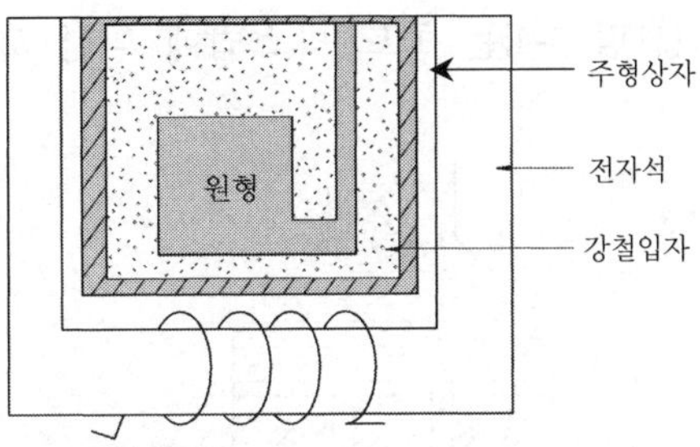

그림 5-3 마그네틱 조형법의 주형

마그네틱 조형법의 공정은 다음과 같다.

① 자석 안에 주형상자를 놓는다.
② 주형상자 안에 발포 폴리에틸렌으로 만든 원형을 놓는다.
③ 철 입자를 주형상자 안에 채운다.
④ 강력한 자력을 일으켜 철 입자를 다진다.
⑤ 탕구를 통해 용융 금속을 주입한다. 원형은 용탕의 열로 기화 소실되고, 그 빈자리에 용융 금속이 가득 채워져 응고된다.
⑥ 적당한 시간 뒤에 자석에 대한 송전을 중단한다.
⑦ 주형상자를 해체하면 결합력이 없는 철 입자가 붕괴되어 버리고 주물이 노출된다.
⑧ 철 입자는 체로 쳐서 미분과 먼지를 제거하고 다시 사용한다.

4 콜드박스 주형법

가. 조형법

규사에 페놀 수지와 폴리이소시아넷(M.D.I)을 적당량 혼합시켜 취입식 조형기에서 조형하는데, 손 조형도 할 수 있다. 이 주형에 아민가스를 통과 시키면 주형은 순간적으로 경화한다. 경화시킨 후 공기를 불어 넣어서 주형 속의 미반응의 아민가스를 배출시켜 중화 탱크로 보낸 다음 주형을 꺼낸다.

① 모래 혼합물을 코어 상자에 공기로 취입한다.
② 아민가스를 취입한다. 반응 말기에 가스 및 미반응의 가스는 코어박스로부터 공기에 의해 배출시켜 중화 탱크로 보낸뒤 정화된 가스는 대기로 방출시킨다. 아민가스는 독성이 있어서 가스가 새어 나오지 않도록 완전히 밀폐시킨다.

[그림 5-4]는 콜드 박스법에 의한 코어 제조를 나타낸 것이다.

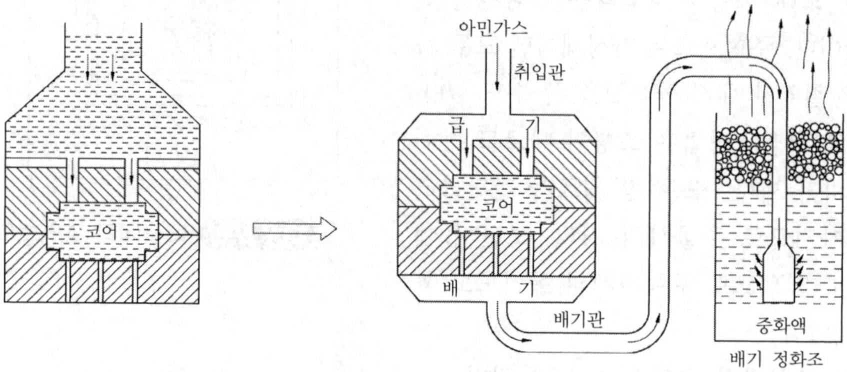

(a) 모래 흡입 공정 (b) 가스 통기 공정

그림 5-4 콜드 박스법에 의한 코어 제조

나. 콜드 박스형 모래

콜드 박스형 모래의 점결제는 페놀수지(Ⅰ액체)와 M.D.I(Ⅱ액체)의 두 가지 액체로 되고 모래에 대하여 첨가량은 2~3%이다. 이 모래의 혼합물의 가용 시간은 일반적으로 1.0~1.5 시간이다. 경화용 아민가스는 트리에틸아민이 좋다.

사용하는 규사는 중성 또는 산성이 좋다. 규사 중의 수분은 0.2% 이상으로 되면 주형 강도는 상당히 낮아진다.

점결제 Ⅰ액체와 Ⅱ액체는 비는 5:5로부터 4:6이 가장 적합하다. 이 주형은 주입 후 붕괴성이 좋아서 복잡한 형태의 코어에 많이 사용하고 있다.

5 시멘트계 주형법

시멘트가 주형의 점결제로서 이용되기 시작한 것은 1897년 부터였으나 본격적으로 사용되기 시작한 것은 프랑스 Purand씨가 상세한 기초연구를 하여 1930년 Randupson법이라는 시멘트형의 조형기술을 완성하게 된 이후이다. 이 방법은 프랑스를 중심으로 하여 유럽에서 비교적 많이 이용된 것으로 경화촉진제나 경화지연제의 선택사용이 매우 중요한 자리를 차지한다.

가장 많이 사용되는 시멘트로는 포틀랜드(portland) 시멘트(보통 이것을 시멘트라 부르고 있음)이다.

이 외에 알루미나 시멘트나 고로시멘트가 사용되나 그 양은 적다. 최근에는 초경시멘트가 점결제로서 사용되고 있다.

제2절 | 특수주조법

1 진공주조법

가. 개요

진공 용해는 대기 중에서 용해하는 것에 비하여 전압(全壓)이 낮고 용금에 접하는 각종 가스의 분압이 낮은 것이 특징이며, 전압은 진공 용해에서는 10^{-3}mmHg이하, 대량의 강을 취급하는 진공 탈가스에서는 1mmHg정도이며 분위기 중의 각 가스성분의 분압은 그 이하이므로 용탕 중의 탄소, 산소, 질소, 수소 등의 가스는 분위기 중의 같은 종류의 가스 분압과 평형하는 농도까지 저하되려고 할 뿐만 아니라, 이들의 가스 성분끼리, 또는 이들의 가스성분과 다른 첨가성분과의 화학반응에 의하여 CO, CO_2, H_2O 기타의 휘발성 화합물을 만들기 쉬운 경우에는 이들의 생성가스로 낮은 분위기 분압에 평형할 때까지 감소당하므로 원래의 가스 성분의 제거가 잘 진행된다. 작업방식에는 다음과 같은 것들이 있다.

① **진공용해** ┬ 진공주조
　　　　　　 └ 대기(또는 분위기) 주조

② **대기용해** ─ 진공주조

③ **대기용해** ─ 진공처리 ┬ 대기 또는(분위기) 주조
　　　　　　　　　　　　 └ 진공주조

이상에서 ① 방법은 중량 1000kg_f이하의 소규모인 경우에만 적용되고, 주로 Cr, Ni, Co등을 주체로 한 초합금, 각종 전자재료, 특수고합금강, 원자력용재료, 또는 구리 및 구리합금, Ti, Zr, Mo, W 등의 용해에 사용되며 ②, ③방식은 주로 철강관계에 대규모 이용된다.

이들 각종 방식은 각기 장점을 가지고 있지만 공통적으로

① **용해 주조과정에서 분위기의 오염을 방지할 수 있다.**
② **수소, 산소, 질소 등의 유해가스성분을 제거할 수 있다.**
③ **유해한 불순원소를 제거할 수 있다.**
④ **진공처리에 의해 정련반응을 촉진할 수 있다.**
⑤ **활성금속 합금을 용해할 수 있다.**

즉, 진공용해법은 용탕의 원재료를 진공하에 용해하는 방법이고 이것을 진공하에서 계속 주조하거나 또는 대기 중에 되돌려서 주조한다.

나. 진공처리방법

금속을 진공 중에서 용해, 주조함으로써 기대할 수 있는 성질이나 품질의 향상은 현저하다. 그러나 실제 문제에 있어서는 일반주조품을 진공주조하는 것은 강괴(ingot)를 만드는 경우에 비해 상당히 제약을 받는다. 즉 진공탱크 등에 주물사로 만든 주형을 넣어 주입하는 것은 많은 문제가 있으며 특히 대형의 경우 더욱 어렵다. 또 비철금속에 대해서는 진공주조를 대규모로 실시하지 않으며 **철강의 대기용해→진공처리→대기 또는 불활성가스 중의 주입이 주종을 이루고** 있다. [그림 5-5]는 대형 강괴를 만드는 진공주조법의 일종인 유적탈가스법을 보여주고 있다. [그림 5-6]은 주입 전에 실시하는 여러 가지 진공처리법을 나타낸 것이다.

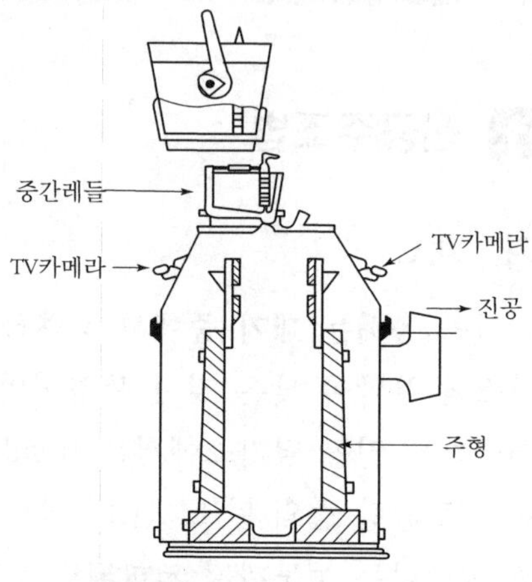

그림 5-5 진공처리 방법

진공처리 후 주조한 강괴는 보통 주입한 것에 비해 수소, 산소, 질소량이 낮고 제품의 내·외부의 차이가 없다. 수소는 35~60%, 질소는 10~15% 제거된다. 기계적성질은 인장강도, 항복점이 다소 향상되고 연신율과 단면수축률은 현저하게 향상된다. 또 저온충격치도 개선된다.

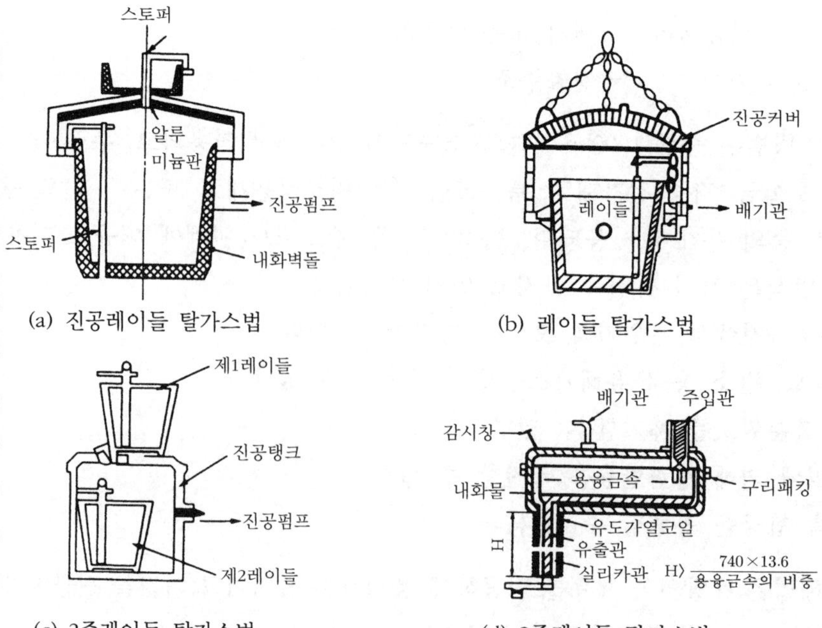

그림 5-6 진공처리 방법

2 저압주조법

가. 개요

저압주조법(low pressure casting)**은 도가니 중에 가열 유지된 용탕위에 공기 또는 불활성 가스를 0.2~1.0kgf/cm^2 정도의 압력으로 압입시켜 도가니안에 장치된 급탕관을 통하여 용탕을 중력과 반대방향으로 밀어 올려서 급탕관 상단에 설치된 주형에 주입하는 주조법**이다.

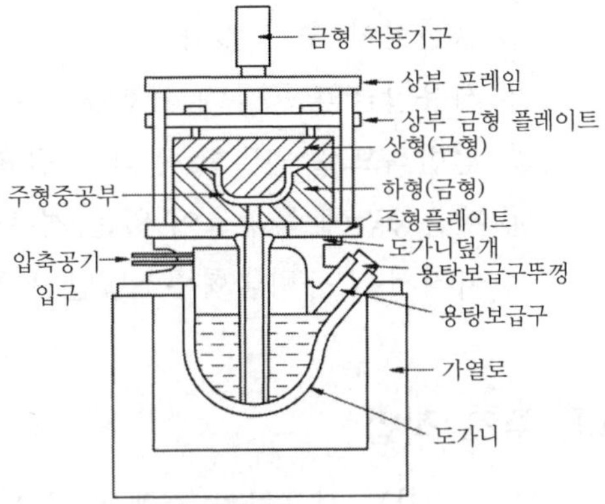

그림 5-7 저압주조장치

소정시간 가압한 후에 압력을 제거하면 주형 내의 용탕은 응고되지만 탕구이하의 용탕은 급탕관을 역류하여 도가니 안에 떨어진다. 저압주조법은 알루미늄합금 주물에 많이 이용되며 구리합금, 주강 등 비교적 고용융점합금에도 이용된다.

[그림 5-7]은 저압주조장치를 나타낸 것이다.

나. 저압주조법의 특징

저압주조법은 사용하는 주형에 있어서 금형주조법과 비슷하나 용탕주입에 있어서 중력과 반대방향으로 주입하는 점과 주입속도를 제어하면서 주입하는 점이 다르다.

장점

① 용탕이 절약된다. 금형주조법에서는 탕구나 압탕이 크기 때문에 제품주물의 2.5~3배의 용탕이 필요하며 주조수율이 50~60%에 불과하지만, 저압주조 방법은 주조수율이 90~98%로서 다이캐스팅법의 75~80% 보다도 높다. 이것은 용해비용의 절약도 가져온다.

② 지향성 응고가 쉽게 이루어지기 때문에 다공질결함(porosity), 수축공의 발생이 적고 주물의 밀도가 높아 기계적 강도에 대한 신뢰성이 높다.

③ 도가니가 밀폐되어 있으므로 용탕의 산화가 적고 주입시 산화물의 혼입이 적다.

④ 치수정밀도 및 주조표면이 아름답다.

⑤ 대개의 경우 압탕이 필요 없으므로 압탕, 탕구절단 등의 후처리 및 가공비가 절감된다.

⑥ 용탕 주입속도의 조절이 가능하며 장치조작의 자동제어가 용이하다.

⑦ 주형은 금형, 흑연형, 셀몰드형, 수지형, CO_2형 등을 사용할 수 있다.

⑧ 비교적 복잡한 모양을 갖거나 살두께가 얇은 주물의 주조도 가능하다.
⑨ 대형주물의 제작이 가능하고, 설비비가 적게 든다.

(단점)

① 생산성이 좋지 않다.
② 사용합금의 종류에 제한을 받는다.
③ 전반적으로 엄밀한 관리가 필요하다.
④ 제품중간에 목부분이 있는 경우에는 밑에서 올려 밀기가 어렵다. 그러므로 경우에 따라서는 중력금형주조법만 못한 경우가 있다.

다. 주조 작업

저압 주조기는 사용하기 전에 먼저 도가니, 급탕관, 및 금형에 도형제를 바르게 되는데, 도형제의 종류와 도형 방법에 따라 주조 작업 시간과 작업 능률이 다르게 된다. 일반적으로 사용되는 도형제는 탄산칼슘과 규산나트륨의 수용액이다.

도형제를 바른 금형을 조립한 후 압축공기를 불어넣어, 용탕면에 압력을 가하면 용탕이 급탕관을 통하여 조용히 올라가서 그 위쪽에 있는 금형안으로 주입된다. 일정시간 가압한 후 압력을 제거하면 주형내의 용탕은 응고하지만 급탕관 내의 용탕은 용융 상태이므로 다시 도가니로 되돌아간다.

주조 작업을 반복하면 도가니 속의 용탕면의 높이가 낮아지고, 금형까지의 용탕면의 거리가 멀어진다. 이 때문에 공기 압력을 증가 시켜야 되는 경우도 있으므로, 용탕면의 높이를 항상 일정하게 유지 하도록 용탕을 공급해야 된다.

3 고압응고 주조법

고압응고 주조법(squize casting)은 주형 내에 주입된 금속에 용융 또는 반용융 상태로부터 응고가 완료될 때까지 기계적인 고압력을 가하면서 제품을 성형하는 방법을 말한다. 이 방법은 용탕을 직접 가압성형하므로 용탕단조법이라고도 하며, 단조와 조합된 주조법이란 뜻에서 단조주조법이라고도 한다.

이 주조법은 가압할 때 용탕이 이동하지 않는 프레셔 가압 응고법(pressure crystallization casting)과 용탕이 상대적인 이동을 하는 압입용탕단조법(extrusion casting)으로 나뉜다.([그림 5-8] 참조) 전자는 강괴나 모양이 비교적 단순하고 두꺼운 주물의 제조에 적합하고 후자는 얇은 제품의 주조에 적당하다.

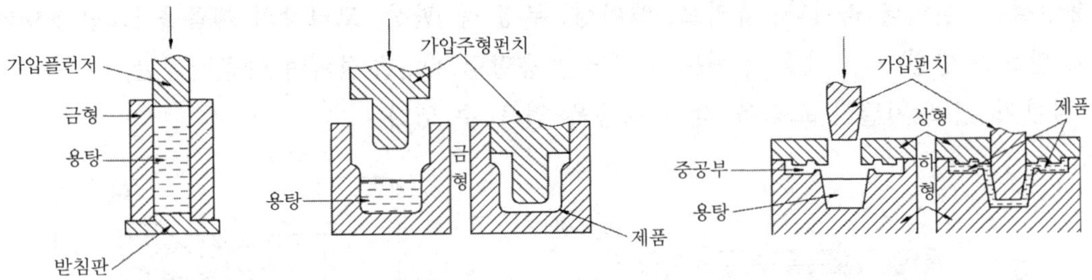

(a) 플런저가압 응고법 (b) 압입용탕단조법(직접) (c) 압입용탕단조법(간접)

그림 5-8 고압응고 주조법

고압응고 주조법의 장점은 다음과 같다.

① **수축공, 미세기공 등의 주조결함제거**
② **잔류가스에 의한 악 영향의 배제**
③ **조직의 미세화, 균질화 및 고밀도화**
④ **주물표면이 곱고 윤곽이 뚜렷함**
⑤ **회수율의 개선**

기계적 성질에 미치는 가압효과는 기공의 제거와 공정조직 등의 미세화가 주 원인으로 생각된다. 따라서 Al-Si계와 같이 비교적 큰 공정이 무질서하게 존재하는 합금계, 또는 Al-Mg계, Cu-Sn계와 같이 응고온도범위가 커서 보통의 주조법에서는 미세기공을 제거할 수 없는 합금계에는 특히 유효하여 기계적 성질, 특히 연신율이 현저하게 증가한다.

고압응고 주조법에 의해 생산되고 있는 합금은 알루미늄합금, 구리합금 이외에 주철, 주강, 스테인리스강 등이 있다.

4 원심주조법

원심주조법(centrifugal casting) 주입시에 주형을 회전시켜 주입된 용탕에 원심력을 이용하여 품질이 좋은 주물을 값싸게 주조하는 방법이다.

제품의 형상에 따라 원심력의 이용 방법이 다르며 일반적으로 세 가지로 분류된다.

가. 진원심주조(true centrifugal casting)

액체를 원통상의 용기에 넣고 수직축 또는 수평축의 둘레를 회전시키면 원심력 때문에 액체는 용기의 내벽에 밀려나고 중공(中空)으로 되는 원리를 이용하여 원형 단면을 갖는 수

도용주철관, 실린더 라이나, 슬리브, 베어링, 부싱 등 관상, 고리상의 제품을 [그림 5-9]와 같이 만드는 방법이다. 제품 두께는 주입되는 용탕량으로 조절되며 다공질결함, 수축공 등의 결함이 없고 치밀한 조직을 갖는 제품을 얻을 수 있다.

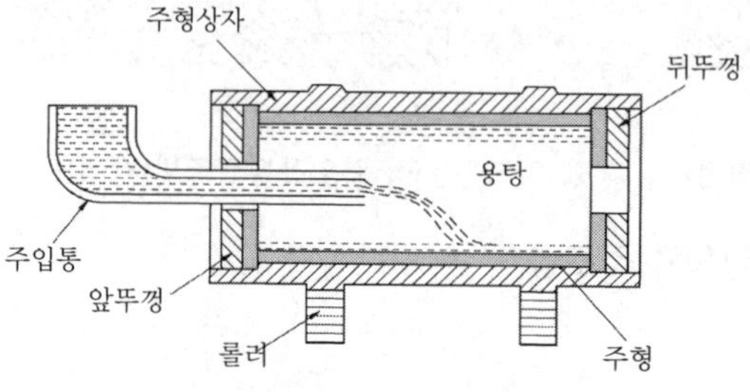

그림 5-9 진원심주조

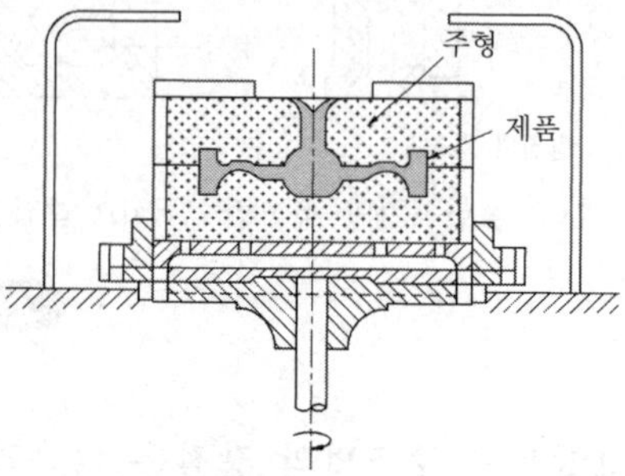

그림 5-10 반원심주조

나. 반원심주조(semi centrifugal casting)

원판상의 기어, 차륜, 풀리 등의 대칭축을 회전축으로 하여 축의 둘레로 주형을 회전시키면서 회전축 중앙의 탕구에서 용탕을 주입한다. 용탕은 원심력으로 밀려 주변부위에 있는 주형을 채우고 탕구가 압탕의 작용도 한다. 제품의 전면이 주형으로 제작되는 점이 진원심주조와 다르다. 이 방법은 주조수율을 향상시키기 위하여 주형을 스택(stack)으로 만들어 많은 주물을 주입할 수 있도록 한다. 그러나 [그림 5-10]에서와 같이 기공(blow hole), 수축공 및 비금속 개재물 등을 없애는 효과는 진원심주조 방법보다는 못하다.

다. 원심가압주조(centrifugal casting)

불규칙한 형상의 제품을 중앙의 탕구로부터 방사상의 탕구에 붙여서 배치하고 탕구를 회전축으로 하여 수직축의 주위로 주형을 회전시키면서 주입하는 방법으로서 주입압력을 증가시키는데 원심력을 이용한다는 점에서 [그림 5-11]에서 보는 바와 같이 반원심주조와 비슷한 주조법이다.

이 **세가지 방법 중 진원심주조는 생산성이 좋고 주조수율 및 품질이 좋아서 많이 이용된다.**

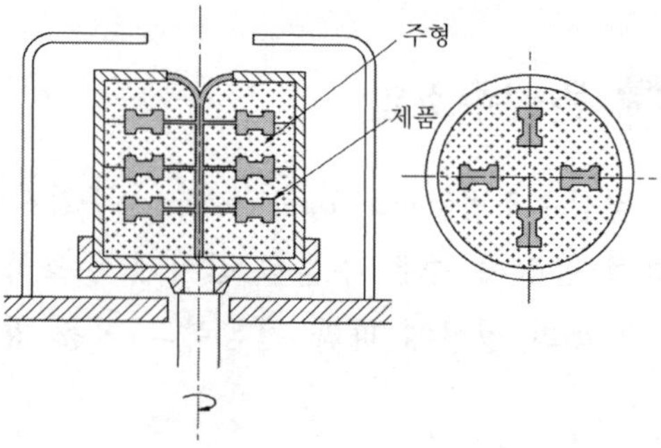

그림 5-11 원심가압주조

주형의 회전축 방향이 수평축 또는 수직축인가에 따라 수평식 원심주조와 수직적 원심주조의 두 가지로 분류된다.

긴 관상의 주물에는 수평식 원심주조를 이용하고 짧은 원통상, 환상의 주물에는 수직식 원심주조를 이용한다. 일반적으로 반원심주조와 원심가압주조에는 수직식 원심주조가 이용된다.

5 금형 주조법(중력 주조법)

금형 주조법은 금속으로 만든 주형에 각종 합금의 용탕을 주입하여 제품을 만드는 주조법으로서, 중력의 힘으로 용탕을 주입하는 방법이므로 중력 주조법이라고 부르는 경우도 있다. 현재 알루미늄 합금, 마그네슘 합금 및 구리 합금 등이 이 주조법으로 많이 주조되고 있다.

최근에는 금형 재료 및 주조·기술의 진보에 의하여 용융점이 높은 철계 합금의 주조도 실용화되고 있다.

가. 금형 주조법의 특징

① **생산성이 높으며, 금형이 차지하는 작업장의 면적이 작다.**
② **작업 환경이 좋으며, 시설비가 적게 든다.**
③ **치수가 정밀하고, 주물의 표면이 깨끗하다.**
④ **주물의 불량이 적고, 기계적 성질이 향상된다.**
⑤ **금형 제작에 비용과 시간이 많이 든다.**
⑥ **제품의 크기 및 무게에 한계가 있다.**

나. 금형

금형재료는 값이 싸고 손쉽게 구할 수 있는 철합금이 사용되나 주입하는 금속에 따라 금형에 요구되는 성질을 충분히 인식하여 적절한 재료를 선택해야 한다. 일반적으로 **금형재료에 요구되는 성질**은 다음과 같다.

① **내마모성이 클 것**
② **가공성이 좋을 것**
③ **열팽창이 적을 것**

④ **온도 확산이 높을 것**

⑤ **고온 열피로에 잘 견딜 것 등이다.**

이상을 종합해 보면 펄라이트기지의 중간크기의 편상흑연주철, 그 중에서도 Ni-Mo, Cr-Mo을 함유하는 편상흑연주철이 금형으로서 가장 적당하다. 〈표 5-1〉은 주조합금에 따라 권장되는 금형용 주철의 성분을 나타낸 것이다.

표 5-1 금형용 주철성분

구분	C	Si	Mn	P	S	Mo	Cr	
경합금용	3.45~3.7	2.3~2.9	0.4~0.8	〈0.5	〈0.12	-	-	
	3.3~3.6	1.8~2.3	0.8~1.0	〈0.12	〈0.09	-	-	W.Lott
	3.5	2.0	0.5	〈0.5	〈0.1	-	-	R.Irmann
구리합금용	3.4~3.5	1.6	0.7	0.25	0.08	0.6	-	
철합금용	3.3~3.5	1.2~2.2	0.6~0.8	〈0.1	〈0.05	-	-	W.Szubinski
	2.97	2.39	1.13	0.15	0.14	-	-	J.Czikel
	3.2±0.2	2.0±0.2	1.0~0.1	〈0.2	〈0.1	0.6±0.1	0.3±0.1	F.Neumann

금형주조시의 금형온도, 주물응고시간, 최대작업속도 등은 주물의 두께에 가장 크게 영향을 받는다. 그러나 금형의 두께에도 상당한 영향을 받으므로 금형의 두께를 변화시킴으로써 이들을 어느 정도 제어할 수 있다. 금형의 두께가 두꺼울수록 주형의 냉각속도는 빠르나 주물의 응고시간은 짧다. 주형의 두께를 선정할 때는 제품의 모양, 제품에 요구되는 성질, 조작방식(수동 또는 자동)의 검토가 필요하며 알루미늄합금의 경우 일반적으로 주물 두께의 2~5배 정도로 한다. 주물의 온도기울기를 최종응고부 방향으로 하기 위해서는 주물의 두꺼운 부위는 금형을 두껍게 하고, 탕구나 압탕부분은 금형을 특히 5~10mm 얇게 하면 좋다.

다. 주조방법

주입시작 전에 금형을 자세히 검토하여 기계적 손상부위는 완전히 보수해야 하며, 녹은 깨끗이 제거해야 한다. 도형제 등의 잔류물은 브러시로, 완전히 제거하고 코어 프린트 부분을 완전히 청소해야 한다.

금형을 손질한 다음에는 도형을 한다. **금형표면을 도형하는 목적**은

① **주물의 표면결함의 감소**

② **금형표면의 소모방지에 의한 수명의 연장**

③ **금형으로부터 주물이 쉽게 빠지게 함**

④ **금형에 발생하는 급격한 열응력의 감소**

⑤ **금형의 급냉작용의 완화 등이다.**

경합금 주물의 경우는 금형의 작용표면에 도형제만 도포해도 충분하나 강철 및 주철주물의 경우는 표면사와 도형제 두 가지를 도포해야 한다.

표면사와 도형제의 도포가 끝나면 금형을 조립하고 예열한다. 예열의 목적은 용융금속의 응고속도를 늦추는데 있으며 이것은 주철주물에 있어서는 급냉에 의한 표면불량을 감소시키며, 비철합금주물에 있어서는 복잡하고 얇은 주물의 균열발생을 감소시킨다. 한편 용융금속의 주입온도는 주물의 두께와 모양에 따라 결정해야 하는데 지나치게 고온인 용탕은 금형을 손상시킨다. 〈표 5-2〉는 주입합금에 따른 금형의 예열온도와 주입온도이다.

표 5-2 주입합금에 따른 금형 예열온도와 주입온도

주입 합금의 종류	금형 예열온도	주입온도
Al 합 금	**300℃**	**750℃**
Al 청 동	250~400℃	1000℃
황 동	150~200℃	1000℃
주 철	주입온도는 1000℃ 정도	1250~1350℃

주입 후 주물은 금형 내에 되도록 단시간 유지하였다가 꺼내야 한다. 장시간 두면 금형이 급격히 마모된다. 주철의 경우 대략 850~900℃에서 꺼내며, 얇은 주물의 경우에는 900~950℃에서 꺼낸다. 금형에서 꺼낸 주물은 건조한 모래 속에 넣어 풀림 처리한다.

주철주물의 금형주조에서 가장 큰 문제점은 냉금(chill)부의 생성이다. 이것을 방치하기 위한 방법은 다음과 같다.

① 화학성분을 정확히 한다.

② 접종한 개량 주철을 주입한다.

③ 내화 피복을 위한 금형의 가열온도, 표면사 및 도형제의 성분, 도포회수 등을 정확히 해야 한다.

6 연속주조법

일반적으로 금속의 압연제품은 용해→조괴→균질가열→분괴→가열→압연이라고 하는 공정을 거쳐 제조되고 있으나 용융금속에서 직접 압연과 동시에 빌릿(billet)을 연속적으로 주조함으로써 위의 공정 중에서 조괴→균질가열→분괴공정을 생략할 수 있다. 이것을 **연속주조라 하며 그 장점**은

① **공정의 간략화로 인한 설비비의 절감**

② **주조수율(yeild)의 향상으로 인한 경제적 이점**

③ **얻어지는 빌레트의 표면 및 내부의 품질이 우수하다는 것 등이다.**

[그림 5-12]에 강의 연속주조의 모형도를 표시하였다. 즉 미리 충분히 가열한 레이들(ladle)에 용탕을 넣는다. 연속주조에 있어서는 주입 시간이 비교적 길기 때문에 필요에 따라 다시 한번 레이들 중의 용탕을 가열하여 충분히 보온한다. 레이들을 주입탑상의 턴디시(tundish) 위에 설치한다. 기계 작동 준비가 완전한가를 확인하고 주형에 냉각수 및 윤활유를 유동시키면서 주입을 개시한다.

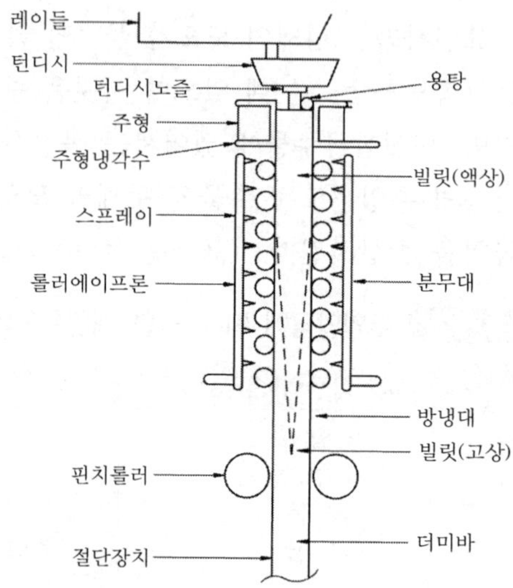

그림 5-12 연속주조법의 모형도

레이들에서 턴디시로 주입된 용탕은 턴디시 노즐(tundish nozzle)을 통하여 주형에 들어간다. 주형에 미리 더미바(dummy bar)를 아래 방향으로 삽입하여 일시적으로 주형의 밑이 되나 주형에 들어간 용탕은 순차적으로 주형 내에 괴어, 모임과 동시에 그 밑과 측벽에 달라붙어서 응고를 개시한다. 주형의 상부까지 용탕이 고이면 핀치 롤(pinch roll)을 작용시켜 더미바의 인발을 개시함과 동시에 주형의 왕복운동을 개시한다. 더미바의 상부에 고착한 빌릿은 내부가 아직 용융상태 그대로 더미바와 동시에 주형을 나와서 순차적으로 아래 방향으로 강하하여 분무(spray)대의 롤러 에이프론(roller apron)의 속을 통과한다. 이와 동시에 분무대의 분사를 개시하여 빌릿을 표면으로부터 냉각시킨다.

분무대를 통과한 후 빌릿은 다시 한번 방냉대를 경유하여 핀치 롤(pinch roll)을 통과한다. 더미바는 순차적으로 분해하여 떼어내고 제거한다. 이 사이에 빌릿은 중심부까지 응고를 완료한다. 이상은 수직형 연속주조의 조업법의 공정이나 빌레트 굴곡형 또는 S형에 있어서는 핀치롤을 통과한 후에 빌레트를 굴곡 또는 교정하여 수평방향으로 인발한다.

최후에 빌릿을 소정의 길이로 절단하여 기 외로 반출한다. 이러한 조작은 레이들의 용탕이 전부 주입될 때까지 계속한다.

익힘문제

1 규사에 규산나트륨(Na_2SiO_3)을 4~6%정도 첨가, 혼련시켜 일반적인 주형법과 동일한 방법으로 주형 또는 코어를 조형하고 여기에 CO_2가스를 불어넣어 경화시키는 주형법을 쓰시오.

2 CO_2 process의 장점을 쓰시오

3 CO_2 주형의 조형방법에 대하여 쓰시오.

4 조형작업이 완료된 후 실온에 놓아 두어도 단시간에 자연경화되는 주형은 무엇인지 쓰시오.

5 자경성 주형법의 종류 3가지를 쓰시오.

6 경화기구에 의한 자경성주형을 분류하시오.

7 원형을 발포폴리스티렌으로 만들고 이것을 용탕의 열에 의하여 기화, 소실시키는 방법은 폴몰드법과 같으나 모래입자 대신에 강철입자를 사용하며 점결제 대신에 자력을 이용하는 주형법을 쓰시오.

8 고압응고주조법에 대하여 설명하시오.

9 저압주조법에 대하여 설명하시오.

10 원심주조법에 대하여 설명하시오.

11 원심주조법의 종류 3가지를 쓰시오.

익힘문제

12 금형주조법에 대하여 설명하시오.

13 금형주조법의 특징에 대하여 쓰시오.

14 연속주조법의 장점에 대하여 쓰시오.

15 진공주조법의 장점에 대하여 쓰시오.

Chapter 06

정밀 주조

Chapter 06

주조응고학

정밀 주조

제1절 | 셀 몰드 주조법

1 셀 몰드법의 개요

셀 몰드법(Shell mould process)은 1944년 독일의 요하네스 크로닝(J. Croning)에 의해 발명된 주형 제조 방법으로, 건조 규사와 100~200 메시(mesh) 정도의 수지 점결제(일반적으로 노블락계의 페놀 수지)를 배합한 합성사를 200~300℃로 가열 경화시켜 얇은 조개 껍질상의 주형을 만드는 방법을 말한다. 이 방법은 발명자의 이름을 부여하여 **크로닝 프로세스(Croning process), 또는 C프로세스라고 부른다.**

가. 셀 몰드법의 특성

셀 몰드법의 특성은 일반 사형법(砂型法)과 비교해 볼 때 다음과 같은 특성이 있다.

장점

① 균질, 균등의 주물이 양산된다.
② 치수의 정밀도가 높고 제품 표면이 우수하기 때문에 기계 가공이 절감된다.
③ 조형 작업에 숙련공을 필요로 하지 않는다.
④ 주형은 강도가 높고 중량이 가볍기 때문에 취급이 편리하다.
⑤ 주형을 입체적인 저장으로 할 수 있으며, 장기간에 걸쳐 보존할 수 있다.
⑥ 통기성이 좋기 때문에 주물의 큰 결점인 가스로 인한 주물 불량이 적다.
⑦ 기계화로 대량 생산이 용이하다.
⑧ 셀 몰드형에서는 수분이 없기 때문에 끓거나 모래집, 흡집 등이 적은 양질의 주물을 만들 수 있다.

단점

① 대형 주물에는 사용이 어렵다.

② 원가면으로 볼 때 소량 생산에는 부적합하다.

셸 몰드법은 치수의 정밀도가 로스트 왁스법이나, 경합금의 다이 캐스팅 다음으로 좋으며 경합금, 주철, 주강이나 어떠한 금속에서도 사용할 수 있어 많은 이용도를 갖고 있으며, 치수의 정밀도를 다른 주조법과 비교하여 보면 〈표 6-1〉과 같다.

표 6-1 치수의 정밀도 비교(50mm 정도의 길이) (단위 : mm)

조형법	사형법	CO_2법	다이 캐스팅법	로스트 왁스법	셸형법
정밀도(허용차)	±0.1~±1.5	±0.2~±1.2	±0.05~±0.2	±0.05~±0.2	±0.1~±0.5

(1) 셸사의 분류

셸 몰드법은 모래에 수지 점결제를 코팅하여 사용하며, 페놀 수지계의 셸사는 분말 수지계와 수지 코팅사계로 분류할 수 있다.(〈표 6-2〉 참조)

(가) 분말수지계(powder resin sand)

규사와 분말 레진을 혼련기에 넣어 균일하게 혼합하는 방법으로 다음과 같은 장점과 단점이 있다.

장점

① 규사와 분말 레진을 균일하게 배합할 수 있는 혼련기만 있으면 간단하게 셸사를 얻을 수 있다.

② 주탕시에 레진이 완충제 역할을 하므로 형이 파손되는 일이 적다.

단점

① 코팅되어 있지 않으므로 블로잉(blowing)방식의 주형에서는 레진의 편석이 발생하기 쉽고, 균일한 주형을 얻기가 어렵다.

② 코팅되어 있지 않으므로 레진의 첨가량을 많이 하지 않으면, 강한 주형을 얻기 어렵다.

③ 먼지가 많이 난다.

배합 예

a : 규사, b : 액상 수지(분말 페놀 레진) 4%, c : 등유 0.1%

a + c —(27~30초 혼련)→ b —(2분 30초 혼련)→ 모래 배출

(나) 수지코팅사(resin coated sand)

이 **수지 코팅사의 제조 방법을 크게 분류하면 세 가지 방법이 있다. 즉 냉간 혼련법, 반열간 혼련법, 열간 혼련법으로 나눈다.**

① 냉간 혼련법(cold mulling process)

이 방법은 상온의 모래에 분말 레진과 메탄올을 가하여 배합하는 방법과, 액상 레진을 경화제인 헥사 메틸렌 테트라 아민(hexa methylene tetra amin 이하 헥사라고 약칭)을 가하여 도장하는 방법, 또는 분말 레진과 액상 레진을 병용하여 사용하기도 한다.

다른 방법에 비교해서 그 특징을 보면 다음과 같다.

㉠ 모래 가열 장치나 이에 부수되는 장치가 필요없으므로 설비비가 적게 들고 간단한 혼련기만 있으면 된다.

㉡ 상온의 모래를 사용하므로 혼련 중 레진의 반응이 적고 열간법(hot mulling)등에 비해서 주탕시 주형의 완충 효과가 있고 주형이 깨지거나 변형됨이 적다.

㉢ 혼련에 부하(負荷)가 많이 걸리고 한번 혼련되는 모래의 혼합량도 적어 혼련 기간이 길어지는 단점이 있다.

㉣ 분말 레진과 용제를 사용하므로 혼련기 내에 더러움이 많고 또 용제가 완전히 휘발되지 않으므로 코팅사의 덩어리짐(blocking)이 일어나기 쉽다.

일반적으로 사용되고 있는 냉간 혼련법의 혼련 실시 예는 다음과 같다.

배합 예

a : 규사, b : 메탄올(레진에 대하여 40%), c : 분말 레진(규사의 3.5%), d : 분산제(규사의 0.1%)

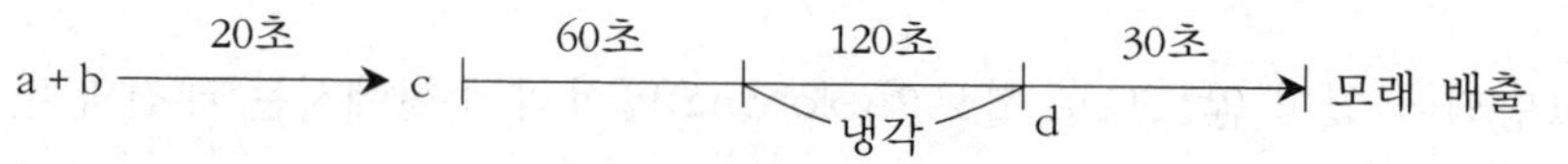

② 반열간 혼련법(semi-hot mulling process)

이 방법은 규사를 미리 80~110℃ 정도로 예열된 상태에 액상 레진을 혼련하는 방법으로, 열에 의해서 액상 레진의 정도를 저하시켜서 습윤성(wetting)을 좋게 하여 피복성을 좋게 한다. 또 용제의 휘발을 촉진하여 미휘발용제를 없애는 방법이며, 특징은 다음과 같다.

㉠ 셸사의 덩어리짐이 비교적 적다.

㉡ 냉간법에 비교해서 피복도 균일하게 되고 레진 단위량의 강도가 높다.

㉢ 용제를 가열된 규사에 사용하기 때문에 인화 및 폭발의 위험이 크다.

배합 예

a : 규사, b : 액상 레진(규사의 3%), c : 헥사(레진의 15%), d : 분산제(규사의 0.1%),
b,c는 미리 혼합해 둔다.

a + b + c —(60초)— | 냉각 | —(30초)→ 모래 배출
d

③ **열간 혼련법(hot mulling process)**

이 방법은 규사를 미리 130~160℃정도 예열해 두고, 고형수지(노브락)에 습윤제를 가하고 10분정도 교반하여 수지가 용해되어 80~90℃까지 냉각되었을 때 헥사 수용액을 가하고 냉각 분산시켜 혼련하는 방법이며, 특징은 다음과 같다.

㉠ 유기 용제를 사용하지 않기 때문에 여러 가지 위험이나 사고도 적고 피복량이 적어도 된다.

㉡ 피복이 완전하게 이루어지기 쉽고 단위 레진당 강도도 높으며 균일한 주형이 된다.

㉢ 혼련시 부하가 적고 혼련 시간이 향상되고 대량 생산 방식에 적합하다.

㉣ 모래 가열 장치와 혼련중의 냉각 장치를 필요로 하기 때문에 설비 비용이 많이 든다.

㉤ 이 방법으로 얻어진 코티드 샌드(coated sand)는 경화 속도가 너무 빠르므로 덤프(dump)식 주형의 조형에서는 비교적 엷은 셀을 얻기 어려우며 완충 효과가 적기 때문에 주탕시 셀이 깨지는 현상이 일어나기 쉽다.

배합 예

a : 규사, b : 편상(flake) 액상 레진(규사의 3%), c : 헥사(레진의 15%),
d : 물(규사의 1.5%), e : 분산제(규사의 0.1%), c,d는 미리 용해하여 둔다.

a + b —(60초)→ c + d —(45초)→ e —(20초)→ 모래 배출
냉각

(2) 분말 수지계와 수지 코팅사의 비교

표 6-2 레진 코티드 샌드(resin coated sand)의 비교

	powder resin sand	resin coated sand		
		냉간혼련법	반열간혼련법	열간혼련법
배 합	분말노보락+헥사아민+습윤제	분말노보락+헥사아민+용제+액상수지	액상수지+헥사아민	구상수지+헥사아민+액상수지
혼련온도	상 온	상 온	80~110℃	120~160℃
특 징	• 혼련이 용이 • 수지 배합량이 많이 든다. • 충진성이 나쁘다. • 금형의 오염이 크다. • 흡습성이 크다.	• 수지가 균일하게 피복된다. • 배합량이 적다. • 유동성이 크고, 복잡한 성형도 된다. • 소성 시간이 단축된다.	• 혼련기의 청소가 곤란하다. • 혼련 에너지가 크다. • 덩어리짐이 발생하기 쉽다.	• 발열간 혼련법보다 혼련 에너지가 적다. • 설비비가 높지만 단가는 싸다.

나. 레진 코티드 샌드의 제조 설비

열간 혼련법(hot mulling process)에 의한 코티드 샌드 제조 장치는 [그림 6-1]과 같다.

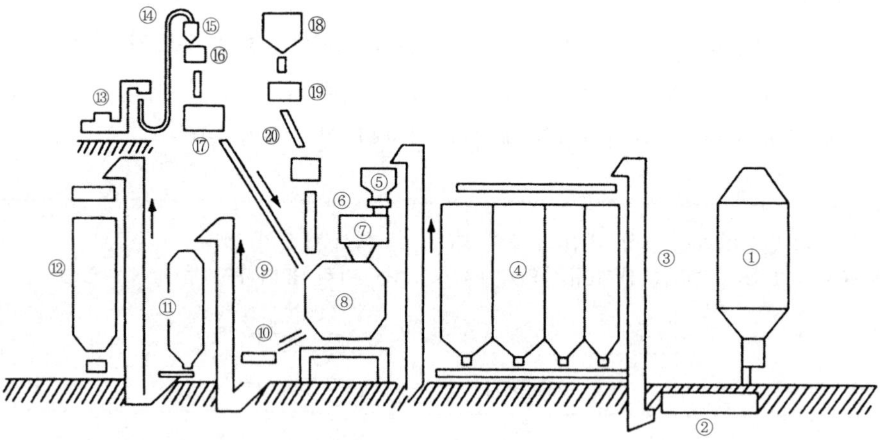

① 규사 가열 재생 장치 ② 냉각 ③ 바겟트 엘리베이터 ④ 규사 저장 탱크 ⑤ 서어비스 탱크
⑥ 규사 계량기 ⑦ 규사 가열 장치 ⑧ 혼련기 ⑨ 쟈이렌드 스크린 ⑩ 오시레 콘베어
⑪ 냉각 ⑫ 저장탱크 ⑬ 구상 수지 ⑭ 유체 수송 ⑮ 서어비스 탱크 ⑯ 수지 계량기
⑰ 수지 압송 탱크 ⑱ 헥사수 혼합 탱크 ⑲ 서어비스 탱크 ⑳ 헥사수 계량기

그림 6-1 코티드 샌드 제조 설비

(1) 모래 가열 장치

규사 가열 장치는 회전 가열기와 종형 가열기로 구분할 수 있다. 주로 회전 가열기가 많이 사용되고 있기 때문에 여기에 대해서만 설명한다.

회전 가열기는 규사를 원통중에 넣어 회전하면서 가열하는 장치이다. 가열 방법에 따라 원통중의 연소 가스를 통해 직접 재료를 가열한 것과, 원통의 외부를 가열해 간접으로 가열하는 방법으로 나뉘어 진다. 레진 코티드 샌드 제조용으로서 직접 연소 가스를 접촉시키는 직접 가열 방식이 많이 사용되고 있다.

(2) 혼련기(mixer)

레진 코티드 샌드 제조에 있어서 혼련기가 차지하는 비중은 대단히 크다. 사용하는 혼련기에 따라 레진 코티드 샌드의 품질과 가격이 크게 변한다. 따라서 혼련기의 선택에는 생산량, 요구 품질 등 그 중요 요소를 충분히 고려해야 한다.

(가) 스피드 믹서 멀러(speed mixer muller)

스피드 멀러의 내부에는 자유로이 회전하는 2개의 볼이 있고 크로스 헤드 자체가 회전한다. 크로스 헤드의 회전 볼의 자유 회전 그리고 스피드 멀러 저부에 있는 스크레파의 움직임에 따라 규사에 수지를 피복시킨다.

(나) 심프손 믹서 멀러(simpson mixer muller)

심프손 믹서 멀러는 수지와 규사를 멀러 로울과 프로펠러에 의해서 혼련한다. 한쪽이 멀러 로울은 로크-아암과 주축에 의해 결합되고 핀을 지점으로 레진 샌드위를 회전한다. 또한 안쪽 프로펠러와 바깥쪽 프로펠러는 바닥위를 회전하면서 구석구석 레진 샌드를 피복시켜 준다. [그림 6-2]은 심프손 믹서 멀러기를 나타낸 것이다.

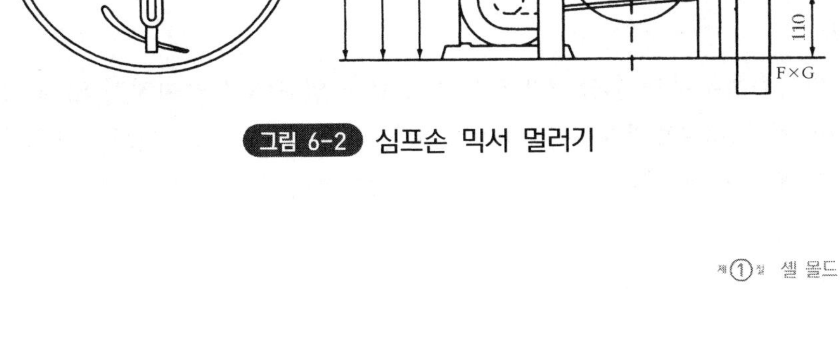

그림 6-2 심프손 믹서 멀러기

2 셸 몰드 주조 재료 선택

가. 셸 몰드용 주물사

셸 몰드는 규사가 95% 내외를 점유하고 있으므로 셸 몰드의 여러성질은 규사에 의해서 크게 좌우된다. 따라서 규사가 셸 몰드용으로서 사용될 수 있는 구비 조건을 열거하면 다음과 같다.

① 석영분(SiO_2)의 순도는 96% 이상이면 양호하다. 순도가 높으면 규사는 표면도 깨끗하고 셸강도가 높게 되지만 열팽창에 큰 단점이 있다.

② 상온 강도면에서 입형(粒形)은 둥근 것이 좋다.

③ 입도 분포는 평균 입도 지수로서 80~120AFS가 적당하며 미분은 될 수 있는 한 적은 것이 좋다.([그림 6-3] 참조)

④ 점토분은 0.4% 이하가 적당하며 셸 강도에 가장 나쁜 영향을 주는 것은 카올리나이트(kaolinite), 벤토나이트(bentonite) 등의 점토 광물로서 이들의 제거에 최대의 노력을 해야 한다.([그림 6-4] 참조)

⑤ 규사에 포함된 습기, 수분은 유해하며 점결제인 수지의 효능을 노화시키기 때문에 적어도 주위의 상대습도와 평형을 유지할 때까지 건조해야 한다.

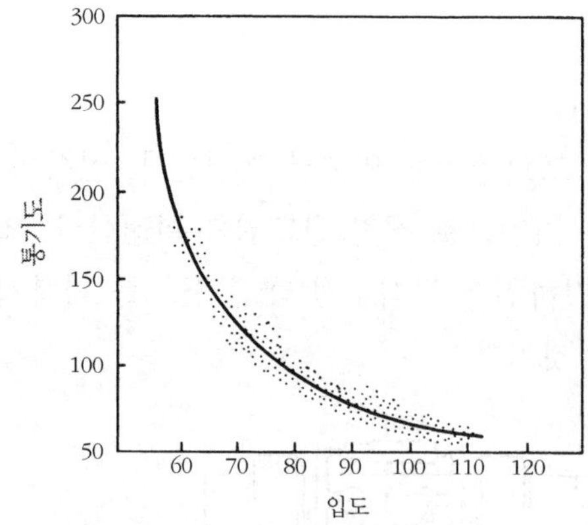

그림 6-3 평균 입도 지수와 통기도 관계

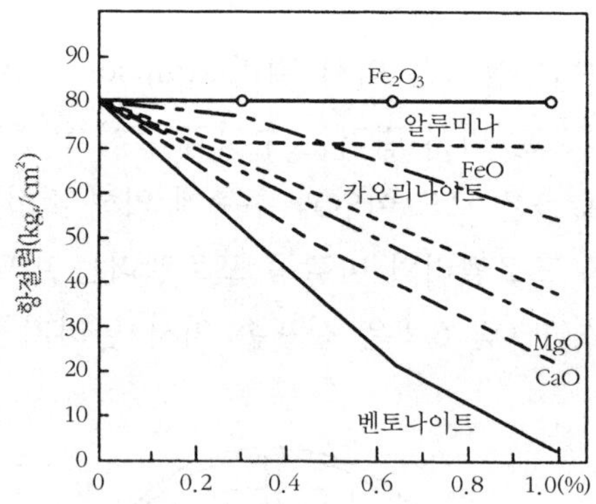

그림 6-2 불순물과 셸 강도의 영향

나. 셸 몰드용 기타 재료

(1) 습윤제

분말상의 열경화성수지가 혼합사의 사용중에 모래 입자에서 떨어지지 않게 하기 위한 것이 습윤제이며 등유(석유), 푸루푸랄(furufural), 글리세린, 베이클라이트바니스 등이 사용된다. 이것은 모래 입자에 대한 수지의 피복을 좋게 하며 혼합사의 가공성을 향상시킨다.

(2) 이형제

셸 몰드 조형 방식이 고도로 기계화됨에 따라 셸을 모래형으로부터 쉽게 빼내기 위한 이형제의 역할이 대단히 중요하게 되었다.

이형제의 제1조건은 아주 얇은 피막을 만들고 양호한 이형 효과를 가질 것, 제2조건으로는 열에 안정하고 내구성이 있으며 원형, 주형 재료, 셸 등에 나쁜 영향을 주지 않아야 한다. 일반적인 셸 몰드의 이형제로서는 실리콘유(silicon oil)를 비롯한 유기규소 화합물이며, 탄화 수소 용액 등이 사용된다.

(3) 도형제

셸 몰드의 표면에는 이형제인 실리콘유가 부착되어 있기 때문에 수용액의 균일한 도포가 곤란하다. 따라서 수용성의 것을 이용하기 위해서는 계면활성제를 첨가하면 효과가 있다. 즉 알코올, 메탄올과 같은 용제에 도형제를 현탁시켜 사용해야 한다.

주형 표면을 경화시킬 목적으로 약간의 페놀 수지를 첨가하는 경우도 있으나 이 수지가 열경화성인 경우에는 도형제를 칠한 후에 재가열이 필요하다.

(4) 접착제

반쪽으로 된 몰드를 맞추기 위해서는 뜨거운 반쪽형끼리 1~1.5분간 접촉시켜서 결합 경화되는 접착제가 필요하다. 이 접착제로는 1~1.5%의 염화 암모늄을 가한 요소포름 알데히드 수지의 접착제, 규석분이나 점토를 첨가한 규산 소오다계 접착제, 덱스트린을 함유하는 규산 소오다 접착제가 적당하다.

3 셸 몰드 및 셸 코어 제조법

가. 레진 샌드와 셸의 성질

레진 샌드(resin sand)는 주형 및 주물의 품질을 좌우하는 일련의 성질을 가지며 파괴 강도, 굴곡 강도, 피복성, 통기성, 가스 발생 등을 들 수 있다.

레진 샌드의 융합 속도, 그리고 경화 온도와 경화 속도는 셸 제작에 사용되는 설비의 처리 능력에 대하여 큰 영향을 미친다. 이 때의 융합 혼합사의 낮은 점도는 주물 금형의 반회전시의 셸의 파손을 가져오며 한편 지나치게 높은 금형의 경우 높은 부분에 대한 부착성과 셸의 낮은 경도는 경화 종료시에 금형에서 셸이 잘 빠지지 않는 원인이 된다.

레진 샌드의 자동 제조 조건에서는 1일 작업에 3회 이상의 강도가 검사와 1일에 1회의 통기성과 가스 발생의 검사와 함께 피복도의 검사가 권장된다.

레진 샌드의 파괴 강도와 굽힘강도는 표준 시편으로 하며, 셀의 경도는 일반적으로 강구식 경도계로 측정한다.

셸 몰드의 일부는 용탕 분출 속도와 횡단 면적에 비례한 동압을 받으며 그 외 부분에는 용탕의 정압을 받는다.

강도 시험용 시편은 셸 금형과 셸 코어의 제작 공정과 같은 공정 기준을 두고 하는 것이 바람직하다.

나. 셸 몰드의 조형법

셸 몰드 조형법은 덤프법, 모래 낙하법, 블로잉법(blowing process), 압상법 등이 있다. ([그림 6-5] 참조)

블로잉법에는 상부로부터 금형내에 블로잉하는 취상법(top blower)과 하부로부터 금형내에 블로잉하는 취하법(under blower) 및 측면으로부터 블로잉하는 수평 블로잉법으로 나눈다. 덤프 조형법은 주로 주형의 조형에 사용되며, 블로잉 조형법은 주로 코어 조형에 사용되는데 특히 스택 몰드법으로 사용하는 조형에 널리 사용된다.

(1) 덤프 방식 조형 작업

덤프 방식은 모래의 자유 낙하를 이용한 방식인데, 레진과 모래를 혼합한 혼합사 또는 레진 코티드 샌드를 덤프 박스 상자속에 넣은 다음 그 위에 가열한 금형을 놓고, 모래를 한번 회전하면 덤프 박스속의 모래가 금형위에 떨어지고 이것을 그대로 두면, 혼합사는 금형으로부터 열을 받아 점차로 경화하게 된다. 덤프 박스를 원상태로 되돌리면 금형위에는 경화되어 약간 점착성을 지닌 층을 제외한 잔여 모래는 모두 덤프 박스속에 되돌아 온다. 금형 및 그 위의 층을 그대로 두고 250℃ 정도로 재가열하여 그 층 속에 함유되는 레진을 완전히 경화한 후 형을 분리하면 셸 주형이 된다.

이러한 방법을 덤프 조형법이라 한다.

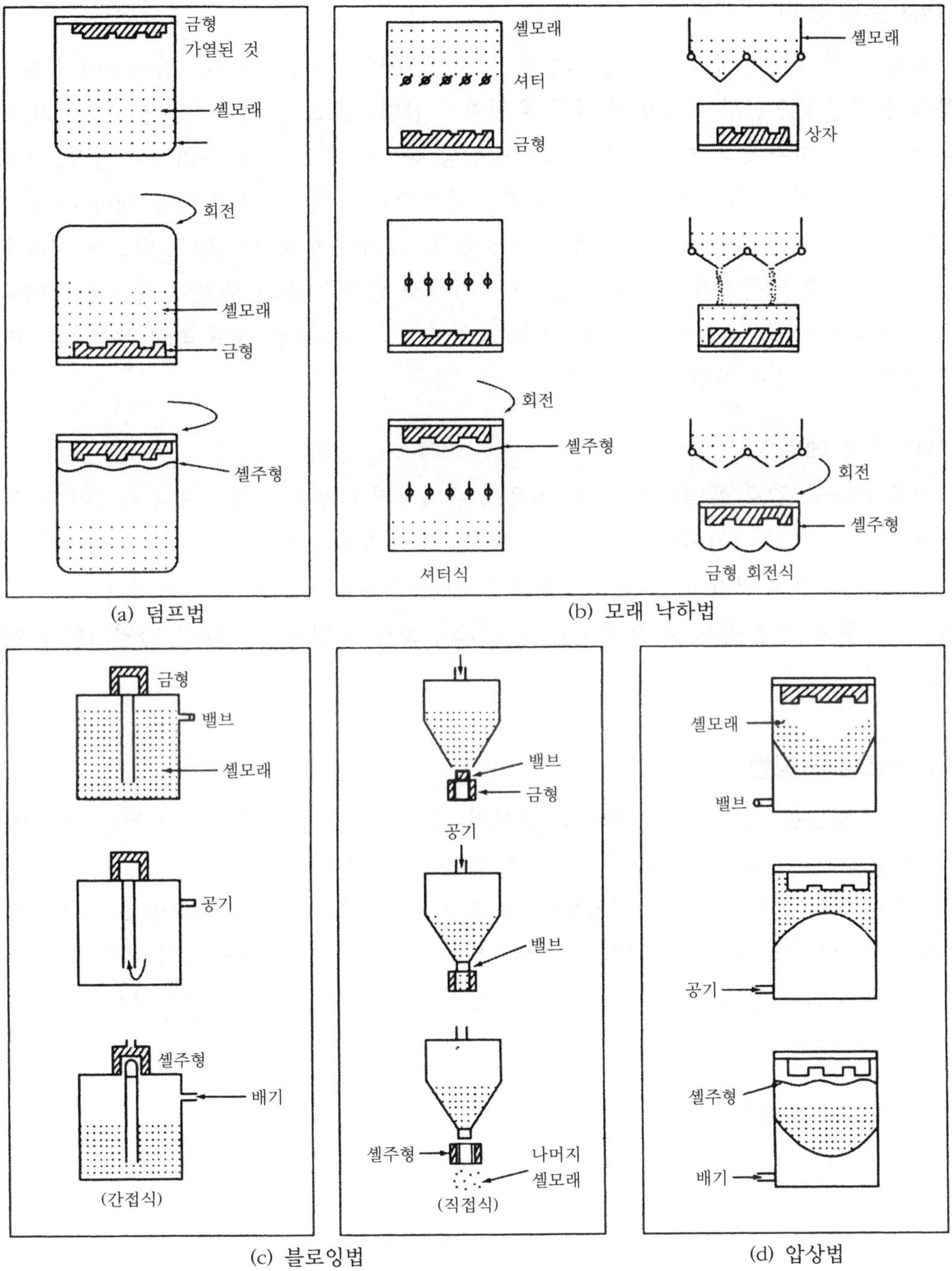

그림 6-5 셸 몰드 조형법의 각종 형식

(가) 조형 준비

금형을 조형기에 부착하여 금형상의 흠 및 부착품의 여부를 면밀히 검토해야 한다. 그 다음에 실리콘유를 금형의 표면에 발라 윤활하게 한다. 덤프 박스는 간단한 구조이지만 모래의 흐름과 낙하관에 의해서 조형되므로 조형상 다음과 같은 점에 유의해야 한다. 모래의 낙하 높이는 적어도 25cm 정도로 하고 모래가 수직으로 금형위에 낙하되게 해야 하며 흐름의 유동을 고려해서 금형의 배치를 생각해야 한다. 그러나 회전하는 덤프 박스를 사용해서 모래를 수직으로 낙하하기란 매우 곤란하다. 따라서 덤프 박스의 중간에 셔터나 슬라이드 판을 설치해야 하며, 설치 높이는 금형면보다 약 25cm, 가능하면 금형 최고 부분보다 25cm 정도 높게 하는 것이 가장 효과가 있다.

(나) 금형 예열

금형은 250~300℃로 예열해야 한다. 처음에는 냉각된 금형을 가열하므로 시간이 오래 걸리지만 두번째부터는 1싸이클(cycle)의 냉각열만 보강해주면 된다. 냉각 또는 과열되지 않도록 금형의 크기를 열원의 크기에 맞게 표준 가열 조건을 설정할 필요가 있다. 예열상 주의할 점은 첫째 금형 온도를 일정하게 유지하고, 둘째 균일하게 금형이 가열되도록 해야 한다.

(2) 블로잉 조형법

블로잉 조형법은 조형 속도가 빠르고 주형의 치수 정도가 높으므로 코어 뿐만 아니라 스택 몰드법(stack mould), 리브가 달린 주형 조형에 사용된다.

조형에는 레진 코티드 샌드가 사용된다. 블로잉 조형법은 금형내에 블로잉 노즐에서 순간적으로 레진 코티드 샌드를 블로잉하여 성형하므로 기계의 설비에도 특히 유의해야 한다.

블로잉 조형법은 블로잉 방향으로 분류하여 상부 블로잉식과 하부 블로잉식, 수평 블로잉 방식으로 나눌 수 있다.

(가) 상부 블로잉식

취하 조형 방식에 있어서 블로잉 조건을 일정하게 하기 위해서는 탱크내의 모래량을 항상 일정하게 해야 한다. 블로잉을 계속 반복하면서 그 동안 사용되는 모래를 보충하지 않으면 1초간에 들어오게 되는 공기량과 모래량은 모두 변하게 된다. 탱크내의 모래량이 많으면 배출 공기량이 적고 그에 비해서 배출 모래량은 많아진다. 따라서 블로잉 조건이 일정하지 못하면 블로잉 작업이 불안전하게 되는 것이다.

블로잉 조형에서 얻어지는 셸 모올드의 강도는 블로잉압을 높힘으로 급격히 높아진다. 또 시료의 강도는 블로잉 홀에 가까운 부분이 높고, 블로잉 홀에서 멀어질수록 강도는 저하한다. 즉 충진효과는 블로잉 홀에 가까운 부분이 좋고 멀어짐에 따라 나빠지는 것을 알 수 있다. 블로잉 조형 후 다시 장시간 가압 상태를 유지시켜도 강도에는 거의 영향이 없다.

블로잉 조형법에 있어서 블로잉 노즐의 지름과 그 수는 조형해야 할 주형의 형상, 설치한 구조에 따라 달라지는데 이미 설치된 기계를 사용할 때는 그에 따른 노즐의 지름을 사용한다.

(나) 하부 블로잉식(under blowing process)

취상 조형 방식은 가운데가 비어있는 셸 코어를 만들기 위해서 고안된 전형적인 셸 몰드 조형법에 속한다. 구조가 극히 단순하지만 노즐을 다수 설치하여 상당히 큰 주형을 만들 수 있다.

이 방법에 있어서 블로잉되는 모래량이 적으면 블로잉시에 채널링(channelling)을 일으켜서 모래의 채움을 완전히 행할 수 없다. 이것을 방지하기 위해서는 파이프 선단에 플랜지(plange)를 설치하는 것이 좋다. 상부 블로잉 조형에 비해 공기의 소비량이 적다.

일반적으로 하부 블로잉에 있어서 양질의 셸 주형을 만들기 위해서는 기구의 확실성 및 정밀도에 많은 영향을 받는데 그 영향을 주는 요소는 다음과 같다.

① 압출판의 평행 정도
② 이형시의 금형과의 평행 정도
③ 가열에 따른 기계의 변형 유무
④ 금형 접속부의 압력의 여부
⑤ 온도 조절의 양호 여부
⑥ 금형 교환의 용이성
⑦ 일반적 기계의 정밀도

셸 주형으로 만들어지는 주물의 치수는 직접적으로 금형의 정밀도에 의존하지만 이의 문제점은 기계 자신의 정밀도에 크게 의존하는 것이다.

(3) 콘터어드 셸 몰드법

이 방법은 1986년 잭 스토크(Jack stocks)가 발명한 것으로 X-프로세스(X-process)라고도 한다.

가열한 금형과 뒷댐쇠의 중간 틈새에 레진 코티드 샌드를 블로잉하고 소성 후 셸 몰드가 부착한 배면 금형을 금형에서 이형한다. 뒷댐쇠로서 보강된 셸 몰드를 사용하는 방법을 콘터어드 셸 몰드법 즉, 배면 금형법이라 하며 다음과 같은 특징을 가지고 있다.

장점

① 필요 면적을 셸 몰드로 하므로 재료비를 절약할 수 있다.

② 배면이 금형으로 보강되어 있으므로 필요 이상으로 셸 몰드의 강도를 높일 필요가 없으며 레진 첨가량의 절약이 가능하다.

③ 배면이 금형으로 보강되어 있으므로 주탕시에 용탕의 온도 또는 압력에 의해서 주형이 변형하는 일이 없고 치수 정도가 높은 주물을 만들 수 있다.

④ 배면이 금형이므로 운송, 반송 등의 자동화를 행하기 쉽다.

단점

① 배면 금형을 필요로 하므로 양산품(量産品)에 적용하지 못할뿐더러 설비비가 많이 들고 설계 변동에 순응하기 힘들다.

② 블로잉 조형기 반송 관계의 설비는 견고하고 중량에 견딜 수 있는 구조로 해야 한다.

③ 배면이 금형이므로 금형의 두께, 온도, 셸 몰드의 두께가 주물의 경도(硬度)에 영향을 미치므로 관리를 잘 해야 한다.

④ 주탕, 조형의 시간 관리를 완전하게 할 필요가 있다.

⑤ 가스 발생의 문제가 있다.

(4) 스택 몰드법

스택 몰드법은 소형물로서 많은 양의 생산을 필요로 하는 것에 많이 사용되고 있다. 가장 많이 적용하는 것은 소형 자석강의 주조이다. 요철이 심한 것은 적당치 않으나 편평한 형상의 것에는 한면 스택 몰드법을, 또 분리면이 약간 복잡한 것에는 양면이 주형으로 된 양면형이 사용된다. 보통 20~30단 정도를 수직으로 합친 수직 주입법이 사용되는데, 탕도용의 측면 셸 주형은 따로 만들고 주형을 수직으로 나열한 수평 주입법도 사용된다.

수직 주입법에는 주입을 위해 장소를 점유하는 일이 적으므로 많이 만들어서 비축할 수 있고 용탕의 배분을 조절하는데도 편리하다.

주형의 합친 단수를 많이 하면 1회 용탕 작업으로 다량을 처리할 수 있어서 편리하나 용탕압이 주형에 크게 가해지므로 주형에 용탕의 침투가 심해진다. 따라서 합금의 종류에 따라, 주입 온도의 높고 낮음에 의해 가장 적당한 용탕압을 부여할 수 있는 높이로 해야 한다.

이 방법에 있어서 최대의 결점은 주탕중에 있어서 주형의 갈라짐이며 갈라지면 그 주형군의 전부가 불량품이 된다. 주형이 갈라지지 않게 혹은 주형이 갈라져도 손해를 최소로 방지할 수 있는 공법으로 제작하여야 된다.

일반적인 셸 몰드 주조에는 다음과 같은 공정 순서를 갖는다.

① **금형을 청소하고 이형제를 바른다.**

② **기계를 가동 제어 조작하여 주형을 성형시킨다.**

③ **주형에 중자를 넣는다.**

④ **형을 조립하고 공기압으로 청소한다.**
⑤ **주입장으로 운반하여 용탕을 주입한다.**
⑥ **주입된 제품을 냉각시키고 덧살을 제거한다.**

다. 셸 코어 제조법

셸 코어는 철합금 및 비철합금의 셸 몰드 주조, 금형 주조, 생형 주조에 사용된다. 이런 종류의 코어는 일반 모래 코어, 석고 코어, CO_2형 코어를 합하여 한 개의 주형에 사용하기도 한다. 생형에 사용하는 코어는 사형과 같은 입도의 모래로 제작한다. 생형으로 특수한 성질을 갖는 주물을 제작할 경우는 지르콘 샌드의 셸 코어를 사용한다. 이 때 지르콘 샌드는 사용 후에 회수 및 재생이 불가능하다.

셸 코어는 셸 몰드 주조, 석고형 주조, 금형 주조 등의 광범위한 용도를 갖는다.

셸 코어는 안정된 치수, 좋은 표면을 요구하는 복잡한 형상의 주물 제작이 가능하고 가공 작업을 줄이던가 가공하지 않고 사용할 수도 있어 주물의 다듬질 작업을 절약하여 능률적이고 경제적이다. 또한 셸 코어 제작 공정을 간단히 기계화나 자동화로 할 수 있어 높은 생산성을 발휘한다. 현재 코어 제작은 구조적 특징에 따라 여러 종류의 코어 제작 방법이 있으며 코어 제작 형상의 복잡도에 따라 덤프식, 수직 낙하식, 블로잉식, 원심력식 등으로 분류된다.

(1) 셸 코어의 제조 기술

셸 코어를 만들 때에는 먼지나 연소 물질이 없도록 금형을 깨끗이 청소하고 200~250℃의 노에 10~20분간 가열 후 작업하며, 코어 뽑기를 쉽게 하기 위하여 정기적으로 성형면에 이형제를 분무시켜 3~4분간 250~300℃에서 가열한 후 레진 샌드를 충진하여 작업한다.

레진 샌드는 코어 금형의 가열 온도와 셸의 필요 두께에 따라 15~20초간 코어 금형내에서 유지한다. 소정의 시간을 유지하면 코어 금형의 내면에 일정한 두께의 셸이 형성된다.

여기서 미소결된 모래를 코어 금형에서 제거하고 셸이 형성된 코어를 만들기 위하여 40~45초간 가열하면 강도가 상승하여 좋은 제품을 금형으로부터 뽑을 수 있게 된다.

(2) 코어 프린트의 간격

코어의 충분한 지지와 팽창 등을 고려하여 코어 프린트의 간격을 설계한다. 용융 금속에 둘러쌓이는 코어는 가장 작은 열 발산면을 가지므로 이러한 조건에서는 코어가 주형의 코어프린트 부분보다 빨리 팽창하게 되고 코어 프린트의 간격이 충분하지 못할 때에는 주형에 균열이 발생하게 되고 주물에 용탕 누설이 일어나게 된다. 이러한 이유로서 코어의 팽창 작용을 약화시키기 위하여 충분한 간격을 줄 필요가 있다.

셸 코어를 생형에 사용할 때에는 주형의 가축성이 코어의 팽창을 충분히 보상하므로 코어 프린트의 팽창대는 불 필요하다. 같은 이유로 융점이 낮은 금속 예를 들면 알루미늄이나, 마그네슘 합금을 셸 몰드에 주입할 때도 팽창대는 필요없게 된다.

코어 작용부의 길이와 코어 프린트 길이의 비는 셸 주형에서는 6 : 1 정도로 하고 생형 주형에 사용할 때에는 3 : 1 정도로 하면 적당하다.

4 셸 몰드의 금형

가. 금형용 재료의 선택

금형은 300~400℃의 온도에서 반복 가열에 견딜 수 있는 낮은 열팽창 계수를 갖는 종류의 재료로 제작한다. 금형의 마모는 0.1~0.2mm이하로 한다.

금형의 부착물 제작 재료의 선택은 마모도와 기계 가공비에 따라 좌우된다.

(1) 알루미늄 합금

알루미늄 합금은 기계화를 수반하는 적은 양의 주물의 생산시(2000개)또는 시험용 금형을 제작할 때 사용된다. 또는 탕도계와 탕구계를 이 합금으로 사용한다. 알루미늄 합금은 비교적 연하기 때문에 주철제와 강제의 금형에 비해 수명이 짧다. 또 다른 금형에 비해 이형성이 좋지 않으며, 금형과 코어 금형의 청소는 표면이 상하지 않도록 주의해야 한다. 알루미늄 합금제 금형은 취급 방법을 올바르게 하면 5000개의 셸 몰드를 만들 수 있다.

(2) 청동과 황동

청동과 황동의 합금은 가격이 비싸기 때문에 많이 사용되지 않는다. 황동은 극히 중요한 정밀 금형에만 사용된다. 그리고 아주 엷은 형의 셸 모올드와 주형 뽑기가 어려운 것 등 복잡한 주형에서는 가장 적합한 재료이다. 청동이나 황동은 주철이나 강보다 높은 내식성을 갖는 것이 중요한 점이다. 청동, 황동 금형으로는 12만~15만개의 셸을 성형할 수 있다.

(3) 주철

주철제 금형 및 금형 부착물은 17만 5천~18만개의 양산 제작을 위한 셸 몰드형에 좋은 제품 윤곽을 부여한다. 그러나 주철제의 금형은 녹이 잘 슬기 때문에 보존하기 전에 예비

가열하고 왁스를 엷게 발라주어야 한다. 또한 금형 및 코어 금형의 성형면이 높거나 다듬질할 필요가 있는 경우에는 크롬 도금을 하거나 정밀 연마하여 셸 주형 및 코어의 부착시 틈새가 없도록 금형을 제작하고 이와 아울러 열적, 기계적 내력을 높여 준다.

참고로 C 3.1%, Si 1.9%, Mn 0.8%, S 0.01% 및 P 0.01%를 함유하는 주철 금형 제작의 경우에는 가장 양호한 성질을 얻을 수 있다. 820℃에서 한시간의 풀림을 하여 사용하면 다른 주철에 비하여 높은 내마모성을 가져 고급의 다듬질 가공이 가능하다.

금형의 손상을 방지하기 위하여는 기계 가공을 하기 전에 인공 시효(500~550℃까지 가열하여 4~6시간 유지하여 60℃/h 속도로 냉각)를 실시한다.

주철제 금형은 셸의 이형성이 양호한 장점을 가지고 있다. 셸 몰드 주물의 대량 생산시에 적당한 금형 재료로서는 퍼얼라이트 주철(이중 용해법으로 정련함)이 가장 좋은데 이것은 금형 표면의 경도가 높고 비교적 적은 선팽창 계수를 가지고 있기 때문이다.

(4) 강

금형 결합부, 코어 금형 및 금형 상자 등은 탄소강 및 저합금강으로 제작한다. 이 경우 저탄소강으로서는 침탄 처리가 가능하다. 보통 C 0.1~0.4%, Mn 0.35~0.8%를 함유한 탄소강으로 제작한다. 이 종류의 강은 가공성과 용접성이 극히 우수하다. 강재의 금형은 작은 물건이나 중형 주물의 대량 생산에 특히 유리하며 셸 몰드의 양호한 표면을 부여하고 셸의 이형성을 좋게 한다. 사용중에 금형의 변형을 방지하기 위하여 주강 부품을 사용할 때에는 풀림하여 내부 응력을 감소시켜 사용한다.

5 셸 몰드 주조품의 불량과 대책

가. 셸 주조품의 불량

양호한 주물과 불량품의 구별에 있어서 사용되는 것과 사용될 수 없는 결함의 구별은 주물의 용도, 주물의 성질 및 그 기술 규정에 의해 결정된다. 주물 결함은 셸 몰드 주조 기술, 검토 완료된 기술의 도입, 최적의 재료, 장치 및 금형 부착물의 사용 그리고 공정 등의 기술적 요인에 의해서 좌우된다.

셸 몰드 주물은 부적당한 용해, 정련 조건과 주물 조건 및 금형의 가공, 제작 상태 등에 관련된 일반적인 결함 외에 다음과 같은 특이한 결함을 일으키는 경우가 있다.

예를 들면 블로 홀, 이물질 혼입, 탕회 불량, 불어남, 크랙, 수축공, 탕경, 소착 등이 있다.

건조하고 강하게 응고한 셸 몰드로 제작된 주물에는 보통 생형 주물에 나타나는 끊음,

모래집, 흠집 등이 나타나지 않는다. 셸 몰드에서는 수분이 없기 때문에 좋은 주물을 만들 수가 있다.

그리고 셸 몰드는 주물이 응고할 때에 양호한 가축성을 발휘하기 때문에 주형과 코어가 신속하게 붕괴하여 주물의 열간 균열의 발생을 막는다. 그 외에도 주입이 낮은 온도에서 행하여지기 때문에 수축성의 주물 결함 발생률이 현저하게 저하된다.

(1) 블로 홀(blow hole)

블로 홀은 주철과 강 및 비철 금속의 셸 몰드 주물에 가장 잘 나타나는 결함이다.

이 결함은 일반적으로 원형의 형태로 보여지고 단체 또는 집합된 그룹의 상태로서 나타나는데 마지막 주입 작업에 많이 발생되며, **발생 원인은 다음과 같다.**

① 주입시에 난류(亂流)가 일어날 수 있는 탕도계의 불합리한 구조와 배치

② 레이들의 주입구가 지나치게 높을 때 또는 탕구의 단면이 지나치게 클 때 생기는 용탕의 와류에 의하여 공기가 휩쓸려 들어감

③ 셸 몰드와 코어의 통기성을 나쁘게 하는 백 업(back up)재의 채용

④ 통기성이 나쁜 미립사에 의한 셸의 두터움

⑤ 용해용 원료의 저품질이나 부적당한 용해 조건에 의한 용탕 내의 높은 가스 함유량

⑥ 지나치게 낮은 용탕 온도

⑦ 가스가 배출 안될 정도의 급격한 주입

⑧ 코어에서 가스 배출을 가능하게 하는 부적당한 주물 구조(다수의 수평면)

주물의 블로 홀은 형의 강한 가스압에 의해서 생긴다. 용탕과 주형 또는 코어의 접촉은 레진의 연소에 의하여 현저하게 가스압을 높인다.

그 크기는 시간이 경과함에 따라 크게 변화한다.

가스에 있어서 2개의 최대 약점이 확인되었을 때 제1의 최대압력은 주형과 코어의 전 표면에 용탕이 다 찬 직후에 나타나고, 제2의 최대압력은 약간 시간이 경과한 후에 나타난다.([그림 6-6] 참조)

주물의 블로 홀의 방지책은 다음과 같다.

① 레진 샌드의 가스 발생률을 낮추어서 형과 코어로부터 가스 발생을 감소시킨다.

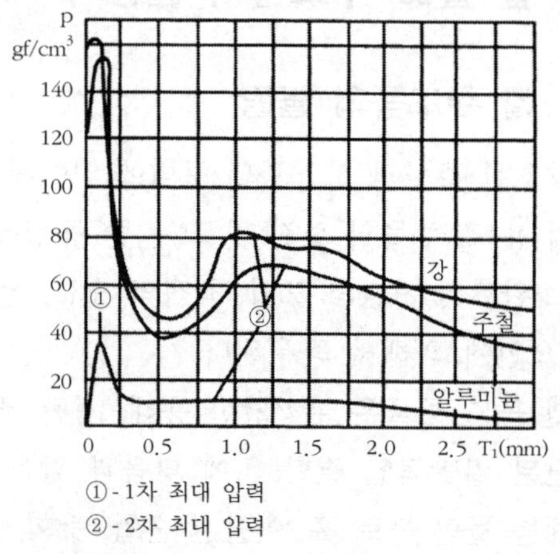

그림 6-6 주형용 금형과 가스 발생의 관계

② 최적의 용탕압과 용탕 온도를 설정해서 주입 조건을 좋게 한다.

③ 탕도계의 구조와 배치를 바꾼다.

(2) 슬래그의 혼입과 모래집

슬래그(slag)의 혼입과 모래집의 발생 원인은 탕도계내의 걸러주는 불순물 제거 시설 미비, 주입전 용탕 내의 불충분한 교반과 레이들 내에서의 슬래그의 미제거, 부적당한 주입 온도, 형벽에서의 모래의 떨어짐 등에 있다. 이러한 사락은 강도가 낮은 레진 샌드로 셸 주형이나 코어를 제작 했을 때 잘 일어난다. 강도가 낮은 레진 샌드로서 제작된 셸형은 합형하기 전에 압축 공기로 불어내어 떨어진 모래를 불어 날려 보내는 것이 좋다.

모래집의 다른 원인으로는 셸 몰드의 접착이나 보존시에 주입구로부터 분말이나 모래가 들어가는 것도 생각할 수 있다. 슬래그의 혼입을 방지하기 위하여는 용탕을 주입하기 전에 레이들 용탕면에서 슬래그를 제거하도록 해야 한다.

레이들은 깨끗하게 유지하며 레이들 입구는 더욱 청결해야 한다. 철을 주입할 경우에는 이러한 종류의 결함을 제거하기 위하여 덤퍼(dumper)식 레이들을 사용하며, 한편 강이나 비철 금속을 주입할 경우에는 바렐형의 레이들을 사용한다. 탕도계의 올바른 설계도 슬래그의 혼입을 방지하는 방법으로서 생각할 수 있다. 테이퍼를 붙인 주탕구, 스크린, 스트레이너의 설치는 슬래그의 혼입의 발생률을 크게 저하시킨다.

(3) 탕회 불량

셸 몰드 주조에서는 지금까지 나타난 원인 이외에 용탕의 충진에 미치는 셸 몰드의 물리적, 화학적 성질(레진 샌드의 배합으로 결정)의 영향에 의하여서도 탕회 불량(misrun)이 생긴다. 이 때의 레진 함유량의 증가에 따라서 가스 발생량이 크게 증대하며 주형 용적의 용탕 충전성에 영향을 미친다. 그러나 레진 함유량이 증가하면 두꺼운 가스 개재층이 형성되어 용탕의 형의 벽으로부터 분리시켜 그의 마찰 계수를 감소시킨다.

(4) 탕경

탕경(cold shut)의 결함은 주입시 주물의 관련 위치와 관련해서 주물의 수평면이나 수직면에 나타나며, 전자의 경우에는 주로 횡방향으로 나타난다.

주물의 수직벽의 탕경은 주입시 용탕의 흐름 방향에 관련하여 여러 가지 종류의 형상과 치수를 가지며, 탕경은 보통 둥근 형태의 모서리를 갖는다. **탕경의 발생 원인**은 다음과 같다.

① **주조 기술 규정과 주물 구조의 불일치**

② **용탕의 낮은 유동성**

③ **낮은 주입 온도**

④ **용탕의 유동을 방해하는 주입시에 형내 발생한 가스의 압력**

⑤ **주형의 완만한 충진**

이러한 모든 원인은 형의 각부에서 용탕의 조기 냉각과 응고를 가지게 한다. **탕도계에서 기인하는 탕경을 방지하기 위하여 다음과 같은 조치를 취해야 한다.**

① 복잡한 주물을 제작할 때에는 수개의 탕구, 주입구를 포함해서 주물의 각부의 용탕을 유도하며, 용탕을 균일하고 빠르게 주입하며, 주형의 온도 상승을 될 수 있는 한 억제한다.

② 주입구의 부착 방향을 한 방향으로 하여 용탕의 충돌시 와류의 발생을 방지한다.

③ 얇은 면 또는 리브(핀)를 갖는 주물의 제작에 있어서는 얇은 면에 근접해서 또는 리브에 탕구 주입구를 부착한다.

④ 얇은 주물을 주입할 경우에는 소정의 온도를 유지시키는 것뿐 아니라 용탕의 가열온도를 일정하게 하여야 한다. 이 때에는 주물의 벽이 얇고 복잡할수록 높게 가열하여 준다.

(5) 표면 거칠음

표면 거칠음은 외부 결함의 종류로, 주물 표면의 거칠음을 말한다. 표면 거칠음은 셀 몰드 또는 셀 코어의 국부 결함(들어간 것, 갈라진 것)의 결과로 발생한다.

이러한 종류의 결함은 주물의 수치를 불량하게 하고 제품의 외관을 손상시킨다.

주물의 표면 거칠기를 없애기 위해 금형의 마무리 작업과 주형의 제작(이형제의 부착)에 대하여 엄격한 검사 규정을 선정하며, 합형전에 압축 공기로 주형과 코어를 청소하고 검사한다.

(6) 균열

주물의 균열(crack)은 그 발생 특성에 관련하여 열간 균열과 냉간 균열로 나뉘어진다. 균열은 육안 검사, X선 및 γ 선 투과법, 자기 탐지법, 초음파 탐상법 그리고 수압 검사 등으로 발견할 수 있다.

셀 주형 및 셀 코어는 초기의 파괴 강도나 굽힘 강도가 높지만 보통 사형의 가축성 보다 양호한 가축성을 가진다. 따라서 셀 몰드 주물의 균열은 매우 드물며, 이러한 결함이 발생하였을 때에는 다음과 같은 원인이 있기 때문이다.

① 셀 주형과 코어의 강도 상승에 의한 가축성의 저하

② 응고점 근처에서 높은 취성을 가진 합금의 채용

이 때문에 용탕의 불균일한 수축의 결과로 균열이 생긴다. 셸 몰드 주물의 균열을 방지하는 하나의 방법은 가축성의 증대에 있다.

(7) 수축

수축(shrinkage)의 발생 원인은 부정확한 주물 구조(응고 과정에서의 불충분한 용탕의 보급, 탕도계 요소의 부정확한 배치, 극단으로 높은 주입 온도)에 기인된다.

셸 몰드에서는 주물의 성형 기간중 용탕의 열은 양호하게 단열되기 때문에 용탕의 보급이 일반 생형의 모래보다도 효과적으로 된다. 압탕이나 냉금을 함께 쓴 정상적인 탕회는 수축을 없애는 기본적인 수단이다. 보급이 불충분하면 주물 두께의 수축이 발생한다. 압탕의 역할은 수축에 대한 용탕 보급뿐 아니라 주물로부터의 가스나 비금속 개재물을 제거시키는 역할도 한다. 최후에 응고하는 주물의 두꺼운 부분에 압탕을 배치하면 양호한 압탕 효과를 얻을 수 있다. 셸 몰드 주조의 경우에는 수직 합형면을 가진 형만이 개방 압탕을 설치할 수 있다. 분할면의 셸 몰드에서는 맹압탕을 붙이도록 한다.

(8) 소착

셸 몰드 주물의 소착 발생률은 용탕에 의한 주형벽의 침투 정도에 따라서 좌우된다. 소착은 강주물에 많이 나타나며, 주철 주물이나 구리 주물에서는 비교적 적다. 알루미늄 합금 주물에서는 보다 발생률이 낮다. 강주물 주입시에 산화철에 레진 샌드의 규사는 강의 융점보다도 낮은 융점의 융합물을 형성한다는 것으로서 설명된다. 이들의 규산염은 주입 온도에서 액상 상태로 이동하여 용융 금속에 의해 셸 몰드 벽에 침투한다. 레진 샌드는 열전도성이 낮기 때문에 셸 몰드의 가열층의 깊이는 비교적 적게 되며, 주물의 두께가 보이는 주형 가열부의 용탕이나 주형의 기공률에 의해서 좌우된다.

주형의 가열층에는 다음과 같은 형상이 일어난다.

① 침투에 의한 셸 몰드의 성형면에서 모래 입자간의 기공에 대한 용탕의 침입

② 용탕의 열작용에 의한 주형 표면층의 모래 입자의 용해

③ 용탕내의 산화물에 의한 주형의 표면층 입자의 슬래그 화

소착의 발생에 대하여는 레진 샌드의 배합만이 아니라 규사의 입도도 영향을 미친다. 이때에는 입자가 클수록 소착의 발생률이 높아진다. 때문에 용융 금속은 응고전에 비교적 거칠고 큰 입자 사이의 기공을 통해서 형의 중앙에 침입한다. 형의 기공에 용탕이 침입한 결과에 의해서 기계적 소착이 형성된다.

제2절 | 다이 캐스팅 주조법

1 다이 캐스팅의 특성

다이 캐스팅법은 정밀한 금형에 용융 합금을 압입하여 표면이 아주 우수한 주물을 얻는 방법이며, 일반적으로 다이캐스트기(die-cast machine)**를 사용해서 짧은 시간에 대량 생산하는 주조 방식**이다.

다이 캐스트기는 유압 구동을 주로 이용한 기계로서 유압 구동 중에 가스를 이용하여 펌프사출 대용으로 사용하기도 하고, 수 백, 수 천톤의 강력한 형 조임력을 높은 싸이클로 반복작업하고, 압입 관계에서는 수 백도에 달하는 고온 금속 용탕을 사용하기 때문에 상당히 안전한 기계를 사용 해야만 하며, **다이 캐스트법의 특징**은 다음과 같다.

① **충진 시간이 매우 짧다.(0.02~0.7초 정도)**

② **고속으로 충진한다.(탕구 분사 속도 2~100m/sec정도)**

③ **고압을 주물에 건다.(70~2000kg_f/cm^2정도)**

④ **정밀한 금형을 사용하고 냉각 속도가 빠르다.**

⑤ **생산 속도가 빠르다.**

또 다이 캐스트법으로 주조한 주물도 다이 캐스트 또는 다이 캐스트 제품, 다이 캐스트 주물 등으로 불리우며, **다이캐스트 주물은 다음과 같은 특징이 있다.**

① 주물 표면이 평활, 미려하여 일반적으로 표면 조도는 12S 이하가 된다.

② 금형에 의해 압입된 용탕이 급냉하므로 그 결정 입도가 작고 강도가 높은 주물이 만들어 진다.

③ 고압으로 압입하므로 살 두께가 얇은 주물을 제조할 수 있고 재료비가 경감되어서 생산비가 저하한다.

④ 정밀도가 높으므로 가공 공수를 절감할 수가 있다. 동일 형상의 사형 주물에서 다이캐스트로 바꿈으로써 중량으로 40%, 절삭 가공 시간이 65%, 절감한 예가 있다.

⑤ 코어를 사용해서 복잡한 형상의 주물을 주조할 수 있으나 주형이 강재이므로 언더 컷이 있는 주물의 주조는 곤란하다.

2 다이 캐스팅용 주조기

가. 주조기의 분류

(1) 가압실 방식에 의한 분류

(가) 열가압실식

열가압실식(hot chamber) **다이캐스트기는 용탕을 형내에 압입하기 위해서 가압실이 노내 있기 때문에 이렇게 불리우고 있다.**([그림 6-7] 참조)

1시간당의 주조 회전수를 높일 수가 있으며 이 기계는 비교적 융점이 낮은 아연 합금, 주석 합금, 납 합금의 다이 캐스트에 사용되고 있다.

(나) 냉가압실식

냉가압실식(cold chamber) **다이캐스트기는 가압실이 용탕안에 없고 가열되어 있지 않는다고 하여 이 명칭으로 불리워지고 있다.**([그림 6-8 참조)

용탕은 소형 레이들로서 수동으로 가압실에 주입 주조되기 때문에 용탕의 보급은 신속하게 행하여져야 하며, 자동 급탕 장치 개발에 따라 용탕을 자동적으로 주입되는 것도 있다. 이 기계는 알루미늄 합금, 마그네슘 합금, 구리 합금의 다이 캐스트에 많이 사용되고 있다.

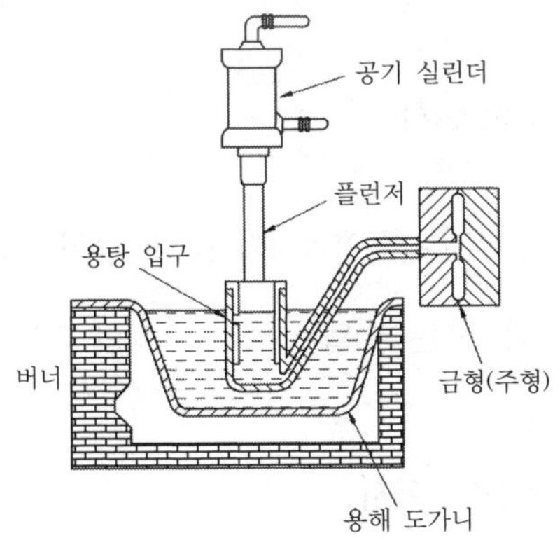

그림 6-7 열가압실식 다이캐스트기 구조

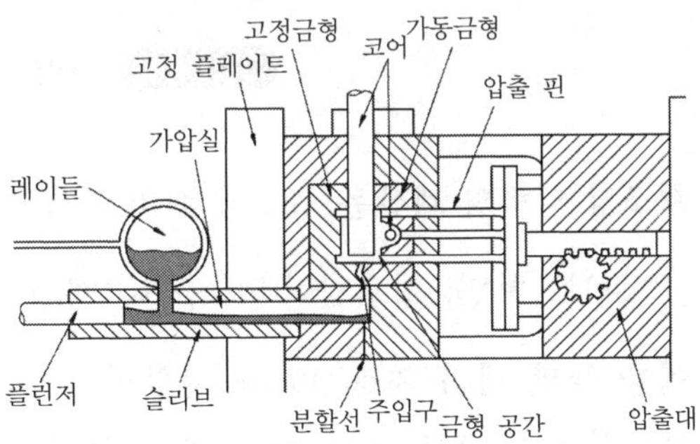

그림 6-8 냉가압실식 다이캐스트기 구조

나. 다이캐스트기의 형조임 장치

다이 캐스트기의 크기는 형조임 능력을 톤(ton)수로 표시하고 있다. 냉가압실식의 형조임력은 압입력의 10~20배 정도이며, 열가압식은 20~40배 정도가 보통이다. 다이 캐스트기의 성능에 대해서는 형조임력과 압입력 뿐만 아니라 압입 방식과 압입 속도가 중요하다.

다이 캐스트기의 형조임 장치를 구조상 크게 분류하면 직압식, 토글식 기타의 형조임 장치로 나눌 수 있다. 직압식 형조임 장치는 형조임용 유압 또는 수압 실린더 내의 형조임 램에 가동반을 직결하고 형조임 램에 작용하는 유압 또는 수압에 의하여 직접 금형을 조이는 것을 직접식 형조임 장치라 한다.([그림 6-9, 10, 11 참조)

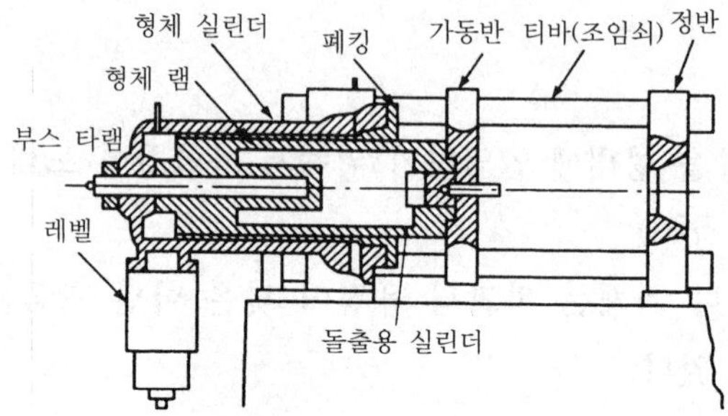

그림 6-9 부스터램식 형조임 장치

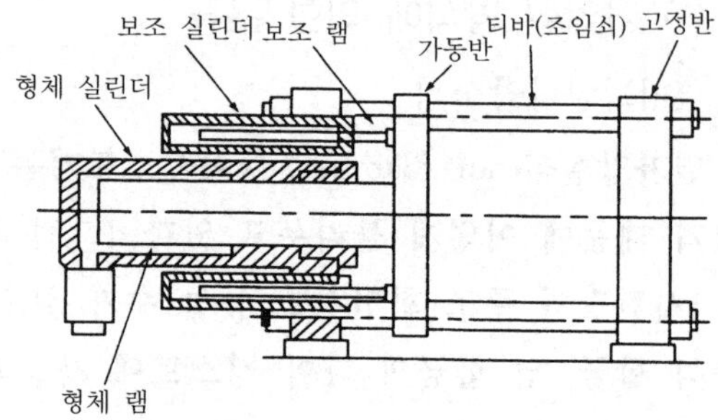

그림 6-10 보조 실린더식 형조임 장치

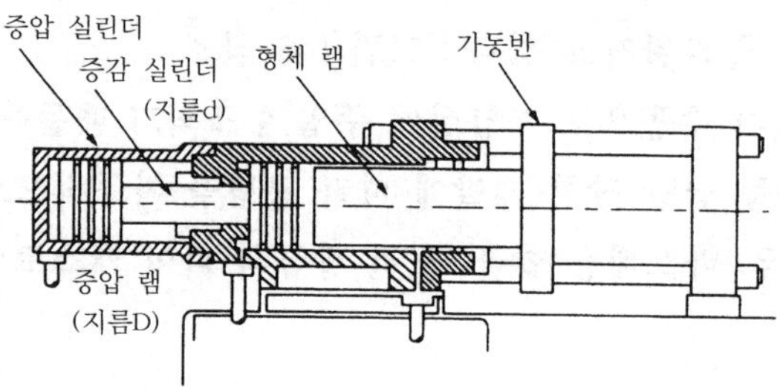

그림 6-11 중압 실린더식 형조임 장치

형조임 압력의 계산은 형조임 램의 지름을 D(cm), 유압 또는 수압을 P(kg_f/cm^2), 형조임력을 F(kg_f)로 하면, 형조임력(F)= $\frac{\pi}{4}\times$ (램의 지름)$^2\times$(유압 또는 수압)

예를 들면 램의 지름 30cm, 유압이 150kg_f/cm^2 일 때,

형조임력 = 0.785×30×30×150 = 105975kg_f로 약 106톤이 된다.

3 다이 캐스팅 금형 설계

가. 개요

다이 캐스트는 재료, 다이 캐스트기 및 금형의 3요소로 이루어지고 있다. 특히 금형은 다이 캐스트 주조의 모체로서 금형의 품질 및 기능은 제품의 품질 및 다이 캐스트의 생산성을 결정하는 가장 중요한 요소가 된다.

나. 금형용 재료의 선택

주조 작업중에 금형에 작용되는 기계적인 충격, 열충격 및 기타의 작업 조건에서 오는 금형의 손상을 방지하고, 경제적인 조업을 위해 금형 재료는 다음과 같은 조건에 만족하여야 한다.

(1) 균질성과 건전성

고압에 의한 고온의 용융 금속의 반복적인 주조 작업에 의해 금형의 표면에 존재하는 미세한 결함은 쉽게 확장되어 금형을 손상시키게 된다. 따라서 금형은 이러한 결점이 없는 건전하고 균일한 재질의 것을 사용하여야 한다.

즉 미세한 균열, 편석된 불순물, 비금속 개재물 또는 주조시의 편석이나 기공 등은 금형에 치명적인 영향을 미치므로 금형용 재료로는 최상품의 공구강을 사용하여야 한다.

(2) 기계 가공성

금형의 기계 가공에는 시간과 경비가 많이 소요되므로 이를 줄이기 위해 금형용의 재료는 완전히 풀림된 강을 선택하여 기계 가공을 한 후에 열처리 한다. 금형의 공극부가 크거나 복잡한 경우에는 열처리 후에 금형이 변형될 수 있으므로 주의하여야 한다. 이 때문에 아연 합금용 금형의 경우에는 열경화된 재료를 사용하거나 시효 경화강을 사용하는 경우도 있다.

(3) 열충격에 대한 저항성

금형 손상의 가장 큰 원인은 열충격에 의한 망상 균열의 생성이다. 이 형상은 금형 표면이 용융 금속과 접하면서 용융 금속의 온도와 거의 비슷하게 되는데 이에 요하는 시간은 불과 1/1000초 이하 이므로 금형의 표면과 금형 내부의 심한 온도 구배가 생기게 되고, 이에 따라 미세한 균열들이 생기게 된다. 그러나 이러한 망상 균열의 생성은 인장강도, 충격 강도, 연성, 열팽창률, 열전도도 등을 개선함으로써 지연시킬 수 있다.

(4) 변경에 대한 저항성

금형의 경도가 충분히 높지 못하면 금형의 표면에 용탕 비산물에 의한 피닝(peening)이 생겨 금형의 수명을 단축시키게 된다. 또한 지나치게 높은 경도에서 인성이 낮으면 벽개 균열을 일으키게 되므로 적절한 기계적 성질이 필요하다.

(5) 용융 금속에 의한 침식 및 부식에 대한 저항성

다이 캐스팅에서는 용융 금속이 고속 고압으로 금형에 주입되므로 금형의 표면이 마모될 뿐 아니라 용융 금속의 화학 작용에 의해서도 부식된다. 따라서 금형용 재료는 이러한 침식과 부식에 대한 충분한 저항성을 가져야 한다.

(6) 열전도도

다이 캐스팅의 생산 속도는 금형의 열전도도에 의해 크게 영향을 받는다. 특히 열전도도에 따라 용탕 주입 후 응고까지의 시간이 결정되며 금형의 냉각 시간도 결정된다.

따라서 금형의 열전도도는 가능한 한 커야 한다.

(7) 열팽창률

금형의 열팽창이 크면 제품의 치수가 부정확해지고, 앞서 말한 열충격에 의한 망상의 균열이 생성될 우려가 있으므로 열팽창률은 작을수록 좋다.

다. 금형의 설계

금형의 설계를 순서에 따라서 설명하면 주물의 형상, 크기, 기타의 규격과 품질 등으로부터 생산량, 생산 기간 특히 금형제작 기간, 주조방법 검토, 사용할 주조기형 조립방법, 금형 분할면, 금형당 제품수량 및 금형의 종류를 결정하여 주입구, 런너, 게이트, 오버 프로우, 가스 배출구 등의 배치를 결정한 다음 입자 및 코어의 크기, 압출핀 및 가이드 핀의 위치와 크기 등을 개략적으로 결정한다. 이들 금형의 세부 항목이 결정되면, 다이 블록(die block)의 치수, 입자, 코어의 크기, 가이드 핀의 치수 등이 정해지게 된다. 그 다음에 세부 설계가 행해지고, 다소 치수가 변하는 수도 있으나, 코어 뽑기 장치, 냉각수 관, 압출 장치, 인서트(insert)의 지지 방법 등의 설계가 이루어진다.

(1) 형삽입 방법과 금형 분할면의 설계

[그림 6-12]와 같이 횡 삽입을 하면 그림 (a)에 표시한 것처럼 가동 코어를 가진 금형이 되며, 종방향 삽입을 하면 (b)처럼 되어 금형의 주조는 간단하게 된다. 그러나 주물의 품질, 원료에 대한 제품 비율 및 생산성 등에 따라서 형삽입 방법이 다르기 때문에 주의해야 한다.

이와 동시에 형삽입 방법은 대부분의 금형 분할면을 결정하게 된다. 금형 분할면이라는 것은 고정 다이와 가동 다이의 경계로서 일반적으로 형삽입 위치에 있어서, 투영 면적이 가장 큰 곳으로 하는 것이 보통이다. 그것은 금형의 주조가 가장 간단하게 된다는 것과 게이트, 가스 배출구 등을 설치하기가 쉽기 때문이다. 그러나 탕 흐름 플러시(flush) 발생 등을 고려하여 최대 투영 면적일지라도 그 분할면을 [그림 6-13]에 표시한 것처럼 다른 위치에 잡을 수도 있다.

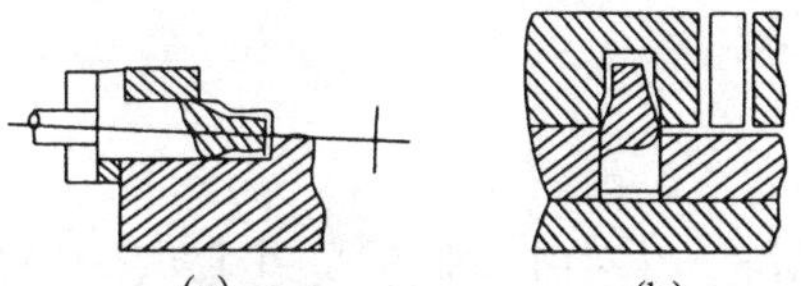

그림 6-12 형삽입 방법

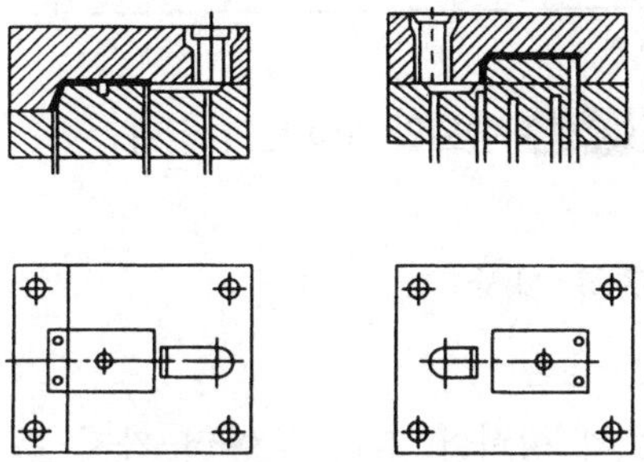

그림 6-13 금형 분할면

금형 분할면은 단순한 평면으로 하는 것이 바람직하다. 일반적으로 주물의 형상을 다소 변경하더라도 단순한 평면으로 하는 것을 주물 설계라고 한다.

(2) 주입구, 런너 주입구, 오버플로우 및 가스 배출구의 위치

(가) 명칭 ([그림 6-14~15] 참조)

랜드와 피이드로 탕구에서 공극부에 유입하는 탕흐름의 상태를 결정하는 중요한 부분이기 때문에 그림에 모형적으로 그 특징을 표시하였다.

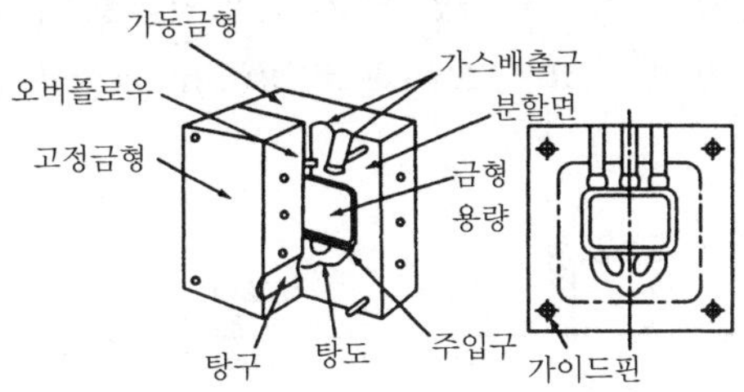

그림 6-14 금형의 각부 명칭

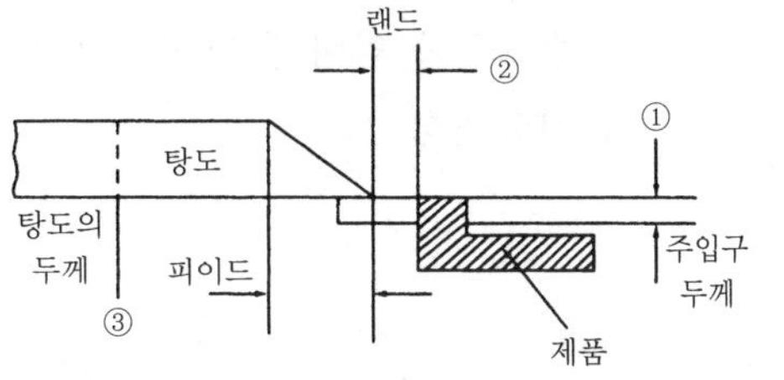

그림 6-13 탕도 주입구 각부의 명칭

[그림 6-16]은 랜드와 피이드의 형상에 따른 용탕의 흐름을 나타내었다.

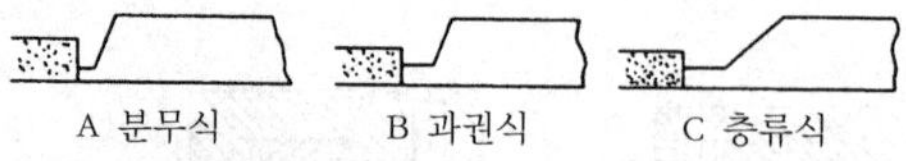

그림 6-16 랜드와 피이드의 영향

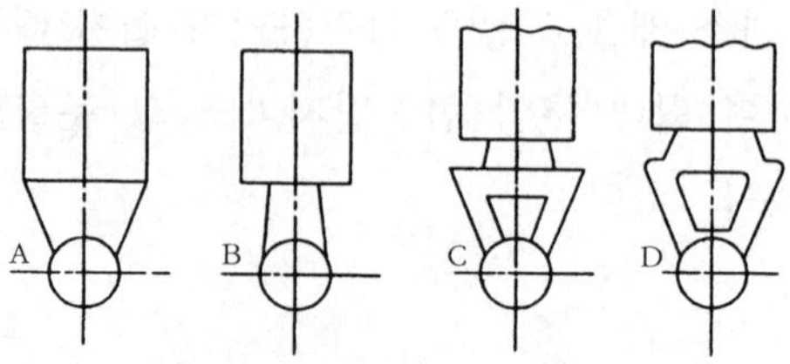

그림 6-17 탕구의 평면 형상

(나) 탕구의 형상

① 평면 형상

제품의 형사에 따라서 여러 가지 복잡한 형상을 가지며, 예를 들면 [그림 6-17]의 A에 표시한 바와 같이 끝부분이 넓게 되는 것을 부채형 주입구라고 한다. B는 A의 반대이며, C, D는 A와 B의 조합형으로 어느쪽이라고 말할 수 없으나 미국에서는 공극부의 결합부의 끝이 가는 것을 강조하여 델타(delta. Δ) 주입구라고 부르고 있다.

② 입체 형상

주입구와 탕도의 단면적 변화 상태에 따라서 유속이 변하기 때문에 단면적이 점차 증가하는 것을 감속형 주입구, 단면적이 점차 감소하는 것을 증속형 주입구, 단면적이 일정한 것을 정속형 주입구라고 부르고 있다.([그림 6-18 참조)

일반적으로 볼 때 아연 합금의 경우는 정속 또는 감속형, 알루미늄 합금, 마그네슘 합금 및 구리 합금의 경우는 증속형을 쓰고 있다.

③ 주입구의 종류

주입구는 [그림 6-19]와 가티 4종류로 대별된다. B로 표시한 탕도와 피이드를 주입구 랜드와 동일하게 고정형으로 한 모양을 많이 쓰고 있으며 트리밍(trimming)작업에 적합하다.

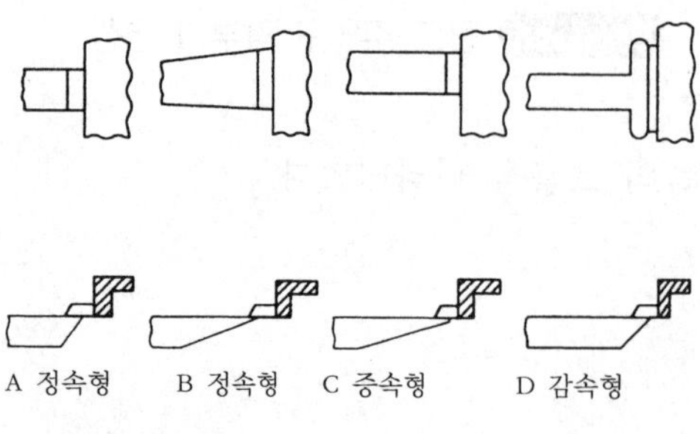

그림 6-18 탕도의 형상과 유속 관계

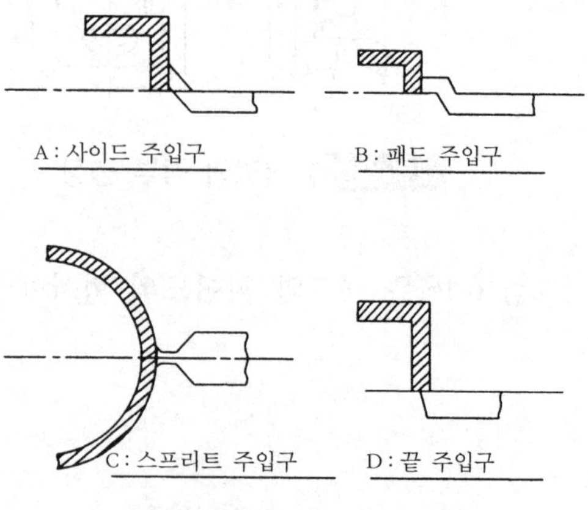

그림 6-19 주입구의 종류

A, C 및 D는 완전 충진을 위하여 용탕 흐름의 방향을 제품의 형상에 맞춘것이지만 A와 C는 트리밍(trimming)작업 후에 밸트 샌드 등의 다듬질 작업이 필요하다. D는 손으로 자르게 만든 주입구로 손작업 후에 형 분할면을 기계 가공하는 제품에 적당하다.

④ 주입구의 위치

주입구의 위치는 후가공과 관련하여 신중히 결정해야 한다. 특히 아연 합금의 도금 제품은 도금 유효면에 주입구 자국의 다듬질이나 핀 홀의 문제가 가끔 일어나고 있다. 주입구를 두껍게 하면 프레서 작업에서 뜯기는 현상이 생기기 때문에 제거 방법을 사전에 결정하여 두께의 한계를 정하는 것이 중요하다.

⑤ 탕도의 면적

제품이 크게 되면 탕도(runner) 면적을 쓸모없이 크게하는 경향이 많다. 그 결과 회수재가 많아 재용해 손실이 크게 되므로 주입구 부분을 가열시키고 큐링 시간(curing time)을 연장하게 되어 생산성을 저해하고 있다. [그림 6-20]은 알루미늄, 아연 합금에서 볼 수 있는 탕도의 형상을 나타낸 것으로 주입구 면적의 1.25~1.6배면 충분하다.

탕도의 단면 형상은 정방형상에서 평평한 장방형으로 됨에 따라 용탕과 접촉하는 탕도의 표면적이 크게 되기 때문에 용탕의 열손식이 많아져 탕온은 저하한다. 일반적으로 알루미늄 합금의 탕도의 깊이 [그림 6-20]의 D와 폭의 W의 비는 1 : 4 이상, 마그네슘 합금은 2 : 5(1 : 2.5)이상으로 말하고 있으나 아연 합금에서는 특별히 규정되어 있지 않다.

⑥ 탕도의 방향성

공극부에 대한 탕도의 배치는 공극부내의 용탕 흐름 및 충진 방향을 결정하는 중요한 요소로 되어 있다. 탕도 내의 용탕은 상당히 고속이기 때문에 관성이 크고, 피이드 부분에서 방향이 급변해도 용탕의 방향성은 변하지 않는다. [그림 6-21]은 이 관계를 나타낸 것이다.

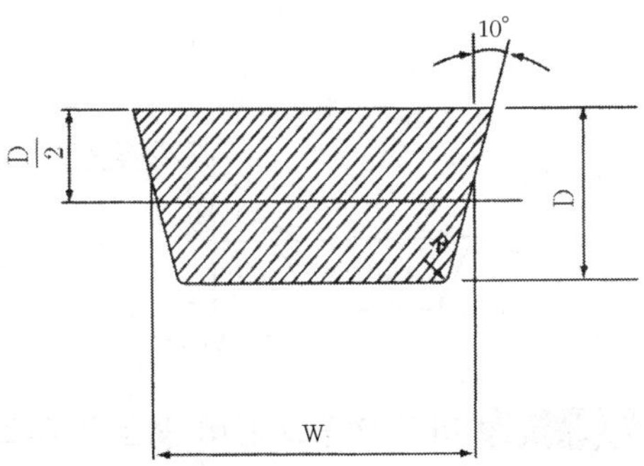

그림 6-20 탕도의 형상

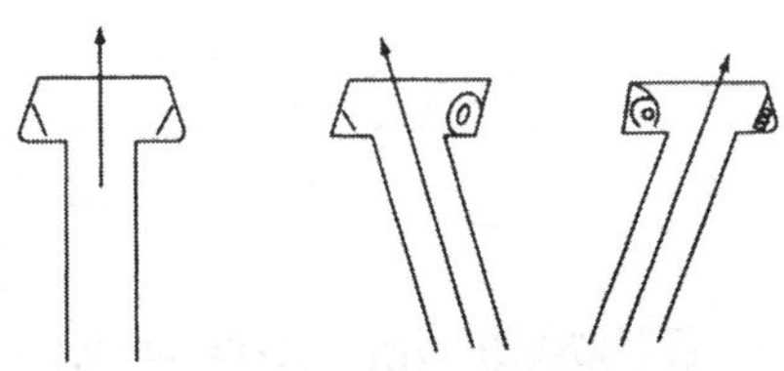

그림 6-21 탕도의 방향성

(2) 오버 플로우(over flow)

(가) 오버 플로우(over flow)

오버 플로우(over flow)는 공극부의 모서리나 용탕의 유입이 어려운 부분에 용탕을 끌어들이며, 산화물이나 기타의 불순물을 포착하고 기공의 역할도 있다.

(나) 크기와 위치

[그림 6-22]의 A에 표시한 것 같은 소수의 커다란 오버 플로우를 설치한 것보다 B에 표시한 것처럼 다수의 적은 오버 플로우를 설치하는 편이 좋다. 특히 박판의 제품일 때에는 공극부를 통해서 오버 플로우 근처에 도달한 용탕은 냉각되어 유동성이 급히 떨어지기 때문에 후속 고온 용탕에 밀리어 남게되며, 흐름이 불안정하게 된다. 한번 오버 플로우에 들어간 용탕이 주입구에서 역류하여 후속 용탕의 충전을 방해하는 경우도 있다.

B와 같이 적은 오버 플로우에서는 입구가 한정되어 있기 때문에 칠 메탈(chill metal)이 후속 용탕에 백 업(back up)되어 오버 플로우의 속에 유입될 수 있다. 또 여기를 넘어서도 오버 플로우 용적이 적기 때문에 전체적인 용탕 흐름상태는 별로 영향을 받지 않는다. 적은 오버 플로우라도 C처럼 가로로 길게 배치하면 중간에 결함이 나타나는 경우 오버 플로우를 추가 하더라도 필요한 개소에 설치하지 않고 A와 유사한 것으로 끝나 버린다. 따라서 추가의 여유분을 충분히 고려하여 결정해야 한다.

(다) 오버 플로우 게이트(overflow gate)

오버 플로우 주입구의 총면적은 주입구 면적의 60~75%가 필요한 것으로 되어 있다. 주입구의 길이와 두께는 알루미늄 합금에서는 표준이라고 볼 수 없으나 아연 합금에서는 [그림 6-23]과 같다.

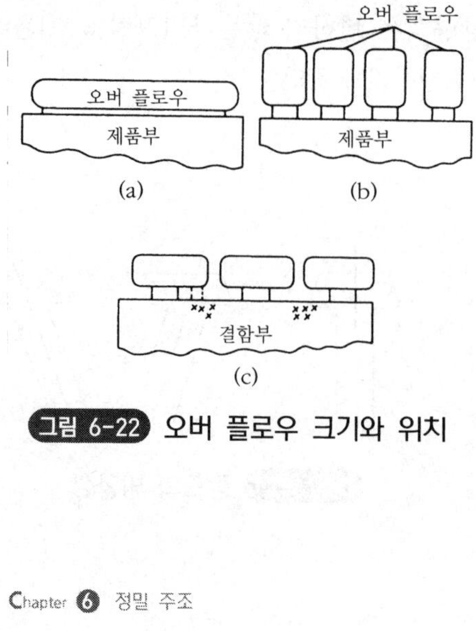

그림 6-22 오버 플로우 크기와 위치

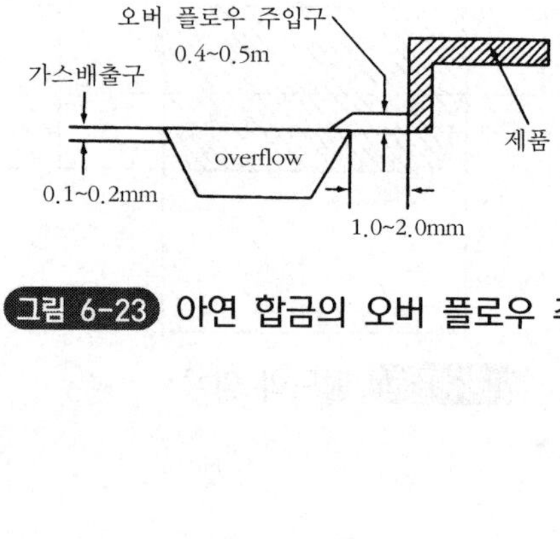

그림 6-23 아연 합금의 오버 플로우 주입구

(3) 가스 배출구(air vent)

가스 배출구는 주입구 이상으로 중요한 것이기 때문에 종래의 주입구를 "주"로 하고 가스 배출구(air vent)를 "종"으로 생각하는 것은 좋지 않다.

① **위치** : 공극부에 유일한 최초의 메탈에 의해 용이하게 폐쇄하지 않도록 설치하여야 한다.

② **단면적** : 주입구 면적의 50% 이상이 필요하다.

③ **효과적인 방법** : 가스 배출구의 두께를 크게 하면 그 효과는 올라갈지 모르나 분류(분사된 탕)를 금형내에서 누르면 공극부의 완전 충전과 안전 작업을 저해하기 때문에 충분한 대책을 생각해야 된다.([그림 6-24] 참조) 금형 외측면에서 25mm 까지를 0.1~0.15mm로 하고, 다음에 가스 배출구의 단면적을 점차 증대하여 용탕을 감속하고 플러시의 비산을 방지한다. 그림에 표시한 것처럼 A~B간을 일정한 두께로 하는 방법과 테이퍼 모양으로 잇는 방법이 있다.

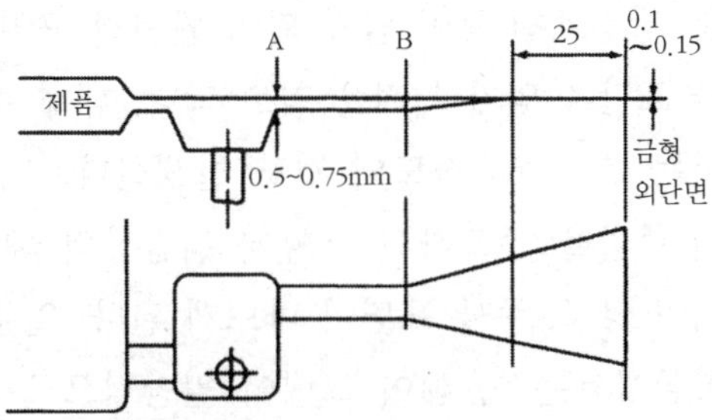

그림 6-24 효과적인 가스 배출구

라. 다이캐스트 주물의 특징

(1) 치수 정밀도

다른 주물에 비하여 치수 정밀도가 높고 또한 주물 표면이 평활하기 때문에, 그 정밀도에 대한 평가가 아주 좋고, 광범위한 분야에서 다이캐스트 주물이 이용되고 있다.

[그림 6-25]는 주조 가공에 대한 일반 치수차와 다이캐스트에 대한 일반 치수차를 나타낸 것이다.

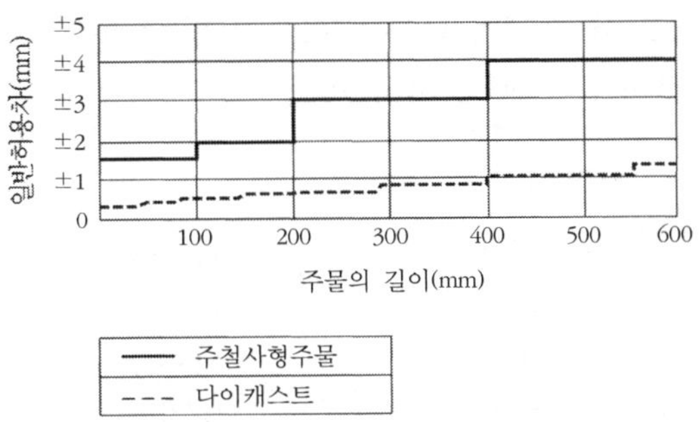

그림 6-25 다이 캐스트와 사형 주물의 치수 허용차의 비교

(2) 주물 표면

다이캐스트 주물 표면은 평활하고 깨끗해야 한다. 일반적으로 표면 조도는 12S 이하로 할 수 있다. 다른 주물과 비교해 보면 [그림 6-26]과 같다. 그러나 일부에는 탕흐름의 모양, 탕주름, 탕경계선 등이 남게 되어 완전히 균일한 주물 표면을 얻기 어려운 것도 많다. 대형 주물에서는 17S, 25S 정도의 것도 발생한다. 또 다수의 주물을 주조하면 금형에 귀갑상의 헤어 크랙이 생겨, 주물 표면이 나쁘게 된다. 알루미늄 합금에서는 이 헤어 크랙이 일반적으로 수 천 쇼트 정도에서 발생하며, 아연 합금에서는 수 만 쇼트에서 발생하는 것이 보통이다. 금형의 헤어 크랙에 의한 열균열의 흠 발생을 적게 하기 위해서는 형다듬질을 충분히 할 필요가 있다. 또한 주조시의 조건, 강재의 종류, 주조하는 합금의 종류 등에 따라서 그 발생 정도가 다르다. 아연 합금 다이캐스트에서는 도금성이 주물 표면과 관계가 있어서, 균일하고 특징 있는 주물 표면이 바람직하다.

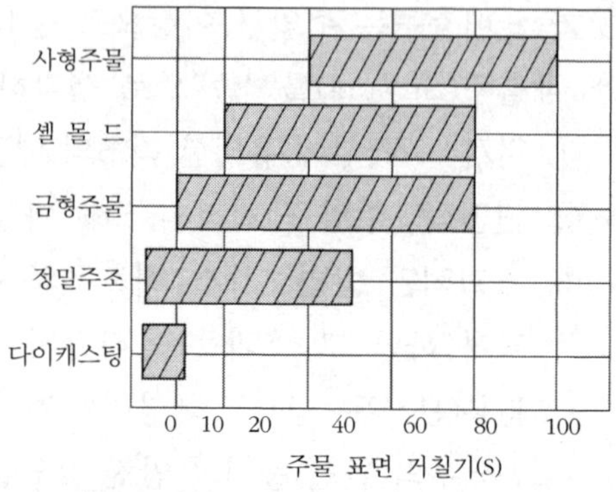

그림 6-26 각종 주물 표면의 거칠기

(3) 살 두께

다이캐스트법에서는 살 두께가 얇고, 예각인 주물을 얻을 수 있다. 따라서 주물의 중량이 경감되고, 사형 주물에 비해 가격이 낮게 된다. 사형, 금형 주물에서는 2~4mm의 살 두께가 얇다고 생각되나 다이캐스트에서는 보통이며, 5mm이상의 살 두께는 드물다.

알루미늄 합금에서 7mm이상, 아연 합금 등의 저융점 합금에서 10mm이상의 살 두께는 좋지 않다. 강도를 필요로 하는 경우에는 리브(rib)를 쓰며, 살 두께를 두껍게 하지 않도록 할 필요가 있다. 일반적으로 살 두께가 너무 얇아도 용탕 흐름이 나빠지기 때문에 〈표 6-3〉의 최소한의 살 두께 보다는 두껍게 하여야 한다.

표 6-3 다이캐스팅 최소 살 두께

다이캐스트주물의 표면적(cm^2)	Sn, Pb, Zn (mm)	Al, Mg (mm)	Cu (mm)
25 이하	0.6~1.0	0.8~1.2	1.5~2.0
25~100	1.0~1.5	1.2~1.8	2.0~2.5
100~500	1.5~2.0	1.8~2.5	2.5~3.0
500 이상	2.0~2.5	2.5~3.0	3.0~4.0

4 다이 캐스트용 합금

가. 아연 합금

(1) 아연 합금의 다이캐스팅

고순도 아연을 기본으로 한 다이 캐스트용 아연 합금은 용융점이 낮고 (386.1℃ : ZDC1, 386.6℃ : ZDC2), 주조 온도 (390~420℃)에서 철을 침식하지 않고, 열가압실식 다이캐스트기로 주조가 가능하며, 생산성이 높고, 주물 표면이 아름답고, 치수 형상을 고정밀도로 할 수 있고, 기계적 성질도 뛰어나며, 내식성이 좋은 도금을 할 수 있는 등 뛰어난 특성이 있기 때문에 알루미늄 합금과 더불어 다이캐스트 합금으로 널리 이용되고 있다.

또한 아연 합금은 다른 다이캐스트 합금에 비해 가장 얇은 두께로 정밀한 주조가 가능하다. 또한 4% Al-Zn 합금은 알루미늄과 아연의 공정점이 가까이에 있기 때문에 용탕 흐름이 양호하고 용탕의 산화도 적고, 고온에 있어서 연신율이 크고, 강도가 낮으며 주조 변형이 적다.

(2) 다이 캐스팅용 아연 합금의 규격과 물리적, 기계적 성질

합금 성분으로서 알루미늄과 구리가 주성분이며, 필요 성분으로서 소량의 마그네슘을 첨가한다. 기타 납, 카드뮴, 주석 등의 불순물은 미량이라도 입간 부식의 원인이 되기 때문에 엄중한 관리가 필요하다.

나. 알루미늄 합금

(1) 주조성, 생산성으로 볼 때 Al-Si계, Al-Si-Cu계의 합금이 주로 이용된다.

(2) 내식성인 점에서는 Al-Mg가 이용된다.

(3) 다이캐스트 생산성에 필요한 알루미늄 합금의 성질은 다음과 같다.

① **용융점이 낮을 것** : 용탕 온도가 높으면 금형의 충진성은 향상되나 금형의 마모가 빠르다. 그래서 금형 온도와의 차가 적게되며 냉각되는 률이 적게 되는 것이다.

② **용탕 흐름이 좋을 것** : 공극부에 충진 능력이 클수록 좋으며, 복잡하고 얇은 큰 제품에 특히 중요하다.

③ **수축 구멍이 적을 것(제품의 기밀성)** : 응고 수축이 적고 압탕의 효과가 좋아야 한다. 마그네슘은 수축을 크게 하고 철, 티타늄, 니켈, 규소는 이를 적게 한다.

④ **고온 균열이 적을 것** : 다이캐스트는 급냉된 금형에 고착하기 때문에 열간 취성이 있으면 다이캐스트하기가 어렵다. 고온에서 취성이 적고, 고온에서 연신율이 큰 합금으로 고체 수축이 적을 것, 즉 열팽창 계수가 적을 것 등이 필요하다. 또 불순물 등의 영향이 크다.

⑤ **금형에 고착하지 않을 것** : 주입구로부터 분사된 용탕은 고속이므로 용탕의 온도가 상승하여 금형에 고착하기 쉬운 성질이 있다. 이를 방지하기는 어려우나, 줄이기 위해서 철성분을 소량 사용한다.

⑥ **주조 비틀림이 적을 것** : 주조 비틀림이 많으면 강도에 영향을 주고, 변형을 일으켜 바람직하지 않다. 열팽창 계수, 고온에서의 항복점, 연신율 등에 영향을 많이 준다.

⑦ 수축률이 적을 것.

다. 마그네슘 합금

(1) 합금의 종류와 화학 성분 및 다이 캐스팅

마그네슘 합금 다이 캐스트에 대해서 KS에서는 규정하고 있지 않으나 미국의 ASTM규격에는 AZ91A, 불순물이 다소 많은 AZ 91B가 있다. AZ 91A는 다우메탈이라고도 부른다. 마그네슘 합금은 용탕의 흐름이 양호하고, 얇은 주물도 주조 되지만, 비중이 작기 때문에 열용량이 적고, 고온 취성이 있어서, 균열이 발생하기 쉬워 다이 캐스트성이 나쁘다. 또한 응고 수축과 열팽창 계수가 크며, 금형 온도가 너무 높아도 보스나 리브 등에 표면 수축이 발생하기 쉬워 주조상 기술을 요한다.

이 합금은 용융 상태에서 산화하기 쉽고, 공기와 접촉하면 연소한다. 따라서 용해할 때에는 산화 방지제로 덮어서 행하고, 주조할 때는 [그림 6-27]과 같이 후드(hood)를 보온로 위에 덮고 후드 내의 용기에 Mg합금을 넣고, SO_2가스를 발생시켜 이 가스로 용탕 표면을 씌워 산화를 방지한다. 또 후드에서 메탈 슬리브에 SO_2가스를 보내며, 후드구멍으로 합금을 뽑아 메탈 슬리브에 넣어 냉가압실식 다이캐스트기로 주조한다.

[그림 6-28]과 같이 SO_2가스로 용탕 표면을 덮은 열가압실식 다이캐스트기로 주조하기도 한다.

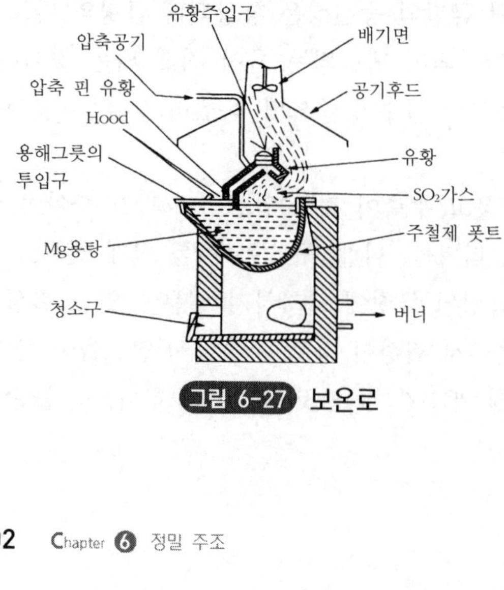

그림 6-27 보온로

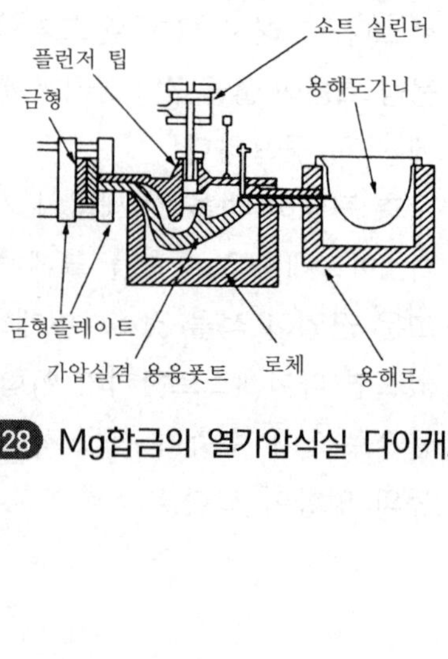

그림 6-28 Mg합금의 열가압실식 다이캐스트기

마그네슘 다이캐스트는 전 다이캐스트 중에서 가장 가볍고과 기계 가공도 용이하다. 마그네슘 합금 다이캐스트는 알칼리 용액에는 침식되지 않지만, 산에는 침식되어 방청 처리를 하여야 한다.

(2) 마그네슘 합금의 성질과 특성

마그네슘 합금은 열전도율과 전기 전도율이 구리나 알루미늄 합금보다 낮고 기계적 성질도 뒤떨어지나, 특히 압축 강도가 높으며, 에너지 흡수성이 좋다.

절삭성이 대단히 좋아서 알루미늄보다 고절삭이 가능하다. 만약 산화물이 섞이면 직접 공기 등에 접촉되어 산화가 일어나므로 주의해야 한다.

라. 구리 합금

다이 캐스팅용 구리 합금은 3종의 합금이 있으나 6 : 4 황동이 널리 쓰이고 있으며 그 기계적 성질은 좋은 편이다. 구리 합금은 용탕 흐름이 좋으나 핀 홀이 발생하기 쉽고, 고온 취성이 있어 균열이 생기기 쉽기 때문에 너무 복잡한 형상의 주조는 곤란하다. 그러나 주조 방안, 주조 기술에 따라서, 이 난점을 극복할 수 있다. 보온 중에 아연이 타서 성분이 변화할 수 있기 때문에 합금 성분, 불순물 등에 주의해야 한다.

또 금형의 수명이 짧기 때문에 그 재질은 텅스텐강을 쓰는 것이 좋다.

5 다이캐스트 작업법

가. 냉가압실식 다이캐스트 작업법

다이캐스트는 용탕에 압력을 가하여, 금형의 주입구에서 고속으로 극히 짧은 시간에 분출시켜 용탕이 응고하기 전에 금형의 구석 구석까지 충전시켜 주물 표면이 곱고, 치수 정밀도가 높고 얇은 두께로 복잡한 고강도의 제품을 만드는 방법이다.

이것을 대별하면, 냉가압실식 다이캐스트법과 열가압실식 다이캐스트법으로 분류된다. 전자는 알루미늄 합금, 마그네슘 합금, 구리 합금 등의 용융점이 높은 합금 다이캐스트이고, 후자는 아연, 납, 주석, 합금 등 용융점이 낮은 합금 다이캐스트에 쓰여진다.

주조 작업이 부적당하게 되면 탕흐름 불량이나, 탕주름 혹은 핀 홀이 생겨 불량 발생의 원인이 되기 때문에 주입 온도, 용탕과 금형의 열평형, 압입압력, 압입 속도 등이 주조 작업상 중요한 조건이 된다. **다이캐스트 작업의 순서는 금형 청소 → 이형제 도포 → 형닫기 → 주탕**

→ 압입 → 큐링 → 형열기 → 압출 → 제품 취출이 1싸이클(cycle)로 되어 있고, 코어 플러를 사용하는 인발 코어가 있는 경우에는 형닫기, 형열기 전 후에 코어 넣기와 빼기가 더해진다.

다이캐스트기의 기종 선정은 다음 사항을 고려하여야 한다.

① 다이캐스트하는 제품의 투영 면적에 필요한 압입 압력을 걸어 형이 떨리지 않을 만큼 충분한 형조임력이 있는가?

② 제품의 중량에 대하여 충분한 용탕을 주입할 수 있는 쇼트 슬리이브의 직경이 얻어지는가?

③ 형열기 스트로크가 제품의 두께, 제품의 압출에 대하여 충분한가?

④ 금형의 크기가 티바(tie bar)간격, 다이 취부 플레이트에 대하여 충분한가?

⑤ 제품의 형상에 대하여 충분한 압입 능력, 사출 속도가 얻어지는가?

⑥ 사출 위치 및 형조임력의 중심과, 제품부의 레이아웃은 적절한가?

⑦ 기타, 사출 및 압출 등에 대하여 상세하게 계산하여 조사한 다음, 충분한 여유를 가지는 조건에서 다이캐스트를 결정하는 것이 필요하다.

나. 열가압실식 다이 캐스트 작업법

열가압실식 다이캐스트기에는 보온로, 용해 포트, 가압실(gooseneck) 사출 장치가 하나로 구성되어 있기 때문에 냉가압실식처럼 쇼트마다 주탕할 필요가 없고, 쇼트 후 자동적으로 가압실에 유입하여 다음 쇼트의 준비를 완료한다.

가압실에 유입된 용탕의 온도는 용해 포트의 온도와 같기 때문에 주입 온도는 용탕 온도를 관리하는 것처럼 아주 정확하게 유지할 수가 있으며, 다음과 같은 특징을 가지고 있다.

① 산화물을 포함하지 않은 청정한 용탕

② 주입 온도차가 적은 것

③ 용탕을 흡입하는 작업이 없다(시간 단축)

④ 사출 압력이 낮다

6 다이캐스트 제품의 불량과 그 대책

가. 내부 결함의 원인과 그 대책

(1) 기포

기포는 깊이나 크기에 따라 여러 가지가 있으나, 외관상에는 거의 나타나지 않으며, 살 두께가 두꺼운 부분에 생기기 쉽다. 기포는 살 두께에 대한 용탕의 공급 부족이나 가스가 원인이기 때문에 대책으로서는 주입 온도를 내리고, 압입 압력의 증가와 주입구의 변경(두께 및 위치), 가스 구멍의 변경, 부분적인 냉각의 증가, 설계의 변경 등을 생각할 수 있다. 또한 가스가 찬 기포에 대해서는 주입구와 가스 구멍의 변경, 주입온도의 변경, 이형제의 도포량, 도포방법을 개선하면 좋다.

(2) 충진 부족

주입구부가 빨리 응고하기 때문에 공급부의 부분에 충분히 용탕이 흘러가지 못하는 것이 원인이며, 대책으로서는 주입구와 탕도의 용량을 크게 하고 또 용탕 흐름의 방향을 검토하여 주입구 위치를 변경한다. 또한 주입구부에서의 충진 거리가 길 때, 충진 속도가 늦을 때에도 충진 부족을 일으킨다.

나. 표면 결함의 원인과 그 대책

(1) 탕주름

금형 온도가 낮을 때나 용탕 온도가 낮을 때, 또한 충진 시간이 길 때, 또는 이형제 도포량이 많을 때 등에 생긴다. 이것은 표면이 극히 얇은 부분에 가늘게 이어지는 주름같이 되어 나타나는 현상이다. 이 원인은 압입 시작시에 유입한 용탕이 금형면에 냉각되어 응고하지만, 충진 완료시에 후속 용탕의 열량으로 인해 재용해되지 않기 때문에 일어나는 것으로 생각된다. 탕주름의 깊이는 극히 얇기 때문에, 기계적인 강도상에는 문제가 없으나 도금이나 도장품의 경우에는 버프(buff) 공수를 늘리게 하고, 부풀음의 원인이 되기 때문에 가능한 한 탕주름이 없는 제품을 만들어야 하며, **그 대책으로서는 다음과 같다.**

① 탕주름이 있는 장소의 형온을 200℃ 전후로 되도록 한다. (오버 플로우를 붙이거나 크게 하고 전열이나 가스로 가열한다)
② 용탕 온도를 높게 한다. (425℃이하)
③ 충진 시간을 짧게 하기 위해 플런저 속도를 빨리한다.
④ 이형제의 종류를 변경하고 도포량을 줄인다. (이형제가 많은 경우에는 형온을 내리는 수도 있다)
⑤ 주입구의 변경 등이다

이것을 조합하여 행할 필요가 있다. 특히 1mm이하의 얇은 제품은, 제품의 크기는 적어도 큰 능력이 있는 다이캐스트기로 플런저 경도를 크게 하는 편이 좋은 경우도 있다(충진 시간이 짧아지게 된다).

(2) 탕경(cold shut)

용탕 온도, 금형 온도가 낮은 경우 압입 압력, 압입 속도가 부족한 경우에 일어나는 현상으로 용탕이 금형내를 흐르는 사이에 열량을 상실한다. 또 선단부에 산화막을 형성하여 최후의 합류점에서 녹아 합쳐지지 않고 응고하여, 깊게 연결된 주름으로 되어 주물 내부까지 침입하고 때로는 구멍이 나는 수도 있다. 대책으로서는 압입 속도를 빠르게 하고, 압입 압력을 올리고, 금형 온도, 용탕 온도를 올리는 것 등이다. 또한 개선되지 않는 경우에는 주입구 단면적을 늘린다. 분류의 합류점 부근에 오버 플로우를 설치 또는 주입구 위치를 변경하고 이에 따른 위치에 오버 플로우를 설치하는 등의 대책을 행한다.

(3) 소착(burning)

금형의 국부적인 과열에 따라 금형과 용탕이 용착하기 때문에 일어나는 현상으로 가는 코어나 나사의 아래 구멍쪽의 가는 코어 핀 등에 생기기 쉽다. 또 주입구의 뒤쪽의 부분이나 용탕이 최후에 충진되는 장소의 형면에 합금의 가루가 서서히 쌓이는 수가 있으나, 이 현상은 주입구의 변경, 압입 압력과 사출 속도의 증대, 충진 시간의 단축을 행하므로써 개선할 수 있다.

또한 공극부 내의 형면에 가스가 머무르는 곳에 이형제의 가스가 퇴적하거나, 조그맣게 움푹 패이기도 하며, 적은 부풀음을 생기게 하지만, 이것은 주입구의 유입 방향, 오버 플로우, 가스 구멍의 개선으로 해소될 수 있다. 그 외에도 금형에 연질화나 침유를 실시하는 것도 한 방법이다.

(4) 표면 거침

금형의 열균열(heat crack), 금형 공극부면에서의 용탕 부착 등 공극부의 표면 조도가 그대로 제품의 표면에 나타나는 현상으로, 대책으로는 부착물의 제거와 형연마 등이 있으나 열균열은 금형을 대체하는 방법 이외의 것은 없다.

(5) 변색

부적당한 이형제를 사용함에 따라, 이형제의 함유물이 주물의 표면을 변색시키는 현상으로 이형제를 적당한 것으로 변경하는 방법 외에는 없다.

(6) 움푹 패임

금형 표면의 국부적 과열이 원인이며, 과열된 부분의 응고가 늦어져 체적이 감소하기 때문에 표면이 움푹 패이게 되어 나타나는 현상으로 살 두께가 국부적으로 두꺼운 곳에 많이 발생한다. 대책으로서는 금형 온도를 관리하여, 과열 부분에 쇼트 냉각을 하든지 설계를 검토하고 특히 살 두께부는 단면 두께가 완만하게 변화하도록 변경한다. 또한 주입구의 형상, 위치 등을 변경한다.

(7) 균열

빼기 구배의 부족, 불균일한 수축, 예리한 각, 부적당한 압출 장치 등이 원인이며 일반적으로 제품의 어느 일정한 부분에 나타난다. 대책으로서는 설계를 검토하고 기능상 지장이 없는 라운드를 크게 준다. 리브를 붙이고, 빼기 구배를 크게 하고, 압출 위치의 변경 또는 증설 등을 한다.

(8) 수축공

제품의 코어 부분에 발생한다. 이것은 금형 각부가 과열하기 때문에 발생한다. 적당한 라운드를 붙이거나 과열부의 냉각법을 연구한다.

(9) 주입구부의 기포

주입구부, 오버 플로우 주입구부에 적은 기포가 발생하는 수가 있다. 이것도 게이트 랜드부와 과열에 의해 생기기 때문에 과열하지 않도록 형상을 변경하거나 수정한다.

다. 재질상의 결함 원인과 대책

재질상의 결함에는 하드 스폿(hard spot), 재질 불량, 산화물의 혼입 등의 결함이 있다. 하드 스폿은 사형 주물 등에는 거의 발생하지 않고, 주로 다이캐스트에 발생하는 특징이 있다. 하드 스폿에는 비금속성의 것부터 금속성의 것까지 있고, 또 급냉에 따른 조직적인 것 등 그 종류가 많기 때문에 방지책을 충분히 검토하여야 한다.

재질 불량은 주성분이 규격 범위를 벗어난 재료, 불순물이 규정값보다 많은 재료 부주의한 용해 작업에 따른 용해, 보온시의 불순물을 증가시켰을 때 등에 발생한다. 또 서로 다른 이종 재료로 주조하는 경우에도 발생한다. 일반적으로 성분이 극단적으로 벗어난 경우 이외에는 제품이 그대로 불량품으로 되는 것이 적다. 그러나 규격이 엄밀한 제품 또는 기계적 및 화학적 성질이 특히 요구되고 있는 것과 같은 경우에는 불량품으로 된다.

알루미늄은 공기 등에 접촉되어 곧 산화하고, 산화 피막을 형성하여 주조와 더불어 제품내에 넣으면 강도를 저하시키게 되며 주물 표면에 있어서도 탕경 등의 원인이 된다. 산화막이 제품내에 존재하면 그 단면이 피막상으로 되어 하드 스폿이 나타난다. 주조시에 용탕 메탈 슬리브의 흐름 등은 엄격히 주의할 필요가 있다. 이들 재질상의 원인과 대책은 〈표 6-4〉와 같다.

표 6-4 재질상의 결함 원인과 대책

재 질	원 인	대 책
비금속성 하드스폿	용탕표면의 산화물 혼입	1. 용탕 표면의 산화물을 꼭 제거한다 2. 주조시 용탕 표면의 불순물은 주입시키지 않는다 3. 용해과정의 산화물은 제거해 둔다 4. 철 도가니의 표면은 청정하게 하고 라이닝을 해 둔다 5. Al과 반응하지 않는 라이닝재를 사용한다
	용탕과 연돌과의 반응물 혼입	1. 내화벽돌, 몰탈 가루 등 알루미늄과 반응하기 어려운 것을 이용한다. (예를 들면 고알루미나질 연돌) 2. 노체의 연돌은 정기적으로 치환한다
	비금속 개재물 혼입	1. 적당한 탈산제 선택과 탈산처리를 충분히 행한다 2. 규소 원료 등을 사용한다 3. 진정시간을 충분히 한다
	용탕과 라이닝재와의 반응물 혼입	1. Al과 반응하지 않는 라이닝재를 이용한다
	이물질	1. 회전재에 이물, 다른 재료가 들어가지 않도록 관리한다 2. 회전재에 기름, 흙, 먼지 등이 붙지 않도록 한다 3. 도가니, 용해 용구의 산화물, 철, 녹 등을 제거한다 4. 용해로 주조기 주위의 청결을 유지한다
금속성 하드스폿	미용해된 규소의 혼입	1. Al-Si계 합금의 용해처리시 규소의 세분은 사용하지 않는다 2. 합금 성분 조성시 규소를 바로 용탕에 넣지 말고 필히 모합금에 넣는다 3. 용제에 고온으로 장시간 유지하여, 규소를 충분히 녹여 퍼지게 한다
	초정 규소의 결정이 발달한 것의 혼입	1. 주조 온도의 차가 적게하고, 꼭 완전 용융상태로 되도록 한다 2. 냉금장입 때 빌렛트의 용탕이 응고되지 않도록 한다 3. 규소 초정이 발달하기 쉬운 성분을 아주 적게 한다
	금속간 화합물 결정이 발달한 것의 혼입	1. 용탕 온도가 고온, 저온으로 되지 않도록 온도차를 적게 한다 2. 합금 성분, 불순물의 양에 주의하고 불순물이 증가하지 않도록 한다 3. 금속 화합물이 발생한 재료는 고온으로 올려 용해하고 불순물이 적도록 소량씩 사용한다

제3절 | 인베스트먼트 주조법

1 인베스트먼트 주조법의 개요

인베스트먼트 주조법(lost wax process)의 주형은 주조하고자 하는 제품과 같은 형상의 왁스 모형 둘레에 내화물의 피복층을 형성시킨 뒤 왁스 모형을 용출(溶出)함으로써 만들어진다.

인베스트먼트 주조법의 역사는 오래되며 중국이나 이집트에서는 약 2000년 전부터 공예품이나 동상 등에 사용하여 왔다. 공업적으로 사용할 수 있게 된 것은 서양에서는 1940년 경부터이고 일본에서는 1950년 경부터이다.

인베스트먼트 주조법은 각종 정밀 주조법 중에서 가장 복잡한 주조품을 가장 높은 수준으로 만들 수 있는 방법이다.

다른 방법에 비해 그 특징으로는 다음과 같은 것이 있다.

① 주형이 일체형이며, 형상적인 제한이 없고 복잡한 것이나 중공(中空)부분을 지닌 것 등을 높은 치수 정도로 만들 수 있다.

② 주형의 내화성이 풍부하며 거의 모든 재질을 주조할 수 있고 주물 표면도 아주 곱다.

③ 주형은 가스 발생 물질을 함유하지 않고 진공 용해 주조에 적합하다.

④ 기계 가공비를 절감한 양산품의 대량 생산도 가능하다.

특히 형상이 복잡하거나 재질이 강해서 기계 가공에 많은 공수를 필요로 하거나 기계 가공이 불가능한 제품 등을 만들 때, 혹은 1개의 복잡한 부품을 만들기 위해 여러개의 적은 부품을 조립하거나 용접해서 제작한 제품을 일체의 주조품으로 만들 때 등에 인베스트먼트 주조법은 효과적이다. 〈표 6-5〉은 인베스트먼트 주조품의 용도 예를 나타낸 것이다.

표 6-5 인베스트먼트 주조품의 용도 예

기 종		부 품 명	중요한 사용재료
항공기관계	제트엔진부품	노즐, 로우터, 하우징	Ni, Co, 초내열합금, 스테인리스, Ti합금동
	기체부품	날개기구, 조정장치 등의 프래임 조인트	스테인리스(303, 316), Mg합금, 스테인리스(410, 17-4pH), Al합금(356) 등
	계기류부품	각종 계기의 프레임, 새시, 기타	스테인리스(303, 316), Mg합금(AZ91), Cu합금(Be-Cu) 등
내연기관부품		예열실분구, 과급기 임펠러 등	내열스테인리스(310), N-155 등
사무기기, 컴퓨터부품		레버, 핑거, 래치트, 기어프레임, 기타	Al합금(356), 공구강,보통강, 스테인리스, Cu합금 등

기 종	부 품 명	중요한 사용재료
전기, 통신기기, 모터부품	각종 프레임, 도파관, 스위치, 기어, 자석, 캠, 스프로키트	Cu합금(고전도 Cu,Be-Cu), Al합금(356), 스테인리스, 인버어, 자석강 등
식품기계, 제지기계, 화학기기부품	캠, 호울더, 어태치먼트, 디스크 플레이트, 임펠러, 밸브	각종 스테인리스(17-4pH등), Ti합금, Cu합금(황동)등
섬유기계부품	캠, 레버, 래치트, 가이드호울더	보통강,저합금강,스테인리스등
총화기, 병기부품	방아쇠, 가늠쇠, 톱스냅	저합금강, 스테인리스(17-4pH등), Al, Mg, Cu합금 등
펌프, 콤프레서부품	임펠러, 노즐, 조인트케이스, 기어케이스	Al합금, 스테인리스(17-4pH등), Cu합금(황동) 등
기 타	공작기계부품, 자동차부품, 광학기기부품, 스팀터어빈부품, 공업용 미싱부품, 의료기기부품, 농기구부품, 원자기기부품 등	

가. 인베스트먼트 주형법의 종류

인베스트먼트 주조법(investment casting process)을 크게 분류하면 솔리드 몰드 주형법(solid mold process)과 세라믹 셸 몰드 주형법(ceramic shell mold process)으로 나뉜다.

솔리드 주형법과 세라믹 셸 주형법의 차이는 [그림 6-29]에서 보는 바와 같이 단지 주형을 형성시키는 방법만 다를 뿐 왁스 모형(wax pattern)을 제거하여 조립하는 방법이나, 형성된 주형 내부의 왁스를 녹여 내고 그 공간에 용탕을 주입하는 것은 마찬가지이다. 이렇게 왁스를 녹여 낸다고 하여 인베스트먼트 주조법을 일명 로스트 왁스법(lost wax process)이라고도 한다.

세라믹 셸 주형법이 솔리드 주형법보다 유리한 점을 열거하면 다음과 같다.

① **내화물의 사용량이 현저하게 줄어 주조 원가가 낮다.**

② **주형이 가벼워지므로 취급이 용이하고 솔리드 주형법보다는 큰 제품을 주조할 수 있다.**

③ **주형이 얇기 때문에 솔리드 주형법보다 주입 후 열방출이 신속하고 균일하며 이 때문에 어떤 합금에서는 기계적 성질이 향상된다.**

④ **주조 결함의 발생이 적다.**

⑤ **치수의 정밀도가 높다.**

⑥ **주형의 피복 작업이 단순 반복 작업으로 이루어지므로 주형 작업 공정을 자동화할 수 있다.**

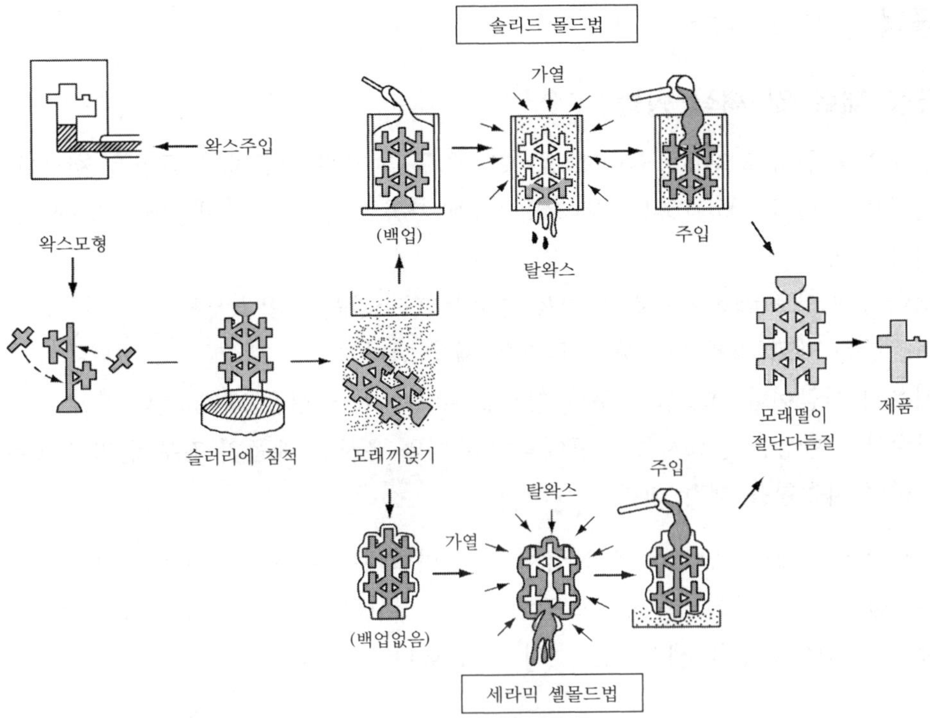

그림 6-29 인베스트먼트 주조법의 기본적인 제조 공정

나. 제조 공정

(1) 주모형

주모형(master pattern)은 왁스 모형 성형용의 형을 만드는데 필요한 것이며, 주모형의 형상이나 치수는 제조 공정 중에 생기는 주형이나 금속의 팽창 수축을 고려하여 정해진다. 주모형의 재질로서는 가공하기 쉬운 알루미늄 합금, 구리 합금, 탄소강 등이 사용된다.

(2) 금형

금형(die)에는 주모형을 사용하되 저융점 합금, 석고, 수지 등으로 주모형의 형상과 치수를 복제해서 만들어지는 것과 직접 기계 가공에 의해서 만들어지는 것이 있다.

전자는 시제품이나 생산량이 적은 것에, 후자는 생산량이 많은 것에 사용된다.

일반적으로 알루미늄 합금이나 강을 사용한 기계 가공의 금형이 가장 널리 사용되고 있다.

2 금형

가. 금형 재료 및 제작 방법

① 알루미늄 합금 2024-T6, 6064-T6, 7075-T6 등을 기계 가공하여 금형을 제작한다.
② 알루미늄 합금 6061-T6나 7075-T6을 기계 가공한 후 아노다이징(anodizing)처리하여 사용한다.
③ 코어나 인서트(insert)와 같은 활동 부위는 탄소강을 사용 한다.
④ 탄소강을 바로 기계 가공하여 금형을 제작 한다.
⑤ 저융점 합금이나 베릴륨 - 구리 합금을 주조하여 금형을 제작 한다.
⑥ 치수보다 형상을 중요시하는 공예품이나 이와 유사한 제품의 경우 실리콘 고무를 주조하여 사출형을 제작 한다.

이상과 같은 인베스트먼트 주조용 금형 제작 방법에는 여러 가지가 있으나 일정하고 정확한 치수를 지닌 제품을 연속적이고 장기적으로 생산하려면 알루미늄 합금(특히 7075-T6)을 기계 가공하여 금형을 제작하는 것이 가장 좋다.

나. 금형의 품질

제품의 형상 및 치수의 공차는 거의 금형의 품질에 좌우되므로 최소한 다음에 기술하는 사항을 지켜야 한다.

① 금형의 형상 및 치수의 공차는 도면 공차의 10% 이내로 제작되어야 한다.
② 최종 다듬질은 왁스 모형이 빠져 나오는 방향으로 해야 한다. 즉, 분할면에 대하여 수직으로 하여야 한다.
③ 경사면이 아닌 다른 부분의 표면 거칠기는 63Rms 이하로 손질되어야 한다.
④ [그림 6-30]에 나타나 있는 역경사나 언더컷은 허용되지 않는다.
⑤ 금형은 왁스 모형이 빠져 나올 때 변형을 일으키지 않고 쉽게 빠져 나올 수 있도록 제작되어야 한다.

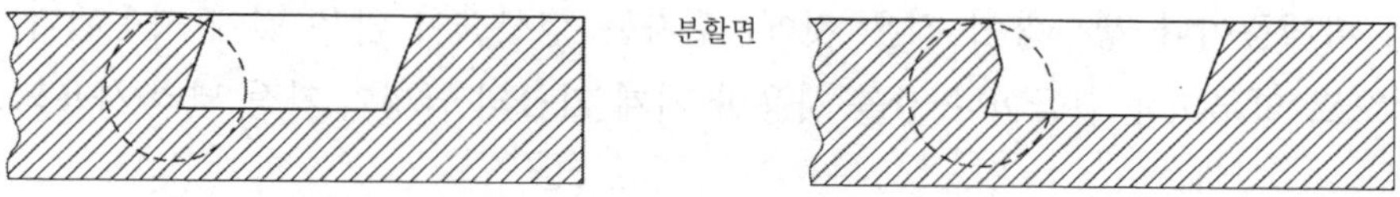

(a) 역경사 (b) 언더컷

그림 6-30 역경사와 언더컷

다. 금형의 설계 및 기계 가공 작업 표준

① 분할선은 제품의 형상, 공차, 생산성과 금형 가공의 난이도 등을 충분히 고려한다음 결정하여야 한다.

② 금형의 크기(상형 또는 하형)는 최소 70mm×100mm, 두께 50mm이상이 되는 것이 좋다.

③ 공극부(제품 형상을 금형 내부에 파놓은 공간)와 금형 외곽까지의 거리는 최소 20mm 이상 되어야 한다.([그림 6-31] 참조)

④ 4개의 조립용 경사 핀 중 한 개를 10mm정도 벗어나게 위치시키고 그 부분의 모서리를 약 10mm가공해 주므로서 상·하형이 잘못 조립되는 것을 방지할 수 있다.([그림 6-32] 참조)

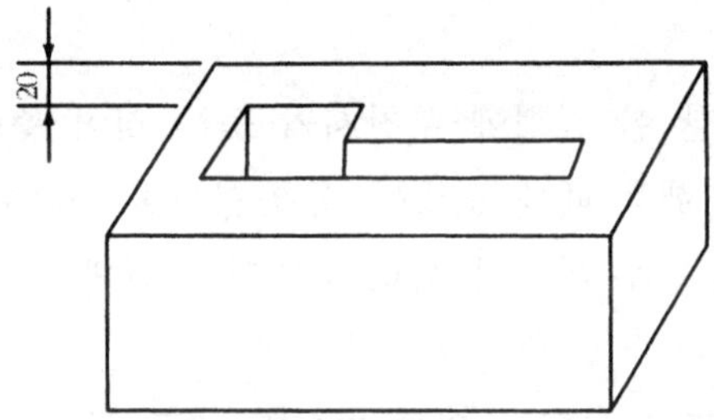

그림 6-31 공극부와 외곽 거리

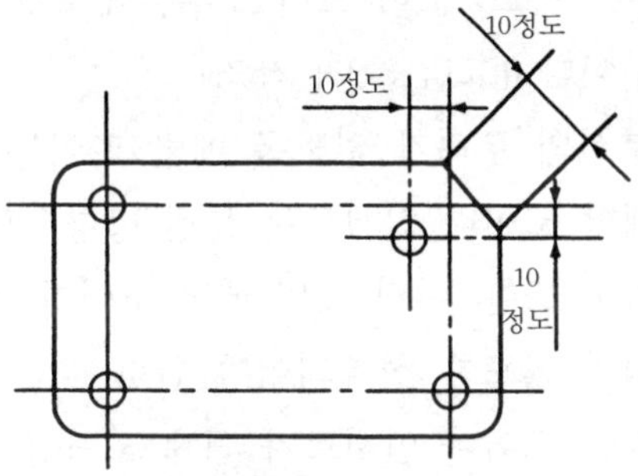

그림 6-32 경사 핀

⑤ 하형에는 경사 핀을 프레스-피트(press-fit)로 고정시키고, 상형에는 슬립-피트(slip-fit)로 고정시켜야 한다.([그림 6-33] 참조)

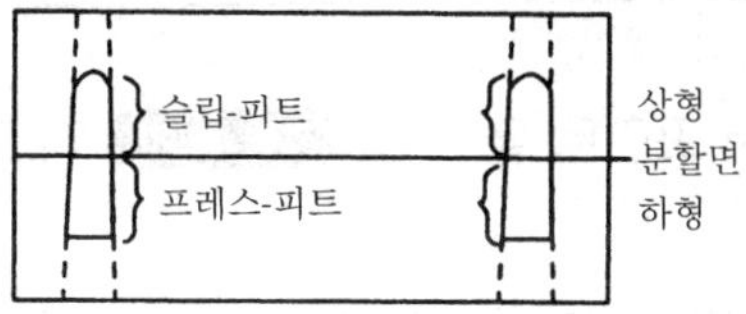

(a) 금형이 조립되었을 때

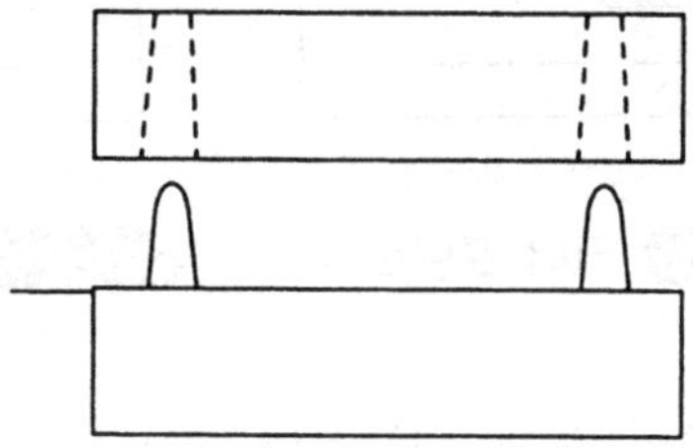

(b) 금형이 해체되었을 때

그림 6-33 형합 및 분리시의 금형

⑥ 금형의 외곽면은 가공 및 검사 기준면으로 이용될 수 있도록 공극부의 어느 한면과 수직 혹은 평행이 되도록 해야한다.([그림 6-34] 참조)

⑦ 모든 메탈 코어는 금형을 해체하기 전에 먼저 빠져나오는 것이 좋다. 단, 금형 구조상 부득이한 경우는 제외한다.([그림 6-35] 참조)

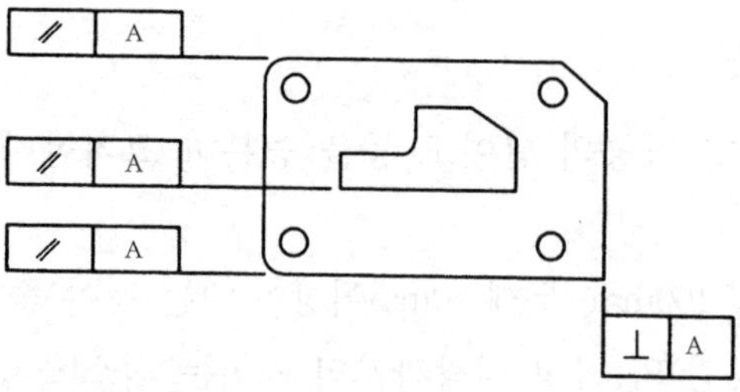

그림 6-34 금형의 외곽면

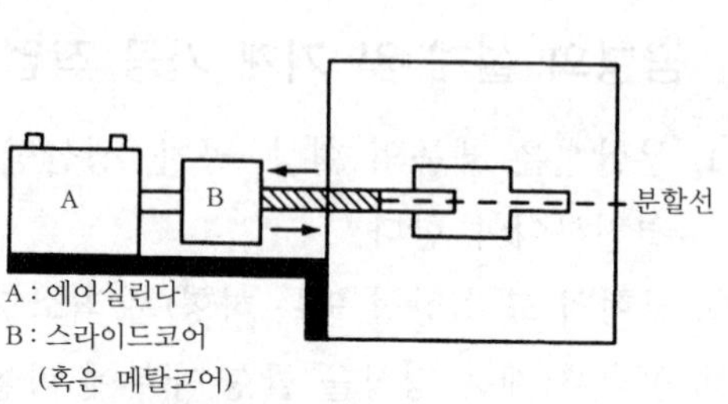

그림 6-35 메탈 코어 사용 예

⑧ 메탈 코어는 특별한 경우를 제외하고는 코어 프린트를 만들지 않는 것이 좋다.([그림 6-36 참조) 코어 프린트 부분에 왁스 등의 이물질이 들어가 치수 변화를 일으키기 때문이다.([그림 6-37] 참조)

⑨ 분실의 우려가 없도록 메탈 코어는 가능한 한 금형에 부착시켜 놓는 것이 좋다.

⑩ 메탈 코어나 인서트는 틀린 방향으로 조립했을 때에 조립이 되지 않도록 설계되어야 하며 또한, 여러 개의 메탈 코어가 조립될 경우 위치가 서로 바뀌었을 때에도 조립이 되지 않도록 설계되어야 한다.

⑪ 메탈 코어나 인서트가 쉽게 조립될 수 있도록 금형 부위에 리드(lead)를 설치해 주는 것이 좋다.([그림 6-38] 참조)

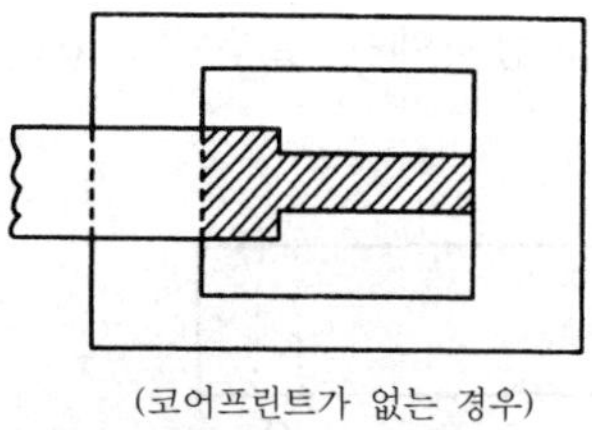

그림 6-36 코어 프린트 무

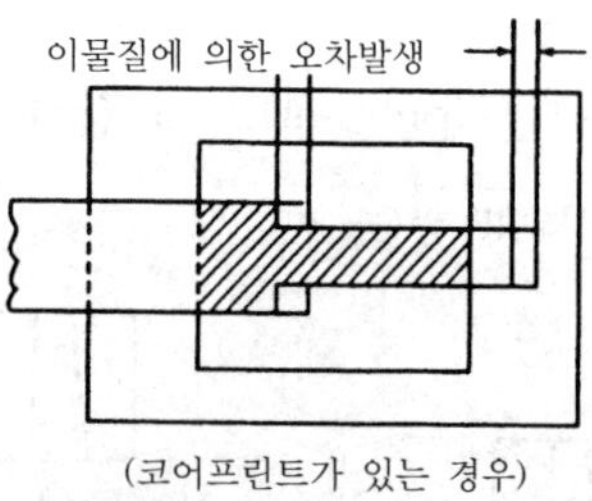

그림 6-37 코어 프린트 유

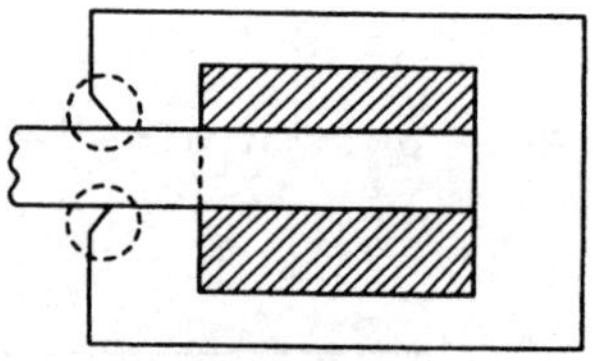

그림 6-38 리드 설치

⑫ 메탈 코어 고정 핀을 여러 개 사용해야 할 경우에는 동일 크기로 하여 어느 부분이나 공통으로 사용할 수 있도록 설계하는 것이 편리하다.

⑬ 캠 로크(cam lock)는 경화된 알루미늄 합금이나 강으로 제작되어야 하며 사출할 동안 메탈 코어가 움직이지 않도록 충분한 크기로 설계되어야 한다.

⑭ 에어 실린더를 이용한 슬라이드 코어는 슬라이드 면과 재질을 달리하는 것이 장시간 작동으로 인해 마모되는 것을 방지할 수 있다. 또는 같은 재질일지라도 서로 경도를 달리함으로써 같은 효과를 얻을 수 있다.

⑮ 주입구의 바깥 부분, 즉 탕도와 연결되는 부위의 모서리는 날카로워야 하며, 제품 부위와 연결되는 부위는 최소 1R이상 주어야 한다.([그림 6-39] 참조) 탕도와 연결되는 주입구의 모서리 부분에 라운드(round)가 있으면 왁스 모형 조립 후 연결 부위에 언더컷이 생겨 용탕 주입시 세라믹 혼입 불량의 원인이 된다.([그림 6-40] 참조)

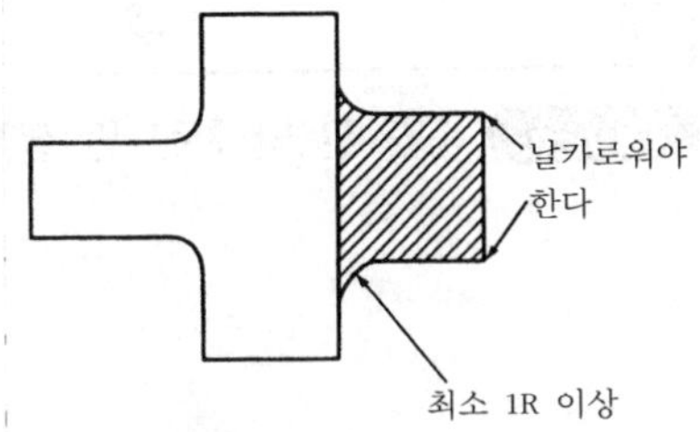

그림 6-39 라운딩

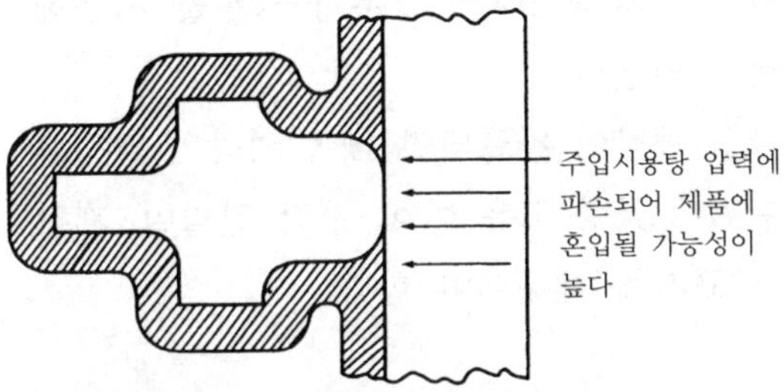

그림 6-40 세라믹 혼입 불량 원인

⑯ 왁스 주입구는 반드시 분할면에 있어야 하며 제품의 크기, 사출기의 조건에 따라 보통 직경 6~10mm정도로 한다.

⑰ 왁스 주입구는 게이트 부위로 연결시켜야 한다. 그러나 불가피하게 제품 부위에 직접 사출을 하여야 할 경우에는 기능상으로 중요한 부위가 아니고 손질이 용이한 부위에 연결시켜야 한다.

⑱ 왁스 사출구의 주위로 지름 50mm정도(사출기의 노즐과 접촉되는 부위)는 면이 평탄하고 깨끗하여야 하며 분할면의 금형 외곽 모서리는 라운드가 없이 날카로워야만 사출시 왁스가 새어 나오지 않는다.

⑲ 금형은 스크류 드라이버(screw driver)로 쉽게 상·하형이 해체될 수 있도록 하형의 분할면에 [그림 6-41]과 같이 홈을 내어 주어야 한다.

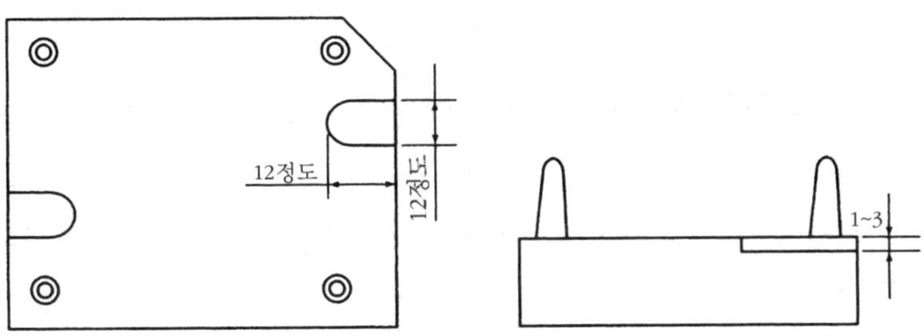

그림 6-41 분할면의 홈

⑳ 취급상 안전을 위하여 금형의 외곽 모서리를 날카롭게 해서는 안된다.
(단, 분할면의 외곽 모서리는 날카로워야 한다)

㉑ 제품 축출 핀을 사용할 때에는 금형을 보호하기 위하여 안전 핀을 2개 이상 설치하여야 한다.([그림 6-42] 참조) 이 때 사용되는 모든 핀은 반드시 강으로 만들어져야 하며 어떠한 경우에라도 알루미늄 핀을 사용해서는 안된다.

㉒ 금형 제작이 완료되면 금형 외곽의 일정한 부위에 금형 고유 번호, 제작 연월일, 제작자 표시를 해두어야 한다.

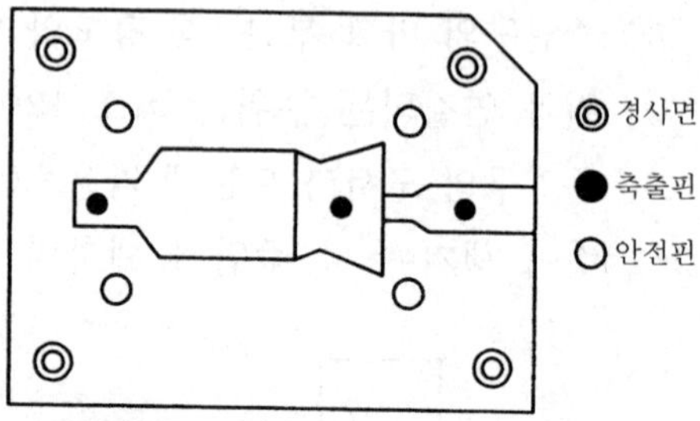

그림 6-42 축출 핀 및 안전 핀 설치

라. 금형의 관리 및 보관

(1) 작업 전 금형 관리

금형과 메탈 코어는 작업 전에 미리 손으로 조립해 보아서 상, 하형이 잘들어 맞는지 코어가 잘 움직이는지 등을 확인하여야 한다. 잘 맞지 않거나 잘 움직이지 않을 때에는 무리한 힘을 가하지 말고 금형이나 코어를 해체한 후 원인을 분석하여 수정하여야 한다.

(2) 작업 중 금형 관리

작업 중 공극부 내부에 왁스 조각이 끼어서 잘 빠져 나오지 않을 경우에는 무리한 방법으로 제거 시키려고 하지 말고 공극부를 보호하여야 한다. 또한 금형의 분할면을 수시로 닦아내어 왁스나 이물질이 없도록 해야 한다. 분할면 상에 왁스 조각이나 이물질이 있으면 금형의 합형 상태를 나쁘게 하여 제품의 치수를 변화시키며, 금형이 변형되는 원인이 되기도 한다.

(3) 작업 종료 후 금형을 보관할 시에는 다음과 같이 하여야 한다.

① 금형을 솔벤트로 깨끗이 닦은 후 공극부 내부에 이형재를 분무시켜 준다.
② 코어나 인서트를 손으로 조립한 후 금형의 상, 하형을 조립하여 보관한다.
③ 재사용시 발견이 용이하도록 금형 보관실 내에 작업 고유 번호별로 보관해 두어야 한다.
④ 대부분의 금형은 가공이 용이하고, 내식성이 강한 알루미늄 합금으로 되어야 한다.

그러나 잘못 취급하면 상하기 쉬우므로 조심스럽게 취급하여야 한다. 강으로 되어 있는 코어나 핀 부분은 방청 처리한 후 그리스로 피막을 씌워 녹을 최대한 방지하여야 한다.

3 모형의 사출 및 조립

가. 모형의 구비 조건

모형 재료의 구비 조건은 다음과 같다.

① 유동성이 좋을 것

② 표면이 매끈하고 평활할 것

③ 응고시 수축이 적고 연화 용융온도까지의 팽창률이 적을 것

④ 응고 시간이 짧을 것

⑤ 작업 및 보관시에 변형이 적을 것

⑥ 상온에서 강할 것

⑦ 비결정질일 것

⑧ 소성 후 회분을 이루는 불순물의 함유량이 적을 것

⑨ 값이 쌀 것

일반적으로 인베스트먼트 주조용 모형 재료는 왁스 단일종으로 많이 사용하나, 때로는 왁스-플라스틱 혼합물 혹은 플라스틱 단일종으로 사용될 때도 있다.

나. 왁스의 종류

(1) 왁스의 응고 형식에 의한 분류

모형 제작에 사용되는 왁스를 응고 범위 내에서 온도 변화에 따른 점도로서 분류해보면 [그림 6-43]에서 보는 바와 같이 대체적으로 다음 세가지로 나눌 수 있다.

(가) A 응고 형식

넓은 응고 온도 범위를 가지고 있으므로 다음과 같은 특징이 있다.

① 온도 변화에 따라 유동성이 급격히 변하지 않으므로 사출 온도의 관리가 용이하다.

② 반고체 상태에서 사출되어야 한다.

③ 두꺼운 부분에 면수축이 발생하기 쉽다.

(나) B 응고 형식

용융점이 비교적 낮고 좁은 응고 범위를 가진 왁스로서 다음과 같은 특징이 있다.

① 온도 변화에 따라 유동성이 급격히 변하므로 사출 온도의 관리가 힘들다.

② 반고체 상태에서 사출되어야 한다.

③ 변형, 두꺼운 부분의 면수축이 비교적 적게 발생한다.

(다) C 응고 형식

용융점이 높고 좁고 응고 범위를 가지고 있으므로 다음과 같은 특징이 있다.

① B 응고 형식과 마찬가지로, 온도 변화에 따라 유동성이 급격히 변하므로 사출 온도의 관리가 힘들다.
② 액체 상태에서 사출되어야 한다.
③ 얇고, 균일한 두께를 지닌 제품에 적합하다.

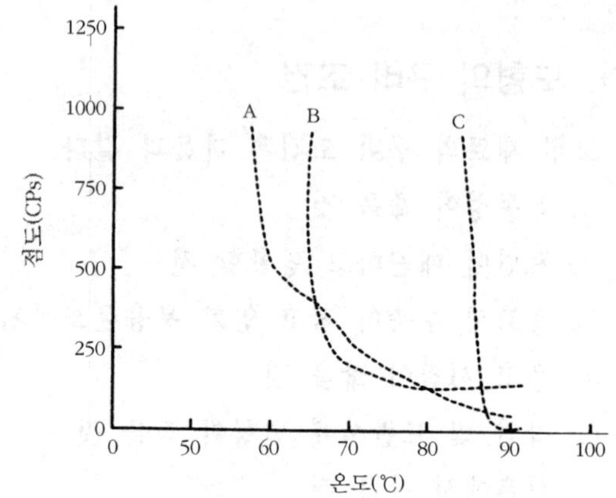

그림 6-43 왁스의 응고 형식

(2) 필러(filler)유무에 의한 분류

(가) 언필드 왁스(unfilled wax)

① 필러 성분이 첨가되어 있지 않는 일반적인 왁스로서 왁스의 재생률이 높다.
② 일반적으로 체적 수축률이 높아 두꺼운 부위에 면수축 발생 활률이 높다.
③ 반고체 상태에서 사출된다. 그러나 왁스 제조 업체별로 다소 성질이 다르며 반고체 또는 액체 상태로 할 경우도 있다.

(나) 필드 왁스(filled wax)

① 유기물이 첨가되어 있으므로 체적 수축률이 적고, 상온에서 강도가 높고 변형이 적으므로 정밀 치수를 요하는 제품 제작에 많이 사용된다.
② 응고 시간이 빠르다. 따라서 생산성도 높다.
③ 왁스 재생이 힘든 것이 결점이다.

(3) 사용 용도에 의한 분류

(가) 모형용 왁스(pattern wax)

제품이 될 왁스 모형 제작에 사용되는 왁스를 말한다.

(나) 탕도용 왁스(extruded wax shape 또는 stick wax)

요구하는 굵기와 길이대로 공급받을 수도 있고 편상(flake)으로 공급받아 제조 업체에서 요구하는 형상으로 제작하여 사용할 경우도 있다. 이 탕도용 왁스는 탈 왁스시 모형용 왁스보다 먼저 녹아 나와야 하므로 왁스보다 연화 온도가 5~10℃ 낮아야 한다.

(다) 수선용 왁스(patch wax)

왁스 모형에 생긴 면수축이나 흠집, 기포 등을 보수할 때 사용하는 왁스를 말한다.

(라) 접착용 왁스(glue wax 또는 stick wax)

모형 왁스와 탕도, 탕도와 주입 컵 등 왁스를 서로 접착시킬 목적으로 사용되는 왁스로서 접착력이 매우 강하다.

다. 왁스 모형의 사출 온도 결정

일반적으로 모형 왁스의 사출 온도와 용융점, 연화점 등을 왁스 공급처에 알려 준다. 그러나 이 사출 온도는 사출기의 사출 형식, 사출 압력 등에 따라 달라질 수 있으므로 사출온도의 결정은 실제로 작업하는 현장에서 보유하고 있는 사출기의 조건에 따라 시험을 거쳐 결정하는 것이 가장 좋다. 예를 들면, 용융점이 72℃인 필드 왁스를 사출 압력 $10kg_f/cm^2$인 노즐 하향식 사출기에서는 65℃의 반액체 상태에서 사출을 해야 하나 사출 압력 $40kg_f/cm^2$인 노즐 수평식 사출기에서는 40℃의 반고체 상태에서 사출할 수 있다. 그러나 사출 온도를 결정할 때 주의할 점은 가능한 한 낮은 온도 범위에서 사출하는 것이 왁스의 체적 수축이 적어 보다 정밀한 치수를 얻을 수 있다.

라. 왁스 모형의 제작

(1) 모형 왁스의 용해

① 왁스 용해용 탱크 내부를 깨끗이 청소한 후 왁스를 넣는다.
② 탱크 내부의 온도를 왁스의 용융점에 맞춘 후 용해를 시작한다.
③ 탱크 내부의 교반 날개를 회전시킨다. 이때 분당 회전수는 12~18이 적당하다.
④ 왁스가 완전히 용해되어 용융점까지 도달했을 때 40 메시의 체로 혼입되어 있는 찌꺼기를 걸러 낸다.
⑤ 일단 걸러진 왁스는 왁스 사출 온도로 조정되어 있는 왁스 탱크로 옮긴다.
⑥ 이 탱크의 내부에서도 역시 교반 날개를 계속 회전시켜 주어야 한다.
⑦ 왁스의 온도가 사출 온도로 균일하게 되었을 때 사출기로 옮겨 사용해야 한다.

(2) 사출기 작동법

사출기는 각 제작 회사별로 그 종류가 다양하다. 노즐의 위치와 운동 방법에 따라 분류해 보면 상향식, 하향식, 수평식 등이 있고 압력의 공급 방법에 따라 분류하면 유압식, 공압식,

공기압식, 펌프식 등이 있으며, 사출 압력 범위는 매우 넓다. 그러므로 다음에 기술하는 사출기의 작동법은 어느 사출기에나 적용되는 공통 사항이다.

① 금형을 사출기에 안치한 다음 사출기의 노즐 구멍과 금형의 왁스 주입구를 정확히 맞추어야 한다.

② 작업 시간 전에 금형이 잘 열리고 닫히는지, 코어가 정확히 들어가는지 상, 하형이 완전히 합형되는지, 공극부 부분에 긁힌 자국이나 오물이 없는지 확인하여야 한다.

③ 이형제를 얇고 균일하게 분무시킨다.

④ 왁스를 사출한다. 이때 사출 온도, 압력, 유지 시간 등을 점검한다.

(3) 작업 중 왁스 모형 검사

금형에서 사출 후 왁스 모형을 빼내었을 때 작업자는 다음 사항을 항상 검사하여 다량의 불량을 사전에 예방하여야 한다.

① 왁스 내부에 공기가 혼입되어 모형이 부풀어 오른 것

② 연속적으로 모서리 부위가 파손되어 나오거나 왁스 모형이 완전히 성형되어 나오지 않은 것

③ 금형에서 빠져 나올 때 변형이 생긴 것 등

(4) 왁스 모형의 보수

왁스 모형이 트리(tree)로 조립되기 전에 먼저 손질 과정에서 다음과 같은 결함은 보수되어야 한다.

① 분할선의 높이가 너무 높거나 플러시가 있는 것은 칼로서 조심스럽게 긁어 내어야 한다.

② 면수축이 있는 부위에는 수선용 왁스를 바른 후 제품 높이와 같도록 조심스럽게 긁어 내어야 한다.

③ 기포나 흠집 역시 수선용 왁스로 보수한다.

④ 표면 주름은 헝겊에 트리클로로 에틸렌(trichloroethylene)을 묻혀 닦으면 제거된다.

(5) 코어 이용법

(가) 메탈 코어

[그림 6-44]와 같이 금속제로 만들어진 비소모성 코어로서, 일직선 또는 회전 운동으로 내부 공간을 만들 수 있다. 이 방법이 내부 공간을 만드는 방법 중 가장 경제적이므로 가능한 한 이 방법이 적용될 수 있도록 설계하는 것이 바람직하다.

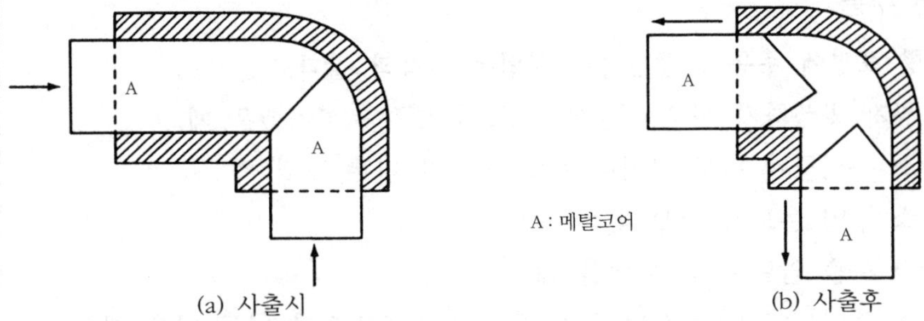

그림 6-44 사출 시와 사출 후의 메탈 코어

(나) 세라믹 코어

금속 코어로서 내부 공간을 만들 수 없는 형상이거나, 금속 코어로서 공간을 만들 수 있으나 내화물이 피복될 수 있는 충분한 공간이 없을 때 적용하는 방법으로서 이미 세라막으로 성형되어 있는 코어를 금형에 넣고 그 주위를 왁스로 사출하는 방법(그림 6-45 (a) 참조)과 금속 코어를 이용하여 먼저 내부 공간을 만든 후 세라믹 코어를 손으로 밀어 넣은 방법(그림 6-45 (b) 참조)의 두 가지가 있다.

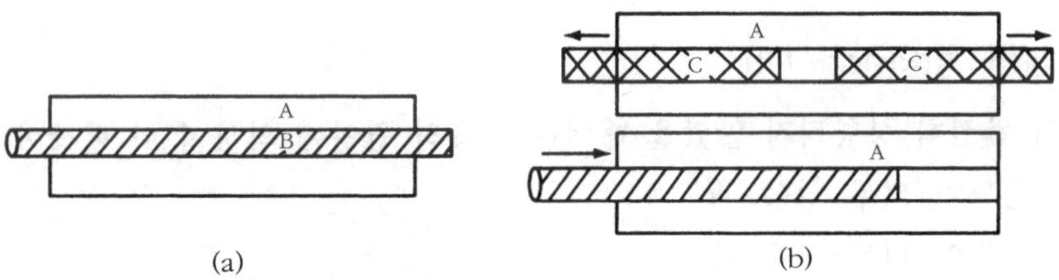

그림 6-45 세라믹 코어 사용 예

마. 왁스 모형 결함의 종류와 발생 원인

(1) 면수축

평행부의 가운데 부분이 움푹 들어가는 현상으로서 특히 단면 두께가 두꺼운 곳에서 많이 발생하는데 일명 디시 또는 싱크라고 하며 그 발생 원인은 다음과 같다.

① 사출 압력이 낮을 때
② 사출 후 가압 유지 시간이 불충분할 때
③ 사출 온도가 너무 높을 때
④ 사출 속도가 너무 느릴 때
⑤ 왁스 주입구의 위치 선정이 잘못 되었거나 주입구 크기가 너무 작을 때
⑥ 체적 수축률이 큰 왁스를 사용했을 때

(2) 표면 주름

왁스 모형 표면에 주름이 발생하는 원인은 다음과 같다.

① 와류가 발생하기 쉬운 위치에 왁스 주입구를 설치했을 때
② 왁스 주입구가 너무 작거나 주입 속도가 너무 느릴 때
③ 왁스 주입 온도가 너무 낮을 때
④ 왁스 사출 압력이 너무 낮을 때
⑤ 왁스 주입 온도는 높으나 금형 온도가 상대적으로 너무 낮을 때
⑥ 이형제를 과도하게 분무했을 때

(3) 기포

왁스 모형 표면 또는 직하에 발생하는 기포의 발생 원인은 다음과 같다.

① 왁스 주입구의 위치가 잘못되어 사출되는 왁스가 금형 내벽에 부딪히면서 비산할 때
② 사출 속도가 너무 빨라 공극부 내에 있던 공기가 빠져 나가지 못했을 때
③ 왁스 내에 기포나 수분이 이미 함유되어 있는 것을 사용했을 때

(4) 왁스 성형 불량(non-fill)

왁스 모형이 완전히 성형되지 않았을 때에는 다음의 원인에 의하여 이 현상이 발생한다.

① 왁스 온도가 너무 낮을 때
② 사출 압력이 너무 낮을 때
③ 금형 온도가 너무 낮을 때
④ 왁스 주입구 위치가 잘못되었을 때
⑤ 주입구가 너무 작을 때
⑥ 공극부 내의 공기가 빠져 나가지 못했을 때
⑦ 이형제를 과도하게 분무했을 때
⑧ 한 금형 내에 여러 개의 공극부가 있을 경우에 그 주입구조의 배분이 잘못 되었을 때

(5) 플래시

왁스 모형의 분할선에 얇은 왁스 날개가 달려 있는 경우는 다음과 같다.

① 금형 제작이 잘못 되었거나 변형이 되었을 경우에 금형의 상하형이 완전히 밀착되지 않은 상태에서 왁스 모형을 사출했을 때
② 사출기에 금형이 정확히 안치되지 않았을 때

③ 금형의 분할면에 이물질이 끼어 상하형이 완전 밀착되지 않은 상태에서 왁스 모형을 사출했을 때
④ 사출 압력보다 상하형 합형 압력이 상대적으로 낮을 때

(6) 칩(chip)

금형에서 왁스 모형이 빠져 나올 때 모형의 일부분이 떨어져 나간 상태를 말하며 그 원인은 다음과 같다.

① 금형에 언더컷의 역경사가 있을 때
② 모형 축출 핀의 배치가 불합리할 때
③ 공극부 내에 이 물질이나 왁스 조각이 끼어 있는데 이를 제거하지 않고 계속 사출했을 때
④ 사출 후 금형에 빠져나올 때까지는 이상이 없었으나 그 후 취급 부주의에 의하여 왁스 모형끼리 서로 충돌하여 발생하는 경우도 많다.

바. 왁스 모형의 검사

사출된 모든 왁스 모형은 조립에 앞서 다음과 같은 기준에 의거하여 검사되고 보수되어야 한다.

(1) 합격, 불합격 판정 기준

① 균열은 허용되지 않는다.
② 피트(pit)나 기포와 같은 결함 중 직경이 0.2mm이하, 깊이가 0.1mm이하인 경우에는 불량으로 간주하지 않는다.
③ 결함의 크기가 두께의 25%이하이며 깊이가 직경의 50%이하인 결함은 불량으로 간주하지 않는다.
④ 여러 개의 결함이 집합되어 있을 때 각 결함간의 간격은 그 결함 중 가장 큰 결함의 직경보다 작을 때 그 결함의 집합체는 한 개의 큰 결함으로 간주한다.
⑤ 면수축의 허용 범위는 도면 치수에 의거 합격, 불합격 판정을 한다.
⑥ 일반적으로 기계 가공 부위의 왁스 모형 결함의 허용되므로 보수하지 않는다. (단, 그 결함 깊이가 기계 가공 여유보다 깊을 경우에는 예외이다.)

(2) 보수 부위의 확인

전술한 기준에 의거 결함 부위가 보수되었는지 확인하여야 하며 일단 보수가 된 부위라 할지라도 정확히 보수되었는지 재확인하여야 한다. 또한 보수 작업을 하는 동안 또 다른 부위를 손상시키지 않았는지 확인을 하고 조립 준비를 하여야 한다.

사. 왁스 모형의 조립

(1) 왁스 틀(wax frame) 제작

왁스 모형의 크기 및 형상에 따라 한 개에서 수 백 개까지 모형이 부착될 수 있도록 만들어진 것을 왁스 틀이라 한다. 이 왁스 틀의 모양과 크기는 인베스트먼트 주조업체마다 공정 특성에 따라 다양하다. 그러나 여러 개의 형을 한 곳에 조립하여 동시에 주조하므로서 1회 주입으로 많은 양의 주조품을 얻어내는 목적은 같다.

(2) 왁스 모형의 조립

(가) 모형 조립 순서

① 왁스 모형의 주입구 부분에 전기 인두를 접촉시켜 가열시킨다.

② 왁스 모형을 접착시키고자 하는 위치의 스틱에 전기 인두를 접촉시켜 가열시킨다.

③ ①과 ②의 동작을 동시에 실시하여 전기 인두를 슬라이딩시키면서 빼내어 왁스 모형을 정확한 위치에 접착시킨다.

④ 접착 부위에 생긴 틈이나 기포를 전기 인두로 왁스를 녹여 메워 주거나 용융 왁스를 붓으로 찍어 발라서 메운다.

⑤ ①에서 ④까지의 동작을 반복 실시하여 요구하는 숫자대로 왁스 모형을 왁스 틀에 부착시킨다.

⑥ 탈 왁스가 잘 되지 않는 형상은 [그림 6-46]과 같이 탈 왁스 보조 통로를 붙인다.

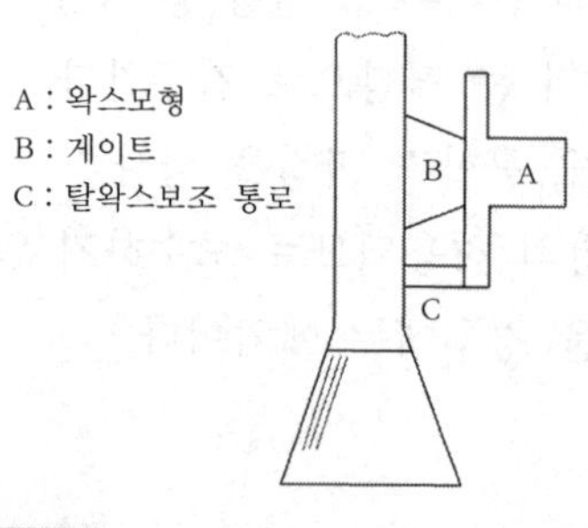

그림 6-46 탈 왁스 보조 통로 부착 예

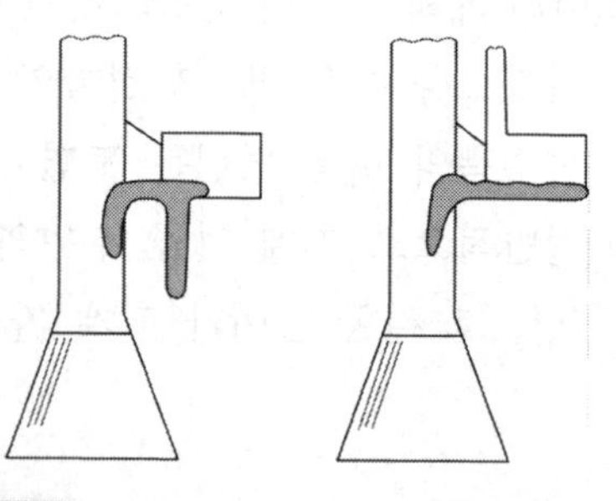

그림 6-47 탈 왁스가 잘되는 방향으로 조립

(나) 왁스 모형 조립시 주의 사항

① 왁스 모형 중 전기 인두가 접촉되는 주입구 하단 부위 이외는 전기 인두가 닿아서는 안된다.

② 왁스 모형은 일정한 간격을 유지하여 일직선으로 조립되어야 한다.

③ 이미 조립되어 있는 왁스 모형의 제품 부위에 왁스 방울이 떨어져서는 안된다.

④ 제품의 구조상 어느 방향으로든 탈 왁스가 잘 되지 않는 부위에 주입구가 부착되어 있을 경우에는 탈 왁스 보조 통로를 붙여 주거나 가능한 한 [그림 6-47]과 같이 탈 왁스가 잘 되는 방향으로 조립하는 것이 좋다.

⑤ 주입 후 제품 절단이 용이하도록 왁스 모형을 조립하여야 한다.

이상과 같이 왁스 틀에 모형이 조립되어 완성된 것을 왁스 트리(wax tree) 혹은 클러스터(cluster)라고 부른다.

(3) 왁스 트리의 검사

이 왁스 트리는 내화물 피복에 앞서 다음 사항을 검사하여야 한다.

① 스틱과 스틱의 접착 부위가 견고하게 잘 붙었는지 확인한다.

② 왁스 모형과 스틱이 잘 접착되었는지 확인한다. 특히 주입구와 스틱 사이에 좁은 틈이 없는지 확인한다.

③ 손질시에 긁어낸 왁스 가루가 모형 표면에 붙어 있는지 확인한다.

④ 손상된 모형이 붙어 있지 않은지 확인한다. 손상된 모형은 제거시키거나 완전히 보수하여야 한다.

⑤ 모형이 일정하게 잘 배열되었는지 확인한다. 정규 배열에서 이탈된 모형은 용탕 주입 후 절단시 제품이 손상될 우려가 있다.

이렇게 검사된 트리는 작업 번호, 재질 번호, 작업자 번호 등을 표시한 후 깨끗한 곳에 보관하여 다음 공정으로 이동에 대기한다.

4 주형 제작

가. 주형 제작에 쓰이는 재료

(1) 점결제(binder)

인베스트먼트 주조에 사용되는 점결제는 다음과 같은 조건을 구비하여야 한다.

① 점결제는 왁스를 용해시키거나, 서로 반응하지 않고 서로 잘 접착되어야 한다.
② 점결제는 상온에서 또는 주형의 소성 온도, 용탕 주입 온도에서도 내화물 입자를 서로 단단히 결합시켜 줄 수 있는 능력을 지니고 있어야 한다.
③ 점결제는 내화물과 반응하여 저융점의 공정 물질을 생성시켜서는 안된다.
④ 점결제는 주입 금속과 반응을 일으켜서는 안된다.

이상과 같은 조건에 가장 잘 부합되는 점결제로서 많이 사용되고 있는 점결제는 콜로이들 실리카 점결제(colloidal silica binder)와 가수 분해된 에틸실리케이트 점결제(prehydrolized ethylsilicate binder)이다. (〈표 6-6, 6-7〉 참조)

표 6-6 콜로이들 실리카 점결제

규격	성분 및 성질
무수규산(SiO_2)	30~31%
입자크기	8~20mu
표면적	200~370mm^2/g
비중(20℃)	1.2
점도(25℃)	3~5 CPS
Na_2O	0.6%이하
PH	9.5~10.5
수분	70%
색깔	투명 유백색 액체
빙점	0℃
안정성	반영구적
냄새	없음

표 6-7 에틸 실리케이트 점결제

규격	성분 및 성질
무수규산(SiO_2)	17~21%
비중	0.91~0.92
점도	5 CPS
색깔	무색투명 액체
빙점	-22℃
발화점	약 240℃
산화유량	약 0.05%
산함유량	20℃에서, 밀폐된
안정성	용기내에 있을 경우 약 6개월

(가) 콜로이들 실리카 점결제의 장점 및 단점

장점

① 가수 분해하지 않고 바로 사용할 수 있다.

② 건조 후 내화물 결합 강도가 에틸실리케이트 점결제보다 우수하다.

③ 보존 기간이 반영구적이다.

단점

① 주성분이 물이므로 건조하는데 시간이 많이 걸린다. 특히 마지막 피복 작업을 하고 건조시키는데 상당한 시간이 소요된다.

② 이로 인하여 생산성이 낮다.

(나) 에틸실리케이트 점결제의 장점 및 단점

장점

① 암모니아 가스로 경화시키면 빠른 시간 내에 경화된다. 그러므로 마지막 피복을 하고 경화시키는데 불과 몇 시간 걸리지 않는다.

② 이로 인하여 생산성이 높다.

단점

① 콜로이들 실리카 점결제보다 값이 비싸다.

② 아무리 잘 밀폐해 놓아도 6개월 이상이 지나면 변질의 우려가 있다.

③ 알코올이 혼합되어 있으므로 화재의 위험성이 높다. 그러므로 항상 취급 및 관리에 유의하여야 한다.

이상과 같은 장단점을 고려하여 1~2차 피복 작업은 비록 건조 시간은 많이 걸리지만 콘로이들 점결제를 사용하고 3차부터 최종 피복 작업(7~10차)까지는 에틸실리케이트 점결제를 많이 사용한다.

(2) 내화물

(가) 슬러리 배합용 내화물

① 지르콘 분말(zircon flour)

평창 수축이 적고 또한 열팽창 계수가 적으며 잘 처리된 지르콘은 해리 온도가 1760℃까지 되므로 직접 용탕이 닿는 1~2차 침지용 슬러리 배합용으로 많이 사용된다.

② 불투명 석영 유리 분말(fused silica flour)

고순도의 무수 규산을 용융시켜 단일 산화물로 만든 유리로서 열팽창 계수는 가장 낮다. 그러나 어떤 불순물과 반응하여 결정화되면 크리스트바라이트가 되어 변태를 수반한 이상 팽창을 일으켜 주형 균열, 치수 변화 등을 일으키거나, 어떤 합금에 있어서는 용탕 표면에서의 화학 반응 또는 결정을 조대화시키는 경우가 있다. 그러나 표면 굴곡이 많은 제품이나 구멍이 많은 제품일 경우에 주조 후 염욕 처리가 잘 되므로 1~2차용 슬러리 배합시 지르콘 분말과 반반씩 섞어서 사용할 때도 있다.

③ 고알루미나 샌드 및 분말

CaO, MgO,FE_2O_3가 많으면 알칼리도가 높아져 에틸 실리케이트 점결제와 배합시 슬러리의 조기 겔(gel)화의 원인이 되어 슬러리의 사용 수명이 짧아지며 내화도도 떨어진다. 주로 에틸 실리케이트 점결제와 배합하여 백 업(back up : 보통 2차 이후 최종 피복까지의 작업)용 슬러리 제작에 많이 사용된다.

일반적으로 200 메시의 분말과 60~80 메시의 입자를 일정비로 섞어 배합하므로서 주형강도를 상승시켜 주며 또한 통기성도 향상시켜 준다.

(나) 피복용 내화물

① 지르콘 샌드(zircon sand) : ZrO_2 + SiO_2 성분이 98.5% 이상이며 비중은 4.2~4.5 입자의 크기는 60~80 메시 정도이다.

② 고알루미나 샌드(high alumina sand) : 고알루미나 분말과 같으나 제품 형상에 따라 60~80 메시, 25~40메시 등의 입자로 주로 백 업용 주형 피복제로 사용한다.

나. 1차, 2차 피복 작업

(1) 슬러리 배합 용기

슬러리의 주된 성분은 액상 점결제와 고체 내화물이다. 그러나 이 내화물은 비중이 크므로 배합후 슬러리를 장시간 정체시켜 놓으면 가라앉아 침지하게 된다. 그러므로 이러한 내화물 침지 현상을 방지하고, 배합 성분이 균일하게 배합되도록 하기 위하여 슬러리는 항상 교반을 시켜 주어야 한다. 슬러리 교반 방법에는 용기를 정지시켜 놓고 외부에서 프로펠라를 슬러리 내에 삽입시켜 회전하는 방법과 [그림 6-48]에서 보는 바와 같이 용기 내에 삼각판을

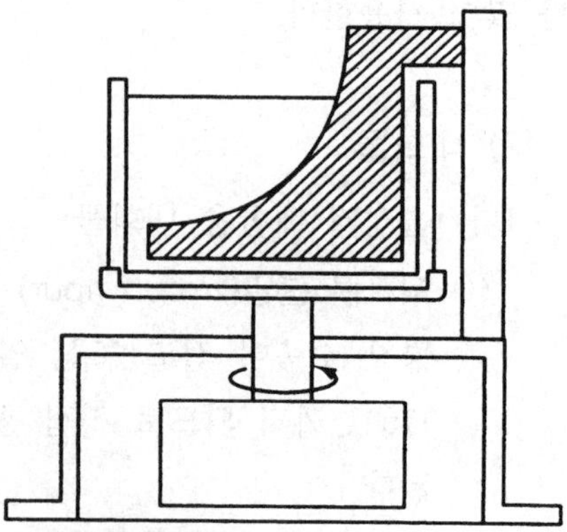

그림 6-48 슬러리 배합 용기

가로 질러 놓고 용기를 회전시키는 방법이 있다. 이렇게 용기를 회전시켜 슬러리를 배합하면 배합이 균일하고 외부 공기의 혼입이 적다. 그러나 다량의 슬러리를 배합해야 할 경우는 프로펠라법을 많이 사용한다. 그리고 이때 사용되는 배합 용기는 스테인리스강이나 폴리에틸렌 용기를 사용하여야 한다.

(2) 슬러리 배합법

슬러리 배합 조성은 제품의 크기, 형상 등에 따라 점도를 달리하는 경우가 있으나 일반적으로 콜로이들 실리카 점결제로 1~2차 피복용 슬러리를 배합할 때는 〈표 6-8〉의 조성으로 배합한다.

표 6-8 슬러리 배합 조성

성분	조성
콜로이들 실리카	19.8%
지르콘 분말(200~300메시)	80%
계면 활성제	0.05%
소포제	0.15%

슬러리의 배합 순서와 방법은 다음과 같다.

① 배합 용기와 측정 기구를 깨끗이 청소한다.
② 배합된 모든 재료를 소요량 만큼 미리 측정해 둔다. 이때 소포제와 계면 활성제는 메스실린더로 정량해 두는 것이 정확하다.
③ 점결제를 2/3정도 용기에 붓는다. 이때 부터 회전시켜 주어야 한다.
④ 지르콘 분말 전량을 붓는다. 이때 주의할 점은 한꺼번에 모두 쏟아 부으면 덩어리가 많이 생기므로 천천히 조금씩 부어야 한다.
⑤ 나머지 점결제 1/3정도 용기에 부은 후 1시간동안 배합시킨다.
⑥ 계면 활성제와 소포제를 넣는다.
⑦ 점결제와 내화물이 완전히 배합되고 배합시 혼입된 기포가 완전히 제거되려면 최소 8시간이 소요되므로 배합 후 8시간 이후부터 작업을 시작하여야 한다.
⑧ 8시간 후 점도를 측정했을 때 25~40초(No.4 Cup Zahn)가 일반적으로 많이 사용하는 점도이다.

(3) 1차 슬러리 피복 작업

(가) 1차 슬러리 피복

① 왁스 트리를 약 30℃로 하여 천천히 슬러리 속으로 밀어 넣는다.

② 왁스 트리를 빼내어 잉여 슬러리를 흘러내리게 한다.

③ 이때 슬러리가 균일하게 피복되지 않아 왁스 표면이 보이거나, 공기 주머니가 생겨 슬러리가 피복되지 않을 때에는 반복 작업을 실시한다.

(나) 1차 샌드 피복

1차 슬러리 피복을 하여 왁스 트리 표면에 피복된 슬러리가 마르기 전에 내화물 샌드를 입혀야 한다. 이렇게 샌드를 입히는 작업을 스터코(stucco)라 하는데 스터코를 하는 방법은 두 가지가 있다. 첫째는 바닥에 40~50메시의 체가 부착된 용기를 공중에 달아 놓고 그 속에 60~80메시의 내화물 샌드를 넣은 후 용기에 진동을 주면 이 내화물 샌드가 비오듯이 떨어지며 이 속에 왁스 트리를 놓고 내화물 샌드를 피복시키는 레인 스터코(rain stucco)법이 있다. 둘째로는 샌드가 담겨 있는 용기 바닥으로 공기를 불어 넣어 모래를 공중으로 띄워 놓은 상태에서 왁스 트리를 집어 넣어 샌드를 피복시키는 플루다이즈드 베드(fluidized bed)법이 있다.

일반적으로 1차 피복은 좁은 홈이나 구멍 부위까지도 피복이 끝난 주형은 실내 온도 21~25℃, 상대 습도 60~80%되는 건조실에서 최소 4시간 이상 건조 후 2차 피복 작업에 들어간다.

(4) 2차 피복 작업

1차 피복된 셸(shell)이 완전히 건조된 후 똑같은 방법으로 2차 피복을 한다. 2차 피복 후 최소 10시간 이상 건조한 후 3차 피복 작업을 하여야 한다.

다. 백업 피복 작업

(1) 슬러리 배합법

백업용 슬러리 역시 작업 조건에 따라 다소 차이는 있으나 일반적으로 백업용 슬러리의 조성은 〈표 6-9〉과 같다.

배합 순서 및 방법은 전술한 방법과 동일하나, 배합 완료 후 백업용 슬러리 배합시 혼입된 기포를 완전히 제거시킬 필요가 없으므로 배합 후 30분 후면 작업을 개시하여도 된다.

단, 작업 전에 점도를 검사하여 15~20초(Ford 4-B) 범위 내에 있는 것이 좋다.

표 6-9 백업용 슬러리의 조성

에틸 실리케이트 점결제	28%
고알루미나분말 (200~300메시)	50%
고알루미나샌드 (60~80메시)	21.8%
계면 활성제	0.17%
소포제	0.03%

(2) 백업 샌드 피복 및 경화 작업

백업 피복 후 주형을 경화시키는 방법에는 공기의 강제 송풍에 의한 경화법과 에틸 실리케이트를 암모니아 가스로 겔화시키는 방법이 있는데 이 암모니아 가스로 겔화시키는 방법에도 밀폐 용기 내에 주형을 놓고 암모니아 가스를 집어 넣는 방법과 2~3%의 암모니아 가스 농도를 유지시킨 터널을 콘베어로 통과시키는 방법이 있다. 이들 방법 중 능률적이고 생산성이 높은 방법은 암모니아 터널 통과법이다. 다음에 설명하는 피복 작업은 이 방법을 기준으로 한 것이다.

① 먼저 2차까지 피복된 셸이 완전히 건조되었는지, 셸에 균열이 가지 않았는지, 왁스 모형이 떨어져 나가지 않았는지 확인한다.

② 주형을 조용히 흔들어 표면에 허술하게 붙여 있는 샌드가 떨어지게 한다.

③ 주형을 슬러리에 조심스럽게 담근다.

④ 주형을 끄집어 내어 잉여 슬러리를 흘러내리게 한 후 푸루다이즈드 베드에서 즉각 스터코 한다.

⑤ 이렇게 스터코된 주형을 콘베어에 걸어 암모니아 터널로 통과시킨다.

⑥ 주형이 요구하는 두께가 형성될 때까지 상기 작업을 반복한다.

⑦ 피복이 완전히 끝난 주형은 마지막으로 슬러리에 디핑(dipping)만 하고, 샌드를 입히지 않는다. 이 작업을 실러 디핑(sealer dipping)이라고 한다.

⑧ 완전히 피복이 끝난 주형은 최소 12시간 이상 공기 강제 송풍실 내에서 건조시킨 후 탈 왁스시킨다.

라. 탈 왁스 작업

탈 왁스 방법에는 가열된 액체 속에 주형을 침지시켜 왁스를 녹여 내는 법, 트리클로로에틸렌을 가열시켜 발생하는 증기로 왁스를 녹여 내는 법, 오토클레이브(auto clave)내에서 수증기로 녹여 내는 법, 마이크로 웨이브(micro wave)로 녹여 내는 법 등이 있으나 중요한 기본 원칙은 왁스가 팽창되기 전에 또는 팽창되지 않도록 하여 왁스를 녹여 내어야만 주형에 균열이 발생하지 않는다. 그러므로 **가장 빠른 시간 내에 압력을 가해 왁스의 팽창을 저지시켜 주면서 수증기의 열로 왁스를 녹여 내는 오토클레이브 탈 왁스법이 가장 많이 사용되고 있다.** 탈 왁스시 오토클레이브 내에 걸리는 압력은 7~8kg_f/cm^2이며 탈 왁스 시간은 왁스의 종류에 따라 다소 차이가 있으나 평균 20~30분이며 충분하다.

마. 주형 균열 발생 원인

탈 왁스 전, 후의 주형에 발생하는 균열은 다음과 같다.

① 주형 피복 작업장의 온도 및 습도의 변화가 심할 때
② 피복한 내화물층이 건조되지 않은 상태에서 다음 피복 작업을 계속 했을 때
③ 건조가 충분히 되지 않은 주형을 탈 왁스 하였을 때
④ 탈 왁스시 고압 가마 내의 압력이 낮아 왁스 팽창을 저지시키지 못했을 때
⑤ 노후화된 점결제를 사용하여 피복했을 때 점결력이 낮아 주형의 강도가 떨어지므로 탈 왁스 후 주형에 균열이 발생한다.

바. 불량의 종류와 원인

(1) 버클링(buckling)

피복한 내화물층의 건조 또는 경화되지 않은 상태에서 다음 피복을 계속한 후 탈 왁스 하였을 때, 일부 피복층이 분리될 경우가 있다. 이러한 상태에서 주형을 소성하고 용탕을 주입하여 분리된 주형층이 용탕쪽으로 밀려 들어가거나 바깥쪽으로 밀려 나온 상태를 말한다. 특히 이 현상은 표면적이 적은 넓은 평판 부위에 많이 나타난다.

(2) 벌징(burging)

주형 피복시 좁은 홈이나 작은 구멍을 피복할 때 주의하지 않으면 홈이나 구멍의 중간 부위까지 내화물이 균일하게 피복되지 않고, 홈이나 구멍 입구가 먼저 막혀 버리는 경우가 있다. 이러한 현상을 브릿지(bridge)라 한다. 브릿지가 생긴 이후는 구멍이나 홈 내부가 계속 피복이 될 수 없으므로 중간 부위의 내화물층은 매우 얇다. 이러한 상태에서 탈 왁스 후 용탕을 주입하면 주입되는 온도와 압력에 의하여 구멍 내부의 얇은 부위가 밀려 나오게 된다. 구멍이나 홈의 중간 부위에 혹처럼 튀어나와 있는 것을 벌징이라 한다.

(3) 제품 표면의 거칠음과 금속 침투 현상

1차 피복용 슬러리의 점도가 너무 낮을 때, 1차 스터코용 샌드의 입자 굵기가 너무 굵을 때, 너무 오래된 슬러리로 1차 피복을 했을 때에 나타난다.

5 주형의 소성

주형의 소성을 하는 목적은

① 탈 왁스 후 주형 내부에 남아 있는 잔류 왁스를 완전히 태워 없애기 위하여

② 주형을 소결시켜 강도를 높여주기 위하여

③ 주형을 예열시켜 주기 위하여 보통 800~1100℃까지 주형을 가열시켜 준다.

솔리드몰드 주형은 두께가 두꺼워 열전도 속도가 늦기 때문에 천천히 온도를 상승시키지 않으면 주형에 균열이 발생한다. 세라믹 셸 주형은 바로 800~1100℃로 가열된 소성로에 장입하여도 균열이 발생하지 않으나 주형이 크고, 형상이 복잡한 주형은 균열의 우려가 있으므로 서서히 가열해 주어야 한다.

소성 시간은 언필드 왁스보다 필드 왁스를 사용한 주형이 길다. 일반적으로 필러 성분을 완전히 태워 없애는데는 800~1100℃에서 2시간 이상이 걸린다.

[그림 6-49]는 각 내화물의 온도 상승에 따라 팽창율을 나타낸 것이다. 내화물별로 팽창률이 큰 온도 범위에서는 서서히 가열하여야 균열이 발생하지 않으며, 팽창률이 완만한 범위에서는 온도를 급상승시켜도 균열이 발생하지 않는다.

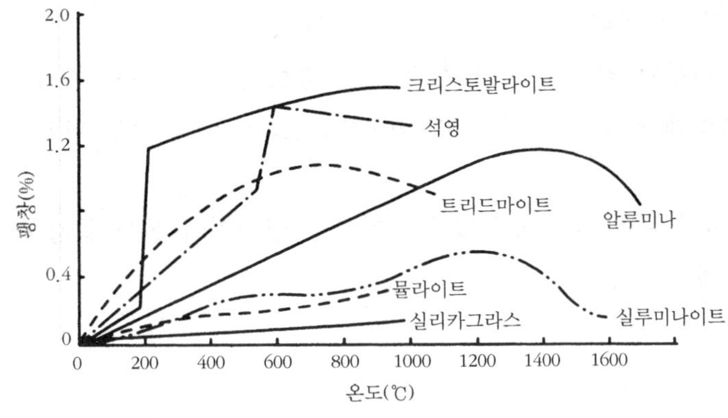

그림 6-49 각종 내화물의 온도 상승에 따른 팽창률

가. 소성로에 장입시 주의 사항

소성로에 장입시 주형 내에 불순물이 혼입되지 않기 위해서는 다음 사항에 주의하여야 한다.

① 주형 운반 기구는 항상 깨끗이 관리하여야 한다.

② 주형은 항상 주입 컵이 아래로 향하게 하여 취급하여야만 불순물 혼입을 방지할 수 있다.

③ 소성로에 장입시 주형간의 간격을 최소 50mm이상 유지하여 서로 충돌로 인한 주형 균열이나 파손을 방지하여야 한다.

나. 단열재 피복

주입시 탕회 불량이나 내부 수축공 발생 우려가 있는 부위에 세라믹 파이버 브랭킷(ceramic fiber blanket)과 같은 단열재를 씌워 불량을 방지시키는 방법도 많이 사용된다.

① 두께가 얇아 탕회 불량의 우려가 있어 그 부위의 셸 외부에 단열재를 씌운 경우에는 주입 후 단열재를 즉각 제거해야 한다.

② 내부 수축공을 방지하기 위하여 탕도, 주입구 혹은 압탕에 씌운 단열재는 제품이 완전히 응고할 때까지 씌워 두어야 한다.

다. 주형 균열

소성 완료 후 주입 직전에 주형의 결함이 발견되었을 때에는 다음과 같이 조치하여야만 주형 균열을 방지할 수 있다.

① 제품 부위의 일부가 떨어져 나간 것과 같은 결함은 그 부위를 즉각 내화 모르타르로 보수 후 소성로에 신속하게 재장입하여야만 온도의 급강하에 의한 주형 균열을 방지할 수 있다.

② 주형을 냉각시켜야 할 경우에도 소성로에서 서냉시켜야 온도 급강하에 의한 주형 균열을 방지할 수 있다.

6 용해 및 주입

주로 니켈계 내열 합금(인코넬계 합금)은 고온 강도를 유지시켜 주는 원소인 알루미늄, 티타늄 등이 대기중의 산소, 질소 등과 결합하는 것을 방지하기 위하여 진공중에서 용해 및 주입을 한다. 그러나 일반 탄소강, 저합금강, 스테인리스강, 코발트계 내열 합금, 일부 니켈계 내열 합금(스텔라이트계) 등은 일반적으로 대기 또는 아르곤 가스 보호 분위기에서 주로 고주파 유도로에서 용해, 주입한다.

가. 주입 온도

〈표 6-10〉는 주형 소성 온도 950~1050℃에서의 각 재질별 주입 온도를 나타낸 것이다. 주입 온도는 제품의 두께, 형상, 주형 소성 온도에 따라 달라질 수 있으며, 주형 소성 온도를 조정하는 것보다 주입 온도를 조정하는 것이 좋다.

표 6-10 각 재질별 주입 온도

재 질	주 입 온 도
탄소 및 저합금강	1590~1640℃(1680℃를 초과하지 말 것)
크롬계 스테인리스강	1580~1630℃(〃)
니켈-크롬계 스테인리스강	1570~1620℃(〃)
니켈합금	가능한 한 1560℃를 초과하지 않는 것이 좋다
코발트 합금(스텔라이트계)	1620~1670℃
코발트 합금(기타)	스텔라이트-9 1450~1600℃

나. 용해(고주파로)

(1) 탈산제 첨가 방법 및 시기

① 노내에 첨가할 탈산제 양을 정량해 둔다.

② 용해가 시작되면 소량을 주기적으로 첨가하다가 완전히 용해가 되어 주입 온도에 도달하면 남은 양을 전부 노내에 첨가한다.

③ 레이들에 첨가할 탈산제 전량을 주입 레이들 바닥에 놓고 출탕시킨다. 이 때 발생하는 와류에 의하여 탈산제가 균일하게 확산되어 탈산 효과가 크다.

(2) 용해 작업 순서

① 재료 장입 전에 먼저 라이닝의 상태 즉, 균열 여부, 마모상태, 흠집 여부, 건조 상태 등을 점검하여야 한다.

② 노내에는 이물질이 없어야 하며 노벽에 슬래그가 과도하게 붙어 있어서는 안된다.

③ 재료를 장입하여 용해를 시작한다.

④ 전술한 탈산 방법에 의하여 탈산시키면서 용해를 계속한다.

⑤ 슬래그를 완전히 제거한 후 용탕 온도를 측정하고 화학 분석용 시편을 채취하여 분석 한다.

⑥ 분석 결과에 따라 원소를 추가로 첨가하여야 할 때 그 정량 범위는 100kg 용해당 ±0.1g 오차내로 측정하여 첨가하여야 한다.

⑦ 분석 결과가 합금 규격내에 들면 용탕을 출탕 온도까지 상승시킨다.

⑧ 슬래그를 완전히 제거한 후 용탕 온도를 측정한다.

⑨ 주입 레이들에 탈산제를 넣고 출탕시킨다.

다. 주입

① 출탕 전에 주입 레이들은 1200℃ 이상으로 예열되어 있어야 한다.

② 출탕시 주입 레이들 용량의 3/4만큼 용탕을 받는 것이 주입하기 편리하다.

③ 레이들을 주입 컵에 최대한 가까이 하여 빠르게 그러나 조용히 주입하여야 한다. 이때 주의할 점은 주입 도중에 멈추거나, 용탕이 밖으로 튀어나가지 않도록 주의 한다.

7 후처리

주입이 완료된 주형은 완전히 응고된 후 후처리하여야 한다. 주형은 녹아웃 머신(knockout machine)으로 셸을 제거한 뒤 절단기로 제품의 주입구를 절단한다. 절단된 제품은 표면에 잔류해 있는 내화물이나 표면 스케일을 60~90 메시의 샌드나 쇼트(shot)로 블라스팅(blasting)하여 완전히 제거시킨다. 이때 블라스팅이 잘 되지 않는 홈속이나 구멍 속의 내화물, 세라믹 코어 등은 600~620℃의 염욕에서 녹여 낸다. 주조품은 다음 공정을 거쳐 완성된다.

가. 주입구 연마 작업(gate grinding)

주입구는 주로 연마석이나 샌드 벨트(sand belt)에서 그라인딩하여 제거하는데, 잔류 주입구의 높이를 결정해 두어야 한다. 일반적으로 기계 가공이 있는 부위에 주입구가 붙어 있을 경우에는 0.2~0.5mm의 잔류 주입구를 남겨도 되나 기계 가공이 없는 부위의 주입구는 완전히 제거시켜야 한다. 이 때 주의할 점은 반드시 도면을 참조하여 허용 공차를 벗어나지 않도록 해야 한다.

나. 교정

인베스트먼트 주조품은 대체로 복잡하고 까다로운 형상이 많으며, 특히 가늘고 긴 형상의 경우에는 왁스 모형의 사출, 조립 또는 용탕 주입 후 응고 과정에서 변형이 생기는 경우가 많다. 변형된 주조품은 재질, 제품 형상 등에 따라 열간 또는 냉간 교정을 한다.

대량 생산품의 경우에는 주조품을 치구에 안치시킨 후 프레스로 교정하면 소량 생산품의 경우에는 망치로 교정할 경우도 있다.

주의할 점은 균열이 발생하지 않도록 주의하여야 한다.

그 외에 제품 사양에 따라 열처리, 가공 등의 후공정을 거쳐 검사 부서로 인계하여 각종 검사를 실시하여야 한다.

다. 각종 검사법

〈표 6-11〉은 인베스트먼트 주조품의 일반적인 검사 항목을 나타낸 것이다.

표 6-11 인베스트먼트 주조품의 각종 검사법

구 분	내 용
화학적 성질	화학 성분 시험 등
기계적 성질	인장, 경도, 굴곡, 충격 시험 등
열처리 및 현미경 조직 시험	주방 상태, 풀림 상태, 노멀라이징 상태, 담금질·뜨임 상태, 금속조직의 종류 및 입자 크기 등
치수 검사 및 표면 육안 검사	도면 치수 검사 및 허용 공차, 잔류 게이트 높이, 표면 거칠기, 표면 육안 검사 등
비파괴 시험	형광 침투 탐상 시험, 자분 탐상 시험, 초음파 탐상 시험, 방사선 투과 시험 등
기타 검사	게이지에 의한 주요 치수 검사 등

제4절 | 기타 주조법

1 쇼 프로세스

쇼 주형법(shaw process)은 **일종의 정밀주조법으로서 영국의 고고학자인 N. Shaw 및 C. Shaw형제가 로마시대 유물을 복제하기 위하여 수축하지 않고 통기성이 좋은 정밀내화물 주형으로 개발한 것**이다. 이 방법의 가장 특이한 점은 생형주형의 표면을 급가열함으로써 미세한 균열을 균일하게 하여 주형을 건조할 때 일어나는 주형의 수축을 방지함과 동시에 통기성을 좋게 한다는 점이다. 또 이 주형법에서는 점결제인 규산졸이 겔화하는 도중에 탄력성이 남아 있을 때 원형을 빼내므로 경사가 없거나 심지어는 약간 역경사(이 경우는 탄성 원형을 써야 함)인 원형이라도 사용가능하다는 이점이 있다.

이 밖에 이 **주형이 갖는 특징**은 다음과 같다.

① 복잡한 모양이나 곡면도 잘 나온다.
② 크기에 제한이 없다.
③ 원형재료에 제한이 없다.
④ 치수가 정밀하고 주물표면이 아름답다.
⑤ 용탕주입시 열팽창에 의한 주형의 변형이 거의 없다.
⑥ 인베스트먼트주형법과 달리 분할형이다.
⑦ 대량생산이 어렵고, 주형재료비가 비싸다.

이 주형은 기어류, 라이너 등 정밀주조품과 다이스용, 프레스용, 셸주형용, 플라스틱용 등의 각종 금형 제작에 이용되고 있다.

가. 제조 방법

(1) 원형

쇼 프로세스에 있어서 원형의 치수 정밀도와 표면의 양부는 직접 주물에 영향을 미치므로 충분한 정도와 평활도가 요구된다. 원형 재료는 양질의 목재, 플라스틱 및 금속류가 사용되고 그 밖에 탄성 모형으로서 실리콘 고무 등을 이용하면 매우 편리하다.

금속은 치수 정밀도 및 표면의 평활도가 좋은 것이 만들어진다. 금속의 종류에 관해서는 특별한 제한은 없으나 절삭성이 좋고, 가공 다듬질이 용이하며 녹슬지 않는 재료가 좋다.

(2) 주형 재료

쇼 프로세스의 점결제는 에틸실리케이트를 가수 분해한 규산졸이다. 내화물은 그 조건으로 열팽창이 적고 변태점이 없으며, 용융 금속과 반응하지 않고 또한 쇼 슬러리로 했을 때의 유동성이 양호한 것으로 지르콘, 알루미나, 샤모트, 용융 실리카, 올라빈 샌드, 탄화 규소 등이다.

이와 같은 내화물의 선택은 용탕의 온도, 성분, 제품의 가격 등에 따라서 정해진다. 이 밖에 내화물에 요구되는 중요한 요소로서 입도 구성이 있다. 입도 구성이 나쁘면 주형이 변형되거나 표면에 조대한 크랙이 발생하여 주형의 치수 정밀도를 저하시키는 원인이 된다.

(3) 조형법

쇼 프로세스형의 제작법은 두 가지 방법으로 구분된다. 그 분류는 [그림 6-50]과 같으며, 조형법은 [그림 6-51]과 같다.

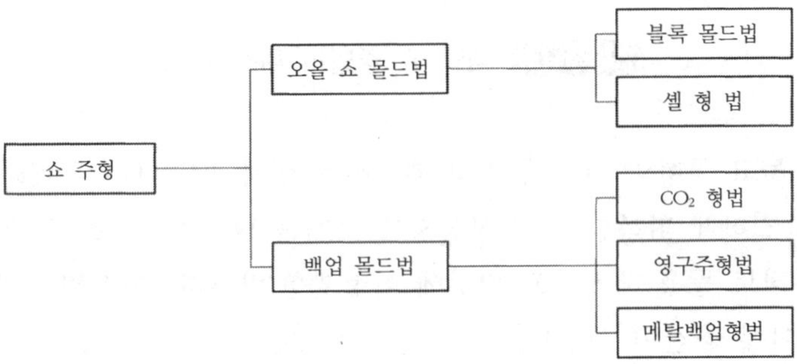

그림 6-50 쇼 조형법의 종류

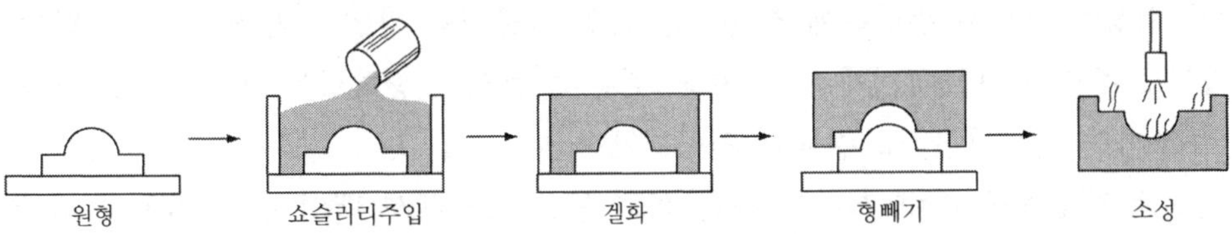

그림 6-51 오올 쇼 몰드 주형의 조형 공정

다른 방법은 백업 몰드를 제작하고 쇼오 슬러리로 페이싱하여 주조를 만드는 방법이다. 이 방법은 현재 가장 널리 이용되고 있다. 이 방법도 백업 주형의 재료와 제작법에 의해 세 종류로 분류된다. 첫째는 샤모트, 규사, 용융 실리카 등을 CO_2법으로 제작하는 방법, 둘째는 샤모트, 지르콘, 알루미나, 탄화 규소, 흑연 등을 주로하고 점결제로 규산졸, 실리카졸, 인삼염, 알루미나 시멘트 등에 의해서 제작하는 영구 주형법, 셋째는 금속으로 백업 주형하는 메탈 백업 조형법이다. 이와 같은 세 가지 방법은 각각 장점과 단점이 있으며 따라서 각각 특색을 살려서 사용되고 있다. 첫째의 CO_2형법에 의한 백업형일 때는 제작이 가장 간단하여 널리 이용되고 있으며, 특히 소량 생산에 적당하다. 둘째는 영구 주형법은 CO_2형법보다도 훨씬 내용 수명이 길고, 정도도 좋으므로 양산품의 제조에 이용된다. 셋째의 메탈 백업형법은 강도가 높고 내구성이 풍부하여 가장 양산적이지만 가스 빼기 대책이나 소성 방법, 온도 등 세밀한 점에서 면밀한 관리가 필요하다. 따라서 제품의 치수 정도는 다른 두 가지 방법에 비해서 훨씬 정확하다. [그림 6-52]는 CO_2법에 의한 백업 주형을 이용한 쇼 주형의 조형법에 관한 것이다.

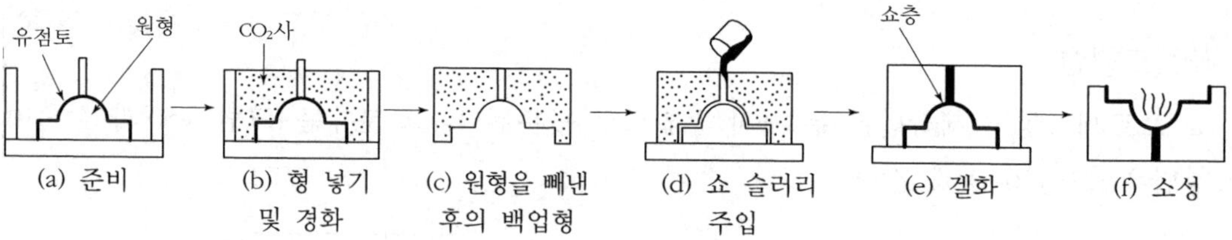

그림 6-52 백업 쇼 주형의 제조 공정

정반에 원형을 놓고 원형의 전면에 쇼의 페이싱을 행하고자 하는 두께와 거의 같은 두께로 유점토 등을 균일하게 피복한 후 주형상자에 모래를 넣고 CO_2가스로 경화하여 형빼기를 하여 원형에서 유점토 등을 제거하고 원형에 이형제를 바른다. 제작해 놓은 백업형을 원형에 덮으면 그 사이에 공간이 생긴다.

이 공간에 쇼 슬러리를 유입하여 슬러리가 겔화해서 경질 고무상으로 된 시점에서 형빼기를 한다. 빼낸 주형은 버너 등으로 쇼 층을 신속히 균일하게 가열해서 급속 건조를 행한 다음 2차 소성에 의해서 주형속에 잔존하는 가연성 물질을 완전히 제거하면 CO_2법에 의한 쇼 콤퍼지트 주형이 만들어지게 된다. 이와 같은 방법으로 상하형을 제작하여 완전히 조립한 후 주조하면 아름다운 쇼 주물이 얻어지게 된다.

CO_2법으로 백업형을 다량 제작할 때는 석고 등을 이용해서 백업 전용 원형을 제작한다.

2 발포 정밀 주형법

가. 발포 정밀 주형법의 특징

발포 정밀 주형법은 점결제로서 규산졸(콜로이들 실리카졸)을 사용하여 염산기 겔화 촉진제를 첨가한 뒤 내화 재료를 첨가하여 잘 혼련해서 슬러리를 만들고, 이를 원형에 유입해

서 조형하게 되는데, 여기서 쇼 법과 다른 점은 점결제속에 미리 소량의 기포제를 첨가하여 슬러리를 교반 혼련할 때 내부에 무수한 소기포를 생기게 해서 원형에 주입하여 슬러리가 응결한 뒤 원형을 빼내서 방치 또는 가열 건조 중에 기포간에 발생하는 갈라진 틈에 의해서 주형의 수축 또는 팽창에 의한 변형을 흡수하는 것이다. 즉, 쇼 법은 변형을 방지하는데 급속 가열에 의해 미소 갈라짐이 발생하는 것을 특색으로 하는 것에 대하여 발포 정밀 주형법은 주형속에 미리 무수한 소기포를 개재시켜서 이런 기포간에 갈라짐을 자연 발생적으로 생기게 하는 것을 특색이다. 또 주형속에 소기포가 무수히 개재한다는 것은 이외에도 다음과 같은 것이 있다.

① 주형 소성시 내화 재료의 열팽창을 완화하여 고급 내화 재료가 아니라도 사용할 수 있다.
② 내화 재료의 입도, 입형, 비중 등의 차에 의한 편석을 방지할 수 있다.
③ 슬러리의 유동성을 더욱 좋게 하고 균일한 충진이 가능하다.
④ 주형속에 틈새가 많으므로 내화 재료가 미세하도 통기성이 좋다.
⑤ 공극률이 높으면 주형의 단열성이 증가하고, 주입 금속이 서냉되므로 변형이 적다.

따라서 주형의 정도가 높고 각종 금형 소재의 주조 및 일반 정밀 주조품의 주조에 응용하여 비교적 낮은 원가로 제조할 수가 있다. 특히 기계 가공이 곤란한 형상이나 고경도 재질의 금형 제작에 효과가 크다.

나. 주형 재료

(1) 점결제

규산 무수물의 초미립자(10~20u)를 분산시킨 규산졸(수용액)을 사용한다. 규산졸에는 규산 20~40%의 것이 있으며 pH는 9.5전후이지만 겔화 시간의 조정이 용이하여 보통 규산분 20%의 것이 사용된다.

(2) 기포제

기포제에는 알킬 벤젠 술폰산 소오다 또는 알킬 알릴 술폰산 소오다 등을 주성분으로 한 활성제가 사용된다.

(3) 겔화 촉진제

규산졸은 알카리, 산, 염 및 전해액의 존재에 의해 겔화되는데 겔화시간의 장단을 임의로 조정하기 쉬운 점에서 염화 암모늄이 사용된다.

(4) 내화 재료

모든 내화 재료를 사용할 수가 있으며 주철 또는 주강을 주조할 때에는 3~8호의 규사와 지르콘사 및 270 메시의 규석 분말 또는 300 메시 80%이상인 지르콘 분말을 적당히 배합한 것이 많이 사용된다.

다. 조형법

(1) 슬러리의 주입

형넣기는 이형 및 소포 효과를 부여하기 위한 표면 처리를 행한 모형을 합형한 상자내에 슬러리를 유입하여 겔화 후 이형한다. 이것에 의해서 주형 표면에 기포가 없는 깨끗한 것을 얻을 수 있다.

(2) 주형의 소성

성형한 주형은 4~24시간 방치한 후 노에 넣고 소성한다. 소성 온도는 650~900℃로 온도가 높은 편이 주형 강도도 높다. 단 주형이 클 때는 형속의 함유 수분도 많으므로 300℃로 1~2시간 유지한 뒤 승온하는 것이 좋다. 소성 후는 450℃정도까지 서냉한 뒤 꺼내서 바로 주입한다.

3 석고 주형법

석고는 보통 조각, 미술품, 장식품 등에 일반적으로 사용되고 있지만 금속공업에서도 석고의 이용이 많다. 석고의 주성분은 $CaSO_4 \cdot 2H_2O$이며 이론상 조성은 CaO가 32.57% SO_3가 46.51%가 되며 이것은 구리, 금, 은을 위시하여 이보다 저융점의 비철합금의 주형으로서 사용되었으며 인베스트먼트 주조용의 재료로 사용되나 상하형의 주형재료로서도 깨끗한 표면, 정밀한 치수를 얻을 수 있으며 특히 제2차대전 후 석고의 새로운 처리법이 발전되어 정밀주조의 용도가 넓어졌다. 석고를 소성하면 다음식과 같이 소석고가 된다.

$$CaSO_4 \cdot 2H_2O \rightarrow CaSO_4 \cdot \frac{1}{2} H_2O + \frac{1}{2} 2H_2O$$

이 소석고는 수화경화성이 있어 물과 혼합하여 방치하면 석고가 생성 경화되며 이것을 120℃이상에서 가열하면 다시 소석고가 되고 200℃ 이상에서 가열하면 경석고($CaSO_4$: 무수물)로 된다. 경석고는 물과 반응하지 않는다. 주형으로 사용하기에는 소석고에 주형의 균열을 방지하기 위해 활석, 경화촉진제나 또는 경화를 지연시키는 첨가제, 규사의 가열건조시 팽창량을 조절하기 위하여 석탄 등을 첨가한다. 이것에 물을 혼합, 매치플레이트(match plate)식 원형(대부분 금형)위에 흘려 수분간 경화시켜 형을 빼내어 200~300℃에서 완전히 무수물로 될 때까지 소성한다. 이 상태에서 비로서 주형으로 사용될 수 있다.

석고주형의 처리법으로서 가압기에서 가열 가압하여 실시하는 방법이 있다. 소성후 경화된 석고주형($CaSO_4 \cdot 2H_2O$)을 가압기 안에서 처리하면 보통의 β 소석고와는 다른, 결정립이 큰 α 소석고($CaSO_4 \cdot \frac{1}{2} H_2O$)로 되어 통기도가 크게 된다. 이것을 상온에 방치하면, 석고($CaSO_4 \cdot 2H_2O$)로 되어 230℃ 부근에서 가열건조한 후 주입한다. 통기도가 양호하므로 완전히 무수화할 필요는 없다. 석고는 계면활성제 등을 혼합하고 공기로서 기포를 발생시켜 성형에 사용하면 통기도가 양호한 주형을 얻을 수 있으며 건조하여 사용할 때도 있다.

가. 석고주형의 작업공정

(1) 원형 및 이형제

석고주형의 원형용 재료로는 금속, 목재, 플라스틱, 고무 등이 사용되고 이형제로는 와세린, 스테아린산을 등유로 희석시킨 것, 파라핀계 물질, 실리콘 윤활유 등이 사용된다. 금속이나 목재를 사용하는 경우에는 원형에 얼룩이 지는것을 방지하기 위하여 충분히 이형제를 도포할 필요가 있다.

원형의 치수는 석고의 팽창수축, 금속의 응고 수축을 고려하여 10/1000~15/1000의 수축률을 사용한다.

(2) 혼수와 교반

물과 주형용 석고를 정량하여 섞은 다음 교반하여 슬러리로 한다.

(3) 유입과 이형

슬러리는 물과 혼합한 후 10~20분간은 충분한 유동성을 가지기 때문에 흘려보내는 것 만으로도 주형틀의 모서리까지 충전시킬 수가 있다. 그러나 원형의 미세부나 깊은 오목 부위에 기포가 남아 있지 않도록 하기 위해서는 붓이나 진동을 보조적으로 사용하여 기포의 생성을 막아야 한다.

경화후 10~20분 만에 이형이 가능하므로 발포석고의 경우는 이면에 3~5mm의 구멍을 만들어서 1~2kg_f/cm^2의 압축공기를 불어 넣어 이형을 쉽게 한다. 이형 직후에는 주형의 보수나 가공도 가능하다.

(4) 건조

석고형의 건조는 전 공정 중에서 가장 많은 시간이 필요하며 중요한 것이다. 특히 석고 주형은 전 중량의 30~45%가 수분이므로 사용하는 건조로는 자동온도 조절이 되는 배풍식이 좋다.

나. 석고 주조용 주조합금과 용도

석고 주형으로 주조하는 합금은 일반적으로 아연합금, 알루미늄합금이 많고 일부 구리합금도 사용된다.

석고 주형은 각종 금형, 정밀주조품 및 미술 공예품의 제조에 사용된다.

4 풀 몰드법(full mould process)

풀 몰드법은 소모성 원형인 발포성 폴리스티렌 원형을 사용하는 방법이다.

즉, 원형을 빼내지 않고 주물사 중에 묻힌 상태에서 용탕을 주입하면, 그 열에 의하여 원형은 소실되고, 그 자리에 용탕이 채워져서 주물을 만드는 방법이다.

종래의 원형과는 달리 기화성 원형을 주형속에 그대로 남겨 놓게 되기 때문에 풀 몰드법 또는 무공동(無空洞, cavityless)주조법이라고 한다.

이 방법에서는 발포성 폴리스터의 발포비율, 원형의 표면처리 조건, 주조방안, 주형사, 주입온도 등이 주물의 품질에 크게 영향을 미친다.

발포성 폴리스터로 만든 원형은 다음과 같은 특성을 갖는다.

① 원형을 분할할 필요가 없어 복잡한 형상의 주물도 만들 수 있다.
② 원형을 빼내지 않는다. 따라서, 원형 기울기는 불필요하며, 반대 기울기의 주물도 주조할 수 있다.
③ 코어는 별도로 만들 필요가 없다.
④ 원형의 제조나 가공이 용이하며, 변형이나 보수 및 보관의 어려움이 없다.
⑤ 작업 공정이 단축되어 주조 원가가 절감된다.
⑥ 주물사는 점결제 없이 사용해도 좋으나, 2% 정도의 물유리를 배합하여 사용하면 안전하다. 이 때, CO_2는 통과시키지 않는다.
⑦ 보통 주조법에서도 부분적으로 활용할 수 있다. 예를 들면 맹압탕 같은 곳에 이용된다.
⑧ 용탕은 언제나 하주법에 의하여 주입 되는데, 원형이 서서히 기화되므로 탕구 계통이나 주형 내 공간에서 용탕이 조용히 흐르게 되므로 탕구계를 간단히 할 수 있다.

5 칠 주물의 주조법

주철 주물이나 주강에서는 내마멸성이 부족되기 쉽다. 따라서 알맞은 성분을 가진 주철 용탕을 적당한 주형에 주입하여 필요한 부분만을 금형으로 냉각시킬 때, 냉각속도가 빠른 부분은 흑연의 정출이 방해되어 펄라이트와 유리 시멘타이트(free cementite)로 되므로, 그 곳의 단면은 매우 단단하고 내마멸성이 좋은 백선 조직이 된다. 반대로 냉각속도가 느린 즉, 금형으로부터 멀리 떨어진 내부 측과 모래형 부분은 서냉되어 연하고 질긴 회선으로 된다. 이러한 두 가지의 성질을 모두 갖춘 주물을 칠 주물(chilled casting)이라 하며, 강 및 비철의 압연과 제지공장에서 사용되는 칠드 롤(chilled roll)에 많이 쓰인다.

칠 바퀴, 분쇄기용 해머, 라이너 등에도 이용되고 있으며, 여기서는 칠 주물에서 가장 일반적인 칠드 롤에 대해서 알아 보기로 한다.

가. 주 원료

칠 주물을 주조할 때 주요한 것은 급냉되는 곳은 백선화, 서냉되는 곳은 회선화되기 쉬운 성질을 가진 재료를 선택하는 일이다. 보통 칠 롤의 폐품이나 회수철이 70~80%로 가장 많이 사용되며, 그 밖에 목탄선이나 코크스선이 사용된다. 목탄선은 코크스선에 비하여 탄소량이 많고, 규소와 망간 함유량이 낮아 칠 주물 제조에 유리하다.

필요에 따라서는 성분 조절용으로서 망간 - 철, 인 - 철, 크롬 - 철, 몰리브덴 - 철, 니켈 - 철, 규소 - 철 등이 사용된다. 이들 중 규소 - 철은 주로 철의 조절을 위하여, 망간철은 탈산제로서, 인 - 철은 용탕의 유동성을 돕기 위하여 사용된다. 몰리브덴이나 니켈은 조직을 개선하고 경도를 높이는데 사용된다.

나. 기계적 성질과 성분

칠드 롤은 칠드부의 경도가 높고 내마멸성이 우수하며, 칠드부에서 회선부로 갈수록 경도는 떨어진다. 칠드 롤의 표면경도는 쇼어경도로 나타내면 HS55~70정도이나, 보다 높은 것은 니켈, 망간, 몰리브덴 등의 합금원소를 첨가하여 바탕의 조직을 트루스타이트, 베이나이트, 마르텐사이트 등으로 한다.

보통 칠드 롤(ϕ760mm)의 상온에서의 기계적 성질의 예를 보면 완전 칠드부가 20~22kg_f/mm^2의 인장강도와 0.10~0.13%의 연신율을 가진다. 칠드 롤은 보통 열간 강재의 완성 열간에 사용되며, 롤 자체를 400~500℃로 가열 사용할 때도 있으므로 열간강도와 경도가 저하되어서는 안된다.

칠드 롤의 화학성분은 〈표 6-12〉와 같다.

표 6-12 각종 칠드 롤의 성분과 경도

칠드롤의 종류	경도 [HS]	화 학 성 분 [%]							
		C	Si	Mn	P	S	Ni	Cr	Mo
세미	50~55	2.8~3.0	0.8~1.0	0.2~0.5	0.3~0.5	〈0.08	-		〈0.3
보통	55~75	2.9~3.7	0.5~0.8	0.1~0.5	0.3~0.5	〈0.1	-		〈0.3
저합금	65~70	2.9~3.7	0.4~0.7	0.1~0.5	0.3~0.5	〈0.1	0.8~1.5	0.2~0.6	〈0.3
중합금	70~75	2.9~3.7	0.3~0.6	0.1~0.5	0.3~0.5	〈0.1	1.5~2.5	0.3~0.9	〈0.3
고합금	75~85	3.0~3.7	0.2~0.6	0.1~0.5	0.2~0.5	〈0.1	2.5~4.5	0.8~1.2	〈0.3

다. 주조법

칠 주물의 용해에는 반사로, 큐폴라 및 전기로 등이 이용되는데, 큐폴라와 반사로가 많이 사용된다.

큐폴라는 장입재료의 크기에 제한을 받게 되고, 용해 중에 성분조절이 어려우므로 장입재료의 배합에 충분히 주의하여야 한다. 고급 칠드 롤의 제조에는 목탄선을 10~30% 배합하는 것이 좋다. 반사로는 대량의 용탕을 처리할 수가 있으며, 폐품롤과 같이 큰 재료도 장입할 수 있고, 용해 중에 용탕의 성분과 온도의 조절이 쉽기 때문에 많이 이용되고 있다.

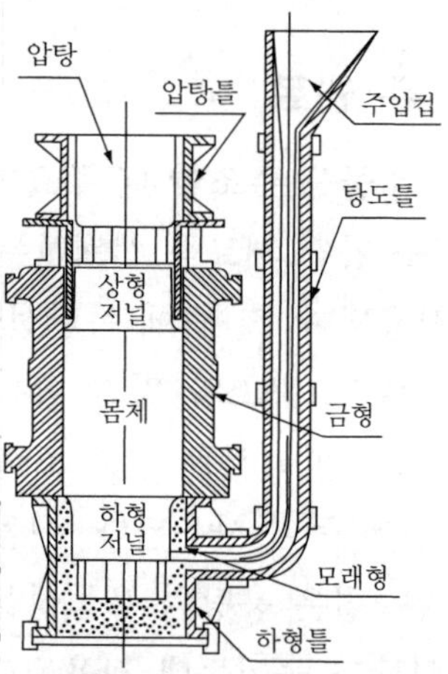

그림 6-54 칠드 롤의 주형

칠드 롤의 주형은 보통 [그림 6-54]와 같이 롤의 몸체를 금형으로 급냉하여 백선으로 만들고 목적하는 경도와 칠의 깊이를 주어 내마멸성을 좋게 한다. 용탕의 칠 시험을 할 때에는 수 kg_f의 칠 시험편의 결과로서 10~30톤의 용탕을 판정하게 되므로 특히 세밀한 주의가 필요하다.

(1) 금형

금형은 칠드 롤의 제조에서 가장 중요한 부분에 속하는 것으로 보통 내열성을 고려한 주철이 사용된다. 금형의 필릿 두께는 칠의 깊이에 따라 다르지만, 칠드 롤의 경우 롤 지름의 크기에 따라 D/3~D4로 한다. 금형의 반지름은 롤의 수축량, 가공여유 등을 생각하여 정하여야 하지만 가공 후의 칠의 깊이를 생각하여 가공여유는 되도록 적게 하는 것이 좋다. 금형을 사용할 때에는 250~300℃로 가열하여 기름이나 녹 등을 제거하고, 내면온도가 150~

200℃로 되면 흑연계 도형제를 전면에 고르게 칠한다. 주형틀, 압탕틀 및 탕구틀 등은 주철 또는 강판을 사용하여 안전하고 취급이 쉽게 만들어져야 한다.

(2) 주형재료

모래형의 표면모래는 순도가 85%가량인 비교적 거친모래를 사용한다. 특히 주입온도가 높고 대형일 때에는 내화도가 높아야 하므로, 이산화규소가 95%이상의 것을 사용한다. 점결제는 점토와 벤토나이트를 사용하며 유기질 점결제는 가스의 발생이 많으므로 피하는 것이 좋다. 일반적으로 새 모래를 10~20% 배합하고, 연속적으로 모래를 처리, 조정하여 사용한다.

(3) 조형과 조립

금형, 주형상자, 주형재료 등이 준비되면 [그림 6-55]와 같이 상형, 하형, 압탕형 및 탕구형 등을 조립하여야 한다.

각 부분의 조형이 끝나면 도형을 하는데 모래형은 건조 전에 하고, 필요에 따라서는 건조 후 다시 도형할 때도 있다. 모래형은 300℃로 8~9시간 동안에 건조하며, 금형은 도형전에 400℃에서 5~6시간 가열 건조하는 것이 보통이다.

건조된 각 주형은 피트 안에서 클램프로 체결, 조립한다. 이때 용탕이 새거나 편심 등이 생기지 않도록 주의하여야 한다.

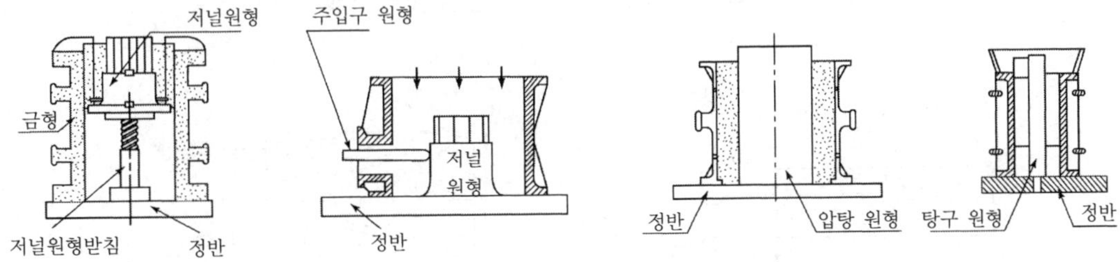

(a) 금형과 저널형 (b) 하형 (d) 압탕형 (e) 탕구형

그림 6-55 칠드 롤의 조형

(4) 주입

주입온도는 롤의 모양, 크기 및 재질 등에 따라 다르지만 너무 높으면 금형과 소착되기 쉬우며, 양쪽 저널부의 모래떨기가 어렵게 된다. 너무 낮으면 핀홀이나 기포 등 불량 주물의 원인이 될 때 많으므로 알맞은 온도로 하여 조용하고 빠른 주입 작업이 이루어지도록 하는것이 중요하다.

6 감압 주조법

① V법이라고도 하며, 감압(또는 진공)을 이용하여 점결제 없이 모래 주형을 만드는 방법이다.

② 표면이 매끈하며, 치수가 정확한 주물을 생산할 수 있고, 주형 재료를 절약할 수 있어 경제적인 조형법이다.

③ 주형내의 압력은 450mmHg 이하이어야 하는데, 이 감압 상태는 플라스틱 필름과 주형 상자에 의해 유지된다.

④ 이 주조법에서는 탕구계의 설계에 주의를 기울여야 하는데, 용탕이 완전히 주형 공간을 채우기 전에 플라스틱 필름이 타거나 소실되어서는 안 되기 때문이다.

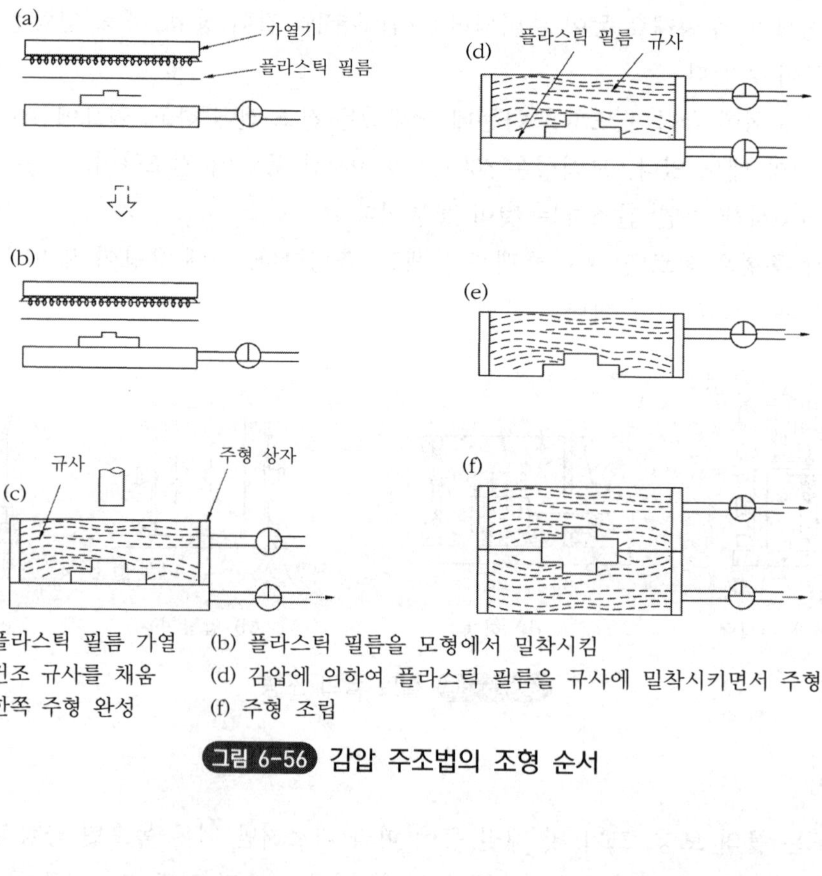

(a) 플라스틱 필름 가열 (b) 플라스틱 필름을 모형에서 밀착시킴
(c) 건조 규사를 채움 (d) 감압에 의하여 플라스틱 필름을 규사에 밀착시키면서 주형을 다짐
(e) 한쪽 주형 완성 (f) 주형 조립

그림 6-56 감압 주조법의 조형 순서

익힘문제

1 셸 몰드법에 대하여 설명하시오.

2 셸 몰드법의 장, 단점을 쓰시오.

3 일반적인 셸 몰드 주조법의 공정순서를 쓰시오.

4 셸 모드 주물에서 블로 홀의 발생 원인을 쓰시오.

5 다이캐스트법의 특징에 대해서 설명하시오.

6 다이캐스트기의 직압식 형조임 장치에서 램의 지름이 30cm, 유압 $150kg_f/cm^2$일 때 형조임력을 계산하시오.

7 다이캐스트 금형에서 오버 플로(over flow)의 역할을 설명하시오.

8 인베스트먼트 주조법의 특징을 쓰시오.

9 세라믹 셸 주형법이 솔리드 몰드 주형법보다 유리한 점을 쓰시오.

10 인베스트먼트 주조법에 있어서의 용해방법을 쓰시오.

11 인베스트먼트 주조에 사용되는 모형재료의 구비조건을 쓰시오.

12 인베스트먼트 주조에 사용되는 콜로이들 실리카 점결제의 장, 단점에 대하여 쓰시오.

익힘문제

13 쇼 프로세스 주형이 갖는 장, 단점에 대하여 쓰시오.

14 풀 몰드법(full mould process)의 특징을 설명하시오.

15 발포성 폴리에틸렌으로 만든 모형의 특성에 대해서 쓰시오.

16 냉가압실식(cold chamber process)으로 1kg_f의 Al합금주물을 주조하고자 한다. 다음과 같은 주조 조건일 경우, 용탕의 주입속도와 주입구의 단면적을 구하시오.
단, 주조조건은 다음과 같다.
- 주입압력 : 1000kg_f/cm^2
- 합금의 밀도 : 2.5g/cm^3
- 유량계수 : 0.6

Chapter 07

용해 재료

Chapter 07 주조응고학

용해 재료

제1절 | 철 및 비철지금 재료

1 철지금 재료

가. 선철

(1) 선철(pig iron)의 특징

① **철광석으로 제조하였으므로 불순물이 적고, 성분이 일정하여 균일한 양질의 제품을 제작하는 것이 좋다.**

② **순수성이 있고 유동성이 좋으므로 건전하고 질긴 성질의 제품을 제작할 수 있다.**

③ **탄소가 4% 정도이므로 가격이 저렴한 강설을 배합하여 재질을 조절한다.**

④ **주철주물용 선철은 중량이 개당 5kgf 내외로 일정하며, 겉보가 비중이 2.8~3.2이므로 다른 원재료 비중보다 커서 적치 및 운반이나 장입이 보다 효율적이고 경제적이다.**

⑤ **표면적이 적기 때문에 산화가 적으며, 선철 고유의 특성으로 GC25 이상인 고인장 주물이나 고급주물의 원료로 적합하다.**

이상은 선철의 장점을 특징으로 열거하였으며 이러한 이유만으로 선철을 반드시 사용해야 한다는 것은 아니다.

저질의 선철은 산소, 질소 등의 가스를 많이 함유하고 있거나 불순물원소 Ti, S, P, Cu, Al, Cr, Sn, Ni, As 등을 허용함유량 이상으로 함유하고 있는 것을 말하며, 특히 구상흑연주철주물을 제작할 때는 불순물원소(구상화저해원소)의 함유량을 엄격히 규제해야만 한다.

또 저탄소(3.2% 이하), 고황(0.15% 이상)의 선철, 고크롬(0.5% 이상)의 재생산 철은 일반 수축률(8/1000~10/1000) 이상으로 심한 수축을 하여 급냉현상을 일으키게 하거나 제품에 수축공을 발생하게 하므로 주의해야 한다.

(2) 선철의 분류

① **고로선철**은 화학성분에 의해 일반주철선, 가단주철선, 구상흑연주철선의 3종으로 분류하고 있으며, 일반주철은 Si, P, S의 함량에 따라 6가지로 구분된다. 가단주철선은 C, Si의 함량에 따라 3가지로 구분되며 Cr의 함량을 특히 적게 하고 있다. 구상흑연주철선은 Si의 함량에 따라 5가지로 구분되며 특히 Cr, Ti등의 구상화저해원소를 적게 함유해야 한다.

② **전기로 선철은 전기로를 사용하여 제조한 선철**로서 저탄소선(C 2.0~2.5%), 고규소선(Si 7~15%)등의 특수선철이며 원료로는 강설, 철광석이 사용된다.

③ **목탄선철은** 일반 고로선철과 비교하면 고가이지만 우수한 구상화능을 가지고 있기 때문에 구상 흑연주철의 제조에 사용되고 있으며, 잉곳 케이스(ingot case)를 제조하는데 사용하여 좋은 결과를 얻고 있다.

④ **사선철은** 사철이 주원료이며, P와 Cu 함유량이 적은 선철 등이 있다. 주로 제강용으로 사용되고 있으나 V, P를 1% 정도 함유하고 있기 때문에 내마모 주철용선으로도 사용한다.

(3) 선철의 검사

선철의 검사는 외관검사, 파단면검사, 성분 분석검사, 흑연구상화능의 검사 등을 실시하고 있다. 외관검사는 형선(型銑)의 개방면의 오목(凹), 볼록(凸)과 키쉬 흑연(kishgraphite)의 부상 정도를 관찰하는데 키쉬 흑연의 석출이 많은 것은 고탄소, 고규소선철이다. 개방면의 상태는 주입할 때의 금형온도와 주입온도에 따라 변하므로 C, Si량에 따라서도 나타나게 되는데, 일반적으로 Si값 1.20 이상이면 형선의 개방면은 오목 볼록이 심하게 나타나고 1.15 이하이면 평활하게 된다.

파단면검사는 파단면이 회선철인가, 백선철인가 또 회선철이면 그 흑연의 석출상태를 조사하는 것으로 보통 주물용선철으로는 흑연이 균등하게 잘 발달한 것이 좋다.

특별히 제조한 저탄소선철 이외는 파단면이 백선철인 것은 질이 낮은 선철로 생각하면 된다.

분석검사는 C, Si, Mn, P, S의 5성분을 분석하여 규격 범위 내에 들어가는가를 확인하고 그 분석 결과값을 장입 계산에 적용하되, 주의할 점은 분석시간 및 경비를 절약하기 위하여 여러 개의 시료분을 함께 섞어서 분석하고 그 분석값을 평균값으로 하여 결과를 통보하나 가능한 이것을 피하고 시료가 5개이면 5개를 분석하여 그 결과를 종합적인 판단을 해야 한다.

나. 선설

(1) 선설의 분류

선설은 발생처에 따라 자가발생선설과 구입선설로 분류한다. 자가발생선설은 탕도, 압탕 및 유선(流銑) 등, 불량제품도 포함하여 일반적으로 주철 주물공장에서는 반설 및 회수철이라고 한다. 구입선설과 다른 점은 자가에서 발생되는 것이므로 그 재질을 어느 정도 알 수 있지만, 구입선설은 종류가 많고 그 성분이 분명치 않은 것이 많아 일일이 분석을 할 수도 없을뿐더러 만약 분석을 하여도 그 성분을 완전히 알 수가 없으므로 사용할 때에 주의하여 사용해야 한다.

선설은 품질과 형상에 의하여 분류하면 다음과 같다.

① 품질에 따른 분류

A종 – 고급선설 : 기계 또는 도구선 등

B종 – 보통선설 : 솥, 로스톨, 기타 이에 준하는 것

C종 – 가단주철선설

② 크기에 따른 분류

갑종 – 1개당 중량 20kg$_f$

을종 – 파쇄, 용단(溶斷)에 의하여 쉽게 갑종으로 될 수 있는 것

병종 – 선반절삭설(단, 불순물 혼입이 없는 것)

기타 – 반선, 반설, 황선, 유선 등

(2) 선설의 관리

선설의 크기는 일반적으로 노지름의 1/16~1/8이 적당하며 노지름의 크기에 따라 장입한다. 〈표 7-1〉과 같이 1개의 용해재료는 내경에 따라 다르다. 장입물의 크기가 너무 크면 풍압이 떨어져 정상 송풍이 되지 못할 뿐 아니라 평형 송풍도 되지 못하여 국부적 용해가 되고 또한 송풍구(tuyere) 부근까지 녹지 않고 하강하게 되어 재질에 악영향을 미친다.

표 7-1 선설의 크기

안지름(mm)	가로×세로(mm)	단 중
500~750	200×100	10kg$_f$ 이하
750~1000	250×150	20kg$_f$ 이하
1000~1250	300×200	40kg$_f$ 이하

다. 강설

고철의 분류는 KS D 2101의 용도에 의하여 용해용, 재생용, 잡용으로 구분하며 그 중 용해용 강설은 〈표 7-2〉와 같이 분류한다.

저주파유도로에서는 큐폴라(cupola)와 비교해서 형상, 크기에 제한없이 노에 들어갈 수 있으면 되며 주철에 비해서 화학조성의 변동이 적다.

강설은 일반적으로 녹이 적은 것이 좋으며, 황성분이 낮으므로 구상 흑연주철을 만들 경우에는 중요한 원료가 된다.

표 7-2 강설의 품질 및 형상에 의한 분류

품질에 의한 분류		형상에 의한 분류	
A종	탄소강설	갑류	특1호 : 두께 6mm이상, 길이 600mm이하, 폭 또는 높이 400이하, 중량 600kg$_f$이하 특2호 : 두께 3mm,6mm이하, 길이 600mm이하, 폭또는높이 400mm이하
B종	저탄소강설 (Cu0.2% 이하)		1호 : 두께 6mm이상, 길이 120mm이하, 폭 500mm이하 2호 : 두께 36mm, 길이 1200mm이하, 폭 500mm이하 3호 : 두께 3mm미만, 길이 1200mm이하, 폭 500mm이하
C종	저인, 저황 저탄소강설	을류	절단에 의하여 쉽게 갑류의 형상으로 만들 수 있는 것
D종	합금강설	병류	1호 : 제단프레스(press)품 2호 : 주석(Sn)을 제거한 프레스품 3호 : 보통 프레스품 4호 : 선반설 프레스품
E종	잡용강설	정류	강선반설

라. 합금설

(1) 페로실리콘(Fe-Si)

페로실리콘은 규소의 함유량에 의해서 KS에서는 1~5호로 분류하고 있다. **저주파유도로에서 주철의 규소함유량의 조정과 접종, 탈산의 목적으로 첨가한다.** 페로실리콘은 KS 2호품의 규소 75%, KS 3호품에 가까운 50%인 것이 많이 사용되며 크기는 중간정도의 10~100mm의 것이 적당하다. 〈표 7-3〉은 페로실리콘의 성분과 크기를 비교한 것이다.

너무 가늘면 산화소모가 많아지며, 너무 크면 용재에 말려 들어가 용탕 교반효과에 의하여 노벽에 붙어서 녹기 힘들다. 또 접종효과를 위해서는 3~5mm정도가 좋으며 1호, 2호, 3호품이 사용되나 페로실리콘 내에는 수소 및 산소가스가 많이 함유되어 있으므로 가스량의 규소함유량에 의하여 달라진다. 특히 구상흑연주철의 접종제로는 산소량이 적은 것을 선택한다.

융점은 1200~1300℃정도로 규소함유량 50%일 때 융점이 낮으며 첨가방법은 성분조정을 위해서 가탄제의 용입 후에 첨가하고 접종시는 레들에 넣으면 녹지 않고 바닥에 달라붙어 남기 때문에 용탕을 레이들에 약 200mm 취하고 용탕이 떨어지는 부분에 조금씩 첨가하면 된다.

표 7-3 Fe-Si의 종류와 화학조성 및 크기(KS D 3713)

종 류	기 호	화 학 성 분(%)			
		Si	C	P	S
1호	FSi 1	88~93	0.2 이하	0.05 이하	0.02 이하
2호	FSi 2	75~80	0.2 이하	0.05 이하	0.02 이하
3호	FSi 3	40~45	0.2 이하	0.05 이하	0.02 이하
4호	FSi 5	14~20	1.3 이하	0.05 이하	0.06 이하

종 류	기 호	입 도(mm)
① 일반 사이즈	g	10~150
② 중간 사이즈	m	10~100
③ 적은 사이즈	s	3~60
④ 가는 사이즈	f	15 이하

(2) 페로망간(Fe-Mn)

페로망간은 망간 및 탄소함유량에 의하여 KS규격으로 분류하며, 보통 주철 중의 망간함유량을 조정하기 위하여 주로 사용되며 또 탈산, 탈황의 목적으로도 사용된다.

고탄소페로망간편이 저탄소페로망간보다 염가이며 녹기 쉽다. 비중은 7.3~7.5 용융온도는 1250~1350℃이다. 〈표 7-4〉는 페로망간의 종류와 화학조성을 나타낸 것이다.

표 7-4 Fe-Mn의 종류와 화학조성(KS D 3712)

종 류		기 호	화 학 성 분(%)				
			Mn	C	Si	P	S
고탄소페로망간	1호	FMn H1	78~82	7.5 이하	1.2 이하	0.40 이하	0.02 이하
	2호	FMn H2	73~78	7.3 이하	1.2 이하	0.40 이하	0.02 이하
중탄소페로망간	1호	FMn M1	80~85	1.5 이하	1.5 이하	0.40 이하	0.02 이하
	2호	FMn M2	75~80	2.0 이하	2.0 이하	0.40 이하	0.02 이하
저탄소페로망간	1호	FMn L1	80~85	1.0 이하	1.5 이하	0.35 이하	0.02 이하
	2호	FMn L2	75~80	1.0 이하	1.5 이하	0.40 이하	0.02 이하

(3) 페로크롬(Fe-Cr)

페로크롬은 주철의 인장강도 및 경도를 증가하여 내마모성, 내열성을 증가시키며 KS규격에서는 탄소 함유량에 따라 고탄소페로크롬, 중탄소페로크롬, 저탄소페로크롬으로 분류되고 있으나 일반적으로는 고탄소페로크롬이 많이 사용된다.

융점은 1250~1600℃이며, 고탄소페로크롬은 1400℃정도로 용탕에 쉽게 용입된다. 레이들에 첨가시에는 온도가 저하되지 않고 수분이 제거될 정도로 예열하고 크기는 2~4mm정도가 좋고 미분이 많으면 소모가 많아진다. 〈표 7-5〉는 페로크롬의 종류와 화학조성을 표시한 것이다.

표 7-5 Fe-Cr의 종류와 화학조성(KS D 3714)

종 류		기 호	화 학 성 분(%)				
			Cr	C	Si	P	S
고탄소페로크롬	0호	FCr H0	65~70	8.0 이하	1.5 이하	0.04 이하	0.08 이하
	1호	FCr H1	65~70	6.0 이하	1.5 이하	0.04 이하	0.08 이하
	2호	FCr H2	60~65	6.0 이하	2.0 이하	0.04 이하	0.08 이하
	3호	FCr H3	60~65	8.0 이하	2.0 이하	0.04 이하	0.06 이하
	4호	FCr H4	55~60	6.0 이하	4.0 이하	0.04 이하	0.05 이하
	5호	FCr H5	55~60	8.0 이하	8.0 이하	0.04 이하	0.05 이하
중탄소페로크롬	1호	FCr M3	60~65	4.0 이하	3.5 이하	0.04 이하	0.05 이하
	2호	FCr M4	55~60	4.0 이하	4.0 이하	0.04 이하	0.05 이하
저탄소페로크롬	1호	FCr L1	65~70	0.10 이하	1.5 이하	0.04 이하	0.05 이하
	2호	FCr L2	60~65	0.03 이하	1.0 이하	0.03 이하	0.03 이하
	3호	FCr L3	60~65	0.06 이하	1.0 이하	0.04 이하	0.03 이하
	4호	FCr L4	60~60	0.10 이하	1.0 이하	0.04 이하	0.03 이하

2 비철지금재료

가. 순금속 지금

(1) 구리 지금

주물에 사용하는 구리 지금은 〈표 7-6〉에 규정된 지금순도 99.9% 이상이 좋다.

표 7-6 전기동의 화학성분표(KS D 2341)

종류	Cu(%)	불 순 물(ppm 이하)							
		As	Sb	Bi	Pb	S	Fe	Ag	계
1종	99.99 이상	5.0	4.0	2.0	5.0	15.0	10.0	25.0	65.0
2종	99.99이상	30.0	30.0	10.0	50.0	50.0	50.0	-	-

(2) 알루미늄 지금

주물에 사용하는 알루미늄지금은 〈표 7-7〉의 3종 이상의 것이 좋다.

표 7-7 알루미늄 지금의 성분표(KS D 2304)

종류	화학성분(%) 분석원소				관리원소 Ti·Mn 각각	분석원소 및 관리원소의 합계
	Al	Si	Fe	Cu	Ti·Mn 각각	
특1종	99.90이상	0.05이하	0.07이하	0.01이하	0.01이하	0.10이하
특2종	99.85이상	0.08이하	0.12이하	0.01이하	0.01이하	0.15이하
1종	99.70이상	0.15이하	0.20이하	0.01이하	0.02이하	0.30이하
2종	99.50이상	0.25이하	0.40이하	0.02 하	0.02이하	0.50이하
3종	99.00이상	0.50이하	0.80이하	0.02 하	0.03이하	1.00이하

(3) 주석 지금

주물에 사용하는 주석 지금은 〈표 7-8〉에 규정된 4종 이상의 것이 좋다.

표 7-8 주석지금의 성분표(KS D 2305)

종류	기호	화학성분(%)					
		Sn	Pb	Sb	As	Cu	Fe
1종	Sn 1	99.90이상	0.020이하	0.020이하	0.020이하	0.030이하	0.020이하
2종	Sn 2	99.90이상	0.038이하	0.020이하	0.031이하	0.030이하	0.020이하
3종	Sn 3	99.80이상	0.050이하	0.050이하	0.050이하	0.050이하	0.050이하
4종	Sn 4	99.50이상	-	-	-	-	-

(4) 아연 지금

주물에 사용하는 아연 지금은 〈표 7-9〉와 같은 것을 사용하는 것이 좋다.

표 7-9 아연 지금의 성분표(KS D 2351)

종류	화학성분(%)					비고
	Zn	Pb	Fe	Cd	Sn	
1종	99.995 이상	0.003 이하	0.002 이하	0.002 이하	0.001 이하	고순도아연지금
2종	99.99 이상	0.007 이하	0.005 이하	0.004 이하	-	특종아연지금
3종	99.97 이상	0.02 이하	0.01 이하	0.005 이하	-	보통아연지금
4종	99.6 이상	0.3 이하	0.02 이하	0.1 이하	-	증류아연지금특종
5종	98.5 이상	1.3 이하	0.025 이하	0.4 이하	-	증류아연지금1종
6종	98.0 이상	1.8 이하	0.1 이하	0.5 이하		증류아연지금2종

(5) 납 지금

주물에 사용하는 납 지금은 〈표 7-10〉에 규정된 4종 이상의 것이 좋다.

표 7-10 납 지금의 성분표(KS D 2302)

종류	기호	화학성분(%)							
		Pb	Ag	Cu	As	Sb+Sn	Zn	Fe	Bi
1종	Pb 1	99.99 이상	0.002 이하	0.002 이하	0.002 이하	0.005 이하	0.002 이하	0.002 이하	0.005 이하
2종	Pb 2	99.97 이상	0.002 이하	0.003 이하	0.002 이하	0.007 이하	0.002 이하	0.004 이하	0.010 이하
3종	Pb 3	99.95 이상	0.002 이하	0.005 이하	0.005 이하	0.010 이하	0.002 이하	0.005 이하	0.050 이하
4종	Pb 4	99.90 이상	0.004 이하	0.010 이하	0.010 이하	0.015 이하	0.010 이하	0.010 이하	0.100 이하
5종	Pb 5	99.80 이상	-	0.05 이하	0.010이하	0.04 이하	0.015이하	0.02 이하	0.10 이하
6종	Pb 6	99.50 이상	-	0.05 이하	0.010이하	0.20 이하	0.015이하	0.05 이하	0.15 이하

(6) 마그네슘지금

주물에 사용하는 마그네슘지금은 〈표 7-11〉에 규정된 2종 이상의 것이 좋다.

표 7-11 마그네슘지금 성분(KS D 2314)

종류	화학성분(%)							
	Mg	Al	Si	Mn	Fe	Zn	Cu	Ni
1종	99.90 이상	0.01 이하	0.01 이하	0.01 이하	0.01 이하	0.05 이하	0.005 이하	0.001 이하
2종	999.8 이상	0.05 이하	0.05 이하	0.10 이하	0.05 이하	0.05 이하	0.02 이하	0.001 이하

나. 합금 지금

(1) 인동 지금

주물에 사용하는 인동지금은 〈표 7-12〉의 B급을 주로 사용한다.

표 7-12 인동지금의 성분표(KS D 2310)

종류	등급	기호	화학성분(%)				
			P	P+Cu	불순물		
					Fe	Pb	Sn
1종	A	15P Cu A	14.5 이상	99.70 이상	0.05 이하	0.01 이하	0.01 이하
	B	15P Cu B	14.0 이상	99.50 이상	0.15 이하	-	-
2종	A	10P Cu A	10.0 이상	99.70 이상	0.05 이하	0.01 이하	0.01 이하
	B	10P Cu B	9.5 이상	99.50 이상	0.15 이하	-	-

(2) 청동 지금

주물에 사용하는 청동 지금은 〈표 7-13〉과 같다.

표 7-13 주물용 청동 지금의 성분표(KS D 2321)

종류	기호	화학성분(%)				
		Cu	Sn	Zn	Pb	불순물
1종	BIC 1	79.0~83.0	2.0~.0	8.0~12.0	3.0~7.0	1.5 이하
2종	BIC 2	86.0~90.0	7.0~9.0	3.0~5.0	-	1.0 이하
3종	BIC 3	86.5~89.5	9.0~11.9	1.0~3.0	-	1.0 이하
6종	BIC 6	83.0~87.0	4.0~6.0	4.0~6.0	3.0~6.0	1.5 이하
7종	BIC 7	86.0~90.0	3.0~5.0	1.0~5.0	1.0~5.0	1.5 이하

(3) 인청동 지금

주물에 사용하는 인청동 지금은 〈표 7-14〉와 같다.

표 7-14 인청동 지금의 성분표(KS D 2322) 종류

종류	기호	화학성분(%)			
		Cu	Sn	P	불순물
2종	PBIC 1	87.0~91.0	9.0~12.0	0.1 이하	0.5 이하
3종	PBIC 2	84.0~88.0	12.0~15.0	0.1 이하	0.5 이하

(4) 황동 지금

주물에 사용하는 황동 지금은 〈표 7-15〉와 같다.

표 7-15 황동 지금의 성분표(KS D 2320)

종류	기호	화학성분(%)					
		Cu	Sn	P	Sn	Al	Fe
1종	BsIC 1	83.0~88.0	나머지	0.5 이하	합계 0.1 이하		
2종	BsIC 2	65.0~70.0	나머지	0.5 이하	1.0 이하	0.5 이하	0.8 이하
3종	BsIC 3	60.0~65.0	나머지	0.5 이하	1.0 이하	0.5 이하	0.8 이하

(5) 활자합금 지금

주물에 사용하는 활자합금 지금은 〈표 7-16〉을 사용한다.

표 7-16 활자합금 지금의 성분표(KS D 2340)

종류		기호	화학성분(%)							비교
			Pb	Sb	Sn	불순물				적용예
						Cu	As	Zn	Fe	
1종	10호	TyM20:10	나머지	19.0~21.0	9.5~10.5	1.0 이하	0.5 이하	0.01 이하	0.03 이하	영문활판용
2종	8호	TyM17:8	나머지	16.0~18.0	7.5~8.5	0.5 이하	0.5 이하	0.01 이하	0.03 이하	국·한문 활판용
	3호	TyM17:3	나머지	16.0~18.0	2.5~3.5	0.3 이하	0.75 이하	0.02 이하	0.05 이하	
3종	6호	TyM15:6	나머지	14.0~16.0	5.5~6.5	0.5 이하	0.5 이하	0.01 이하	0.03 이하	윤전기연판용
	3.5호	TyM15:3.5	나머지	14.0~16.0	3.0~4.0	0.3 이하	0.75 이하	0.02 이하	0.05 이하	일반연판용

제2절 | 기타 재료

1 가탄제

가탄제는 일반적으로 고정탄소가 높고 황 함유량이 적은 전극 흑연설이 사용되며 특히 구상흑연주철을 용해할 때는 황(S) 성분이 적은 가탄제를 사용해야 한다.

〈표 7-17〉은 전극흑연설의 분석표를 나타낸 것이며 〈표 7-18〉은 각종 가탄제의 황분 비교표를 나타낸 것이다.

표 7-17 전극흑연설의 분석 값

회사명	화학조성(%)			
	T·C	휘발분	회분	S
A	98.5	1.	0.5	0.005
B	99.1	0.7	0.2	0.004
C	98.8	1.0	0.1	0.010
D	99.4	0.5	0.1	0.007
E	98.3	1.0	0.7	0.024

표 7-18 가탄제별 황 함유량의 변화

가탄제	S함유량(%)			
	가탄제	원탄	가탄 후의 용량	용탕량에 대한 증가분
개스코크스	1.34	0.065	0.096	0.031
탄소코크스	1.25	0.065	0.102	0.037
탄소립	1.01	0.065	0.099	0.034
무연탄	0.98	0.065	0.0102	0.037
석유코크스	0.84	0.065	0.096	0.031
목탄	0.19	0.065	0.077	0.012
전극설	0.19	0.065	0.077	0.012
흑연전극	0.19	0.065	0.072	0.007

가탄속도 및 가탄율은 용탕의 교반운동, 가탄제의 종류, 가탄방법, 기탄온도, 용탕의 조성 등에 따라 결정된다. 용탕의 교반운동이 없으면 가탄제가 용탕 중에 확산되지 않으며 그 가탄속도는 아주 느리며 용탕 표면에 가열되어 산소와 반응하고 일산화탄소로 되어 소실한다. 그러므로 가탄제의 첨가는 스타팅 블럭의 용락 후에 투입하는 것이 좋고 약간의 조절용으로서 첨가할 때에는 부상하고 있는 슬래그를 제거하고 탕면을 깨끗이 하여 첨가하면 된다. 온

도가 높을수록 가탄속도가 증가하여 가탄율이 향상되며 용탕성분 중의 규소 함유량이 많으면 가탄속도가 느려진다. 그러므로 페로 실리콘의 첨가는 가탄제를 용해시킨 후에 한다.

미분은 용탕교반에 말려들기가 나쁘고 표면에 떠서 집진장치(dust collector)에 흡입되어 가탄율이 나빠진다.

〈표 7-19〉는 각종 가탄제의 가탄속도를 나타낸 것이며, [그림 7-1]은 가탄제의 첨가 방법과 가탄과의 관계를 나타낸 것이다.

표 7-19 각종 가탄제의 가탄속도

가탄제	가탄속도 (0.1%C/min)
흑연전극	10.3
탄소립	9.0
전극설	8.4
목탄	7.3
무연탄	7.2
석유코크스	7.2
개스코크스	7.2
고탄소코크스	5.8

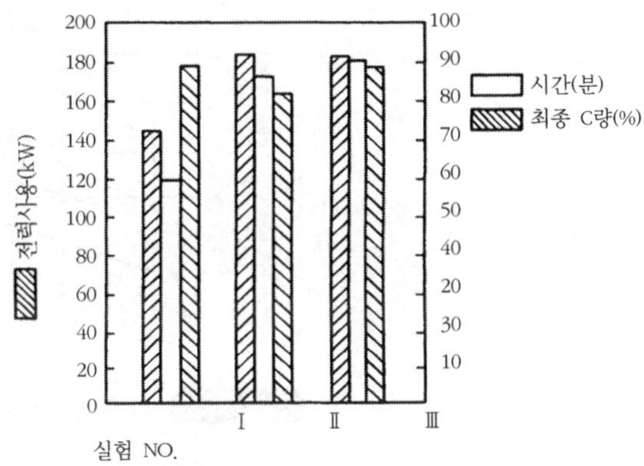

그림 7-1 가탄제의 첨가방법과 가탄과의 관계

[그림 7-1]은 Ⅰ은 가탄제를 강설과 함께 장입한 것이고, Ⅱ는 강설의 약 반은 용락한 후 나머지 강설과 가탄제를 각각 3등분하려 3차에 걸쳐 함께 장입한 것, Ⅲ은 강설 전부를 용해한 후 가탄제를 첨가하여 가탄한 것이다. 그림에서와 같이 Ⅰ의 방법이 가탄속도가 빠르고 전력량의 소비도 적다.

2 탈황제

일반적으로 칼슘카바이드와 나트륨회가 주로 사용되고 있으며 그 밖에 생석회, 석회질소 및 수산화나트륨 등이 있다.

칼슘카바이드는 약 73% CaC_2로서 융점이 1650℃정도의 높은 온도이기 때문에 용탕과의 접촉이 잘 이루어지도록 할 때 발열반응이므로 용탕의 온도는 저하되지 않는다.

나트륨회는 융점이 820℃정도로 온도가 낮기 때문에 탈황시간이 길어지면 복황현상이 생긴다. 또 탈황반응은 흡열반응이기 때문에 용탕의 온도가 저하된다.

[그림 7-2]는 각 탈황제의 첨가량과 탈황률을 나타낸 것이다.

3 접종제

〈표 7-20〉와 같이 **동일량의 접종으로 페로실리콘과 칼슘실리케이트(Ca-Si)를 사용할 때 인장강도의 개선되는 정도가 달라진다.**([그림 7-2] 참조)

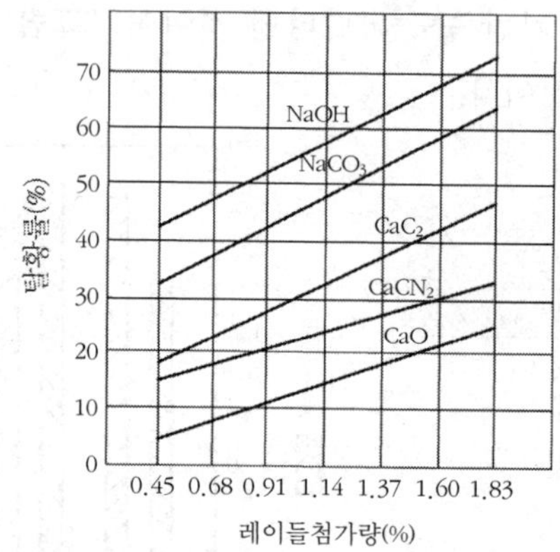

그림 7-2 각종 탈황제의 첨가량과 탈황률

표 7-20 접종제의 종류와 그 성분

	명칭	성분(%)					비고
		Si	Ca	Mn	Cr	기타	
흑연화제	Si	98이상				주Fe	저 Al(0.45% 정도)와 고 Ai(2.2% 정도)의 것이 있음.
	Fe-Si 45%	45~47					
	Fe-Si 75%	73~78					
	흑연					C90~100	고 Al의 쪽의 효과 큼.
	Ca		100				
	Ca-Si	60~65	30~35				
	Ca-Ti-Si	45~50	5~8			Ti9~11	칠 깊이의 조절에 쓰인다.
	Si-Mn-Zr	60~65		5~7		Zr5~7	
	Si-Zr	39~43				Zr12~15	국내에서 쓰이지 않음
	Ni-Si					Ni60	효과 큼
	Si-C	45~56				C28~46	
복합제	Si-Cr	30			50		경도, 내마모성, 내식성, 내열성의 개선에 쓰인다.
	Si-Mo	30				Mo60	
	Si-Mn-Cr	17~69		8~11	38~42		
	Si-Ti	20~25				Ti20~27	
	Cr-Si-Mn-Zr	14~35		5~10	30~52	Zr1~6	
	Cr-Si-Mn-Ti-Ca	14~16	5~8	8~11	38~42	Ti1	

주철에 함유되어 있는 성분은 5원소로서 흑연조직에 복잡한 영향을 미치는데 보통 규소는 흑연의 생성을 촉진시키고 황은 이를 방해한다. 따라서 규소를 흑연화 촉진제, 황을 흑연화 저해제라 한다.

〈표 7-20〉 중의 접종제 원소가 흑연의 생성에 미치는 영향을 〈표 7-21〉에 나타내었다. 이 표는 각 원소가 주철 중에 용해되어 있을 때의 효과가 레이들에 접종했을 때고 대부분은 용탕 중에 녹아 들어가서 〈표 7-21〉에 나타나 있는 정도의 흑연 생성을 돕기도 하고 방해하기도 한다. 예를 들면 강력한 흑연화 촉진제인 규소가 접종되어 그 양이 대단히 많을 때는 흑연이 조대화되고 펄라이트 기지는 페라이트로 되어 강도가 내려가서 연한 재질로 된다. 또 흑연화 저해제인 크롬을 접종하면 흑연 미세화하고 페라이트 기지가 펄라이트화 되지만 그 양이 많으면 흑연화 저해요소가 되어 시멘타이트가 석출하고 경한 재질로 된다.

표 7-21 접종제의 원소가 흑연화에 미치는 영향

구분	정도	접종제에 쓰이는 원소
흑연화 촉진제 (흑연화를 조장하는 것)	약 중 강	지르코늄(Zr) 칼슘(Ca), 니켈(Ni) 알류미늄(Al), 규소(Si), 티타늄(Ti)
흑연화 저해제 (흑연화를 방해하는 것)	약 중 강	세륨(Ce), 테루륨(Te) 몰리브덴(Mo), 망간(Mn) 크롬(Cr)

4 구상화제

구상화제는 마그네슘계, 칼슘계, 리어스계로 분류되고, 실제로 사용되고 있는 구상화제는 이들 금속원소들로 되어 있고 처리가 간단하고 안전하며, 용탕에 용해 분산되어 용탕 중에 교반을 일으킨다.

마그네슘은 구상 흑연주철의 제조에 최초로 사용되었으며 증기압이 크고 용탕에 첨가하며 폭발적인 반응을 수반하므로 위험하다.

주철관 제작회사에서 다량의 용탕을 처리할 때에는 순마그네슘 압입방법을 채용하기 한다. 이때 마그네슘 첨가량이 소량이고 소규모의 공장 등에서는 관리가 어렵고 냉금, 수축 및 협잡물 등의 문제가 있어 채용되지 않고 있으며 보통 마그네슘 5~30%의 합금이 사용되고 있다.

마그네슘 합금으로서는 저비중의 Mg-Si-Ca, Fe-Mg-Si-Ca계와 고비중의 Ni-Mg, Ni-Si-Mg 등이 있다. 마그네슘합금과는 별도로 플럭스형을 채용하는 경우이며 이것은 반응성이 약하고

간단하게 구상흑연주철을 제조할 수 있으므로 많이 사용되었으나 첨가방법이 좋지 않으면 가볍기 때문에 표면에 떠올라서 효과가 나빠진다.

이 이외에도 43% Mg를 함유하는 마그코크스가 있는데 이는 구상화 처리시의 온도강하가 적고 코크스로부터 가탄도 된다.

5 조재제

산성큐폴라 조업에서는 일반적으로 슬래그에 의한 용탕의 정련은 고려하지 않고, 염기성 조재제의 첨가로 생성된 슬래그의 제거를 용이하게 하기 위하여 충분한 유동성을 부여할 목적으로 조재제를 사용하고 있다. 조재제의 양은 큐폴라의 노상(hearth)부나 출탕구, 출재구 등의 내화물을 필요 이상으로 침식하지 않을 정도의 양이 좋으나, 슬래그의 조성 및 양이 용탕의 화학조성에 영향을 주고 있기 때문에 조재제의 종류 및 양에 대해서 충분한 주의를 한다.

염기성 조업에서는 슬래그의 화학반응에 의한 용탕의 화학조성에 미치는 영향이 크고 열풍조업, 칼슘 카바이드 첨가 조업일 경우에는 화학반응도 더 활발해져서 슬래그 관리의 필요성이 크게 요구된다. 따라서 조재제의 선택 및 사용량을 잘못 적용하면 소정의 용탕조성을 얻기 어려우므로 유의한다.

가. 슬래그의 발생원

(1) 연료 중의 회분

코크스(cokes) 중의 회분의 조성을 보면 대부분을 SiO_2와 Al_2O_3가 차지하고 있기 때문에 산성슬래그를 형성한다.(〈표 7-22〉 참조)

표 7-22 대표적 코크스의 성분 조성

회분의 양(%) \ 조성(%)	SiO_2	Al_2O_3	Fe_2O_3	CaO	MgO	TiO_2
약 6	46.95	30.56	8.20	5.26	1.66	0.96
약 8	48.16	27.16	8.05	5.56	2.06	1.33
약 10	50.16	28.02	7.09	4.84	1.84	1.63
약 13	51.8	32.5	7.6	1.4	3.0	-

(2) 노벽의 내장용 내화물

산성내장용으로 가장 많이 사용되고 있는 것은 납석벽돌이고 염기성내장용으로서는 마그네시아벽돌이 사용된다.(〈표 7-23, 7-24〉 참조)

따라서 큐폴라에서는 내장재의 소모가 슬래그의 조성, 양과 큐폴라의 형상, 연료 중의 회분의 조성과 양에 따라 크게 달라진다.

표 7-23 납석벽돌의 화학조성 보기

조성	SiO_2	Al_2O_3	Fe_2O_3	CaO	MgO	Ig.loss
A	65.08	29.88	2.28	0.30	0.08	0.52
B	62.8	24.0	2.3	0.0	1.9	7.8

표 7-24 마그네시아 벽돌의 조성 범위

조성	SiO_2	Al_2O_3	Fe_2O_3	CaO	MgO	Ig.loss
마그네시아벽돌	2~6	0.5~2	1~4	0.2~2.5	85~92	4~5

(3) 장입된 Si, Mn, Fe 등의 산화물

용해대 직상에서 과잉공기 또는 탄산가스에 의해서 산화되어 생긴 산화물로서 FeO는 환원되지만 SiO_2, MnO 등은 거의 환원되지 않고 슬래그 속으로 들어간다.

(4) 강설에 부착된 녹 또는 모래

강설의 저장관리가 불량한 것은 녹의 발생이 많고 비 오는 날에는 장입재료에 부착해서 들어가는 모래에 주의한다.

(5) 조재제 자체

산성조업에서는 석회석이 주로 사용되고 있으나 염기성 조업에서는 석회석을 다량 사용하고 돌로마이트 등의 조재제를 사용하고 있으며, 슬래그의 유동성을 좋게 하기 위해서 형석을 병용하기도 한다.

카바이드의 첨가시 연소 후 생긴 CaO는 슬래그로 되며 슬래그의 염기도를 산출할 때에 형석 및 카바이드로부터 생기는 CaO는 생략하는 일이 있는데 이것도 충분히 고려해야 한다.

나. 조재제의 종류

(1) 석회석

석회석(lime stone)은 천연적으로 가장 많이 산출되는 광물자원의 하나이다. 석회석은 일반적으로 조재제로서 사용되는 염기성의 암석이며 그의 주성분은 $CaCO_3$(탄산석회)로서 색상이 백색 혹은 회흑색이고 비중이 2.6~2.8이다. 양질의 것은 CaO로서 55%를 함유하고 불순물로서 SiO_2, Al_2O_3, FeO_3 등이 함유되어 있으며 산성성분이 많은 것은 석회석 자체의 CaO를 소비하기 때문에 점토질, 규산질이 적게 함유된 것이 바람직하다 〈표 7-25〉는 석회석의 분석 예를 나타내었다.

석회석은 치밀한 것과 결정질의 것이 있으며 결정질의 것은 가열하면 붕괴되어 통풍 장애를 일으키므로 붕괴가 잘 되지 않는 것이 좋다.

표 7-25 석회석의 분석 보기

시료번호	화학조성(%)						비고
	CaO	MgO	SiO_2	Fe_2O_3	Al_2O_3	Ig.loos	
No 1	51.80	1.17	2.86	0.65	0.79	40.66	
No 2	54.26	0.81	1.76	0.49	0.48	42.25	
No 3	50.49	0.44	0.17	0.18	0.26	43.19	
No 4	55.00	1.20	0.07	0.35		42.23	
No 5	53.35	0.69	2.93	0.96		41.72	
No 6	53.36	0.46	-	3.39		42.41	
No 7	55.28	0.41	0.18	0.10	0.22	43.62	

(2) 형석

형석(fluorite)은 CaF_2(calcium fluoride)를 주성분으로 하며, 산성로에서는 침식이 크기 때문에 일반적으로 사용되지 않지만 염기성조업에서는 항상 사용되고 있다. 1330℃에서 용융하며 석회석과 병용함으로써 유동성이 대단히 좋은 슬래그가 조성된다. 형석의 조성은 〈표 7-26〉에 나타냈다.

슬래그의 점성은 CaO/SiO_2가 커질수록 저하하고, 동일염기도이면 CaF_2를 첨가했을 때가 크게 저하한다.

표 7-26 형석의 성분 범위

조성	SiO_2	Al_2O_3	TiO_3	$CaCO_3$	$MgCO_3$	CaF_3
형식	0.5~1.5	1.05~1.0	0.5~5.0	3.0~9.0	0.1~0.2	8.8~9.4

(3) 백운석

주성분은 $CaCO_3$ 또는 $MgCO_3$로서 고회석 또는 백운석(dolomite)이라 하며 광대한 지층에서 산출되는데 때로는 사문암 중에서도 함유된다. 그 조성은 석회석과 마그네사이트의 중간에 해당된다.(〈표 7-27〉 참조) 품질 표시는 모두 MgO의 함유량에 결정된다.

표 7-27 석회석, 백운석 및 마그네사이트의 비교

명칭		석회석	백운석		마그네사이트
주성분		$CaCO_3$	$CaCO_3$	$MgCO_3$	$MgCO_3$
성분비	CaO	55%	-	30.4%	-
	MgO	-	-	21.7%	47.6%
	CO_2	44%	-	47.9%	52.4%
비중		2.7	2.8~2.9		3.0~3.1

제3절 | 연료

연료란 공기와 화합하여 연소되므로 열을 발생하는 것을 말하며, 다음과 같은 조건을 구비해야 한다.

① 아주 쉽고 풍부하게 공급할 수 있을 것

② 사용법이 간편하고, 가격이 저렴할 것

③ 운반 및 저장이 간단할 것

일반적으로 사용되는 연료는 그 종류가 대단히 많으나 크게 분류하면 고체연료, 액체연료, 기체연료로 나눌 수 있다.

주물에 가장 관계가 깊은 것은 무연탄, 코크스, 중유이며, 이외에 목탄, 석유, 경유, 천연가스 등도 이용할 수 있다. 〈표 7-28〉은 각종 연료의 발열량을 나타낸 것이다.

표 7-28 각종 연료의 발열량

구분	종류	발열량(kcal/kg$_f$)
고체연료	장작	1500~3200
	목탄	7000~8000
	석탄	6000~6300
	코크스	6000~7500
액체연료	중유	9000~10000
	석유	10000~11000
	휘발유	11000~13000
기체연료	도시가스	4000~5000
	천연가스	7000~10000
	발생로가스	1000~1300

1 고체연료

가. 석탄

석탄의 분류에는 여러 가지가 있으나 대부분은 석탄화 작용의 정도에 따라 토탄(peat), 갈탄(lignite), 역청탄(bituminous coal), 무연탄(anthracite) 등으로 분류된다. 그러나 토탄은 공업용에 사용되지 못하므로 여기서는 제외되었다. 석탄은 공업분석, 원소분석과 시성분석에 따라서 분류하기도 하고, 용도 또는 입도에 따라서 분류하기도 한다.

(1) 석탄의 공업분석

① 수분(moisture)

석탄 중에 함유되어 있는 물은 부착수분(또는 습분) 수분 및 결합수분으로 분류된다. 부착수분은 석탄에 기계적으로 부착되어 있으므로 상온에서 석탄을 실내에서 얇게 펴놓아 말릴 때 증발해서 없어지는 수분을 말한다. 공업 분석에서는 부착수분을 제거한 시료에 대하여 실시한다. 수분은 석탄의 콜로이드질의 흡습에 의한 것으로 105~110℃에서 1시간 가열하여 제거할 수 있다. 결합 수분은 105~110℃의 가열로는 방출되지 않고, 석탄을 건류시켰을 때 방출된다.

수분은 본질적으로 탄의 질과 관계 있는 것으로 생각되며, 탄화도가 진보됨에 따라 감소하고, 아탄(亞炭) 및 갈탄에서는 10~15%, 역청탄에서는 5~6% 이하, 강점결탄에서는 1% 내외이다.

② 회분(ash)

석탄 중에 항상 존재하는 성분이며, 무기물로 구성되어 있으며, 연료로서 가치가 없고 석탄의 사용상 장애를 일으키는 성분이다. 석탄의 회분함유량, 성분, 용융점 등은 석탄의 실용가치상 중대한 영향을 주고 있다.

회분의 용융점은 1000~1500℃의 범위 내에 있으며, SiO_2, Al_2O_3와 같이 산성 성분이 많은 것은 높고 Fe_2O_3, CaO, Na_2O, K_2O 등의 염기성 성분이 많은 것은 낮다.

또한, 회분의 산성도(acidity) 및 규산도에 의해 회분의 용융점을 측정할 수가 있다.

$$\text{산성도}(r) = \frac{SiO_2(\%) + Al_2O_3(\%)}{Fe_2O_3(\%) + CaO(\%) + MgO(\%)}$$

이 값은 1~5 정도이며, r = 1이면 1200℃, r = 5이면 1400℃ 정도이다.

③ 휘발분과 고정탄소

석탄으로부터 수분, 회분을 제거한 휘발분(volatile matter)과 고정탄소(fixed carbon)가 석탄의 실체를 나타내는 것이며, 이것을 순탄(pure coal)이라 한다. 휘발분과 고정탄소의 비율은 석탄화 작용에 따라 다르며, 탄화의 진행에 따라 휘발분은 감소하고 고정탄소는 증가한다. 따라서 휘발분과의 고정탄소의 비를 연료비(fuel ratio)라 하며 탄화의 질 즉, 탄화의 정도를 알 수 있는 좋은 자료이다.

$$\text{연료비} = \frac{\text{고정탄소}}{\text{휘발분}}$$

휘발분은 공기를 차단하고 석탄을 950±20℃에 7분간 가열했을 때 휘발하는 성분의 양을 나타낸다. 이 성분은 탄화수소, 일산화탄소, 수소 등의 가스 및 타르(증기)

로 되어 있다. 휘발 성분이 많은 석탄은 화염이 길고 광휘가 있으며, 반사로에 적합하다. 고정탄소는 석탄으로부터 수분, 회분 및 휘발분을 제거한 것으로

고정탄소 = 100-(수분+회분+휘발분)

이다. 고정탄소가 많을수록 건조온도에 의해 얻어지는 코크스량이 많고 발열량도 높다.

(2) 발열량

연료의 발열량은 단위량의 연료가 연소했을 때 발생하는 열량 즉, 연소열을 말한다. 고체, 액체연료일 때는 1kg$_f$, 기체연료일 때는 1Nm^3(Nm^{3}은 0℃, 760mmHg에서의 가스체적)을 완전 연소시켰을 때 발생하는 열량을 말한다. 열량의 단위는 공학적으로 kcal를 사용한다. 연료가 연소할 때 수소를 함유한 것은 반드시 수증기가 생기지만, 응축해서 액체로 되었을 때와 수증기 상태로 있을 때와는 물의 증발열 만큼의 차이가 생긴다. 수증기가 응축해서 물로 되었을 때의 발열량을 총 발열량 Hh(gross calorific value) 또는 고위발열량(higher calorific value)이라 하고, 물이 수증기 상태로 될 때의 발열량을 진발열량, Hl(net calorific value)), 또는 저위발열량(lower calorific value)이라고 한다. 고위발열량 Hh와 저위발열량 Hlr과의 관계는 상온(20℃)에서 물의 증발열이 586kcal/kg$_f$이므로 다음 식과 같다.

$$Hh = Hl + 586(9h + w) \fallingdotseq Hl + 600(9h + w)\text{kcal}$$

h = 연료 1kg$_f$ 중에 함유되는 수소량
w = 연료 1kg$_f$ 중에 함유되는 수분량

나. 주물용 코크스

코크스의 품위를 규격으로 표시하는 것은 강도, 회분, 휘발분, S분, P분, 입도, 기공률, 연소성, 반응성 및 수분 등의 여러 가지 성질이 있고 이들 중에는 시험방법 및 분석방법이 복잡하기 때문에 전부를 규격에 규정하는 것은 불가능하며, 사용조건에 의해 상반하는 결과가 생기므로 현재에는 몇 가지만 규정하고 있다.

코크스의 입도는 큐폴라 내경의 1/8~1/12이 좋고 〈표 7-29〉에 표준입도를 표시하고 있다. 그러나 사용하는 큐폴라의 크기에 따라서만 그 입도가 다른 것이 아니라 조업조건에 따라서도 다르게 된다. 코크스의 입도는 노 내의 송풍저항, 용해온도, 용해 분위기 및 가탄량, 가황량에도 영향을 미친다.

표 7-29 표준입도

입도별명칭	입도(mm)	사용 큐폴라 능력(t/h)
괴	120 이상	5 이상(대형 큐폴라용)
별괴	80~120	5~3(중형 큐폴라용)
상괴	60~80	3~2(중형 큐폴라용)
중괴	40~60	2 이하(소형 큐폴라용)

코크스의 밀도는 겉보기 밀도 및 진밀도에 의해 표시된다. 겉보기 밀도는 코크스 셀(cell)간의 공극을 포함한 그대로의 형이 결정되므로 그 값은 밀도와 기공률의 양자에 관계가 있다.

코크스의 강도가 낮으면 노 중에서 부서져서 바람의 유동을 저해하여 생각지도 않은 장애를 일으키므로 외관으로 보아 균열이 있으면 약하게 되는 근원이 되므로 좋지 않다.

일반적으로 주물용 코크스의 기공률은 40% 이하가 좋으며, 양질의 것은 35% 정도이다. 기공률은 연소성, 반응성이 중요한 영향을 미친다. 동일입도의 코크스에서는 기공률이 높을수록 연소성, 반응성이 커서 송풍구 바로 위에서는 고온이 얻어지고 노 내분위기도 CO가 많아져 좋지만 소모가 크다. 또 기공률이 작은 코크스의 경우는 비교적 큰 풍량을 요구하지만 동일 노지름의 큐폴라에서는 용해량이 크게 된다.

회분은 큐폴라의 용해 상황에 중요한 영향을 미치므로 가능한 적은 것이 필요하다. 회분이 많을수록 발열량은 적게 되며, 또한 석회석의 양을 더 첨가하여 슬래그량을 증가시키고 이것을 용융하는데 여분의 코크스를 사용하게 되어 이중으로 손해가 된다. 그러나 가단주철이나 고급주철의 용해에서는 반드시 회분이 적은 것이 좋다고는 말할 수가 없다.

휘발분이 높은 것은 착화점이 낮고 반응성이 크므로 큐폴라용에는 접합하지가 않다. 또 휘발분이 높은 것은 고정 탄소분이 감소하므로 좋지 않다. 그러나 휘발분이 높을수록 산소와 용이하게 반응하므로 착화 온도는 낮다.

인분은 구상흑연주철과 가단주철용해의 경우를 제외하고는 그렇게 큰 문제는 아니다. 대략 0.1% 이하가 좋으며, 황분은 낮을수록 좋다.

코크스 중의 탄소가 송풍 중의 산소와 발열반응을 일으키는 속도의 대소를 연소성이라고 말하며 다음과 같은 식으로 표시된다.

$$\text{연소성}(\%) = \frac{CO_2 + CO}{CO_2 + CO + O_2} \times 100$$

노 내에서 코크스가 연소할 때 송풍구 바로 위의 연소대에서 먼저 산화반응이 일어난다. 이 반응이 일어나기 쉬운 코크스는 연소성이 높으며 또한 환원대에서는 연소대에서 생긴 CO_2와 코크스가 접촉하여 환원반응이 일어나기 쉬운 코크스는 반응성이 높다고 한다. 즉 환원되는 능력은 다음 식과 같이 나타낸다.

$$\text{반응성}(\%) = \frac{CO}{CO + 2CO_2} \times 100$$

코크스의 반응성이 높으면 연소대에 도달하기 이전에 환원대에서 코크스 중의 탄소가 많이 소비되며 흡열반응이므로 열을 흡수한다. 이와 같은 코크스는 연소성도 높으므로 연소대의 폭이 좁아져 용적이 고온부를 통화하는 시간이 짧아져서 출선온도가 낮아진다. 따라서 주물용 코크스는 반응성이 낮을수록 좋다.

2 액체연료

가. 중유

중유는 고체연료에 비해 저장, 수송이 간단하고, 발열량이 크고, 회분이 적고, 완전연소 등이 용이하다. 중유는 보통중유라고 부르는 석유계 중유와 타르라고 하는 콜타르(coaltar) 중유로 구분된다.

비중은 0.9~1.0, 발열량은 10000~11000kcal정도이며 사용법에 따라 다음과 같은 종류가 있다. 즉 황분이 적은 동정련용 또는 특수의 요업로에 사용되는 것을 A중유, 점도가 비교적 적고, 수분, 협잡물이나 황분이 많지 않은 것으로 내연기관용 중유, 즉 디젤중유로 사용되는 것을 B중유라 한다. 이보다 점도가 크고 충분히 예열해서 평로, 가열로 등의 가열용에 사용하는 것은 C중유(벙커C유)라고 한다.

나. 등유

비중은 0.750~0.850정도이며, 비점은 약 150~320℃ 범위로 등화용, 동력용, 열원용 등에 사용된다.

동력용으로서는

① 연소성이 좋을 것

② 연료 소비량과 출력점에서 비점이 너무 낮지 않을 것

③ 윤활유 희석방지상 고비점이며, 황분이 적을 것 등 휘발유(gasoline)에 가까운 성질이 필요하다.

다. 경유

비중은 0.80~0.90정도이며, 비점은 약 200~320℃ 범위의 것이며 가스유(gas oil), 중성유(neutral oil), 솔라유(solar oil)등의 별명이 있고 등화용, 동력용, 열원용 등에 사용된다. 일반적으로 경유의 성질은 다음과 같은 것이 좋다.

① 착화성과 연소성이 좋을 것(착화성은 세탄가로 40~60 정도가 적당하다)

② 점도가 적당할 것

③ 펌프작동을 방해할 수 있는 고형물, 수분, 황분과 같은 부식성 물질을 함유치 않을 것

3 기체연료

가스원료에는 천연가스, 석탄의 건류에 의해 얻어지는 석탄가스, 석탄 또는 코크스의 가스화에 의한 발생로가스, 석유의 가스화에 의한 석유가스, 액화석유가스(LPG) 등이 있다. 그 성분은 주로 메탄에서 부탄가스의 포화탄화수소, 에틸렌에서 부틸렌까지의 불포화탄화수소, 수소, 일산화탄소와 같은 가연물질과 탄산가스, 질소, 산소와 같은 불연물질로 된다. 기타 유해성분으로서 소량의 황화합물, 산화질소 등도 함유되어 있으므로 이것들은 정제에 의해 제거하고 있다.

가스원료는 다른 고체, 액체와 같은 연료에 비해서

장점

① 약간의 과잉공기로 완전연소가 가능하다.

② 연료의 예열온도를 다른 연료보다 높게 할 수 있고 연소비가스의 열을 연료의 예열에 의해 회수할 수 있다.

③ 가열 대상에 따라 자유로이 조정할 수 있다.

④ 점화, 소화가 용이하다는 등이 있다.

단점

① 저장이 곤란하다.

② 연료비가 비싸다.

③ 누설되기 쉬운 점 등이다.

제4절 | 내화물

내화물(refractory)은 고온도에서 열의 작용에 견디며 용적의 변화는 가급적 적고 기계적 강도가 충분하며 열의 급격한 변화에도 견디는 것으로서 이것과 접촉하는 가스, 용융체, 고체 등의 침식이나 마모에 저항력을 가지고 있어야 한다.

사용조건에 따라서 동일한 내화물을 동일한 온도에서 사용해도 그 결과가 대단한 차이가 나타나므로 내화물의 선정에 내화도만을 따져서는 부족하다. 내화물의 여러 가지 성질 중에서도 사용조건, 환경 등에 가장 적합한 것, 즉 열간강도, 열전도성, 체적의 안전성, 열용량, 액상 또는 기상에 대한 내식성, 내마모성, 열이나 기계적 충격에 대한 충격저항성 등의 성질은 매우 중요하다.

제게르 추(seger cone), 26번(1580℃에 상당) 이상의 내화도를 가진 것을 내화재(내화벽돌, fire brick)라고 규정하고 있다.

1 내화물의 종류

내화물의 분류 방법은 여러 가지 있으나 〈표 7-30〉은 내화물을 일정한 모양으로 성형해서 사용하는 것과 성형하지 않고 모르타르(mortar)와 같이 부정형의 상태로서 사용하는 종류로 분류한다.

표 7-30 형상에 의한 내화물의 분류

정(성)형내화물	부정형내화물
① 산성(규석벽돌, 반규석벽돌, 점토질벽돌) ② 중성(고알루니마질내화물, 크롬질내화물) ③ 염기성내화물(마그네시아내화물, 마그크로내화물(Mg-Cr), 크로마그내화물(Cr-Mg), 돌로마이트내화물(MgO-CaO) ④ 특수내화물(탄화규소질, 탄소질, 알루미나내화물) ⑤ 내화단열내화물(카올린질, 고알루미나질)	① 캐스터블(샤모트질, 고알루미나질) ② 플라스틱, 램밍 믹스(샤모트질, 고알루미나질) ③ 내화모르타르 또는 내화시멘트(각종) ④ 내화피복제(지르콘질, 마그네시아질)

〈표 7-30〉에서와 같이 성형된 내화물로서는 내화벽돌이 있는데 보통 사용하는 형체는 보통형 벽돌과 이형내화벽돌이 있다. 부정형의 내화물 중에서 캐스터블(castable)내화재료 분말을 골제로 하고 알루미나 접착제(alumina cement) 등을 배합한 분말상 내화물이며, 물과 혼합해서 다지든가 흘려 넣는 방법으로 사용되고 있다.

플라스틱내화물은 시판 그대로 쉽게 다져서 사용할 수 있는 점토질 내화재료이다. 내화 모르타르는 내화물의 분말에 가소성의 점토, 기타의 물질을 혼합해서 제조되는 벽돌을 쌓는 접합부에 메우는 재료이며, 모르타르 중에서 적당한 입자를 가진 것으로 스탬프에 적합한 것을 내화스탬프재라고 부른다.

또한, 내화피복재는 특수한 목적으로 도가니, 등의 라이닝에 사용되는 내화물의 분말이며 특별히 점결제를 배합할 때도 있다.

내화물을 조성에 의하여 화학적으로 분류하면 산성, 중성, 염기성 내화물로 되며, 〈표 7-31〉은 이에 의한 분류를 나타낸 것이다.

표 7-31 조성에 의한 내화물의 분류

내화물	종류	주요화학성분	주요조성결정
산성 내화물	규석질	SiO_2	크리스토바라이트, 트리디마이트, 석영
	반규석질	$SiO_2(Al_2O_3)$	위와 같은 것 및 뮬라이트
	납석질	SiO_2, Al_2O_3	뮬라이트
	샤모트질	SiO_2, Al_2O_3	뮬라이트
중성 내화물	고알루미나질	$Al_2O_3(SiO_2)$	뮬라이트, 코런덤
	탄소질	C	그라파이트
	탄화규소질	SiC	탄화규소
	크롬질	Cr_2O_3, Al_2O_3, MgO, FeO	크로마이트, 스피넬
염기성 내화물	퀴르스테라이트질	MgO, SiO_2	퀴르스테라이트(페리크레이스)
	크롬마그네시아질	MgO, Cr_2O_3	크로마이트(페리크레이스)
	마그네시아질	MgO	페리크레이스
	돌로마이트질	CaO, MgO	페리크레이스, $3CaO \cdot SiO_2$

산성, 염기성 또는 중성이라는 것은 소위 산, 알카리와 같은 것이 아니라 산성 내화물을 주로 규산을 함유하고 있는 것으로 고온도에서 석회나 마그네시아와 결합해서 규산염을 만들기 쉬운 것을 말하고, 염기성 내화물은 석회나 마그네시아를 주로 함유하고 있는 것을 말하며, 중성 내화물을 상기 양자를 함유하고 있지 않은 것으로서 알루미나, 산화크롬 및 탄화규소 등을 말한다.

여러 종류의 내화물이 있으나 주물용으로서 사용되고 있는 것은 극히 적은 종류이며, 규석질 내화물, 점토질 내화물, 납석질 내화물, 마그네시아질, 마그네시아 - 크롬질이 주이며, 기타로서 탄소질 내화물, 탄화규소질 내화물, 고알루미나 내화물도 조금씩 사용한다.

2 내화물의 성질

가. 내화도

내화도(refractoriness)라 하면 내화물의 정도를 말하며, 제게르추의 번호로서 나타낸다. 제게르추의 연화점과 화학성분은 〈표 7-32〉와 같다.

표 7-32 제게르추의 화학조성과 연화온도

제게르추	화학조성(중량%)				용융연화점
SK	Al_2O_3	SiO_2	K_2O	CaO	(℃)
26	100	58.8	3.80	5.35	1580
27	〃	58.8	1.38	1.92	1610
28	〃	58.8	0	0	1630
29	〃	47.0	〃	〃	1650
30	〃	35.3	〃	〃	1670
31	〃	29.4	〃	〃	1690
32	〃	23.5	〃	〃	1710
33	〃	17.7	〃	〃	1730
34	〃	14.7	〃	〃	1750
35	〃	11.8	〃	〃	1770
36	〃	9.8	〃	〃	1790
37	〃	7.8	〃	〃	1825
38	〃	5.9	〃	〃	1850
39	〃	3.9	〃	〃	1880
40	〃	1.9	〃	〃	1920
41	〃	0.7	〃	〃	1960
42	〃	0	〃	〃	2000

내화도가 알려지지 않은 시료를 0.3mm 이하로 분쇄하고 소량의 덱스트린 용액으로 반죽하여 표준의 제게르추와 동일한 모양의 크기로 시험추를 만든다.

시험추 치수는 저면 삼각형의 1변이 8mm, 상면 삼각형의 1변이 3mm의 2등변 삼각형으로 [그림 7-3]과 같다. 이것을 표준추와 열을 지어 내화물의 판상에 80° 의 경사로 세워 놓는다.

판의 재질은 시험추가 알루미나질, 점토질, 규석질의 경우는 알루미나질의 것을, 마그네시아질, 크롬질의 경우에는 크롬질을 사용한다.

추를 판상에 세울 때는 하단 약 4mm로 매몰시킨다. 가열속도는 800℃이하에서는 매분 10℃로 하며, 최저번호의 표준추가 구부러지기 시작할 때부터는 매분 3~5℃을 표준으로 한다.

시험추가 똑바로 구부러져 선단 판상에 접촉했을 때 이것과 유사한 변형을 한 제게르추의 번호가 시험추의 내화도이다.

미국에서는 제게르추라고 하지 않고 PCE (pyro-metric cone equivalent)라고 하며, 독일, 일본, 한국에서는 독일의 Seger Keggel에서 SK를 취해서 SK번호로서 나타낸다.

내화물 선정에 있어서는 여러 성질을 충분히 검토해야 한다. 예를 들어 큐폴라 내의 라이닝 벽돌에 대해서 논할 때 내화도만을 가지고 비교하는 것은 무의미하며 송풍량, 송풍압력, 코크스의 성질, 장입지금의 종류와 상태, 용제 등의 각종 조업조건을 고려하여 가장 침식이 적은 벽돌을 선정한다.

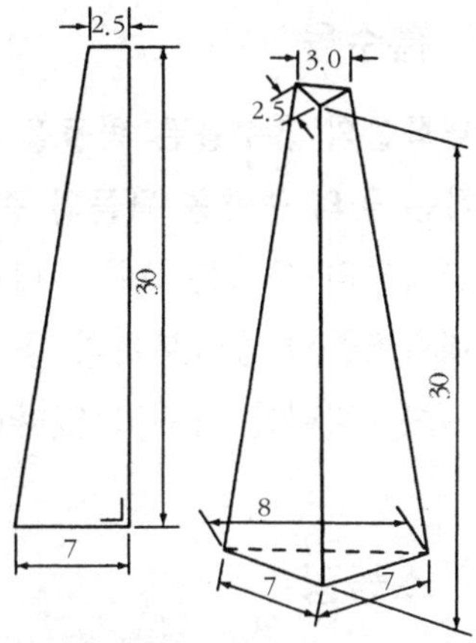

그림 7-3 제게르추의 크기

나. 비중

내화물 품질을 결정하는 중요한 요소로서 진비중(true specific gravity), **가비중**(apparent specific gravity) **및 용적비중**(bulk specific gravity))**의 세가지로 구분**하는 것이 보통이다. 진비중을 제외하고는 내화벽돌의 내부의 실제부분 즉 기공의 대소를 나타내는 것이며 흡수열과 가공률에 밀접한 관계가 있다.

내화물의 기공은 외기와 불통인 것과 통하는 것이 있으며 전자는 밀봉기공, 후자를 개구기공이라고 한다. 따라서 벽돌은 두 가지의 기공부분과 암석질로 구성되어 있다.

- 진비중 $= \dfrac{\text{중량가}}{\text{암석질}}$
- 가비중 $= \dfrac{\text{중량}}{\text{밀봉기공} + \text{암석질}}$
- 용적비중 $= \dfrac{\text{중량}}{\text{밀봉기공} + \text{개구기공} + \text{암석질}}$

다. 기공률

내화물의 기공률(porosity)**은 벽돌의 공극부분의 용적을 전체의 용적에 대한 백분율**(%)**로 나타내는 것**으로, 기공에는 두 종류가 있는데 진기공률은 밀봉기공과 개구기공을 모두 함유하고 있어야 한다. 보통의 기공률이라고 부르는 것은 외관상의 기공률 즉 개구기공만의 용적을 말한다.

라. 흡수율

내화물의 흡수율은 벽돌을 물 속에 담갔을 때 기공 중 충분히 물을 충만시켜서 그 때에 요하는 물의 중량을 벽돌의 중량에 대한 %로 나타낸 것으로 벽돌 100g 중에 존재하고 있는 개구기공의 용적은 cm^3로 나타낸다.

내화벽돌의 공극부분의 용적을 나타내는 표현법으로서 가비중과 기공의 흡수율이 있는데 같은 의미를 가지고 있다.

마. 스폴링

내화벽돌의 스폴링(spalling)은 벽돌의 내부에 생긴 변형에 의해서 표면에 균열이 생겨 낙하는 현상으로 박락(剝落)이라고도 부른다.

(1) 온도의 변화에 기인하는 스폴링

벽돌이 온도의 급변으로 팽창하든가 또는 급속히 수축했을 때 생기는 현상을 말한다. 벽돌의 소성 조직은 팽창성이 적은 것으로서 균일한 조직이며, 다소 유연성이 있어서 유리질 알카리를 다량 함유하고 있을 때는 이 종류의 스폴링에 대한 저항성이 강하다.

고급 점토질의 내화벽돌로서 소성 온도가 높지 않고 비교적 기공률이 큰 것은 소성이 잘 된 치밀한 벽돌보다는 열에 대한 스폴링이 강한 것이 보통이다.

(2) 기계적 압력의 불균일에 의한 스폴링

아크로(arc furnace)의 천정에 규석벽돌을 사용했을 때 가열된 아크로의 안쪽은 큰 팽창이 생기나, 대기쪽의 외면은 거의 팽창하지 않거나 또는 급격이 표면만이 큰 팽창을 일으켰을 때 벽돌 내부에 변형이 생겨 이 압력이 비교적 적은 일부분에만 불균일하게 집중할 때가 있다. 이러한 경우에는 벽돌이 파쇄되어 스폴링이 생긴다.

(3) 벽돌의 조직구조와 변화에 의한 스폴링

용해로에서 벽돌의 가열면이 슬래그나 용제를 벽돌이 흡수하거나, 고온에 가열되거나, 용탕과 반응해서 그의 조직이나 광물상에 변화가 생겨서 가열면과 무변화면과의 사이에 성분, 조직, 구조 및 광물상에 다른 층이 생기게 된다. 이것이 변형의 원인이 되어 균열이 생기며 내외층의 팽창률이 다른 것으로 인해 스폴링이 생기는 것을 말한다.

바. 내마모성

내마모성이 좋은 벽돌은 입자간의 결합이 매우 강하고 입자의 크기 및 분포 상태가 일정하며 치밀한 구조를 가지고 있다.

큐폴라의 라이닝한 벽돌은 장입물의 강하에 의해서 마모가 생기나 이때에 순기계적인 마모에 의한 벽돌의 소모는 다른 여러 조건에 의한 것보다도 훨씬 적다.

사. 슬래그, 가스에 의한 침식

주물의 내화벽돌 특히 큐폴라의 라이닝벽돌의 소모는 침식이 주원인으로 된다. 즉 용제, 슬래그, 장입물 중의 녹 등이 고온에서 벽돌에 직접 접촉해서 반응하는 한편 장입물도 녹 등이 고온에서 벽돌에 직접 접촉해서 반응하는 한편 장입물도 용탕과 고체의 상태로 강하함으로써 화학적 물리적 침식이 동시에 진행된다.

이밖에 밑으로부터는 송풍이 바람구멍으로부터 송입되어 코크스와 반응한 고온발열가스가 노벽에 따라 상승함으로써 한층 침식이 심하게 된다. 아크로에서는 슬래그 라인(slag line)이 슬래그에 침식되는 이외에 고온의 아크나 용탕의 복사열의 영향을 받으며 산화물의 미분이나 노내 가스와 반응해서 천정의 규석벽돌이 녹아 떨어지는 등의 현상이 생긴다. **내화벽돌의 침식에는 단순히 고온도라는 요소 이외에 다음의 여러 가지 요소가 문제된다.** 즉,

① **내화물의 화학적 또는 물리적 성질**
② **접촉물과 용제의 화학 및 물리적 성질**
③ **사용하고 있는 노 중의 가스분위기의 영향**
④ **반응생성물의 성질과 그 상태**
⑤ **장입제의 종류, 형상, 크기**
⑥ **가스류와 접촉물이 내화물 표면을 스치는 속도**

아. 압축강도와 하중연화

압축강도는 상온에서 어느 정도의 하중에 견딜 수 있느냐 이며 고온에서 연화된 내화물을 사용하는 동안에 자기의 하중이나 다른 하중을 받아서 변형되는 하중연화현상이라고 한다.

즉 내화도는 자중에 견디지 못해서 연화변형하는 온도이며, 하중연화의 경우에는 보통 노의 구조를 생각해서 내화물의 위치에 다소의 차이는 있으나, 상당한 하중이 걸려 있을 것이므로 하중연화는 자중이 아닌 다른 하중을 받았을 때의 변형하는 온도를 말하는 것으로 내화도와 혼동해서는 안 된다.

자. 체적변화

내화물의 체적 변화에는 그 변화가 영구적인 것, 즉 내화물의 제조 소성시 충분히 광물적, 물리적 변화가 정해지지 않고 사용할 때 체적변화가 생기는 것과 열에 의해서 팽창, 수축하는 일시적인 용적변화가 있다.

예를 들어 전자는 점토질과 염기성의 내화물인데 소성시 보통 수축하며, 규석질은 반대로 팽창하는 일이 있으나 소성에 의한 변화의 종식은 실제로는 매우 장시간에 걸쳐 서서히 진행되는 것이므로 완전히 소성시에 끝난다는 것은 매우 곤란하다. 따라서 제조된 내화물에도 체적변화가 있다. 일시적인 체적변화는 일시의 팽창이 큰 것 또는 실태에 따른 이상변화를 말하며 내화 스폴링 저항에는 약하다.

3 산성 내화제

산성 내화 벽돌에는 규산을 주성분으로 하는 규석벽돌과 규산알루미나질을 주성분으로 하는 샤모트 벽돌 및 납석 벽돌 등의 점토질 벽돌이 있으며, 이의 중간에 속하는 것으로는 반규석벽돌, 고규산점토질벽돌이 있다.

가. 규석벽돌

적백규석을 원료로 하며 저급의 것은 백규석을 원료로 하여 제조한다. 규석은 점결성이 없으므로 점결제로서 석회유 또는 당밀이 사용된다. 원료가 규석이므로 산성에는 강하나 염기성에는 약하다.

화학조성은 SiO_2 94~97%, Al_2O_3 0.4~1.5%, Fe_2O_3 1.2~2.5%, CaO 1.7~2.5% 정도이며 내화도는 SK 32~33, 기공률 16~24%, 가비중은 2.3~2.4, 체적비중은 1.8~2.0, 열간선팽창률은 1000℃까지 1.2~1.4, 압축강도는 300~500kg_f/cm^2, 하중연화점은 1500~1700℃이며, 급열·급냉에 대한 저항성이 저온에서 적으며 고온에서는 크다. 스폴링에 약한 것이 큰 결점이나 최근 입도의 조절에 의한 15~19%의 저기공률의 조립자벽돌이 발명되어 이 성질이 개량되어서 내구성이 약 20% 정도 증가했다고 한다.

나. 샤모트(chamotte)

점토질벽돌의 대표라고 말할 수 있는 것으로서 용도가 가장 넓고 각종의 가열로, 반사로와큐폴라에 사용되는 경우 이외에 주강 등에서는 레이들벽돌로 사용되고 있다.

내화점토(fire clay)는 카올린($Al_2O \cdot 2SiO_2 \cdot 2H_2O$, kaolin)을 말하며 이의 결정수가 많아서 그대로 성형해서 소성하면 균열이 많이 발생해서 사용할 수 없으므로 일단 점토를 1200℃ 이상으로 소성한 것을 분쇄해서 샤모트로 한 것에 목절점토를 배합해서 성형 후 다시 소성한 것이다.

원료가 규산알루미나질이므로 산성내화물이다. 따라서 염기성용제에는 약하다. 화학조성은 SiO_2 50~76%, Al_2O_3 20~45%, FeO_3 1.0~2.5%의 저급인 것으로부터 고급인 것으로 넓은 범위에 이르고 있다. 따라서 내화도는 SK 28~34, 기공률 12~30%, 가비중 2.5~2.8, 체적비중 1.8~2.3, 열팽창률 0.5~0.7%(1000℃까지), 하중연화점 1300~1500℃아며 급열급냉에 대한 저항이 크다.

압축강도는 150~400kg_f/cm^2도 광범위하며 고급품에는 800kg_f/cm^2 까지 되는 것도 있다. 열전도가 적고, 가공하기 쉽다는 것은 이 벽돌의 특징의 하나이다.

점토질벽돌은 만능벽돌이라고 할 수 있을 만큼 많은 용도를 가지고 있고 내화물 중에서 가장 생산량이 많다. 전 생산량의 70%를 점유하고 있다.

다. 납석벽돌

납석벽돌은 점토질벽돌이라는 점에서는 샤모트벽돌과 동일하나 제조공정에서 볼 때에 샤모트를 만들지 않고 직접 벽돌을 만드는 점이 다르다.

이것은 카올리나이트(kaolinite)계의 점토와는 달리 납석벽돌의 주원료인 납석은 결정수가 적으며 소성할 때 수축이 적어서 샤모트로 할 필요가 없다. 납석은 광물학적으로는 파이로필라이트(pyrophylite, $Al_2O_3 \cdot 4SiO_2 \cdot H_2O$)를 주성분으로 해야 하지만 실제로는 카올린이나 다이어스포어(diasfore, $Al_2O_3 \cdot H_2O$)를 수반하는 것을 총칭해서 납석이라고 부르고 있다.

이 납석벽돌의 품질은 사용하는 원료에 따라 다르므로 보통 납석벽돌이라고 부르는 것은 매우 광범위한 것이다. 내화도는 SK 27~30의 범위에 있으며 하중연화점이 낮고 연화의 속도가 큰 것이 많다.

특히 규산분이 많고 내화도가 낮은 납석벽돌에 이러한 경향이 나타난다. 샤모트벽돌보다 외관이 희고 치밀하며 철분이 흡입되어 있는 것은 황갈색의 반점이 많이 보인다.

압축강도가 일반적으로 크며, 용선, 용강, 슬래그와 접촉해도 내침식성이 좋다. 또한 1400~1500℃의 고온에서 조직이 치밀하고, 동시에 수축변화가 적으므로 사용범위가 넓다.

큐폴라의 라이닝벽돌로서 가장 많이 사용하고 있다. 화학성분은 SiO_2 60~65%, Al_2O_3 30~40%, FeO_3 1~2% 정도이며 내화도는 SK 28~31정도, 물리적성질은 가비중이 2.6~2.7, 용적비중이 1.9~2.0, 기공률은 17~27%, 하중연화점은 1300~1500℃이며, 급냉, 급열과 마모에 대한 저항성도 양호하다.

4 염기성 내화재

염기성 내화물로서 주물에 사용되는 것에는 마그네시아(magnesia) 내화물, 크로마그(Cr-Mg)와 마그크로(Mg-Cr) 내화물, 돌로마이트(dolomite) 내화물이 있다.

가. 염기성벽돌

염기성벽돌은 눈부신 발달을 하고 있으며, 불소성(不燒成)의 크롬, 마그네시아질의 벽돌의 진보는 매우 현저하다. 이것은 철판 케이스로 한 소위 메탈 케이스(metal case)된 획기적인 불소성 벽돌이다.

소성벽돌로서는 다량의 마그네시아가 가해진 크로마그벽돌과 마그크로벽돌, 마그네시아 단독의 마그네시아벽돌이 있다. 크로마그와 마그크로 벽돌은 단순히 크로마그벽돌(chrome-magnesite brick)이라고 부르고 있다.

원료로서는 크롬광(chromite : $Cr_2O_3 \cdot FeO \cdot Cr_2O_3$ 30~36% 정도가 사용하기 좋으며 작열감량과 규산분이 되도록 작은 것)과 마그네시아 클링거를 사용한다.

능고토광($MgCO_3$, magnesite)에 적철광 또는 갈철광의 분말을 3~5% 첨가해서 소성온도를 낮추어 소성하여 만든 것이 마그네시아 클링커(magnesia clinker)이다. 마그네시아 클링커는 전기로, 평로 등의 염기성로 저부의 내화물로서 필수적이다.

염기성 내화벽돌은 염기성이 강하여 염기성 슬래그에 침식되기 힘들고 내화도가 높으며 SK 36~40이상이다. 상온에서 내압강도가 크나 마그네시아분이 많아질수록 스폴링저항이 적은 것이 결점이다.

나. 포스터라이트(forsterite)

포스터라이트 벽돌은 고토감람석(foresterite : $2MgO \cdot SiO_2$)을 주성분으로 하여 활석(talk : $3MgO \cdot 4SiO_2 \cdot H_2O$), 감람석(dunite : $(Mg, Fe)_2 \cdot SiO_4$), 사문암($3MgO \cdot 2SiO_2 \cdot 2H_2O$) 등도 원료로 사용하고 있다.

이들의 광물은 가열에 의해서 1500~1550℃ 이상에서는 포스터라이트로 변화한다. 화학조성이 2MgO, SiO_2의 분자식을 가지므로 중성에 가까운 염기성이며, 마그네시아벽돌에 비교해서 염기성 슬래그에 대한 저항성도 약간 적으나 수증기에는 침해되지는 않는다.

이 **포스터라이트 벽돌의 장점**을 보면 다음과 같다.

① **내화도가 높다(SK 36이상)**

② **마그네시아내화물은 수분, 탄산가스 등을 흡수해서 슬레이크(slake, 소화)되기 쉬우나 이 내화물에는 결점이 없다.**

③ **크롬내화물은 크로마그내화물과 산화철을 흡수해서 붕괴되는 결점이 있으나 이 내화물은 이 결점이 없다.**
④ **알칼리의 침식에 대한 저항성이 매우 크다.**
⑤ **비교적 고온에서 용적이 안전하다.**
⑥ **다른 종류의 염기성 내화물에 비교해서 열전도율이 낮다.**
⑦ **마그네시아내화물보다도 열팽창이 적다**

즉 위의 장점을 이용하여 제강용, 비철금속용의 내화물, 기타에 사용되고 있다.

5 중성 내화재

가. 크롬질 내화벽돌

크롬광석을 주원료로 하며, 내화점토, 석회, 고토, 피치(pitch) 등을 결합제로 하여 만든 것이다. 크롬광석에는 피코타이트(picotite, (Mg, Fe)O, $(AlCr)_2O_3$)의 두 종류가 있으며 실제로는 혼합해서 산출된다.

내화연료로서는 CrO_3 31~36%, SiO_2 7% 이하의 피코타이트계가 유리하며 이 성분 중 Al_2O_3, MgO, CrO_3가 각각 스피넬(spinel, XY_2O_4 : 예, 돌정식 $MgAl_2O_4$)을 형성하는데, CrO_3의 함유량이 적은 데도 불구하고 내화도가 높고 하중연화온도가 높다.

이에 비해 크로마이트를 원료로 한 내화물은 CrO_3의 함유량이 많으면서도 내화도, 연화온도가 낮다. 따라서 양질의 크로마이트는 Fe-Cr, 금속 Cr의 원료로 사용하고 있다.

결합제로서는 보통 점토를 사용하는 것보다는 석회를 사용하는 편이 내화도가 높다. 그러나 석회의 경우 5% 정도 사용해야 될 것이다. 소성온도는 적어도 1460℃ 이상이어야 하며, 가능하면 1700℃이상으로 소상하는 것이 좋다.

크롬벽돌의 가비중은 3.0~3.2인데, 내압강도는 강한 편이며 급격히 저하하게 된다. 열전도는 $2.05kcal/m^3hr$이며 온도에 차가 없이 일정하며 점토질벽돌이나 규석질벽돌보다는 크지만 마그네시아벽돌보다는 적다.

이 벽돌의 열팽창계수는 크며 평균해서 1.14×10^{-5}로 최대에 이른다.

이 때문에 스폴링저항이 적으며 급열, 급냉에 대해서는 약하다. 크롬벽돌은 저온에서는 내마모성이 크지만 고온에서는 비교적 약한 결점이 있다. 이와 같이 물리적 성질은 좋은 편은 아니며 화학적으로는 극히 강하고 안정하여 슬래그에 대하여 침식이 잘 되지 않는다. 특히 중성내화물의 특징으로서 산성벽돌과 염기성벽돌의 어느 것이나 접촉해도 반응이 잘 되지 않으므로 이들 이종벽돌의 경계에는 없어서는 안될 내화재이다. 크롬벽돌은 각종 제강로에는 물론 강, 철, 안티몬 등의 금속제련용로의 라이닝에도 사용된다.

나. 탄소질 내화벽돌

탄소질 내화벽돌의 원료는 피치, 코크스, 무정형탄소와 흑연의 세 종류가 있으며, 이들 중에서 주물용으로는 주로 흑연이 사용되고 있다. 즉 흑연도가니, 흑연벽돌, 흑연전극 등에는 천연 및 인조의 흑연이 있다. 천연흑연에는 인상과 토상흑연이 있는데 인상흑연은 결정질이며 탄소분이 높고 순수한 것은 탄소분이 90~99%이상이다.

내화물로서는 특히 도가니에 가장 적합하며 흑연벽돌 전극으로서 사용되고 있다.

이에 비하여 토상흑연은 비정질이고 불순물이 많고 체로 선별 또는 수세하여 탄소분의 품위를 올리고 있으며 전극, 도가니, 벽돌 등의 내화물로서 사용되고 있다.

인상흑연을 원료로 한 도가니는 비늘조각이 층을 이루어 침식산화에 대해서 저항력이 큰 특징을 가지고 있다.

전기로에 사용되는 전극은 피치, 코크스, 무연탄, 천연흑연, 인조흑연 등의 분쇄물에 당밀, 피치, 콜 타르 등을 결합제로 해서 300~400kg_f/cm^2에 가압성형한 후에 소성을 실시한 것이다.

특히 2200~2400℃의 고온소성으로 인조흑연화한 것은 SiO_2, Al_2O_3, FeO_3, CaO 등을 환원하여 휘발시켰기 때문에 회분이 극히 적다.

6 내화 단열재

내화벽돌의 바깥쪽에 사용해서 노 내의 열을 외부에 유출시키지 않도록 하는 목적으로 열전도율이 적은 벽돌을 사용한다. 이것을 단열벽돌(heat insulating brick)이라고 한다. 액상의 침식을 받는 곳 즉, 용탕이 접촉하는 데에는 사용할 수 없으나 내화도가 높은 단열재를 내화벽돌로 얇게 표면에 붙이거나 직접 내면에 붙이는 내화물 겸 단열재를 단면용 단열벽돌이라고 한다.

일반적으로 기공률이 크고 (약 70% 내외), 단열성 (상온의 열전도가 0.5 kcal/mhr℃ 이상)이 좋은 것으로 점토질(카올린질)의 것이 많이 제조되고 있으며, 기타 규석질, 고알루미나질, 저융알루미나질, 지르코니아(zirconia, ZrO_2)질 등이 있다.

7 내화물질

내화벽돌 사이의 접합부에 사용하는 것으로서 벽돌을 균일하게 밀착시켜며 벽돌의 수리를 위해 노의 내벽에 도포 또는 다져 붙여서 사용하는 분말을 내화모르타르(refractory mortar), 내화시멘트(refractory cement)라고 한다.

내화벽돌에서 슬래그 또는 용융금속에 의한 화학적 침식은 접합부분이 가장 심하다. 한편 접합부는 벽돌의 열팽창에 의한 파괴를 방지하는데 필요하므로 내화모르타르는 그 질의 선정, 사용량 등 축로상 중요한 것이다. **내화모르타르의 선정기준**은 다음과 같다.

① **사용하는 내화벽돌과 가급적 동질인 것을 사용한다.**

② **내화도가 벽돌보다 SK 1~3번 정도 높은 것을 사용한다.**

③ **고온에서도 접착력을 가지며, 벽돌에 가까운 성질이 되어 균열, 변형 등을 일으키지 않는 것을 사용한다.**

8 부정형 내화물

입상, 분말상 또는 진흙모양의 내화물로서 수경성, 공기경화성 및 열경화성이 있다. 대부분은 주물 현장에서 희망하는 형체로서 만들어서 사용한다.

가. 플라스틱 내화물

플라스틱 내화물(plastic refractory)은 일반적으로 반죽을 한 토상의 것으로 방수지에 싸서 상자 또는 깡통에 넣는다. 이 중에는 건조상태로 판매되고 있으며 사용할 때 물을 혼합하도록 되어 있는 것도 있다.

노 내에서 순차적으로 다져서 쌓아 올려서 노벽이나 노체를 희망하는 형상으로 만든다. 그리고 노의 열에 의해서 소성시킨다. 크롬질, 샤모트질, 마그네시아질, 시리마이트질, 탄화규소질 이외에 단열질이 있다. 결합체로서는 점토 이외에 규산나트륨, 유기질 등이 사용되며 열경화성과 공기경화성이 있다.

나. 래밍 믹스

래밍 믹스는 플라스틱내화물의 일종이라고 볼 수 있으며 주로 노상이나 노벽의 구축에 사용되는 것이므로 결합제나 수분이 적고 뉴머틱 해머로 다져서 사용한다.

다. 캐스터블 내화물

캐스터블 내화물(castable refractory)의 내화골재에 적당량의 수경성시멘트를 혼합한 것으로 물을 첨가하여 잘 혼합한 후 콘크리트와 동일하게 사용하든가 형에 흘려 넣어서 소요의 모양과 크기의 것을 만든다.

골재로서는 충분히 소결한 후 입도조절을 한 점토질 및 고알루미나질 등을 많이 사용한다. 시멘트로서는 알루미나시멘트가 사용되고 있다.

라. 내화피복제

내화피복제는 노벽이나 천정, 기타의 표면에 도포해서 사용 중 노 내의 온고에 의해 변화해서 내화물의 표면을 피복하여 뜨거운 가스나 열이 새어나가는 것을 방지하는 동시에 내화물을 보호한다. 내화모르타르를 이 목적에 사용할 때도 있으나 일반적으로 밀착성을 더 좋게 하는게 사용한다.

익힘문제

1 선철의 특징에 대하여 쓰시오.

2 용선로(cupola) 조업에서 슬래그의 발생원인을 쓰시오.

3 용해재료에서 연료의 구비조건을 쓰시오.

4 산성내화물의 종류와 주요 화학성분을 쓰시오.

5 내화모르타르의 선정기준에 대해서 쓰시오.

6 내화벽돌의 스폴링(spalling)에 대하여 설명하시오.

7 부정형 내화물의 종류를 쓰시오.

8 주물용 선철의 양부(良否) 판정기준을 쓰시오.

9 용선로(cupola)슬래그의 발생공급원을 쓰시오.

10 내화물의 종류를 쓰시오.

11 내화벽돌의 스폴링(spalling)현상의 종류 3가지를 쓰시오.

12 내화물의 내화도 시험방법을 설명하시오.

13 내화벽돌의 비중은 어떻게 나타내는가?

Chapter 08

용 해

Chapter 08 주조응고학

용 해

제1절 | 용해로의 종류

고체의 원료지금을 용해하여 소정의 재질이 될 수 있게 성분을 조절하거나 주형에 주입할 수 있는 온도로 높이는 작업은 용해로에서 이루어진다. 작업공정에 따라서 용해로와 보온로는 별도로 갖는 2중 용해법을 채용하기도 하지만 이 경우의 보온로도 용해로의 범주에 속한다.

용해로의 열원, 즉 사용되는 연료는 고체, 액체, 기체, 전기, 원자력 등이 있다. 고체연료는 석탄과 코크스 및 목탄 등이 도가니와 용선로 조업에 쓰이고 액체연료는 경유와 중유가 가장 많이 사용되고 있다. 이는 비철금속 용해용 도가니로와 반사로, 회전로 등에 주로 이용되고 있다. 기체연료는 천연가스, LPG가스 및 도시가스 등이 있으나 지금(地金)의 예열 이외에는 널리 이용되지 않는다. 전기를 열원으로 이용하는 용해로는 직접아크로, 간접아크로 및 요동식아크로 등이 있고 전기유도로가 많이 사용되고 있다. 〈표 8-1〉은 용해로의 종류를 나타낸 것이다.

표 8-1 주조용 용해로의 종류

<table>
<tr><th>종류</th><th colspan="2">형식</th><th>열원</th><th>용해금속</th><th>용해량</th></tr>
<tr><td rowspan="2">도가니로</td><td colspan="2">자연통풍식</td><td>코크스</td><td rowspan="2">구리, 합금, 경합금</td><td rowspan="2"><300kg$_f$</td></tr>
<tr><td colspan="2">강제통풍식</td><td>중유, 가스</td></tr>
<tr><td>반사로</td><td colspan="2">-</td><td>석탄, 미분탄, 중유, 가스</td><td>구리합금, 주철</td><td>500~5000kg$_f$</td></tr>
<tr><td rowspan="4">전기로</td><td rowspan="2">아크로</td><td>직접아크식</td><td rowspan="2">전력 [저전압 고전류]
50~60Hz</td><td>주강(주철)</td><td>1~200t</td></tr>
<tr><td>간접아크식</td><td>구리 합금(특수주강)</td><td>1~10t</td></tr>
<tr><td rowspan="2">유도로</td><td>고주파</td><td>전력, 주파수
500~10,000Hz</td><td>주강, 주철</td><td>200~10000kg$_f$</td></tr>
<tr><td>저주파</td><td>전력, 주파수
50~60Hz</td><td>구리 합금, 알루미늄 합금, 주철</td><td>200~20000kg$_f$</td></tr>
<tr><td rowspan="3">큐폴라</td><td colspan="2">냉풍식</td><td rowspan="3">코크스</td><td rowspan="3">주철</td><td rowspan="3">1~20t</td></tr>
<tr><td colspan="2">열풍식</td></tr>
<tr><td colspan="2">염기성</td></tr>
</table>

노의 일반적인 선택은 ① 시설투자비용 ② 이에 관련된 유지 및 보수비용 ③ 기본 작업비용 ④ 입지조건에 따른 연료의 구입 ⑤ 작업상의 청정도와 소음 ⑥ 용해효율 즉 용융속도 ⑦ 요구되는 금속의 순도와 정련도 ⑧ 금속의 조성과 용융온도 등에 따라 용해로를 선택한다.

1 도가니로

가. 도가니로의 특징

도가니로(crucible furnace)는 오래 전부터 제강이나 비철합금 용해에 사용된 것으로 용해할 금속재료보다 도가니의 내화도가 높기 때문에 용융금속에 침식되지 않는다. **도가니로는 도가니에 용해용 재료를 장입하고 열원을 가하여 용해하는 방법으로 특징은 다음과 같다.**

① **용해되는 금속이 연료가스와 직접 닿는 일이 적으므로 용탕이 산화되거나 불순물이 섞이는 위험이 적다.**

② **여러 가지 금속을 계속하여 용해할 때에도 도가니만 바꾸어 주면 되고, 소량의 용해 등 이용범위가 넓다.**

③ **설비는 간단하나 외부로부터 간접적인 가열법을 이용하기 때문에 용융점이 높은 금속의 용해에 알맞지 않다.**

④ **높은 온도에서는 도가니의 강도가 한정되어 있으므로 많은 양의 용해에는 부적합하다.**

⑤ **열효율이 나쁘고, 도가니값이 비싸기 때문에 경제성이 낮다.**

나. 도가니

비철합금용에는 흑연도가니가 사용된다. 흑연도가니는 50% 가량의 흑연에 강도를 높이기 위하여 30~40%의 내화점토, 10~20%의 샤모트 벽돌이나 활석 등을 배합한 것으로 60 kg_f/cm^2 이상의 압축강도를 가진다.

도가니를 사용할 수 있는 횟수는 용해금속의 종류에 따라 다르지만 일반적으로 30~50회 가량이다. 흡습성이 높으므로 사용 전에 장기간 저온에서 건조시키지 않으면 균열이 생기기 쉽다. 강철이나 스테인레스와 같이 탄소성분의 침입을 피할 필요가 있을 때에는 점토나 샤모트 벽돌 성질을 가진 도가니를 사용하거나 흑연도가니 내벽을 점토 등으로 라이닝하여 사용한다. 또 용해 온도가 낮은 주조용 금속을 용해할 때에는 주강제 또는 주철제 도가니를 사용할 수도 있으며 철분의 용해를 방지할 목적으로 알루미나를 물유리(water glass, $mNa_2O \cdot nSiO_2$)로 도장하여 구운 다음에 이용하기도 한다.

흑연도가니에는 규격을 표시한 번호가 있는데 그 값은 1회에 용해할 수 있는 구리의 중량(kg_f)으로 표시한다. 〈표 8-2〉는 흑연도가니의 규격을 나타낸 것이다.

표 8-2 흑연도가니의 규격

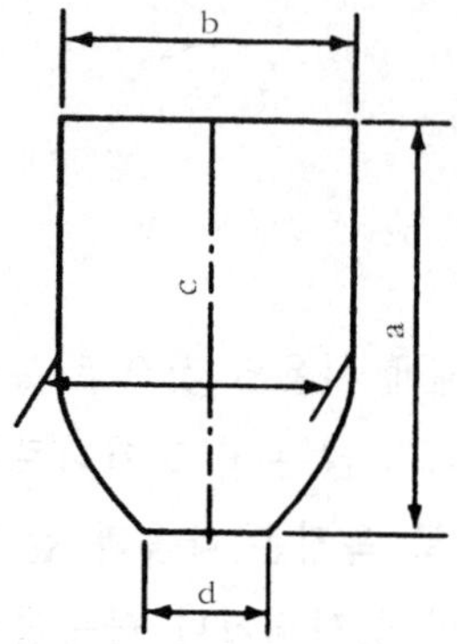

규격 \ 치수	a	b	c	d
1/4번	36	36	33	20
1	85	70	65	45
5	145	115	110	75
10	185	145	140	95
20	235	185	180	125
40	300	235	230	165
60	330	265	260	175
80	360	285	275	200
100	400	310	300	215
150	445	355	345	245
200	500	410	400	300
250	540	425	410	310

다 도가니로의 종류

도가니로의 종류는 분류 방식에 따라 다음과 같이 분류할 수 있으며, 그의 개략도를 표시하면 [그림 8-1]과 같다.

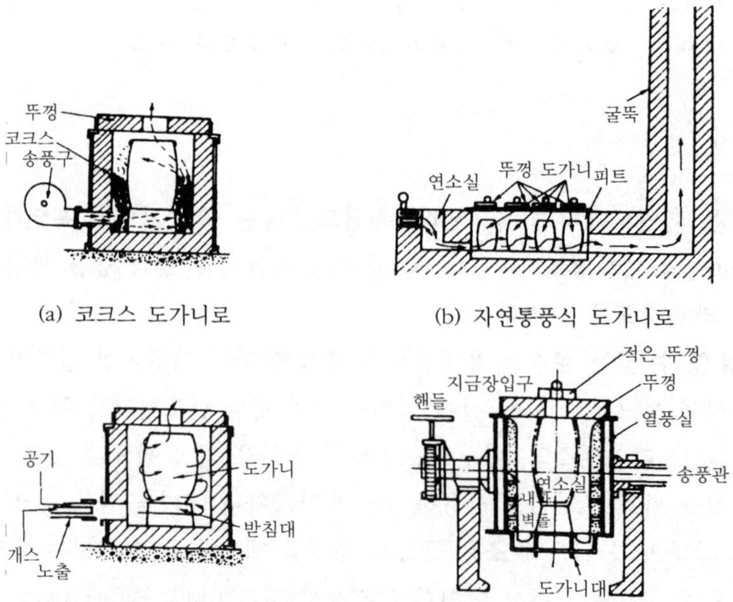

그림 8-1 각종 도가니로

(1) 송풍방식에 의한 분류

① 자연통풍식 도가니로(natural draft pit furnace)
② 강제통풍식 도가니로(blow out furnace)

(2) 열원에 의한 분류

① 코크스 도가니로(coke fired crucible furnace)
② 기름 도가니로(oil fired crucible furnace)
③ 전기 도가니로(electric crucible furnace)
④ 가스 도가니로(gas fired crucible furnace)

(3) 위치에 의한 분류

① 피트 도가니로(pit crucible furnace)
② 고정식 도가니로(stationary crucible furnace)
③ 가경식 도가니로(tilting crucible furnace)

위치에 의한 분류법에서

(가) 피트 도가니로(pit crucible furnace)

노에 대하여 설명하면 피트 도가니로는 가장 오래 전부터 사용되어 온 형식이며 코크스 연소가 많고 1~3개의 용해실과 이에 통하는 높이 20~30m의 굴뚝을 갖고 있으며 한 용해실에는 보통 4개 정도의 도가니가 필요하고, 자연통풍식이 많으며, 따라서 송풍기 동력비도 들지 않으며, 설계에 있어서는 높은 굴뚝을 필요로 하기 때문에 많은 건설비가 소요되며, 도가니를 용해할 때마다 꺼내어 운반하기 때문에 파손되기 쉽고 취급이 불편하다.

(나) 고정식 도가니로(stationary crucible furnace)

고정식 도가니로는 노의 상부를 개방한 개방형과 철로 만든 도가니의 가장자리에 상부를 밀폐하고 별도로 배기구멍을 설치한 밀폐형으로 분류한다.

강제통풍식이 많고, 송풍기의 용량을 알루미늄 용해로에서 100kg의 용량당 0.5~0.7Hp이다. 연료는 가스, 경유 및 중유이나, 중유가 대부분이며 버너는 저압식이고 중유 예열시 전열 및 배기가스를 이용한 경우도 있다. 이러한 형식의 노는 다이캐스트 공장 등과 같은 적은 용량의 용탕이 요구되는 공장에 적합하다.

(다) 가경식 도가니로(tilting crucible furnace)

가경식 도가니로는 원통형의 강판으로 만든 관내에 내화벽돌 또는 스탬프(stamp)재료로 라이닝을 하여 그 가운데에 도가니를 끼운다.

노체는 수동 또는 전동으로서 경동시킬 수 있는 장치로 되어 있고, 약간 대형의 노가 많고, 열효율도 고정식 노형보다 양호하며 또한 도가니의 수명도 길다. 연료는 코크스, 중유, 가스 등이 사용된다. 도가니에는 흑연도가니가 많이 사용되며, 경합금용해에는 철제 도가니가 사용된다.

2 전기로

전기를 열원으로 하여 합금을 용해하는 노를 전기로(electric furnace)라 하며, 그 특징을 열거하면 다음과 같다.

① 주조용 금속은 연료의 연소열로 가열 용해되는 것이 아니므로 용해할 때 나쁜 영향을 받는 일이 적다.

② 용탕의 온도를 저온에서 고온까지 광범위하고 정확하게 조절할 수 있다.

③ 열효율이 약 60% 정도며, 작은 용량에서부터 큰 용량의 것까지 설치할 수 있다.

④ 주조용 금속의 용해 손실이 매우 적다.

⑤ 용탕의 성분조절이 쉽고, 인건비가 절약된다.

⑥ 전력 및 내화재료 등의 유지비, 설치비가 많이 든다.

전기로는 전력을 이용하는 방법과 공급방법에 따라 여러 가지의 형식이 사용되고 있는데 아크로, 유도로(induction furnace), 저항로(resistance furnace) 등이 있다. 〈표 8-3〉은 전기로의 분류를 나타낸 것이다.

표 8-3 전기로 분류

- 전기로
  - 아크로
    - 직접 아크로 : (Héroult 전기로) - 강, 가단주철, 주철
    - 간접 아크로 : (Detroid 전기로) - 주철, 구리합금, 백색합금
  - 유도로
    - 고주파 전기로 : 강, 주철, 특수합금
    - 중주파 전기로
    - 저주파 전기로
      - 철심형 유도로(channel 형) - 황동합금, 알루미늄합금, 주철, 다이캐스팅합금
      - 무철심형(無鐵心型) 유도로 - 주철, 가단주철, 특수강(공구강, 고합금강, 스테인리스강, 자석강)
  - 저항로
    - 도가니형 저항로 : (니트롬 저항 전기로) - 경합금, 활자합금
    - 탄소저항 전기로 : (요동로) - 특수주철, 스테인리스강, 청동합금

가. 아크로

실용되고 있는 아크로에는 아크를 장입재료 사이에서 발생시켜 열원으로 직접 이용하는 직접 아크로와 간접적으로 장입지금이 가열 용해되는 간접아크로가 있다. 직접아크로에는 대표적인 에루(Héroult)식 로가 있고 간접아크로에는 디트로이드(Detroid)식이 많이 사용된다. [그림 8-2, 8-3]은 직접식과 간접식 아크로의 간략도를 나타낸 것이다.

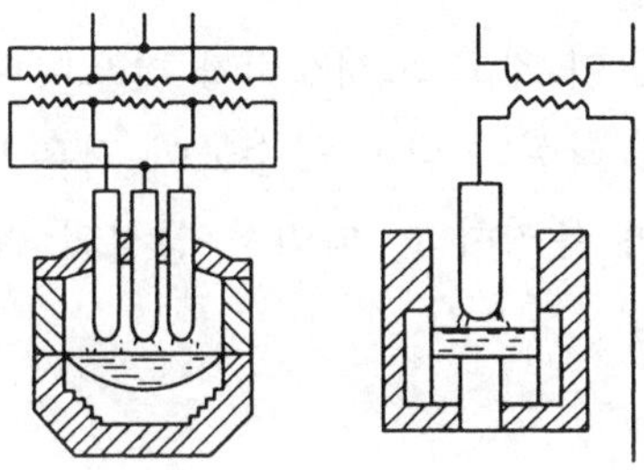

(a) 3상로 (b) 단상지로로

그림 8-2 직접식 아크로

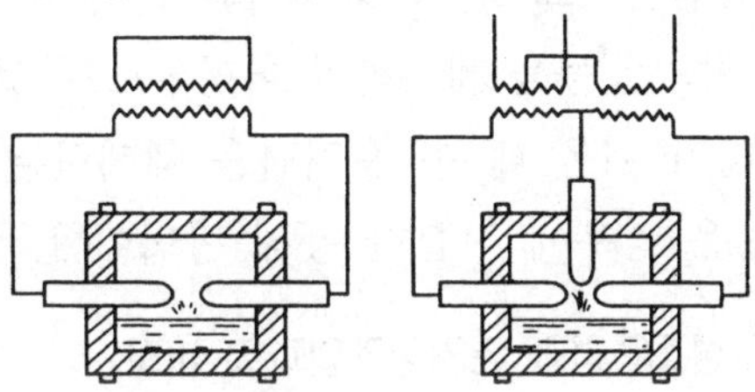

(a) 요동식 아크로 (b) 레너펙트로

그림 8-3 간접식 아크로

직접아크로는 주강, 회주철, 특수주철 및 가단주철의 용해에 널리 쓰이며 큐폴라에서 경제적으로 용해한 용탕을 이 노에서 정련하는 2중 용해법에 사용되기도 한다. 전력비에 따라서 차이가 있지만 전기로의 열효율은 각종 용해로 중에서 가장 높으며 신속하게 가열할 수 있고 용탕의 온도를 정확하게 조절할 수 있는 장점이 있다. 특히 화학조성이 복잡한 합금의 용해에는 좋은 조건을 가지고 있다.

중형, 대형로에서는 노 천정을 지금을 장입할 때에 올릴 수 있는 상부장입식이 많이 이용되며 상부장입식에는 노의 뚜껑을 매달고 노체를 전극지주의 반대측으로 빼내는 노체이동식과 노뚜껑이동식 및 노뚜껑과 전극장치를 선회시키는 노뚜껑선회식이 있다. 전극의 승강은 전기식 또는 유압식이 있으나 소형에서는 수동식이 쓰이며 대체로 자동전극 승강장치가 있어 이를 이용한다.

노의 경동장치는 전기식과 유압식이 있으며 대부분 수동식 경동장치를 겸비하고 있다. **노의 용량은 1회의 장입량으로 말하며** 고전압으로 단시간 내에 조업을 할 수 있도록 발전되어 가고 있다. 노벽의 라이닝은 산성과 염기성으로 하고 산성은 규사를 사용하여 탈황, 탈인 등의 정련작업을 하지 않을 때에 사용되는 것으로 비용이 적게 드나 원료에 제약이 있어 특별한 경우에 한정된다. 염기성은 마그네시아 또는 돌로마이트를 사용하는 것으로 내화물의 비용은 높아지거나 정련작업이 가능하여 일반적으로 사용한다.

(1) 염기성 조업의 특징

염기성 제강법은 〈표 8-4, 8-5〉에서와 같이 황, 인을 제거할 수 있고 성능이 산성 제강법에 비하여 양호하나 용해시간이 길고 노의 재료비가 높은 결점이 있으므로 장입원재료의 품질이 나쁠 때에 이 용해 방법을 채택한다.

(2) 산성조업의 특징

산성 제강법은 〈표 8-4, 8-5〉에서와 같이 용해시간이 짧고 노재료비가 낮으며 용해 비용은 적으나 황, 인 등을 제거하기 어려우므로 성분을 확실히 할고 불순물이 적은 양질의 원재료를 구하기 쉬울 때 이 용해법을 채택하는 것이 유리하다. 따라서 양질의 반설(return scrap)이 많은 경우에 적합한 용해 방법이다.

표 8-4 산성조업법과 염기성조업과의 비교

구분	노상재료	강제 주성분	주된 평형관계					[H]	제강시간	전력소비량	제조에 적당한 강종
			[O] (ΣFeO)	(MnO) (FeO) [Mn]	(SiO_2) $(FeO)_2$ [Si]	(P_2O_5) [P]	(S) [S]				
산성법	규산질 재료	SiO_2 FeO MnO	소 탈산성 대	대[Mn] 손실 대	소[Si] 재환원 있음	소 탈P성 거의없다	소 탈S성 거의없다	함유량 적은경향	짧다	소	고탄 소강 특수강
염기성법	마그네시아 또는 돌로마이트	CaO FeO MnO P_2O_5	산화력 대	대 잔류[Mn] 대	소 [Si]거의 정상으로 된다.	소 탈P성 대	소 탈S성 대	함유량 큰경향	대 길다	대	저탄 소강

표 8-5 산성조업과 염기성조업의 비교

No	항목	염기성	산성
1	P.S의 제거	가능	불가능
2	Si, Mn의 여유비	양호	불량
3	용해 시간	길다	짧다
4	노재료비	높다	싸다
5	강설의 품질	저품질도 가능	고품질을 요함
6	용해 비용	높다	싸다
7	기계적 성질	좋다	약간 떨어짐
8	용탕의 유동성	역간 떨어짐	양호
9	용탕의 냉각	빠르다	늦다

나. 유도로

유도전기로는 전자유도에 의한 열이 장입물을 가열하여 용해하는 노이다. 일반적으로 사용주파수에 따라서 고주파유도로, 저주파유도로로 분류한다. 또한 노의 내부에 철심이 있느냐, 없느냐에 따라서 철심형, 무철심형 유도로로 나눈다.

(1) 철심형 유도로

철심형 유도로(channel type induction furnace)는 발열부를 형성하는 인덕터(inductor)가 기본적으로 변압기와 같은 구조로서 구리로 된 1차코일과 2차코일에 상당하는 용탕으로 구성되어 있다. [그림 8-4]는 철심형 유도로를 나타낸 것이다.

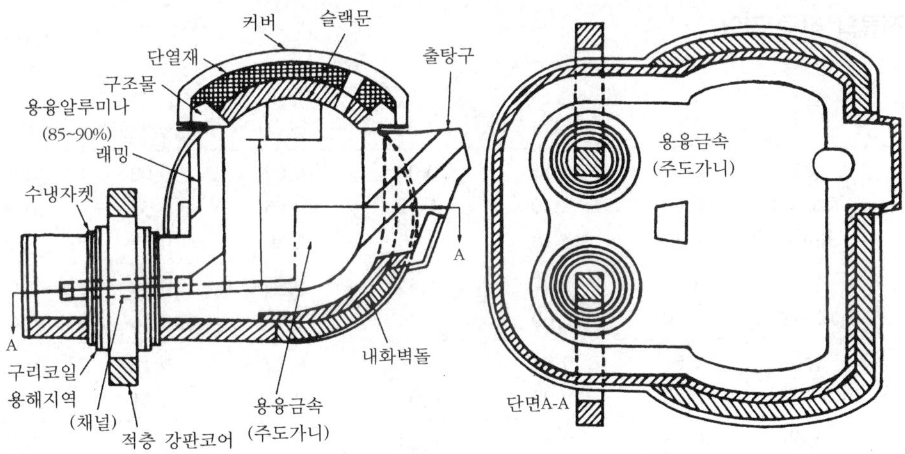

그림 8-4 철심형 유도로

2차코일에 해당하는 것은 내화물로 거의 완전히 둘러싸여 있다. 인덕터의 상부는 주용해실과 연결되도록 개방이 되어 용해실에 장입된 고체금속을 녹일 수 있다. 즉 교류전압이 걸리면 자장이 형성되고 채널(channel)부의 용탕을 가열이 되며 전자기장과 반응하여 용탕에 수축작용을 일으키는 힘이 발생한다. 이 용탕에 수축작용을 일으키는 힘이 클수록 용탕 내의 흐름을 중지시키나 이 흐름은 주용해실로 가열된 용탕을 운반하고 파열된 부분을 균일하게 해주는 역할을 한다.

철심형 유도로의 특징으로 용탕의 저장량이 크면서도 전력소모가 적고 보온용 전력도 적게 들며 용해작업에 의존하지 않고 야간용해를 하여 언제나 사용할 수 있는 이점이 있다. 대형주물을 생산하는 소규모 주물공장에 적당하며 소모되는 전력에 비하여 큰 저장능력을 갖고 있기 때문에 2중용해 조업에서 조성의 평균화 효과를 갖고 있다. 결점으로는 용탕의 조성변화에 빨리 대처할 수 있는 융통성이 없고, 내화물의 라이닝의 비용이 크며, 라이닝 교체시 오랜 시간이 소요되어 조업도 중단해야 한다.

(2) 무철심형 유도로

무철심형 유도로(coreless induction furnace)의 원리는 금속과 같은 전기적 도체의 외주에 코일을 감고 교류전류를 통하면 전자유도작용에 의하여 도체에 유도전류가 발생한다. 이 유도전류에 의한 손실열이 금속을 가열한다. 자속 중에 자성체를 놓으면 히스테리시스(hysteresis) 손실에 의한 열도 가해지는데 이것은 유도에 의한 열에 비하여 작다.

유도전류가 발생할 때 도체의 표면이 가까울수록 전류밀도가 크며 중심에 가까울수록 작아진다. 이 표피효과는 전류밀도의 침투 깊이로 나타내며 〈표 8-6〉과 같다.

표 8-6 전류의 침투 깊이

(단위 : cm)

구분	온도	주파수(Hz)					
		50	500	1000	3000	10000	400000
강	상온	0.32	0.11	0.08	0.04	0.02	0.00
	1200℃	0.60	2.30	1.62	0.95	0.52	0.08
	용해시	9.10	3.18	2.25	1.30	0.71	0.10
스테인리스	상온	5.70	1.97	1.39	0.80	0.44	0.07
	1200℃	7.50	2.60	1.34	1.06	0.58	0.09
황동	상온	1.56	0.54	0.38	0.22	0.12	0.02
	800℃	2.70	0.93	0.66	0.38	0.21	0.03
구리	상온	0.95	0.33	0.23	0.12	0.07	0.01
	8500℃	1.93	0.55	0.47	0.27	0.15	0.02
알루미늄	상온	1.07	0.37	0.26	0.14	0.08	0.01
	550℃	1.93	0.66	0.47	0.27	0.15	0.02
흑연	상온	20.00	7.20	5.10	2.93	1.60	0.25

노의 입력 전원의 주파수에 따라 50Hz, 60Hz의 상용주파수를 사용하는 저주파로, 150Hz, 18Hz를 사용하는 3배 주파수 형태의 중주파로 및 500Hz 이상 3000Hz 정도를 쓰는 고주파로로 나눌 수 있다. [그림 8-5]는 무철심 유도로의 일반적인 내부구조를 나타낸 것이다.

★ **장점**

① 용탕성분을 마음대로 조절할 수 있는 합금화에 대해 융통성이 크다.
② 큐폴라조업에서는 부적당한 고철도 사용할 수 있다.
③ 자기력에 의한 교반작용으로 균일하게 용탕을 만들 수 있다.

④ 저렴한 경비로 신속하게 라이닝을 교체할 수 있다.
⑤ 재용해작업이 가능하고 조업시간이 짧다.
⑥ 용탕조성의 조정이 신속하다.

★ 단점

① 효율이 비교적 낮다.
② 용탕량의 수요공급에 대한 경직성 등을 들 수 있다.

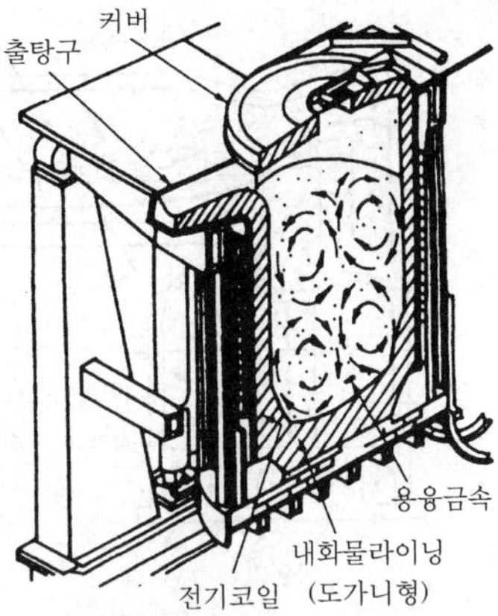

그림 8-5 무철심 유도로

다. 저항전기로

전기저항로(resistor furnace)는 니크롬, 철크롬 및 탄화규소 등의 발열체를 열원으로 하고 온도조절이 용이하며 균일도가 높다. 용해할 때의 분위기 조절이 용이하고 소음, 분진이 적어 작업환경이 깨끗하다는 이점이 있는 반면에 에너지의 단가가 높다는 단점이 있으나 알루미늄과 같은 경합금, 아연과 같은 저융점 금속의 용해로, 다이캐스팅에 있어서의 보온로로서 많이 사용되고 있다. [그림 8-6]은 전기저항 도가니로를 나타낸 것이다.

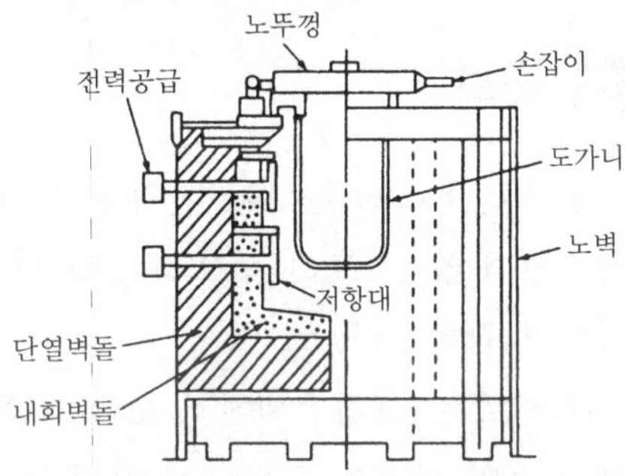

그림 8-6 전기저항 도가니로

3 평로

대형 주강의 용해에는 거의 평로(open hearth furnace)가 이용되어 왔으나 근래에 와서는 전기로에 밀려 점차 줄어들고 있는 실정이다. 평로의 구조는 [그림 8-7]에서와 같이 용해실과 그의 하부 양측에 각각 한 쌍의 축열실로 되어 있으며 배기 가스로서 가열된 축열실에서 연료인 가스와 공기를 예열해서 용해 상측면의 분사구로부터 취입한다. 연료는 발생로가스, 중유 등이며 고체연료에 비해서 공기과잉율이 적은 상태에서 가열되기 때문에 일반 반사로보다 고온을 얻을 수 있다. **용량은 1회의 조업에 의하여 생산되는 양으로 표시하며,** 주강용으로서는 20~40톤 정도의 소형 산성로가 많이 쓰이고 있다.

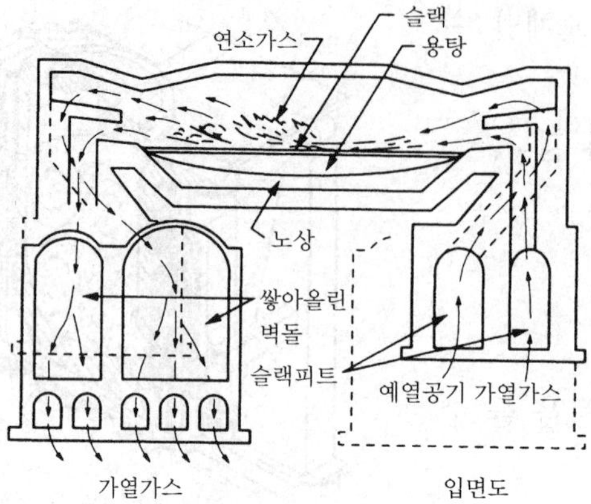

그림 8-7 평로

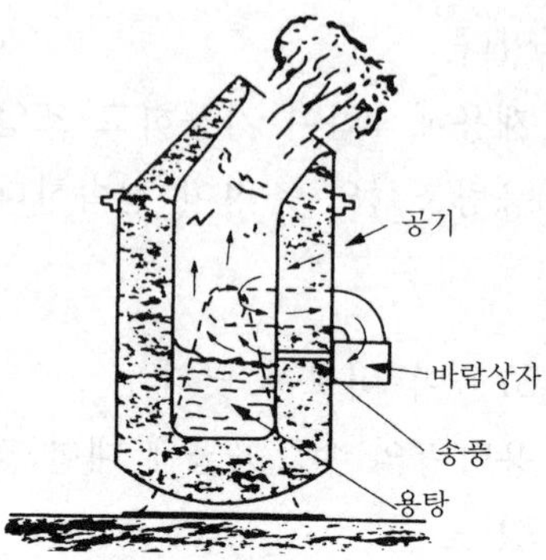

그림 8-8 전로

4 전로

전로(converter)는 1940년경부터 사용하였으나 기포가 많이 발생하여 주강에는 별로 사용되지 못하였다. 그러나 그 후 1949년 오스트리아에서 LD법이 개발된 이래 세계 각국에 보급되기 시작하였다.

LD전로는 [그림 8-8]에서 보는 바와 같이 노저의 송풍구를 사용하지 않고 수냉 강관을 넣어 고속의 산소를 취입해서 용탕을 취련하는 구조로 되어 있다. 이 방법으로 탈인, 탈황이 가능하고 가스함유량이 적으며, 평로강이나 전기로강에 비해서 강인한 재질을 얻을 수 있기 때문에 연성과 피로강도가 우수할 뿐만 아니라, 설비비 및 보수비가 낮기 때문에 양질의 대형주강을 염가로 생산할 수 있다.

5 반사로

반사로(reverberatory furnace)는 연소실과 용해실로 구성되어 있으며, [그림 8-9]와 같다.

연소실에서 연소한 연료가 천정에 부딪혀 용해실 내에 들어가 장입물을 용해하게 되는데 이 열은 천정에서의 복사에 의한 반사열과 용탕과의 반응열에 의하여 생성된다.

출탕구는 용해실 용탕저류부의 측벽에 설치되며 측벽은 내화벽돌, 노바닥을 보통 규사로 라이닝되고 장시간 조업할 때에는 고알루미나질의 내화벽돌이 사용된다. 이노의 **용해능력은 1회의 용해량으로 계산되며 15~40ton 정도가 가장 많다.** 연료는 보통 미분탄이 많으며, 중유를 사용하는 경우도 있다. 지금의 장입은 노의 천정을 이동시켜야 한다. 특히 반사로에

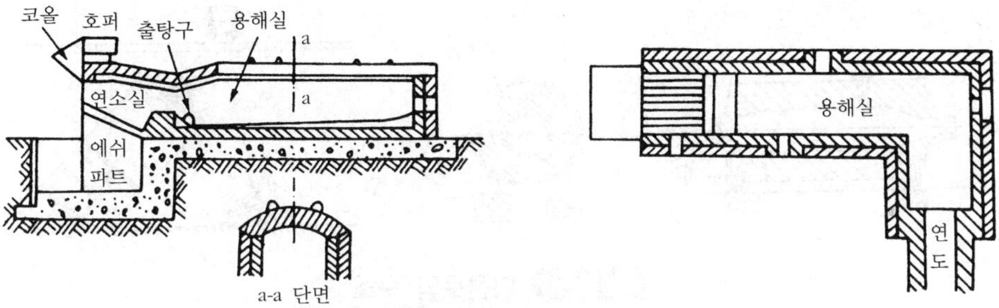

그림 8-9 반사로의 구조

서 온도가 상승하지 않을 때에는 송풍에 산소공급을 늘리면 효과가 크다. 가단주철용해는 보통 1550℃ 이상의 고온용해시 필요하므로 샤모트 등의 벽돌을 라이닝하여 사용한다.

반사로의 특징을 열거하면 다음과 같다.

① **같은 성분을 가진 다량의 용탕을 한꺼번에 얻을 수 있다.**

② **파쇠나 부피가 큰 재료를 그대로 용해할 수 있다.**

③ **노의 구조와 설비는 비교적 간단하지만 열효율이 낮다.**

④ **재료와 연료가 직접 접촉하게 되므로 불순물이 섞이기 쉽고 가스의 영향이 크다.**

⑤ **주철계이상의 고온 용해는 곤란하다.**

6 회전로

회전 또는 동요시키면서 용해시키는 노이므로 회전로(rotary furnace)라 부른다. 원통형의 강판내벽에 내화물을 라이닝하여 한쪽의 구멍에서 연소가스가 취입되고 반대쪽에서 배기되도록 [그림 8-10]과 같이 설치되어 있다. 연료는 중유, 미분탄, 가스 등이 사용된다.

이 종류의 노는 거의 롤러상에 설치되어 체인(chain), 기어(gear) 등에 의하여 모터로써 회전시킨다.

용해 중에 노가 회전됨에 따라서 고온도로 가열된 노벽에서 열이 용금에 흡수된다. **회전로의 용량은 1회의 장입량을 말하며 보통 500kg$_f$~10t의 것이 많이 사용**된다. 용탕은 중앙에 설치한 출탕구에서 빼내게 되나 회전 중에는 내화점토로 폐쇄한다.

회주철, 특수주철, 가단주철, 포금, 청동, 알루미늄합금 등에 많이 사용되고 큐폴라와 함께 2중 용해에 적당하다. 열효율이 30~40%로 비교적 우수하고, 120~140kg$_f$/t의 연료사용량으로 경제적 용해를 할 수 있다.

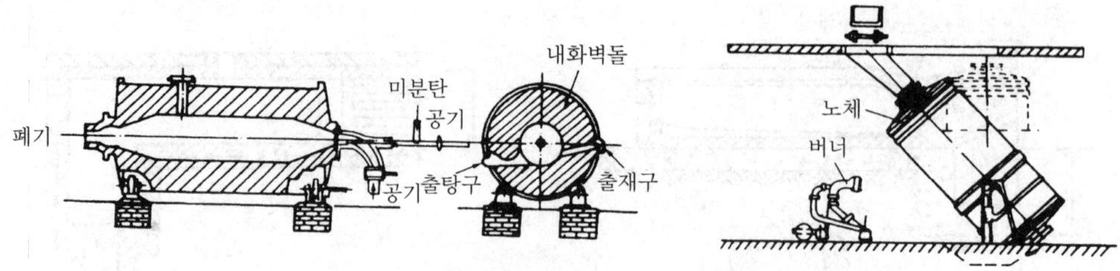

그림 8-10 회전로의 구조

7 큐폴라

가. 큐폴라의 구조

보통 큐폴라의 구조 및 각부 명칭은 [그림 8-11]과 같다. 큐폴라의 외부는 철판으로 제작하고 내부는 내화벽돌로 라이닝하여 열에 견딜 수 있도록 되어 있다.

노바닥에 소정의 높이까지 코크스를 넣고 그 위에 지금류와 코크스를 일정 비율로 장입하여 장입구까지 채운다.

이 상태에서 송풍구를 통하여 공기를 불어넣어 코크스를 연소시키고 그 열로 지금을 하부로부터 서서히 용해시킨다. 용탕은 노저에 고이게 되며, 적당한 양이 모이면 출탕구를 통하여 빼낸다.

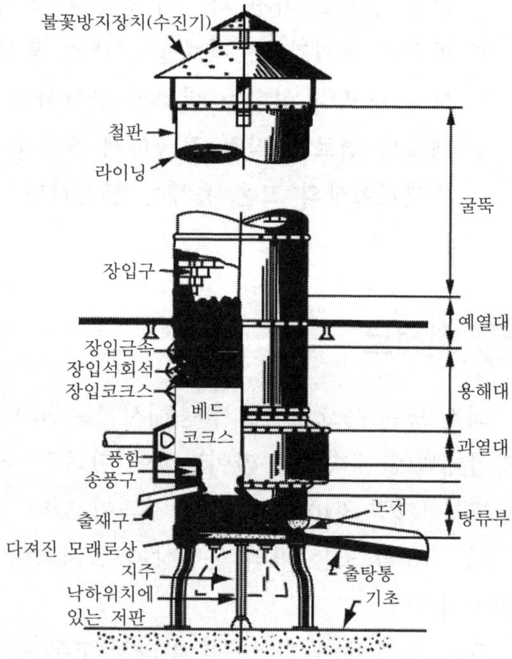

그림 8-11 큐폴라의 구조

큐폴라의 모양과 크기는 오랫동안 실험과 경험으로 〈표 8-7〉과 같이 중요 치수의 표준화가 이루어져 큐폴라의 설계와 제작의 기준이 되고 있다. **큐폴라의 용해능력(용량)은 표준 작업을 할 때 1시간당의 용해량(ton)으로 표시하는 것이 원칙이나 조업 목적에 따라 용해속도가 변화하므로 노안지름으로 용량을 표시하기도 한다**. 같은 안지름의 큐폴라에서도 바람구멍비, 코크스비(장입 지금에 대한 코크스 중량비), 송풍량 등이 변화하여 용해능력이 다르게 된다. 또 처음 넣는 베드 코크스(bed cokes)의 품질과 양 등도 용해에 관계되므로 고려한다.

표 8-7 큐폴라의 주요부분의 표준치수

번호 No.	안지름 (mm)	단면적 $A(m^2)$	바람구멍비 A/a	유효높이비 H/D	유효높이 H(mm)	바람구멍간에서 노바닥까지의 깊이 h(mm)	바람상자치수 가로 b(mm)	바람상자치수 세로 l(mm)	과열대의 라이닝 두께 T(mm)	바닥모래의 두께 Ta(mm)	용해속도 실제코크스 比=14% W(t/h)
1	300	0.071	4~7	6	1800	400	120	480	160	200	0.52
2	350	0.096	4~7	6	2100	400	130	520	160	200	0.7
3	400	0.126	4~7	6	2400	400	140	560	160	200	0.9
4	450	0.159	4~7	6	2700	450	150	600	160	200	1.2
5	500	0.238	5~8	6	3000	450	165	660	190	200	1.4
6	550	0.283	5~8	5.8	3190	450	180	720	190	200	1.7
7	600	0.332	5~8	5.6	3360	450	200	800	190	200	2.1
8	650	0.385	5~8	5.4	3520	500	215	860	190	200	2.4
9	700	0.442	6~9	5.2	3640	500	230	920	240	250	2.8
10	750	0.503	6~9	5.0	3750	500	250	1000	240	250	3.3
11	800	0.567	6~9	4.9	3920	500	275	1080	240	250	3.7
12	850	0.636	7~10	4.8	4080	550	285	1140	240	250	4.2
13	990	0.709	7~10	4.7	4230	550	300	1200	240	250	4.7
14	950	0.709	7~10	4.6	4370	550	320	1280	240	250	5.2
15	1000	0.785	8~11	4.5	4500	550	340	1350	240	250	5.8
16	1050	0.866	8~11	4.4	4620	600	355	1420	310	250	6.3
17	1100	0.950	8~11	4.3	4730	600	370	1480	310	250	7.0
18	1150	1.039	9~12	4.2	4830	600	390	1560	310	250	4.7
19	1200	1.131	9~12	4.1	4920	600	410	1640	310	300	8.3
20	1250	1.227	10~13	4.0	5000	650	430	1720	310	300	9.1
21	1300	1.327	10~13	3.9	5070	650	450	1800	310	300	9.7
22	1350	1.431	11~14	3.8	5130	650	470	1880	310	300	10.5
23	1400	1.539	11~14	3.7	5180	650	490	1960	360	300	11.3
24	1450	1.651	12~15	3.6	5220	700	510	2040	360	300	12.1
25	1500	1.767	12~15	3.5	5250	700	530	2120	360	300	13.0

(1) 노의 높이

큐폴라의 높이를 구별할 경우에는 지금이 용해되는 과정과 코크스가 연소되는 상황을 기준으로 구분하며 [그림 8-12]와 같다.

장입구에서 지금이 용해하기 시작 직전까지를 예열대라고 하며 지금이 강하하면서 예열된다. 베드 코크스층의 (床) (bed coke) 윗부분에서 지금이 녹아 떨어지는 부분을 용해대라고 한다. 이 곳에서 용해된 지금은 용해대 밑에서 송풍구면까지를 낙하하면서 고온으로 가열된다. 이 부분을 과열대라고 한다. 송풍구면에서 노바닥에 이를 때까지의 부분을 용탕저유대라고 하며 용탕과 슬래그가 모여 저장된다.

한편 노의 높이를 코크스와 노내 가스에 의한 상태로 구분하면 산화대와 환원대로 나눌 수 있다. 송풍구에서 들어온 산소는 $C + O_2 \rightarrow CO_2$의 산화반응을 하여 코크스를 완전연소시킨다. **송풍구면에서 코크스상 가운데까지를 산화대라고 하며 노내온도가 가장 높다.** 산화대에서 발생한 CO_2의 일부와 상부의 코크스는 $CO_2 + C \rightarrow 2CO$의 환원반응에 의하여 CO로 환원되는 부분을 **환원대**라고 하며 이 반응은 흡열반응이므로 이 부분에서 노내온도는 저하된다.

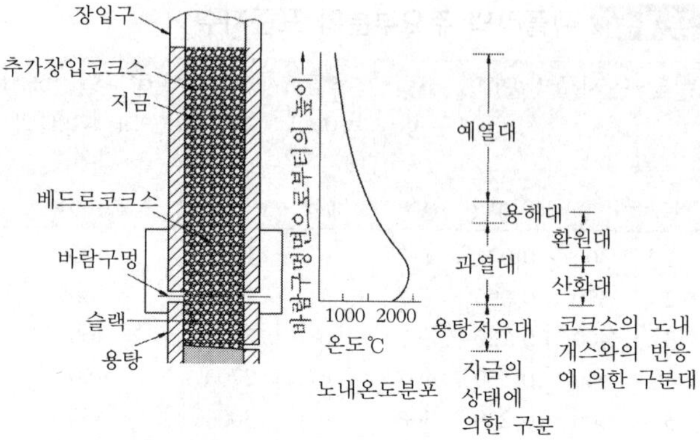

그림 8-12 큐폴라 각 구역에서의 명칭

(2) 노 몸체의 모양

노의 몸체의 모양은 여러 종류가 있으며 [그림 8-13]에서와 같이 일반적인 것은 A 및 B의 것이고, C와 같이 예열대를 넓힌 것은 장입용량이 증가되며 예열이 충분하게 되어 용해도가 증가도나 행잉(hanging)을 일으켜 조업이 곤란하게 되고 D는 침식되는 벽돌 부분을 넓힌 것인데 조업이 항상 균등하게 될 수 있게 한 것이며 E는 톱차징(top charging) 노에서 많이 볼 수 있는 것이다.

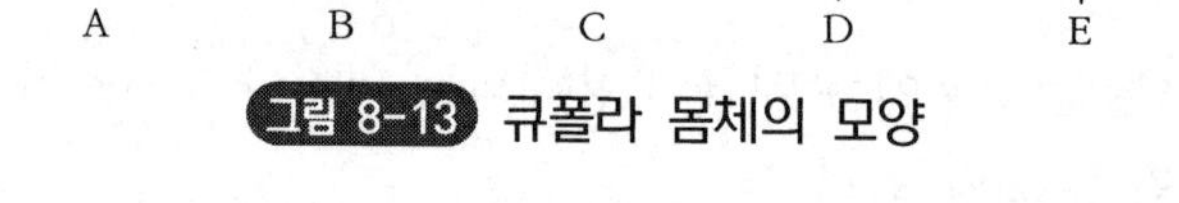

그림 8-13 큐폴라 몸체의 모양

(3) 송풍구

노 안에서 코크스가 연소하는데 필요한 공기를 불어 넣어 주는 곳을 송풍구라 한다. 보통 용해 능력에 따라 1t/h이하에서는 4개, 1.5~3.0t/h정도는 6개, 그 이상은 8개로 하는 것이다.(〈표 8-8〉 참조)

표 8-8 노의 크기와 송풍구 수

노의 안지름(mm)	600 이하	600~900	600 이상
송풍구 수	4~6	6~12	10~12

송풍구 수가 많으면 송풍구의 면적이 적어져 슬래그가 부착되기 쉽고, 수가 너무 적으면 송풍구 면적이 커져서 송풍구 부근이 냉각될 염려가 있다. 송풍구의 모양은 원통형, 사각형, 부채꼴 등이 많이 사용되며 좋지 못한 코크스를 사용할 때에는 특별히 다단송풍구를 선택하는 경우도 있다.

송풍구의 각도는 아래쪽으로 10~15° 의 기울기가 사용되며 이것은 송풍구보다도 아래쪽의 코크스를 연소시켜 과열대를 길게 하는데 목적이 있다. 그러나 코크스의 분포가 매우 복잡하므로 생각과 같이 밑에서 바람이 들어가지 않은 경우가 있으므로 코크스 바닥을 낮추지 않고 송풍구의 경사는 수평으로 하는 것이 좋다.

그러나 저질의 코크스나 괴탄을 연료로 사용하는 유효 높이가 낮은 노에서는 20~25° 정도로 경사지게 하는 것이 과열대를 길게 하는 효과가 있어 고온의 용탕을 얻을 수 있다.

코크스의 연소를 균일하도록 하기 위하여 송풍구의 단면적을 적당하게 만들 필요가 있다. **노의 송풍구면 단면적을 A로 하고 송풍구의 총단면적으로 a로 할 때 A/a를 송풍구비라 한다. 보통 이 값은 작은 노에서는 5정도, 큰 노에서는 10정도를 취한다.**

(4) 유효높이

송풍구면에서 장입구까지의 높이를 말한다. 장입된 지금이 이 곳에서 예열될 것이므로 긴 편이 좋으나 송풍저항이 증가하므로 보통 4.5~5.0 기준의 유효 높이비를 사용한다. 여기서 **유효 높이비란 송풍구면의 내경을 D라 했을 때 유효높이 H와의 비 즉 H/D를 가르킨다.** 실제에는 장입물을 장입하였을 때의 최상단높이까지가 문제가 되므로 이 높이가 너무 낮으면 지금의 예열이 불충분하고 너무 높으면 큐폴라내의 송풍저항이 증가되어 송풍기에 과대한 부하가 걸리므로 고려한다.

(5) 노상부

전로가 있을 때에는 이 곳에 용탕을 저장하지 않아도 되므로 노상부(hearth)가 위로 올라오게 설계하나 전로가 없을 때에는 노상부를 깊게 한다. 이 곳에는 용탕과 코크스가 함께 존재하므로 C, S등의 원소가 용탕에 흡수된다. 이 곳에는 슬래그가 고이므로 출재구를 통하여 가끔 배출시켜 준다.

(6) 풍상

각 송풍구로 균일한 압력의 공기가 들어갈 있도록 공기를 일단 이 곳에 충만시킨다. 송풍기에서 들어오는 공기는 방향성이 강하므로 특정의 송풍구에만 공기가 들어가기 쉽다. 따라서 코크스의 연소가 불균일하게 되며 지금의 용해가 불균일하게 될 가능성이 많다. 이와 같은 방향성을 없애기 위해 풍상(wind box)을 설치하는 것이며 풍상의 폭은 송풍관의 지름과 같이 하고 높이는 폭의 4배 정도로 하고 있다.

풍상이 적으면 송풍관을 붙인 부근의 송풍구에서 많은 양의 공기가 들어가기 쉽고, 그 부근의 코크스의 연소가 심하게 되어 그 결과로서 반대편의 벽돌 침식이 심하게 된다.

(7) 노벽

노벽(refractory lining)은 보통 산성로에서 납석질의 내화벽돌을 라이닝한다. 벽돌 사이에는 동질의 모르타르를 사용하는 것이 보통이다. 염기성로에서는 돌로마이트질, 마그네시아질의 벽돌이 쓰인다.

(8) 전로

큐폴라 본체와는 별도로 출탕구 앞에 설치된 용탕을 저장하는 용기인데 소요의 용탕량을 저장하고, 용탕의 성분을 균일하게 할 목적으로 설치된 것이다. 전로(forehearth)의 형식은 고정식과 회전식이 있다.

나. 큐폴라의 특수 구조

보통의 큐폴라는 노벽의 침식으로 베드 코크스의 높이나 연소상태가 달라져서 조업조건이 고르지 못하게 되고 슬래그의 성분조성 변화는 용탕의 재질에도 큰 영향을 준다.

따라서 고온용해가 어려우며 장입구 윗쪽에서는 많은 열이 손실되므로 열효율도 떨어지게 된다. 이와 같은 여러 결점을 개선하여 보다 좋은 재질을 얻고 경제적인 조업을 하기 위하여 특수 구조를 가진 큐폴라가 고안되어 사용되고 있다.

(1) 수냉식 큐폴라

큐폴라를 오랫동안 운전하게 되면 용해대(melting zone) 부근의 노벽이 침식되어 안전조업이 어렵고 이의 수리에 드는 내화벽돌량은 많이 듬으로 이 용해대를 외부에서 수냉함으로써 내화벽돌의 소모를 다소나마 경감시키고자 하는 것을 수냉식 큐폴라(water cooled cupola)라고 하다.

냉각시키는 방법으로는 노벽의 윗쪽에서 샤워(shower)식으로 흘러 내리게 하는 방법과 노벽안에 물재킷(water jacket)을 설치하여 여기에 냉각수를 순환시키는 방법 또는 이들을 병용한 방법이 있다.

(2) 열풍식 큐폴라

큐폴라 용해작업을 효과있게 하고자 공기를 예열해서 송풍하는 방식의 큐폴라를 열풍식 큐폴라(hot blast cupola)라고 한다. 이 방식으로 용금온도의 상승, 연료비의 절감, 규소의 소모 감소, 용금의 황량 저하, 용금의 산화방지, 조악한 재료배합에 의한 재료비 절감 등의 효과를 얻을 수 있다. 대형 큐폴라에서는 대부분 이 방식을 채택하고 있는데 열풍을 제조하는 방법에는 여러 가지가 있으나 큐폴라의 배기가스 폐열을 이용하는 것, 배기가스 중의 CO를 재연소시켜 이 열을 이용하는 것, 별도의 가열기를 설치하여 예열시키는 것 등이 있다.

8 용해용 부속 설비

가. 송풍기

송풍기(blower)는 주로 큐폴라, 도가니로, 반사로 등에 사용되고 있으며 원심(turbo)형과 루츠(roots)형이 많이 사용된다. [그림 8-14, 8-15]는 이들의 송풍기와 특성곡선을 나타낸 것이며 〈표 8-9〉는 두 종류의 송풍기 성능과 특성을 비교한 것이다.

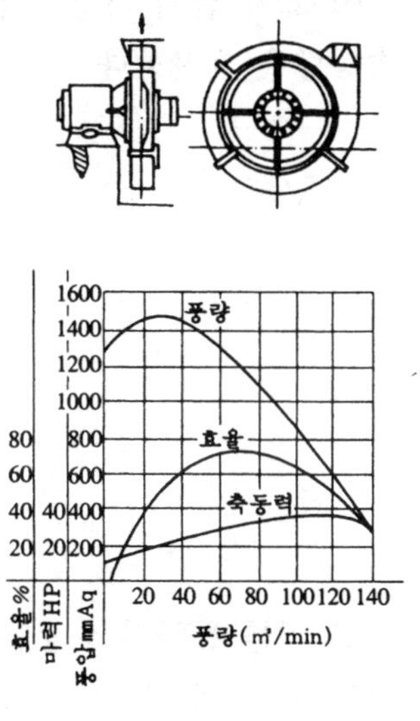

그림 8-14 터보송풍기와 특성곡선

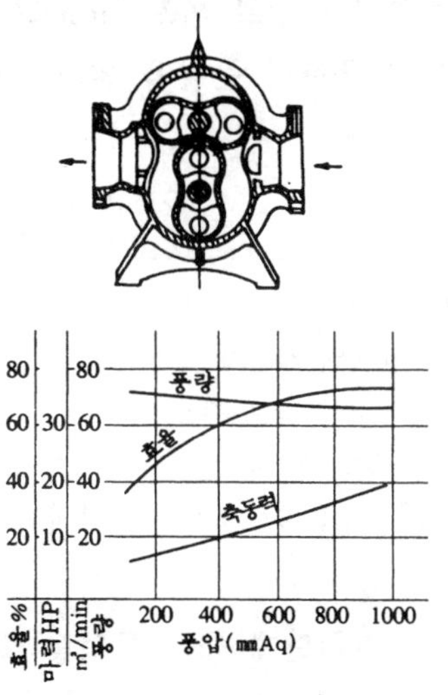

그림 8-15 루츠송풍기와 특성곡선

표 8-9 송풍기의 비교

종별	원심형 송풍기	루츠형 송풍기
풍향특성(회전수 일정)	토출풍압의 증가에 따라 감소	토출풍압에 관계없이 일정
풍압특성(회전수 일정)	송풍기의 특성 이상으로 되지 않는다.	토출밸브를 죄면 증대
풍량조절	흡입측 및 토출밸브로 조절	회전수를 조절하거나 방출밸브로 조절
회전수(rpm)	3000~3600	대형 200~800, 소형 1000
토출풍의 특성	맥동하지 않으나 와류현상을 일으킬 때가 있다.	맥동한다.
설비비	적다	크다
보수	쉽다	원심형에 비해 약간 힘들다.

큐폴라용으로서는 원심형 송풍기가 편리한 점이 많아 널리 사용된다. 실제로 사용할 때에는 송풍관이나 밸브 기타 부분의 저항 때문에 풍압이 저하되므로 이것을 고려하여 이론 송풍량의 20~30% 정도 여유 있게 송풍기의 용량을 결정해야 한다.

나. 풍량계 및 풍압계

송풍량과 송풍압력을 노의 크기, 장입재료, 코크스 등에 따라 적당한 양을 공급하기 위해서는 이를 정확히 측정할 필요가 있다.

(1) 풍량계

송풍량의 측정에는 주로 피토(pitot)관과 오리피스(orifice)가 많이 사용된다. 피토관에서는 나노미터를 사용하여 눈금을 읽고 다음 식으로 송풍량을 계산한다.

$$Q = A \times 60 \sqrt{\frac{2g}{\rho}} \times \frac{mH}{1000} \fallingdotseq 242A\sqrt{H}$$

- Q : 송풍량(m^3/min)
- A : 송풍관의 단면적(m^2)
- H : 마노미터의 눈금(수주mm)
- g : 중력가속도(9.8m/sec^2)
- ρ : 0.0012(1기압, 20℃에서의 공기의 비중)

오리피스는 평면원판에 둥근 구멍을 뚫어 놓은 것으로 이를 통하여 송풍할 때 트로틀구멍의 앞뒤의 압력차는 송풍량과 일정한 관계에 있으므로 $P_1 \cdot P_2$의 압력차를 측정하면 풍량을 알 수 있다.

(2) 풍압계

유리로 만든 U자관에 물을 넣고 한쪽 끝을 송풍관에 연결하여, 풍압으로 생긴 수주의 차를 눈금(mm)으로 측정할 수 있다. 물 대신 수은을 이용하는 경우도 있다.

다. 고온계

용융금속의 온도를 측정하는 것은 용해로의 조업상태, 금속의 재질 및 유동성 등에 영향을 주므로 이를 정확히 측정하는 것은 중요하다. **용융금속의 온도측정에는 광고온계, 열전쌍고온계, 복사고온계 등이 사용된다.**

(1) 광고온계

휴대할 수 있도록 만들어져 있으며 광도를 측정하여 간접적으로 온도를 알 수 있게 한 것이다. **측정범위는 700~2000℃ 정도이며** 주철, 주강공장에서 흔히 쓰고 있다. 광고온계(optical pyrometer)의 렌즈를 통하여 측정물을 보았을 때 측정물의 광도와 램프의 광도가 일치하도록 저항기를 조절하고 이것을 온도로 환산한 값을 읽게 된다.

(2) 열전쌍고온계(thermo electirc pyrometer)

열전대(thermo couple)를 이용한 고온계로서 두 금속의 양접점에 온도차이를 만들어주므로 그 온도차이에 비례하여 기전력이 생긴다. 두 선을 접속한 열전대의 한쪽은 용융금속에 넣고 다른쪽은 일정한 온도로 하여 미리 볼트미터에 접속시킨다. 이것의 전류 또는 기전력을 온도로 환산하여 읽는다.

(3) 복사고온계

복사고온계(radiation pyrometer)는 복사열을 집중시켜 열전대를 놓고 그 기전력을 이용하여 측정하는 방법으로 보통 용융금속의 통로가 되는 출탕구에 장치하고 일정한 간격을 두어 연속적으로 온도를 측정 기록하는 데에 사용된다.

라. 계측 및 제어장치

용해작업에서 조업을 자동화하고 용융금속의 재질을 고르게 하기 위하여 각종 제어장치가 필요하다. 큐폴라에서는 조업 중 송풍량이 일정하게 공급되도록 조정하는 풍량 자동제어장치가 있다. 이것은 검출부와 작동부로 구성되어 있으며 압축공기식 또는 유압식이 사용된다. 이외에도 노의 상태를 판단하기 위한 노정가스의 분석장치, 기계유입운전의 자동화를 위한 장입물의 높이계측장치 등이 있다.

마. 주입용 기구

용융금속은 주입에 편리하도록 레이들에 옮기거나 도가니 핸들을 이용하여 주형에 주입한다. 레이들의 형식에는 [그림 8-16]과 같은 여러 종류가 있다. 특히 레이들의 라이닝은 좋지 못할 경우 주물에 기포를 만들거나 용탕온도를 저하시킬 염려가 있어 주의를 요한다.

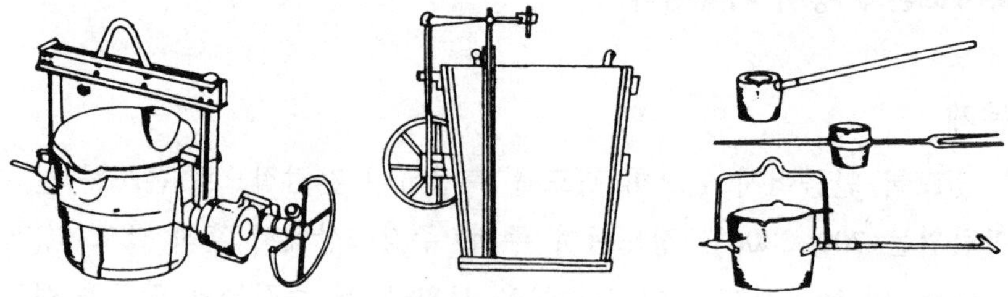

(a) 크레인 레이들　　(b) 저주식 레이들　　(c) 손 레이들

그림 8-16 레이들 종류

제2절 | 용해작업

1 큐폴라에 의한 회주철의 용해

가. 용해이론

(1) 연료의 연소반응

큐폴라에서는 주로 코크스를 연료로 사용하고 있다. 송풍구를 통하여 노 내로 들어온 공기 중의 산소는 코크스와 반응하여

$$O_2 + C = CO_2 + 8080kcal/kg_f \quad \cdots\cdots (8\text{-}1)$$

식(8-1)과 같이 CO_2 가스가 된다. 이 반응은 발열반응이므로 이 열에 의하여 지금은 용해되며 베드 코크스의 온도는 1700~1800℃까지 상승한다. 이와 같은 높은 온도에 이르면 CO_2 가스는 코크스와 접촉하여

$$CO_2 + C = 2CO - 3265kcal/kg_f \quad \cdots\cdots (8\text{-}2)$$

식(8-2)와 같이 반응하므로 CO가스로 환원하려고 한다. 이 반응은 흡열반응이므로 식(8-2)의 평형상태에 대하여 CO와 CO_2의 비율은 온도상승과 더불어 커지며 1000℃이상에서는 CO가 100% 가까이 된다. 따라서 보다 고온의 베드 코크스부에서는 이 반응이 오른쪽으로 진행하려고 하나 가스의 흐름이 빠른 것과 상부에서의 온도저하로 인해 이 반응을 도중에 정지하고 상부의 예열대에서는 CO와 CO_2의 비율이 거의 일정하게 된다. [그림 8-17]은 이상의 과정을 나타내는 노 내 가스의 분포곡선이다.

한편 송풍구면보다 낮은 부분에서는 가스가 정체하고 있으므로 식(8-2)의 반응은 평형에 이르고 대부분이 CO가스가 된다. 큐폴라에서는 이와 같은 분위기 속에 지금이 놓여지게 되는데 예열대에 CO가스가 어느 정도 함유되어 있는 것이 좋은 결과를 가져온다. 만일 이 분위기에 의하여 많은 CO_2 또는 O_2가 존재하면 고체지금의 산화는 심하고 그 표면에 다량의 녹이 생성된다. 녹의 용융점은 주철보다 높으므로 지금은 녹으로 싸인 상태에서 용해하여 용탕 속에 산소가 침입한다. CO가스의 존재는 이와 같은 나쁜 현상을 방지하고 있다.

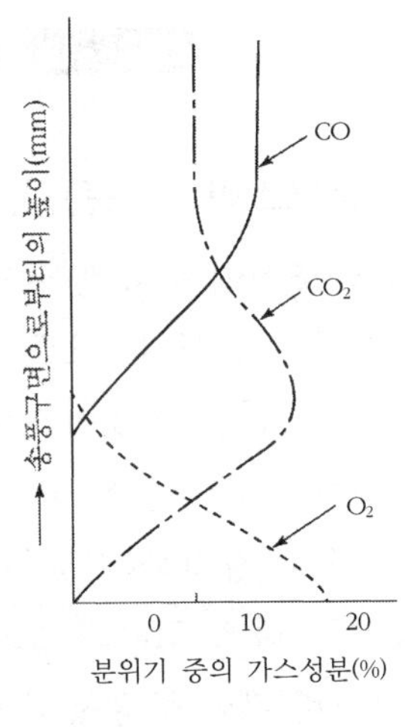

그림 8-17 큐폴라 내의 분위기

다음에 예열대보다 밑의 분위기를 보면 [그림 8-17]과 같이 송풍구에 가까워짐에 따라서 그 산화성은 강하다. 그러나 이 곳을 통과하는 용탕은 이미 고온으로 가열되어 있으며 C의 환원력이 작용해서 용탕의 과산화는 방지된다.

식(8-2)는 코크스와 가스의 접촉에 의해 행해지는 것이므로 반응의 진행 정도는 코크스의 크기, 송풍량, 송풍속도, 송풍온도 등에 좌우된다. 큐폴라 내에서 산소가 전부 CO_2로 변화하기까지의 거리는 코크스덩어리의 4~5개 정도의 간격이라고 한다.

코크스비(cokes ratio)는 CO_2 가스의 환원도를 좌우하는 중요한 요소이며 이 값이 크면 코크스 베드가 약간 높게 됨으로써 환원반응이 촉진되어 CO가 많은 분위기로 된다. 이것을 나타내는 것으로 Jungblueth의 η곡선이다. η_v는

$$\eta_v = \frac{CO}{CO_2 + CO}$$

로 표시되는 값으로서 연소율이라 불려지고 있으며, 이는 코크스비에 의하여 변화하고, 코크스비가 증가함에 따라 η는 작아진다. 즉 분위기 중의 CO가 증가한다는 것이 실증되고 있다. 이와 같은 노 내 분위기는 여러 가지의 요인에 의하여 변화하다.

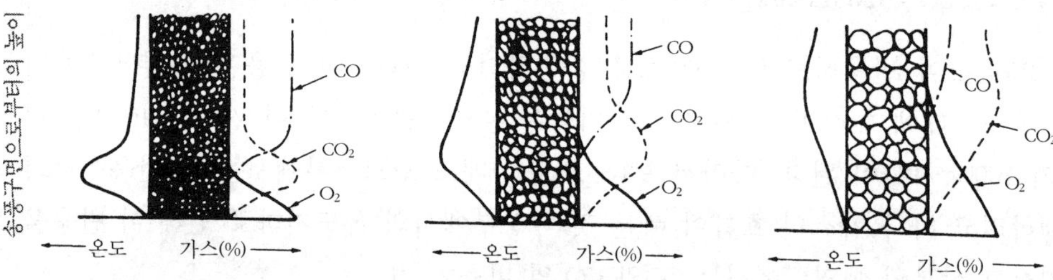

그림 8-18 큐폴라 내의 연소반응에 미치는 코크스 크기의 영향

(2) 코크스비와 송풍량, 용해속도

큐폴라조업에 중요한 코크스 층을 높게 유지하려면 추가로 장입하는 코크스와 송풍량이 잘 조화되어야 한다. 보통 초입 코크스의 높이는 송풍구면으로부터 안지름의 1.5~2.0배로 하는 것이 좋다. 이것이 낮은 상태에서 조업을 시작하면 추가로 장입하는 추입 코크스를 많이 보충하지 않는 한 코크스 베드는 높아지지 않고 노황은 호전되지 않는다. 초입 코크스를 과잉으로 장입하는 것은 첫출탕이 나오는 시간을 늦추겠지만 노벽의 가열, 지금의 예열을 충분히 하고 고온의 초탕이 얻어지므로 바람직하다.

코크스비(지금 중량에 대한 코크스량의 비)와 송풍량을 임의로 선정한 경우의 노내의 상황은 〈표 8-10〉과 같다.

표 8-10 코크스비와 송풍량, 용해속도, 출탕온도, 재질 및 코크스층의 관계

코크스비	송풍량	용해속도	출탕온도	재질	베드 코크스
과소	적절	증가	낮음	불량	낮음
과잉	적절	감소	높음	양호(비경제)	높음
적절	**과소**	**감소**	**낮음**	**불량**	**낮음**
적절	과잉	증가	낮음(일시상승)	불량	낮음
적절	적절	증가	높음	양호	높음

(3) 용탕의 성분변화

큐폴라에서는 슬래그, 코크스, 노내분위기 등의 작용에 따라서 용탕의 성분이 변화한다. 이 때문에 목표로 하는 조성을 얻기 위해서는 이 변화량을 예측하여 배합해야 한다.

① **탄소의 변화** : 산화에 의한 탈탄과 코크스와의 접촉에 의한 가탄이 일어난다. 가탄은 무제한으로 진행되는 것이 아니고 노황에 따라서 평형점이 존재하므로 장입지금이 탄소를 많이 포함하고 있을 때에는 탈탄만 일어나며 강재와 같은 저탄소용 재료를 장입하였을 때에는 가탄이 활발하다.

② **규소의 변화** : 규소는 저온에서 산화되어 감소하고 고온이 됨에 따라 산화는 둔화되어 노상에서는 슬래그 중의 SiO_2가 환원되어 증가한다. SiO_2의 환원은 슬래그 중의 SiO_2가 많고, 온도가 높을수록 활발하다. 산화감소량과 환원에 의한 증가량을 비교하면 일반적으로 산화감소량이 많다.

③ **망간의 변화** : 망간은 규소처럼 저온에서 산화되어 감소하며 슬래그로 부터의 환원은 거의 없기 때문에 일반적으로 규소보다 감소량이 많다.

④ **인의 변화** : 큐폴라의 노황에서는 인이 산화되기 어려우므로 변동이 거의 없다.

⑤ **황의 변화** : 황은 슬래그의 염기도가 증가할수록 즉 슬래그의 CaO가 증대하고 SiO_2 량이 많고 CaO를 증대시킬 수 없기 때문에 탈황량은 적다. 그러나 코크스 중의 황이 용탕에 흡수되므로 황은 증가하는 경향이 있고 코크스비가 증가하면 황의 흡수량도 증가한다.

나. 큐폴라 조업법

(1) 장입계산

장입재료의 배합비율을 계산하려면 먼저 얻으려고 하는 제품의 목표성분과 용해과정 중의 각 재료의 조성변화량이 측정되어야 한다.

용해과정중 각 재료의 성분 변화량은 노의 구조, 송풍량, 코크스비 및 코크스의 품질에 따라 다르게 된다. 따라서 각 작업대상 큐폴라에서는 수시로 관련자료들을 검토하여 장입할 재료 중의 성분비율을 증감해야 한다.

일반적으로 탄소함유량이 장입 주재료 중에 많으면 탈탄되고 적으면 가탄된다. 장입 주재료 중의 평균 탄소함유량이 3.2~3.4%가 되면 가탄 및 탈탄도 일어나지 않아 탄소함유량의 증감이 적다. 그로나 탄소함유량이 3.0% 이하이면 가탄 현상이 일어나고 3.5% 이상이면 탈탄 현상이 일어난다고 보아야 할 것이다.

특히 인장강도가 큰 고급주철을 얻고자 할 때는 탄소함유량이 적은 강고철을 장입금속에 5~2.5% 배합시켜 제조될 주철의 탄소함유량을 저하시킨다. 강고철의 탄소함유량은 대개 0.2~1.0%이나 큐폴라에서 작열된 코크스와 접촉하는 동안 흡탄(吸炭)이 일어나며 이 정도는 탄소함유량이 적은 것일수록 심하다. 따라서 강고철의 탄소함유량은 2.3~2.8%가 되는 것으로 예측하고 장입계산을 한다.

규소 및 망간은 약 10~20%가 큐폴라 내에서 산화되며 페로실리콘이나 페로망간으로 배합될 때에는 25~30%까지 손실된다.

황은 코크스 중의 황이 주철에 흡수되어 20~30%가 증가 된다.

인이나 니켈은 거의 변화되지 않는다고 볼 수 있으나 크롬은 20~30%가 손실된다.

① 장입계산의 예(1)

표 8-11 장입재료의 성분(%)

주재료	C	Si	Mn	P	S
선철	3.40	2.30	0.80	0.30	0.02
주철설	3.30	2.00	0.60	0.60	0.13
자가회수철	3.20	1.65	0.60	0.18	0.09

표 8-12 각 성분 원소의 변화량

원소	C	Si	Mn	P	S
변화량	3.5% 이상(-) 3.3% 전후(±0) 3.0% 이하(+)	-15%	-20%	±0	±30%

표 8-13 출탕 후 응고주철의 성분계산(%)

장입재료	배합비율	C	Si	Mn	P	S
선철	30%	0.3×3.40 = 1.02	0.3×2.30 = 0.69	0.3×0.80 = 0.24	0.3×0.39 = 0.09	0.3×0.02 = 0.006
주철설	35%	0.35×3.30 = 1.16	0.35×2.00 = 0.70	0.35×0.60 = 0.21	0.35×0.6 = 0.21	0.35×0.13 = 0.046
자가회수철	35%	0.35×3.20 = 1.12	0.35×1.65 = 0.58	0.35×0.60 = 0.21	0.35×0.18 = 0.06	0.35×0.09 = 0.032
합계	100%	3.30	1.97	0.66	0.36	0.084
증감비율		±0	-15%	-20%	±0	+30%
증감량		0	-1.30	-0.13	0	+0.025
계산성분		3.30	1.67	0.53	0.36	0.11

〈표 8-11〉과 같은 조성을 갖는 주재료들을 선철 30%, 주철설 35%, 자가회수철 35%로 배합하여 용해할 경우에 〈표 8-12〉와 같은 비율로 각 성분 원소가 손실된다면, 용해 작업 후에는 〈표 8-13〉과 같은 용탕이 얻어진다.

② **장입계산의 예(2)**

〈표 8-14〉와 같이 주재료를 장입하여 목표 성분의 용탕을 100kg$_f$ 얻으려고 할 때의 장입재료의 계산방법은 〈표 8-15〉와 같다.

〈표 8-15〉에서 장입재료 성분의 증감에 대한 계산법을 설명하면 다음과 같다.

㉠ 강고철 40%를 사용할 때 강고철 중의 탄소(0.20%)는 경험상 2.8%로 가탄되므로 (2.8-0.2)×0.4=1.04(kg$_f$)의 탄소가 증가된다.

㉡ 규소와 망간의 감량을 각각 15% 및 20%로 하면
규소는 1.275×0.15=0.1885kg$_f$, 망간은 0.573×0.2=0.1146kg$_f$이 감소된다.

표 8-14 장입재료의 성분과 용탕의 목표성분(%)

		C	Si	Mn	P	S
장입재료	선철	3.35	2.05	0.66	0.30	0.06
	자가회수철	3.20	1.90	0.65	0.15	0.08
	강고철	0.02	0.18	0.45	0.05	0.04
	페로실리콘	-	75.75	-	-	-
	페로망간	-	-	75	-	-
용량		3.13	1.80	0.60	0.18이하	0.10이하

표 8-15 장입재료 계산방법(%)

	배합비율	C	Si	Mn	P	S
선철	30%	0.3×3.53 = 1.059	0.3×2.05 = 0.615	0.3×0.66 = 0.198	0.3×0.30 = 0.09	0.3×0.06 = 0.018
자가회수철	30%	0.3×3.20 = 0.960	0.3×1.90 = 0.570	0.3×0.65 = 0.195	0.3×0.15 = 0.045	0.3×0.08 = 0.024
강고철	40%	0.4×0.20 = 2.099	0.4×0.418 = 0.072	0.4×0.18 = 0.18	0.4×0.05 = 0.020	0.4×0.04 = 0.016
합계	100%	2.099	1.257	0.523	0.155	0.058
증감비율		(+)	-15%	-20%	±0	+30%
증감량		+1.04	-0.1885	-0.1146	0	+0.0315
계산성분		3.139	1.0685	0.4584	0.155	0.0895
목표성분		3.13	1.80	0.6	0.18이하	0.10이하
과부족		+0.009	-0.7315	-0.1416	-0.025	-0.0105
Fe-Si(75%) (회수율75%)	1.4kg_f	-	0.7315	-	-	-
Fe-Mn(75%) (회수율70%)	0.27kg_f	-	-	0.1416	-	-
총계		3.139	1.80	0.60	0.155	0.0895

㉢ 황은 코크스비 15%, 코크스 중의 황을 1.0%라고 할 때 용해에 사용된 코크스(전량의 70%) 중의 황함유량의 30%가 용탕속으로 들어 간다면

$1.5 \times 0.01 \times 0.7 \times 0.3 = 0.0315 kg_f$이 증가된다.

㉣ 페로실리콘은 실리콘함유량 75%, 회수율 75%로 보면

$0.7315 / 0.75 \times 0.75 \fallingdotseq 1.3 kg_f$을 첨가해야 한다.

㉤ 페로망간은 망간함유량 75%, 회수율 70%라고 하면

$0.1416 / 0.75 \times 0.70 \fallingdotseq 0.27 kg_f$을 첨가해야 한다.

(2) 큐폴라의 보수(라이닝)

노(爐)의 라이닝에는 일반적으로 내화 벽돌을 사용하며, 재질은 산성 큐폴라에는 샤모트질이나 규산을 주성분으로 하는 규석벽돌 등을 염기성로에는 산화마그네슘질이나 돌로마이트질이 사용된다. 노저의 벽에는 흑연질의 내화물을 사용하고 있으며, 장입구 부근은 장입할 때 파손되기 쉬우므로 주철제 벽돌을 사용하면 좋다.

조업 후 손상된 라이닝의 보수는 침식부분을 내화물 표면의 슬래그층을 끌이나 그밖의 공구로 본바탕이 나올 때까지 깎아내고, 내화벽돌이나 내화모르타르 등으로 메워 소정의 치수가 되도록 보수한다.([그림 8-19] 참조)

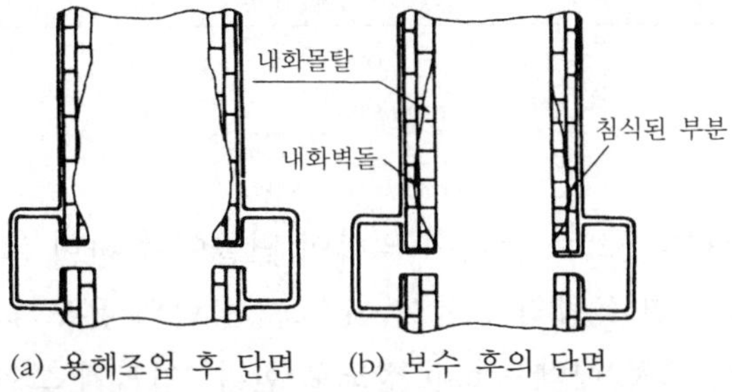

그림 8-19 큐폴라 조업후 부분 수리 예

이때 사용된 수분은 될 수 있는대로 적게 하고 잘 다져서 메워야 하며, 특히 송풍구, 출탕구의 치수와 각도 및 모양 등에 주의하여 보수한다.

큐폴라의 축로 과정에서는 벽돌의 선택에 신중을 기해야 하며 벽돌과 벽돌 사이의 틈을 가능한 적게하여 모르타르의 사용은 용탕이나 슬래그가 닿는 면에서는 피하는 것이 좋다. [그림 8-20]은 내화벽돌과 모르타르의 침식상황을 나타낸 것이다. [그림 8-21]과 같은 벽돌 사이의 부채꼴의 틈이 나지 않도록 주의하여야 하며, 틈이 생겼을 깨는 모르타르가 충분히 틈 사이에 들어갈 수 있게 한다.

틈을 적게 하는 방법으로는 노벽의 곡률(曲率)에 맞는 부채꼴 벽돌이나 이형(異型)벽돌을 쓰는 것이 좋다. 이렇게 하면 틈 사이가 균등(2~3mm)하게 되어 편리하다.

[그림 8-22]는 벽돌 쌓는 방법을 그린 것인데 특히 위, 아래 벽돌의 틈이 연속적으로 되지 않게 주의하면서 쌓아야 하며 〈표 8-16〉은 라이닝 두께의 일예를 표시한 것이다.

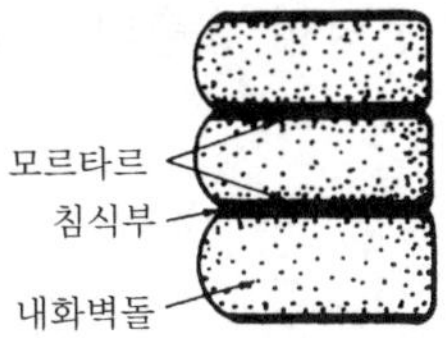

그림 8-20 내화벽돌

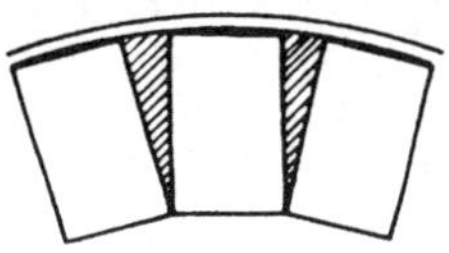

그림 8-21 노벽의 부채형 틈새

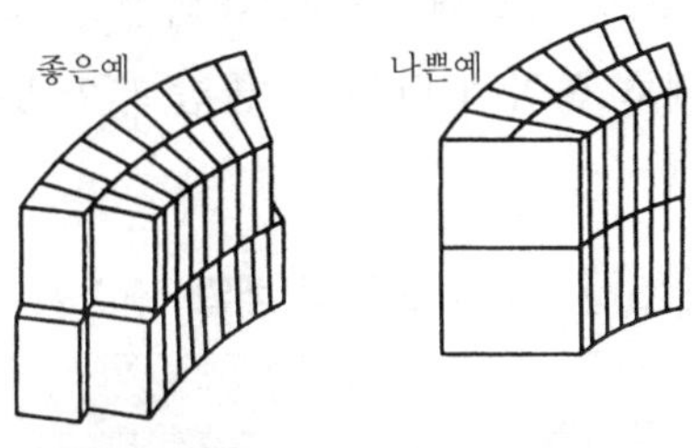

그림 8-22 벽돌 쌓는 방법

표 8-16 라이닝의 두께

용해능력(ton)	노의 안지름(mm)	라이닝 두께(mm)
1.1~1.3	500	150
2	600	250
3	700	300

용해능력(ton)	노의 안지름(mm)	라이닝 두께(mm)
4	800	350
5	880	350

출탕구는 출탕하기 위한 곳으로 특히 주의하여 만들어야 하며 그 지름은 15~30mm 정도로 하고 출탕구 길이가 길면 용탕의 흐름이 나쁘고, 용탕의 온도가 낮을 때는 굳어져서 출탕하기 곤란할 때도 있으므로 대략 40mm 정도로 한다. 여기에 쓰이는 스탬핑 재료는 내화점토와 은사를 40 : 60정도로 혼합하여 사용한다. 출탕구는 정확한 원이며 평활해야 한다. 출탕구가 평활하지 않으면 공기나 가스 등의 불필요한 것들이 혼입될 염려가 있어 용탕이 나빠진다. 이와 같이 출탕구는 잘 만들어야 하나 때로는 지름에 맞는 이형벽돌을 매립하여 만들기도 한다.

용탕을 고요하게 레이들에 넣기 위해서는 홈통을 설치하면 좋으며, 홈통은 내화점토와 태운 은사로 10/100 기울기의 경사로 발라 굳히고 흑연가루분을 발라 건조로에서 충분히 건조시켜서 사용한다.

슬래그 구멍은 슬래그의 점성이 크므로 출탕구보다도 크게 25~50mm 정도로 하고 그 노벽의 두께는 40mm 이내로 한다.

슬래그 구멍을 설치할 때는 송풍구면에서 밑으로 150~200mm 위치에 설치하며 필요에 따라서는 슬래그가 나올 수 있데 높이를 변화시켜 2~3개소에 설치하는 방법도 있다. 전로에 설치할 때는 노저와 송풍구면의 1/2~1/3의 높이에 설치한다. 슬래그는 용탕의 표면에 떠있으므로 용탕의 상승에 따라서 쉽게 슬래그 구멍으로 나오게 할 수 있다. 노저는 〈표 8-17〉과 같이 강모래, 규사, 내화점토 또는 내화모르타르 등과 수분 8~10%를 배합하여 알맞은 두께로 갈아서 다지며, 출탕구의 방향에 5~10/100가량의 기울기를 주어 용탕이 유출되기 쉽게 한다.

표 8-17 노저 모래의 배합

배합예	배합량(%)				
	강모래	샤모트벽돌가루	점토	내화모르타르	코크스가루
A	40	7	3	-	50
B	20	40	40	-	-
C	70~80	-	-	20~30	-

보수가 끝나면 장작, 숯, 중유 등으로 건조한다. 건조는 약한 화력을 오랫동안 하는 것이 좋으며, 너무 급격히 가열하면 표면만 건조되기 때문에 균열을 일으키므로 충분히 주의하여야 한다.

큐폴라의 보수를 라이닝을 하였을 때에는 2~3일 정도 자연 건조시킨 다음, 장작이나 코크스 등의 24시간 이상 충분히 건조해야 한다.

(3) 점화와 조업 개시

노의 보수와 건조 및 장입 재료의 배합 계산 등 조업준비가 끝나면, 출탕 개시 예정시간의 약 2~4시간 전까지 점화 준비를 끝내야 한다. 큐폴라에의 점화는 먼저 노밑에 엷은 장작을 정(井)자 모양으로 쌓아 올려 아래부터 순차적으로 탈 수 있게 한다. 송풍구는 전부 열어 놓고 점화구에 기름 걸레 등으로 점화하고 자연 통풍으로 불꽃이 상승되어 가면 베드 코크스를 여러번 나누어 장입하여 소정의 베드 코크스 높이(일반적으로 노안지름의 1.6배)가지 코크스를 장입한다. 점화용 가스나 오일 버너를 사용할 때에는 베드 코크스에 직접 점화시키는데 장작을 사용한 것보다 시간을 단축시킬 수 있으므로 많이 이용되고 있다. 베드 코크스는 균일하게 점화되지 않으면 조업에 지장을 가져오게 되므로 주의하며 예정된 베드 코크스 높이까지 코크스를 채우고 그 위로 불꽃이 올라오면 충분히(2~3분간) 송풍하여 노안의 먼지나 회분 등을 날려 보낸 다음 베드 코크스의 높이를 재조정해야 한다.

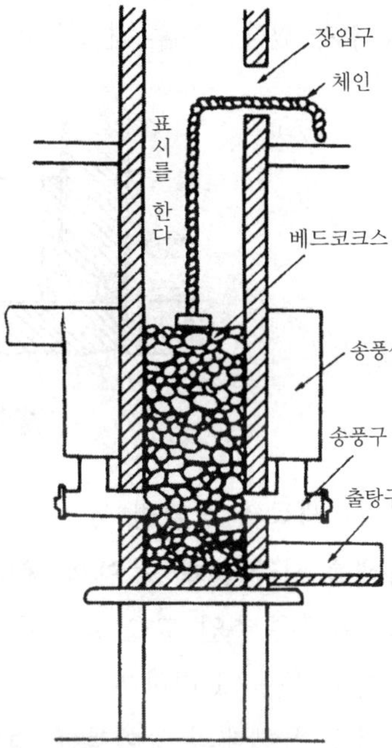

그림 8-23 베드 코크스 높이측정

베드 코크스의 높이는 〈표 8-18〉와 같으며, 베드 코크스가 예정의 높이까지 장입되었는지를 알기 위해서는 [그림 8-23]과 같이 장입구에서 체인을 늘어 내리던가 철봉으로 장입구에서 베드 코크스의 윗면까지의 높이는 측정하여 큐폴라의 유효 높이와의 측정치의 차이에서 또 송풍구 면상의 차이에서, 송풍구면상의 베드 코크스의 높이를 알 수 있다.

표 8-18 베드 코크스 높이

노의 크기(t/hr)	일반용해	고온용해
1	800	1000
2	900	1100
3	1000	1200

베드 코크스의 높이 = (유효높이) - (베드 코크스위 장입구까지의 높이)

송풍을 하여 베드 코크스에 부착되어 있는 회분이나 먼지 등이 충분히 제거되고 코크스도 충분히 연소되고 노의 건조도 충분히 되었으면 출탕구 및 예비 출탕구 등을 막는다.

출탕구를 막는 요령은 코크스 가루 또는 흑연을 점토와 물로 혼합하여 가는 봉으로 [그림 8-24]와 같은 구멍을 막고 그 마른 모래로 바깥을 채워 넣으면 출탕할 때 비교적 간단하게 뚫을 수가 있다. 그 후 지금은 장입하고 송풍개시까지 30분 이상 지금의 예열을 위하여 둔다.

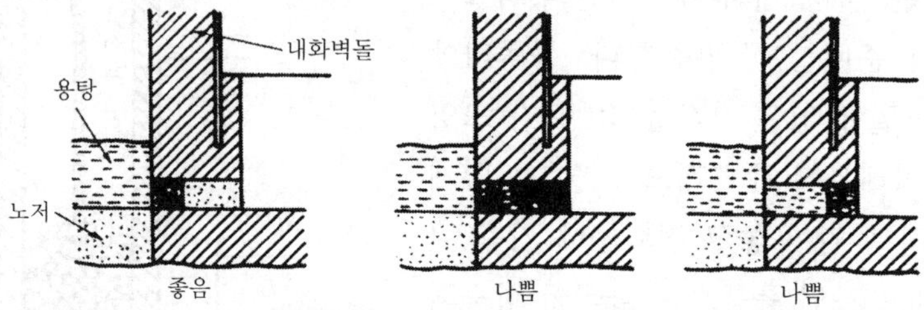

그림 8-24 처음 출탕구 막는 방법

(가) 재료의 장입법

용해를 시작할 때 노 안의 제일 밑에 넣는 코크스를 베드 코크스 또는 초입코크스라고도 한다. 이것은 추입 코크스 즉 추가 코크스와는 분리하며 이 추가 코크스는 용탕의 온도 및 용해속도 등을 고려하여 코크스비로부터 산출한다. 추가 코크스는 베드 코크스의 소모를 보충하고 용해대의 높이를 일정하게 하기 위하여 장입하는 것으로 추가 코크스가 많으면 용해대의 높이가 높아져서 CO_2 가스가 CO가스로 환원되어 흡열반응을 일으켜 용해부의 열량이 부족하므로 지금의 용해에 긴 시간을 필요로 하고 낮은 온도의 용탕이 얻어지는 결과를 가져오며 반대로 적어도 온도가 낮아져서 용해속도는 늦어지고 산화 용해된 저온의 용탕으로 된다.

지금은 일정량씩 코크스, 석회석 등과 교대로 장입하는데 1회의 장입 금속의 양은 보통 큐폴라의 용해능력의 1/10~1/15로 하는 것이 표준이며 1회의 추가 코크스 중량의 약 10배 정도이고 지금 금속에 대한 추가 코크스 중량비를 코크스비라 한다.

1회의 장입시간은 5~6분 간격으로 해야 작업이 이상적이다. 장입 금속이 너무 많으면 저온의 용탕이 얻어지고 너무 적으면 용탕이 고온으로 되기 쉬워 용해상태가 나빠진다. 주철은 표피로부터 녹아 들어가는 것이 아니고 용해의 잠열이 함유되어 일시에 녹는 것으로 덩어리가 너무 큰 것은 좋지 않다. 또 적은 강철 파쇠 등은 코크스 지금과의 간격에 따라 내려가서 송풍에 나쁜 영향을 미쳐 용해를 방해하기도 한다. 엷은 철판 등은 산화되어 용해되지 않으므로 구부려서 덩어리로 할 필요가 있다. 따라서 지금의 크기는 가능한 일정한 것이 좋으며 그 표준치수의 예를 들면 〈표 8-19〉와 같다.

지금의 장입순서는 용융점이 높은 강재를 먼저 넣고 다음에 선철, 고철의 순으로 한다. 석회석의 사용 표준으로는 CaO 50% 이상, SiO_2 2% 이하, S 0.03% 정도를 원하며 그 표준치수는 계란크기 정도의 것이 적당하고 그 사용량은 산성 큐폴라에서는 추가 코크스의 약 25~30%가 적당하며 산화물과 모래 등 불순물이 많이 부착된 장입재료를 사용할 때에는 사용량을 늘려야 한다. 그러나 단순히 슬래그의 유동성을 좋게 할 목적으로 석회석의 사용량을 증가시키는 것은 노벽의 침식을 크게 하는 경향이 있으므로 주의하며 석회석을 장입할 때는 노의 가운데에 모아서 장입한다.

표 8-19 지금의 크기 및 중량의 표준

큐폴라의 용량(t)	선철		강재		고철	
	크기 (mm)	중량 (kg_f)	크기 (mm)	중량 (kg_f)	크기 (mm)	중량 (kg_f)
1	30×60×150	3	70×10×200	1	120×100×200	8
2	80×76×25	6	80×15×350	2	120×100×200	20
3	80×80×400	10	100×15×300	5	120×100×350	25

재료 장입순서는 베드 코크스 위에 석회석을 장입하고 다음에 장입지금, 코크스 석회석의 순서로 1회의 장입을 끝내고 그 다음에 지금, 코크스, 석회석의 순서로 장입을 반복한다. 지금중에는 용해 온도가 높고, 살두께가 큰 것을 먼저 장입힌다. 페로 실리콘과 같은 합금원소의 합금원소의 노내 첨가는 노 벽에 부착되거나 비산되어 없어지거나 산화 손실되는 일이 없게 하기 위하여 엄지 손가락만한 크기로 코크스층 위에 큐폴라 중심부에 떨어질 수 있게 장입한다.

(나) 송풍

장입구의 높이까지 장입을 끝낸 후 약 30분 동안 노의 몸체와 장입재료를 충분히 예열시킨 다음 송풍을 시작한다. 너무 빠르게 송풍하면 예열이 되지 않아 용탕이 흘러 내리는데 시간이 걸리고 용탕의 온도도 떨어지게 된다. 반대로 너무 느리면 그 동안의 베드 코크스의 연소로 용해대가 내려가 용탕의 저온화를 방지하기 어렵게 되므로 주의한다. 또 송풍이 시작된 후 얼마동안은 출탕구와 슬래그 구멍을 열고 노 밑에 남아 있는 재나 먼지 등을 제거하는데 큐폴라에서 생긴 가스가 송풍상자나 송풍관 안에 가득차 있을 때에는 송풍을 시작한 직후에 폭발을 일으켜 때로는 송풍기를 파괴할 위험한 경우가 있으므로, 재나 먼지 등을 제거하기 위해 송풍을 해준 후에 송풍상자에 있는 노내 감시용 문을 열어두거나, 송풍관에 설치한 차단판을 닫아 두어 가스가 송풍관에 들어오는 것을 방지하여 폭발이 일어나지 않게 주의해야 한다.

송풍 개시 후 노의 조건이 정상이면 5~10분만에 용탕 방울이 떨어지고, 10~15분이면 출탕구에서 용탕이 흘러나오기 시작하는데, 장입 금속의 강철 파쇄 배합률이 높은 경우에는 다소 시간이 오래 걸린다.

일반적으로 초탕이 흘러 내리는 시간이 오래 걸리는 이유에는 베드 코크스가 높거나 송풍량이 너무 많은 경우가 있다. 그러므로 초탕이 흘러내리는데에 걸리는 시간은 베드 코크스의 높이와 송풍양의 적당 여부를 판단하는데 큰 도움이 된다.

큐폴라의 용해 초기에는 용탕의 성분 변화가 심하다. 보통 처음에 나오는 용탕은 온도가 낮으며 가탄도 적으므로 요구되는 배합성분의 용탕을 얻으려면 송풍 개시 후 30~40분 정도 걸린다. 따라서 지정된 성분을 가진 주조물은 조업 초기의 용탕 사용을 피하는 것이 좋으며, 용해상태를 짧은 시간안에 안정시키려면 베드 코크스를 약간 높여 주고 송풍량을 증가하든가 송풍중에 산소를 첨가해 주면 초탕의 안정화를 빠른 시간안에 이룰 수 있다.

(다) 출탕과 용해

[그림 8-25]와 같이 전로(前爐)를 사용할 때에는 연속출탕 슬래그 제거방식을 사용하여 용탕을 전로에 연속 유입하게 되므로 출탕을 끝날때마다 출탕구를 막지 않아도 된다. **보통 소형 큐폴라에 이용되는 단속출탕 방식은 처음에 용탕과 슬래그가 흘러나오기 시작하면 막고 15분 가량의 간격으로 슬래그를 슬래그구멍으로 유출시킨 다음 출탕한다**. 출탕해야 할 시간이 되면 철봉(전발봉 ; 栓拔棒)으로 출탕구를 막은 전지용 점토를 긁어 제거하고 전발봉 전지의 가운데에 대고 망치로 전발봉의 다른 끝을 때려 전발봉 끝을 노속으로 깊숙이 넣어 작은 원을 그리는 것 같이 돌리면서 전발봉이 출탕구의 주위를 점차적으로 넓혀 갈 수 있게 뚫어서 용탕이 나오게 한다.

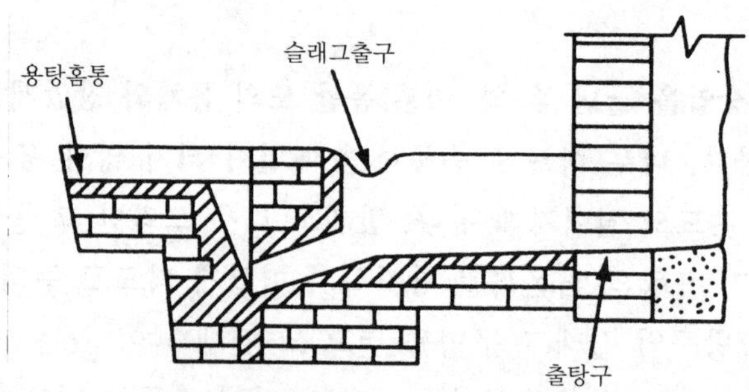

그림 8-25 연속출탕 슬래그 제거법

이 때에 용탕이 흐르는 방향은 용탕 통로용 홈통의 위치 및 방향과 일치하도록 하여야 한다. 만일 홈통에 일치되지 않으면 용탕이 홈통에 흐르지 않고 생각지도 않은 사고가 발생하므로 주의하여야 한다. 계속해서 출탕하지 않을 경우에는 다시 출탕구를 흑연과 코크스 가루의 혼합재료나 모래 및 흑연가루에 약간의 점토를 혼합한 재료로 출탕구를 막는다. 용탕이 작은 출탕구로 나오기 때문에 출탕하는 용탕의 압력은 생각보다 크므로 몸의 전체를 이용하여 출탕구를 막는다. 출탕할 때 부주의하여 슬래그를 출탕구로 유출시키는 경우에 슬래그가 출탕구 주위에 붙거나 점토 등이 출탕구 부근에 붙음으로 출탕구의 모양이 손상되어 있는 것을 충분히 보수하지 않으면 전지작업(全止作業)이 불충분하게 되며 출탕구의 크기가 점점 작아지게 되는 일이 있으므로 주의하여야 한다.

용해작업을 계속해 하면 조금씩 슬래그가 고이게 도면 슬래그가 많아지면 적열된 코크스를 둘러싸서 연소를 방해하거나 용탕 중에 혼입되므로 제거(유출 ; 流出)해야 한다. 일반적으로 슬래그의 유출은 슬래그가 송풍구면 근처까지 차올라 있을 때 슬래그 구멍을 연다. 이 방법은 출탕과 같으나 슬래그 구멍을 연 처음에는 슬래그만이 유출되나 조업이 계속되면 용탕이 점차로 고이게 되어 슬래그와 함께 나오게 되므로 슬래그 구멍을 막고 출탕시키면 된다.

(라) 조업 완료

용해 과정에서 마지막 장입을 끝마치고 조업이 계속되면 장입물의 높이가 점차로 내려가 노안의 송풍에 대한 저항이 감소되므로 풍량 조절장치가 없으면 일정한 풍량을 보내기가 곤란하며 과잉으로 송풍되어 용탕이 산화되고 굳은 재질의 용탕이 되기 쉽다. 그러므로 용해 끝 시기에는 규격품이나 재질의 지장이 있는 것은 주입해서는 안된다. 뿐만 아니라 **노벽의 침식이 심하게 되므로 장입물이 2~3회분 정도 남아 있는 상태에서 송풍을 정지시키는 것이 좋다.** 송풍이 정지되면 송풍구를 개방하고 출탕구를 열서서 노 안에 남아 있는 용탕과 슬래그를 완전히 유출시킨 다음 노 밑을 열고 노 안에 남아 있는 것을 떨어 뜨린다. 노저(爐底)를 떨어 뜨릴 때는 떨어지는 곳에 마른 모래를 깔고 용탕이 수분과 접착하지 않도록 하여 용탕이 튀는 것과 폭발을 방지해야 한다.

노 밑을 떼는 방법은 노 밑을 받치고 있는 마지막 것만 남기고 나머지 것은 전부 떼어 버리고 철봉 또는 체인 등으로 최후의 조임쇠를 빼내고 노저를 연다. 잔유물에는 곧 물을 뿌려 소화시킨다. 이 작업은 위험하므로 조심하여야 한다.

(4) 조업중의 사고대책

(가) 행잉(hanging ; 얹힘)

용해 작업이 진행됨에 따라 장입물은 노 밑으로 계속 내려 앉게 되는데 장입물이 서로 엉키거나 노벽의 파손부분에 걸리면 장입물이 내려가지 못하게 되어 그 밑에 공간이 생겨

서 베드 코크스의 보급이 중단되는 상태가 된다. 이러한 사고를 행잉이라 하며, 행잉이 생기는 곳은 송풍구의 바로 위나 용해대의 윗부분에 많이 생기고 노벽의 파손이나 장입 금속의 크기가 너무 큰 경우에 일어난다. 선철의 크기는 행잉에 큰 영향을 주지 않는다. 강철 파쇄나 회주절에는 가늘고 긴 것이 섞여 그 원인이 되므로 장입전에 이런 것은 제거하도록 주의한다.

장입재료의 크기와 무게는 되도록 고르게 하여야 한다. 때때로 송풍구의 바로 위에서 슬래그가 송풍되는 바람에 냉각되어 생기는 경우에는 그 행잉이 커지게 되는데 이 경우에는 송풍구의 앞부분에 응고된 슬래그가 너무 커지기 전에 이것을 제거해야만하며 조업 시작 후에 노 안의 온도가 충분히 높아지지 않은 동안에 생기기 쉬우므로 조업 초기에 송풍구의 청소를 철저히 해야 한다.

송풍구의 앞부분에 응고가 시작될 때에는 송풍구를 밀폐하고 응고한 슬래그가 녹아내린 것을 확인한 후에 다시 송풍구를 여는 것이 좋다. 이러한 조치를 신속하게 행하지 않으면 송풍구 부근의 코크스가 전부 연소하여 속이 텅빈 공동(空洞)이 되기가 쉬우므로 송풍구로부터 목탄을 공동부에 충전하여 노의 상태가 순조롭게 되기까지 기다려야 한다. 그리고 용해대 위에 생기는 행잉은 노벽의 수리를 완전히 하고 장입하는 지금의 크기를 작게 함으로써 방지할 수 있다. 그리고 만일 이러한 **행잉이 일어났을 경우에는 송풍량을 감소시키고 철봉으로 밀어 떨어뜨리는 방법이 일반적으로 사용되고 있다.**

(나) 장시간의 조업중지

정전이나 송풍기의 고장 또는 기타 장시간 동안의 작업을 정지시켜야만 할 경우가 있다. 이런 경우에는 빨리 송풍구를 점토로 완전히 밀폐하고 출탕구를 열어 용탕을 전부 빼내고 출탕구를 막으면 1시간 정도의 정지에는 별로 지장이 없다. 그리고 다시 조업을 시작할 때에는 그 사이엔 소모된 베드 코크스를 보충하여야 한다.

(다) 출탕구가 열리지 않는 사고

용탕이 응고해서 출탕구가 막혀 열리지 않는 수가 있으므로 작은 노에서는 출탕구를 아래 윗부분으로 2단 이상 설치하여 만일 아래의 출탕구가 응고 되어서 열리지 않을 때에는 위의 출탕구를 열어서 사용하는 것이 보통이며 출탕구가 열리지 않는 경우는 용해 초기에나 조업중 오랫동안 송풍을 정지한 뒤에 일어나기 쉽다. 이와 같은 사고를 방지하려면 노의 건조와 예열을 충분히 하고 조업 시작할 때 용탕의 온도를 높일 수 있도록 하여야 한다. 응고로 닫혀진 출탕구를 열기 위해서는 산소병으로부터 고무관을 통해 산소를 연결하여 고무관에 안지름이 약 5~7mm 되는 가는 관을 연결하여 출탕구에 불어 넣어 산화열로서 출탕구의 응고된 부분을 녹여낸다. 이 경우에 고무관이나 가는 관을 연결한 부분에 산소가 새어

나와 뜻밖의 재해가 일어나기 쉬우므로 주의해야 한다. 그리고 슬래그가 응고된 경우나 또는 심하지 않게 출탕구가 응고된 때에는 정으로 쉽게 뚫을 수가 있다.

(라) 조업중에 노저로부터 용탕이 새어 나오는 사고

송풍을 정지하고 전로가 없는 경우에는 가능한 빨리 출탕시키고 새어나오는 정도가 적고 약할 때에는 이 부분을 물로 식히든가 또는 지주를 설치하여 내화점토로 막고서 조업을 계속한다.

(마) 용탕이 너무 많이 고여서 출탕구를 막기 어려운 경우

노 내(hearth 부분)에 용탕이 너무 많이 고여 유출되는 용탕의 압력이 커서 출탕구를 막기가 힘든 경우에는 송풍을 중지하고 점토나 기타의 내화재를 전지봉의 끝부분에 붙여 출탕구를 주의하여 막는다. 대형의 큐폴라에는 특수한 전지장치를 설치할 필요가 있다.

(사) 용탕이 너무 많이 고여서 송풍구로 슬래그가 흘러 넘칠 경우

빨리 출탕시키고 송풍을 중지하고 송풍상자의 문을 열러 슬래그를 제거하고 송풍구를 막고 있는 슬래그는 상황에 따라서 제거하던가 또는 노의 가운데로 밀어 넣거나 하며, 또 노의 상황이 좋지 못할 경우에 이러한 종류의 사고가 생기면 송풍은 중지하지 않고 사고가 있는 송풍구를 점토로 막은 다음 굳어 붙은 슬래그가 완전히 용해되어 흘러내린 후에 막았던 점토를 제거하고 송풍구를 열어 놓는 것이 좋다.

(아) 송풍구의 폐쇄

송풍구 앞은 언제나 활발하게 연소되어 백황색으로 되어 있어야 한다. 조업중 송풍구에 슬래그가 붙게 되면 노안에의 송풍이 어려워지며 심하면 송풍구가 막혀버린다. 이는 석회석의 품질이 나쁘거나 그 장입량의 부족 등으로 슬래그의 유동성이 나빠졌기 때문이다. 그 예방책으로는 용제의 장입량을 늘리거나 형석을 첨가하고 때때로 송풍구를 관찰하여 송풍구가 심하게 막힐 것 같으면 즉시 철봉으로 쳐서 떨어 뜨리거나 송풍구를 잠시 밀폐시켜 얼어 붙은 슬래그를 녹여내는 방법을 이용한다. 그러나 송풍구의 청소를 자주하면 노의 밖으로 송풍구에서 바람을 방출시키는 결과가 되어 노 내의 코크스의 연소상태를 변동시키는 결과가 되므로 가능하면 송풍구의 청소는 하지 않는 것이 좋다.

(자) 폭발

송풍을 시작할 때 송풍구에서 일산화탄소가 역류하여 공기와 혼합되면 갑작스런 연소가 일어나 폭발하는 수가 있다. 이 사고는 용해 도중 송풍을 정지하였다가 송풍을 다시 시작했을 때 일어나기 쉬우므로 특히 주의하여야 한다. 따라서 송풍 개시 전에 송풍구를 들여다보는 핍홀(peep hole)을 열어 두면 안전하다.

2 아크로에 의한 주강의 용해

가. 재료의 장입

재료의 장입은 소정량의 가탄제와 생석회 또는 석회석을 깔고 무거운 반설 등은 밑에 넣은 다음, 가벼운 재료를 위에 장입하고 강설 등으로 사이를 충전시켜 작업조건을 안정화시킨다. 장입석회석은 40kg_f/t 정도를 1~2회에 걸쳐 놓고 CaO, Fe-Mn $CaCO_3$, CaF_2 등을 작업도중 적당량 첨가한다. 가탄제의 첨가량은 용락기의 목표 탄소량에서 장입재료의 탄소함량 차이를 감안하여 첨가하면 된다.

나. 통전

통전개시는 노천정의 손상을 막기 위하여 최고의 전압보다 낮은 전압으로 시작하여 고전압, 고전류로 최단시간에 노저에 풀(pool)이 생성되도록 한다. 풀이 생성되면 최고 전압으로 전환한다.

용락까지는 전압변동이 격심하므로 전류조정에 특히 주의하여야 하며, 전극이 장입재료에 의해 파손될 우려가 있으므로 풀 주위의 장입물을 긁어내려야 한다.

전기아크를 너무 길게 하면 천정벽의 용손이 커지고, 전압을 낮추면 전기아크가 짧아져서 전극봉이 용강에 닿아 가탄작용이 일어나서 전극봉의 소모가 커진다. 용락완료 후에 붙은 스크랩을 철봉으로 긁어내리고 온도를 균일하게 하기위해 잘 저어준다. 저, 중탄소강에서 용락말기의 망간량은 0.3% 정도가 좋다. 너무 높으면 망간산화시까지는 탈탄이 진행되지 않으므로 비등을 방해한다.

시료를 채취하여 신속분석법이나 판정법으로 용락기의 예정 탄소량이나 망간량과 비교하여 적은 경우는 선철이나 가탄제를 넣고, 망간은 페로망간을 조절한다.

용락이 완료되면 제1산화정련 작업준비로 철광석을 넣을 준비를 한다. 그 양은 광석법에서는 5~10kg_f/r, 산소법에서는 10kg_f/t이나, 대략 5~20kg_f/t 범위이며, 광석의 종류와 스케일에 따라 다르므로 제1산화정련 완료 후의 목표 탄소량에 따라 결정한다.

다. 산화정련

양질의 강을 제조할 때는 산화정련 작업이 필요하다. **산화정련의 장점은 ① 용강 중의 가스 함유량을 적게 한다. ② 용강의 유동성을 좋게 한다. ③ 기계적 성질이 향상된다.**

단점은 ① 시간이 걸린다. ② 노의 내화물 수명이 짧아진다. ③ 원가가 비싸다. 등이며 일반적으로 산화정련은 2단계로 나누어 처리된다.

(1) 제1산화 정련기

제1산화 정련기는 슬래그의 확산에 의해, 저온산화에 의한 인의 산화제거와 제2산화정련의 준비시간이다.

용락완료 후, 용강온도가 1550℃ 전후에서 광석 또는 스케일을 넣고 생석회(CaO)를 투입하여 산화비 등을 시킨다.

정련시간은 대략 10~25분 정도이다. 탈인과정에서 산소를 취입하지 않고 철광석을 사용하는 것은 탈인반응이 산소취입으로 인한 온도상승에 의하여 고온에서는 불안정하게 되어 오히려 함인될 우려가 있으므로 철광석을 사용함으로써 저온을 유지하기 위함이다.

(2) 제2산화 정련기

고온에서 산화비 등에 의해 탈가스 및 용강의 교반 또는 불순물의 제거가 본 정련작업 목적이다. 적당량의 CaO나 $CaCO_3$, CaF_2를 넣고, 광석법에서는 철광석 $10kg_f/t$을 투입하고, 산소제강법에서는 $1m^3/t$정도의 산소취입을 행한다.

이 산화말기의 시료의 파면은 [그림 8-26]에서와 같이 산화의 정도를 판정할 수 있다. 시료는 [그림 8-26]의 우측의 상태로 되면 슬래그의 90% 이상을 제거하여야 하고, 환원정련작업의 준비를 한다.

파면상태

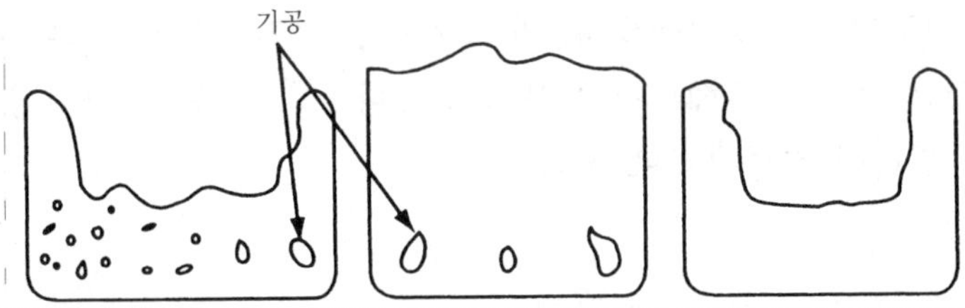

탄소량	0.2% 이상	0.2% 이하	0.2% 이상
온도	고온	저온	등온
산화도	과산화	산화부족	양호

그림 8-26 시료파면에 의한 탈탄 및 산화도의 판정

제2산화정련에 필요한 시간은 대략 20~40분 정도이다. 제2산화정련의 이론은 물을 끓이면 물에 흡수된 공기가 온도상승과 더불어 팽창해서 대기로 방출되는 것과 같다. 오랜 시간 비등시키면 비등현상이 일어날 수 있으나, 강을 고온으로 상승시킨다는 것은 공업적으로는 비경제적이다.

따라서 강에 적당량의 탄소를 처음부터 가하여 이것을 산소와 화합시켜 비등을 돕게 하는 것이다. 이 반응은 다음과 같다.

$C + O \rightarrow CO$

이렇게 발생한 CO가스의 방울에 수소나 질소가스가 흡착, 방출되어 용강으로부터 제거하게된다.

[그림 8-27]은 그 상상도이다.

이와 같은 비등작용은 용강을 심하게 교반시켜, 이에 의한 용강 중의 불순물을 위로 부상시켜 슬래그에 흡수되어 제거되므로 산화정련작업은 중요한 위치를 차지하게 된다.

따라서 비등은 어느 정도 격렬한 반응을 일으켜야 하므로 $C + O \rightarrow CO$반응에 의해 용강 중의 탄소가 제거되는 속도 즉, 탈탄속도가 중요하다.

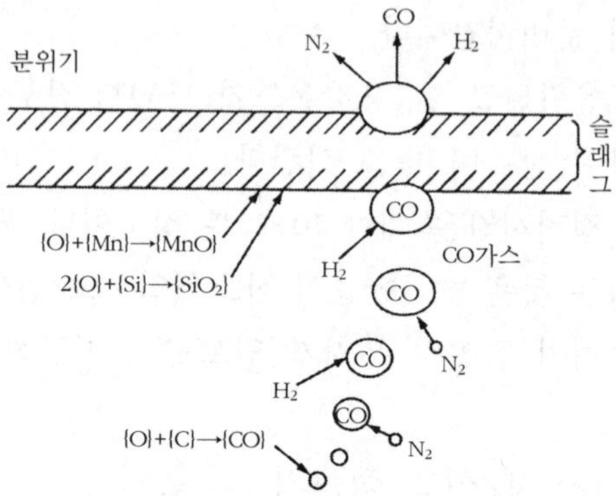

그림 8-27 산화비등의 상상도

3 저주파 전기로 조업법

저주파전기로에는 구형로(溝形爐)와 도가니형의 2가지가 있으나 전자는 주로 전로로서 사용되고 있는 후자는 용해로서 사용되고 있다. 여기서는 도가니형 저주파전기로에 의한 주철용해에 관하여 설명하기로 한다.

가. 라이닝 및 용탕의 성분변화

SiO_2 또는 Al_2O_3가 주성분인 내화물이 라이닝으로 사용되며 SiO_2는 용탕속의 탄소와 다음과 같은 반응을 한다.

$2C + SiO_2 \leftrightarrow Si + 2CO$

이 반응의 1atm에 있어서의 평형온도선도를 [그림 8-28]에 표시하였다. 소장성분의 점에 대응하는 평형온도 이상으로 승온하면 규사가 환원반응을 시작한다. 따라서 용탕 속의 탄소량은 감소하고 규소량은 증가한다. [그림 8-29]는 용탕을 일정온도로 유지한 가운데 Si 함유량의 변화를 관찰한 실험으로 최초의 성분은 3.2% C, 1.9% Si이었다.

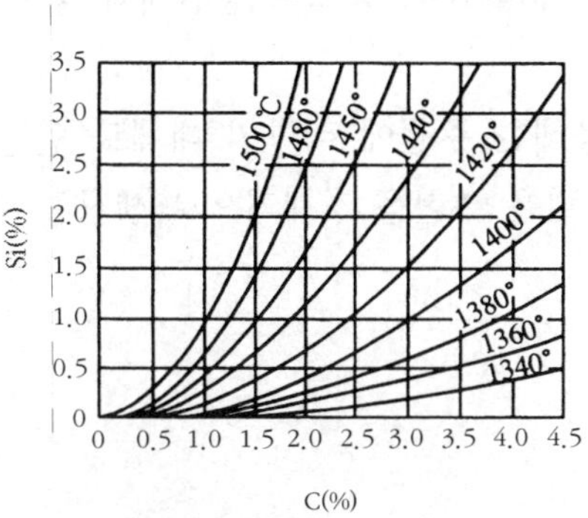

그림 6-28 평형온도선(1atm)

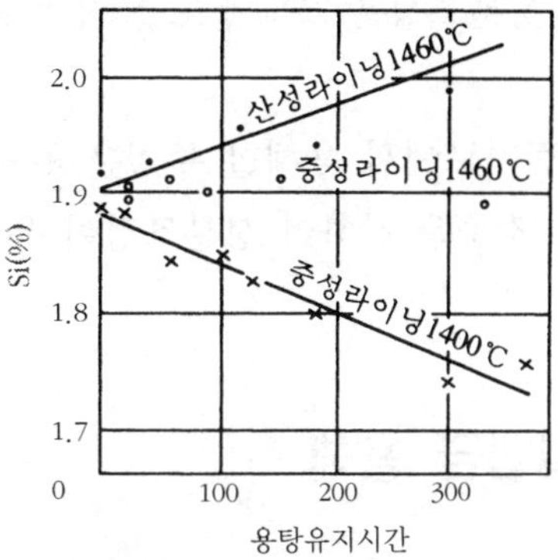

그림 8-29 용탕의 온도와 Si의 변화

평형온도 이상이 되는 1460℃로 유지할 때 산성라이닝이 되며, 산성라이닝(규사)일 때 Si는 점차 증가한다. 그러나 중성라이닝(알루미나질)에서는 Si량의 변화가 거의 없고 평형온도 이하에서 즉 1400℃로 유지하면 용탕 속의 Si가 산화되어 점차 감소한다. Si의 변화에 따라서 당연히 탄소량도 변화된다.

고온으로 유지할수록 산화물과 반응하는 C량이 많아져서 C의 감소량은 증가한다. 1500℃로 유지하면 1시간에 약 0.1%가 감소한다.

Mn은 거의 변화가 없지만 약간 산화하는 경향이 있다. P, S의 변화도 거의 없다. S의 양은 일반적으로 코크스를 통해서 들어오는 S가 없으므로 낮다.

나. 용해작업

냉재(冷材)로 조업할 경우에는 스타링 블록(starting block)을 장입하고 전원을 넣는다. 이것은 주철제 블록으로 노 용량의 1/3~1/4 정도의 중량을 갖는다. 이와 같은 스타팅 블록을 사용하는 것은 주파수의 관계로 작은 것은 가열 효율이 떨어져 용해가 힘들기 때문이다.

용탕으로 조업을 할 경우는 큐폴라 등 다른 용해로부터 용탕을 노 용량의 1/2~1/4 정도 받아서 시작한다.

냉재인 경우는 스타팅 블록이 녹아내렸을 때부터 추가장입을 시작한다. 효율상 용해 초기에는 되도록 큰 재료를 사용하고 엷은 강판 같은 작은 재료는 용탕이 용량의 1/2 이상이 되고나서 사용하는 것이 좋다.

용탕으로 시작되는 조업인 경우는 용탕 속에 직접 냉재를 추가 장입하면 위험하다. 재료를 예열하거나 칩(chip) 등으로 용탕표면을 덮은 다음 장입하고 추가장입은 먼저 장입한 재료가 완전히 녹아 내리기 전에 한다. 특히 재료를 예열하여 사용하면 용해속도를 50% 정도 증가시킬 수 있다.

용탕의 성분조성은 75% 정도를 작업 초기에 가탄재와 Fe-Si 등으로 장입재와 동시에 첨가한다.

저주파전기로에서 용해할 주철은 큐폴라에서 용해한 주철에 비하면 대체로 인장강도는 높고 냉금 경향은 강하며 성분조정이 용이하여 폭 넓은 주철을 경제적으로 생산할 수 있다.

4 비철합금 용해

가. 구리합금의 용해

(1) 구리합금과 가스와의 반응

구리합금은 용해할 때 다량의 가스를 흡수하고 반대로 응고과정 중에서는 가스를 방출시티는 과정이 주조결함의 원인이 되고 있다.

일반적으로 가스는 합금에 용해되기 쉬운 가스상 생성물이 발생된 때나 장입재료에 습기가 있는 산화표면이 많이 있을 때에, 노의 분위기 중에서 화학반응에 의하여 용탕에 직접 용해된다. 가스 중 수소, 산소, 아황산가스는 잘 용해되며 탄산가스, 일산화탄소, 수증기, 질소 등은 구리합금에 용해되지 않는다.

(2) 구리와 구리합금의 탈산

(가) 탈산제

용탕 중에 있는 산화물은 다른 활성물질로 환원시키는 반응을 탈산(deoxidation)이라 하며 탈산에 사용되는 물질은 탈산제(deoxidizer)라 한다.

탈산제로 사용될 수 있는 금속을 해리도 (解離度) 순으로 나열하면 다음과 같다.

Ca, Mg, Li, Al, Si, Na, Zn, P, Sn, Fe, Ni, Ag, Au

이들 탈산성 원소의 산화물들은 위의 원소열에서 그 좌측에 있는 어떤 원소에 의해서도 환원된다.

(나) 탈산제의 종류

① **탈산 생성물이 가스로 되는 탈산제** : 환원성 가스 또는 탄화수소는 이 탈산제에 속한다. 이 방법으로는 탈산이 완료되는 시기를 잘 알 수 없으며 탈산 후 곧 용탕이 수소가스를 흡수하는 결점이 있다.

② **증기상 또는 액상의 탈산 생성물질을 만드는 탈산제** : 이 종류로서 가장 널리 쓰이는 것은 인동이다. 탈산반응은 다음과 같이 진행한다.

$5Cu_2O + 2P = P_2O_5 + 10Cu$

특히 인청동을 탈산하는 경우에는

$6Cu_2O + 2P = 2CuPO_3 + 10Cu$

의 반응으로 산화제1구리의 인산염이 생성되어 용탕 표면에 기름같이 떠 있는 것을 볼 수 있다.

③ **탈산 생성물인 슬래그로 완전 또는 부분적으로 제거되는 탈산제** : 이와 같은 탈산제에는 아연, 알루미늄 및 주석 등이 있다.

④ **기타의 탈산제** : 이외에 숯과 같이 용융 금속의 표면에 접촉하여 탈산하는 탈산제도 있다. 이 종류로는 5%의 마그네슘 분말과 95%의 탈수 붕사를 용융해서 만든 붕소 슬래그도 사용되며 이것은 노의 내화물이나 흑연도가니를 심하게 부식시키는 결점이 있다.

(다) 구리 합금의 용해

구리 합금을 용해할 때는 구리를 먼저 장입하여 용해한다. 구리가 용해될 때에는 산소를 다량 흡수하여 산화제1구리로 되고 응고될 때에는 합금원소를 산화시키게 되므로 합금원소를 구리 용탕에 첨가하기 전에 반드시 인동으로 탈산한다.

구리를 장입하기 전에 노는 반드시 가열시켜야 한다. 구리는 될수록 빨리 용해시키고 용해된 후에는 탈산도(脫酸度)를 점검할 필요가 있다.

① 청동의 용해

청동은 일차금속(신지금) 또는 일차금속을 첨가한 이차합금을 도가니로, 전기로 또는 반사로에서 용해하여 제조한다. 일차금속의 용해는 다음 순서에 따라 한다.

먼저 잘 예열된 노에 구리를 장입하고 숯을 넣은 후 신속히 가열하여 온도 1150~1170℃까지 과열시킨 다음에 구리의 0.3%에 해당되는 인동으로 탈산한다. 그 후 아연, 납, 주석을 첨가하여 소정온도까지 가열한 후 출탕하고, 산화물을 제거하기 위하여 인동으로 추가 탈산한다. 이차합금과 일차금속을 부분적으로 첨가한 회수재료를 사용하여 용해할 때는 다음과 같이 한다. 노를 가열한 후 재료의 일부를 장입하고 목탄으로 재료를 덮고 신속히 가열하여 장입물이 녹으면 목탄층이 용탕 표면을 덮도록 한다. 그리고 장입물의 용해에 따라 나머지 재료를 일부 또는 전부 첨가한다.

장입재료가 완전히 용해되면 아연, 납, 주석을 첨가하고 목표 온도까지 도달되면 인동(용탕의 0.2% 정도)으로 탈산한다. 나트륨회 60%, 형석 33%, 붕사 7%로 된 건조 용제로서 용탕을 덮는다. 20~30분간 정기적으로 교반하면서 유지한 후 슬래그를 제거하고 출탕한다. 레이들의 용탕에 규사를 뿌리면 슬래그와 응축되어 제거하기 쉽게 된다.

② 알루미늄 청동의 용해

이 합금은 주로 무철심유도로에서 용해하여 제조하나 도가니로를 사용할 때도 있다. 알루미늄 청동을 용해 제조할 때는 용탕 중의 알루미늄으로 인하여 산소의 용해도는 대단히 저하되므로 산화 처리로 용해수소를 제거시킬 수 없다. 그러나 알루미늄 합금 용해시에는 치밀한 산화알루미늄(Al_2O_3)의 피막이 용탕을 덮고 있어 수소의 흡수를 방해하며 또 알루미늄청동은 그 응고온도 범위가 매우 좁기 때문에 용탕응고시에 액상에서 발생된 가스는 곧 압탕으로 방출된다. 따라서 이 합금의 주물에는 가스에 의한 결점이 매우 적다.

용해시 생성된 산화알루미늄은 용탕에서 제거하기가 곤란하므로 합금에 알루미늄을 첨가하기 전에 미리 용융된 구리를 인동으로 탈산할 필요가 있다. 이 때의 인동 사용량은 합금에 남게 되는 인이 0.01~0.02% 이하가 되도록 조정해야 한다. 또 용해는 가열 허용온도의 고온측에서 신속히 하여야 하며 용해된 합금을 노 내에 남겨 두어서는 안된다. 알루미늄청동의 용해시에 산화를 방지하고 용해손실을 줄이기 위해서 용제로 용탕표면을 덮어야 한다.

합금원소는 모합금의 형태로서 첨가하지만 경우에 따라서는 순금속으로 첨가하는 수도 있다. 알루미늄청동의 표준 용해 공정은 다음과 같다.

㉠ 예열된 노에 구리를 장입하고 그 다음에 모합금(Cu-Fr, Cu-Mn)을 장입한다.

㉡ 구리와 모합금이 녹으면 인동으로 탈산하고 필요한 알루미늄의 60%를 구리-알루미늄(Cu-Al)으로 첨가한다.

㉢ 회수재료를 첨가하고 나머지 알루미늄을 첨가한다.

㉣ 용탕을 1200~1220℃까지 가열하여 5~15분간 유지한 후 출탕한다.

③ 황동의 용해

황동은 어느 노에서도 용해할 수 있으나 아크로는 과열의 위험성과 아연의 용해손실이 많아서 이용되지 않는다.

황동의 용탕에는 아연의 증기압이 대단히 커서 수소의 용해를 방해하여 가스의 흡수가 잘 일어나지 않는다. 저주파 유도로에 의해서 일차금속과 회수재료로 황동을 용해하는 경우의 공정은 다음과 같다.

일차금속을 장입하고 장입물의 0.25% 되는 붕사를 피복용제로서 이용한다. 구리가 용융하여 1130~1150℃에 도달하면 용탕의 0.3~0.4%되는 인동으로서 탈산한다. 그 후 200~250℃로 예열한 규소를 첨가하면 용탕을 잘 교반한다. 이때 떠오르는 규소 덩어리를 다시 용탕 밑으로 밀어 넣어 용해시킨다. 규소가 슬래그로 되면 용탕에 용해되지 않으므로 규소가 슬래그로 되지 않도록 하여야 한다. 규소가 용해되면 150~200℃까지 예열한 아연을 첨가하고 다시 잘 교반한 다음 괴상의 회수재료를 투입 용융하여 용탕을 1050~1100℃에서 출탕한다. 이 합금에서는 출탕전에 아연이 잘 합금되었는지를 반드시 검사해야 한다.

나. 알루미늄합금의 용해

(1) 알루미늄합금의 특성

알루미늄합금의 일반적인 특성은 다음과 같다.

① 알루미늄합금은 용융상태에서 산소, 수분 또는 산화성물질과 결합하여 쉽게 협잡물을 형성하여 비교적 용탕 속에 잘 용해되는 경향이 있다.

② 용탕은 발생기 수소를 용이하게 흡수할 수 있으며, 주된 수소발생의 원인은 수분이며 이 수소는 응고 중에 방출되는데 일부는 가스 포켓이 되어서 고체 속에 잔류한다.

③ 용탕이 응고할 때에는 3.5~8.5%의 체적수축이 일어난다.

④ 알루미늄합금은 용탕의 밀도가 작으므로 주형 속의 정압은 낮아진다. 이는 응고 중의 수축결함이 되는 원인이 되므로 충분한 압탕이 필요하다.

⑤ 알루미늄합금의 용탕에 있는 산화피막이 용탕의 과도교란(過度攪亂) 또는 주탕할 때에 파괴되지 않은 한 가스의 흡수에 대하여 좋은 보호작용을 한다.

⑥ 열간취성은 일반적으로 주조방안이 부적당한 경우에 기인되나 AC1(KSD 6008)의 합금에서는 보다 세심한 주의가 필요하다.

(2) 용해작업

지금, 모합금(母合金), 회수재(回收材) 등의 청정도(清淨度)는 제품의 품질에 영향을 준다. 기계가공에 의한 칩(chip)처럼 작은 것들은 용해손실이 크므로 저주파유고로에서 용해하면 손실이 작아 유리하다. 단시간에 용해하여 목적하는 온도로 가열하는 것이 중요하다. 알루미늄 합금은 용해온도를 높게 하여 유지시간이 길면 비금속개재물이 부상하기도 하며 침강하는 기회가 많게 되어서 청정한 용탕이 되지만 수증기에서 흡수하는 수소는 온도가 높고 시간이 길면 증가한다. 또한 산화에 의한 손실도 증가한다. 그러나 실제의 조업에서는 용해로, 용해재료, 분위기 등에 의하여 영향을 받으며, 특별한 경우를 제외하고는 750~780℃를 최고온도로 제한한다.

장입재료는 신지금을 아래에 합금지금 또는 중간합금과 큰 회수재는 위에 놓으며 비교적 가느다란 회수 스크랩은 용해되면서부터 넣는 것이 좋다. 보통 저융점의 중간 합금이나 첨가원소는 용탕 내에 넣는다. 완전히 용해하여 680℃에 달하면 용제를 살포하여 교반시킨다.

도가니로는 흑연도가니를 사용해야 하나 주철제도가니를 사용시에는 알루미늄 합금의 용탕과 반응하여 Fe이 용탕에 들어가서 소모가 크므로 알루미늄, 흑연, 아연화 등을 물유리(규산나트륨)와 혼합한 도형제를 도포하여 사용한다.

다. 마그네슘 합금의 용해

(1) 마그네슘 합금 용해용 용제

마그네슘 합금의 용해에 있어서는 용제의 사용이 반드시 필요하다, 용제는 용탕 표면에 합금과 공기의 접촉을 막는 보호피막을 만들어 용해 중에 생긴 산화물, 질화물을 합금에서 제거하게 된다.

표 8-20 마그네슘 합금 용해에 이용되는 용제

용도	종류	조성(%)										
		$MgCl_2$	KCl	$NaCl_2$	$CaCl_2$	CaF_2	$BaCl_2$	MgO	MgF_2	S	H_3BO_3	$(NH_4)BF_6$
용해용	1	60	40	-	-	-	-	-	-	-	-	-
	2	43	43	9	5	-	-	-	-	-	-	-
	3	34	55	-	-	2	9	-	-	-	-	-
	4	41	32	200	-	6	-	1	-	-	-	-
	5	-	-	40	40	10	10	-	-	-	-	-
정련용	1	38	26	12	10	14	-	-	-	-	-	-
	2	35	27	8	-	20	-	10	-	-	-	-
	3	50	30	-	10	-	-	-	10	-	-	-
	4	50	20	-	-	15	-	15	-	-	-	-
	5	60	-	-	-	-	-	-	40	-	-	-
보호용	1	-	-	-	-	-	-	-	-	28	62	10
	2	-	-	-	-	-	-	-	-	27	20	3
전과정용	1	34~40	25~36	1~8		15~20	-	7~10	-	-	-	-

용제에는 마그네슘 합금의 용해시에 사용하는 용해용, 정제시에 사용하는 정련용, 도가니 내에서 용탕을 진정시키고 주입할 때 사용하는 보호용 용제가 있으며 이 세가지 목적에 전부 쓰이는 전과정용 용제도 있다. 용해용 용제는 유동성이 좋아 용탕과 분리하기 어렵지만 정련용 용제는 융점이 비교적 높고 용해과정 중 경화되어 제거가 용이하다.

마그네슘 합금 용해에 사용되는 용제를 〈표 8-20〉에 표시하였다. 사용량은 장입재료에 따라 다르나 용해시에는 1~5%, 정련시에는 2~5%를 사용한다.

(2) 마그네슘–알루미늄–망간계 합금의 용해

예열한 도가니에 분쇄한 용해용 용제를 소요량의 1/3 정도 넣고 약 절반의 마그네슘을 장입하여 이 재료 표면 위에 다시 용제를 뿌린다. 최초에 장입한 마그네슘이 용해되면 나머지를 장입한다. 마그네슘이 전부 용융될때까지 가끔 용제를 뿌려서 용탕의 산화를 방지한다. 마그네슘이 전부 용해되면 680~700℃에서 미리 분쇄한 알루미늄-망간 모합금을 첨가한다. 망간함유량이 높은 합금에서는 850℃에서 금속망간 또는 염화망간($MnCl_2$)을 용제와 혼합해서 첨가하기도 한다. 망간을 염화망간의 형태로 첨가하면 합금 중에 균일하게 분포되어 주물의 조직에서 조대한 결정의 발생이 방지된다. 다음에는 알루미늄을 서서히 장입하고 그 다음으로 회수재료를 첨가한다. 용해의 전 기간 중 용제로 용탕표면을 덮는 것을 잊어서는 안된다.

마그네슘 합금의 정련은 합금원소를 전부 첨가한 후 용탕온도를 750℃까지 높인 다음 정련 용융제 1~5%를 첨가하고 철제 주걱으로 3~6분건 교반하는 방법으로 실시한다.

교반작업은 용탕 표면부터 시작하여 천천히 내려가면서 잘 젓는다. 정련이 끝나면 용탕 표면이 거울같이 맑게 된다. 그 후 용제를 제거하고 새로운 용제를 뿌린 다음 진정시키고 온도를 650~700℃까지 저하시킨 후 주입한다. 합금에 따라서는 주입 전에 접종개량을 하는 것도 있다.

특히 마그네슘 용해시에는 용해 중에 용탕 표면을 항상 잘 관찰하도록 주의해야 한다. 만일 금속이 연소하기 시작하면 곧 용제 분말을 뿌려서 덮어야 한다.

(3) 마그네슘 합금의 탈가스

마그네슘 합금은 용해 중에 알루미늄 합금 중의 수소량(1~5cm^3/100g Al)보다 훨씬 많은 20~30cm^3/100g Mg의 수소를 흡수하고 있다. 따라서 탈가스는 매우 중요하다.

불활성가스에 의한 탈가스는 용탕온도 740~750℃에서 아르곤, 헬륨과 같은 불활성 가스를 취입한다. 취입속도는 노 벽에 용탕이 튀어나오지 않을 정도로 신속하게 교반되는 속도가 적당하다. 취입시간은 30분 정도이다. 탈가스 시간이 이보다 길면 마그네슘 합금 주물의 조직이 약간 조대화하는 경향이 있다.

제3절 | 용탕 처리

1 탈가스(脫gas)

용탕 속에 가스가 어느 정도 함유되고 있느냐에 따라서 주물의 품질이 크게 영향을 받는다. 이 때의 가스는 수소, 산소 및 질소가 대부분이며, 이로 인해 발생하는 주물의 결함에는 핀홀, 기포, 산화물계통의 개재물 등이 있다. 이런 종류의 가스를 잘 조절하여 사용하면 정련과정에서 유리한 역할을 할 뿐만 아니라 오스테나이트(austenite)의 안정화, 흑연화속도의 변화를 부여할 수도 있는 것이다.

가. 가스의 근원과 흡수방지

용탕 중에 흡수되는 가스의 근원을 살펴보면 〈표 8-21〉과 같다.

표 8-21 용탕 중 가스의 근원

가스의 종류	가스의 근원
수소	① 용해 원재료 중의 수분, 수산화물, 유기물 ② 노내분위기 중의 수소, 수분 ③ 노내첨가물에 부착 또는 함유하는 수소, 수분, 유기물 ④ 노로부터 출탕시, 주형에의 주탕시의 분위기 중의 수분, 수소 ⑤ 노, 레이들, 주형 중의 수분
산소	① 용해 원재료 중의 산화물 ② 정련시 사용하는 산화제 ③ 노내 분위기 중의 산소 ④ 노로부터 출탕시, 주형에의 주탕시의 분위기 중의 산소, 수분 ⑤ 노, 레이들, 주형의 내화제
질소	① 용해 원재료 중의 질소 ② 노내 분위기 중의 질소 ③ 노로부터 출탕시, 주형에의 주탕시의 분위기 중의 질소

용탕 중의 산소와 수소는 용해재료에 녹이 많은 경우, 수분이 부착되어 있는 경우 및 유기물계의 피복물이나 도료가 혼합된 경우에는 용락과정 중에 많이 흡수된다.

특히 우기에는 용탕 중의 가스량이 현저히 증가한다. 그리고 출탕시의 용해로에서 레이들 로의 옮김과 주입 등에 있어서의 레이들 및 탕도 등의 건조 불충분에 의한 수분, 그리고 분위기 중의 습기로 질소가 혼입되기도 한다.

따라서 **가스의 흡수를 방지하기** 위해서는

① **슬래그를 형성시켜 분위기와의 접촉을 차단하는 법**

② **불활성분위기 또는 진공을 이용하는 법**

③ **가스의 흡수를 감소시키기 위한 저온용해 및 주입**

④ **제재(skim), 교반 및 옮김 등의 용탕처리를 가급적 적게 하는 것이 바람직하나, 가스의 흡수를 완전하게 방지한다는 것은 실제적으로 어렵다.**

진공 속에서 용해하지 않는 한 다소의 수소는 용탕에 항상 존재한다. 특히 수소는 금속산화물이나 합금원소의 산화물과 반응하여 수증기를 생성하기 때문이다. 그러므로 용탕 중에 잔류하는 가스를 보다 많이 제거하기 위해서는 탈가스가 필요하다.

나. 탈가스법

(1) 불활성가스 취입법

용탕 중에 용해되어 있는 가스의 양은 시버트(Sievert)의 법칙 즉 $V = K\sqrt{p}$ 에 따라 정해진다는 것이다. 여기서 V는 H_2, O_2, N_2와 같은 2원자 가스의 양이며 K는 상수이고 P는 용탕의 주위에 걸리는 가스압력을 나타낸다. 용탕 중에 용해하고 있는 가스(G)는 시버트의 법칙에 의한 가스분압과 관계가 있다. 즉, $P=(V/K)^2$의 식에서 다른 가스(X)가 존재하면 P에 상당하는 분압을 나타낼 때까지 용탕 속에 용해하고 가스(G)가 다른 가스(X)속으로 이동한다. 따라서 취입가스(X)가 용탕 밖으로 빠져나감에 따라서 가스(X)가 점점 감소한다. 가스(X)로서는 강철인 경우는 아르곤 가스를, 구리합금의 용탕에는 질소, 아르곤가스 등이 사용된다.

(2) 진공탈가스법

진공용해의 목적은

① 대기와 용융금속의 반응원소가 결합하는 것을 방지하며 거칠은 용탕, 협잡물, 표면의 결함을 초래하는 산화물, 질화물의 생성을 방지한다.

② 용금 중의 H_2, N_2, SO_2 등과 같은 가스의 용해를 방지하며 용금에서 용해된 가스를 제거하는 것 등이다.

제2의 목적을 이용하는 진공탈가스법은 보통 공업적으로는 대기압에서 용해한 용탕을 진공처리한 다음 주입방법에 의해서 주조한다. 이러한 **진공처리방법은 레이들 탈가스법, 진공레이들 탈가스법, 이중 레이들 탈가스법, 순환 탈가스법 등이 있다.**

(3) 탈가스제 사용법

이 방법은 용탕에 가스와 친화력이 강한 원소를 첨가해서 그의 반응생성물을 용탕과는 별개의 상으로 만들어 분리해 내는 것이다. 이 방법에 따라 생성물이 완전히 제거되지 않을 경우 개재물로서 최종제품에 잔존하여 품질을 저하시킨다. 구리인 경우에는 인동, 규소동, Mn, Mg 등을 탈산제로 사용하며, 강의 경우에는 Fe-Mn, Fe-Si, Al 등이 쓰인다.

(4) 재용해법(remelting)

냉각된 고체상태의 금속이 가스를 가장 적게 함유하고 있는 점을 이용하여 용해, 응고, 재용해를 하므로 가스를 어느 정도 게거할 수 있다.

이 방법은 비경제적이므로 실제로 잘 쓰이지는 않는다.

2 탈황(desulfurization)

회주철에서 황은 흑연화를 저해하기 때문에 냉금층이 깊어지게 되고 유동성을 나쁘게 할 뿐만 아니라 접종효과를 감소시킨다. 큐폴라에 의한 용해에서는 코크스로부터 황분을 흡수하는 경향이 크다. 보통주철에서는 별문제가 되지 않지만 GC30 이상의 강인주철에서는 절삭성에 악영향을 주게 된다. 또한 구상흑연주철을 제조하기 위해서는 흑연구상화 첨가제를 넣기 전에 용탕 중의 황의 양을 낮추어야 한다. 일반적으로 0.02%이하로 하는 것이 좋다.

탈황제로서는 탄산나트륨(Soda ash, Na_2CO_3), 칼슘카바이드(calcium carbide, CaC_2), 석회질소($CaCN_2$), 마그네슘, 무수산화나트륨 등이 있다. [그림 8-30]은 CaC_2와 $NaCO_3$를 사용하여 탈황한 효과를 작용시간, 적용방법, 탈황제의 양에 대하여 나타낸다.

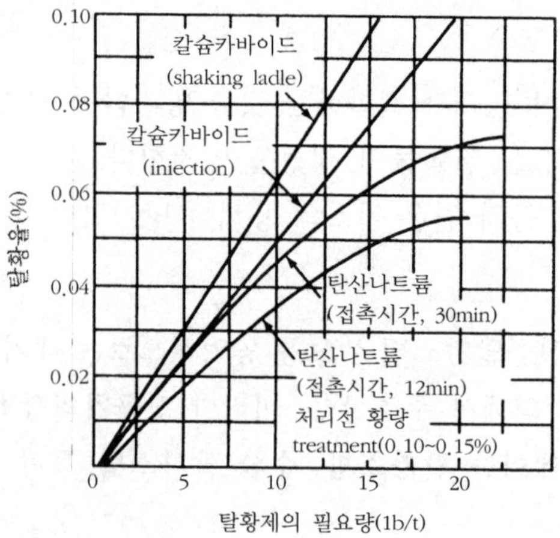

그림 8-30 탈황제의 양, 적용방법, 작용시간과의 관계

가. 용해조업에서 저황 용탕을 얻는 방법

(1) 에루식 전기로의 염기성 용해법

이 방법은 염기성 슬래그로 용해하므로 탈황 비교적 쉽게 진행되며 고온에서 0.02% 이하의 저황 용탕이 된다. 따라서 구상흑연주철을 제조하는데 적합하지만 출탕이 간헐적이며 생산비가 높아 소형물제조에 이용된다.

(2) 큐폴라에서의 염기성 용해법

이 방법은 고온의 저황 용탕을 얻는데 최적의 방법이나 기술을 요하고, Si의 손실이 많고, 내화물이 고가인 결점이 있으며, 연속적으로 다량의 용탕을 얻고자 할 때에 사용된다.

(3) 저주파유도로 용해법

일반적으로 산성 또는 중성의 라이닝이 쓰이며 용해재료로 저황인 것을 사용하면 용탕에 황이 흡수되는 일이 없어 저황의 용탕을 얻을 수 있다. 라이닝재료와 반응하지 않는 탈황제를 사용하면 0.008%의 저황용탕을 얻을 수 있다.

나. 노 밖에서의 탈황방법

(1) 용탕표면첨가법

소량의 용탕을 탈황하는 경우 사용되는 방법이며 칼슘카바이드를 용탕의 표면에 첨가하거나 레이들바닥에 깔고 용탕을 주입한 후에 충분히 교반한다. 이 방법인 비교적 다량의 탈황제를 요하며 탈황률도 좋지 않아서 S가 0.03% 정도가 대부분이다.

(2) 분사주입법(injection process)

[그림 8-31]과 같이 칼슘카바이드분말을 질소와 혼합하여 분사하여 분사관은 흑연관 또는 내화재로 피복한 동관을 사용하여 앞부분을 용탕 중에 깊이 넣는 것이 탈황률이 좋다. 질소가스의 압력은 1~2kg_f/cm^2로 조절하며 카바이드의 소요량은 탈황량 1kg_f 당 10kg_f이 필요하다. 카바이드 외에 Na_2CO_3, CaO 등도 사용된다.

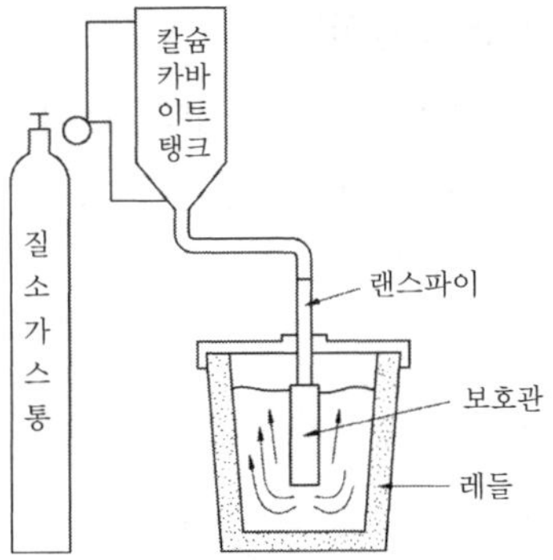

그림 8-31 분사주입법

(3) 폴리아닉법

이 방법은 레이들의 용탕 표면에 비교적 덩어리가 큰 칼슘 카바이드를 놓고 분사주입방법과 같이 불활성 가스를 불어넣어 용탕을 교반하여 탈황제와 접촉시켜서 탈황을 하는 것이다. 용탕의 온도강하가 심하다는 것이 결점이다.

(4) 포러스 플러그법(porous plug process)

[그림 8-32]와 같이 레이들바닥에 다공성의 내화물을 놓고 여기에 압축된 불활성가스를 불어넣어 용탕을 교반한다. 탈황제로서 칼슘 카바이드의 분말 또는 탄산나트륨을 사용하여 탕표면에서 첨가한다. 이 방법도 온도강화가 심하며 칼슘 카바이드에서는 60~100℃, 나트륨회에서는 120℃ 가량 온도가 강하한다. 그러나 0.02% 이하의 저황용탕을 만들 수 있다.

(5) 요동레이들법

[그림 8-33]과 같이 편심반의 대 위에 레이들을 놓고 한 방향 또는 왕복회전운동을 하여 용탕을 교반하면서 칼슘 카바이드를 첨가해서 탈황한다.

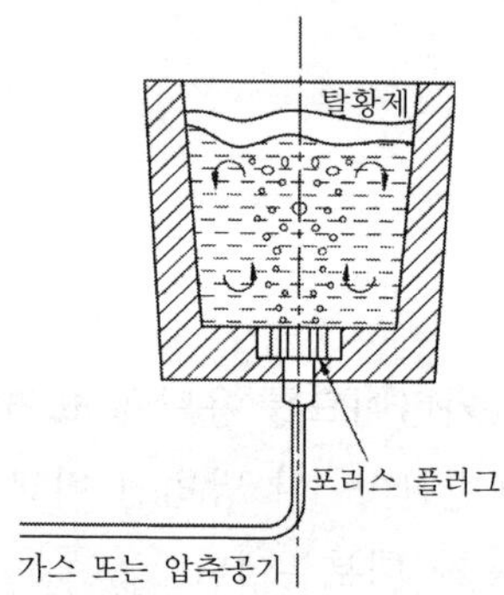

그림 8-32 포러스 플러그법

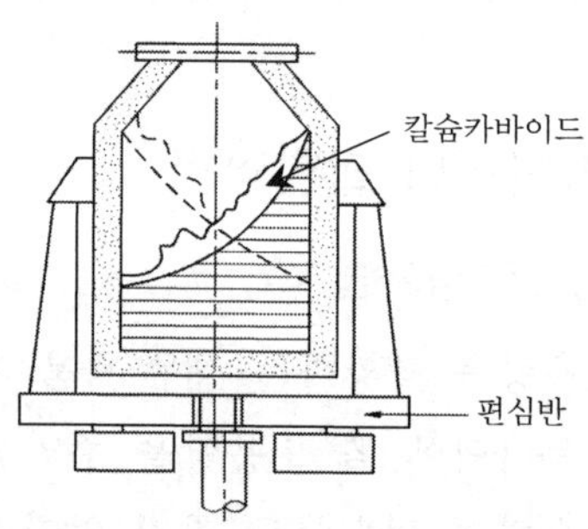

그림 8-33 요동레이들에 의한 방법

(6) 연속탈황법

이 방법은 [그림 8-34]와 같이 큐폴라 홈통에 탄산나트륨을 연속적으로 첨가하는 방법이 있고 [그림 8-35]과 같이 전로 속에서 기계적으로 교반하는 방법이 있다.

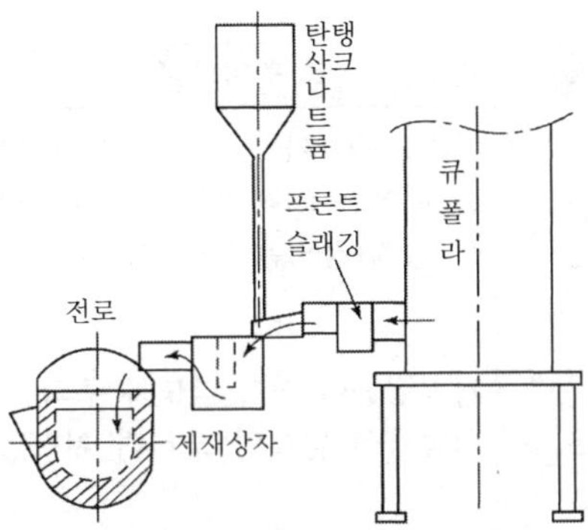

그림 8-34 큐폴라의 홈통에 탄산나트륨을 연속적으로 첨가하는 방법

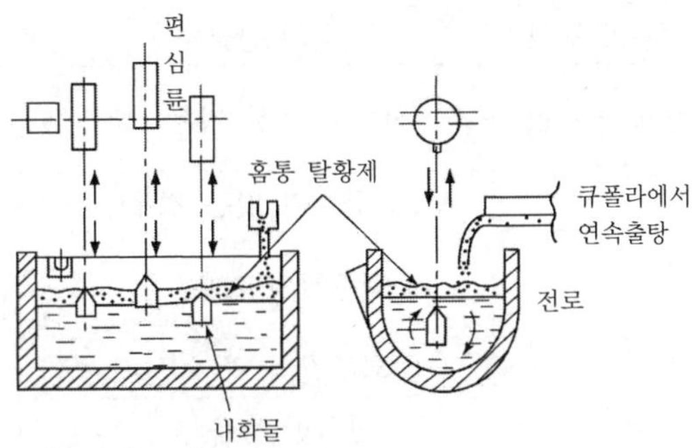

그림 8-35 전기로속에서 기계적으로 교반하는 방법

3 접종

용탕을 주형에 주입하기 전에 Si, Fe-Si, Ca-Si 등을 첨가하여 주철의 재질을 개선하는 방법을 접종(inoculation)이라 한다. 접종을 함으로써 기계적 강도를 증가시킬 뿐만 아니라 조직의 개선, 냉금의 방지, 질량효과의 개선 등을 얻을 수 있다.

가. 접종제

〈표 8-22〉는 각종 접종제(inoculant)의 종류와 성분을 나타낸 것이다. 여기에서 가장 많이 사용되는 접종제는 규소 75%인 Fe-Si이며, 미하나이트(meehanite) 주철용 접종제로는 Si 60%에 Ca 30%인 Ca-Si이 주로 사용된다.

이 Ca-Si 접종제는 Si 함유량이 Fe-Si보다 적지만 접종효과가 우수하며 Fe-Si과 같은 양을 첨가하면 된다. 접종을 잘하려면 우선 어떠한 목적으로 접종하는가를 확실히 정하며 접종의 효과가 다양하므로 어느 것에 맞는 것인가를 결정한 후 용탕의 성질을 판정한다. 접종제는 효과가 각각 다르지만 많이 사용되고 있는 접종방법을 열거하면 〈표 8-23〉과 같다.

표 8-22 각종 접종제의 종류와 성분

접종제의 종류	성분(%)
80%Fe-Si	85Si, 0.6Ca, 1.30Al
75%Fe-Si	75Si, 0.6Ca, 1.20Al
Ca-Si	63Si, 30Ca, 0.60Al
V-5합금제	40Cr, 18Si, 9Mn
그라파이독스	50Si, 10Ti, 6Ca
이노큐로이(inoculoy)	60Si, 12Mn, 5Ba, 2Ca, 1Al
SMZ	63Si, 6Mn, 6Zr, 2.5Ca, 1.7Al
흑연	98C
Fe-Cr	60cR, 11sI

표 8-23 일반적인 접종방법

접종의 목적	용탕의 성질	접종제 및 양(%)	주의사항
얇은 주물의 칠화방지	산화에 의한 경우	Fe-Si 또는 Ca-Si, 0.1~0.2	탄소, 규소가 낮고 백칠화경향이 클 때에는 Fe-Si의 양을 0.4% 정도로 증가(강도는 다소 낮음)
	탄소·규소가 낮은 경우	Fe-Si, 0.1~0.2	
강도의 개선	백주철의 경우	Ca-Si 또는 고Al Fe-Si, 0.2~0.4	과잉접종이 되지 않도록 주의한다. 접종량이 많으면 오히려 저하함
	회주철의 경우	Ca-Si, 0.2~0.3	
	산화한 경우	Ca-Si, 0.2~0.4	
재질을 균일하게 한다.		Ca-Si, 0.1~0.2	
페라이트의 석출을 저지	탄소, 규소가 높은 경우	Si-Zr, Fe-Cr, 0.2	
	두꺼운 주물의 페라이트화	Ca-Si, 0.2	

나. 접종제의 입도

접종효과는 접종제와 용탕의 반응하는 정도에 따라 대체로 결정되므로 접종제의 표면적이 큰 경우가 용탕과의 접촉면적이 크게 되어 반응도 잘 일어나고 효과도 뚜렷해질 것이다. 표면적은 입도가 미세할수록 크기 때문에 접종제는 미세할수록 좋으나 너무 미세하면 용탕과 반응하기 전에 공기 중의 산소와 반응해 버린다던가 슬래그에 싸여서 용탕과 반응할 수 없게 되거나 용탕 위에 떠서 오히려 효과가 적어진다. [그림 8-36]의 (a) 및 (b)는 이와 같은 관계를 나타내고 있으며 모두 6~12메시가 가장 좋은 것으로 나타내고 있다.

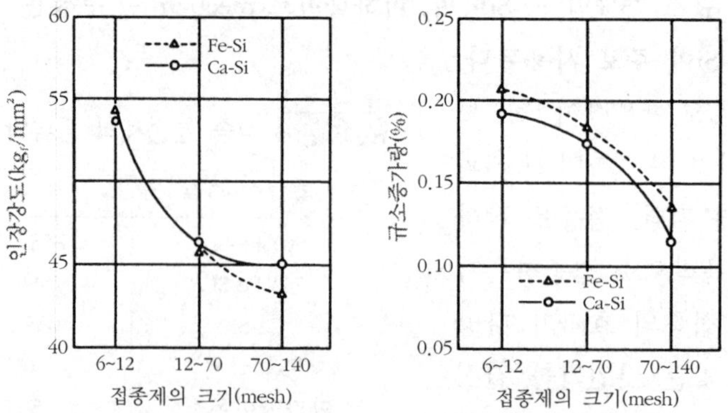

(a) 인장강도에 대한 영향 (b) 규소량에 대한 영향

그림 8-36 접종효과에 미치는 접종제 크기의 영향(접종온도 1400℃, 접종량 0.25%)

다. 접종온도

접종제가 첨가된 때에 용탕 온도와 접종효과는 긴밀한 관계를 갖고 있다. 〈표 8-24〉는 접종효과와 용탕 온도와의 관계를 나타낸 것인데, **접종의 효과를 충분히 발휘하기 위해서는 용해와 접종을 가급적 높은 온도(1400℃ 이상)에서 하는 것이 좋다.**

표 8-24 접종의 효과와 용탕 온도와의 관계

시료	용해온도 (℃)	접종온도 (℃)	Ca-Si 접종량% 0.3	인장강도 (kg_f/mm^2)	항절시험		브리넬 경도	현미경 조직	
					항절하중 (kg_f)	변형 (mm)		수지상 흑연	시멘타이트
A	1400	1400	0.3	32.6	2055	4.6	229	없음	없음
B	1500	1500	0.3	33.4	2115	4.6	220	없음	없음
C	1600	1600	0.3	36.8	2300	5.05	226	없음	없음
D	1600	1500	0.3	33.8	2320	4.6	229	없음	없음
E	1600	1400	0.3	31.6	2100	3.05	241	약간	없음

주 : 용탕의 조성 : C 3.0~2.9%, Si 1.1~1.3%, Mn 0.6%, P 0.08%, S 0.05%, Cu0.25%, Ca 0.03%

라. 접종방법

접종의 위치와 방법을 분류하면

① **레이들에 출탕하면서 노의 출탕구에 접종하는 방법**
② **레이들에 용탕을 받으면서 일관 투입하는 방법**
③ **레이들바닥에 놓은 다음 출탕하는 방법**
④ **주탕 직전에 레이들표면에 첨가하는 방법**
⑤ **주입용 레이들바닥에 접종제를 놓고 운반용 레이들로부터 다시 옮기는 방법**

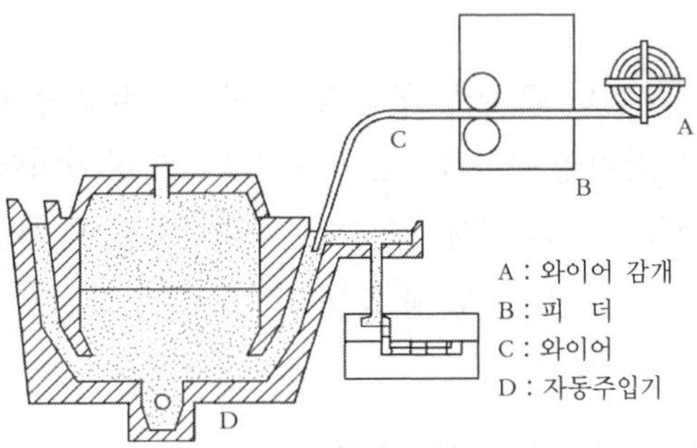

그림 8-37 와이어의 첨가방법

⑥ **주입용 레이들의 입구에 봉 또는 선으로 만든 접종제를 공급하는 방법([그림 8-37] 참조)**
⑦ **탕도 또는 탕구 안에서 접종하는 방법 등이 있다.**

4 흑연의 구상화처리

흑연의 구성화처리에 사용되는 첨가금속으로는 Mg, Mg계 합금, Ca계 합금, 희토류원소(rare earth elements)합금 등이 실용화되고 있다. 흑연구상화차리는 구상화첨가금속의 성질과 반응이 잘 되어야 하며 일반적으로 첨가금속의 공통의 성질을 열거하면 다음과 같다.

① 산소 및 황과의 친화력이 강하다. 즉 강력한 탈산, 탈황제이다.

② 구상화 처리온도에서의 증기압이 높다. 이 때의 증발열은 용탕에서 취급하므로 용탕의 온도저하를 초래한다.(〈표 8-25〉 참조)

③ 마그네슘, 칼슘은 용탕에 대한 용해도가 낮으므로 불균일이 되기 쉽다. 세륨은 적당한 용해도를 갖지만 확산속도가 느리므로 불균일이 되기 쉽다.

표 8-25 각 금속의 용융점, 비등점, 증기압 비교

	용융점(℃)	비등점(℃)	(증)기압(기압)	
			1300℃	1500℃
Mg	650	1105	3.96	11.8
Ca	850	1420	0.37	1.62
Ce	795	3468	-	-

주철의 흑연을 구상화시키는데 필요한 Mg 최소함량은 0.01% 이상이며 구성화제로서 Mg만 첨가할 경우는 함량이 0.2% 이상이어야 한다. Ca, Ce, 기타 희토류원소와 함께 첨가할 때도 0.01% 이상이어야 한다. S가 많이 함유된 용탕은 MgS가 형성되므로 Mg의 최소함량을 0.05%까지 높게 규정하고 있다.

가. 구상화처리방법

(1) 표면첨가법

[그림 8-38]과 같이 **레이들 표면에 구상화제를 첨가하므로 용탕의 비산에 의한 위험방지를 위하여 덮개를 사용한다.** 대기와 반응하여 연소되는 양이 많아 수율은 좋지 않다. 이 방법은 일반적으로 소규모 또는 실험적인 방법이다.

(2) 개방 레이들 첨가법(치주법)

[그림 8-39]와 같이 **Mg합금을 예열된 레이들의 밑바닥에 넣고 그 위에 용탕을 붓는다.** 이 때 용탕을 레이들에 채우는 방법이 매우 중요하며 즉 용탕줄기(stream)가 구상화제에 직접

접촉하지 않도록 주탕한다. 이렇게 함으로써 구상화제가 용탕의 표면에 부상하여 Mg의 효율을 낮추는 위험을 배제한다.

이 방법을 조금 변형한 것이 [그림 8-40]과 같은 샌드위치법이다. 즉 Mg합금을 용탕의 약 2% 강철칩으로 덮는다. 이 강철칩은 구상화제의 반응시기를 지연시키고 또한 구상화제 주위의 용탕온도를 국부적으로 낮춘다. 따라서 Mg의 수율은 높이는 결과가 된다.

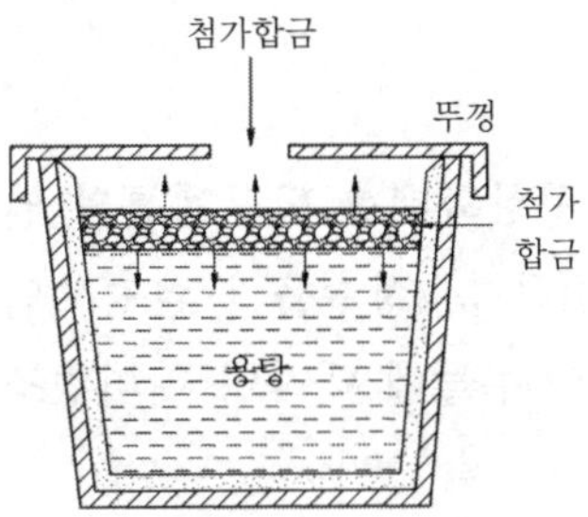

그림 8-38 표면첨가법

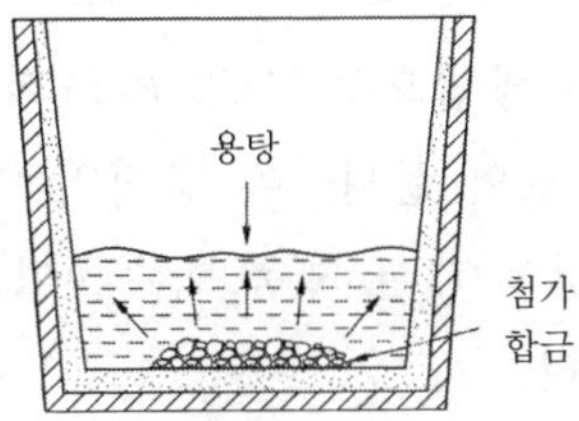

그림 8-39 치주법

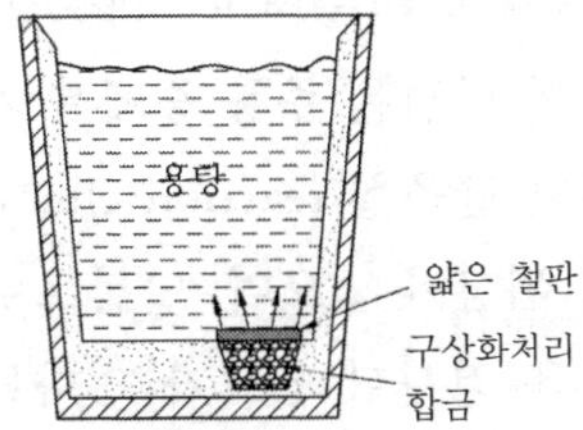

그림 8-40 샌드위치법

(3) 포러스 플러그법(porous plug process)

탈황에서 설명한 교반방법은 모두 구상화제를 첨가하는데 적용될 수 있다. **현재 가장 많이 쓰이는 방법이다.** Mg의 회수율은 개방레이들 첨가법보다 다소 우수하다.

(4) 플런징법(plunging process)

고Mg(40%) 구상화제를 흑연으로 만든 플런저(plunger)에 [그림 8-41]과 같이 **넣고 레이들 안에 밀어넣는 방법으로 소량에서 대량에 이르기까지 이용할 수 있다.** 이 경우는 샌드위치법보다 수율이 좋다. 보통흑연으로 만든 플런저는 충분히 예열하여 사용한다.

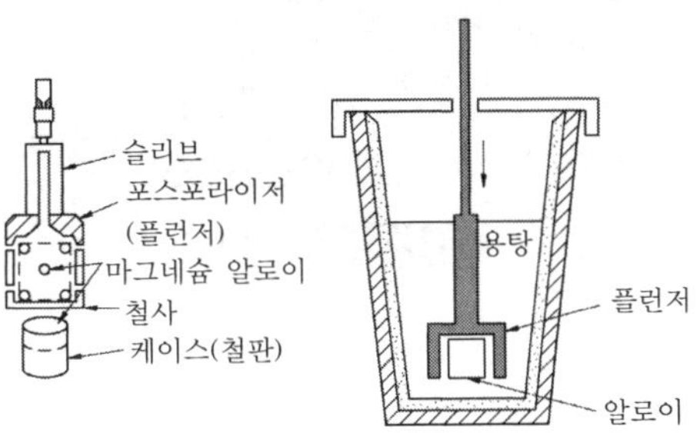

그림 8-41 플런징법

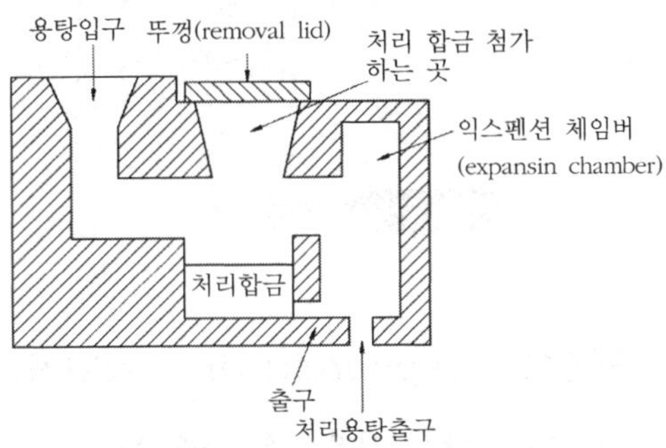

그림 8-42 용탕통과 처리법

(5) 용탕통과 처리법(flowtret methods)

[그림 8-42]와 같이 **중앙에 반응실을 갖고 있는 내화물로 라이닝한 밀폐, 수평, 구형**방식이다. 한쪽 끝에는 용탕을 받는 입구가 있고 다른쪽 밑부분에는 처리된 용탕의 출구가 된다.

구성화처리는 배치(batch) 식으로 행하며 합금은 배치마다 새로 장입하고, 사용되는 합금은 보통 9% Mg-Fe-Si으로 Mg 수율은 매우 우수하고 공해가 없다.

(6) 인몰드법(in mould process, 주형 내 처리법)

이 방법은 **주형 중에서 처리하는 방법으로 [그림 8-43]과 같이 구상화제를 탕구계통의 일부인 반응실(reaction chamber)에 넣어 둔다.** 이 방법의 최대장점은 Mg회수율과 환경오염의 위험이 없으며, 단점으로는 용탕에 대한 제품 회수율이 낮고 각 주물에 대하여 현미경조직을 검사할 필요가 있다는 점이다.

(7) 캔디(candy)법

봉상 또는 블록상의 마그네슘합금을 [그림 8-44]와 같이 강봉에 부착시키거나 주물에 부착한 것이 시판되어 있고, 이것을 레이들에 밀어넣음으로써 용이하게 구상화처리가 되는 것이며, 소량에서 대량처리에 사용되고 있다. 수율은 플런징법과 치주법(개방레이들 첨가법)의 중간이며 8~25%의 고 Mg합금을 사용할 수 있고 포스포라이저가 불필요하므로 간편하다.

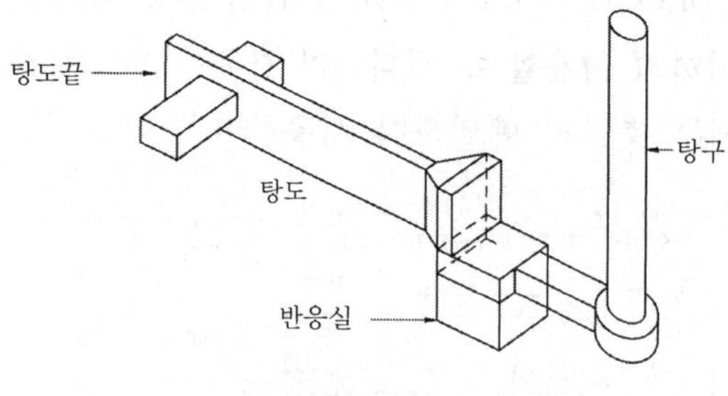

그림 8-43 인몰드법

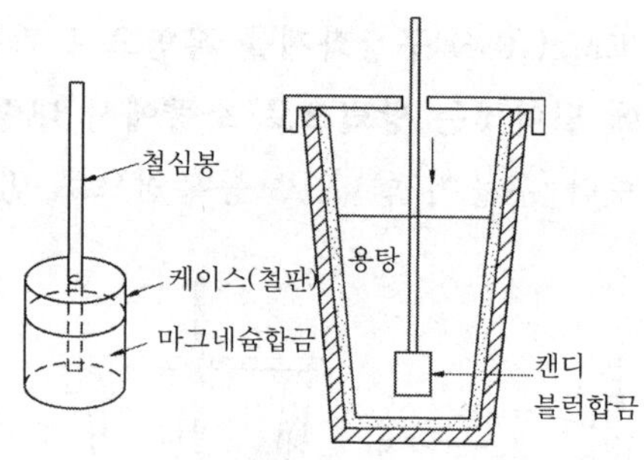

그림 8-44 캔디법

나. 구상화제(spheroidizing additives)

구상화제로 많이 사용하는 것은 Mg으로 Mg첨가량에 대한 일반적인 방법은 다음과 같다.

$$\text{Mg첨가량(\%)} = \frac{\text{희망잔류 Mg량(\%)}}{\text{Mg회수율(\%)} \times 0.01} + \text{용탕 S(\%)}$$

Mg의 회수율은 매우 광범위(10~90%)하므로 필요한 첨가량은 각 주물공장 사정에 맞게 계산한다. 구성화처리와 접종은 서로 밀접한 관계가 있다. 흑연구상화제는 모두 접종 효과를 갖고 있기 때문이다. 〈표 8-26〉은 각종 구성화제를 나타낸 것이다.

표 8-26 첨가금속 및 합금의 종류

첨가합금의 종류		첨가량 (%)	Mg회수율 (%)	반응 정도	비고
순Mg		Mg로서 0.6~1.0	5~10	크다	
Cu-Mg	(50:50)	0.6~1.0	5~10	적다	
	(80:20)	0.2~0.5	10~20	적다	
Ni-Mg	(50:50)	0.5~0.7	5~10		
	(80:20)	0.2~0.5	10~20	적다	
	(45:45:10)	0.2~0.4	10~30	적다	일반적으로 많이 사용되고 있다.
Fe-Si-Mg	(30:50:20) (45:50:5)	0.2~0.4	10~30	적다	
Ni-Si-Mg	(10:50:20)	0.2~0.4	10~30	적다	
	(30:55:10)	0.2~0.4	10~30	적다	
	(20:45:20)	0.2~0.4	10~30	적다	
마그코크스		-			코크스에 Mg을 함유시킨 것
R-Ca-Si	(12~0):(10~5):(50~60)	-	-	적다	
Fe-Ca-Si	(12~22):718:(40~55)		-	적다	
Ca-Si	(30:35):(56~60)	Ca로서 0.2~0.6		적다	Ca-Si만이 아니고 이것의 분말에 Ca염화물을 피복한 것을 사용
MgF_4				적다	Mg의 화합물, 분말
미쉬메탈				적다	
셀륨강화메탈				적다	
이트륨, 미쉬메탈 페로실리콘				적다	특히 함유산소량이 낮은 것

5 개량처리(modification)

공정합금의 용탕에 특수한 원소를 첨가하거나, 급냉시키면 공정온도가 낮아지고 공정점의 조성이 이동하여 미세한 조직을 얻을 수 있고 기계적 성질이 개선되는 효과를 개량처리라 한다. 이러한 공정으로 Ai-Si합금은 대표적으로 들 수 있다.

이 합금의 개량처리는 공정점을 [그림 8-45]에서 보는 바와 같이 Si 11.6%로부터 Si 14%로 이동시키는 동시에 공정온도로 내려가게 한다. 이런 공정온도의 강하는 개량처리보건에 따라 다르다. 가장 낮은 온도는 약 555℃정도인데 이때 Al 함량이 많은 액상선이 연장되어 14% Si에 접근한다.

결과적으로 β 상이 과냉되어 개량처리가 이루어진다. 따라서 핵 생성속도는 이 온도가 낮아질수록 크고 공정조직이 미세하게 된다. Na으로 처리 개량한 사형주물과 개량하지 않은 주물의 기계적 성질을 비교하면 [그림 8-46]과 같다.

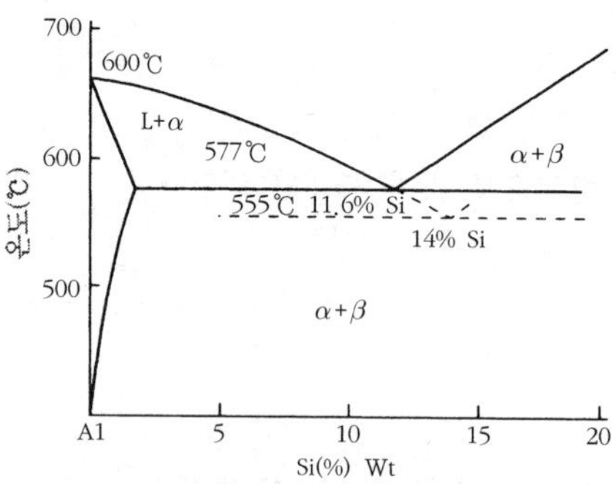

그림 8-45 Al-Si계 상태도

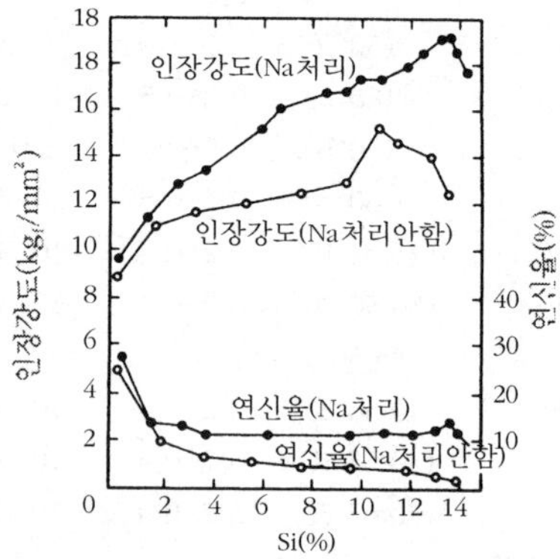

그림 8-46 Al-Si합금의 기계적 성질

Na의 첨가는 금속 0.05~0.1%의 금속 Na 또는 Na 0.05% + K 0.05%를 알루미늄 캡슐에 넣어서 용탕속에 넣는다. 개량처리한 후 주입할 때까지의 시간은 20분 정도가 적당하다.

실루민의 개량처리에 있어서는 12%정도까지 함유한 알루미늄합금은 나트륨 또는 나트륨염으로 조직을 개량처리할 수 있다. 규소는 공정규소라 할지라도 서냉되면 조대한 침상으로 나타나기 때문에 재료의 기계적 성질이 저하된다. 그러므로 보통 750~780℃에서 용탕의 1.5% 정도의 나트륨염 혼합물(NaF 67% + NaCl 33%)을 용탕에 넣고 2~3분간 급격히 교반시킨 후 10분간 진정시킨 다음 주입하면 규소의 공정조직이 미세하게 된다. 또한 탈가스와 동시에 개량 처리할 수 있도록 혼합염의 배합에 빙정석(氷晶石)을 넣고 있다

제4절 | 노전 시험법

노전검사(爐前檢査)는 출탕 후 용탕의 상태를 신속히 시험하고 또 노의 조업과 주입에 대해 적당한 조치를 취하기 위하여 용탕의 성질, 모양, 응고상황 및 냉금의 깊이 등을 검사하는 방법으로서 표준화된 용해조업에서는 좋은 관리 자료가 된다.

1 용탕 표면의 모양

용탕의 온도가 1400℃ 이하도 내려가면 화학조성, 산화정도 및 온도 등에 따라 용탕의 표면에 얇은 산화막이 생기고 이 산화막이 끊기거나 내부의 산화되지 않은 용탕이 나타나 보인다. 이것을 용탕 표면의 모양이라 하며 탄소와 규소의 합이 4~4.5인 경우 나타나기 쉽고 산화가 심하여 표면의 피막이 두꺼울 때에는 그 모양이 나타나지 않으며 탄소, 규소가 더욱 적은 경우에 나타난다.

이러한 용탕 표면의 모양으로부터 세밀한 조성을 판단하기는 어렵지만 용탕 표면의 모양을 관찰하여 어느 정도 화학성분 및 성질을 파악할 수 있으며, **판정의 기준은 직경 50mm, 깊이 50mm의 생형에 주입하여 그 표면 모양을 보고 용탕의 재질을 판별하는 것이다.**

대개 탕면모양은 [그림 8-47]과 같으며 귀갑형(龜甲型)은 규소, 탄소가 많고 비교적 산화되지 않은 좋은 용탕이며, 망간이 많을 때는 세엽형(笹葉型), 규소 및 탄소가 적으면 송엽형(松葉型), 더욱 적으면 부정형(不定型)으로 나타난다.

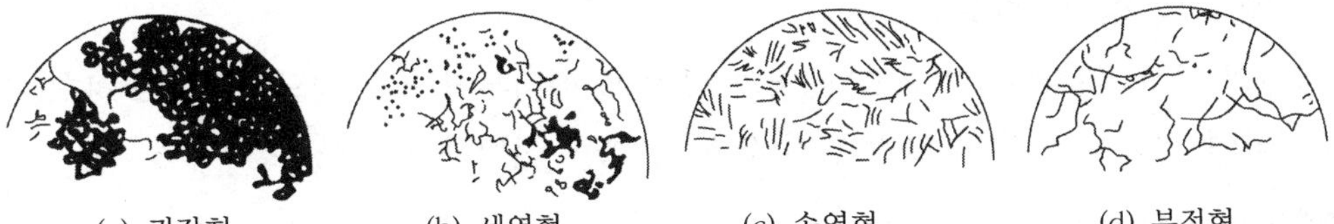

(a) 귀갑형 (b) 세엽형 (c) 송엽형 (d) 부정형

그림 8-47 여러 가지 탕면의 모양

실제로는 용해조건이나 주입온도 등에 따라 상당히 변화되므로 숙련을 요하나 응고시간이 길고 거품이 오래 보일수록 탄소 또는 규소가 많으며, 지금은 연하다고 생각할 수 있다. 또 산화막이 많을 때는 응고까지의 시간이 짧고 빠르다. 또 출탕할 때 불꽃이 생기는 경우가 많은데 불꽃이 많은 경우는 재질이 굳고 산화경향이 있을 때이다.

2 냉금시험

냉금시험(chill test)은 주철의 흑연화경향을 평가하기 위한 것으로 냉금은 주철이 급냉 응고한 후라든가 고의로 급냉시킨 경우에 생긴다. 주물단면의 냉금 양은 주물의 두께, 주철의 조성, 용탕의 접종, 과열 등의 변수에 따라 변화한다. 주철의 냉금을 결정하기 위하여 사용하는 **냉금시험은 다음과 같은 것을 결정하기 위하여 사용된다.**

① **어떤 주물단면에 냉금이라든가 경도가 높은 점이 나타나 있는가?**
② **강제 냉각주물의 냉금양**
③ **탄소당량측정과 함께 접종제 첨가의 유효성**
④ **주철의 성분변화가 일어난 경우나 다른 주철로 변화한 경우**

이의 시료는 응고 후 주형에서 채취하고 시편을 파단시켜 단면을 관찰하여 냉금조직을 측정한다. 냉금측정에는 쐐기형시험법과 강재판냉금시험법이 있다.

쐐기형시험법은 탄소당량 4.2% 이상의 비교적 강도가 낮은 재질은 판정하기 어렵고, 강제판냉금시험에는 탄소당량 3.5% 이하의 비교적 강도가 높은 재질을 판정하기가 어렵다.

가. 쐐기형 시험법

쐐기형 시험(wedge test)은 쐐기형 단면의 주형에 용탕을 주입하면 선단은 가장 냉각속도가 빠르고 두께가 증가함에 따라 느려지므로 동일조건, 동일형상의 쐐기형 시험편을 사용하여 주입 후 시료를 판단하여 단면 선단으로 부터의 냉금의 깊이, 냉금과 회주철부와의 경계의 폭 등을 측정하여 용탕의 성질을 판정하는 방법이다.

(1) 시험편의 형상, 치수

시험편의 형상, 치수는 〈표 8-27〉에서와 같이 W_1에서부터 W_5까지의 5종류로 하고, 용탕을 주입하여 냉금폭 W가 1/2B을 넘지 않는 번호를 선택하여야 한다.

표 8-27 쐐기시험편의 형상과 치수

(단위 : mm)

번호	B	H	길이
W_1	5.0	25.0	100.0
W_2	10.0	30.0	100.0
W_3	20.0	37.5	100.0
W_4	25.0	45.0	125.0
W_5	30.0	50.0	150.0

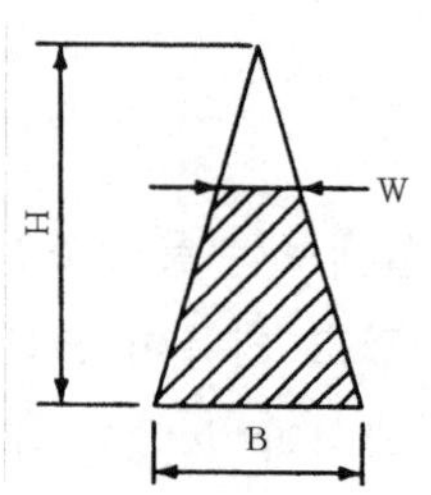

(2) 시험편 주형의 제작

① 〈표 8-27〉에 나타낸 형상, 치수의 원형을 제작하여 사용한다. 원형은 원칙적으로 금속제로 한다. 부득이한 경우에는 목재라도 되지만 장기간에 걸쳐서 사용하면 치수 정도가 나빠지므로 주의를 해야 한다.

② 주형은 오일 샌드주형, 셀주형, 탄산가스주형 또는 자경성주형이 바람직하며 오일 샌드주형과 탄산가스형 등을 혼용해서는 안된다. 항상 동일 종류의 것을 선택하여 사용한다. 하나의 주형에 여러개를 동시에 채워도 되지만 이 경우에는 적어도 사이 폭을 2.5×Bmm 이상으로 하여야 한다.

③ 사용하는 모래로서는 KS규격 6호 규사 정도의 것이 바람직하다.

(3) 주입

주입 후 주형내에서 시험편이 냉각한 후 꺼내서 파면검사를 행하는데, 급할 경우에는 시험편의 응고를 확인한 후 물로 냉각해도 지장은 없다. 단, 이 경우에는 급냉으로 인해 선단에 균열이 되지 않도록 주의한다. 그러기 위해서는 선단을 집게로 집어서 쐐기의 밑바닥부를 먼저 6~12mm 정도 물에 담구어 냉각하고 물이 마를 정도의 열이 있는 동안에 수중으로부터 끌어올리는 것이 좋다.

(4) 측정

냉각 후 시험편을 그 길이 방향의 중앙에서 파단하여 이 파면의 냉금부와 회주철부와의 경계선의 쐐기의 폭을 0.5mm 단위로 측정하여 이것을 측정값으로 한다.(쐐기의 선단으로부터 냉금깊이를 측정하는 경우도 있다.) 파단 때에는 파단면이 곧게 되도록 적당한 공구를 설치하거나 쐐기에 가는 홈을 넣어 두는 것이 바람직하다. 기록의 예를 들면 번호 W_3의 시험편을 사용하여 그 냉금폭의 측정값이 6.0mm의 경우에는 W_3 -0.60과 같이 기록한다.

나. 강재판 냉금시험법

쐐기형 시험과 다른 점은 주형의 공간 면을 냉금판에 접촉시켜서 냉각속도를 빨라지도록 한 것인데 이 급냉단으로부터 냉금깊이를 측정하여 주물의 성질을 판정한다. 쐐기형과 비교하여 주형이 작고 냉각속도도 느려지므로 결과를 보다 신속하게 알 수 있어 편리하다.

(1) 시험편의 형상치수

시험편의 형상치수는 〈표 8-28〉에 나타난 것과 같이 C_1에서 C_5까지의 종류로 하고 이중의 어느 것을 채용하느냐는 것은 제품의 두께, 재질을 고려하여 결정하고 냉금이 들어가는 깊이는 〈표 8-29〉의 범위 내에 들어갈 수 있는 번호의 것을 사용한다.

표 8-28 강재판 냉금시험편의 치수

(단위 : mm)

번호	A	B	H	L	D	d	G
C_1	6.0	3.0	30.0	66.0	18.0	12.5	0.8
C_2	85.5	5.0	37.5	75.0	22.0	12.5	0.8
C_3	11.0	8.0	45.0	85.0	22.0	12.5	1.3
C_4	15.5	12.0	50.0	100.0	25.0	15.0	1.3
C_5	20.0	16.5	65.0	125.0	25.0	15.0	1.3

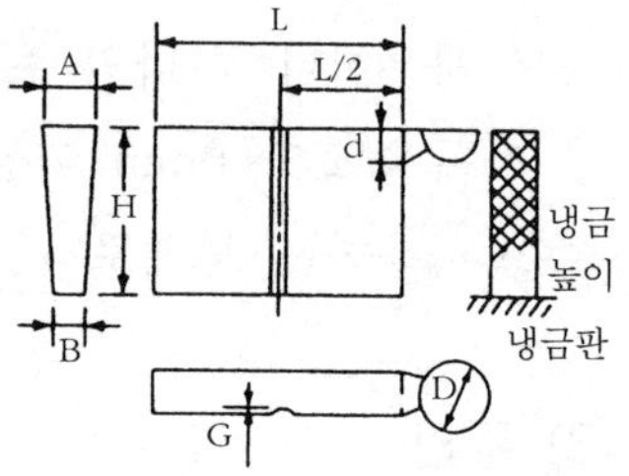

표 8-29 냉금깊이

냉금판번호	냉금깊이(mm)
C_1	2~9.5
C_2	3~13
C_3	4.5~20
C_4	6.5~25
C_5	8.5~30

(2) 시험편 주형의 제작

〈표 8-28〉에 나타낸 형상, 치수의 모형을 제작하여 사용한다. 주형은 오일 샌드위치형, 셸형, 탄산가스형 및 자경성 주형을 원칙으로 한다. 그리고 주형은 시험편 1개를 원칙으로 하지만 여러개의 시험편을 제작할 때에는 시험편의 간격을 25mm 이상으로 한다. 주형에 사용하는 모래는 Ks규격 6호 규사를 사용하는 것이 좋다.

(3) 냉금판(chill plate)

냉금판은 강, 주철, 구리 및 흑연제로 하고 그 표면은 항상 깨끗하고 평활하게 하여야 한다. 냉금판의 크기는 시험편 1개를 취할 경우에 모든 방향으로 시험편 주형지수보다도 25mm 넓히고 두께는 약 25mm로 한다.

(4) 주입

주입은 쐐기형 시험법의 경우와 같다.

3 화학성분 분석

용탕이 소정의 화학조성으로 되어 있는가를 주탕 전에 신속하게 각 원소의 분석에 의하여 확인할 수가 있다면 바람직하므로 시료의 채취, 성분의 분석이 빨리 이루어져야 된다. 여기서는 주철의 노전분석으로서 적합하고 널리 채용되고 있는 기기분석에 대하여 설명하기로 한다.

가. CE미터(신속열분석계)

열전대를 장입한 주형에서 주철용탕을 열분석하여 초정정출온도를 알아낸 후에 이로부터 CE(탄소당량)를 구하는 용탕관리용 계기이다. 초청정출온도(액상선온도)와 CE는 대응하므로 양자의 대조표에서 CE를 판정할 수 있다. 이의 적용범위는 아공정(hype-eutectic) 조성의 주철에 한한다. 과공정(hyper-eatecific) 주철에서는 초정점이 나타나기 어렵기 때문이다.

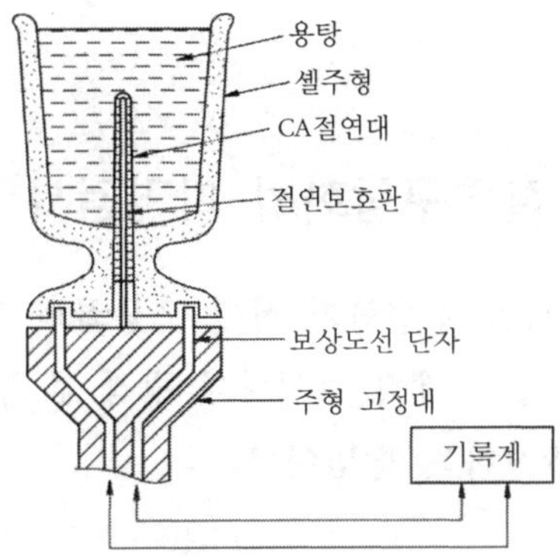

그림 8-48 CE미터

CE미터는 [그림 8-48]과 같이 설치하며 화학성분의 CE값을 구하는데는 다음 식이 사용되고 있다.

$$CE = C\% + 1/3(Si + P)\%$$

나. 실리콘미터

냉각된 냉금속은 규소함유량에 따라서 열 기전력(Thermal electromotive force)이 민감하게 변한다. 열 기전력은 측정함으로써 규소의 함유량을 결정하는 계기이며 주철에서는 (20~30)mm × (30~40)mm × (150~200)mm의 시험봉이 사용되고 가단주철에서는 10mm × 10mm × (150~200)mm의 시료봉이 사용되고 있다. 측정할 때는 규소의 국부적 편석이나 조직이 고르지 못한 점을 고려하여 광범위한 곳을 측정할 필요가 있다. 측정장치는 100℃의 온도차를 유지하는 2개의 구리로 된 봉의 접촉침과 온도 조절장치 그리고 직류전압계로 구성되어 있다. 측정장치에 구한 기전력과 검량선과를 비교하여 Si%를 구한다. 주의할 점은 규소 이외의 원소에 따라서 약간의 영향이 있으므로 보정이 필요하다.

다. 퀀터미터

이 계기는 분광기, 측광장치, 발광장치의 세부분으로 구성되어 있으며 시료전극부를 Ar가스 분위기로 하여 방전 발광시켜 광분석을 하므로 여러 개의 원소를 동시에 정량분석하는 측정기이다.

시료는 고압, 저압불꽃에 의하여 원소의 스펙트럼선으로 분산되며 이 선을 광전식으로 검출하여 그 강도비로서 시료의 원소함유량을 결정한다.

이 측정방법은 시료표면의 $\phi 6 \times 0.05$mm 정도의 극히 작은 점의 분석값이므로 편석이 심한 재료는 부적당하지만 노전분석법으로써는 신속하게 측정되므로 많이 사용되고 있다.

4 흑연구상화의 파면검사

용탕을 주입하기 전에 구상화의 정도를 파악하는 신속한 방법은 시험편을 [그림 8-49]에서와 같이 제작 주입하여 냉각 후 두들겨 꺾어서 그 파면의 육안 검사를 하여 구상화 정도를 판정하는 방법이다.

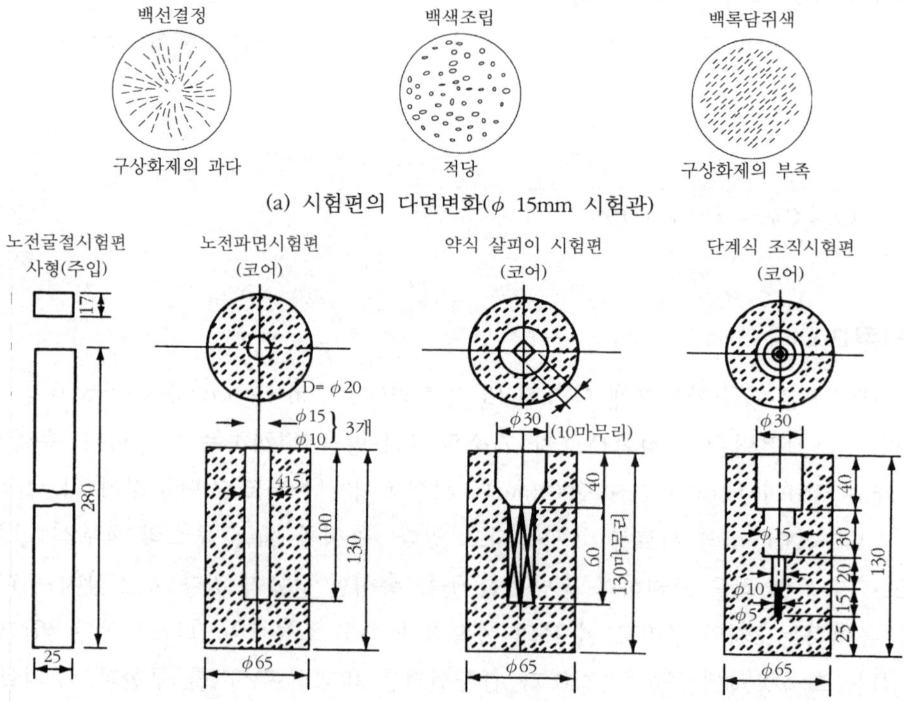

(b) 구상흑연주철용 노전시험편

그림 8-49 구상흑연 주철용탕의 파면변화와 노전 시험편

익힘문제

1 용해로의 일반적인 선택기준에 대하여 쓰시오.

2 도가니로의 특징에 대하여 쓰시오.

3 전기로의 특징에 대하여 쓰시오.

4 무철심 유도로의 장·단점에 대하여 쓰시오.

5 반사로의 특징에 대하여 쓰시오.

6 큐폴라의 용해능력(용량)을 표시하는 방법을 쓰시오.

7 큐폴라에서 유효높이에 대하여 설명하시오.

8 큐폴라 용해작업에서 조업중 발생될 수 있는 행잉(hanging : 얹힘)에 대하여 설명하시오.

9 용탕의 처리에서 가스의 흡수를 방지하기 위한 방법을 쓰시오.

10 진공용해의 목적에 대하여 쓰시오.

11 접종의 위치와 방법에 대하여 쓰시오.

12 용탕 표면의 탕면 모양에 대하여 쓰시오.

13 흑연도가니의 규격을 쓰시오.

익힘문제

14 철도가니에서 알루미늄합금을 용해하는 경우 용탕에 철분이 용입하는 것을 방지하는 방법은 무엇인가?

15 용선로(cupola)의 조업중 장입재료의 장입순서를 쓰시오.

16 구상흑연주철의 제조시에 구상화제의 첨가방법을 쓰시오.

17 알루미늄합금의 탈가스방법을 쓰시오.

18 동합금주물의 탈가스방법을 쓰시오.

Chapter 09

후처리와 보수

Chapter 09

주조응고학

후처리와 보수

제1절 | 후처리

주물을 주형에서 분리시킨 후 주물에 붙어 있는 주물사나 내화물을 진동시키거나 블라스트(blast)로 제거하여 주물표면을 청정한 후 압탕 및 탕도의 제거를 실시하고 주물을 다듬질 및 보수 후 열처리하는 작업을 주물의 후처리라 한다.

1 탈사(脫砂)

가. 펀치아웃 머신

펀치아웃 머신(punchout machine) 장치로서 정반을 분리하고 주형, 정반의 순서로 분리장치 위에 이송시켜 상부에서 모래, 제품 압출용 헤드(head)가 하강하여 모래와 주물은 셰이크아웃 머신위에 하강시킨 후 주형틀을 진동체 위에 올려놓고 진동시키는 형식이다.([그림 9-1] 참조)

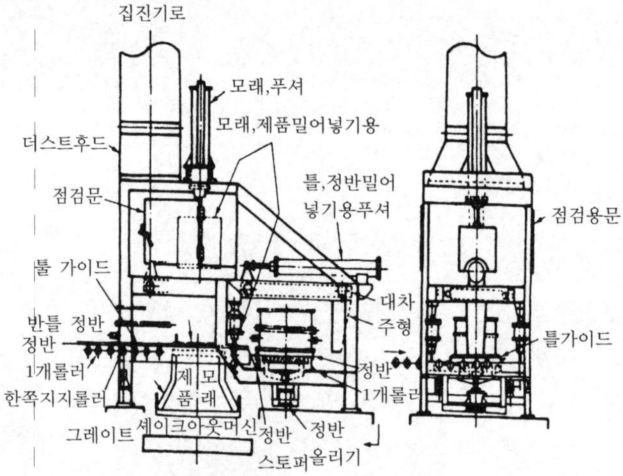

그림 9-1 펀치아웃 머신

나. 셰이크아웃 머신(shakeout machine)

주형상자이 크거나 제품중량이 무거운 경우에는 주형상자을 대형 바이브레이터(Vibrator)에 부착된 훅(hook)에 매달아 모래를 터는 현수식 셰이크아웃 방법이 있다. 또한 주물을 진동대 위에 올려놓고 모래를 터는 편심축구동식 셰이크방식과 언밸런스 웨이트(Unbalance weight) 방식도 많이 이용된다. [그림 9-2, 9-3]은 셰이크아웃 장치를 나타낸 것이다. 떨어져 나온 모래는 아래쪽 벨트 컨베이어(belt conveyor), 모래받이 등을 통하여 회수할 수 있다.

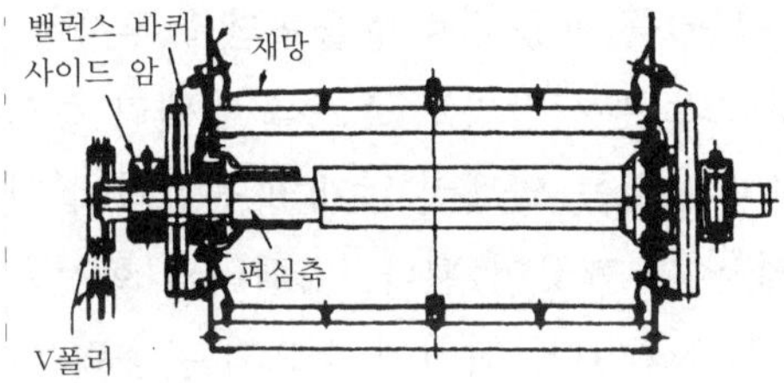

그림 9-2 셰이크아웃장치(편심축구동식)

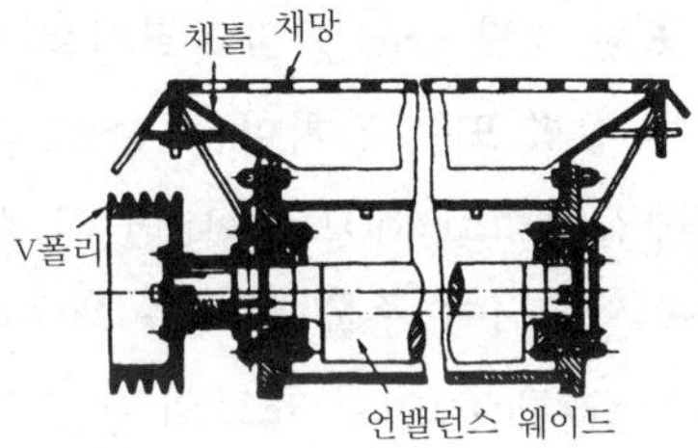

그림 9-3 셰이크아웃장치(언밸런스웨이트식)

다. 녹아웃 머신

이 기계는 주물에 진동을 가하여 코어의 모래떨기를 하는 기계이며 기름코어와 같이 비교적 모래떨기가 용이한 경우에 사용된다. [그림 9-4]는 녹아웃 머신(Knock out machine)의 하나로서 앤빌(anvil)로 주물을 지지한 후, 녹아웃 머신 본체에 부착된 진동피스톤의 진동으로 코어모래를 떨어내도록 되어있다. 모래떨이에 소요되는 시간은 3~4분이다.

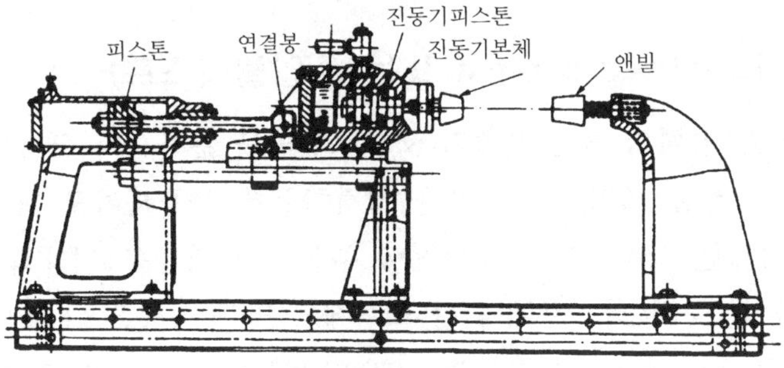

그림 9-4 녹아웃 머신

2 주물표면의 청정

주물표면에 붙어 있는 모래나 협잡물의 제거를 위해 소량인 경우에는 수동식으로 와이어 브러시(wire brush)를 쓰기도 하지만 일반적으로 블라스트를 많이 이용하며 텀블러(tumbler)를 쓰기도 한다.

가. 쇼트 블라스트(shot blast)

쇼트 또는 그릿(grit)을 고속회전의 임펠러(impeller)를 이용하여 주물표면에 투사하여 깨끗이 하는 방법 또는 장치이다. 쇼트 블라스트 및 쇼트 투사장치로 쇼트를 임펠러 중심부에 있는 분배기(distributor)로 보내면 이 쇼트는 회전하고 있는 임펠러 날개의 원심력에 의하여 고속으로 사출되어 주물 표면을 계속해서 때리게 되어 깨끗이 된다. 임펠러의 회전속도는 보통 2000~3000rpm이며 쇼트의 투사속도는 60~70m/sec이다. 회전에 소요되는 동력은 쇼트 $10kg_f$당 1마력이다.

나. 샌드 블라스트

모래를 공기압축기를 사용하여 노즐에서 주물 표면에 분사하여 주물표면을 깨끗이 하는 것이 샌드블라스트(sand blast)이다.

샌드블라스트는 표면이 유연한 경합금, 구리합금 주물의 청정에 많이 사용되며 청정 대신 주물재료의 재질에 따라 사용하는 모래알의 크기와 분사압력이 달라지게 된다.

다. 하이드로 블라스트(hydro blast 또는 수압블라스트)

하이드로 블라스트는 압력이 높은 물줄기(water shot)를 분사시켜 코어를 제어하는 기계이며 주물에 부착된 모래를 제거하여 주물을 청정하는데 사용되기도 한다.

일반적으로 수력기계를 사용하여 주형해체나 주물청정 작업을 기계화하면 작업조건이 현저히 개선된다. 하이드로 블라스트에 의한 코어제거 및 청정법은 다른 방법에 비하여 효과가 크며 일반적으로 복잡하고 내부공동부(內部空洞部)가 많은 중형 및 대형 주물의 청정에 이용된다.

하이드로 블라스트 청정법에는 다음과 같은 장점이 있다.

① **청정시간이 단축된다.(평균 1/3-1/8정도로 단축)**

② **청정비가 절약된다.**

③ **밴드(band)나 보강재를 보수하지 않고도 반복사용이 가능하다.**

④ **청정시 먼지 발생이 없어 위생조건이 좋다.**

⑤ **주형사 및 코어 모래의 반복사용이 가능하다.**

라. 텀블러에 의한 청정

텀블러(tumbler)는 철재용기에 처리하려는 주물을 장입하고 다각형의 철편을 넣어 매분 40~60회 정도의 속도로 용기를 회전시켜서 주물표면의 청소나 소형주물의 코어제거 작업 등을 하는 장치이다.

텀블러의 철제용기는 일반적으로 원통상 또는 다각통상이며 수평축을 따라 회전하게 되어 있고 구동은 보통 기어에 의한 것이 많다. 보통 0.5~0.2 시간에 청정작업이 끝나지만 철편이 다각상을 잃게 되면 청정 능력이 저하되어 작업시간이 연장된다. 텀블러는 먼지 제거를 완전히 할 필요가 있기 때문에 축이 보통 중공(中空) 상태로 되어 있으며 이것으로 집진할 수 있게 되어 있다

텀블러로 코어 제거를 하는 경우에는 동체에 있는 코어모래 떨어내기 구멍을 사용한다. 이 구멍의 지름은 철편이 떨어지지 않을 정도인 약 10~15mm 정도이다. 집진은 동체부분은 둘러싸고 있는 사이클론(cyclone)으로 한다.

장치가 간단하고 설비비가 적게 드는 이점은 있으나 소음이 심하고 제품의 손상이 크다는 문제점도 있다.

마. 진동연마에 의한 청정

진동연마 청정장치는 진동기 정반 위에 컨테이너(container)가 설치되어 이 속에 처리할 주물과 청정매질을 함께 장입한다. 정반이 진동하면 컨테이너도 같은 진동수로 진동하여 컨테이너 중의 주물과 청정매질 사이에는 상호 마찰이 생기고 또 주물내외면에 작은 충격작용이 일어나서 주물의 내외표면이 동시에 깨끗하게 된다. 즉 청정매질은 질량이 다르기 때문에 가속도가 다르게 되어 서로 따로 움직인다. [그림 9-5]는 진동청정기구이다.

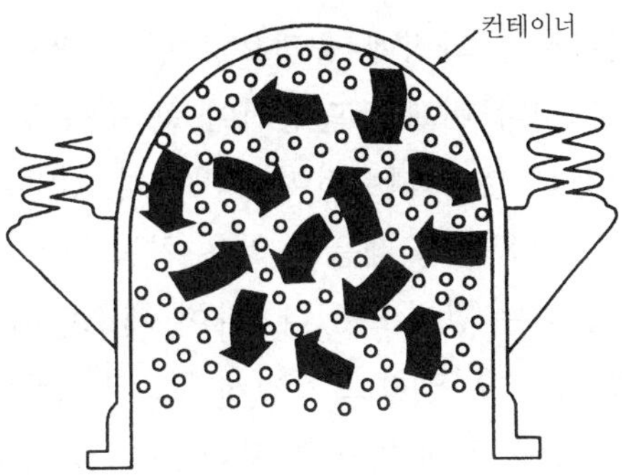

그림 9-5 진동 청정기구

처리 과정중에 청정매질은 유동하여 주물 표층의 잡물(雜物)을 마모 제거시키게 된다. 청정매질로서는 숫돌, 자기 및 전융(電融) 커런덤(corundum)의 부서진 것 등을 적당히 배합하여 사용한다.

이 청정법은 텀블러에 의한 주물청정에 비해서 다음과 같은 장점이 있다.

① 컨테이너 내의 모든 부분이 청정되므로 미처리 부분이 남지 않는다.

② 주물의 내부 공동이 있는 부위나 얇은 주물도 깨끗이 할 수 있다.

③ 소착물 및 스케일의 제거, 주물의 청정 및 연삭작업을 함께 할 수 있다.

④ 주물의 청정시간이 1/1.5~1/2 정도 단축된다.

⑤ 기본조작 및 부대(附帶) 조작이 기계화되어 환경위생조건이 개선된다.

3 탕구계 및 압탕 제거

가. 파단

일반적으로 형 해체와 동시에 탕구계 및 압탕을 절단하여 주물로부터 분리시키는 것이 가장 바람직하다. 회주철 및 가단 주철용 백선 등과 같은 약한 재질의 경우에는 셰이크 아웃기 위에 떨어져 진동의 충격으로 자연히 절단되는 것이 많고 또 그렇게 되도록 가능한 얇고 작게 게이트를 붙인다.

구상 흑연주철과 같은 인성이 높은 재질의 경우에도 게이트의 형태, 치수를 고려하여 다축 구동 셰이크 아웃기를 활용하여 진동 운송 거리를 길게함으로써 대부분의 주물의 탕구, 탕도를 외력을 가하지 않고 분리시키는 예도 있다.

또 회전식 셰이크 아웃기(rotary shake-out machine)에 의하여 회전하는 드럼 중에 주물을 가지고 있는 모래형을 투입하여 내부에서 주물이 드럼벽을 따라 올라갔다가 떨어지는 것을 반복하는 과정에 충격으로 탕구 탕도가 절단되어 분리되는 방식도 채용하고 있다.

그러나 비교적 단면적이 큰 구상흑연 주철 및 가단주철의 압탕 등을 이러한 방법으로는 완전히 분리하는 것이 불가능하여 많은 경우 인력에 의해서 망치로 절단하는 것이 보통이다. 대량 생산 제품은 전용 치공구를 사용하여 유압 프레스 및 공기 해머에 의하여 압탕을 절단하는 방법도 있다. 다이 캐스팅에 있어서는 비교적 게이트가 얇기 때문에 금형으로부터 꺼낸 후 망치로 가볍게 두드려 탕구를 절단하고 또 군살 제거도 트리밍 프레스(trimming press)에 의해 탕구의 분리 제거를 행하는 경우가 많다.

나. 절단

금형주조 및 저압주조에 의한 경합금 주물과 구리합금 주물의 대부분과 주강 및 구상흑연주철, 가단주철의 일부 등의 파단이 불가능하거나 부적합한 탕구, 압탕에 대해서는 주로 절단에 의해서 분리 제거한다. 사용하는 기계는 두께가 얇은 원형띠톱, 원형톱, 고속 절단기 등이 있다.

절단속도가 가스 절단보다 늦은 경우도 있으나, 많은 제품생산에 있어서는 절단 공정을 전용으로 자동화하는 때도 있다. 또 절단은 파단 및 가스 절단에 비하여 절단면이 매끈하여 정밀도가 높기 때문에 다듬질 작업이 불필요하고 기계 가공면의 경우에는 가공여유가 작고 절단 폭도 가스 절단보다 좁아서 그만큼 회수되는 지금량도 많은 등의 이점이 있다.

다. 가스 절단 및 용단

주강에는 비교적 큰 압탕을 필요로 하고, 인성의 재질이기 때문에 파단과 절단도 곤란하고 능률적이지 못하므로 산소-아세틸렌 또는 프로판 가스에 의한 가스 절단이 가장 널리 사용되고 있다.

그러나 망간 및 크롬 등의 성분 함유량이 많은 합금강은 가스 용단시에 생성하는 슬래그의 용융점이 높아 유동성이 나쁘고 용단면의 경화 및 균열이 발생하기 쉬운 등의 문제가 있다. 이 때는 흑연 전극봉을 사용하여 아크열에 의해 용단하는 아크 용단 및 가스 절단부에 철분 또는 이것에 알루미늄가루를 혼합시킨 것을 공기 및 질소가스로 취입하여 그 가루의 산화열 및 용체 작용을 돕는 분말 절단이 사용되고 있다.

제2절 | 주물의 보수

1 용접에 의한 보수

주물의 보수용접은 결함의 보수 외에 열응력에 의한 변형, 균열, 재질의 변화, 왜곡 등을 초래하지 않도록 해야 하며, 응력의 집중, 습동부의 접촉, 유부 등을 고려해서 적합한 용접법을 선택한다.

가. 주철주물의 보수

주철은 용접성이 나쁘고 용접하기가 어려운 금속이다. 주철 중의 탄소는 용접시에 산화되어 용착금속에 기공을 만들고, 용접부 부근의 모재는 급냉되어 백선화하여 절삭가공이 어렵게 된다. 또한 주철은 형상적으로 복잡한 것이 많아 주조잔류응력이 용접예열시 또는 용접작업시 균열상을 나타내기도 한다. 따라서 주철용접은 주철의 모양에 따라 최적의 방법을 선택해야 한다. 용접봉으로서는 주철용접봉, 연강용접봉 및 고니켈합금용접 등이 쓰인다.

주철은 제조과정을 통해 잔류응력이 남게 되며, 재질적으로는 조직 내에 흑연의 존재로 강재에 비해 무르다. 따라서 용접시 국부가열에 의한 급열발생, 유리탄소의 시멘타이트화로 인한 경계부의 경화 등을 유발시킨다. 이러한 결함을 방지 하기 위하여 주철주물의 가스용접 보수시에는 충분히 예열하여야 한다.

용접을 완료한 주물은 반드시 서서히 냉각하여 용착금속의 급냉경화를 막으므로 흑연화가 충분히 이루어져 양호한 용접부를 만들고 용접열에 의해 생긴 내부응력을 제거해야 한다.

용접에서 특히 주의해야 할 점은 다음과 같다.

① **모재금속과 이음금속의 균일한 강도**

② **용접부에서의 가스, 슬래그 혼입의 배제**

③ **용접부와 모재에서의 균열배제**

나. 강주물의 보수

강주물의 결함보수에는 금속 아크용접법이 이용된다. 이때 살붙임 금속은 그 성질이나 조직이 모재금속과 가깝도록 보수해야 한다. **합금강이나 고탄소강의 결함보수시에 균열이 생기는 경우가 있는데 이를 방지하기 위해서는 다음 사항에 주의해야 한다.**

① **보수해야 하는 결함장소를 용접 전에 손질할 것**

② **주물의 내부응력을 제거할 것**
③ **정해진 가열, 냉각조건을 잘 지킬 것**
④ **용접봉 전극의 선택을 바르게 할 것**
⑤ **용접시에 살붙임금속의 가스흡수를 방지할 것**

다. 비철합금주물의 보수

비철금속은 대부분 가스용접으로 보수한다. 황동주물의 가스용접에는 분말 또는 페이스트 상태의 용제가 사용되며 용접봉을 용재 속에 넣어 용접중에 용제를 입히는 경우도 있다. 용접봉으로는 주물과 같은 합금의 주조봉이 사용되며 용제로서는 배소(焙燒)한 붕사 또는 배소한 붕사 50%와 붕산 50%의 혼합물이 사용된다.

청동주물에 있어서는 주물과 같은 합금으로 만든 직경 6~8mm의 용접봉을 사용하고 용제는 황동주물의 용접에서 사용한 것과 같은 것을 사용한다. 또 탄소전극에 의한 아크용접도 이용할 수 있다.

알루미늄합금 주물은 결함장소를 청정 탈지(脫脂)한 후, 주물금석과 같은 합금으로 만든 용접봉으로 가스용접한다. 염화나트륨, 염화칼륨, 염화바륨, 염화리듐, 형석 등이 주성분인 용제를 결함장소와 용접봉에 엷게 입힌 다음 용접하는 것이 좋고 주물전체를 250~260℃까지 예열하는 것이 좋다. 용접이 끝나면 냉각 후에 용제를 깨끗이 제거해야 한다.

2 충전재(充塡材)에 의한 보수

기계기공을 하지 않은 주물표면에 나타나는 많은 주물결함은 각종 충전재나 페이스트로 보수할 수 있고 결함장소에 경화되어 주물 내에 남을 수 있는 특수소재를 메꾸어 넣는 일이며 이 방법은 손쉽게 주물결함을 보수할 수 있어 주물의 외관을 개선할 수가 있다. 사용하는 **충전재의 구비조건**은 다음과 같다.

① **조제가 간단해야 한다.**
② **경화 후의 기계적 강도나 화학적 내성(耐性)이 충분해야 한다.**
③ **주물금속과의 결합성이 양호해야 한다.**
④ **충전재의 색은 가능한 한 주물의 소지(素地)색과 갈거나 또는 갈게 할 수 있는 것이어야 한다.**
⑤ **경화된 충전재는 충격을 가해도 주물금속에서 떨어지지 않아야 한다.**
⑥ **충전재는 에멀션(emulsion), 등유 및 기름에 녹지 않아야 한다.**

3 침투법에 의한 보수(함침 : 含浸)

침투(impregnation)에 의한 보수는 가압투과시험으로 나타나는 주물의 미세한 구멍 결함에 이용된다. 베이클라이트락카에 의한 침투법을 예로 들면 다음과 같다.

수압시험으로 결함이 발견된 주물을 청정한 후 120~140℃의 건조로에서 건조한다. 에틸알콜 92%에 녹인 베이클라이트수지를 준비한다. 주물은 진공장치 내에 넣어 완전히 휘발성 물질은 제거한 후 50~60℃까지 가열하고 베이클라이트락카를 주물의 결함부분에 가압주입한다. 가압주입을 1시간 정도 한 후에 주물을 3~4시간 공기건조한 후 가열로 중에서 80~100℃의 온도로 2시간 가열한 후 가열로 내의 온도를 160~180℃로 높여 1시간 30분동안 주물을 유지 2차 가열한다. 그 후 30~35℃까지 노냉시킨다.

침투제로서는 베이클라이트락카 외에도 암모니아용액 4~5%, 염화철수용액, 규산나트륨수용액 10%, 에폭시접착제 등이 쓰인다.

4 메탈라이징에 의한 보수

메탈라이징(metallizing)은 다공질, 기포 등 주물의 표면결함 보수에 사용되며 그 원리는 전기아크로 용해된 미세한 금속의 용적(熔滴)이 압축공기에 의해서 주물의 결함장소에 분사되어 이것이 결함의 공간을 메우고 주물 모재금속과 강하게 결합하는데 있다. [그림 9-6]은 보수기구를 표시한 것이다. 결함이 있는 주물 위에 창을 갖는 게이지판을 4~5mm 띄워올려놓는다. 게이지판의 창은 보수부분보다는 3~5mm 커야 하며 이를 보수부분에 잘 맞춘다. 주철주물의 경우 전기용해분사장치 (전기총)를 사용하여 지름 1~1.5mm의 아연선을 용해 분사한다.

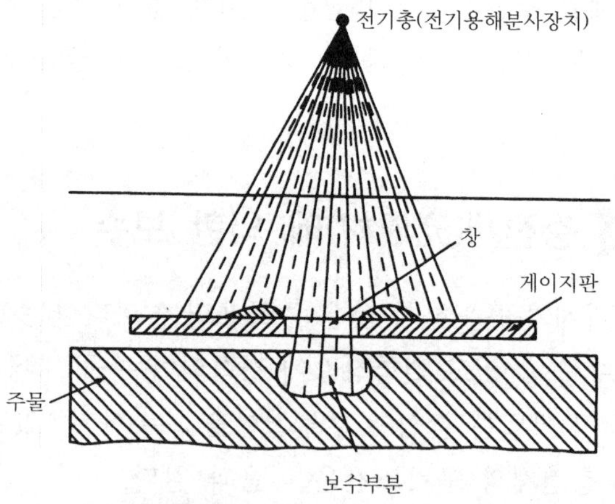

그림 9-6 주철주물의 메탈라이징

메탈라이징법으로 보수하는 주물의 결함장소는 오물, 기름 및 산화물 등을 제거해야 한다. 또 주물표면은 아세톤, 알콜 등으로 탈자한 후 쇼트볼 라스팅 처리를 한다.

메탈라이징은 주물의 표면처리 후 적어도 1시간 내에 해야 하며 주물의 보수면의 온도를 항상 점검해서 70℃를 넘지 않도록 해야 한다.

메탈라이징은 결함의 깊이가 주물 단면두께의 절반 이하인 경우에 사용할 수 있으며 주물의 강도를 높이는 것이 아니고 단지 주물의 구멍을 메우고 기밀성(air tight)을 높여 주는 것 뿐이다.

5 납땜에 의한 보수

땜 용접이란 피접착금속(모재)보다 용융온도가 낮은 금속을 용융해서 접착시키는 방법이다. 보통 작업은 모재의 용융점보다 낮은 온도에서 작업이 되므로 모재가 받는 열영향이 극히 적은 것이 특징이다. 모재의 열영향이 적고 용접시 생기는 모재의 조직변화나 급냉에 의한 균열 또는 잔류응력의 발생 등이 아주 적으나 땜용접은 모재보다 기계적 강도가 낮고 모재와 이종금속이기 때문에 색채가 달라 보수부분이 눈에 띄는 결점도 있다. 그러나 최근에는 땜 용접재료나 방법이 많이 개량되어 결점이 많이 개선되었으며 일부 금속에서는 용접 대신 이 땜 용접으로 이용되고 있다.

땜 용접에 쓰여지고 있는 재료는 주석, 납, 아연 등의 저융점금속 또는 은, 강 등의 중간 정도의 용융점을 가진 금속을 이용한다. 용융온도가 400~500℃범위 이므로 450℃를 경계로 하여, 융점이 450℃이하의 땜 용접재료를 연납땜, 450℃이상의 땜 재료를 경납땜이라고 구분하여 부른다.

가. 연납땜

연납땜 용접은 용융온도가 낮고 작업이 간단하며 소재보다 강도가 낮은 결점이 있으므로 강도가 요구하지 않는 경우에 음푹 패인 곳의 메우기, 누수되는 곳의 구멍메우기 등의 주로 재질적인 점을 요구하지 않는 곳에 이용된다.

나. 경납땜

경납땜 용접은 연납땜 용접에 비해 용융점이 높고 강도, 경도가 우수하므로 기계적 강도를 필요로 하는 부분, 내열, 내식, 내마모성을 요하는 부분에 경납땜 용접을 한다. 작업온도는 연납땜 용접보다는 높으나 용접에 비해서 낮으므로 용접 열영향을 피할 때 사용한다.

6 기계적 보수 방법

주물의 가공으로부터 물이나 기름 등이 새어 나올 때, 용접이나 납땜 보수가 불가능한 경우에는 구멍을 뚫고 나사 구멍을 내어 나사를 끼워맞추는 보수 방법이다. 또 기계가공한 구멍의 내벽에 결함이 있는 경우 구멍을 규정치수보다 확대 가공한 후 규정치수의 슬리브를 압입한다. 이때 구멍의 안지름면과 슬리브의 바깥지름은 정밀가공하여 밀착 되도록 하여야 한다.

제3절 | 주물의 열처리

주물은 주방상태로 사용하는 경우와 열처리를 행하여 사용하는 경우가 있다. 주물은 그 사용 목적에 따라 알맞게 열처리하여 사용 목적에 적합한 성질을 충족 시켜야 한다. 즉, 주조 후 주물이 요구하는 성질을 가지도록 적당한 조건에서 각종 열처리를 실시하는 경우가 많다. 여기서는 주철, 주강, 비철합금 주물에 이용되는 열처리에 대하여 알아보기로 한다.

1 주철의 열처리

주철주물의 열처리는 주물의 잔류 응력의 제거, 주조조직의 개선 및 기계적 성질의 향상을 목적으로 실시되고 있다. 주철의 열처리라고 하면 흑연화 열처리가 대표적인 것이었으나, 근래에는 보통 주철도 내부응력의 제거와 절삭성의 향상을 위하여 응력제거 풀림이나 연화풀림을 하는 경우가 있다.

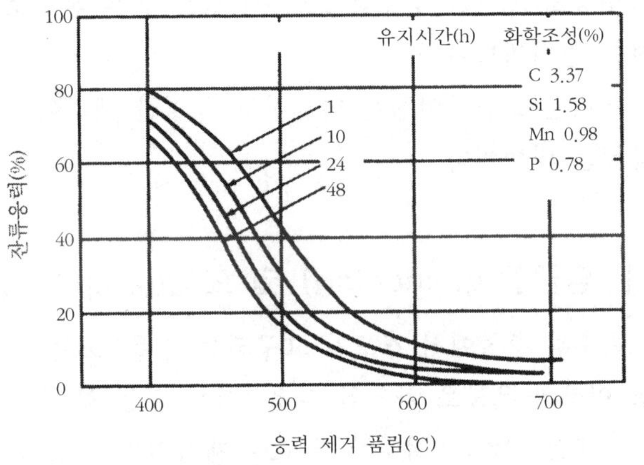

그림 9-7 회주철의 풀림에 의한 잔류 응력의 제거

응력제거 풀림은 520~570℃정도로 가열한 후 서냉(노냉 및 공냉)시킨다. 연화풀림은 저온 풀림의 경우에는 650~700℃정도로 가열 유지하고, 고온풀림의 경우에는 800~900℃정도로 가열 유지한 후 노냉시킨다. [그림 9-7]은 회주철의 풀림에 의한 잔류응력의 제거효과를 나타낸 것이다.

2 주강의 열처리

주강은 응고할 때 주상정 및 수지상정 등의 결정조직이 남게 되어 기계적 성질이 약하게 되며 열처리를 통해 그 재질을 개선할 수 있으므로 열처리를 시행하는 경우가 많다.

보통 주강은 주철과 마찬가지로 주조 응력의 제거, 조직의 균일화 및 결정립의 미세화를 위하여 풀림 또는 노멀라이징을 주로 한다.

가. 풀림(Anealing)

주강의 풀림은 주강품의 연화, 결정조직의 조정, 내부응력의 제거, 냉간가공성과 기계적 성질의 개선을 위하여 실시한다.

주강품을 적당한 온도까지 가열 유지한 후 적당한 속도로 냉각하는 열처리법으로, 풀림은 그 목적에 따라서 완전풀림, 확산풀림, 응력제거 풀림 등으로 분류할 수 있다.

나. 노멀라이징(Normalizing)

주강을 A_1 변태점보다 20~50℃정도 높은 온도로 가열, 유지시킨 다음 공기 중에서 냉각하는 열처리법이다.

이러한 노멀라이징은 미세하고 균일한 페라이트 - 펄라이트 조직으로 만들기 위해서 사용하는 방법이다.

다. 담금질(quenching) 및 뜨임(tempering)

특수강 주물에서 경도가 요구되는 경우, 또는 우수한 강인성이 필요한 경우에는 A3변태점 이상의 온도로 가열한 다음, 기름 또는 물 속에서 담금질 한다. 담금질한 주강은 다시 A_1변태점 이하의 적당한 온도로 재가열하여 뜨임을 한다.

3 비철합금 주물의 열처리

알루미늄합금 주물은 냉각 수축에 따른 구조 변형을 제거하기 위하여, 조직의 균질화 및 가공에 의한 응력의 제거 등을 위하여 열처리를 한다. 열처리는 풀림과 시효 처리로 구분된다.

구리합금 주물도 다른 주물과 마찬가지로 열처리에 의해서 기계적 성질과 기타 성질을 개선시킬 수 있다. 열처리는 균질화처리, 풀림 및 시효처리로 나눌 수 있다.

익힘문제

1 후처리 공정에 대하여 간단히 설명하시오.

2 탈사에 사용되는 기계의 종류를 쓰시오.

3 주물표면의 청정에 사용되는 기계의 종류를 쓰시오.

4 진동연마에 의한 청정법이 텀블러에 의한 주물청정에 비하여 우수한 장점을 쓰시오.

5 합금강이나 고탄소강의 결함보수시에 균열이 생기는 경우가 있는데 이를 방지하기 위하여 주의해야 할 점에 대하여 쓰시오.

Chapter 10

주물의 결함과 방지대책 및 검사

Chapter 10

주조응고학

주물의 결함과 방지대책 및 검사

제1절 | 주물의 결함과 방지대책

1 수축공(shrinkage cavity)

주형에 주입된 용탕은 주형 외벽에서부터 냉각, 응고되기 시작하여 점차 내부 또는 상부로 응고가 진행된다. 응고될 때 수축에 의해서 용탕이 부족해지고 최고응고부위에는 공동(空洞)이 생긴다. 이를 수축공이라 한다. 최종응고부는 냉각이 가장 늦어지는 부분이며 주물의 두꺼운 부분, 교차부분, 주형이나 코어 등에 의한 과열부가 여기에 해당된다. [그림 10-1]은 주물의 각종 수축공을 나타낸 것이다.

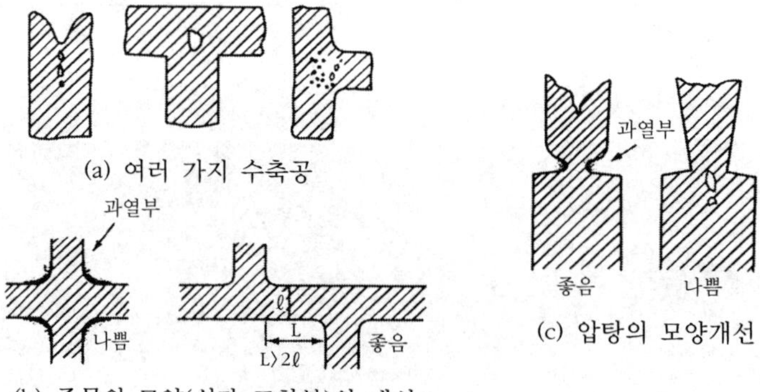

그림 10-1 주물의 수축공

가. 발생원인

(1) 주조방안의 불량

탕도계 방안 특히 압탕의 위치와 크기 및 모양이 부적당하여 용탕의 보급이 적절하지 않을 때 생긴다.

(2) 주물의 모양과 주형재료의 불량

주물의 모양에 있어, 용탕의 보급이 곤란한 위치에 살이 두꺼운 부분이 있든가, 과열부가 생기는 모양은 수축공을 발생시킨다. 십자교차부 또는 돌출된 코어가 용탕으로 둘러싸이는 곳에는 과열부가 생기며 여기에 접하는 주물 부위에 최종응고부가 생기고 용탕의 보급이 되지 않아 수축공이 생긴다. 주물의 종류와 모양에 따른 수축공 발생량을 〈표 10-1〉에 나타낸 것이다.

표 10-1 주물의 모양, 종류에 따른 수축공 발생

주물모양	주형종류	수축공 발생량(cm^2)
구형	가스주형	1.6~1.7
구형	생형	8.7~8.9
장방형	가스주형	2.7~5.2
장방형	생형	47.6~52.7

(3) 용탕의 재질 부적당

주철주물에서는 용탕의 화학조성에서 흑연화에 큰 영향을 미치는 탄소, 규소함량이 적으면 수축공의 발생이 많아진다. 그러나 인이 많아지면 수축공 발생이 증가된다. 주철주물에서 탄소와 수축공의 관계를 보면 〈표 10-2〉와 같다. 화학조성 외에 용탕이 산화되면 정상적인 것에 비하여 수축공이 발생이 많아진다.

표 10-2 탄소함유량과 수축공 발생량

탄소 함유량(%)	3.78	3.20	2.60
수축공 발생량(%)	33.0	63.0	100.0

나. 방지대책

① 수축공을 압탕 내로 유도하기 위해서 주물의 하부에서 상부로 방향성 응고가 진행되도록 주조방안을 결정해야 한다.

② 주물의 두께를 될 수 있는 대로 얇게 하고 주입온도를 필요 이상 높이지 말며 주입한 용탕이 장시간 용융상태에 있지 않게 해야 한다.

③ 살 두께가 같은 주물에서는 분리면에 따라 압상게이트로 주탕하고 압탕이 필요치 않다. 살 두께가 다른 주물에서는 두꺼운 부분에서 가장 멀리 떨어진 얇은 부위에서부터 주탕하고 급탕이 곤란한 과열부의 냉각에는 충분한 냉금금속을 붙여야 한다.

④ 충분한 용탕정압을 얻을 수 있도록 높은 탕구를 사용해야 한다.

⑤ 응고수축이 적은 합금(C, Si 등은 수축을 감소시킴)을 선택한다.

2 가스구멍(기공), 미세공

용탕 중에 함유된 가스가 응고시에 석출되어 주물 속에 남아 있거나 탕구 방안의 잘못으로 공기가 흡입되어 잔류하는 경우, 주물 내에 공동이 생긴다. 큰 공동을 기공(blow hole), 적은 공동을 미세공(pinhole)이라 하며 실제 수축공과 엄밀히 구별하기 어렵다. 기공상태가 수지상의 모가 난 경우 수축공, 입상 또는 긴 원형의 경우 기공이라 할 수 있지만 비철금속의 미세공의 경우 판정이 어렵다. [그림 10-2]는 주물의 여러 가지 가스구멍을 나타낸 것이다.

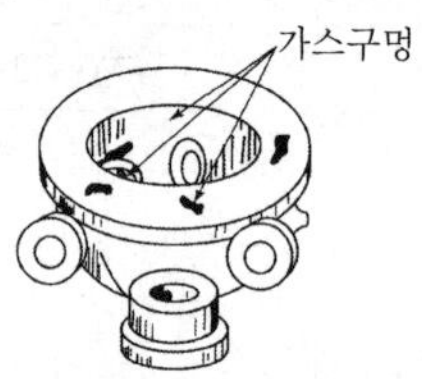

(a) 주형의 통기성 불량으로 생긴 가스구멍

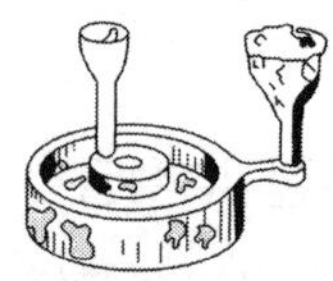

(b) 주물사의 수분이 많아 생긴 가스구멍

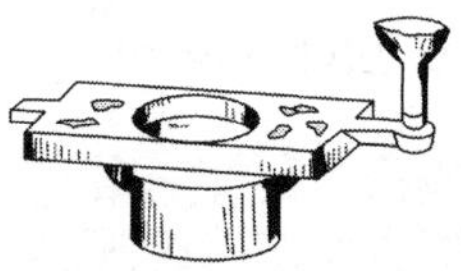

(a) 상형의 모래다짐이 과도하여 생긴 가스구멍

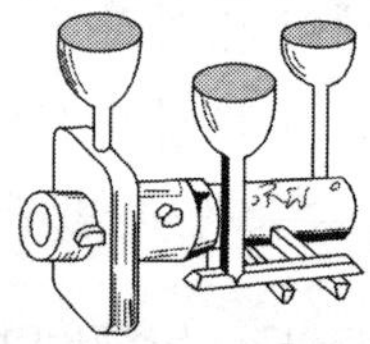

(b) 주물사의 높은 가스발생능력에 기인된 가스구멍

그림 10-2 주물의 여러 가지 가스 구멍

가. 발생원인

(1) 용탕의 주입불량

용탕에 가스가 다량 함유되었거나 또는 주입시에 공기가 말려들어가면 가스구멍이 생긴다.

(2) 주형의 코어의 불량

주물사 또는 코어모래가 수분이 많거나, 주형이나 코어에서의 가스발생이 많은 경우 및 주형이나 코어의 통기성이 나빠서 가스의 배출이 잘 안될 때 생긴다. 코어의 통기성이 나쁘면 코어와 주물이 접하는 부위 가까이에 가스구멍이 생기며 주물사의 통기성 불량으로 생긴 가스구멍은 주물이 주물사와 접하는 표면 근처에 집중된다.

(3) 콜드쇼트를 수반한 가스구멍

주입방법이 나쁘거나 탕구 방안이 부적당하면 주입초기에 용탕이 튀어서 주형 벽에 둥근 모양으로 응고된 콜드쇼트(cold shot)가 생긴다. 이 콜드쇼트는 그 뒤에 유입된 용탕과의 상호반응으로 가스층이 생겨서 용탕에 융합되지 않는 다. 이 가스개재층이 가스구멍으로 된다. [그림 10-3]은 콜드쇼트를 수반한 가스구멍을 나타낸 것이다.

나. 방지대책

① 주형에 충분한 배기공을 설치하고 탕구 방안을 개선한다.

② 주물사(주형 및 코어)의 수분함량을 조절하고 적절한 건조처리를 한다.

③ 탕도의 높이를 조절하고 압탕에 의한 용융금속에 압력을 가한다.

④ 용해온도를 너무 높게 하지 않는다.

⑤ 장입재료의 관리를 철저히 하여 N_2, H_2 등의 양을 감소시킨다.

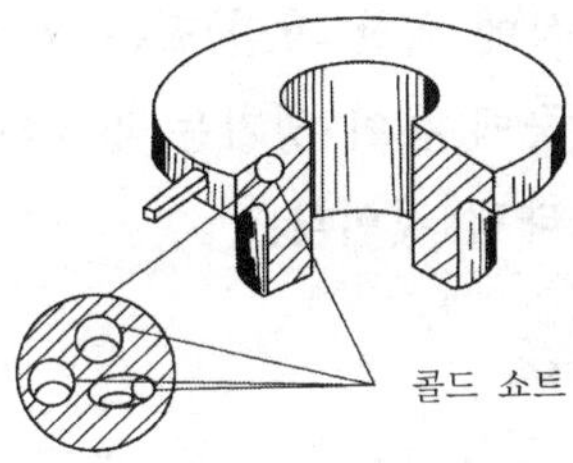

그림 10-3 콜트쇼트를 수반한 가스구멍

3 주물표면의 결함

가. 개재물(inclusion)

레이들에서 용제가 주입방법이나 탕구 방안의 불량으로 주물 내에 혼입되거나, 탕도 및 주형 일부가 강도부족 또는 탕구 방안 잘못으로 주물 내에 들어가거나, 금속의 산화물이 주물 내에 혼입되어 주물 내에 형성되는 것을 말한다.([그림 10-4] 참조)

방지대책

① 용탕운반시 슬래그 처리를 완벽히 한다.

② 용탕주입시 비금속 이물질의 주입을 막기 위해 필터를 사용한다.

③ 레이들의 선정을 유의하여 개재물의 침입을 방지한다.

④ 탕구 방안의 개선을 통해 주물사의 혼입을 막는다.

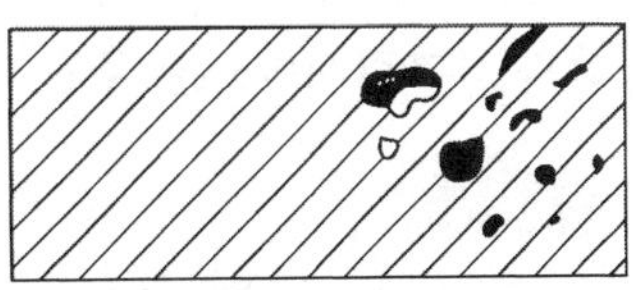

그림 10-4 개재물 혼입

⑤ 주물사에 점결제의 첨가량을 증가시킨다.
⑥ 모래를 균일하게 다지고 주형을 조심스럽게 취급한다.
⑦ 모형 표면에 결함이 없어야 하며 적당한 원형빼기 기울기를 붙여야 한다.

나. 파임(scab), 꾸김(buckle)

주형이 팽창하여 주물사 뒤로 용금이 넘어들어가서 응고하는 경우(주형의 팽창에 의한 파임), 용탕의 교란, 주형 중의 수탕의 비등 등에 모래의 일부가 제거되고 이곳에 응고되는 경우(침식에 의한 파임)또는 용탕의 열적 현상으로 주형표면이 일부 들고 일어나면서 갈라지고 그곳에 흠이 생기는 경우(꾸김) 등이 발생하는 것을 말한다. [그림 10-5]는 스캡 및 버클을 나타낸 것이다.

방지대책

① 주물사의 강도를 높이고 수분함량을 조절한다.
② 첨가제(seacoal, pitch, asplalt) 등을 적당히 첨가하여 주물사의 팽창을 줄인다.
③ 주입온도를 낮추고 주입속도를 높인다.

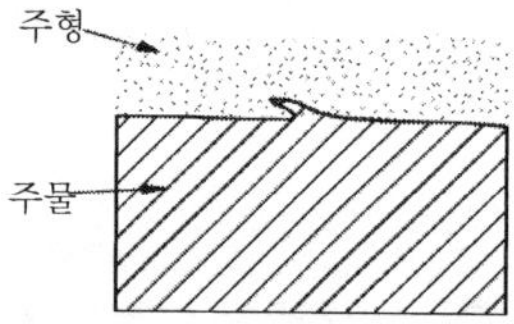

(a) 스캡

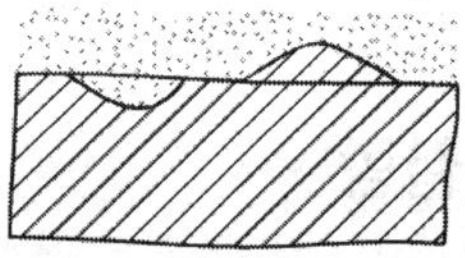
(b) 버클

그림 10-5 주물의 표면 결함

다. 소착(sand burning)

주형과 용탕간의 반응에 의해 주물사가 주물표면에 융착되어 표면이 거칠어지는 현상으로 주물사의 내화도가 낮거나, 국부적인 과열현상이 있거나 주형의 밀도가 낮을 경우에 발생한다. [그림 10-6]은 주물표면에 모래가 소착(sand burning)된 예를 나타낸다.

방지대책

① 충분한 내화성을 갖는 주형재료를 사용한다.
② 조형시에 모래다짐을 규정대로 하고 경도를 검사한다.
③ 국부적으로 과열되는 주형 부분에는 핀 또는 못 등의 형지를 사용한다.
④ 건조형, 가스주형 등에는 내화도가 높은 양질의 도형제를 도포한다.(지르콘 및 크

롬마그네사이트 도형제)

⑤ 생형의 경우에는 주물사에 소착방지 첨가제를 배합한다. 25%이상의 휘발성분을 갖는 석탄분이 첨가제로 적당하다.

⑥ 대형주물의 경우에는 주물사로서 크롬마그네사이트, 샤모트모래를 사용한다.

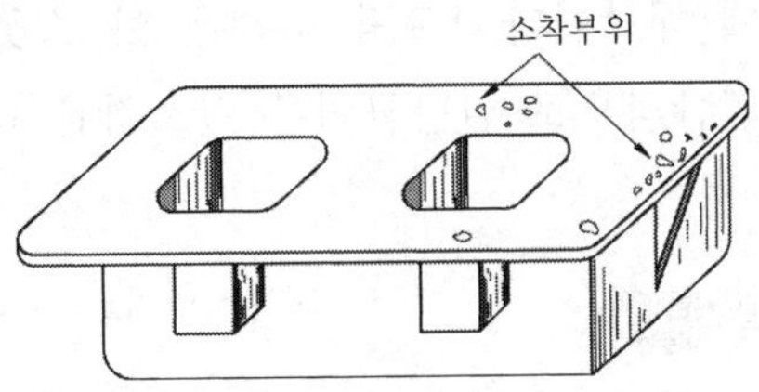

그림 10-6 주물표면에 모래가 소착된 예

라. 용탕경계(cold shut)

주형 내에 용탕이 합류될 때 그 경계면이 완전히 용융되지 않아 형태가 생기는 것을 말하며 또는 용탕의 온도가 낮아서 용탕이 완전히 용착하지 못하고 기계적으로 접촉되어 있는 결합을 말하며, 주입온도가 너무 낮을 때, 주입속도가 느릴 때 또한 넓은 면적의 부분을 수평하게 해서 주입할 때에 생기며 가는 흠으로 나타난다.([그림 10-7] 참조)

방지대책

① 용탕의 유동성은 주입온도, 용탕의 화학조성, 탕구 방안 등에 따라 영향을 받는데, 규정된 주입온도 및 주입속도를 지키고 주입온도가 떨어지지 않도록 한다.

② 탕구계에서 탕구나 주입구의 단면적을 적절하게 하여 용탕의 유입이 잘 되도록 해야 한다.

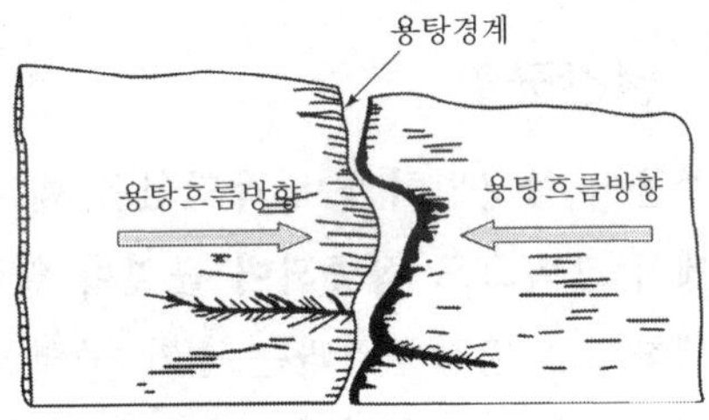

그림 10-7 용탕경계의 형성 기구

③ 용탕의 산화피막은 합류된 두 용탕의 완전한 용융을 방해하므로 용탕의 산화를 막아야 한다.

4 균열(crack)

가. 열간균열(hot tear crack)

주물이 응고될 때 고온에서 응고수축이 저지되어 균열이 발생하는 것을 말하며 재질 자체 수축이 심하거나 압탕효과가 적을 때 주물의 핫 스폿(hot spot)부위에서 많이 발생한다. 주물의 핫 스폿 이라는 것은 용탕의 흐름에 의한 주물 표피부의 응고가 특히 늦은 지점을 말하며 주입구 부근, 코어의 모서리, 주물의 홈이 생긴 모서리, 용탕의 흐름이 심한 곳 등이 이에 해당한다. [그림 10-8]은 핫 스폿의 발생이 용이한 곳의 예이다.

일반적으로 열간균열은 탄소강은 1250~1450℃, 주철은 1050~1100℃ 정도에서 많이 발생한다.

방지대책

① 주물 두께의 급격한 변화가 없도록 주형을 설계한다.
② 연결부위나 코너(corner) 부위를 가급적 줄인다. 주물과 주형이 걸리는 것이 적도록 한다.
③ 최종 응고부위에 냉금을 부착시켜 응력 발생을 방지한다.
④ 합금의 함량을 조절한다.
⑤ 주형은 열팽창계수가 낮도록 한다.

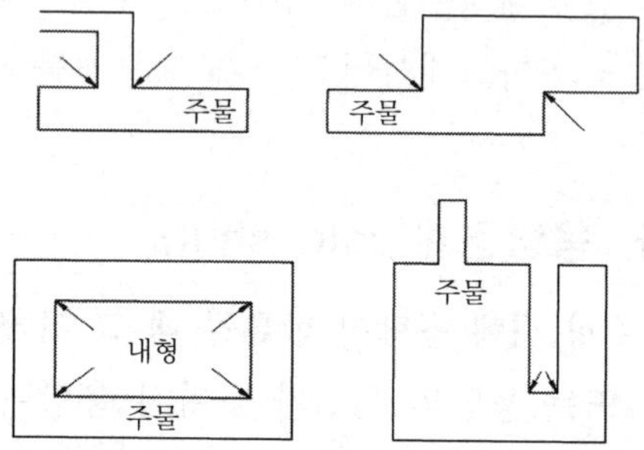

그림 10-8 핫 스폿이 생기기 쉬운 곳

나. 냉간균열

주물이 불균열하게 냉각되었을 때 잔류응력이 저온이 될수록 주물의 인장력부위의 결함부에서 고속으로 집중되어 균열이 일어난다. 냉간균열(cold crack)은 결정의 벽개면을 따라 발생하므로 열간균열과는 쉽게 구별할 수 있다. 주로 주물의 두께가 불균일하여 냉각이 불균일해짐으로써 응력집중부위가 생기거나, 주형이나 코어의 수축이 주물의 냉각수축과 차이가 심하거나, 후처리시 충격을 주었거나, 주물의 인성부족 때문에 발생한다. [그림 10-9]는 냉각중에 생기는 수축균열의 예를 나타낸 것이다.

방지대책

① 주물의 두께를 균일하도록 설계하거나 압탕, 탕구, 냉금의 배치를 적절히 하여 균일한 냉각이 되도록 한다.
② 주형에 첨가제(피치, 목분) 등을 배합하여 수축성을 준다.
③ 주물의 후처리시 충격을 주지 않는다.
④ 냉간균열의 우려가 심한 주물은 상온까지 냉각시키지 말고 재가열하여 응력완화 및 인성부여 조치를 취한다.

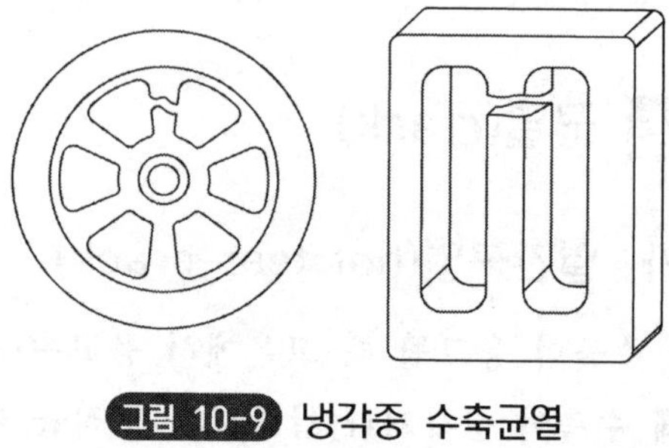
그림 10-9 냉각중 수축균열

5 주탕불량(misrun)

용탕이 주형을 완전히 채우지 못하고 응고된 것을 말하며 용금의 유동성이 나쁘거나, 주입온도가 낮거나, 탕구 방안이 잘못되어 주입속도가 늦거나, 주형의 예열이 부적당할 때 또는 넓은 주물의 수평주입시에 발생한다.([그림 10-10] 참조)

방지대책

① 탕구 방안을 개선한다.
② 주입온도, 주입속도, 금형의 경우 예열온도를 높인다.
③ 가스배출이 잘 되도록 배기공의 수를 늘린다.
④ 충분한 압탕을 준다.

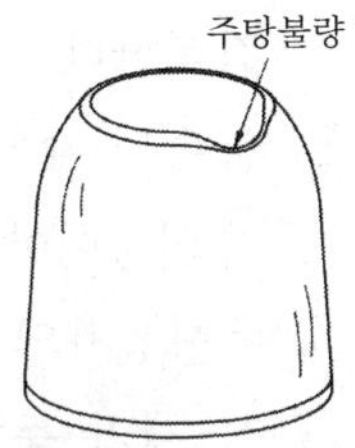

그림 10-10 주탕불량

6 지느러미(귀 : fins)

주형의 접합이 불완전한 경우 또는 코어와 주형에서 코어프린트와 사이가 들떠 있을 때 여기에 용탕이 들어가서 엷은 지느러미 모양의 살로 되는 경우와 용탕의 압력에 의하여 주형의 바깥쪽 등이 팽창하여 여분의 살로 된 것이다. [그림 10-11]은 주물의 지느러미를 나타낸 것이다.

이것은 어느 경우나 주물을 사용할 수 없는 결함은 아니라도 이 지느러미는 냉각이 빠르므로 마치 냉금을 대어 놓는 것과 같은 역할을 하게 되어 주물에 냉금효과가 나타나서 균열이 발생할 수 있다.

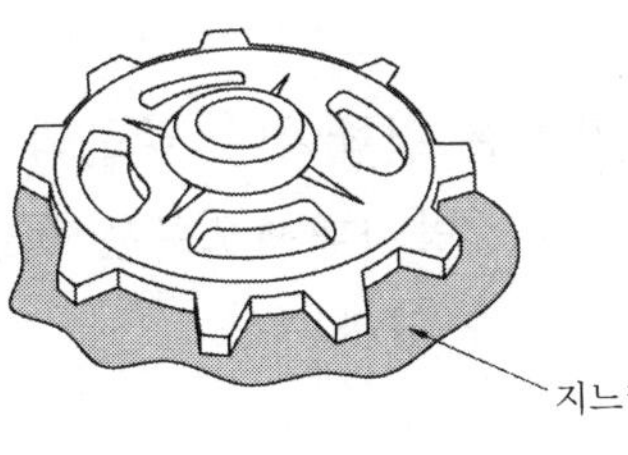

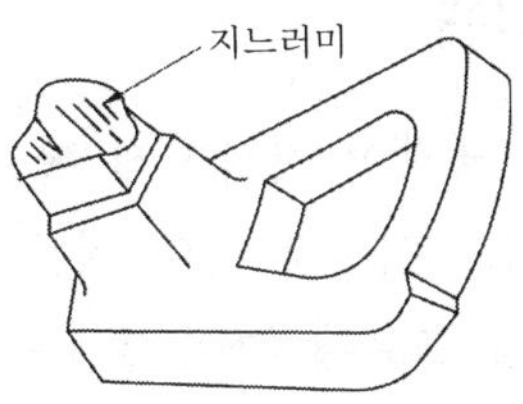

그림 10-11 주물의 지느러미

방지대책

① 원형, 주형상자의 점검을 철저히 하여야 한다.
② 코어의 부착, 주형의 접합작업을 정확히 한다.

7 치수불량

주형상자의 조립이 잘못되었거나, 코어 및 원형이 변형되거나 이동되었을 때, 또는 주물사의 선정이 잘못되었을 때 등의 이유로 치수불량이 생길 수가 있다.([그림 10-12] 참조)

방지대책

① 원형의 보관에 주의하며 재사용시 치수변화를 점검한다.

② 금속의 수축률을 고려하여 주물자의 선정을 유의하여야 한다.

③ 주형상자의 연결핀의 고정 및 분할선의 이물질 제거 등에 유의해야 한다.

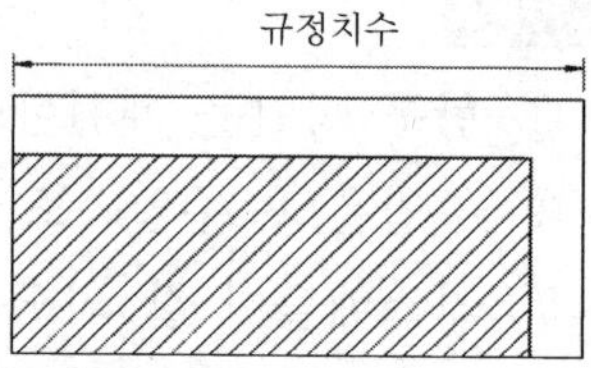

그림 10-12 수축에 의한 치수불량

8 어긋남(shift)

주형에 분리면에 서로 이가 맞지 않아서 생긴 결합이며, 주형 맞추기 작업의 불량에서 오는 결함이다. 그 대책으로는

① 원형의 돌기부의 위치를 틀리지 않게 하여야 한다.

② 상형과 하형의 접합을 완전하게 한다.

9 냉금 냉경화

냉금은 주물의 냉각이 지나치게 빠른 경우에 발생하는 결함이며, 주물의 일부가 백선으로 냉금화한 것이며 대부분 살이 얇은 곳에서 발생한다. 방지대책으로는 냉금이 발생한 부분에 용탕을 돌게 흐르게 하여 응고를 지연시킬 필요가 있다.

제2절 | 주물의 검사

1 외형검사

주물은 주방상태로 또는 기계가공하여 기계부속품으로 조립하여 사용되고 있다. 특히 주철주물은 복잡한 형상을 갖고 강도를 요하며 또는 주강품의 대용으로 깨끗한 표면의 외관을 필요로 하는 곳에 많이 쓰인다.

표 10-3 표면거칠기

주형의 종류	기계조형 및 A급 원형으로의 손조형	일반손조형
생형주물	60S 이하	150S 이하
자경성 및 건조형주물	200s 이하	300S 이하

가. 표면의 거칠기 검사

표면의 거칠기는 주물의 조형방법과 주물의 크기, 주물사위 입도 등에 따라 좌우되며 제작사 사양서에 맞추어야 한다. 최근에는 주물표면의 도장비용을 절약하고 주물 또는 주물원형에 가까운 모양을 갖기 위해서 표면거칠기에 대한 관심이 많다. 특히 시험기구와 같은 소형기계 및 장식품, 일용생활품 등은 외관 모양검사가 재질검사 보다 중요하다. 표면거칠기의 검사는 한도견본으로 많이 하게 되고 거칠기가 심한 것은 적절한 다듬질처리를 하여야 한다. 〈표 10-3〉은 표면거칠기에 대한 기준표의 예이다.

나. 부분적 변형 검사

주물의 표면은 아무리 좋은 원형을 갖고 정확한 조형을 했다 하더라도 **용탕 주입 후 응고냉각할 때 제품의 두께와 형상에 따라 비틀림이 생기거나 휘어질 수도 있다. 또 주물의 표면이 부분적으로 들어가거나 나왔다 하는 현상**이 있다. 따라서 표면 전체의 굴곡상태를 검사하게 된다. 사용에 지장을 주지 않는 범위 내에서는 무방하나 그렇지 않을 경우에는 기계가공 또는 그라인더로서 갈아 주어야 하는 불편이 있다. 따라서 주방상태 그대로 표면을 이용하는 제품은 〈표 10-4〉와 같은 검사를 하여야 한다.

표 10-4 주방품의 변형치수 허용차

주물크기	기계조형 또는 기계조형에 준한 수조형	수조형
500 이하	1/300 이하	0.8/100 이하
501~1000	11.5/300 이하	1/100 이하
1001 이상	2/300 이하	1.5/100 이하

다. 합형의 틀림 검사

주철제품은 보통 주형을 상, 하형 또는 코어를 사용해 조형하여 주입하게 되며, 그 합형 자리에 핀이 생기고 또 합형시 어긋나는 경우가 있게 되는데 핀은 치수에 영향을 주지 않도록 얇게하여 외관상 핀을 제거한 자리가 깨끗해야 한다.

합형이 어긋나면 제품 전체가 틀려짐으로 치수에도 관계가 있고 중요한 부분에 불량이 발생할 수도 있다. 합형틀림은 주방품 사용제품에는 중요한 것으로 그라인더로 가공하더라도 곧 외관에 나타나게 된다. 〈표 10-5〉는 합형틀림의 검사표준 예를 나타낸 것이다.

표 10-5 합형의 허용차

주물크기	기계조형 또는 기계조형에 준한 수조형	수조형
500 이하	0.5~1 이하	1 이하
501~1000	2 이하	2 이하
1001~1600	2.5 이하	3 이하
1601 이상	-	3.5 이하

2 치수 검사

가. 길이 검사

원형제작시 주물의 재질, 모양을 고려하여 수축률을 잘 결정해야 한다. 〈표 10-6〉은 길이치수의 허용 공차를 나타낸 것이다.

표 10-6 주방품의 길이치수의 공차

주물크기	기계조형 또는 이에 준한 정밀급	손조형보통급
100이하	± 1	± 1.5
101~200	± 1.5	± 2
201~400	± 2	± 3
401~800	± 3	± 4

주물크기	기계조형 또는 이에 준한 정밀급	손조형보통급
801~1600	± 4	± 5
1601~3150	-	± 6
3150 이상	-	± 7

나. 두께 검사

주물의 두께는 실제 원형의 크기보다는 항상 더 두꺼워지게 되며 특히 합형시 주형의 맞춤에 간격을 띄운다던지 또는 코어합형시 코어의 몰림으로써 한쪽은 얇고 다른쪽은 두꺼워지는 현상이 생긴다. 주물두께에 대한 허용공차를 〈표 10-7〉에 나타냈는데 제품에 따라 + 또는 - 한쪽 두께만 제한하는 경우도 있다.

표 10-7 주물두께의 허용공차

두께	A급 원형 또는 기계조형	A급 원형 또는 A급 원형수조형	손조형보통급
5 이하	± 0.5	± 1	± 1
6~10	± 1	± 1.5 1.0	± 1.5
11~12	± 1.5	± 2	± 3 2
21~30	± 2	± 4 3	± 4 3
31~40	± 2	± 4 3	± 4 5
41~50	± 2.5	± 4 3	± 4
50 이상	-	두께의 + 6% - 5%	두께의 + 8% - 6%

다. 기울기의 검사

주물은 조형작업상 기울기가 반드시 필요하며 기울기가 클수록 작업이 용이하다. 다만 주물에서 기울기가 클 때 모양과 치수에 영향을 주므로 주의한다. 길이와 두께 치수는 기울기의 허용공차를 가산할 수 있다.

3 중량검사

우리나라는 주물의 중량을 특별히 규정하지 않고 있다. 그러나 주물의 거래가 중량단위로 되고 있어 중량이 예정보다 크다는 것은 그 만큼 주물의 값을 비싸게 하면서 기계가공의 작업량을 증대시키는 결과가 되어 수요자에게는 이중 손실을 가져온다.

주물중량은 원형의 품질향상, 기계가공 여유의 감소 등으로 저하될 수 있으므로 주물중량이 예정보다 높거나 낮으면 그 원인을 규명해서 방지대책을 세워야 한다.

4 재질 검사

가. 화학성분 검사

주물의 규격과 재질표시는 인장강도(kg_f/mm)로 표시하지만 용도에 따라 화학성분의 표시를 더 중요시하는 경우도 있다. 공작기계의 습동면을 가진 주물, 강괴주물, 특수주물 등은 성분표시를 반드시 요구한다.

나. 기계적 성질 검사

주물의 재질표시는 일반적으로 인장강도로서 나타내는데 같은 성분의 주물이라도 두께와 냉각속도에 따라 인장강도에 차이가 심하므로 시편 채취장소 및 방법, 크기 등을 유의하여야 한다.

5 내부결함 검사

가. 방사선 투과 검사

X선이나 γ선 등의 방사선을 투과시키면 검사부위의 두께나 밀도, 재질 등에 따라서 투과상태가 달라지는 원리를 이용하여 주물 내에 결합부위를 검사하는 방법이다. 방사선을 투사한 주물내부에 균열이나 구멍이 있으면 투과한 방사선의 세기에 차이가 생긴다. 이것을 필름에 촬영하거나 형광판에 비춰서 관찰하거나 또는 방사선 계수관으로 측정하면 결함의 유무를 검출할 수 있다.

나. 초음파 탐상 검사

초음파는 주파수가 높아서 광선과 같이 직진적(直進的)으로 전파된다. 또 물체의 경계면, 물체 중에 있는 이물질 또는 가스구멍의 경계면에서는 반사되는 성질이 있다. 이 성질을 이용하여 검사하고자 하는 주물 물체에 초음파를 보내어 내부결함의 검사를 하는 것이다.

다. 자기 탐상 검사

여러 가지 방법이 있으나 자분검사법이 보통 사용된다. [그림 10-13]과 같이 강자성체인 주물을 자화(磁化)시키면 자력선이 흐르게 된다. 표면이나 표면에 가까운 내부에 결함이 있으면 자력선이 새어나와 자극이 생겨 여기에 철가루를 살포하면 자분모양이 생기기 때문에 결함이 검출된다.

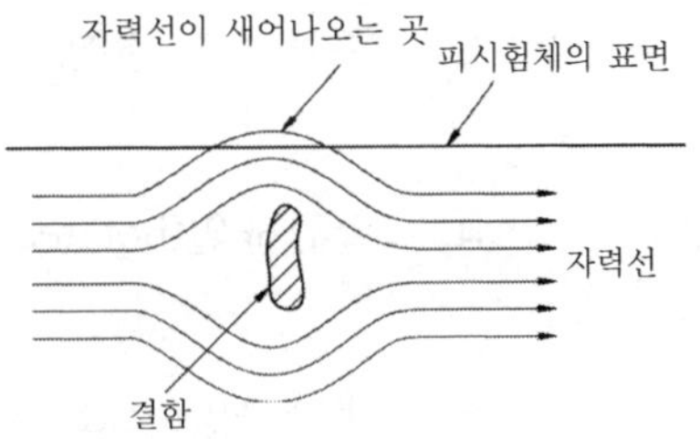

그림 10-13 자분탐상시험법의 원리

라. 형광침투 탐상 검사

검사하려는 주물 표면을 깨끗이 한 후 형광염료를 용해시킨 침투액을 도포하면 모세관 현상에 의해서 결함내부로 스며들어간다. 표면에 남은 침투액을 완전히 씻어낸 후에 건조시키고 현상제를 다시 칠해서 결함에 스며들어갔던 형광물질이 밖에 나타나게 하여 자외선을 비추면 형광에 의해서 균열, 다공성기포 등이 검출된다.

이상의 각종 비파괴 검사법의 특징을 간추리면 〈표 10-8〉과 같다.

표 10-8 각종 비파괴 시험법의 특징

경사의 종 류	결함의 검출			장점	단점
	표면 결함	내부 결함	재질 변화		
방사선 투과		○		1. 결함의 종류를 안다. 2. 결함의 분포를 안다.	1. 결함의 위치결정 복합 2. 300mm 이상 살두께에는 적용 곤란 3. 설비, 검사비용 고가
초음파 탐상		○	○	1. 조작 간단 2. 두꺼운 주물에도 적용가능	1. 결함의 정량적 판정 곤란 2. 탐상면에 대한 준비 필요
자분탐상	○			1. 균열성 결함 검사에 적당 2. 표면 가까운 곳의 결함 검출 가능	1. 핀홀, 가스구멍의 검출 감도가 낮다. 2. 자분모양의 판정 곤란
침투탐상	○			1. 기포성결함 검출에 적당 2. 조작 간단, 비용 저렴	1. 모세균열 검출감도가 낮다. 2. 검출감도가 표면 거칠기에 크게 영향을 받는다.

익힘문제

1 주물의 결함중 수축공에 대하여 쓰시오.

2 가스구멍의 발생원인 3가지를 쓰시오.

3 주물표면 결함의 종류를 쓰시오.

4 열간균열(hot tear crack)의 발생원인과 방지대책에 대하여 쓰시오.

5 냉간균열(cold crack)의 발생원인과 방지대책에 대하여 쓰시오.

6 주탕불량(misrun)의 원인과 방지대책에 대하여 쓰시오.

7 용탕경계(cold shut)의 원인과 방지대책에 대하여 쓰시오.

8 주물제품의 검사의 종류를 쓰시오.

9 주물제품의 외형검사의 종류를 쓰시오.

10 방사선 투과 검사법에 대하여 간단히 쓰시오.

11 주물제품의 검사방법(파괴시험, 비파괴시험)의 종류를 쓰시오.

12 주물표면의 결함중 개재물(inclusion)의 발생원인과 방지대책에 대하여 쓰시오

13 주물의 표면결함중 소착(sand burning)의 발생원인과 방지대책에 대하여 쓰시오.

Chapter 11

주조공장의 환경오염 대책과 에너지관리

Chapter 11 주조응고학

주조공장의 환경오염 대책과 에너지관리

제1절 | 환경오염 대책

주조공장의 큐폴라 및 전기로에서 나오는 매연, 주물사의 분진, 코어유 및 수지의 악취, 조형기 및 셰이크 아웃기의 소음 및 진동, 기름 및 흑연을 함유한 폐수 등은 공장 내에서 일하고 있는 사람의 건강에 영향을 미치고, 또 공장부근에 사는 주민에게 피해를 끼치므로 발생하지 않도록 주의하지 않으면 안된다. 이러한 오염을 방지하기 위해서는 적당한 장치를 설치하여 연기, 분진, 소음, 오염 등을 처리해야 한다.

1 큐폴라 집진

가. 삿갓에 의한 집진

큐폴라에서 배출되는 가스와 그 중에 함유된 분진의 특성은 〈표 11-1〉에 나타난 바와 같이 비교적 큰 분진을 다량으로 함유하고 있다. 이 분진을 제거하기 위한 간단한 집진 장치는 삿갓으로서 큐폴라의 노정 상부에 [그림 11-1]과 같이 설치한다. 큐폴라에서 가스와 함께 배출되는 분진은 삿갓에 부딪쳐서 밑으로 떨어져 배출구로 나간다. 삿갓은 한 개가 보통인데 두 개 또는 세 개의 것도 있다.

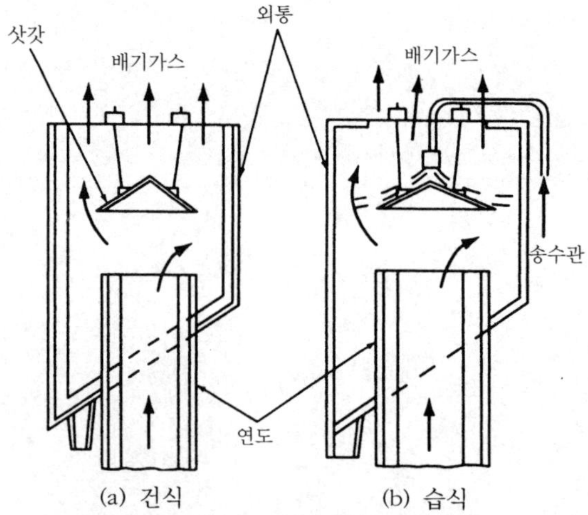

그림 11-1 삿갓에 의한 큐폴라의 배기 가스 포집

삿갓 위에 설치한 분사(살수) 장치로부터 물을 분사시켜 될 수 있는데로 폐수처리가 잘 되게 한다. 폐가스 중에 함유되어 있는 SO_2가스가 연한 황산으로 되어 철판이 부식되므로 주의가 필요하다.

표 11-1 큐폴라에서 나오는 가스와 분진의 성질

배가스량	큐폴라 송풍량의 1.5~3배
배가스 온도	300~900℃
배가스 성분	CO_2 3~10%, CO 18~11%, N 79%
분진의 성분	SiO_2 30%, $Fe_2O_3 + Al_2O_3$%, CaO 기타
분진의 비중	1.35~7.5
분진의 입도	50μ 이상 50%
분진의 농도	2~20g/Nm^3

물을 뿌리지 않는 경우에는 100㎛정도 이상 큰 분진을 제거할 수 있고, 물을 뿌리는 경우에는 75㎛정도 이상 큰 분진을 제거할 수 있으나 이보다 작은 분진은 제거할 수 없다.

또 이 집진 장치를 통과한 후 가스중의 분진은 1~5g/Nm^3정도로 감소되는데, 분진은 눈으로 보는 것으로 충분하다고 말할 수 없다.

나. 사이클론에 의한 집진

사이클론(cyclone)은 [그림 11-2]에 나타낸 바와같이 상부가 원통형, 하부가 원추형으로 되어 있고, 원통 상부에 동심원의 공기 출구 설치되어 있으며 원통 측면부에는 공기 입구가 설치되어 있다.

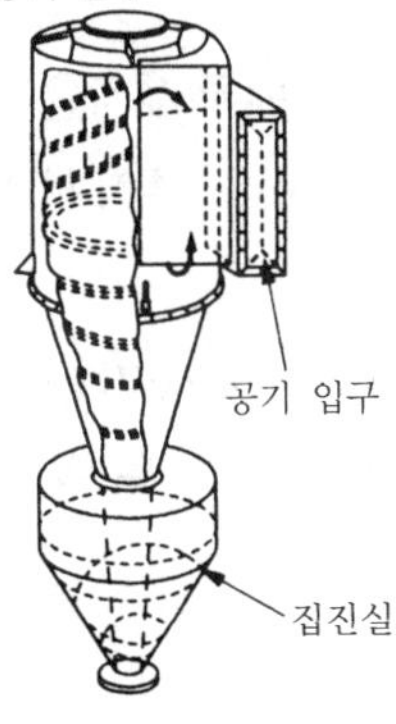

그림 11-2 사이클론

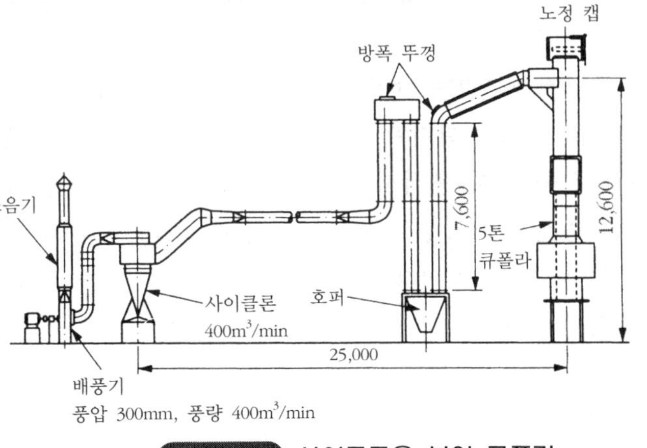

그림 11-3 사이클론을 붙인 큐폴라

일반적으로 지름 200~500mm의 것이 사용된다.

이 대형의 것은 집진효율이 나쁘므로 풍량이 많은 경우에는 지름 200mm정도의 사이클론을 다수 조합시킨 멀티클론(multiclone)을 사용한다. 그러나 아주 미세한 분진은 제거하지 못한다. [그림 11-3]은 사이클론을 5톤 큐폴라에 설치한 예이다.

사이클론을 설치한 집진장치는 삿갓식에 비하여 포집 효율이 좋지만 가격이 비싼 편이다.

그러나 뒤에 설명하는 벤투리(benturi) 집진장치 및 백필터(bagfilter) 집진장치에 비하면 1/4~1/3 정도이다.

다. 습식 집진장치에 의한 집진

큐폴라의 배기 가스를 벤투리등의 집진장치를 통하여 배기가스중에 함유된 분진을 잡는 방법도 비교적 잘 이용되고 있다. [그림 11-4]는 그러한 예이다.

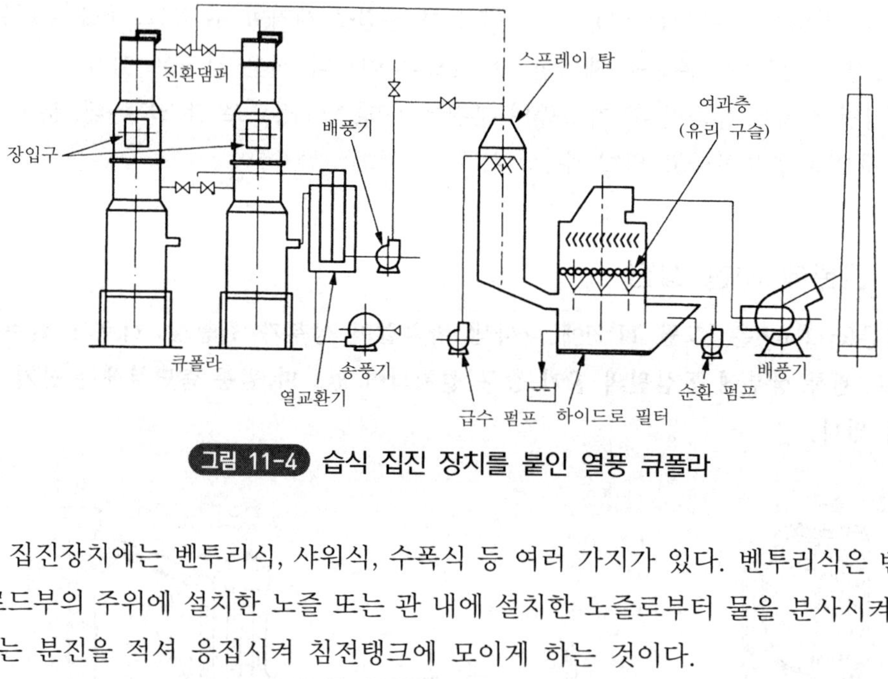

그림 11-4 습식 집진 장치를 붙인 열풍 큐폴라

습식 집진장치에는 벤투리식, 샤워식, 수폭식 등 여러 가지가 있다. 벤투리식은 벤투리관의 슬로드부의 주위에 설치한 노즐 또는 관 내에 설치한 노즐로부터 물을 분사시켜 그곳을 통과하는 분진을 적셔 응집시켜 침전탱크에 모이게 하는 것이다.

샤워식은 충진탑에 상부로부터 물을 살수 상태로 뿌려 분진을 함유한 공기를 통과시켜 위쪽으로 배출시키는 것이다. 수폭식은 연진을 함유한 공기를 물보라 중간을 통과시켜 분진을 포착하는 것이다.

라. 백필터에 의한 집진

[그림 11-5]는 백필터의 한 예를 나타낸 것이다. 이 예에서는 재료 장입구의 밑으로부터 배기 가스를 흡인하여 그 중에 함유된 CO가스를 연소실에서 연소시키고, 이 연소 가스는 열교환기를 통과시켜 가스 냉각기에 넣어 냉각시킨 가스를 백필터를 통과시켜 배출한다.

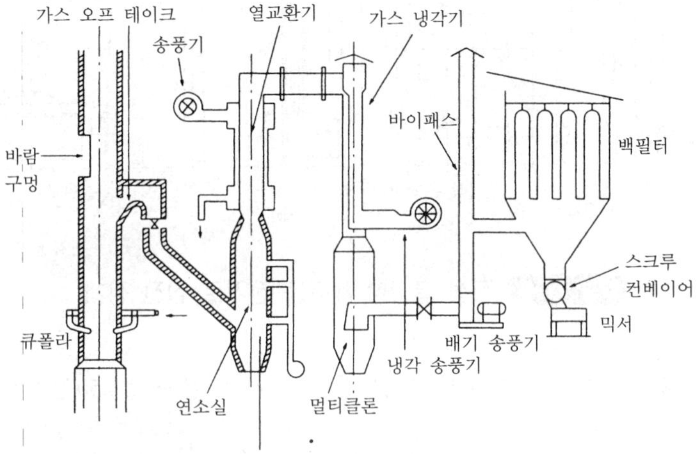

그림 11-5 백필터 집진 장치를 붙인 열풀 큐폴라

이 사이에 열교환 중에 큐폴라로 송풍하는 공기를 예열한다.

배기 가스는 열교환기에서 온도가 약간 떨어지는데, 600℃정도인 것이 백필터를 통과하기 위하여 가스 냉각기를 통과하면 250℃이하로 냉각된다.

가스중에 함유되어 있는 분진중 비교적 큰 것은 멀티클론으로 제거한다. 멀티클론을 통과한 가스는 다음으로 백필터실로 들어와서 여기서 미세한 입자의 분진을 제거한다. 백필터를 사용하면 0.2㎛정도의 미세한 분진까지 제거 시킬 수 있다. 이 방법으로는 분진 전체 중량의 약 99.5%를 제거시킬 수 있다.

2 전기로의 집진

제강용 전기로에서 발생하는 매연은 고철을 사용하는 용해기에 용락할 때 가장 많고, 산소 취입시에는 그 다음으로 많다. 전기로에서 발생하는 분진은 비교적 미세하고, 용기에는 5㎛이하가 많고, 산소를 취입할 때에는 0.5㎛이하의 미립자가 많다.

매연의 분진 농도는 보통 1~6g/Nm^{3}이다. 이와같이 미세한 것의 집진 장치로서는 백필터가 좋다. 그러나 보통의 면포는 고온에 견디지 못하고 화학섬유, 유리섬유(glass fiber)등이 이용된다.

[그림 11-6]은 집진장치를 사용한 전기로를 나타낸 것이다.

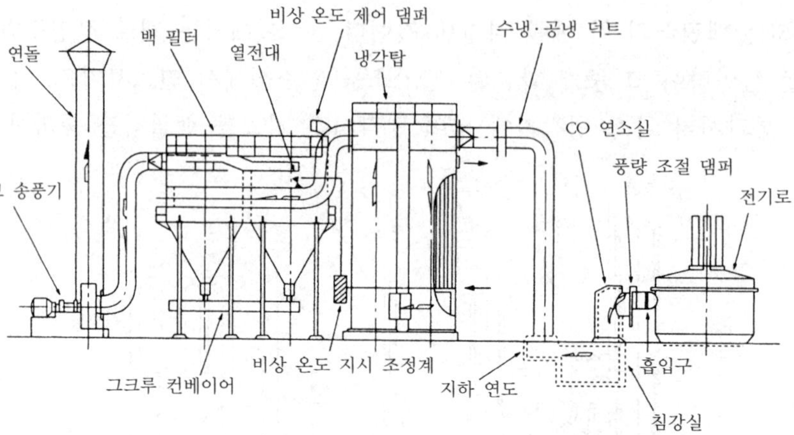

그림 11-6 직접 흡인식 제강용 전기로 집진 장치

노내의 가스온도는 높아서 도중에 냉각장치를 설치하여 온도를 250℃이하로 내려서 집진장치를 통과한다.

8톤의 노에서 사용하는 여과 면적은 500m^2, 풍량 450m^3/min의 백필터를 사용하고, 37.5kW의 모터를 사용한다. 배기 분진 농도는 0.1g/Nm^{3}이하로 되고, 이것은 육안으로는 보이지 않을 정도이다.

노의 내부에서 직접 가스를 끌어당기는 직접 흡인법은 노가 파손되는 것과 용탕 성분에 영향을 미치는 것으로 장입구, 출강구, 전극 둘레 등을 덮게로 피복하여 흡인시키는 간접 흡인법이 좋다.

3 모래처리 장치의 집진

셰이크 아웃기, 혼련기, 주물사처리 장소, 체 등으로부터 나오는 분진을 잡는데에는 이들의 상부 및 측면부에 후드(hood)를 설치하고 공기로 흡인하여 집진 장치를 통과시켜 밖으로 내보낸다.

후드는 모래 먼지가 발생하는 장소를 될 수 있는 대로 둘레를 싼다. 완전이 발생원을 덮어 흡인하고 배출기의 용량은 작아 경제적이다.

덕트(duct)의 설치는 구부러진 부분이 많으면 압력의 손실이 크고, 수평부가 있으면 분진이 침전할 우려가 있기 때문에 될 수 있는대로 완만한 구부림을 주는 것이 좋다. 집진장치에는 사이클론, 멀티클론 등의 간단한 건식 장치를 사용하는 것도 있으나, 미세한 분진은 잡을 수 없다.

한편, 분진을 함유한 공기를 수폭을 통과시키거나 분무상의 물로서 적시는 습식법이 있는데, 미세한 분진도 잡을 수 있다. 그러나 분진과 물이 혼합된 슬러리의 처리가 번거롭다.

4 폐수처리

주물 공장의 습식 집진 장치로부터 나오는 폐수 중에는 미세한 모래, 석탄분, 벤토나이트 등이 함유되어 있어 이것을 제거하는 것이 필요하다. 이것에는 침전 탱크를 설치하여 조용히 침전시켜 위쪽으로 물을 배출시킨다.

침전에 시간이 걸리므로 일반적으로 응집 침전법에 의한 조작으로 효율을 높인다.([그림 11-7] 참조)

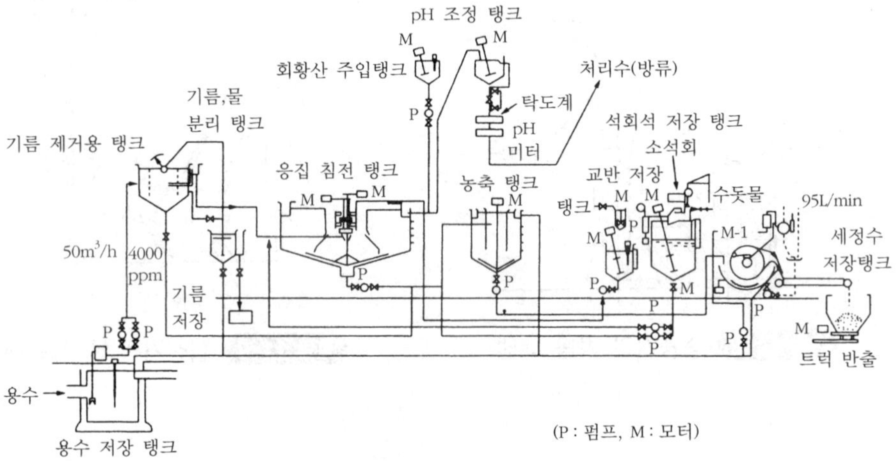

그림 11-7 폐수 처리 공정

① 황산알루미늄, 황산제일철 등의 전해물질을 오염된 물에 첨가시켜 현탁되어 있는 미세한 입자를 응집시킨다.

② 고분자 응집제를 첨가시켜 응집 입자끼리 입자를 크게 하여 이것을 침강, 분리한다.

③ 침강, 분리된 오염물에 소석회 등을 첨가한다.

④ 탈수기에 의하여 이 오염물을 탈수시킨다.

이와 같이 오염물을 제거한다. 응집 침전 탱크에서 처리한 물은 방류관을 통하여 pH조정 탱크에 넣고 탁도, pH등을 조사하여 방류시킨다.

5 소음 대책

주물 공장에서는 여러 가지 기계가 작동하기 때문에 많은 소음이 발생한다. 예를 들면, 큐폴라의 송풍기, 지금의 장입, 크레인, 조형기, 셰이크 아웃기, 다듬 작업 등에서 발생하는 소음은 공장내의 작업자에게는 물론 공장 밖의 사람에게도 시끄럽게 한다.

이들 대책으로는 기계 둘레에 방음을 덮개로 덮고 방음실에 넣는다. [그림 11-8]은 방음실의 예로서 천장과 벽에 흡음재로 내장한다.

[그림 11-9]는 집진장치의 송풍기로부터 발생하는 배기음을 작게 하기 위하여 송풍기 외부를 방음 덮개로 덮고 배기관 도중에 소음기을 설치하고 다음으로 덕트에 흡음재를 내장시킨 것이다.

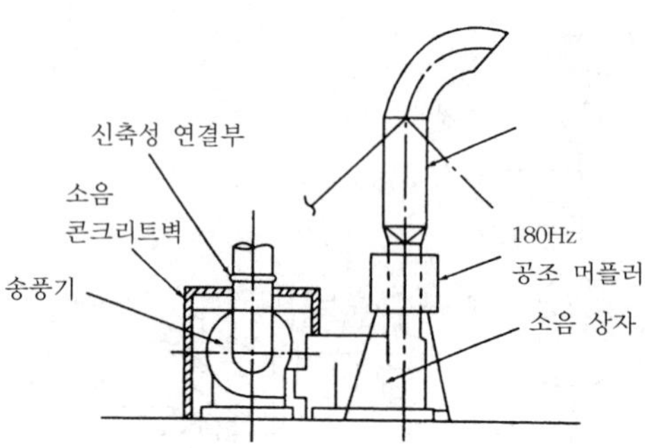

그림 11-8 송풍기의 방음 대책

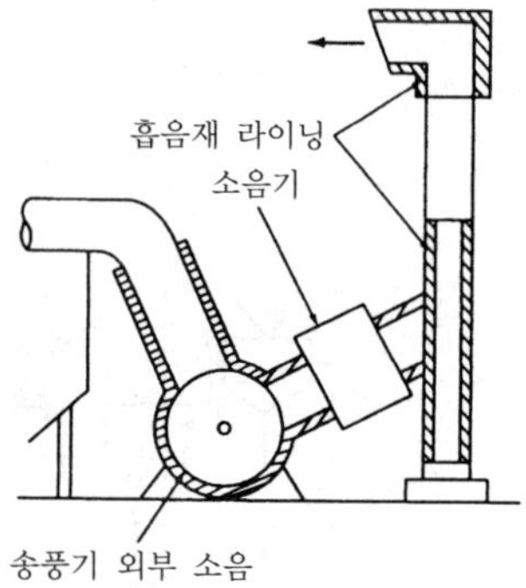

그림 11-9 집진기의 배기음 대책

제2절 | 에너지 관리

1 큐폴라 용해의 에너지 관리

큐폴라는 연속적인 대량의 출탕능력, 노 내에서의 용탕의 자정작용(自淨作用)에 의한 금속학적 특성의 우수성 등으로 인하여 주철 용해용으로 중요한 위치를 차지하고 있지만 열효율은 높지 않은 편이다.

- 큐폴라의 열효율이 낮은 이유
  - ① 용융 지금이 연소 가스와 베드 코크스를 통과하여 열을 흡수하는 시간이 수십초로서 극히 짧다.
  - ② 코크스중의 탄소가 일단 완전히 연소하여 그 연소열에 의하여 다시 CO가스로 환원되면서 흡열을 한다.
- 큐폴라의 열효율을 높이는 방법
  - ① 코크스를 균일하게 하여 집중적으로 연소시키고, CO가스의 생성을 억제하여 연소효율이 높인다.
  - ② 발생된 CO가스의 잠열과 배기 가스의 현열을 회수하여 이용한다.

따라서 열효율 향상을 위한 구조 및 조업법은 다음과 같다.

가. 배기가스를 이용한 열풍 조업

송풍을 예열하면 송풍온도의 상승과 더불어 코크스의 연소반응이 활발히 진행하여 연소온도가 상승한다.

이 송풍 온도 및 연소온도의 상승과 함께 노내의 최고 온도가 상승하게 되고 연소대 상부의 환원반응($CO_2+C \rightarrow 2CO$)은 고온일수록 빠르게 진행되기 때문에 환원성이 높은 분위기로 된다.

일반적으로 폐가스 중 열의 회수는 열교환기의 성능에 영향을 받지만 예열 온도에 따라 약 20~40%정도가 회수된다.

나. 제습 송풍 조업

송풍중의 수분은 코크스와 접촉하면 H_2와 CO 또는 CO_2로 분해하게 되는데 이 반응은 흡열 반응이기 때문에 바람구멍 부근의 연소온도가 낮게 되어 출탕온도 및 용해속도가 감소할 뿐만 아니라, 노에 산화성 분위기를 조장하고 용탕의 산호가 진행하여 탄소량의 감소, 규소의 산화손실이 일어난다.

〈표 11-2〉는 송풍온도 27℃, 절대습도 27g/m^{3}의 보통 송풍조업과 공기온도 7℃, 절대습도 7g/m^{3}의 제습조업의 열정산 결과를 나타낸 것이다. 이 표에 따르면, 열효율은 제습조업의 경우 용태 효율에서는 약 3%, 연소효율에서는 약 6%정도 향상하는 것을 볼 수 있다.

표 11-2 제습 조업과 보통 조업의 열정산 비교

	항목	제습 조업		보통 조업	
		kcal	%	kcal	%
입열	(1) 코크스의 연소열	1016922	98.3	1109422	97.5
	(2) 송풍의 현열	508	-	4042	0.4
	(3) 지금중 Fe, Si, Mn의 산화열				
	Fe의 산화열	879	0.1	1289	0.1
	Si의 산화열	15553	1.5	21477	1.9
	Mn의 산화열	898	0.1	1250	0.1
		1034760	100	1137480	100
출열	(4) 용탕의 보유열	326400	31.5	326400	28.7
	(5) 석회석의 분해열	12980	1.3	12980	1.1
	(6) 슬래그의 부유열	32328	3.1	32328	2.8
	(7) 잔유 지금의 현열	788	0.1	788	0.1
	(8) 잔유 코크스의 현열	1646	0.2	1646	0.14
	(9) 노정 가스 중 수분 현열	96902	9.3	105134	9.2
	(10) 노정 가스의 현열	846	0.1	920	0.1
	(11) 노정 가스 중 CO 연 소열	361901	35.0	458086	40.3
	(12) 냉각수 보유열	14064	1.4	14064	1.2
	(13) 전열에 의한 손실열, 노체 축열	186905	18.1	185134	16.3
		1034760	100	1137840	100
열효율	(14) 유효 열량	326400kcal		325400kcal	
	(15) 용해 효율	32.10%		29.42%	
	(16) 연소, 효율	64.41%		58.71%	

다. 산소 부화 송풍

송풍중에 산소 농도를 높이면 코크스의 연소 반응의 활발해져서 코크스의 연소 온도가 급격히 상승하여 노 내의 온도가 올라가게 되어서 [그림 11-10]과 같은 분포를 나타낸다. 이것은 열풍 조업과 비슷한 결과를 나타내고 있다. 산소공급 장치로는 산소통이나 액화 산소 저장 탱크로부터 공급하는 방법이 일반적이다.

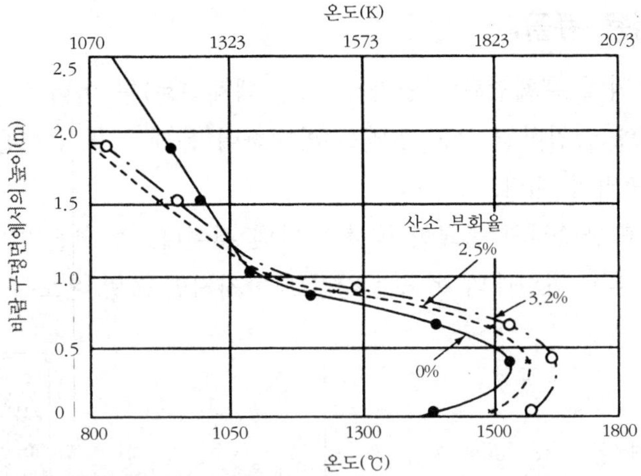

그림 11-10 산소 부화율과 연소 가스 온도와의 관계

라. 분할 송풍 큐폴라(2단 송풍 큐폴라)

분할 송풍방법은 송풍구 부근에서 생성하는 CO_2가스의 환원에 의한 CO가스를 연소시켜서 이 열을 장입 지금 또는 용탕에 흡수시킴으로써 용해효율을 높이는 조업방법이다.([그림 11-11] 참조)

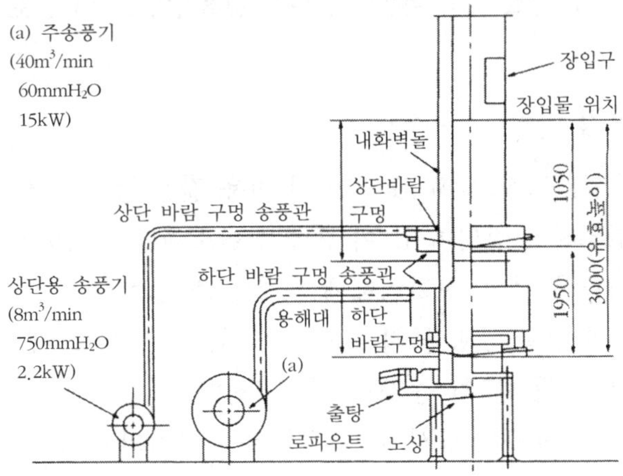

그림 11-11 분할 송풍 큐폴라(노의 안지름 600mm)

마. 보조 연료 병용 큐폴라

연료로서 코크스 외에 유체연료(천연가스 또는 액체연료)를 버너로 연소시켜 송풍구의 상부에 있는 용해대에 취입하면 고온 영역을 확대하여 용해 지금의 열흡수를 많게 함으로써 열효율이 높은 조업이 된다.

[그림 11-12]는 보통 큐폴라와 비교한 예를 나타낸 것이다. 즉 고온영역이 확대되어 용해위치가 높기 때문에 최고 과열대의 온도는 약간 낮아지지만 출탕 온도는 20~30℃ 높아진다.

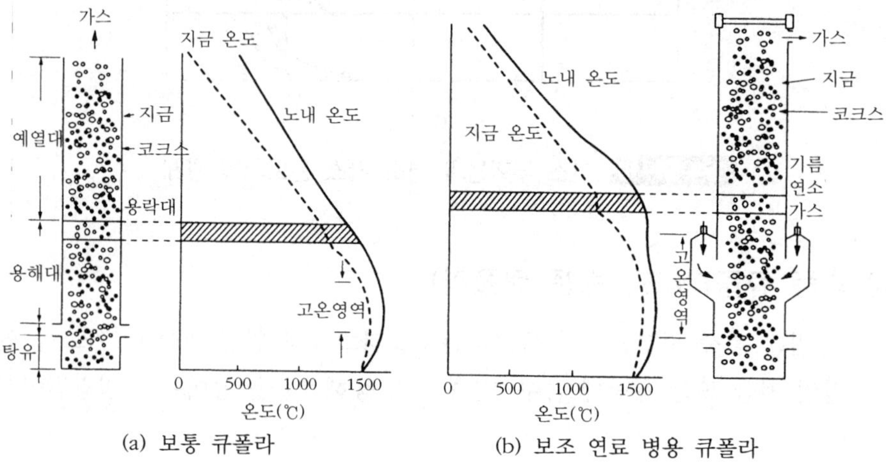

그림 11-12 보조 연료 병용 큐폴라와 보통 큐폴라의 노 안 온도 분포 비교

바. 고체 분말의 취입

고체 분말의 취입은 성분조정, 연료 및 지금의 비용 절감 등의 목적으로 탄소제, 조재제, 합금철, 절삭칩 등을 취입하는 방법이다. 이 중에서 탄소제를 취입하는 경우는 연소 촉진에 의하여 코크스 절감, 가탄율 향상, 산화억제에 의한 규소 산화율의 감소 및 용탕 재질의 향상, 용해속도 증가, 노 내 상황 안정 등의 효과가 있다. 또 절삭칩 취입은 절삭칩의 열전달이 빠르게 되기 때문에 용해속도의 증가가 이루어진다.

이와 같이 큐폴라는 열효율을 향상시키기 위한 여러 가지의 구조 및 조업법의 개량이 이루어져 왔으며 그 효과도 상당한 수준에 도달하여 있다.

이러한 개량작업과 함께 큐폴라는 용탕의 금속학적 성질의 우수성과 아울러 오염된 장입지금의 재생로로서도 훌륭한 특성을 가지고 있다.

따라서 열효율 향상 및 열에너지 절감에 대한 대책도 용탕의 품질향상, 생산성 향상, 공해 및 작업환경의 개선과 아울러 적극적으로 추진될 것으로 예상된다.

2 유도로 용해의 에너지 관리

가. 각종 재료와 용해의 에너지 관리

(1) 주강

고주파 유도용해의 목적은 직접 장입재료를 전자 유도 작용에 의해 가열 용해하는 것이므로 열효율이 좋고 또 신속한 용해가 가능하다. 그러나 탈산 이외에 아크로 조업에서와 같이 탈탄, 탈인 및 탈황 등의 정련을 통하여 유해원소를 제거하는 조업은 거의 없다. 용해 중 행잉(hanging) 현상이 일어나지 않도록 철봉 등으로 장입재료를 쳐서 떨어뜨리며 작업해야 한다. 용해 진행중 산화되는 정도는 얇은 판재와 같은 장입물이 많을수록 심해진다. 용해 후 출강 지정시간, 출강목표시간 등을 감안하여 전력을 조절하여 용강온도를 정해진 시간까지 적절한 온도로 유지한다.

이 후 탈산제를 이용하여 강제 탈산을 한다. 그리고 노중 분석시료를 채취하여 분석치에 의해 합금철을 미리 예열한 후 첨가한다. 정련기에는 용강의 교반작용에 의해 불순물은 슬래그에 부착시켜 제거한다.

고주파로의 경우에는 용탕의 승온 시간이 빠르기 때문에 온도관리에 주의하여야 한다. 정련할 때에는 적절한 주입 온도가 되도록 온도를 조절한다. 최종 탈산은 노중에서 하여 확인한 후 출탕한다.

유도로에서 용해한 용강의 질소 성분의 함유량은 아크로에 비하여 매우 높으며 산소는 다소 적은 것으로 알려져 있다, 개재물은 아크로에 비해 탈산, 탈황에 한계가 있기 때문에 매우 많다.

(2) 주철

저주파 유도로에서 주철을 용해할 경우, 작업 환경면에서 종래의 큐폴라에 비하여 우수하나 분진, 연기 금속 산화물, 수증기, 황화물, CO, 매연 등이 생기며, 소음 및 진동도 발생한다.

[그림 11-13]은 저주파 유도로의 조업상의 전력 손실 요인 등을 표시한 것으로 에너지 절감의 조업을 위해서는 다음 사항을 고려해야 한다.

① 부하율 향상

② 온도관리 철저

③ 냉각방지

④ 조업방법

⑤ 노내 형태

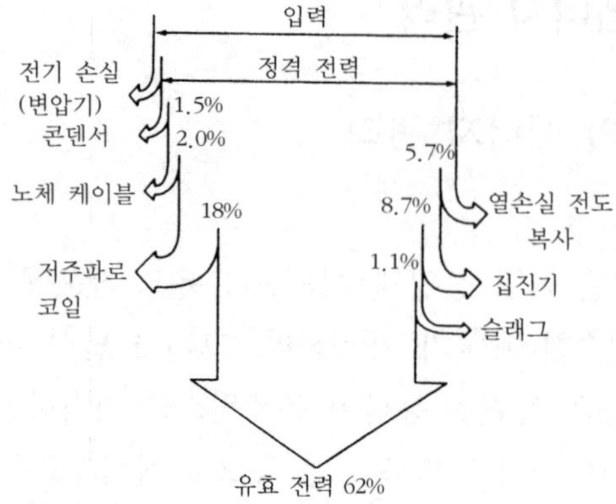

그림 11-13 도가니형 저주파 유도로의 열정산 예

(3) 구리 합금

구리 및 구리합금 용탕 중에 흡수되는 가스는 수소나 산소이며 불활성 가스는 조금도 유입되지 않는다. 유도로의 경우 용탕면은 항상 대기와 접하고 있으므로 수소 흡수량은 연소로의 경우보다 많지 않다.

그러나 저주파 유도로에서는 그 자기적 특성에 의해서 용탕이 격렬히 교반되어 용탕의 산화가 촉진된다. 따라서 대기와의 접촉에 의한 산화를 방지하기 위하여 용제로 피복하거나 또는 불활성 가스를 취입하는 등 조업 방법에서는 충분한 배려를 하지 않으면 상당량의 산화를 피할 수 없게 된다.

한편 용탕의 격렬한 교반은 주파수가 높을수록 적게 되므로 3배 주파수의 유도로에서는 산화가 어느정도 억제된다. 유도에서는 분위기가 대체로 중유나 가스의 연소 분위기와는 달리 라이닝에 흡습되어 있지 않는 한 수분으로 인한 영향이 적다.

따라서 용탕 중의 수소량이 적기 때문에 유도로 용해에서는 주로 탈산에 유의하면 된다. 한편, 유도로의 강한 교반 작용으로 절삭칩과 같은 미세한 재료는 용탕 속으로 흡수되어 산화 되지 않고 빨리 용해되기 때문에 조업방법에 따라서는 지금의 산화 소모량이 현저히 감소된다. 저주파 도가니형 유도로에서는 반복 용해를 시작할 때에 효율을 높이기 위하여 잔탕을 남길 필요가 있다. 잉곳, 탕도, 압탕, 절삭칩 등 모든 재료를 장입 재료로 이용할 수 있다. 고주파 도가니형 유도로에서는 화학성분이 확인된 잉곳을 장입한다. 이 노는 적은 용량이며, 합금이 자주 변경될 대에 이상적이고, 장입물이 용락되면 바로 나머지 첨가물을 투입하고 출탕하게 된다. 모든 종류의 유도로는 모든 원재료의 용해 감소율이 낮고 장입 첨가물이 용해된 후 전자기에 의한 교반작용에 의해서 용탕이 균일하게 되는 것이 장점이다.

(4) 알루미늄 합금

알루미늄 합금은 짧은 시간내에 용해시켜 목적하는 온도로 승온시키는 것이 중요하다. 용해 시간이 길어지면 산화물의 발생량이 많아지고, 수소 가스의 흡수량이 증가하여 개재물이나 핀홀 등의 결함이 많아질 수 있다.

일반적으로 알루미늄 합금의 용탕 온도는 750~780℃보다 낮은 온도에서 용해 및 용탕 처리를 하는 것이 좋으며, 과공정 Al-Si계 합금과 같이 액상선 온도가 특별히 높은 경우는 액상선 온도보다 120℃이상 과열 용탕이 되지 않도록 한다.

알루미늄 합금 용탕에 흡수되는 H_2가스는 응고시에 기공을 만들며 이는 재료의 기계적 성질을 약하게 하는 원인이 된다.

나. 에너지 절감

① 코일에 흐르는 전류와 전파수를 증가시킬수록 재료내에 발생하는 유도기전력이 증가하게 된다. 에너지 손실을 줄이기 위해서 용해 재료에 알맞은 적절한 전류와 주파수를 공급한다.

② 유도로에 공급하는 주파수가 클수록 재료 내부에 발생하는 유도 전류의 침투 깊이는 상대적으로 감소한다. 침투깊이는 물질의 투자율, 물질의 전기 전도도 및 가해진 주파수의 제곱근에 반비례하므로 가열하는 물체의 크기를 고려하여 적절한 주파수를 선택하여 유도 용해를 하는 것이 에너지적으로 유리하다.

③ 장입재를 장입할 때에 작은 봉이나 판재를 세워서 서로 접촉되지 않게 장입하는 것보다는 높여서 장입하면 판재 사이가 절연되었다 하더라도 많은 열을 발생시킬 수 있다. 이와 같이 장입할 때에 장입물을 자장의 발생 방향에 수직되게 장입함으로써 판 내부에 커다란 자속을 둘러싸는 폐회로를 형성할 수 있게 장입한다면 같은 조건하에서 에너지 효율을 증대시킬 수 있다.

④ 장입물이 봉재일 때 봉을 세워서 장입하면 가장 빨리 가열되는 크기 D는 침투깊이 d의 약 3.5배 정도되는 크기이다. 용해 재료와 노의 사용 주파수에 따른 침투 깊이를 알고 이에따른 장입재의 적절한 크기를 고려해서 장입을 하면 가열 속도를 증가 시킬 수 있고, 다라서 에너지를 효율적으로 사용할 수 있다.

⑤ 유도로를 사용하면 코크스 연료를 사용하는 큐폴라에 비해서 유해 가스 등이 발생하지 않고 빠른 가열이 가능하다. 도한 적정온도 유지 및 적정 성분 조절이 용이하며, 비산을 없게 하고 불량을 줄임으로써 회수율을 증대시키며, 작업장 내의 환경 오염을 줄이고 안전한 작업을 할 수 있게 된다는 이점도 가지고 있다.

⑥ 연속 조업을 하면 내화재의 흡수 열량을 줄일 수 있으므로 연속 조업은 에너비 소모가 절약된다.

⑦ 안전성 확보의 측면에서 노벽을 필요이상으로 두껍게 하는 경향이 있으나 규정 치수 이상의 보수 두께는 전력효율의 저하를 불러일으켜 용해속도를 감소시키고, 노의 열용량 증대를 가져오며 평균 115~120%의 전력 원단위가 소모되므로 보수 공사의 절감보다는 효율 상승이 에너지 비용면에서 유리하다.

실제의 생산에서 에너지를 절감하기 위해서는 노벽을 냉각하지 않을 정도의 적절한 냉각수의 온도, 열전달에 의한 열손실을 줄이기 위하여 노의 상부를 차단하는 일 등보다 많은 주의가 요구된다.

익힘문제

1 큐폴라에서의 집진장치 방법의 종류를 쓰시오.

2 주로 사용되는 전기로 집진법에 대하여 쓰시오.

3 큐폴라 용해의 에너지관리에서 열효율이 낮은 이유를 쓰시오.

4 큐폴라에서 열효율을 높이기 위한 방법에 대하여 쓰시오.

Chapter 12

안전관리

제1절 재해방지의 기본사항 | 제2절 작업별 안전관리

Chapter 12

주조응고학

안전관리

주물공장에서 일어나는 안전사고는 용탕에 의한 화상이 가장 많고 후처리 공정에서 철분에 의한 부상과 크레인 및 기타 시설물에 의한 사고이다.

부상의 순위를 신체상 부위별로 보면 눈, 손, 다리 및 허리 등의 순으로 되어 있고, 이 중에서도 철분에 의한 눈의 부상은 시력을 해치며, 손 및 다리의 부상은 용탕에 의한 화상이 대부분이다.

특히 **안전사고는 작업자나 경영 관리자의 정신상태와 밀접한 관계에 있으므로 다음과 같은 점에 유의한다.**

① 안전에 대한 무관심
② 개인의 태도 불량과 정신적 동요
③ 자존심, 배타성, 경솔, 나태 등의 성격 결함
④ 판단착오, 과로
⑤ 불화, 빈곤, 채무 등의 사생활의 불안과 사회에 대한 불만
⑥ 교육불만 및 기술부족 등이다.

사고의 원인을 살펴보면 불완전한 행동으로 인한 것이 88%, 작업조건으로 인한 것이 10%, 천재지변으로 인한 것이 2%의 순으로 작업자의 교육과 훈련으로서 사고를 미연에 방지하도록 노력해야 한다.

따라서 **안전사고의 예방을 위한 교육**으로서는 다음과 같은 것들이 있다.

① **안전에 대한 인식의 고취**
② **사고예방에 대한 인식고취**
③ **사고예방 조치의 중요성에 대한 인식**
④ **책임의 소재를 인식하게 하고 책임감 부여**

구체적인 방안으로는 안전계획 수립을 위한 조직의 활동강화로서

① **사고기록 검토**
② **작업분석**
③ **안전점검**
④ **안전사고의 분석**

제1절 | 재해방지의 기본사항

1 공통적 안전수칙

① 기계의 안전장치에 함부로 손을 대지 않는다.
② 각 작업장, 각 기계시설에 붙여놓은 안전 주의사항을 반드시 지킨다.
③ 보호구를 반드시 착용하고 작업한다.
④ 관계가 없는 기계는 일체 손을 대지 않는다.
⑤ 파손된 것은 즉시 수리해 놓는다.
⑥ 무거운 것을 무리하게 들지 않는다.
⑦ 공동작업에서는 반드시 서로 신호를 하고 작업을 한다.
⑧ 재료 운반시에는 통로가 꺾이는 곳에서 특히 주의한다.

2 작업자의 복장에 관한사항

① 몸에 맞는 작업복을 반드시 착용한다. 공장 내가 덥다고 해서 옷을 벗어서는 절대로 안된다. 소매끝, 옷자락 등이 너풀거려 기계 등에 끼이거나 감기는 일이 없도록 해야 한다.
② 안전모를 반드시 착용한다. 특별한 경우 외에는 장갑을 사용하지 않는다.
③ 신발은 벗기 쉬운 것이어야 하며 석면과 같은 내화재로 만들어진 것이 바람직하며, 신발의 발가락 및 발등 부분에는 강철로 된 보호관이 들어 있는 것이 좋다.
④ 용해, 주입작업시에는 방열복을 착용한다.

3 작업장의 정리정돈

작업환경의 정리 정돈은 안전 관리의 첫걸음이라 할 수 있다. 이 일은 재해방지 뿐만 아니라 작업능률의 증진에도 필요하다. 정리정돈을 위해 특히 유의해야 할 사항은 다음과 같다.

① 재료, 공구, 예비품 등은 놓는 장소를 정하고 사용 후에는 즉시 지정된 장소에 되돌려 놓아야 한다.
② 통로에는 일체 불필요한 물건이 없어야 한다.

③ 물건을 놓는 방법, 쌓는 방법, 벌려놓는 방법 등을 일정하게 한다.
특히 금속재료에 있어서 화학조성을 알고 있는 재료는 유사한 것끼리 모아 정리하고 섞이지 않게 한다.

④ 작업공정을 합리화 시켜서 재료 및 제품이 공장 내에서 질서있게 일정한 방향으로 흐르면서 작업이 이루어지도록 한다.

⑤ 안전에 대한 토의 등이다.

4 운반작업시 안전사항

중량물의 취급, 특히 운반에 있어서 주의할 사항은 다음과 같다.

가. 수동 운반시

① 적재방법을 안전성 있게 해야 한다. 또 앞이 가리도록 높게 적재하면 안 된다.

② 적재 제한량을 넘지 말아야 한다.

③ 운반차를 통로에 방치하면 안 된다.

나. 천정주형 기중기

① 기중기 운전은 신호를 확인하고 신호에 따라 운전한다.

② 기중기의 걸고리를 정확하게 걸고 이를 확인한 후에 움직인다.

③ 갑작스런 발진, 정지를 해서는 안 된다.

④ 무리하게 짐을 매달면 안 된다.

⑤ 짐을 메다는 줄은 적절한 안전율을 생각하고 선택한다.

제2절 | 작업별 안전관리

1 조형작업시 안전사항

가. 주물사 처리

① 주물사는 사용 전에 소정의 체로 쳐서 남는 금속 부스러기는 제거하여 정해진 장소에 치운다. 또 조형장에는 금속조각이 산재되는 일이 없게한다.

② 체질한 주물사나 통로에 나오지 않게 통로와의 경계를 명확히 해둔다.

③ 제품을 꺼낸 후의 주물사는 평편하게 만들고, 물을 가하기 전에 탕도계는 주물사에서 제거한다.

나. 주형제작

① 작업장과 주형 사이의 통로는 항상 청결하게 하고 평평하게 해놓으며 정돈해둔다.

② 작업시작 전에 주형상자, 공구 및 기중기 등 들어올리는 장치의 점검과 조정을 해둔다.

③ 무거운 주형상자은 반드시 기중기 기타의 들것을 이용해서 다룬다.

④ 주형의 상하형을 맞출 때 주형 위에 올라서서는 안 된다.

⑤ 눈에 먼지가 들어가지 않게 원형이나 주형의 먼지털이에 있어서는 반드시 붓, 솔 또는 특수한 집진기를 사용해야 하며, 입 또는 압축공기 등으로 불어서는 안된다.

⑥ 주형의 건조작업에서 수동식 건조장치, 가스버너 등을 사용하는 경우는 실내의 환기 장치를 가동시키고 작업해야 한다.

2 용해작업시 안전사항

가. 재료의 파쇄

① 선철이나 고철을 적당한 크기로 파쇄하기 위해서는 해머를 점검한다. 해머자루가 빠지기 쉬운 것 등을 사용해서는 안 된다.

② 편한 자세로 일할 수 있게 하고 불필요한 물건은 모두 치운다.

③ 파쇄할 때 부근에서의 작업자, 통행자에 주의하며, 파편의 비산을 방지하는 방법을 강구 한다.

나. 용해작업(큐폴라 용해시)

① 노의 라이닝 상태를 충분히 점검하고 필요한 보수를 한다. 용해작업 전에 노를 충분히 건조시켜 둔다.

② 위에서 작업하는 작업자가 아래로 물건을 떨어뜨릴 때는 아래에서 작업하는 사람에게 신호를 하고 위험 없음을 확인한 다음 떨어뜨려야 한다.

③ 용해작업장 부근에는 연소성 물질을 놓지 않아야 한다.

④ 용해작업 중의 노 내부를 볼 때에는 반드시 보호안경을 쓰고 본다.

⑤ 출탕할 때에는 반드시 신호를 하고 주위의 안전을 확인한다.

⑥ 출탕구의 전지는 확실히 하고 또한 예비전지를 준비해 둔다,

⑦ 큐폴라 하부에 물이 고여 있을 때에는 용탕과 접촉하여 수증기 폭발을 일으키므로 배수에 충분히 주의하고 동시에 물이 고이지 않도록 필요한 조치를 강구한다.

⑧ 노저를 열때에는 용탕과 용재가 남아 있지 않도록 하여야 하며, 바닥과 아래에 있는 흙이 젖어 있으면 이 흙을 완전히 제거한 후에 노저를 열어야 한다.

⑨ 용해작업이 끝나면 완전 소화해야 하며 물을 뿌릴 때에는 멀리서 해야 한다. 너무 접근해서 소화시에 과열증기로 화상을 입을 염려가 있다.

3 주입작업시 안전사항

① 중추는 주입컵이나 압탕에 접근하여 놓지 않는다.

② 주형의 가스빼기를 완전히 하는 동시에 주형의 분리면의 밀착이 잘 되도 또 조여있는지 점검한다.

③ 레이들은 사용 전에 다음 사항을 점검한다.

㉠ 손잡이의 파손 유무 및 부착상태

㉡ 레이들의 라이닝 상태 (충분한 라이닝 필요)

㉢ 레이들의 건조상태 (완전 건조가 필요)

④ 레이들에 받는 용탕량을 너무 많게 하지 않는다.

⑤ 용탕은 운반시에는 반드시 지정된 통로로 다녀야 한다.

⑥ 용탕은 주물사 이외의 것에 닿으면 불꽃이 튀어 위험하니 콘크리트바닥에는 주물사를 깔아 놓아야 한다.

⑦ 탕구가 높으면 주입이 불편하므로 될 수 있는데로 탕구는 낮게하는 것이 좋다.

⑧ 기중기로 운반하는 대형 레이들은 장애물에 걸리지 않을 정도로 낮게 매달아 운반하며, 작업자는 반드시 보호안경을 써야 한다. 또 이 레들은 절대로 사람 위를 지나서는 안 된다.
⑨ 주입 중에는 절대로 탕구 위에 얼굴을 내밀어서는 안 된다. 용탕이 튀어나오는 경우가 있어 화상을 입을 염려가 있다.
⑩ 주형을 누르는 추의 무게가 적당해야 하며 응고가 완료되기 전에는 추를 내려놓지 말아야 한다. 또 주탕 후에 탕구를 발로 밟는 일이 없도록 한다.
⑪ 특수주형에 주입하는 경우에는 각종 유독가스가 발생되니 환기장치를 하고 충분한 환기조건 아래에서 작업한다.

4 주방품 후처리시 안전사항

① 주방품의 주물 본체 이외 것은 해머링(hammering) 할 때에 떨어져 나가는 방향을 고려하여 처리한다.
② 해머링할 때의 제품이 놓인 위치는 불안정한 상태로 되어서는 안된다.
③ 해머링이나 연마(grinding) 작업을 할 때에는 방진안경 및 방진마스크를 사용한다.
④ 정(chisel)을 사용할 때에는 정끝이 갈아져 있는지 또는 정의 두부가 올바른가를 잘 점검한다.
⑤ 해머를 크게 때릴 때에는 주위에 주의하며, 탕구나 코어메탈을 해머로 절단시에는 사람이 없는 방향으로 때려야 한다.
⑥ 모래를 털 때에는 방진마스크와 보안경을 사용한다.
⑦ 모래털기를 공압공구로서 실시할 때는 샌드블라스트의 작업을 할 때와 같이 소음이 큰 작업에서는 귀막이를 사용한다.
⑧ 주조된 주물제품은 완전히 냉각된 것을 확인한 후 만진다.

익힘문제

1 안전사고의 예방을 위한 교육에 대하여 쓰시오.

2 안전계획 수립을 위한 조직의 활동강화 사항에 대하여 쓰시오.

3 재료의 파쇄시 안전사항에 대하여 쓰시오.

4 안전점검의 목적에 대하여 쓰시오.

5 안전점검의 종류에 대하여 쓰시오.

6 재해예방 기본 원칙(재해예방 4원칙)을 쓰시오.

부록

주물 용어 해설(KS D 0001~8591)

용어	해설
가공경화(加工硬化, Work hardening)	금속에 냉간가공을 하면 변형 에너지가 저장되어 경화하는 현상.
가공여유(加工餘裕)	주물표면을 절삭(切削)할 경우, 그 부분의 두께살은 도면 치수보다 절삭할 만큼 두껍게 주물을 만든다. 그 두께의 증가분을 가공여유라고한다.
가단주철(可鍛鑄鐵, Malleable Iron)	백선주철에 열처리를 실시하여 연성을 부여한 것, 흑심가단주철, 백심가단주철 및 펄라이트 가단주철 등이 있다.
가사시간(可使時間)	자경성 주형, 유동성 주형 등에 있어서 경화제 그 외의 것을 첨가 조정 후 경화할 때까지의 시간으로 이 시간 내에 조형을 끝낼 필요가 있다.
가스로(Gas Furnace)	천연가스, 도시가스, 발생로 가스등을 연료로 한 로(爐).
가스침(Gas pin)	주형에 가스 빼는 구멍을 뚫기 위하여 만든 강재.
가스코크스(Gas Cokes)	도시가스를 제조할 때 부산물로 얻는 코크스, 회분이 많고 강도가 낮으므로 금속용해에는 적당하지 않다. 주로 주형 건조형에 이용되고 있다.
가스형법(Gas Process)(Carbon dioxide Process)	CO_2법(CO_2Process)=탄산가스법
가압다이캐스팅(Pressure Die Casting)	용탕에 압력을 가하여 주형내에 주입하는 주조법으로 종래 다이캐스팅 또는 다이캐스팅 주조법이라 부르고 있지만 최근 중력을 이용한 금형주조를 중력 다이캐스팅, 가압력이 낮은 것을 저압 다이캐스팅이라고 구별하고 있다.(=다이캐스트 주조법)
가압주조법(加壓鑄造法, Pressure Casting)	정밀한 금형을 사용하여 자동 또는 수동식으로 주탕(酒湯)하고 유압실린더를 이용하여 압력을 가하여 주조하는 방법을 압력 다이캐스팅. 중력을 이용하여 주입하는 방식을 중력 다이캐스팅이라고 말한다. 알루미늄, 아연, 안티몬, 주석 등의 합금주물에 적당하다. 일반적으로 얇은 두께, 정확한 치수의 다량 생산에 이용되고 있다
가용합금(可熔合金)	용해점이 낮은 합금(250℃이하) 주로 Pb, Bi, Cd의 합금으로 공정형(公晶型)과 비공정형의 두가지로 대별된다. 휴즈 등에 이용되고 비교적 높은 온도의 것은 Pb, 또는 Sn이 많다. (저융점 합금)
가주성(可鑄性, Castability)	주조의 난이(難易)를 표시하는 성질 합금의 종류에 의하여 주조하기 쉬운 것과 어려운 것이 있다. 주로 유동성과 응고성에 의하여 성질을 판정하고 있다.
가지주입구(Branch Gate)	얇은 주물에 용탕을 빨리 주입하기 위하여 만든 주입구.
가지코어(Branch core)	코어의 주체부에서 가지 모양으로 본체에 돌출하여 있는 코어
가축성(可縮性. Collapsibility)	주형이 주물과 함께 수축하는 것. 주입된 용탕의 수축, 팽창에 견디어 낼 수 있는 주형의 성능.
가탄(Carburize)	코크스 등의 탄소질 물질과 접촉하여 용탕중에 탄소 함유량이 증가하는 것.(=흡탄)
가탄제(可炭劑)	주철이나 강의 탄소량을 증가시키기 위하여 첨가하는 탄소질 물질이나 고탄소 선철, 고탄소 합금.

용어	해설
간접 아크로 (Indirect Arc Furnace)	전극사이의 아크열로 지금이 간접적으로 가열되는 전기로. 일반적으로 아크열의 복사 이외에 가열된 노벽 내화물에서 용탕에 전도, 대류(對流)로 열이 전하는 것과 같이로 체를 요동시킨다.
갈철광 (褐鐵鑛, Limonite)	수산화 제2철을 주성분으로한 철광석, 갈색 또는 황갈색 $2Fe_2O_3 \cdot 3H_2O$, 57%의 鐵을 함유하며 독일, 프랑스, 스페인, 남미에서 산출된다.
감압주조	주형 내를 감압하여 대기압을 이용하여 용탕을 주입하는 방법. 이 방법은 알루미늄 합금주물로 특히 중력의 금형 주조에서는 곤란한 얇은 주물에 적용하면 좋은 결과를 얻는다.
강고철(鋼古鐵)	강의 부스러기 재료 주강, 주철의 용해원료로 사용되고 있다.
강괴(Ingot, 鋼塊)	일반 소성가공을 하기 위해 소재로 적당한 모양, 크기로 주입한 금속괴.
강력주철(强力鑄鐵, High Tension Cast Iron)	강인 주철과 동의어 GC25, 30, 35급의 강도가 높은 주철.
강제칠 시험 (Chill Test)	주철의 재질을 판정하기 위하여 하는 칠시험에 있어서 시험편의 한 끝을 금속에 의하여 칠부를 확대시키는 방법
강제탈산 (强制脫酸)	용해작업의 최종단계로 하는 용탕의 탈산처리. 주강 용탕에서의 알루미늄 첨가, 청동 용탕에서의 인동 첨가 등이 이것에 해당한다.
강재통풍(强制通風, Forced Draught)	노 내의 통풍을 송풍기를 이용하여 촉진시키는 방법. 연돌에 자연 통풍에 대응하는 용어.
개량주철 (改良鑄鐵)	접종하여 조직이나 기계적 성질을 개량한 주철
개량처리 (改良處理)	Al-Si 합금(Silumin)용탕에 Na 같은 제 3원소를 극히 소량 가하는 것에 의하여 강도, 연성을 동시에 개량하는 방법으로 주철의 접종처리가 이에 속한다.
개방라이저 (Top Riser)	라이저의 가장 일반적인 형의 것. 보통 가장 두꺼운 부분에 설치함. 상형을 빼내면 대기와 통하고 있다.
개방압탕 (開放壓湯)	상면이 대기와 접하고 있는 압탕으로 맹압탕에 대응하는 말. 대기와 접하여 있기 때문에 표면에서 응고가 쉽고 맹압탕보다 압탕효과가 나쁘지만 이부분의 조형은 쉽다.
개방형 주형 (Open Sand Mold)	조형작업장 바닥에 그대로 주형을 만든다. 상형을 만들지 않고 그대로 용탕을 주입하는 것이므로 중요하지 않은 판류(板類), 심금(芯金) 등의 주조에 적용된다.
개재물 (介在物)	산화물 또는 기타의 불순물로 용탕이 산화하거나 유황 등의 불순물이 많으면 나타난다. 이것이 있으면 주물의 강도가 약해지므로 정련이나 고온용해에 의하여 이것을 제거한다.
건조강도 (乾燥强度)	110℃이상의 온도로 가열하여 유리수분을 제거한 건조상태로서의 주물사의 강도(압축, 전단, 인장 및 항절)
건조로 (乾燥爐)	주형을 건조하는 로(爐),. 코어용의 소형에서부터 대차(臺車)에 주형을 올려 놓고 넣었다 꺼냈다 하는 대형의 것까지 있다.
건조사(乾燥砂, Dry Sand)	일반적으로는 물로 씻어 건조한 주물사를 말하지만 건조형에 사용하는 주물사를 생략해서 말하는 경우도 있다.
건조형(乾燥形, Dry Sand Mold)	건조하여 수분을 제거한 주형, 생형보다도 강도가 크다. 중물(中物), 대물(大物)에 적용된다. 생형에 대응하는 말

용어	해설
건조형사 (乾燥型砂)	건조형에 사용하는 주물사. 점토를 주점결제로 한 주물사로 물을 첨가하여 조형한 후 건조하여 경화시킨다.
건태강도 (乾態强度)	110℃이상의 온도에서 가열하여 유리수분을 제거하고 건조상태로 된 주물사의 강도(건조강도)
경사주입(傾斜鑄入, Incline Molding)	주형을 기울여 주탕하는 주입법. 일반적으로는 탕구가 밑으로 압탕이 위로 되게 경사지기 때문에 가스가 형내에 갇혀 들어가는 일이 없고 가스 등도 형내에 정지하는 일이 없어 압탕에 집결되어 결함이 적은 주물을 만드는 일이 가능하다.
경합금주물 (經合金鑄物)	알루미늄 합금이나 마그네슘 합금 등으로 만든 주물
경화촉매 (硬化觸媒)	경화제, 경화촉진제, 자경성주형의 점결제의 경화능을 더욱 촉진시키는 역할을 하는 촉매적인 첨가제. 예를 들면 규산소다에는 규산2석회, 시멘트에는 당밀, 페놀레진이나 푸란레진에서는 인산 등이 사용되고 있다.
고규소선철 (高硅素銑鐵, High Silicon Pig lron)	보통 선철이 함유하고 있는 규소는 최고 4.5%이하까지이지만 특정의 목적을 위해서 규소가 이것보다 많이 함유되어 있는 선철, Si 10%정도 함유하고 있는 것이 보통이고 상품명은 시루바리선으로 잘 알려져 있다.
고로용 코크스 (Metallurgical Coke)	용광로에서 선철용으로 사용하는 코크스로, 주물용 코크스에 비하여 반응성을 높여 CO가스의 생성을 왕성하게 하고 또 드럼 시험강도가 높은 성질이 중요시 된다.
고로(高爐)	철광석을 코크스 또는 목탄으로 환원 용해하여 선철을 제조하는 입형로(立型爐)
고르개	주물사를 평평하게 긁어 고를 때 사용하는 도구
고압조형(기)	일반조형기 보다 높은 압력을 이용하여 주형을 만드는 기계로 조형의 고속화와 주조품의 치수정도를 향상시키는 것을 목적으로 사용한다. 유압에 의하여 1회의 스퀴즈 조작으로 성형한다.
고온강도 (高溫强度, Hot Strength)	주형이 용탕과 접촉하는 온도인 고온에서 시험된 주물사의 강도
고온계(高溫計)	고온도를 측정하는 계기. 열전대의 기전력을 측정하는 형식의 것이나 필라멘트의 광도에 의한 것, 색유리에 의한 것 등이 있다.
고온균열 (高溫龜裂)	주물이 부분적으로 냉각속도가 다르거나 코어 등 주형의 저항에 의하여 수축이 방해되어 응고직후의 고온에서 생기는 균열. 강주물에서 발생하기 쉽다.
고온용해 (高溫溶解)	고온도에서 용해하는 것으로 주철용해에 있어서 이 용어가 사용된다. 종전 주철의 용해온도는 1450℃ 정도가 기준이었지만 1500℃이상으로 하면 성질이 개선되고 건전한 주물을 얻기 쉬우므로 이와 같은 온도로 올려 노의 조업을 하는 것을 고온용해라 말하고 현재 널리 보급되고 있다. 청동류나, 알루미늄 합금에서는 고온의 용해는 수소가 많으므로 사용하지 않는다.
고정탄소 (固定炭素, Fixed carbon)	코크스나 석탄에 포함된 불휘발성 탄소
고주파유도로 (高周波誘導爐)	원통형 내화재의 외측에 코일을 감아 이것에 고주파전류를 통하여 금속을 용해하는 로.
고철 (古鐵, Scrap lron)	철, 강, 주철 등의 스크랩, 불량품, 넓은 의미로는 용해폐기물 혹은 철 합금의 변형(가공) 폐기물 등에 관해서도 말한다.

용어	해설
고체수축(固體收縮, Solid Shrinkage)	주물이 응고가 끝나고 냉각하여 상온에 달할 때까지의 고체에서 일어나는 수축
과열부(過熱部)	주형 혹은 주물에 있어서 국부적으로 냉각이 늦어지는 부분을 말한다. 주물의 결함이 나오기 쉬운 부분이다.
구갑형모양(龜甲型模樣, Tortoise-Shell Figure)	주철 용탕이 탕면모양의 일종. 고탄소 고규소의 경우에 나타나기 쉽다.
규산소오다 (Sodium Silicate)	규산나트륨(Na_2SiO_2)을 말한다. 물, 알카리에 가용, 알콜, 산에 의하여 겔 상태의 규산을 분리한다. 규산과소다회를 혼합하여 용융하고 투명하게 된 것을 냉각고체화 하여 조쇄한 후 오토클레이브(autoclave)중에 넣어 용해하고 여과하여 액을 진공농축하여 만든다. CO_2법이나 자경성 주형의 점결제로 이용하는 외에 분말야금, 접착제, 세제(洗劑), 급경제(急硬劑)등에 사용되고 있다.
규석벽돌 (硅石煉瓦, Silica Brick)	규산(SiO_2)를 주성분으로 하는 산성 내화벽돌, 내화도 1685~1850℃
균열 (龜裂, Crack)	주조할 때 주물의 모양에 따라서 냉각속도의 불균일 등, 수축의 방해 때문에 발생한 균열로 화학조성, 수축률, 기계적 성질 등이 관련이 있으며 온도분포의 불균일에 의하여 깨어지는 일이 있다, 이 깨어지는 면이 청홍색으로 보이고 또 300℃이하의 비교적 낮은 온도대에 있어서도 발생하기 쉽다.
긁기판 (Stirckling board)	① 주형을 다짐한 뒤 남은 모래를 긁어내는 판 ② 긁기형에 사용하여 모래를 긁는 판
긁기형, 고물개형 (Strickle Mold)	주물의 모양이 가늘고 길며 단면이 한가지 모양인 파이프와 같은 것을 만들기 위한 조형법으로 그 단면의 반쪽과 같은 모양을 판에 잘라 붙여 이것을 긁기판으로 하여 안내판에 따라 긁기에 의하여 주형을 제작하는 방법.
긁기형 코어 조형법	긁기형법에 의하여 코어를 만드는 조형법
기계조형 (機械造型)	조형작업을 기계의 힘에 의하여 하는 것으로 조형능률의 향상을 기하는 방법. 이 조형기에 몰딩머신, 샌드슬링거 등이 있다.
기공 (氣孔, Blow Hole)	주물내부에 포함되어 있는 크고 작은 기포를 총칭하고 있다. 주입 중에 공기나 주형에 의하여 발생하는 가스를 흡입하거나 용탕자체에서 방출된 가스가 응고시에 방출되지 않고 잔류한 것 등 발생 원인도 다양하다.
기포(氣泡)	주물결함의 일종으로 기포상의 모양 용탕에 흡수된 가스가 과포화된 경우, 주형에서 발생한 가스가 용탕중에 침입한 경우, 주입중에 탕의 흐름이 난폭하여 공기가 감겨들어가는 경우 등에 의하여 기포가 생긴다. 용탕이 응고할 때까지 방출하지 않으면 기포가 그대로 주물내에 잔류한다.
내부수축 (Internal Shrinkage)	금속이 융체(融體)에서 고체로 변화할 때 수축률의 변화에 의하여 생기는 공간, 최종 응고부에 양균상(羊菌狀) 또는 스폰지 상태로 나타난다.
내화도(耐火度)	내화성의 정도를 나타내는 것. 온도 또는 제게르 콘 번호로, 예컨대 SK34와 같이 나타내는 것이 보통이다.
내화모르타르 (Refractory Material)	용해로의 라이닝용 분말모양의 내화성재료로, 소량의 수분을 섞어 저어서 패칭(Patching)재 또는 연와의 이음자리 메꾸기용에 사용한다,
내화물(耐火物)	고열(高熱)과 접촉하는 용해로의 라이닝이나, 열처리로의 가열실 및 연소실의 내벽에 사용하는 내화성 재료.

용어	해설
내화성 (耐火性, Refractoriness)	재료의 열에 대한 저항성을 말한다. 보통 로벽 라이닝재 침식의 대소는 꼭 내화성에만 원인이 있는 것은 아니다. 내화성은 일반적으로 제게르 콘(Seger Cone)의 내화번호로 예컨대 SK34처럼 나타낸다.
내화점토 (耐火粘土, Fire curve)	점도(粘度)의 주성분인 카올리나이트를 고도로 함유한 것. 내화도는 SK33(1730℃)이상, 목절(木節)점토도 그 일종이다.
냉간가공 (Cold Working)	금속이 재결정하는 온도 이하에서 압연, 단조등의 소성가공을 하는 것으로서, 이에 의하여 가공변형이 잔류하여 경도나 인장강도 등이 향상될 수 있다.
냉간취성(冷間脆性, Chill brittlement)	저온취성강은 0℃이하 -50℃부근이 되면 급격히 충격치가 저하하는 경향이 있는데, 이것을 냉간취성이라고 부르고 있다, 이의 개선에 몰리브덴(molybdenum)의 첨가가 유효하다.
냉금 (冷金, Chiller, Densener)	수축공을 일으키기 쉬운 곳이나, 특히 조직을 조밀하게 하고 싶은 곳에 대어서 그부분의 냉각을 빠르게 하는 금속, 흑연을 쓰는 일도 있다.
냉동수은 (冷凍水銀)	머캐스트법에 사용하는 수은으로서, 저온처리로 냉동시켜서 원형으로 한다. → 머캐스트(Mercast)법
냉접점 (冷接點, Cold Junction)	열전대를 사용하여 온도를 측정하는 경우에 열전대와 전위차계의 도선과의 접합점을 0℃로 유지시키면, 온도보정의 필요가 없고, 온도 측정 정도를 향상시킬 수가 있다. 이와 같은 접합점을 냉접점이라 말하고 있다.
냉정(冷釘, Foundry nail, Chill nail)	주형벽이 보강되므로 형흐트러지기, 씻겨지기, Scab을 방지하는 효과도 있다. 주형에 꽂는 머리부분이 큰 냉금용의 강제의 못
네이벌 황동 (Naval Brass)	네이벌브라스(Naval Brass)는 아연 40%를 함유한 6~4% 황동의 아연을 주석 1.5%까지 넣어 바꾸는 것을 말한다. 인장강도 35kg$_f$/mm^2 이상의 강도를 가지고 있으며 주물용과 가공용에 사용된다. 내해수성이 양호하므로 선박용 부품에 이용된다.
넥 다운 (Neck Down)	주물본체에서 탕구를 제거하기 쉽도록 하기위해, 그 목부분이 나중에 끊어지기 쉽게 하기 위해 삽입하는 얇은 core 부분의 보온을 겸하므로 압탕효과는 감소하지 않는다.
노라이닝 큐폴라 (No lining cupola)	용해로를 라이닝 하지 않고 수냉철판으로 구성한 큐폴라, 라이닝을 한 보통의 큐폴라는 내화물의 침식에 따르는 로의 변동이 일어나기 쉽다. 이 큐폴라는 그런 일이 없고 장시간에 걸쳐 안정된 조업을 할 수 있다. 또 로수의 공정도 생략된다. 그러나 용해축을 냉각시키는 결점이 있으므로 소형큐폴라에는 적용치 못한다.
녹청(綠靑, Verdisgris, Patina)	동 또는 합금을 공기중에서 방치할 때 발생하는 녹색의 녹으로서 성분은 염기성 탄산동이고 유독하다. 또 인공적으로는 장식용에 염기성 산화동을 발생시키는 일도 있다.
뉴우메틱 치젤 (Pneumetic Chisel)	압축공기를 사용하여 피스톤이 고속으로 왕복하는 기계를 가진 기구로서 이것에 끝을 삽입하여 모서리 다듬기나 로로 사용된다.
다짐이 틈 (Ram off)	모형의 외형과 일치한 주형의 일부가 다짐의 차이에 의하여 모형의 외면에서 떨어져 생긴 결함 부분적인 swell 이나 shift 와 비슷하다.
단면수축률(斷面收縮率, Necking Down)	인성재료가 인장으로 파단하게 되면 파단면 부근은 늘어나서 가늘어진다. 이 단면적 축소량의 원단면적에 대한 비를 단면수축률이라 한다.
단면효과 (斷面效果, Edge Effect)	방향성 응고와 관련한 용어, 주물단면은 중앙부에 비해 주형으로 열이 빠져나기기 쉬워 냉각이 빨라 온도구배는 단면에 가까울수록 낮아지는 형이 된다. 이러한 온도구배로 방향성 응고가 조장되는 효과를 단면효과라 한다. 단면효과가 미치는 범위에는 한계가 있으며 주강실험에 의하면 단면에서 두께의 2.5배까지라 한다.

용어	해설
단탕구(段湯口, Step Gate)	탕봉 중간 1~3개소로부터도 용탕을 보급할 수 있도록 계단상으로 설치한 것.
답피	로에 바람을 보내는 풀무. 축에 판을 건너 붙여 판 양단을 교차해 발로 밟아 내려 풀무에 바람을 넣는 장치. 송풍기가 보급되기 까지는 구형로의 송풍에서 이러한 형태의 풀무를 썼다.
대기압 압탕 (大氣壓 押湯, Atmospheric Riser William's Riser)	맹압탕의 일종. 압탕의 표면 응고후에도 계속 대기압이 그 내부에 걸려 압탕효과를 지속시킬 수 있도록 core 또는 내화물의 가늘고 둥근 봉을 정부(頂部)에 삽입한 압탕.
대차(臺車)	공장내 궤상(軌上)운반차. 대형 풀림로 또는 건조로에서 주물이나 주형을 싣고 출입하는 궤도차.
더브테일 (Dove Tail)	목형이나 목상자의 네모퉁이를 잘라 조합하는 방법. 접합부에 열테이퍼가 지나가는 것으로 단단한 접합이 된다. 또 루스피스 부분에서는 이 접합법을 이용한다.
더블엔더 (Double Ender)	주형 깊숙한 곳의 귀퉁이 각진 부분이나 만곡한 아크부등의 모래를 누르거나 다질때 혹은 여분 모래를 떠날 때 사용하는 주걱. 주걱단면에 모가 나있는 것이나 둥근 것 등 여러 가지가 있다.
더어빌 법 (Durville Pouring)	경주주입법. 탕류부분과 주형을 서서히 전체를 경사시키면서 용탕을 주형안에 주입하는 주입법. 용탕이 아주 조용히 주입되는 것이 그 특징.
데포지티드 메탈 (Deposited Metal)	용접이나 용탕주입 보수후에 살이 많이 붙어 불룩해진 용탕이 응고한 부분을 말한다.
도판	추진기(推進器) 조형시 날개면의 경사를 제작하기 위한 인판(引板)의 안내가 되는 판
도형제(途型劑, Coating agent)	모래를 용탕의 열로부터 보호하고 동시에 주물표면을 매끈하게 하기 위해 型표면에 도포 또는 분무하는 피막제, 이것으로는 흑연, 실리콘플라우어 혹은 지르콘플라우어 등의 내화재 외에 점결제 기타를 함유한 액상재료를 사용한다. 용제로서는 물 또는 알콜등을 사용한다.
듀랄루민 (Duralumin)	구리 및 마그네슘 등을 함유한 알루미늄 합금 시효경과로 강도를 얻게 할 수 있다. 주성분은 Cu 4%, Mn 0.5%, Mg 0.5% 나머지 Al으로 소성가공에 적합하나 주물용으로는 사용되지 않는다.
드럼형 체 (Drum type screen)	모래 처리 장치에 진동체와 함께 사용되는 경사를 가진 긴 드럼형 강제체로 연속회전함에 따라 가운데로 순차 장입되는 회수사가 체질해져서 마지막 남은 덩어리나 협잡물이 다른 출구로 배출되도록 되어 있다.
드레인 홀 (Drain hole)	압축기등의 탱크 하부에 물방울이 응집하여 물이 고이므로 탱크하부에 이것을 배출하기 위한 구멍을 뚫고 밸브크랙을 설치하여 개재하는 개소 장치를 한다. 이 구멍을 드레인 홀, 코크를 드레인 코크라 한다. 또 큐폴라에 설치하는 연속출탕 Spout에 고인 용탕을 배출하기 위한 좁힌 입구를 드레인 호올이라 한다.
드롭(Drop)	주형 파편이 주탕 전에 떨어져 생긴 주물결함
드로스(湯)	용융한 금속의 표면에 발생하는 산화물이나 슬래그류, 용탕 중 혹은 표면에 부상해 있는 금속산화물의 덩어리
디플랙션(Deflection)	회주철등의 굽힘시험을 할 때 시험편의 최대 만곡깊이. 또 항절시험에 있어서 파단때까지 굽어진 거리.

용어	해설
D형흑연 (D TypeGraphite, D型黑鉛)	미국주물협회, 동재료 시험협회(ASTM)가 정한 흑연형식 분류중의 하나. 미세한 편상흑연이 초정 오스테나이트 수지상정의 간극(間隙)을 메우며 분포하는 것. 이 때문에 수지상정의 모습이 미세흑연에 의해 부조(浮彫)되어 그 형태가 명확히 나타나 있다. E형흑연과 달리 미세한 편(片)상흑연 하나하나가 무방향으로 배열되어 있다. 이흑연 형식이 면지기가 페라이트화하기 쉽고 일반적으로 강도가 낮다. 불량한 형식으로 지적된다.
라이저 런너 (Riser Runner)	탕도를 크게 하여 압탕효과를 내도록 한 것.
라이저 패드 (Riser Pad)	압탕을 파단할 때 주물부에 움푹 패어 들어 가는 것이 발생하지 않도록 하기 위해 압탕의 뿌리를 넓히는 일이 있는데 그 넓혀 놓은 뿌리 부분을 말한다.
랩 게이트 (Lap Gate)	두께가 두꺼운 주물 상부의 연(緣)에 설치한 압탕을 겸한 접속부의 폭은 보통 2~3mm로 하며 압탕과 주물면에 둘러싸인 모래가 보온 역할을 하여 접속부는 잘 응고하지 않아 압탕으로부터 용탕보급이 용이하다. 주철 주물에 많이 적용되고 있다.
레크(Lake)	긴 철봉의 일단을 편평하게 두들겨 펴서 직각으로 구부린 것으로 화상내의 화층을 휘젓는 도구
로스터(Roaster)	각종 로의 연소실 하부에 장입된 고체연료의 지탱물인 격자상의 철구, 그냥 봉을 나란히 한 것도 있다. 내열강, 내열주철, 백주철 등으로 만들어 진다.
로타리형 모래 건조기 (Rotary Drier)	회전하는 원통의 일단(一端)으로 습한 모래를 장입하여 모래가 원통 내를 전송되는 사이에 열풍이나 연소 불꽃 등에 의해 건조하는 기구.
로타리형 혼사기 (Rotary Muller)	원통형의 동체(胴體)속에 전진판을 가진 회전축을 가지며, 그에 의해 일단(一端)으로 장입한 재료가 연속적으로 혼합되어 타단(他端)에 나오는 기구의 혼련(混練) 기계
로탭형 표준체	모래의 입도측정을 위해 표준체를 쌓아 올려서 측정할 사립(砂粒)을 넣고, 진동을 주어 체치기 분류를 하는 기계, 체는 수평운동과 왕복운동, 타격을 짝지워서 할 수 있는 기구로 되어 있고 그 진폭은 25mm로 매분 270정도의 진동수에 대하여 140회 정도의 타격운동을 주어서 체치기 분류를 하도록 되어 있다.
로크웰 경도 (Rockwell Hardness)	다이아몬드(C스케일, 150kg_f하중)또는 강구(B스케일 100kg_f하중)에 압력을 가하여 시료를 움푹 퍼이게 만들고, 그 깊이를 환산하여 나타내는 경도. 일반적으로 브리넬(Brinell)경도계 보다 얇은 재료도 측정할 수 있는 이 점이 있다.
롤러 컨베이어 (Roller Converyer)	회전하는 작은 롤러를 횡방향으로 배열한 컨베어로서 주물공장에서는 주형이나 주물의 운반에 사용하고 있다.
롱 치즐(Long Chisel)	제품 안쪽 등의 사락(砂落), 덧살 제거에 사용하는 긴 끌.
루스피스 (Loose Piece)	원형의 일부가 이형되지 않아 그대로는 빼낼 수 없을 때에 그부분을 주형 내에 남겨 원형의 주체를 빼낸 후에 남아 있는 부분을 말한다. 이 부분을 주형에 위치하는 의미로 Loose Piece라는 이름을 붙였지만 이 부분의 원형은 주 원형에서 떨어질 수 있도록 넣은 것이므로 루스피스라고도 한다.
루츠형 송풍기 (Roots Blower)	큐폴라등에 사용되는 송풍기, 동체 속에 2개의 회전자를 회전시켜 그 사이에 들어 있는 공기를 압축하여 내보낸다. 송풍량은 회전자의 회전수에 비례하며 다소의 저항이 있어도 소요의 풍량을 노내에 보낼 수 있는 특색이 있다.
리깅(Rigging)	조형을 하기 위해 정판위에 주물본체, 주입구, 런오프 등의 모형을 배치하는 준비작업.

용어	해설
리프터 (Lifter)	① 합형하기 전에 주형내의 파손된 모래를 건져 올리는 흙손 ② 물체를 상승시키는 기구 일반의 총칭
리프터 크리너 (Lifter Cleaner)	깊은 주형 밑바닥에 떨어진 모래나 먼지를 건져올릴 때 쓰는 공구
릴리프 스프루 (Relief Sprue)	탕도와 주물사이에 부착하는 탕구모양의 것으로서 주입시에 있어서 용탕압력의 완충이나 지꺼기등의 부상에 효과가 있다. 이 지름은 그리 크게 하지 않고 대체로 탕구지름과 동등한 정도로 한다.
마그네시아 클링커	마그네사이트, 수골석 또는 해수마그네시아를 소성하여 만든 것으로 부정형 내화물로서 그대로 사용하는 경우와 마그네시아 벽돌의 원료로 하는 경우가 있다.
매그코우크 (Mag-coke)	마그네슘을 침투시킨 코크스로서 구상흑연주철을 제조할 때에 구상화제로서 사용한다.
마르탬퍼링 (Martempering)	오스테나이트화 한 후 마르텐사이트 변태개시온도의 직상의 항온욕에서 퀜칭하고 시편의 내외의 온도가 동하게 된 후에 끌어올려 공냉하는 처리를 말한다. 이 방법에 의하면 마르텐사이트변태가 서서히 행해지므로 균열의 우려가 없다.
마호가니 (Mahogany)	치밀하고 균등한 질의 목재로서 세공도 용이하고 또한 신축이 적고 마모(磨耗)에도 강한 점에서 복잡한 모양의 목형재료로서 좋으나 값이 비싸다.
매몰	주체부를 조형 후 부속부를 조형하기 위하여 파서 넣은 목형편, 회전형의 경우 긁기판에서는 성형하지 않은 부분, 예를 들면 휘일의 아암부는 이것을 사용해서 조형한다.
매몰사 (Filling Sand)	코어를 붙이는 경우 코어가 부스러지는 것을 방지하기 위하여 코어 프린트와의 사이를 채워주는 모래
매몰칠 (Internal Chill)	① 동질 또는 다른 재료의 금속을 주물중에 넣어 용착시킨 것. ② 두꺼워 냉각이 늦는 부분에 생기는 불량을 방지하기 위하여 주형내에 미리 열전도도가 큰 물건을 넣어 주물을 내부에서 냉각하는 방법
매몰 코어 (Filling Core)	주형 또는 코어형의 일부에 매몰. 그 분의 모양 칫수를 주출(鑄出)하기 위하여 사용한 코어
매치 플레이트 (Match plate)	분할면에서 의하여 상형. 하형으로 분할 된 모형을 상면, 하면에 부착시킨 판으로 조형기에 의한 형 채우기 작업에 적용된다.
매탕	용해로를 가지지 않고 주형만을 자기가 만들고 용탕은 다른 공장에서 사가지고 주물을 생산하는 것. 주물공장의 소규모 경영형태로 소자본으로 독립하는 경우 이 형태로 한 걸음 나아가 공장의 한쪽을 빌리기도 하고 인접한 소공장을 신설하기도 하여 작업을 한다.
맹압탕 (Blind Feeder)	모래 가운데 쌓여져서 상면이 대기에 접하지 않는 압탕. 외부로부터 보이지 않으므로 이같이 부른다. 대기에 위한 냉각이 방지되므로 압탕 효과가 크다.
머캐스트법 (Mercast process)	납이나 폴리스틸렌 대신에 냉동수은을 사용하여 원형으로 하고 여기에 내화물을 씌워서 셀 상의 주형을 만들고 상온에서 수은을 흐르게 하고 또한 소성한 두에 모래로 충전, 보강하여 주형으로 한 정밀주조법
머플로 (Muffle Furnace)	가열하는 재료에 화염등을 직접 닿지 않게 하기 위해 전기저항열에 의하여 가열하는 구조의 로로서 저항체로서는 니크롬선, 탄화규소 등이 많이 사용된다.
뮬라이트 (Mullite)	실리카, 알루미나계의 내화물로서 $3Al_2O_3 \cdot 2SiO_2$의 조성을 가지며 1800℃ 이상의 온도에 견디며 전기로의 내화재료로서 우수하다. 천연으로도 산출되지만 시리마나이트를 전융합성하여 제조하는 일도 많아지고 있다.

용어	해설
매몰주조법 (Lost Wax Process)	Wax로 원형을 만들고 그 외측에 체를 쳐서 고르게 소사, 점토, 종이섬유들을 혼합시킨 진사라고 하는 혼합물을 세(細), 중(中), 황(荒)의 순서로 칠해 가면서 성형하여 건조 후 주형을 가열하여 먼저 Wax를 유출시키고 이어서 고온도로 올려서 잔존물을 태워 없애면서 주형을 소성하여 주탕한다. 이어서 Wax의 겉부분이 미끄러우므로 표면이 고운 주물이 나온다. 미술주물의 다수는 이 방법에 의하여 만들어진다. 현재 공업적으로 행하여지는 Wax형법과 구별하기 위해 이 형법을 진토식 Wax형법이 라고도 부른다.
면취 (Fillet Chamfer)	주물의 각우부(角隅部)가 지각 또는 예각으로 접해 있으면 조형이 곤란할 뿐만 아니라 수축이나 균열이 발생하기 쉽다. 그래서 각우부(角隅部)를 둥글게 하는데 이것을 면취라 한다. 원형에 만들어져 있지 않을 경우에는 조형 때에 흙손으로 매만져서 둥글게 만드는데 원형에 미리 만들어지는 것이 바람직하며 이를 위해 표준치수의 목편 또는 플라스틱의 부품이 있다.
모넬 메탈 (Monel metal)	니켈 65~70%, 동 30~35%의 합금으로서 내식성이 뛰어나고 그 외에 인장강도도 강에 필적할 만큼 강하다.
모노레일 (Monorail)	하나의 레일 또는 가이드 위에 차륜을 얹은 차가 다닐 수 있게 하여 운반시키던지 또는 레일을 위에 설치하여 여기에 주행 호이스트 등을 달아매어 운반시키는 장치
모노리틱 라이닝 (Monolithic Lining)	내화재료를 분체(粉體)인 채로 Stamp하거나 흘려 넣어서 Padding 하는 것. 침식에 약한 이은틈의 구분을 만들지 않고 라이닝할 수 있다. 팻칭이라고도 말한다. 또 여기 쓰는 내화재는 스탬프로 충분이 다져서 굳힐 수 있도록 적당한 점도와 점결제의 선택이 필요하다.
원형도장 (Pattern Coating)	원형에 모래가 부착하는 것을 방지하거나 습기를 받지 않도록 원형의 표면에 도료를 칠하는 것. 흔히 목형의 경우에는 니스, 락카, 비닐계의 도료를 많이 쓰고 있다.
원형발취, 패턴드로우 (Pattern-draw)	조형 때 주형으로부터 원형을 빼내는 것. 원형을 움직여서 빼내는 방법과 원형을 고정해 놓고 주형을 움직이는 법이 있다. 단순한 조형시에서는 손으로 빼낸다. 복잡한 것, 예컨대 졸트롤, 오버패턴드로우, 몰딩머신에게는 기계적으로 반전하여 형을 상방에 빼 올린다.
목마(木馬)	회전형의 회전축의 지지대
목분 (木粉, Wood flour)	나무를 작게 분쇄한 것으로 때로는 처리한 섬유만으로 하는 경우도 있다. 이것을 규사와 혼합하여 조형하면 붕괴성을 좋게 하고 주물사의 팽창에 희한 결함의 방지, 유동성의 증가, 주물표면의 미려화, 사락의 용이화등의 효과가 있다.
목절점토 (木節粘土, Kibushi clay)	점토의 일종으로 불순물의 함유가 적은 것으로 내화도가 높고 점결력도 강하여 건조형의 주점결제로 많이 사용한다. 점토는 화강암 중의 장석이 풍황에 의하여 만들어지지만 목절점토는 이것이 물에 흘러 퇴적한 2차 점토에 속한다. 이 점토층은 안에는 수목이 아탄화(亞炭化)한 검은 결절상의 것이 존재하고 있는 것이므로 목절점토라 한다.
목탄선 (Charcoal Pig Iron)	목탄을 연료 사용하여 환원 정련한 선철로 유황, 인, 기타의 불순물이 적고 코크스를 연료로 사용한 선철에 비하여 각종의 면에서 뛰어난 성질을 갖고 있다. 칠드롤이나 구상흑연 주철의 원자재로서 적합하다고 되어 왔지만 생산량이 적고 고가이므로 현재는 거의 이용되고 있지 않다.
몰드 크램프 (Mold Clamp)	주형의 상형과 하형을 합형할 때 사용하는 도구
몰딩 그레이벌 (Molding Gravel)	암석을 분쇄한 조립자와 세립자를 혼합시킨 주물사

용어	해설
밀림(Shift)	합형이 부정확하여 생기는 주물결함으로 형 밀림이나 중자밀림등이 있다. 형밀림은 분할면이 잘 맞지 않아서 상형부와 하형부가 엇갈린 것이다. 코어밀림은 코어의 설치나 조합이 부정확하여 두께가 어긋나는 것을 말한다.
밀스케일 (Mill Scale)	강재의 열간압연, 단조등 때에 발생하는 산화철로서 백신가단주철의 탈탄제, 강용해에 있어서 산화정련 첨가제 등으로 사용되는 일이 있다.
바렐형 레이들 (Barrel Type Ladle, Drum Laidle)	횡형(橫型)의 레이들. 모양이 원통으로 되어 있어, 용량이 큰 것에 비해 높이가 낮으므로 주탕(注湯)의 헤드를 낮게 할 수 있다는 이점이 있다.
바이프로덕트 코크스 (By-product Cokes)	부산물 회수식 코크스로(爐)로 제조된 코크스, 이 방식의 코크스로에는 실로와 레토르트르가 있는데 보통 코크스로라 하면, 최근에는 거의 전자의 실로를 말한다. 보통 석탄 가스의 경우에는 오히려 석탄가스가 부산물이 된다.
반선부(Mottle Part)	주철에서 흑연화한 부분과 백선화한 부분의 중간부를 말하며, 상방의 조직이 혼합하여 얼룩덜룩해 보인다. 가단주철의 결함의 하나로서 이 말이 잘 쓰인다. 즉, 가단주철의 주물은 완전히 백선화 되어 있지 않으면 안되는데, 반점이 나타나면 편상흑연이 남아서 풀림하여도 강도와 인성이 마음대로 나오지 않는다.
반선코크(Semi-Coke)	갈탄, 유연탄등을 600℃정도의 저온(고온코크스를 만들 때에는 약 1100℃)에서 건류하면, 석탄 성분 중 비교적 불안정한 것이 열분해하여, 저온가스, 저온탈가스와 함께 공기중에서 착화온도는 약 400℃로 목탄(백탄)에 가깝다. 수분 5~10%, 휘발분 6~15%, 고정탄소 60~78%, 가정연료나 코크스 제품에 있어서의 혼탄용 등에 드물게 사용되는데 불과하다. 상품명은 코라이트.
발생로가스 (Producer gas)	백열한 석탄에 적량의 공기를 통해서 만들어지는 연료용의 가스, 발열량은 수성가스에 비해 훨씬 적지만 간단히 제조할 수 있는 점이 편리하다. 조성은 일정치 않으나 대체로 H_2 5%, CO 29%, CH_4, CO_2 각 2% 정도이다.
방향성 응고 (Directional Solidification)	응고의 진행에 방향성을 갖게 하는 것. 예컨대 주물의 응고에 있어서 제품에 수축공, 그 외의 결함이 발생하지 않게 하기 위해서는 제품부를 먼저 응고시키고 압탕 등을 나중에 응고시키도록 하면 된다. 그러기 위해 냉금 등을 대거나 압탕의 치수를 고려하거나 한다. 이와 같이 응고에 방향성을 갖게 하는 일이다. 최근에는 결정의 방향을 일방향에 정렬시켜 결정의 생성과정을 연구하거나 새로운 재질의 개발이 시도되고 있다.
발열보온재 (Exothermic Sleeve)	발열반응을 일으키는 물질로 만들어진 원통상의 것으로 압탕부에 묻어 넣어 사용한다. 용탕이 압탕부를 채우면 이 슬리브가 발열하여 압탕부의 냉각을 지연시키므로 압탕효과가 개선된다.
발열압탕 (Exothermic Riser)	압탕효과를 크게 하기 위해 압탕부분의 용금의 냉각을 할 억제 목적으로 표면에 발열제를 첨가하거나 흑연전극에 의해 방전 발열하는 등의 고안을 한 압탕.
발열코어 (Exothermic Breaker Core)	발열제로 만든 넥다운. 이에 의해 압탕의 보합능력이 일층 증진된다.
발화합금 (Pyrophoric Alloys)	마찰에 의하여 발화하는 셀륨과 합금철과의 합금
배기공 가스빼기 (Vent Whistler)	주형에 주탕할 때 발생하는 가스나 공기를 빼기 위하여 주형이나 중자의 모래 부분에 설계되어 있는 가스통로 외형에서는 공기 빼내는 침을 꽂아 만들지만 코어에서는 중심부에 상당히 큰 공동(空洞)을 만들어 가스를 빼내기 쉽게 하는 일이 많다.

용어	해설
백연(百緣, Picture Frame)	흑심가단주철 표면층에 생기는 두터운 탈탄층은 표면의 페라이트층과 그 바로 밑의 펄라이트층으로 되어 있다. 이 펄라이트층을 백연이라 부른다. 이 층이 두터워지면 절삭성을 해치고 끝손질 상태를 나쁘게 하므로 가능한한 적게 하는 것이 좋다.
백점토(白粘土, White Clay)	White Clay 내화점토의 일종, 카올린의 순백인 것을 부르는 속칭, 외관이 흰 카올린을 백점토라고 속칭하나 백도토라 부르는 것이 옳다.
백주철 (White Cast Iron)	백선주물(白銑鑄物), 흑연이 석출하지 않은 주철은 파면이 희므로 백주철이라 불려진다. 탄소가 거의 세멘타이트(Fe_3C)로 되어 있기 때문에 硬하며 약하다. 기계부품으로서는 적합지 못하고 밀용 보올과 같은 극도로 사용된다. 성분적으로는 저규소의 경우 또 크롬이 함유되면 백주철로 된다. 또 가단주철은 저탄소, 저규소의 성분조성으로서 백주철의 상태로 주조된다. 보통주철이라도 급냉하면 백주철로 된다.
버클(Buckle)	주탕에서 형사(型砂)팽창으로 그 일부가 주물표면에 압출되어 생긴 결함을 버클이라 한다. 주물표면에 작은 불규칙한 선으로 발생하는 작은 버클을 맥상버클이라하다,
불즈아이 조직 (Bull's Eye Structure)	구상흑연주철, 가단주철의 현미경조직에 있어서 구상 혹은 구상의 흑연 둘레는 페라이트가 둘러싸서 기지가 펄라이트로 되어서 마치 소눈알과 같이 된 조직
베이나이트 (Bainite)	오스테나이트 상태의 동을 물에 퀜칭하지 않고 150~550℃사이의 적당한 온도로 유지한 뒤 냉각하면 마르텐사이트와 트루스타이트와의 중간조직이 발생한다. 발견자인 E.C.BAIN의 이름을 따서 베이나이트라 하면 침상은 마르텐사이트와 비슷하지만 부식되기 쉽고 경도가 마오텐사이트 보다 낮고 인성이 풍부하다. 보통 퀜칭, 템퍼링에 의해서는 얻을 수 없다 .
벤치(Bench Mold)	인력(人力)으로 조형한 주형
벤튜리 관 (Venturi Tube)	유체중에 압을 발생시켜, 이 壓을 측정함으로서 유속, 유량을 알아낼 수 있다. 벤츄리관은 구멍을 경계로 하며 상류와 하류 부분은 완만한 테이퍼의 길다란 원추형으로 되어 있기 때문에 유체는 원활히 흐르고 타종의 차압 발생기구에 비교하여 압력손실이 가장 적고 또 마모도 적어 먼지로 인해 막혀질 위험도 적다. 그러나 설치가 복잡하고 값이 비싸다.
벤트왁스(Vent Wax)	중자등의 사형에 채워서 건조에 의해 왁스가 녹아서 개스 빠지는 구멍이 나도록 하는 것.
벨 메탈(Bell Metal)	주석을 약 20%정도 함유하는 청동, 음향이 좋아져 종(鍾)에 사용되지만 연성이 적다.
벨 포스포라이저 (Bell Phosphorizer)	소형의 도가니를 거꾸로 한 것 같은 형에 철봉을 부착시킨 것 . 회수율이 나쁜 금속, 합금을 용금 중에 장입했기 때문에 이 호칭이 있다.프란쟈라고 한다. 최근에는 구상흑주철 제조때의 마그네슘 합금에도 이용되고 있다.
변태 (Transformation)	화학조성이 같고 외부의 조건에 의하여 원자배열이나 물리적 성질이 변하는 것
변형(Strain)	주형면에서 균열을 일으켜 용탕이 끼여들어가 주형을 눌러 넓게 되는 현상
보스(Boss)	돌기물을 이르는 것인데 주물에서는 공(孔)의 주변부 등을 두께로 하여 돌기시키고, 이부분을 일컫는 일이 많다. 차의 축이 끼워지는 부분 등이 그 대표적 예이며, 강도가 부하되므로 살이 두껍게 되어 있다.
보오크사이트 (Bauxite)	알루미늄의 원료. 주성분은 $Al_2O_3 \cdot 2H_2O$로 점토상의 광물이다.
보오크사이트 연와 (Bauxite Brick)	알루미나 80~90%을 함유하는 중성 벽돌, SK 37~38.

용어	해설
보조주형틀 (Filling Frame)	주형틀 위에 놓아 조형시에 모래가 흘러 떨어지지 않도록 하는 틀.
보조탕구 (補助湯口)	릴리프 스풀
복용성 (復用性)	주조공정에서는 일반으로 주물사의 반복사용할 수 있는 정도를 나타내는 성질을 말한다. 점토를 점결제로 하는 보통의 사형은 복용성이 있지만, 용탕의 열 때문에 노화하여 그 성질이 차차 열화하므로 불필요한 미분을 제거하는 등의 처리를 함과 아울러 신사를 가하는 일이 바람직하다. 셀형과 같은 유기물을 점결제로 하는 사형은 복용성이 나쁘다.
본드(Bond)	① 접착제의 상품명 ② 사형의 점결제를 말함
봄베(Bombe)	가스를 저장하는 고압용기
블로우 홀 (Blow Hole, Gas Hole)	주물 내부에 포함되어 있는 기포의 크고 작은 것을 총칭하고 있다. 주입 중에 공기나 주형에서 발생하는 가스를 흡입하거나 용탕 자체에서 방출된 가스가 응고시에 방출되지 않고 잔류한 것 등 발생 원인도 다양하다.
부분형	주물의 모양이 동형의 부분에 짝지어 합쳐져진 것인 경우에는 그 부분만의 모형을 써서 순차적으로 조형해 나가면 전체의 성형이 된다. 이와 같은 부분적인 모형을 부분형이라 한다.
부-쉬(Bush)	베어링이나 맞물리는 부분등으로 되는 원형 모양의 주물 부품
부정형내화물 (不定型耐火物)	벽돌상의 내화물과 같이 일정한 모양을 가진 것에 대하여 입상 또는 분말상 혹은 혼합상의 내화물을 말한다. 수경성(手硬性), 공기경화성 및 열경성(熱硬性)의 것이 있다. 이음매 모르타르나 내화 모르타르도 이에 포함된다. 특성용도에 따라서 나누면 다음과 같은 종류가 있다. ① 프라스틱 내화물 ② 캐스타블 ③ 래밍믹스 ④ 내화물탈 ⑤ 내화피복제
부채형	지름이 다른 동심원 모양의 물건은 조형하는 경우에 이용하는 긁기형의 일종. 물품의 외각 모양의 상자판과 긁기형의 일종. 물품의 외각 모양의 상자판과 긁기형으로 되어 있다. 긁기판 중심선의 양단에 핀을 붙여 상자판에 놓는다. 상자판을 눌러 긁기판을 흔들면서 회전시켜 주물사를 긁는다.
분광분석	원자의 발광스펙트로는 각원소에 고유한 것이므로 각원소의 스펙트로선의 파장을 비교함으로써 원소의 정성 및 정량분석이 가능하다. 이것은 발광 스펙트로에 의한 분광분석으로서 미량 성분원소의 분석에 적합하다.
분리사	하형을 모두 채운 뒤에 상형에 접하고 있는 분할면에 뿌리는 마른 모래. 하천사나 규사가 쓰여진다. 이것을 뿌린 뒤 상형 조형에 옮긴다. 상형을 들어올릴 때 이 모래가 경계로 되어 분할면이 잘 분리된다.
분말도형	흑연이나 운모분을 평편한 붓으로 코어나 주형에 도형하는 작업. 처음부터 물이나 용제를 이용하지 않는 건조 도형법이다.
사처리	주물사의 입도, 생형강도, 통기도, 수분 등의 제성질을 적당히 조절하는 것. 고사(古砂)의 재생, 점결제, 첨가제, 수분 등의 배합과 혼련작업 등이 있다. 가스 블로우, 스캡 등의 결함이 없는 주물을 만들기 위해 중요한 작업이다.
사형	일반적으로 모형의 반면을 정반위에 놓고 다지기를 할 때, 원형을 평면으로 분할 수 없는 경우가 있으며, 이러한 경우에는 원형의 분할선까지 묻는 형을 만들고 그 위에 틀을 올려 다지기를 한다. 이 형을 사형(捨型)이라 한다.

용어	해설
상온경화성수지	가열경화성 합성수지에 대해, 가열하지 않고 상온으로 방치하면 경화하는 수지를 상온경화성수지라고 한다. 가열하는 대신 경화촉진제로 촉매를 사용하는 경우가 많으며, 물론 가열해도 경화한다. 대표적인 것으로서 후란계, 페놀계 및 변성유계 등의 합성수지가 있다.
상코어받침부모형	코어받침은 흔히 하형에 붙어 있는 것이지만 제작상 코어받침이 상부에 있는 것으로, 이 경우에는 코어를 메달게된다. 상형에 침금(針金)등을 이용하여 코어를 상형에 고정시켜 주입을 한다.
색스폰게이트	종주입(縱鑄翔)의 주물로 당구를 U자형으로 세워 올린 부분에 수개의 인게이트를 물건에 넣는 방식. 용탕낙하의 충격을 피해줌으로써 조용한 주입을 할 수 있다.
샌드슬링거	대형주물의 조형에 이용되는 기계로 고속회전하는 임페라에 모래를 연속적으로 보낸 원심력을 이용하여 모래를 주물상자 안에 강하게 투사 충진한다.
샌드스크린 (Sand Screen)	주물사를 일정한 입도로 나누기도 하고 돌, 쇠조각, 미분 등을 제거하기도 하는 체
샌드 혼사기 (Sand Kneader)	스크류 모양의 기계로 모래와 점결제를 혼합시키는 기계, 혼련능력은 적으므로 유사(油砂)혹은 이형사의 혼련용으로 이용되고 있다.
샌드 컷팅 (Sand Cutting)	주형에 사용하는 모래를 손 또는 기계로 공기와 접촉시켜 덩어리를 풀어주는 조작.
샌드 클로우스 (Sand Cloth)	연마제를 붙인 布로 금속면의 손질 등에 사용된다.
샌드피이더 (Sand Feeder)	모래를 공급하는 기계
생중자 (Green Sand Core)	건조시키지 않은 core. 일반적으로 벤토나이트를 증가시켜 생형사(生型砂)보다 다소 강도를 높이고 있다.
생형(生型, Green Sand Mold)	벤토나이트 등의 점토를 점결제로 하고 수분을 5~10%함유하며, 필요하면 2차 점결제 또는 탄소질 등의 첨가제를 가해 혼련한 주물사를 사용해 조형한 그대로 주탕하는 주형. 강도는 다른 주형에 비해 낮고 수분을 함유하므로 큰 물건에는 적합하지 않으나 조형비는 싸다. 기계조형에는 주로 이 생형이 쓰여지는 데 수분을 극히 줄이는 고압(高壓)조형을 행하는 등으로 그 성질을 개선하고 있다. 또 큰 제품의 생형화도 진행되고 있다.
생형사(生型砂, Green Sand)	생형사용으로 조형한 주물사. 일반적으로 고사에 적당량의 신사를 가하고 이것에 벤토나이트를 점결제로 첨가하고 수분 및 2차 점결제, 탄소질 첨가제 등을 가해 mill로 혼련하여 조형한 주물사를 말한다.
샤모트(Chamote)	카올인계의 내화 점토를 일단 고온에서 구운 후 분쇄한 것.
시멘트사 (Chement Sand)	포틀랜드 시멘트를 점결제로 하는 합성사(合成砂).
시멘트 주형 (Cement Bonded Mold)	시멘트를 점결제로 한 주형. 보통 포트랜드시멘트가 사용되며, 수분과 더불어 이것을 10%정도 배합한 것이 기본적인 시멘트 주형으로, 조형 후 1~2일 방치하여 경화시킨 후 투입된다. 자경성 주형(自硬性 鑄型)의 일종으로 보아도 된다. 근래 발포제(發泡劑)를 가해 유동성을 가지게 하는 등 이 계통의 사형(砂型)이 재인식되어 여러 가지 개량이 계속되고 있다

용어	해설
시멘트형	석고형과 마찬가지로 목재로는 제작이 곤란한 것을 시멘트를 넣어 굳혀 만든 원형
소다회	주철용탕의 탈황 혹은 유동성이 좋은 슬래그를 얻기 위한 첨가제로 주성분은 탄산소다.(Na_2CO_3)
소물(小物)	소형 주물로, 특히 한계는 없지만 수kg_f 이하의 주물이라고 보면 좋다.
소석고(燒石膏)	천연적으로 산출되는 석고를 구워, $CaSO_4 \cdot \frac{1}{2}H_2O$조성으로 만든 것으로, 원형(原型) 재료로서 자주 사용한다.
소성(塑性)	외력(外力)으로 생긴 변형 외력을 제거한 후에도 본래대로 복귀하지 않고 영구변형으로 남는 성질을 말한다. 탄성에 대응하는 말로 금속은 일반적으로 소성변형하기 쉽다.
소성돌로마이트 (燒成, dolomite)	천연돌로마이트$(CO_3)_2CaMg$를 소성하여 분해시켜 얻어지는 CaO+MaO의 염기성내화물로서, 제강용로의 노상부(爐床部) 등에 많이 사용된다.
소착(燒着)	주물의 결함으로서 용금(熔金)과 모래가 반응하여 주물표면에 모래가 부착하여, 표면이 거칠어지거나 사락(砂落)이 나빠지는 현상.
소형사	노형(爐型)에 사용하는 모래로서, 샤모트 벽돌이나 내화점토(耐火粘土)를 고온으로 소성(燒成)한 후 분쇄(粉碎)하여 사용한다.
소형용선로	소형 원통형의 주철용해로, 큐폴라와 기능면의 차이는 없으나 노체에 탕이 괴이는 곳과 몸체를 분할하여 수리한다. 장입은 윗부분에서 한다.
속빈주물 (Slush Casting)	주탕(注湯) 후 외각(外殼)이 형성되면 내부의 용탕을 유출시켜 만든 중공주물(中空鑄物), 주로 저용융으로 응고 범위가 넓은 합금주물에 이용된다.
손풀무(Hand Bellows)	주형(鑄型)내의 모래나 잡물을 불어 제거하는 수동 풀무.
송풍(Blast)	블로우로 용해로 안에 공기를 송입하는 것.
송풍관(松風管)	송풍기에서 나온 바람이 통하는 도관.
송풍기(送風機)	공기를 빨아들여 노(爐)에 송풍하는 기계, 송풍기구조에 따라 터보식과 루츠식으로 나눌 수 있는데, 현재는 형(形)이 소형(小型)이고, 소음이 적은 장점으로 인해 주로 터보식을 사용하고 있다.
송풍량(送風量)	단위시간에 용해로에 송입(送入)되는 공기량을 말한다. 보통 m^3/min으로 나타낸다.
쐐기형 시험편 (Wedge Test Piece)	주철용탕의 노전검사를 할 때에 주입단면이 쐐기형인 시험편. 이것을 절단하여 급냉시켜 끝단의 칠 깊이 또는 칠폭에 의하여 판정한다.
쇳물 바가지 (Shank)	레이들 또는 도가니를 지지하여 운반하는 도구. 2명이 양손으로 들어서 운반한다. 또 2명이 마주쳐서 기울여서 注湯도 한다.
쇼트 피이닝 (Shot Peening, Peen Hardening)	쇼트를 부딪쳐 표면을 가공 경화시키는 것. 이것으로 탈탄층(脫炭層)이 깍여 제거되며, 작은 흠은 메꾸어져 표면의 얄은층이 가공경화하므로 피로 강도, 내마모성이 향상된다.
수냉식 큐폴라(水冷式, Water Cooled Cupola)	용해대(熔解帶)나 투이어(Tuyer)를 수냉하여 내화물의 소모를 적게한 큐폴라, 수냉하는 방법은 자켓식과 샤워식으로 대별된다.
수준기(水準器)	수평레벨, 주형면(鑄型面) 및 그 밖의 수평면의 수평도를 재는 기구
수지점결제 (樹脂粘結劑)	코어모래나 셸형용(Shell型用) 점결제에 사용하는 합성수지 점결제, 보통 페놀수지계, 요소수지계, 푸란(Furan)계, 알키드계 등이 사용되고 있다.
수축(收縮, Shrinkage)	용탕(溶金)이 응고할 때 및 응고 후 온도 하강에 따라 용적(容積)이 감소하는 현상

용어	해설
수축여유 (Shrinkage Allowance)	주물의 수축을 고려해 미리 원형의 크기를 크게하는 비율을 말한다. 이 수축여유를 고려하기 위한 자를 주물자라 한다.
셸몰드법(Shell Mould Croning process)	셸형법(Shell 型用), 크로닝법, C프로세스, 셸주형을 제작하는 방법
셸코어(Shell Core)	셸형법(Shell 型用)으로 만든 코어 → 셸형
스캡(Scab)	주물표면에 나타나는 모래 파손의 결함. 부분적으로 모래를 흘려 보낸 곳에 발생하는 것으로 그 장소에 지금(地金)의 괴(傀)가 남는다. 침식되어 삭취(削取)된 모래의 일부는 일반적으로 코어 개재물이 되어 주물 상황면에서 발견된다.
심금(芯金, Core Grid Rodding)	코어의 강도를 증가시키기 위해 중자의 형내(型內)에 매입(埋込)하는 주철제의 침금형(針金型)골조(骨組).
아크로 (Arc Furnace)	전극으로 용해할 때 장입지금 사이 또는 전극 상호간에 아크(arc)를 발생하여 이 열로 용해하는 로를 총칭.
알루미나 (Alumina)	내화재의 일종, Al_2O_3가 주성분이다. 용융온도 2010~2050℃
압탕효과(押湯效果, Feeding Effect)	주물이 응고할 때에 생기는 수축을 보충하는 압탕의 작용. 경우에 따라서는 새로 추가 주탕하기도 하고 봉을 유효하게 사용하여 압탕효과를 높이는 방법도 있다.
에어 램머 (Air Rammer)	압축공기에 의하여 심하게 상하운동을 함으로써 주물사를 다지는 도구
역청탄 (Bituminous Coal)	무연탄에 반대이며, 기름을 내며 잘 타는 석탄으로서, 휘발분이 많고, 잘조여들므로 점결탄으로써 코크스의 원료로 사용된다.
연속 건조로 (Continuous Stove)	주형을 이동시키면서 건조시키는 로 로서, 일반적으로 터널형으로 하고 있다.
염기성 조업 (鹽基性 操業)	염기성 라이닝을 한 로이며 염기성 슬래그를 만들어 조업을 하는 것.
영구 주형(永久 鑄型, Permanent Mold)	반복해서 사용 가능한 주형, 금형, 셸몰드형, 흑연형 등이 있다.
용선로(Cupola)	큐폴라의 별칭.
용탕(Molten Metal)	용융상태의 금속 또는 합금.
용해(Melting)	地金을 가열하여 고체에서 액체로 변하게 하는 것.
용해 능력 (Melting Capacity)	爐의 1시간 또는 1회당 용해할 수 있는 금속의 중량 또는 용량을 말하며 큐폴라에서는 1시간당, 전기로, 도가니로 등에서 1회당의 용해 중량을 말한다.
용해대 (Melting Zone)	큐폴라(cupola)에 있어서, 地金이 용해되는 위치를 말하는데, 地金의 크기나 코크스, 기타 용해조업에 의하여 어느 정도 아래 위로 변동한다.
유도로 (Induction Furnace)	유로전류에 의하여 발생하는 열로 금속을 용해하는 로. 주파수를 높인 것을 고주파유도로라 하며, 상용주파수 그대로 사용하는 것을 저주파유도로라 부르고 있다.
유동성 시험 (Fluidity Test)	용융금속 또는 주물사의 유동성을 조사하는 방법.
응고(凝固, Freezing Solidification)	용융금속이 냉각하여 고체로 변하는 현상.

용어	해설
응고수축률 (凝固收縮率)	용금이 응고할 때에 수축하는 양을 비율로 표시한 것. 이 수축률은 합금의 종류에 따라 다르다. 그 값이 큰 것은 수축소가 생기기 쉬으므로 압탕의 설계에 신중한 배려가 필요하다.
응고 온도범위 (凝固 溫度範圍, Freezing Range)	많은 합금은 일정온도에서 응고하지 않고 응고중에도 온도가 저하한다. 이 응고가 시작해서 끝날 때까지의 온도 범위를 말한다. 합금의 상태도에 표시되어 있는 액상선과 고상선의 간격이 이것이다.
인조규사(人造硅砂, Artificial Silica Sand)	규석암(硅石岩)을 인공으로 파쇄하여 제조한 주물사. 자연사인 천사(川砂)나 산사(山砂)에 반대하여 일컫는 용어.
임펠러 (Impeller)	주조부문에서는 샌드슬링거 부품의 용어 래밍베드의 중추부로 고속회전하여 모래(砂)를 투사하는 부분이다. 모래(砂)를 받는 임펠러팁이라 칭하는 것에 붙어 있다.
자경성(自硬性) 주형(Self-curing Mold)	조형(造型)후 상온으로 방치하는 것만으로 경화하는 주형(鑄型)
작열감량 (灼熱感量)	화학분석용어, 물의 비점에서 일차 건조하고, 다시 고온에서 가열한 후의 중량감소량, 그 물질중에 함유되어 있는 휘발성분, 예컨대 물, 유기물탄소등이 작열(灼熱)로 감소한 양. 1차건조 후의 감량은 유리수분(遊離水分)이라 하며 작열감량과는 구별된다.
잔탕	주입후 레이들에 남아 있는 용탕.
장입(裝入)	용해로에 재료를 투입하는 것.
장입구(裝入口)	용해로의 재료를 장입하는 곳.
재생사(再生砂)	사용한 주물사에 새로운 점결제를 가하여 재사용할 수 있게 회복되는 주물사. 즉 형해체후 재생시킨 주물사로 재차주물에 적당한 것으로 하기 위하여 조정한다.
저주레이들 (Botton Pouring Ladle)	배출공을 바닥에 설치. 탕지봉(湯止棒)으로 막는 레이들, 주강(鑄鋼)의 주입에 잘 사용된다.
저주파유도로 (低周波誘導爐)	보통 배전망(配電網)의 50또는 60HZ 주파수의 유도전류를 사용하여 유도가열용해를 하는 전기로. 이에는 도가니형(코어레스, 無鐵心型)과 철심형(코어형, 채널)의 2종류가 있다.
적철광 (赤鐵鑛, Hematite)	산화철(Fe_2O_3)과 티탄, 마그네슘을 함유하는 경우가 있다.
전기로(電氣爐, Electrolytic Furnace)	전기를 사용하여 그 아크열, 저항열 혹은 유도가열에 의해 열처리 혹은 용해하는 로(爐).
전기로선 (電氣爐銑)	주로 개방형 아크로를 이용해 용해 제조한 곳 잉곳 모양의 선철.
전로 (轉爐, Converter)	산소, 공기 혹은 가스를 로 안에 유지시킨 선철 용탕 중 또는 표면에 취입(吹入)하여, 불순원소를 산화 연소시켜 제거하고, 그 열을 이용하면서 정련을 행하는 방식의 로. 현재 평로(平爐)에 대신하여 제강용의 대표적인 로가 되었다.
접종(接種)	일반적으로 결정의 핵을 만든 물질을 용탕중에 첨가하여 재질을 개선하는 것. 주철용탕(鑄鐵熔湯)에 많이 사용한다. 이 경우에 접종제(接種 劑)를 첨가함에 의하여 흑연조직은 A형으로 되고 인장강도(引張强度)는 3~5kg_f/mm^2
접종제 (接種劑, Inoculant)	접종에 사용하는 재료. 일반적으로 주철에는 칼슘실리콘, 페로실리콘 등을 실루민에는 나트륨 등을 사용한다.

용어	해설
정련 (精練, Smelting)	광석중의 금속과 비금속물질이나 불필요한 금속을 용융상태에서 분리하는 야금(冶金)상의 조작.
제재(際滓, Slag Out)	슬래그를 제거하는 작업.
조형기(造型機)	조형에 사용하는 기계 일반적으로 졸트, 스퀴즈 등의 동작을 말한다.
주물용선철(鑄物用銑鐵, Foundry Pig)	주조에 적당한 성분을 가진 선철, 선철제조의 주체는 제강용이지만 특히 Si, Mn등의 함유량을 높게 한 주물용으로 만든 것.
주방(鑄放)	탕구(湯口), 압탕(壓湯)등을 절단하고 주물 후처리 공정을 끝낸 주물제품, 주물제품은 많을 경우 그 후 기계가공 되는 것인데 그 전의 소재를 주방(鑄放)이라고 부른다.
주입시간(鑄入時間)	주입할 때 용금이 처음 들어가기 시작할 때부터 끝날 때까지 요하는 시간.
주입온도(鑄込溫度, Pouring Temperature)	주입할 때 용금(熔金)의 온도. 이 온도의 적부(適否)가 주물 제품의 건전성을 결정한다.
주입중량(鑄叺重量, Pouring Weight)	주형에 주입되는 용탕(熔湯)의 전중량(全重量). 다시 말하면 주물의 탕구(湯口), 압탕류(狎湯類)를 합한 전중량(全重量).
주조(鑄造, Casting)	제조코자 하는 물품의 모양, 크기를 가진 공극부(空隙部)를 가지는 모래 또는 금속제의 주형에 용금(熔金)을 주입하여 응고시켜, 주조부품을 제작하는 기공방식.
주형(鑄型, Mold)	용융금속(熔融金屬)을 주입하여 소정(所定)의 주물을 만드는 형. 일반적으로 주물사 이외에 내화재료(耐火材料)를 이용하는 경우도 있다. 금속재료도 있으며, 이 경우에는 금형이라고 부른다.
주형상자(Molding Flask)	주형을 만들 경우 주위를 둘러싼 주물사를 유지하는 금속제(金屬制) 또는 목재상자.
주형재료(鑄型材料, Molding Material)	주형의 원료인 사립(砂粒), 점결제(粘結劑), 첨가제(添加劑)등의 총칭.
직주입구(直鑄込口, Direct Gate)	탕도(湯道)나 주입구를 지나지 않고, 탕구로부터 직접 용탕이 주물부에 유입(流込) 되도록 한 단순한 주입방식.
천연규사(天然硅砂, Natueal Silica Sand)	천연으로 산출되는 규산을 주성분으로 하는 사립(砂粒). 결정계는 석영(quartz). 이것에 여러 가지 모양 및 입도의 것이 있다. 주물사용으로서는 불순물이 적고, 구형(球形) 또는 압각형(押角形)으로 50~200메시 정도의 것이 좋다.
천연사(天然砂. Natural Sand)	자연사. 암석의 풍화로 생긴 모래중에서 주물사에 적합한 것을 말한다. 자연의 선별(풍력선별 등)을 받아 입도(粒度), 입형(粒形), 점도분(粘度分)의 함유량이 다르다.
첨가제 (添加劑, Additive)	용해로 장입물, 주물사 혼은 금속합금의 용탕중에 장입 또는 배합되는 물질.
출강(出鋼)	로(爐)에서 용강(熔鋼)을 꺼내는 작업.
출선(出銑)	로(爐)에서 용선(熔銑)을 꺼내는 작업.(주로 용광로 또는 큐폴라)
출선구(出銑口)	용선을 유출하는 구멍
출탕구(出湯口)	로(爐)로부터 용탕을 유출시키는 구멍.
출탕온도(出湯溫度)	용해로 로부터 출탕하는 용탕의 온도.
칠드롤(Chilled Roll)	칠드 주물제 로올.
칠드주철(Chilled Iron)	주물의 일부 또는 전부의 표면을 고경도, 또는 내마모성을 가지도록 금형(金型)에 접하여 주철용탕을 응고 급냉시켜 제조하는 주철주물, 칠드로올, 스프라켓트, 노즐, 제승기(製繩機) 다이스 등이 이것이다.

용어	해설
캐스터블 내화물 (Castable Refractory)	내화물 골재에 알루미나 시멘트 혹은 인산염화합물을 배합한 분말상의 내화재료. 물을 첨가 혼련하여 소정의 형에 주입 성형하여 수경성을 이용하여 경화한다.
코어, 중자, 심 (芯, Core)	주형주 공간부를 만들기 위하여 주형와 따로 한 개의 주형을 만들어 이것을 주형의 중공부(中空部)에 끼워 넣는다. 이 주형을 코어라고 한다.
코크스 비 (Coke Ratio)	큐폴라 용해에 있어서 코크스의 장입 지금에 대한 중량비, 성형코크스의 경우 보통 15~20%을 사용.
콜드 박스법 (Cold Box Process)	미국 Ashland사에서 개발한 자경성 주형제작법의 일종.
크로닝법 (Croning Process)	셸형법의 다른 명칭, 셸형의 발명자 Johannes Croning(독일)의 이름을 따 부르는 것. 일명 C프로세스라고 한다.
탈가스 (Degasification)	용탕(熔湯)에 반응성이 강한 여러 물질을 첨가해 반응시켜, 용금(熔金)중의 가스를 제거하는 것. 불활성 가스를 송입(送粒)할 경우도 있다. 비철합금의 용해시 하는 경우가 많으며, 철 계통의 용해에서 하는 탈산, 탈질소도 이 일종이다.
탈산(脫酸, Deoxidation)	용탕에 녹아 들어가 있는 산소를 제거하는 것. 산소에 대한 친화력이 강한 금속의 첨가나 슬래그와 반응 등으로 탈산을 한다.
탈산제(脫酸劑)	용탕의 탈산을 목적으로 첨가하는 것. 강(鋼)에서는 규소, 망간, 알루미늄 등을 구리에서는 인동(燐銅), 아연 등을 잘 사용한다. 주철에서는 칼슘-실리콘, 페로-실리콘, 보론 등을 첨가한다.
탕도(Corss Gate, runner)	탕구와 주입구와의 사이를 연결하는, 용탕의 통로로 되는 부분
탕회불량 (Misrun, Short Run)	주입온도가 낮거나 기타의 원인에 의해, 주형을 완전히 채우기 전에 용탕이 응고하여 불완전한 모양으로 되는 결함.
텀블라스트(Tumblast)	쇼트블라스트 기계의 일종으로, 물품의 회전과 회전드럼의 회전을 이용한 형(型). 물품의 에지(Edge)가 손상되기 쉬운 단점이 있다.
통기도 시험 (通氣度 試驗)	주물사의 통기성을 조사하기 위한 시험 = 통기시험.
특수점토 (特殊粘土)	하로이사이트점토(白粘土)나, 일라이트점토 등 일반 주물용으로 그다지 쓰지 않는 점토.
특수주조법 (特殊鑄造法)	주조방법으로 보면 특수한 주조법으로 원심주조법, 저압력주조법, 고압력주조법, 폭압(暴壓)주조법, 압력주조법, 압력다이캐스트, 정밀주조법 등이 있으며, 주형(鑄型)종류로 보면 특수한 주조법으로 금형(金型)주조, 다이캐스트 등이 있다.
표면건조 (表面乾燥, Skin-Drying)	건조형으로 하지 않고 생형(生型)의 표면만을 화력(火力)으로 건조하는 것.
표면사(Faceing Sand)	제조주물 표면에 접하는 모래, 용탕의 열을 직접 받으므로 특히 선별한 모래를 사용한다.
하주법(Bottom Puring)	용탕을 주형의 바닥으로부터 주입하여 아래에서 위로 나오는 것을 표현한 용어.
합성사(合成砂)	주물의 형을 만들기 위하여 적당한 물리적 성질을 얻기 위하여 사립과 점결제를 혼련하여 만든 주물사. 자연사보다 성질의 변동이 적고 합리적인 성질로 조성되어 있는 것이 특색.
해면철(海綿鐵, Spongy Iron)	산화철을 철의 용융점 이하로 환원한 다공성 환원철

용어	해설
현물형(現物型)	주물제품을 직접모형으로 대응한 것. 소량의 주물을 만들 때에 한한다.
현형(現型)	제품과 동일한 모양의 원형. 조형방법에 따라서는 분할하여 만드는 일도 있다. 코어를 요한 경우에는 코어 프린트를 붙인다. 회전형, 긁기형, 골조형 등 간략한 모양에 대응하는 용어
협잡물(挾雜物), 개재물(介在物)	산화물의 불순물로 용탕이 산화되기도 하고 S등의 불순물이 많아도 가끔 나타난다. 이것들이 있으면 주물의 강도가 약하게 되므로 정련이나 고온 용해에 의하여 이것을 제거한다.
합형(Mold Assembly)	주형에서 코어를 넣어서 상형을 씌워 주형을 완성하는 것.
혼련(混練 Muling)	몇 개의 물체로서 적어도 그 하나는 액체가 점성을 가진 것으로 가능한 균질한 하나의 물체가 되도록 배합하는 것. 주물 관계에서는 혼사와 같은 말로 사용되고 있다.
혼련기(混練機 Muling)	혼사를 하는 기계
회수철 (Return Scrap)	자기공장에서 발생하는 탕구, 압탕 및 주물제품의 불량품 등 스크랩, 재용해 원료로서 사용하는 재료
흑연도가니 (黑鉛坩堝, Graphite Crucible)	내화점토에 30% 이상의 흑연을 혼합한 것을 원료로 하여 환원불꽃으로 소성한 도가니, 열전도율이 높고 스폴링에 강하고 내화강도가 높다. 슬래그에 침식되지 않는 등 우수한 특성을 가지고 있다. 강의 용해도 가능하지만 경제성 용량의 면에서 제약되어 현재에는 동합금, 경합금의 용해에 이용되고 있다.
흑연도형 (Stoveblacking)	건조주형의 도형제, 흑연, 코크스분 또는 목탄 분말을 점토물로 혼합한 것.
흙손 (Sleeker Spoon)	주형면을 부드럽게 붙이는데 사용하는 흙손, 대흙손, 중흙손, 소흙손의 3종류가 있지만 주형의 크기와 모양이 따라 사용하는 것이 다르다.

원소와 물리정수, 가스 및 고체발열량, 금속의 비중 · 중량

1. 원소와 물리정수

항목 / 원소	기호	원자번호	원자량 (1969)	상태 (20℃)	밀도(20℃) (g·cm^2)	원자용(cm^2) (g·$atm)^4$	융점(℃)	비점(℃)	비열(20℃) (cal·g℃)
가드리늄	Gd	64	157.25	고	7.95[1)]	19.7[1)]	-	-	-
갈륨	Ga	31	69.72	고	5.91	11.8	29.78±0.02	2070	0.079
게르마늄	Ge	32	72.59	고	5.36	13.5	958±10	-	0.073
구리	Cu	29	63.546	고	8.96	7.09	1083±0.1	2600	0.092
규소	Si	14	28.086	고	2.33	12.0	1430±20	2300	0.162[12]
금	Au	79	196.967	고	19.32	10.2	1063.0±0.0	2970	0.031
나트륨	Na	11	22.9898	고	0.97	24	97.7±0.2	892	0.925
납	Pb	82	207.19	고	11.34	18.27	327.4±0.1	1740	0.031
네오딤	Nol	60	144.24	고	7.05	20.5	840±40	-	0.045
네온	Ne	10	20.183	기	0.8387×10^{3}	-	-248.6±0.3	0246	-
네프트늄	Np	93	[237]	고	-	-	-	-	-
니오브	Nb	41	92.906	고	8.57	10.8	2145±15	-	0.065[12]
(코론븀)	(Cb)								
니켈	Ni	28	87.71	고	8.90	6.59	1455±1	2730	0.105
디스프로슘	Dy	66	162.50	고	8.56^{-1}	19.0[1)]	-	-	-
라돈	Rn	86	[222]	기	4.40[7)]	50.5[1)]	-71	-61.8	-
라듐	Ra	88	[226]	고	5.0	45	700	-	-
란탄	La	57	138.91	고	6.15	22.6	826±5	-	0.045
레늄	Re	75	186.2	고	20	9.3	3170±60	-	0.033
로듐	Rh	45	102.905	고	12.44	8.273	1966±3	4500	0.059
루비늄	Rb	37	85.47	고	1.53	55.9	39±1	680	0.080
루테늄	Ru	44	101.07	고	12.2	8.33	2500±100	4900	0.057[12]
루테튬	Lu	71	174.97	고	9.74[1)]	18.0[1)]	-	-	-
리튬	Li	3	6.939	고	0.53	13	186±5	1370	0.79
마그네슘	Mg	12	24.312	고	1.74	14.0	650±2	1110	0.25
망간	Mn	25	54.9380	고	7.43	7.39	1245±10	2150	0.115
몰리브텐	Mo	42	95.94	고	10.2	9.41	2625±50	4800	0.061
바나듐	V	23	50.942	고	6.0	8.5	1735±50	3400	0.120
바륨	Ba	56	137.34	고	3.5	39	704±20	1640	0.068
바아클륨	Bk	97	[247]						
백금	Pt	78	195.09	고	21.45	9.102	1773.5±1	4410	0.032
베릴륨	Be	4	9.0122	고	1.82	4.96	1280±40	2770	0.52
붕소	B	5	10.811	고	2.3	4.7	2300±300	-	0.309
비롬	Br	35	79.904	액	3.12	25.6	-7.2±2	58	0.070
비소	As	33	74.9216	고	5.73	13.1	814[4)]	610[9)]	0.082
비스므스	Bi	83	208.980	고	9.80	21.3	271.3±0.1	1420	0.034
사마륨	Sm	62	150.35	고	7.7	19	〉1300	-	-
산소	O	8	15.9994	기	1.3318×10^{-3}	-	-218.8±01	-183	0.218
세륨	Ce	58	14.012	고	6.9	20	600±50	-	0.042

항목 원소	기호	원자 번호	원자량 (1969)	상태 (20℃)	밀도(20℃) (g·cm^2)	원자용(cm^2) (g·atm)^4	융점(℃)	비점(℃)	비열(20℃) (cal·g℃)
세슘	Cs	5	132.905	고	1.9	70	28±2	690	0.052
셀렌	Se	34	78.96	고	4.81	16.4	220±5	680	0.084
수소	H	1	1.00797	기	0.08375×10^{-3}	-	-259.4±0.1	-252.7	3.45
수은	Hg	80	200.59	액	13.55	14.81	-38.87±0.02	357	0.033
스칸듐	Se	21	44.956	고	2.5	18	1200	-	-
스트론튬	Sr	38	87.62	고	2.6	34	770±10	2380	0.176
아르곤	Ar	18	39.948	기	1.6626×10^{-3}	-	-189.4±0.2	-185.8	0.125
아메리슘	Am	95	[243]	고	-	-	-	-	-
아스타틴	At	85	[210]						
아연	Zn	30	65.37	고	7.133[17)]	9.17	419.46	906	0.0915
악티늄	Ac	89	[227]**	고	-	-	1600[1)]	-	-
안티몬	Sb	51	121.75	고	6.62	18.4	630.5±0.1	1440	0.049
알루미늄	Al	13	26.9815	고	2.699	9.993	660.2±0.1	2060	0.215
에트븀	Er	68	167.26	고	9.16[1)]	18.3[1)]	-	-	-
염소	Cl	17	35.453	기	-	-	-101±2	-34.7	0.116
오스뮴	Os	76	190.2	고	22.5	8.46	2700±200	5500	0.031
요오드	I	53	126.9044	고	4.93	25.7	114±1	183	0.052
우라늄	U	92	238.03	고	18.7	12.7	1130	-	0.028
유로퓸	Eu	63	151.96	고	5.24[1)]	29.0[1)]	-	-	-
유황	S	16	32.064	고	2.07	15.5	119.0±0.5[1)]	444.6	0.175
은	Ag	47	107.868	고	10.49	10.28	960.5±0.0	2210	0.056[12)]
이리듐	Ir	77	192.2	고	22.5	8.58	2454±3	5300	0.031
이테르븀	Yb	70	173.04	고	7.01[1)]	24.7[1)]	-	-	-
이트륨	Y	39	88.905	고	5.51	16.1	1490±200	-	-
인(황)	P	15	90.9738	고	1.82	17.0	44.1±0.1	280	0.177
인듐	In	49	114.82	고	7.31	15.7	156.4±0.1	-	0.057
주석	Sn	50	118.69	고	7.298	16.26	231.9±0.1	2270	0.054
지르코늄	Zr	40	91.22	고	6.5	14	1750±700	-	0.066
질소	N	7	14.0067	기	1.1649×10^{-3}	-	-210.0±0.1	-195.8	0.247
철	Fe	26	55.847	고	7.87	7.10	1539±3	2740	0.11
카드뮴	Cd	48	112.40	고	8.65	13.0	320.9±0.1	765	0.055
칼륨	K	19	39.102	고	0.86	45	63±1	770	0.177
칼리포르늄	Cf	98	[249]		-	-	-	-	-
칼슘	Ca	20	40.08	고	1.55	25.9	850±20	1440	0.149[14)]
코발트	Co	27	58.9932	고	8.9	6.6	1495±1	2900	0.099
큐륨	Cm	96	[245]		-	-	-	-	-
크롬	Cr	24	51.996	고	7.9	7.23	1890±10	2500	0.11
크립톤	Kr	36	83.80	기	3.488×10^{-3}	-	-157±	-152	-
크세논	Xe	54	131.30	기	5.495×10^{-3}	-	-112±1	-108.0	-
탄소	C	6	12.0115	고	2.22	5.41	3700±100	4830	0.165
탄탈	Ta	73	180.948	고	16.6	10.9	2996±50	-	0.036[12)]
탈륨	Tl	81	204.37	고	11.85	17.24	300±3	1460	0.031
텅스텐	W	74	183.85	고	19.3	9.53	3410±100	5930	0.032

항목 / 원소	기호	원자 번호	원자량 (1969)	상태 (20℃)	밀도(20℃) (g·cm^2)	원자용(cm^2) (g·atm)^4	융점(℃)	비점(℃)	비열(20℃) (cal·g℃)
테르븀	Tb	65	158.924	고	8.33[1]	19.1[1]	327±5	-	-
테크네튬	Tc	43	[99]	고	-	20.5	2700[1]	-	-
텔루르	Te	52	127.60	고	6.24	-	450±10	1390	0.047
토륨	Th	90	232.038	고	11.5	20.2	1800±150		0.034
트륨	Tm	69	168.934	고	9.35[1]	18.1[1]			
티탄	Ti	22	47.90	고	4.54	10.6	1660±10	-	0.126
파라듐	Pd	46	106.4	고	12.0	8.89	1554±1	4000	0.058
포로늄	Po	84	[210]	고	-	-	600[1]	-	-
프라세오듐	Pr	59	140.907	고	6.63	21.3	940±50	-	0.048
프란슘	Fr	87	[223]	고	-	-	-	-	-
프로메튬 (이리늄)	Pm	61	[145]	고	-	-	-	-	-
프로트악티늄	Pa	91	[231]	고	-	-	3000[1]	-	-
프로트늄	Pu	94	[242]	고	-	-	-	-	-
플르오르	F	9	18.9984	기	-	-	-223±10	-188.2	0.18
하프늄	Hf	72	178.49	고	11.4	15.7	170[1]	-	-
헬륨	He	2	4.0026	기	0.1664×10^3	-	-271±0.2	-268.9	1.25
호르뮴	Ho	67	164.930	고	-	-	-	-	-

* 1·1항 국제원자량표 참조

** [ ]내에 표시된 수치는 가장 안정된 동위원소의 질량수

1) 계산값
2) 다결정에 대한 것 : 단결정아연에서는 방향성이 있으며 C축에 평행한 61.5에서 C축에 직각인 15까지 변화한다.
3) 20~60℃
4) 36atm에 있어서
5) 20~100℃
6) 30atm에 있어 고체헬륨은 절대영도에서도 25atm이상의 압력하가 아니면 안정치 않다.
7) -62℃
8) 20~50℃
9) 승화한다.
10) 20~200℃
11) 20~750℃
12) 0℃
13) 40℃
14) 0~100℃
15) 100℃
16) 단사유황
17) 25℃
18) 단결정아연에 대한 값 : 단결정에서는 C축에 평행한 값 5.56에서 C축에 직각인 값 5.39까지 변화한다.
19) 순아연은 소성변화하기 쉬우며 탄성율을 결정하기 힘든다.
20) 90~273°K
21) 사방유황

2. 각종 가스의 발열량(1atm 0℃)

연료명	발열량 (kcal/m^3)	연료명	발열량 (kcal/m^3)	연료명	발열량 (kcal/m^3)
일산화탄소	3063	석유가스	7200	발생로가스(석탄)	1290
수소	2616	가솔린가스	4910	상동(코우크스)	1150
늪기	8600	석탄가스	4200	용광로가스	869
에틸렌	14000	코우크스로가스	5100	몬드가스	1130
천연가스	8200	수가스	2600		

3. 각종 고체의 발열량

연료명	발열량 (kcal/kg_f)	탄소와의 비교	표준 발열량	연료명	발열량 (kcal/kg_f)	탄소와의 비교	표준 발열량
탄소(완전연소)	8080	1.00	15.06	이탄 (공중건조수분 20%)	3610	0.447	6.73
탄소 (일산화탄소가 되어서)	2473	0.306	4.61	목탄(건)	7220	0.894	13.45
유황	2200	0.275	4.14	갈탄(공중건조)	6110	0.756	11.39
짚(수분 16%)	2890	0.358	5.38	유연탄(평균)	7840	0.969	14.60
목재(아궁이건조)	4450	0.550	8.28	무연탄(평균)	8340	0.031	15.53
목재 (공중건조수분 20%)	3110	0.380	5.80	코우크스(평균)	7220	0.894	13.46
이탄(아궁이건조)	5550	0.688	10.35	연탄(평균)	8340	1.031	15.53

주 : 표준발생열량이란 연료 1kg_f의 연소에 의해 100℃의 물에서 동일온도의 증기가 생기는 kg_f량을 말한다.

4. 각종 금속의 비중 및 중량

명칭	비중	명칭	비중
주철	-7.21	인청동	8.60
연철	7.71	알루미늄 청동	7.79
평균	7.87	Zn 주조	687
강주조	7.85	판금	721
스테인리스강	7.78	Ni 주조	829
주조	8.62	판금	869
단조	8.93	Al 주조	257
Cu 판금	8.82	판금	268
선재	8.90	Mg	174
주조	8.10	화이트메탈	732
황동 6.4 황동	8.20	엘렉트론	1.82
7.3 황동	8.30	듀랄루민	2.80
판 Cu 75	8.45	Au	19.32
Zn 25		Pt	21.52
선재	8.56	Ag	10.52
포금(청동)	8.74	Hg (32°F)	13.60
Pb 주조	11.37	Sn	7.42
판금	11.43		

주철, 강, 비철주물 규격(KS D 4031~9007)

1. 주철 주물

가. 회 주철

한국공업규격			관련외국규격		
규격번호	규격명	재료기호,등급	규격번호	규격명	재료기호,등급
KS D 4031	회 주철품	GC	JIS G 5501	회 주철품	FC10,15,20,25,30,35
			ASTM A 48	회 주철품	No.20,25,30,35,40,45,50,60
			BS 1452	회 주철품	10,12,14,17,20,23,26
			DIN 1691	회 주철품	
			NF A 32-101	회 주철품	Ft10,15,20,25,30,35,40
			ISOR 185	회 주철품	10,15,20,30,35,40

한국 (KS D 4301)							
종류	기호	주철품의 주요두께 (mm)	공시재의 주조된 상태의 지름 (mm)	인장 강도 (kg_f/mm^2)	최대하중 (kg_f)	디플렉션 (mm)	경도 (HB)
회주철품 1종	GC 10	4이상5이하	30	10이상	700이상	3.5이상	201이하
회주철품 2종	GC 15	4이상8이하	13	19이상	180이상	2.0이상	241이하
회주철품 2종	GC 15	8이상15이하	20	17이상	400이상	2.5이상	223이하
회주철품 2종	GC 15	15이상30이하	30	15이상	800이상	4.0이상	212이하
회주철품 2종	GC 15	30이상50이하	45	13이상	1700이상	6.0이상	201이하
회주철품 3종	GC 20	4이상8이하	13	24이상	200이상	2.0이상	255이하
회주철품 3종	GC 20	8이상15이하	20	22이상	450이상	3.0이상	235이하
회주철품 3종	GC 20	15이상30이하	30	20이상	900이상	4.5이상	223이하
회주철품 3종	GC 20	30이상50이하	45	17이상	2000이상	6.5이상	217이하
회주철품 4종	GC 25	4이상8이하	13	28이상	220이상	2.0이상	269이하
회주철품 4종	GC 25	8이상15이하	20	26이상	500이상	3.0이상	248이하
회주철품 4종	GC 25	15이상30이하	30	25이상	1000이상	5.0이상	241이하
회주철품 4종	GC 25	30이상50이하	45	22이상	2300이상	7.0이상	229이하
회주철품 5종	GC 30	8이상15이하	20	31이상	550이상	3.5이상	268이하
회주철품 5종	GC 30	15이상30이하	30	30이상	1100이상	5.5이상	262이하
회주철품 5종	GC 30	30이상50이하	45	27이상	2600이상	7.5이상	248이하
회주철품 6종	GC 35	15이상30이하	30	35이상	1200이상	5.5이상	277이하
회주철품 6종	GC 35	30이상50이하	45	32이상	2900이상	7.5이상	269이하

나. 구상흑연 주철

한국공업규격			관련외국규격		
규격번호	규격명	재료기호,등급	규격번호	규격명	재료기호,등급
KS D 4302	구상 흑연 주철품	GCD	JIS G 5502 ASTM A 536 BS 2789 DIN 1693 ISO R 1083 NF A 32	구상 흑연 주철품 닥타일 주철품 구상 흑연 주철품 강력 주철품 구상 흑연 주철품 구상 흑연 주철품	FCD 37,40,45,50,60,70,80 60-40-18,65-45-12 SNG24/17, SNG27/12 SNG37/7, SNG37/2 SNG42/2, SNG47/2 GGG50,60,70,80 800-2,700-2,600-3 500-7,400-12,370-17 FGS300,400,500,600,700

한국 (KS D 4302)				
종류	기호	인장시험		
		내력[kg_f/mm²(N/mm²)]	인장강도[kg_f/mm²(N/mm²)]	연신율(%)
0종	GCD 37	24 이상(235 이상)	37 이상(362 이상)	17 이상
1종	GCD 40	26 이상(255 이상)	40 이상(392 이상)	12 이상
2종	GCD 45	29 이상(284 이상)	45 이상(441 이상)	10 이상
3종	GCD 50	33 이상(324 이상)	50 이상(490 이상)	7 이상
4종	GCD 60	38 이상(373 이상)	60 이상(588 이상)	3 이상
5종	GCD 70	43 이상(422 이상)	70 이상(686 이상)	2 이상
6종	GCD 80	49 이상(481 이상)	80 이상(785 이상)	2 이상

다. 가단 주철

한국공업규격			관련외국규격		
규격번호	규격명	기호·등급	규격번호	규격명	기호·등급·종류
KS D 4303	흑심 가단 주철품	BMC	JIS ASTM A ASTM A BS DIN	흑심 가단 주철품 가단 주철품 Cupola 가단 주철품 흑심 가단 주철품 가단 주철품	FCMB28,32,35,37 CO32510,35018 B18/6,B20/10,B22/14 GT35,45,55,65,70
KS D 4304	페라이트 가단주철품	PMC	JIS G 5704 ASTM A220 BS 3333	페라이트 가단 주철품 페라이트 가단 주철품 페라이트 가단 주철품	FCMP40,50,60 40010,45008,45006,50005 60004,70003,80002,90001 P690/2,P570/3,P540/5 P510/4,P440/7
KS D 4305	백심가단 주철품	WMC	JIS G 5703 BS 390 DIN 1692	백심가단 주철품 백심가단 주철품 가단 주철품	FCMW34,36 W410/4,W340/3 CTW35,40,45,55,65,S38

한국 (KS D 4303, 4304, 4305)					
	종류	기호	인장강도(kg_f/mm^2)	내력(kg_f/mm^2)	연신율(%)
흑심가단 주철	1종	BMC28	28 이상	17 이상	5 이상
	2종	BMC32	32 이상	19 이상	8 이상
	2종	BMC38	35 이상	21 이상	10 이상
	4종	BMC37	37 이상	22 이상	14 이상
펄라이트 가단주철	1종	PMC45	45 이상	27 이상	6 이상
	2종	PMC50	50 이상	31 이상	4 이상
	3종	PMC55	55 이상	35 이상	3 이상
	4종	PMC60	60	40	3
	5종	PMC70	70	52	2

	종류	기호	두께 (mm)	인장시험			
				시험편의 지름 (mm)	인장강도 (kg_f/mm^2)	내력 (kg_f/mm^2)	연신율(%)
백심 가단 주철	1종	WMC34	5미만	6 이상	32 이상	-	8 이상
			5 이상 9미만	10 이상	34 이상	17 이상	5 이상
			9 이상	14 이상	36 이상	20 이상	3 이상
	2종	WMC38	5미만	6 이상	36 이상	-	14 이상
			5 이상 9미만	10 이상	38 이상	19 이상	8 이상
			9 이상	14 이상	40 이상	22 이상	6 이상
	3종	WMC45	-	14 이상	45 이상	27 이상	6 이상
	4종	WMC50	-	14 이상	50 이상	31 이상	4 이상
	5종	WMC55	-	14 이상	55 이상	35 이상	3 이상

라. 가단 주철의 용해작업 표준(KS D 4314)

종류	화학성분%					
	C	Si	Mn	P	S	Cr
흑심가단주철	2.00~3.20	0.70~1.80	0.60 이하	0.20 이하	0.20 이하	0.08 이하
백심가단주철	2.60~3.40	0.40~1.20	0.60 이하	0.20 이하	0.30 이하	0.15 이하
펄라이트가단주철	2.00~3.20t	0.70~1.80	1.20 이하	0.20 이하	0.20 이하	0.08 이하

마. 상하수도·전기·통신용 맨홀 뚜껑(KS D 6021)

종류	기호	사용장소	형태	뚜껑규격(mm)	용도
회주철뚜껑 구상 흑연주철뚜껑 탄소주강뚜껑	GC-C GCD-C SC-C	도로일반	원형	648	상하수도용
				766	상하수도, 통신용
				918	전기, 통신용
				1108	전기용
			각형	(2×538)×576	전기, 통신용

바. 무쇠 솥(KS D 9007)

인장강도	항절시험		경도
	최대하중(kg_f)	디플렉션(mm)	(HB)
19 이상	180 이상	2.0 이상	241 이하

2. 강 주물

가. 탄소주강

한국공업규격			관련외국규격		
규격번호	규격명	재료기호,등급	규격번호	규격명	재료기호,등급
KS D 4101	탄소주강품	SC	JIS G 5101 ASTM A 27 BS 3100 DIN 1681	탄소강주강품 일반용저·중탄소강 주강품 일반공업용주강품 주강품	SG37,42,46,49 N-1,1-2,U-60,30 60-30,65-35,70-36 70-40 A,B,C

한국 (KS D 4101)			
기호	화학성분(%)		
	C	P	S
SC37	0.2 이하	0.040 이하	0.040 이하
SC42	0.30 이하	0.040 이하	0.040 이하
SC46	0.35 이하	0.040 이하	0.040 이하
SC49	0.4 이하	0.040 이하	0.040 이하

기계적 성질 및 적요					
기호	인장시험			단면수축율(%)	적요
	인장강도(kg_f/mm^2)	항복점(kg_f/mm^2)	연신율(%)		
SC37	37 이상	18 이상	23 이상	35 이상	전등기부품용
SC42	42 이상	21 이상	21 이상	35 이상	일반구조용
SC46	46 이상	23 이상	19 이상	30 이상	일반구조용
SC49	49 이상	25 이상	17 이상	25 이상	일반구조용

주 : 원심력 주강관에는 윗 기호 뒤에 -CF의 기호를 붙인다.(보기 : SC42-CF)

나. 구조용 고장력 탄소강 및 저합금강 주강

한국공업규격			관련외국규격		
규격번호	규격명	기호·등급	규격번호	규격명	기호·등급·종류
KS D 4102	구조용 고장력 탄소강 및 저합금강 주강품	HSC LMnSC SiMnC MnCrSC MnMOSC CrMoSC MnCrMoSC NiCrMoSC	JIS G 5111 ASTM A 148 BS 3100	구조용 고장력 탄소강 및 저하급강 주강품 구조용 고장력 주강품 일반공업용 주강품	SCC3,5, SCMnl,2,3,5 SCSiMn2, SCMnCr2-4 SCMnM3, SCCrM13 SCMnCrM2, SCNGM2 80-40,80-50,90-60 108-85,120-95,150-125 175-145 A,B,C,D,E

3. 비철 주물

가. 동 합금 주물

1) 황동 주물

한국공업규격			관련외국규격		
규격번호	규격명	재료기호,등급	규격번호	규격명	재료기호,등급
KS D 6001	황동 주물	BsC1 BsC2 BsC3	JIS H 5101 ASTM B 584 SAE J 462 B BS 1400 DIN 1709	황동 주물	YBsC1, YBsC2 YBsC3 C854,C857 C85400 SCB6, SCB3, CDB3 CuZn15 CuZn33Pb CuZn37Pb

한국 (KS D 6001)							
종류	기호	화학성분(%)					
		Cu	Zn	Pb	Sn	Al	Fe
황동주물1종	BsC1	83.0~88.0	잔부	0.5	Sn, Al, Fe의 합계가 1.0이하		
황동주물2종	BsC2	65.0~70.0	잔부	0.5~3.0	1.0 이하	0.5 이하	0.8 이하
황동주물3종	BsC3	60.0~65.0	잔부	0.5~3.0	1.0 이하	0.5 이하	0.8 이하
종류	기호	인장시험		용도보기			
		인장강도 (kg_f/mm^2)	연신율 (%)				
황동주물1종	BsC1	15 이상	25 이상	프랜지(flange), 전기부속품			
황동주물2종	BsC2	20 이상	20 이상	전기부품, 일반기계부품 등			
황동주물3종	BsC3	25 이상	20 이상	건축장식품, 일반기계부품, 전기부품 등			

2) 고강도 황동 주물

한국공업규격			관련외국규격		
규격번호	규격명	재료기호,등급	규격번호	규격명	재료기호,등급
KS D 6007	고강도 황동주물	HBsC1~C3	JIS H 5102 ASTM B 584 ASTM B 505 SAE J 462 B BS 1400 DIN 1709	고력 황동 주물 일반용 동합금 사형주물 연주용 동합금 등합금 주물 등합금 주물 고력 황동 주물	HBsC1,HBsCIC,HBsC2~4 C865,C864,C862,C863 C865, C86200,C86300,C86500 HTB1,3 CuZn35Al1,CuZn34Al1 CuZn25Al5

한국 (KS D 6007)									
종류	화학성분(%)								
	Cu	Zn	Mn	Fe	Al	Sn	Ni	불순물	
								Pb	Si
1종 C 1종	55.0 이상	나머지	1.5 이하	0.5~1.5	0.5~.15	1.0 이하	1.0 이하	0.4 이하	0.1 이하
2종	55.0 이상	나머지	3.5 이하	0.5~2.0	0.5~2.0	10 이하	1.0 이하	0.4 이하	0.1 이하
3종	60.0 이상	나머지	2.5~5.0	2.0~4.0	3.0~7.5	0.5 이하	-	0.2 이하	0.1 이하
4종	60.0 이상	나머지	2.5~5.0	2.0~4.0	5.0~7.5	0.2 이하	-	0.2 이하	0.1 이하

종류	기호	주조법 구분	참고(용도별)
1종	HBsC1	사형주조 등	높은 강도와 내식성을 필요로 하는 것에 적합하고, 선박용 프로펠러(주로 1종은 상선용, 2종은 군함용), 프로펠러 보닛, 너트, 기어, 베어링지지기, 밸브시이트, 밸브 디스크, 선박용 부착기 기타 일반기계 부품 등에 사용된다.
1종C	HBsC1C	연속주조	
2종	HBsC2	사형주조 등	
3종	HBsC3	사형주조 등	특히 높은 강도와 경도와 내마모성을 필요로 하는 것에 적합하고, 교량용 지승판, 베어링, 너트, 나사, 기어, 내마모관, 슬리퍼, 워엄호일 등에 사용된다.
4종	HBsC4	사형주조 등	

종류	인장시험	
	인장강도 $kg_f/mm^2(N/mm^3)$	연신율(%)
1종	44 이상(431 이상)	20 이상
1종C	48 이상(470 이상)	25 이상
2종	50 이상(490 이상)	18 이상
3종	65 이상(637 이상)	15 이상
4종	77 이상(755 이상)	12 이상

비고 1. 고강도 황동 주물 1종의 선박용 프로펠러는 인장강도 $47kg_f/mm^2$ $(461N/mm^2)$ 이상으로 한다.
2. ( )를 붙여 표시한 단위 및 수치는 국제 단위계(SI)로서 참고로 병기한 것이다.
3. 연속 주조품에 대하여는 바깥지름 100mm 이하의 관 및 봉의 기계적 성질을 규정한다. 또한, 바깥지름 100mm를 초과하는 것에 대하여는 당사자 사이의 협정에 따른다.

3) 청동 주물

한국공업규격			관련외국규격		
규격번호	규격명	재료기호,등급	규격번호	규격명	재료기호,등급
KS D 6002	청동 주물	BC1-BC7C	JIS H 5111 ASTM B 584 ASTM B 505 SAE 462 B BS 1400 DIN 1705	청동주물 일반용 동합금 사형 주물 연속주조용 동합금 동합금 주물 동합금 주물 청동 주물	BC1~BC7C C844, C903, C905, C836, C922, C844, C903, C905, C836, C922, C90300, 905000, C83600, C92200 LG1 G1 LG2, LG4 CuSn 10Zn, CuSn5ZnPb

한국 (KS D 6002)			
종류	기호	주조방법의 구분	주조성, 피삭성이 좋고, 예를 들면 급수·배수용 쇠붙이, 밸브, 펌프 몸체, 주수기(注水器), 베어링, 명판, 기타 일반기계 부품 등에 사용된다
1종	BC 1	사형 주조 등	
1종C	BC 1C	연속 주조	내압성, 내마모성, 내식성이 좋고 또한 기계적 강도도 높으며, 예를 들면 베어링, 슬리브, 부시, 펌프 몸체, 날개차, 밸브, 기어, 선박 부착구, 전동기계부품, 기타 일방기계 부품 등에 사용된다.
2종	BC 2	사형 주조 등	
2종C	BC 2C	연속 주조	
3종	BC 3	사형 주조 등	
3종C	BC 3C	연속 주조	
6종	BC 6	사형 주조 등	내압성, 내마모성, 피삭성, 주조성이 좋고, 예를 들면 일반용 밸브콕류, 베어링, 슬리브, 부시, 기타 일반기계부품 등에 사용된다.
6종C	BC 6C	연속 주조	
7종	BC 7	사형 주조 등	기계적 성질은 BC6 보다는 약간 높고, 예를 들면 베어링, 소형펌프 부품, 밸브, 연료 펌프, 기타 일반기계부품 등에 사용된다.
7종C	BC 7C	연속 주조	

종류	화학성분(%)				
	Cu	Sn	Zn	Pb	불순물
1종 1종C	79.0~83.0	2.0~4.0	8.0~12.0	3.0~7.0	2.0 이하

나. 알루미늄 합금주물

1) 알루미늄 합금주물

한국공업규격			관련외국규격		
규격번호	규격명	재료기호,등급	규격번호	규격명	재료기호,등급
KS D 6008	알루미늄 합금주물	AC 1A AC 2A AC 3A AC 4A AC 4B AC 4C AC 4D AC 5A AC 7A AC 7B AC 8A B, C AC 9A AC 9B	JIS H 5202	알루미늄 합금 주물	AC1A,2A,2B,3A,4A 4B,4C,4D,5A,7A,7B 8A,8B,8C
			AA-78	알루미늄 합금 주물	295.0,319.0,333.0,356.0 355.0,242.0,514.0,520.0 A322.0,F332.0
			ASTM B 26 26	알루미늄 합금 사형주물	C4A,SC64D,SG91A, SC94A
			ASTM B 108	알루미늄 합금 사형주물	SG70A,SC51A CN42A,G4A,G10A, SN122A,SC103A
			SAE J 453 C	알루미늄 합금 주물	38.326,331,323,322, 39,320,324,321,332,
			BS 1490	알루미늄 합금 지금 및 주물	LM4,LM6,LM9 LM24,LM16,LM5, LM10,LM13,LM26,
			DIN 1725/2	알루미늄 합금 주물 (금형,사형,다이캐스팅)	G-AlCu4Ti,G-ALSi6Cu4, G-AlSi2,G-AlSi 10Mg G-AlSi8Cu3 G-AlMg5,G-AlMg10
			NF 57-702	알루미늄 합금 주물	A-5uG7,A-S5u,A-S5uZ, A-S13,A-S9G,A-S7G A-u4NT,A-Si2uN

2) 알루미늄 합금 다이캐스팅

한국공업규격			관련외국규격		
규격번호	규격명	재료기호,등급	규격번호	규격명	재료기호,등급
KS D 6006	알루미늄합금 다이캐스팅	AIDC1~8	JIS H 5302 AA-79 ASTM B 85 SAE J 453C FS QQA-A-59 IE BS 1490 DIN 1725 NF57-703	알루미늄 다이캐스팅 알루미늄 합금다이캐스팅 알루미늄 합금다이캐스팅 알루미늄 합금다이캐스팅 알루미늄 합금다이캐스팅 알루미늄 합금 지금 및 주물 알루미늄 합금주물 합금,사형,금형 다이캐스팅 알루미늄 합금다이캐스팅	ADC1,3,5,6,10,12 A413.0,360.0,518.0 0, 384.0 S12A,SG100A,G8A, SC84A,SC102A,SC114A 305,309,306 A413.0,306.0,518.0, 0, 383.0,384.0 LM20,LM24,LM2 GD-AlSi 12(Cu) GD-AlSi 10Mg(Cu) GD-AlMg 9 GD-AlSi 8Cu3 A-S12-Y4,A-S9G-Y4 A-S9us-Y4

한국 (KS D 6006)											
종류	기호	화학성분(%)									참고 ASTM,JIS,DIN의 유사합금,번호
		Cu	Si	Mg	Zn	Fe	Mn	Ni	Sn	Al	
1종	ALDC1	1.0 이하	11.0 ~13.0	0.3 이하	0.5 이하	1.3 이하	0.3 이하	0.5 이하	0.1 이하	잔부	ASTM S12A JIS ADC1 DIN GDA1 Si12
2종	ALDC2	0.6 이하	9.0 ~10.0	0.4 ~0.6	0.5 이하	1.3 이하	0.3 이하	0.5 이하	0.1 이하	잔부	ASTM JIS ADC3 DIN GDA1 Si10(Ou)
3종	ALDC3	0.2 이하	0.3 이하	4.0 ~8.5	0.1 이하	1.8 이하	0.3 이하	0.1 이하	0.1 이하	잔부	ASTM G 8A JIS ADC 5 DIN GDA1 Mg9 DIN GDA1 Mg9(Ou)
4종	ALDC4	0.1 이하	0.1 이하	2.5 ~4.0	0.4 이하	0.8 이하	0.4 ~0.6	0.1 이하	0.1 이하	잔부	JIS ADC 6
5종	ALDC5	0.6 이하	4.5 ~6.0	0.3 이하	0.5 이하	1.3 이하	0.3 이하	0.5 이하	0.1 이하	잔부	ASTM S 5C JIS ADC 7
7종	ALDC7	2.0 ~4.0	7.9 ~9.5	0.3 이하	1.0 이하	1.3 이하	0.5 이하	0.5 이하	0.3 이하	잔부	ASTM SC 84A JIS ADC 10 DIN GDA1 Si16 Cu3
8종	ALDC8	1.5 ~3.5	9.6 ~12.0	0.3 이하	1.0 이하	1.3 이하	0.5 이하	0.5 이하	0.3 이하	잔부	ASTM SC 114A JIS ADC 12

3) 베어링용 알루미늄 합금 주물

한국 (KS D 6012)	
종류	기호
베어링용알루미늄합금주물1종	AM1
베어링용알루미늄합금주물2종	AM2

종류	기호	화학성분(%)						열처리	경도시험	용도
		Sn	Cu	Ni	Mg	기타	Al	소둔	Hv	
베어링용 알루미늄 합금주물 1종	AM1	10.0 ~13.0	0.5 ~1.0	1.0 이하	0.5 이하	2.0 이하	잔부	약 200℃ 1시간 공냉	30~40	고속 고하중 베어링용
베어링용 알루미늄 합금주물 2종	AM2	0.6 ~9.0	2.0 ~3.0	1.5 이하	1.0 이하	2.0 이하	잔부		45~55	

다. 마그네슘 합금주물

한국공업규격			관련외국규격		
규격번호	규격명	재료기호,등급	규격번호	규격명	재료기호,등급
KS D 6016	마그네슘 합금주물	MgC 1 MgC 2 MgC 3 MgC 5 MgC 6 MgC 7 MgC 8	JIS H 5203	마그네슘 합금 주물	MC1,MC2,MC3,MC5, MC6,MC7,MC8
			ASTM B 199	마그네슘 합금금형 주물	AZ91C,AZ92A,AM100A, EZ33A
			ASTM B 80	마그네슘 합금사형 주물	AZ63A,AZ91C,AZ92A, AM100A, EZ33A
			SAE J 465B	마그네슘 합금 주물	AZ63A,AZ91C,AZ92A, AM100A,ZK51A,AK61A, EZ33A
			FS QQ-M-55C	마그네슘 합금금형 주물	AZ63A,AZ91C,AZ92A, AM100A,ZK51A,AK61A, EZ33A
				마그네슘 합금사형 주물	AZ63A,AZ91C,AZ92A

라. 아연, 연 및 주석 합금주물

1) 아연합금 다이캐스팅

한국공업규격			관련외국규격		
규격번호	규격명	재료기호,등급	규격번호	규격명	재료기호,등급
KS D 6005	아연합금 다이캐스팅	ZnDC 1 ZnDC 2	JIS H 5301	아연합금 다이캐스팅	ZDC1,ZDC2
			ASTM B 86	아연합금 다이캐스팅	AC41A,AG40A
			SAE J 468B	아연합금 지금 및 다이캐스팅의 화학성분	925,903
			FS QQ-Z-363b	아연합금 다이캐스팅	AC41A,AG40A
			BS 1004	다이캐스팅용 아연지금 및 아연합금 다이캐스팅	B A
			DIN 1743	고순도 아연합금 다이캐스팅 사형, 금형주물	GD-ZnAl4Cu1 GD-ZnAl4

한국 (KS D 6006)									
종류	재료기호, 등급	화학성분(%)							
		Al	Cu	Mg	불순물				Zn
					Pb	Fe	Sn	Cd	
1종	ZnDC 1	3.5~4.3	0.75~1.25	0.02~0.08	0.005 이하	0.10 이하	0.003 이하	0.004 이하	잔부
2종	ZnDC 2	3.5~4.3	0.25 이하	0.020~0.06	0.005 이하	0.10 이하	0.003 이하	0.004 이하	잔부

2) 경연 주물

한국 (KS D 6018)	
종류	기호
8종	HPbC8
10종	HPbC10

※ 약자에 대한 설명

ANSI : American National Standards Institute, AINSI에서는 규격을 작성하지 않고 규격을 승인하는 것을 원칙으로 삼고 있다. ANSI에서 채택된 주요 규격은 ASTM, ASME 등이 있다.

ASTM : American Socitey for Testing and Meterials

ISO : International Organization for Standarization

SAE : Society of Automotive Engineers

BS : British Standards

DIN : Deutsches Institut für Normung

익힘문제 정답

제1장 총 론

1 주조용 금속재료를 노 내에 장입하여 가열 용해한 용탕을 주형 속에 주입 응고시켜 소정의 형태로 만드는 과정을 주조라 하며, 여기에서 얻어진 제품을 주물이라 한다.

2 인간이 불을 사용한 석기시대 이후에 주물이 시작되었고 무기, 일용품, 미술품, 기계부품 등으로 이용되면서 발달되어 왔다.

3 주물을 재질별로 분류하면 철주물과 비철주물로, 또한 철주물은 강주물, 주철주물로, 비철주물은 동합금주물, 경합금주물, 기타 주물로 나누어진다. 또한 강주물은 탄소강, 합금강 주물로, 주철주물은 보통주철, 고급주철, 가단주철, 구상흑연주철, 합금주철 주물로 나누어진다.

4 금속이 응고 및 냉각할 때는 항상 용적이 수축하는데 (단, 비스무트 및 그의 합금, 회주철은 예외) 이 수축은 3단계의 수축을 거치게 된다. 즉 주조금속은 주입온도에서 응고온도까지 냉각할 때에는 액체수축이 일어나고 응고할 때에는 응고수축이 일어난다. 최후의 고체주물이 상온까지 냉각할 때에는 고체수축이 일어난다.

5 유동성이라 함은 소정의 주입 온도로 주형에 주입할 때 소정의 단면의 주형내를 흘러서 응고 정지할 때까지의 유동길이를 뜻한다.

6 ① 체적수축 ② 선수축 ③ 자유수축 ④ 주조수축

7 ① 용융금속의 유동성 증가
② 주조합금의 입자를 미세화
③ 합금내의 유해 혼입물과 가스 및 비금속 혼입물의 함량을 감소
④ 주물내 미세한 수축공을 제거
⑤ 고온에서 주물을 서냉

8 냉간균열은 주물의 상온에서 생기는 균열을 말하며, 발생 경향은 다음 내용에 따라 증가한다.
① 합금의 탄성이 높다.
② 낮은 온도에서 수축이 심하다.
③ 열전도율이 낮다.
④ 조직의 상변태에서 합금의 체적변화가 크다.

9 실용 유동성이란 어떤 일정한 온도에서 용융 합금을 주입할 때의 유동성이고, 참유동성이한 액상과 고상이 평형을 이루는 온도를 넘는 일정한 과열 온도에서 용융합금을 주입할 때의 유동성이다.

10 주물의 각 부분에서 또는 합금의 각 수지상정 내에서 화학조성이 균일하지 않은 것을 편석이 라 한다.

① 대역편석 : 주물의 각 부분에서 화학조성이 불균일한 것
② 입내편석 : 합금의 수지상정(결정립) 내에서의 편석
③ 비중편석 : 합금성분의 비중차이에서 일어나는 편석

11 ① 주조계획 수립 ② 원형제작 ③ 주형제작 ④ 용해
⑤ 주입 ⑥ 후처리 ⑦ 검사 ⑧ 제품출하

제2장 주형재료 및 주물사관리

1 ① 주물사는 충분한 성형성을 가질 것
② 사립은 적당한 입도분포를 가질 것
③ 사립의 입형은 원형에 가까운 것일 것
④ 사립은 적당한 화학조성 및 광물조성을 가질 것
⑤ 사립은 적당한 물리적 성질을 가질 것
⑥ 점결제는 강한 점결력을 가질 것
⑦ 주물사는 반복 사용될 수 있을 것
⑧ 점결제는 용융금속에 의해 급격히 가열되는 동안 유해가스를 발생하지 않을 것
⑨ 값이 저렴할 것
⑩ 통기성이 좋고 보온성이 있을 것

2. 주물용 규사의 화학성분은 SiO_2, Al_2O_3, Fe_2O_3, MgO, CaO 등이며, 이중 주성분은 SiO_2로서 85% 이상 함유한 것이 일반적으로 사용되고 있다.

3 ① 자연사 ② 배합사 ③ 코어사(중자사)

4 ① 점결력이 클 것
② 주입한 다음에는 점결성을 잃고 부스러지기 쉬울 것
③ 불순물의 함량이 적고 내화도가 높을 것
④ 오랫동안 보존하여도 수분을 흡수하는 일이 적을 것
⑤ 주입식 가스 발생이 적고 통기성이 좋을 것
⑥ 모래의 회수가 쉽고 값이 쌀 것

5 주물사의 열적 성질을 향상시키고 주형의 신축성을 돕는 외에 주형의 표면을 아름답게 하기 위해 첨가하는 물질을 첨가제라고 한다.
첨가제로는 ① 탄소계 ② 목분 및 곡분 ③ 당밀 ④ 규산분말 ⑤ 산화철 등이 있다.

6 주물사로 조형된 주물은 입자간에 틈이 생기며 점결제나 첨가제의 첨가에 따라 내화도가 떨어지는 수가 많다. 따라서 용금의 물리적 침투나 화학반응이 일어나는 것을 막고 주형표면을 곱게 하기 위해서 주형표면에 도장을 하는 것을 도형제라 하고 도형제에는 흑연, 숯가루, 운모분말, 활석가루 등이 있다.

7 조형작업을 할 때 상형과 하형 또는 원형과 주물사가 서로 붙는 것을 막기 위하여 사용되는 재료를 이형제라고 한다. 사형인 상형과 하형이 붙는 것을 막을 때에는 고운 규사나 하천사와 같이 점토분이 없는 것을 건조시켜 사용하는데 이것을 특히 분리사(parting sand)라 한다. 분리사 이외에 니스, 락카, 실리콘유 등이 이형제로 사용된다.

8 ① 규사의 노화현상 ② 점토의 노화현상 ③ 금속산화물의 혼입

9 혼련이란 주물사의 성질을 조절하기 위하여 사립에다 점결제, 첨가제 및 수분을 첨가하여 균일하게 혼합하는 것을 말한다. 이 혼련에 있어서 점결제가 사립에 균일하게 피복되어야 하고 첨가제가 균일하게 분포되도록 해야 한다.

10 지르콘사는 규산지르코늄(Zr SiO_4)이 60%정도 포함되어 있는 것으로 내화도가 2200℃나 되고 열팽창률도 규사의 1/3~1/6정도이지만 가격이 규사보다 비싸므로 사용에 제한을 받는다. 특히 주강에서 소착이 일어나기 쉬운 곳이나 주철주물에서 살이 두꺼운 부분과 주입구 부분 등에 지르콘사를 사용하면 효과적이다.

11 ZrO_2, SiO_2

12 Fe_2O_3는 코어사(core sand)에 많이 사용되며 1~2% 첨가시 1250~1350℃에서 고온강도가 2~3배로 증가되고 주형 표면이 용금의 침입을 막아 패임(scab)을 방지한다.

13 주물사는 여러 가지 크기의 사립자가 광범위하게 섞여 있다. 사립자의 크기를 표시하는 것을 입도라 하여 입도의 구성을 입도분포로 표시하고 있다. 입도분포는 중량을 %로써 표시하고 있다.

14 도형제는 다음과 같은 성질을 구비해야 한다.
① 도포성이 양호할 것
② 도형제가 주형의 모래입자 사이에 침투하는 침투성이 양호할 것
③ 도형제를 용해시킨 용제가 주형의 점결제를 용해하지 않을 것
④ 도포한 도형제의 층이 건조시와 용탕 주입시에 균열, 박리를 일으키지 않을 것
⑤ 용융금속 주입시에 모래 소착현상이 일어나지 않을 것
⑥ 열전도성이 낮아 용융금속의 열을 주형에 전달하는 속도가 느릴 것

15 ① 회전식 스크린 ② 진동식 스크린 ③ 파쇄식 스크린

16 일반적으로 가장 많이 사용하는 방법이며 시료(보통 50gr를 사용)를 건조로에 넣어 105±5℃의 온도에서 1~2시간 동안 건조하여 데시케이터에서 냉각 후 무게를 측정하여 이 때 무게 감량을 수분함유량으로 한다. (KS A 5305)

제3장 원형 및 주형제작법

1 ① 현형 : 주물과 동일한 형상으로 단체형이 가장 기본적이다.
② 회전형 : 주물의 반지름 단면과 같은 형상으로 된 회전판을 일정한 중심축 주위에 회전시켜 주형을 만드는 것
③ 긁기형 : 긁기판을 일정한 안내판에 따라 움직여서 주형을 만든다.
④ 골격형 : 재료의 절약을 위해서 주물 요소에 단면형상을 골격으로 만들어 모래를 붙여 현형을 대신해서 외형의 표면을 만든 것
⑤ 부분형 : 같은 모양의 부분이 연속되어 전체를 이루고 있을 때 그 일부분에 해당하는 원형을 말한다.

2 매치 플레이트(match plate)

3 패턴 플레이트(pattern plate)

4 ① 용탕을 받아들인다.
② 용탕이 공간부 안까지 흘러 들어가는 통로의 역할을 한다.
③ 용탕에 소정의 형상을 부여하여 그 모양을 유지하면서 응고하도록 한다.
④ 응고된 주물의 표면상태를 결정한다.
⑤ 주물에 해가 되는 가스를 쉽게 외부로 배출할 수 있어야 한다.
⑥ 주물을 바람직한 분위기에 있도록 한다.
⑦ 주물로부터 적당한 속도로 열을 제거한다.

5 ① 단체형 ② 분할형 ③ 부분형 ④ 회전형 ⑤ 긁기형

6 ① 생산 능률이 향상된다. (1.5~2배)
② 불량률이 적어진다.
③ 제품이 균등하다.
④ 제품의 중량이 감소된다.
⑤ 기계가공 시간이 단축된다.
⑥ 작업자의 자세는 서 있는 상태이므로 쉽게 피곤해지지 않는다.
⑦ 주물사가 원형에 강하게 붙게 되어서 표면사를 쓰지 않아도 주물면은 깨끗하다.
⑧ 기계사용법이 비교적 간단하므로 숙련공이 아니라도 조형할 수 있다.

7 샌드슬링거(sand slinger)

8 ① 내화도 ② 강도 ③ 가스 발생도 ④ 통기도 ⑤ 흡습도

9 ① 조형능력이 크다. ② 기계의 보수가 쉽다.
③ 투사 중에 통기성이 주어진다. ④ 주형의 경도가 모든 층에 일정하다.
⑤ 매우 융통성이 풍부하다. ⑥ 기초공사가 필요없다.

10 코어프린트(core print)

11 ① 코어 모래의 배합 ② 코어의 제작 ③ 건조

12 • 장점

① 오일코어모래의 건조 강도는 점토코어 모래의 4~6배이므로 코어메탈이 적어도 된다.

② 고온강도가 낮으므로 가축성에 의해서 주입 후 제품에 균열이 생길 염려가 적고 또 코어메탈을 꺼낼 때의 공수가 적어진다.

③ 주입후의 모래떨기 작업이 쉬워진다.

• 단점

① 용금차입(penetration), 핀, 램테일(ram tail) 등이 발생된다.

② 건조강도 범위가 좁다.

③ 원형에 부착되기 쉽다.

④ 생형강도가 낮다.

13 코어메탈(core metal, 芯金)

14 ① 수축여유 ② 기계가공여유 ③ 원형빼기 기울기 ④ 필렛(fillet)과 라운딩
⑤ 코어프린트의 위치와 크기 ⑥ 기타 주물의 형상에 따라 보정이 필요하다.

제4장 주조방안설계

1 ① 주형의 공간에 용탕을 주입시킨다.

② 주형의 침식과 가스의 혼입을 방지하기 위하여 가급적 난류를 일으키지 않고 주형내에 인도할 것

③ 주물의 응고에 가급적 최적의 온도 구배를 이룰 것

④ 용탕이 탕구계를 통하여 유입될 때 적당한 제재작용을 유도할 것

⑤ 용융금속의 유입속도를 조절할 수 있다.

2 ① 직접 주입구 ② 샤워 주입구 ③ 휠 주입구 ④ 나이프 주입구 ⑤ 랩 주입구

3 ① 탕도까지 깨끗하게 된 용탕을 빨리 주입할 수 있을 것

② 용탕은 주형의 구석구석까지 잘 흐르게 할 수 있을 것

③ 주형에 들어간 용탕은 길게 흘러가지 않게 할 것

④ 주형이 파손되지 않게 할 것

4 탕구비라 함은 이 계통의 탕구, 탕도, 주입구의 단면적비를 말하는 것이며 보통 탕구단면적, 탕도, 주입구의 총단면적으로 넓이로 표시한다.

5 ① 액체수축 ② 응고수축 ③ 고체수축

6 ① 주물과 압탕 자체의 응고수축을 보충할 수 있는 체적을 가져야 한다.
② 주물에 용융금속을 보급하여야 되므로 압탕은 최후에 응고하여야 되며, 또 적당한 위치에 설치되어야 한다.
③ 압탕효과를 높일 수 있도록 압탕 내의 용탕은 항상 대기압을 받을 수 있어야 한다.
④ 용융금속의 회수율을 높일 수 있도록 최소의 크기와 적당한 위치에 설치되어야 한다.

7 냉금메탈(chill metal)

8 ① 압탕부 절연 ② 압탕부에 발열 슬리이브, 또는 발열재를 사용하는 방법
③ 덧살붙임(padding)하는 방법 ④ 칠(chill)의 사용

9 ① 탕도끝의 설치 ② 가압 탕구계에서는 탕도를 상형에, 주입구를 하형에 설치
③ 쵸오크의 설치 ④ 탕구계 내에 금속망을 설치

10 ① 냉금메탈의 표면을 깨끗이 하여 녹슬지 않게 해야 한다.
② 냉금의 표면에 기름을 엷게 발라 녹의 발생을 방지하고 주형내에 있어 주탕할 때 습기가 부착되어 물방울로 되는 것을 방지한다.
③ 냉금메탈 위에 도형을 해도 좋다.
④ 일반적으로 생형 또는 건조 불충분한 주형에 냉금메탈을 사용하면 주탕할 때 냉금메탈 표면에 물방울을 일으켜 기포의 원인이 된다.
⑤ 생형을 버너로 말린 상태에서 냉금메탈을 사용하여도 기포의 원인이 된다.

11 • 유효 탕구의 높이(사이드게이트일 때) : $(E.S.H) = \dfrac{2HC-P^2}{2C}$

• 유효 탕구의 높이(톱게이트일 때)= $\dfrac{2HC-0}{2C}$

H : 탕구의 높이(cm)
C : 주물의 높이(cm)
P : 주입구 위 부분에서의 주물높이(cm)

12 (a) 개방형 직압탕(종압탕) (b) 개방형 측면압탕(횡압탕)
(c) 폐쇄형 직압탕(맹압탕) (d) 폐쇄형 측면압탕(횡압탕)

13 • 주물중량 = $\dfrac{\text{목형 중량} \times \text{주물 비중}}{\text{목형 비중}1+\text{수축여유}} = \dfrac{12\times 7.2}{1.2} = 72\text{kg}_f$

14 ① 주입컵(pouring cup) ② 탕구(sprue) ③ 탕구저(sprue base)
④ 탕도(runnet) ⑤ 탕도끝(runner extension) ⑥ 주입구(gate)
⑦ 압탕(riser) ⑧ 가스 빼기(air vent) ⑨ 플로우 오프(flow off)
⑩ 주물(casting)

제5장 특수주형 및 특수주조법

1 CO_2법(CO_2 process)

2 ① 건조가 불필요하기 때문에 조형이 빠르고 주탕까지의 시간을 단축할 수 있다.
② 주형과 코어가 곧 경화하기 때문에 변형이 적고 운반이 용이하다.
③ 코어의 보강제와 코어메탈 등을 생략할 수 있다.
④ 건조할 필요가 없기 때문에 건조 중 변형 등을 고려할 필요가 없다.
⑤ 모래의 유동성이 좋기 때문에 조형에너지가 적게 든다.
⑥ 원형이 있는 상태에서 주형이나 코어가 경화되기 때문에 주형의 정밀도가 높다.
⑦ 주입시 가스 발생이 적다.
⑧ 숙련을 필요로 하지 않고 설비비도 저렴하다.

3 CO_2 주형재료를 혼합할 때는 밀폐식 믹서(mixer)를 사용하는 것이 개방식에 비하여 주형의 강도면에서 유리하며 혼합시간은 4~5분 이하가 좋다. 혼합된 모래를 주형 상자 속에 넣고 골고루 잘 다진 후 원형을 그대로 둔 채 탄산가스를 불어넣어 준다. 이때 지름 2~3mm의 관을 꽂아 탄산가스를 주형속으로 보내는데 주형 전체에 골고루 미치도록 해야 한다. 이를 위해서는 여러 곳에 차례로 관을 꽂아 탄산가스를 보내는 방법과 적당한 용기를 씌워서 그 속에 탄산가스를 불어넣어 경화시키는 방법이 있다.

4 자경성 주형

5 ① 발열 자경성주형 ② 비발열 자경성주형 ③ 유동 자경성주형

6 ① 산화중합 또는 축합반응에 의한것 ② 수경성에 의한것 ③ 겔(gel)화에 의한것

7 마그네틱 주형법

8 주형내에 주입된 금속에 용융 또는 반용융 상태로부터 응고가 완료될 때까지 기계적인 고압력을 가하면서 제품을 성형하는 방법을 말한다. 이 방법은 용탕을 직접 가압 성형하므로 용탕 단조법 이라고도 하며, 단조와 조합된 주조법이란 뜻에서 단조주조법 이라고도 한다.

9 도가니 중에 가열 유지된 용탕위에 공기 또는 불활성 가스를 $0.2\sim1.0kg_f/cm^2$ 정도의 압력으로 압입시켜 도가니 안에 장치된 급탕관을 통하여 용탕을 중력과 반대 방향으로 밀어 올려서 급탕관 상단에 설치된 주형에 주입하는 주조법.

10 주입시에 주형을 회전시켜 주입된 용탕에 원심력을 이용하여 품질이 좋은 주물을 값싸게 주조하는 방법

11 ① 진원심주조 ② 반원심주조 ③ 원심가압주조

12 금속으로 만든 주형에 각종 합금의 용탕을 주입하여 제품을 만드는 주조법으로서 중력의 힘으로 용탕을 주입하는 방법이므로 중력주조법 이라고도 함

13 ① 생산성이 높으며, 금형이 차지하는 작업장 면적이 작다.
② 작업 환경이 좋으며, 시설비가 적게 든다.
③ 치수가 정밀하고 주물의 표면이 깨끗하다.
④ 주물의 불량이 적고 기계적 성질이 향상된다.
⑤ 금형제작에 비용과 시간이 많이 든다.
⑥ 제품의 크기 및 무게에 한계가 있다.

14 ① 공정의 간략화로 인한 설비비의 절감
② 주조수율(yeild)의 향상으로 인한 경제적인 이점
③ 얻어지는 빌레트(billet)의 표면 및 내부의 품질이 우수

15 ① 용해 주조과정에서 분위기의 오염을 방지할 수 있다.
② 수소, 산소, 질소 등의 유해가스 성분을 용탕으로부터 제거할 수 있다.
③ 해로운 불순원소를 제거할 수 있다.
④ 진공처리로서 정련반응을 촉진 시킬 수 있다.
⑤ 활성금속을 용해 주조할 수 있다.

제6장 정밀주조법

1 1944년 서독의 요하네스 크로닝(J.Croning)에 의해 발명된 주형제조 방법으로 건조규사와 100~200mesh 정도의 수지 점결제를 배합한 합성사를 200~300℃로 가열 경화시켜 얇은 조개껍질상의 주형을 만드는 방법을 말한다. 이 방법은 발명자의 이름을 부여하여 크로닝 프로세스(Croning process), 또는 C-프로세스라고 부른다.

2 • 장점
① 균질, 균등의 주물이 양산된다.
② 치수의 정밀도가 높고 제품 표면이 우수하기 때문에 기계가공이 절감된다.
③ 조형 작업에 숙련공을 필요로 하지 않는다.
④ 주형은 강도가 높고 중량이 가볍기 때문에 취급이 편리하다.
⑤ 주형을 입체적인 저장으로 할 수 있으며, 장시간에 걸쳐 보존할 수 있다.
⑥ 통기성이 좋기 때문에 주물의 큰 결점인 가스로 인한 주물 불량이 적다.
⑦ 기계화로 대량생산이 용이하다.
⑧ 셸 몰드형에서는 수분이 없기 때문에 끓거나 모래집, 흠집 등이 적은 양질의 주물을 만들 수 있다.

3 ① 금형을 청소하고 이형제를 바른다.
② 기계를 가동 제어 조작하여 주형을 성형시킨다.

③ 주형에 코어를 넣는다.
④ 형을 조립하고 공기압으로 청소한다.
⑤ 주입장으로 운반하여 용탕을 주입한다.
⑥ 주입된 제품을 냉각시키고 덧살을 제거한다.

4 ① 주입시에 난류가 일어날 수 있는 탕도계의 불합리한 구조와 배치
② 레이들의 주입구가 지나치게 높을 때, 또는 탕구의 단면이 지나치게 클때 생기는 용탕의 와류에 의하여 공기가 휩쓸려 들어감
③ 셸 몰드와 코어의 통기성을 나쁘게 하는 백업(back up)재의 채용
④ 통기성이 나쁜 미립사에 의한 셸의 두터움
⑤ 지나치게 낮은 용탕온도

5 ① 충진 시간이 매우 짧다.
② 고속으로 충진한다.
③ 고압을 주물에 건다.
④ 정밀한 금형을 사용하고 냉각 속도가 빠르다.
⑤ 다이 캐스트기를 사용하고 생산 속도가 빠르다.

6 형조임력(F) = $\frac{\pi}{4}$ × (램의 지름)^2× (유압 또는 수압)

F = 0.785 × 30 × 30 × 150 = 105975kg$_f$으로 약 106톤이 된다.

7 오버플로우는 공극부의 모서리나 용탕의 유입이 어려운 부분에 용탕을 끌어들이며, 산화물이나 불순물을 포착하고 기공의 역할도 있다.

8 ① 형상적인 제한이 없고 복잡한 것이나 중공부분을 지닌 것 등을 높은 치수 정밀도로 만들 수 있다.
② 주형의 내화성이 풍부하며 거의 모든 재질을 주조할 수 있고 주물 표면도 아주 곱다.
③ 주형은 가스 발생 물질을 함유하지 않고 진공용해 주조에 적합하다.
④ 기계 가공비를 절감한 양산품의 대량생산도 가능하다.

9 ① 주조 원가가 낮다.
② 가벼우므로 취급이 용이
③ 주조 결함의 발생이 적다.
④ 치수의 정밀도가 높다.
⑤ 주형작업을 자동화할 수 있다.

10 ① 대기 용해 ② 분위기 용해 ③ 진공 용해

11 ① 유동성이 좋을 것
② 표면이 매끈하고 평활할 것
③ 응고시 수축이 적고 연화 용융온도까지의 팽창율이 적을 것
④ 응고 시간이 짧을 것
⑤ 변형이 적을 것
⑥ 상온에서 강할 것

⑦ 비결정질일 것
⑧ 불순물의 함유량이 적을 것
⑨ 값이 쌀 것

12 • 장점
① 가수 분해하지 않고 바로 사용할 수 있다.
② 건조 후 내화물 결합 강도가 에틸실리케이트 점결제보다 우수하다.
③ 보존 기간이 반영구적이다.

• 단점
① 주성분이 물이므로 건조하는데 시간이 많이 걸린다. 그러므로 마지막 피복작업을 하고 건조시키는데 상당한 시간이 소요된다.
② 생산성이 낮다.

13 ① 복잡한 모양이나 곡면도 잘 나온다.
② 크기에 제한이 없다.
③ 원형 재료에 제한이 없다.
④ 치수가 정밀하고 주물표면이 아름답다.
⑤ 용탕주입시 열팽창에 의한 주형의 변형이 거의 없다.
⑥ 인베스트먼트 주형법과 달리 분할형이다.
⑦ 대량생산이 어렵고 주형재료비가 비싸다.

14 원형으로서 목형이나 금형을 사용하지 않고 그 대신 발포성 폴리에틸렌으로 만든 원형을 사용해서 조형하는 방법

15 ① 가벼우므로 대형원형도 쉽게 운반할 수 있다.
② 가공성이 좋다.
③ 접착에 의해서 부품을 간단히 부착, 조립할 수 있다.
④ 원형의 분할, 코어프린트 등이 필요없다.
⑤ 제작기간이 짧다.

16 주조 조건 : 주입압력 : 1000kg_f/cm^2
합금의 밀도 : 2.5g/cm^3
유량계수 : 0.6

주입속도 V와 주입압력 P와의 사이에는 다음과 같은 관계가 있다.

$$v = C\sqrt{\frac{2gP}{p}}$$

v : 주입속도(cm/sec)
C : 유량계수(액상인 경우 : 0.5~0.7, 고상과 액상이 혼합된 경우 : 0.3)
p : 용융금속의 밀도(g/cm^3)
g : 중력가속도(cm/sec^2)
P : 주입압력(g/cm^2)

또 주입시간은 대개 0.05~0.15초 정도가 적당하며, 다음과 같은 관계에서 주입구의 단면적 A를 구할 수 있다.

$$t = \frac{w}{Avp}$$

t : 주입시간(sec)
A : 주입구의 단면적(cm^2)
W : 주물의 무게(g)

(1) 주입속도의 계산
주입속도 v와 사출 슬리브 내의 주입압력 P와의 관계식에서

$$v = C \cdot \sqrt{\frac{2gP}{p}} = 0.6\sqrt{\frac{2 \times 980 \times 1000000}{2.5}} = 16800(cm/sec) = 168(m/sec)$$

(2) 주입구의 단면적 계산
적정 주입시간을 0.1초라고 정하면

$$t = \frac{w}{Avp} \quad 0.1 = \frac{1000}{A \times 16800 \times 2.5}$$

$$A = \frac{1000}{4100} = 0.25cm^2 = 25mm^2$$

제7장 용해재료

1 ① 철광석으로 제조 하였으므로 불순물이 적고, 성분이 일정하여 균일한 양질의 제품을 제작하는 것이 좋다.
② 순수성이 있고 유동성이 좋으므로 건전하고 질긴 성질의 제품을 제작할 수 있다.
③ 탄소가 4% 정도 이므로 가격이 저렴한 강설을 배합하여 재질을 조절한다.
④ 운반이나 장입이 보다 효율적이고 경제적이다.
⑤ 선철의 고유의 특성으로 GC25 이상의 고인장주물이나 고급주물의 원료로 적합하다.

2 ① 연료 중의 회분
② 노벽의 내장용 내화물
③ 장입된 Si, Mn, Fe 등의 산화물
④ 강설에 부착된 녹 또는 모래
⑤ 조재제 자체

3 ① 자주 쉽게 풍부하게 공급할 수 있을 것
② 사용법이 간편하고, 가격이 저렴할 것
③ 운반 및 저장이 간단할 것

4 ① 규석질(SiO_2) ② 반규석질(SiO_2 (Al_2O_3)) ③ 납석질(SiO_2, Al_2O_3) ④ 샤모트질(SiO_2, Al_2O_3)

5 ① 사용하는 내화벽돌과 가급적 동질인 것을 사용한다.
② 내화도가 벽돌보다 SK1~3번 정도 높은 것을 사용한다.
③ 고온에서도 접착력을 가지며, 벽돌에 가까운 성질이 되어 균열, 변형 등을 일으키지 않는 것을 사용한다.

6 벽돌의 내부에 생긴 변형에 의해서 표면에 균열이 생겨 낙하하는 현상으로 박락이라고도 부른다.

7 ① 플라스틱 내화물 ② 래밍믹스 ③ 캐스터블 내화물 ④ 내화 피복제

8 ① 외관검사 ② 파단면검사 ③ 분석검사 ④ 현미경 조직검사 등

9 ① 연료 중의 회분 ② 노 벽의 내장용 내화물 ③ 장입된 Si, Mn, Fe 등의 산화물
④ 장입물에 부착된 녹 또는 모래 ⑤ 석회석의 산화물

10 ① 산성내화물 ② 중성내화물 ③ 염기성 내화물.

11 ① 온도의 변화에 기인하는 스폴링 ② 기계적 압력의 불균일에 의한 스폴링
③ 벽돌의 조직구조의 변화에 의한 스폴링

12 내화도(refratoriness)라 하면 내화물의 내화성의 정도를 말하며 제겔콘(Seger Cone)의 번호로 나타낸다.
미국에서는 제게르추라고 하지 않고 PCE(pyrometric Cone equivalent)라고 하며 한국과 독일, 일본에서는 독일어의 Seger Kegel의 두 문자인 SK를 취해서 SK번호로 나타내고 있다.

13 ① 진비중 ② 가비중 ③ 용적비중

제8장 용 해

1 ① 시설투자비용 ② 이에 관련된 유지 및 보수비용 ③ 기본작업 비용
④ 입지 조건에 따른 연료의 구입 및 상대적 가격 ⑤ 작업상의 청정도와 소음
⑥ 용해효율 즉, 용융속도 ⑦ 요구되는 금속의 순도와 정련도
⑧ 금속의 조성과 용융온도 등에 따라 용해도를 선택한다.

2 ① 용해되는 금속이 연료가스과 직접 닿는 일이 적으므로 용탕이 산화되거나 불순물이 섞이는 위험이 적다.
② 여러 금속을 계속하여 용해할 때에도 도가니만 바꾸어 주면 되고, 소량의 용해 등 이용범위가 넓다.
③ 설비는 간단하나 외부로부터 간접적인 가열법을 이용하기 때문에 용융점이 높은 금속의 용해에 알맞지 않다.
④ 높은 온도에서는 도가니의 강도가 한정되어 있으므로 많은 양의 용해에는 부적합하다.
⑤ 열효율이 나쁘고, 도가니 값이 비싸기 때문에 경제성이 낮다.

3 ① 주조용 금속은 연료의 연소열로 가열 용해되는 것이 아니므로 용해할 때 나쁜 영향을 받는 일이 적다.
② 용탕의 온도를 저온에서 고온까지 광범위하고 정확하게 조절할 수 있다.
③ 열효율이 약 60%정도이며 작은 용량에서부터 큰 용량의 것까지 설치할 수 있다.
④ 주조용 금속의 용해 손실이 매우 적다.
⑤ 용탕의 성분 조절이 쉽고, 인건비가 절약된다.
⑥ 전력 및 내화재료 등의 유지비, 설치비가 많이 든다.

4 • 장점
① 용탕성분을 마음대로 조절할 수 있는 합금화의 융통성이 크다.
② 큐폴라조업에 부적당한 고철을 사용할 수 있다.
③ 자기력에 의한 교반작용으로 균일하게 용탕을 만들 수 있다.
④ 저렴한 경비로 신속한 라이닝을 교체할 수 있다.
⑤ 재용해작업이 가능하고 조업시간이 짧다.
⑥ 용탕조성의 조정이 신속하다.

• 단점
① 효율이 비교적 낮다.
② 용탕량의 수요공급에 대한 경직성 등

5 ① 같은 성분을 가진 다량의 용탕을 한꺼번에 얻을 수 있다.
② 파쇠나 부피가 큰 재료를 그대로 사용할 수 있다.
③ 노의 구조와 설비는 비교적 간단하지만 열효율이 낮다.
④ 재료와 연료가 직접 접촉하게 되므로 불순물이 섞이기 쉽고 가스의 영향이 크다.
⑤ 주철계 이상의 고온 용해는 곤란하다.

6 표준작업을 할 때 1시간당의 용해량(ton)으로 표시하는 것이 원칙이나 조업 목적에 따라 용해속도가 변화하므로 노 안지름의 용량을 표시하기도 한다.

7 송풍구면에서 장입구까지의 높이를 말한다. 장입된 지금이 이곳에서 예열될 것이므로 긴 편이 좋으나 송풍저탕이 증가하므로 보통 4.5~5.0기준의 유효높이비를 사용한다. 여기서 유효높이비란 송풍구면의 안지름을 D라 했을 때 유효높이 H와의 비 즉 H/D를 가르킨다.

8 용해작업이 진행됨에 따라 장입물은 노 밑으로 계속내려 앉게 되는데 장입물이 서로 엉키거나 노 벽의 파손부분에 걸리면 장입물이 내려가지 못하게 되어 그 밑에 공간이 생겨서 베드코크스의 보급이 중단되는 상태가 된다. 이러한 사고를 행잉이라 하며, 행잉이 생기는 곳은 송풍구의 바로 위나 용해대의 윗부분에 많이 생기고 노 벽의 파손이나 장입 금속의 크기가 너무 큰 경우에 일어난다.

9 ① 슬랙을 형성시켜 분위기와의 접촉을 차단하는 법.
② 불활성분위기 또는 진공을 이용하는 법. ③ 가스의 흡수를 감소시키기 저온용해 및 주입.
④ 제재(skim) 교반 및 옮김 등의 용탕처리를 가급적 적게 하는 것이 바람직하다.

10 ① 대기와 용융금속의 반응원소가 결합하는 것을 방지하며 거칠은 용탕, 협잡물, 표면의 결함을 초래하는 산화물, 질화물의 생성을 방지한다.

② 용금 중의 H_2, N_2, SO_2 등과 같은 가스의 용해를 방지하며 용금에서 용해된 가스를 제거하는 것 등이다.

11 ① 레이들에 출탕하면서 노의 출탕구에 접종하는 방법.
② 레이들에 용탕을 받으면서 일괄 투입하는 방법.
③ 레이들 바닥에 놓은 다음 출탕하는 방법.
④ 주탕 직전에 레이들 표면에 첨가하는 방법.
⑤ 주입용 레이들 바닥에 접종제를 놓고 운반용 레이들로부터 다시 옮기는 방법
⑥ 주입용 레이들의 입구에 봉 또는 선으로 만든 접종제를 공급하는 방법
⑦ 탕도 또는 탕구 안에서 접종하는 방법 등이 있다.

12 ① 구갑형 : 규소, 탄소가 많고 비교적 산화되지 않은 좋은 용탕
② 세엽형 : 망간이 많을 때
③ 송엽형 : 규소 및 탄소가 적을 때
④ 부정형 : 규소 및 탄소가 더욱더 적을 때 나타난다.

13 ① 1회에 용해할 수 있는 구리의 중량(kg_f)으로 표시

14 알루미늄합금 용탕에 해가 없는 도형제를 도가니 내벽에 도포한다.
① Al_2O_3 50% + 물 45% + 규산소다 5%
② 운모분 50% + 물 45% + 규산소다 5%
③ 활석분 50% + 물 45% + 규산소다 5% 등을 매일 도포하거나 분사한 후 사열하여 사용한다.

15 ① coke ② 석회석 ③ 합금철 ④ 강설(steel scrap) ⑤ 선철 ⑥ coke의 순서로 장입한다

16 ① 저면첨가법 ② 샌드위치법 ③ 플런징법 등

17 Al합금의 탈가스는 기공의 원인이 되는 H_2 가스를 제거하는 것이다
① N_2가스 또는 Ar 가스 등의 불활성가스를 잘 건조시켜서 용탕 중에 취입하여 수소를 몰아낸다.
② Cl_2가스를 용탕중에 취입한다.
③ 분해해서 Cl_2가스를 발생시키는 염화물이나 불화물을 용탕중에 첨가한다.
④ 한번 응고 시킨 후 다시 용해한다.
⑤ 진공 또는 불활성가스 중에서 용해한다.
⑥ 용탕에 초음파진동을 가한다.

18 동합금의 탈가스는 탈수소를 의미한다.
① 산화분위기 중에서 용해한다.
② 산화제를 용탕 중에 첨가한다.
③ 분위기에서 H_2 및 H_2O를 제거한다.
④ 불활성가스 중에서 용해한다.
⑤ 감압 또는 진공 중에서 용해한다.
⑥ N_2, Ar 등의 불활성가스를 용금 중에 통한다.
⑦ 황동의 경우는 아연의 비등점까지 잠시 가열하여 비등 탈가스를 한다.

제9장 후처리와 보수

1 주물을 주형에서 분리시킨 후 주물에 붙어 있는 주물사나 내화물을 진동시키거나 블라스트(blast)로 제거하여 주물 표면을 청정한 후 압탕 및 탕도의 제거를 실시하고 주물을 다듬질 및 보수 후 열처리 하는 작업을 주물의 후처리라 한다.

2 ① 펀치아웃 머신 ② 셰이크아웃 머신 ③ 녹아웃 머신

3 ① 쇼트 블리스트 ② 샌드블라스트 ③ 하이드로 블라스트 ④ 텀블러

4 ① 컨테이너 내의 모든 부분이 청정되므로 미처리 부분이 남지 않는다.
② 주물의 내부 공동이 있는 부위나 얇은 주물도 깨끗이 할 수 있다.
③ 소착물 및 스케일 제거, 주물의 청정 및 연삭작업을 함께 할 수 있다.
④ 주물의 청정시간이 1/1.5~1/2 정도 단축된다.
⑤ 기본조작 및 부대조작이 기계화되어 환경 위생조건이 개선된다.

5 ① 보수해야 하는 결함장소를 용접 전에 손질할 것
② 주물의 내부응력을 제거할 것
③ 정해진 가열, 냉각조건을 잘 지킬 것
④ 용접용 전극의 선택을 바르게 할 것
⑤ 용접시에 살붙임 금속의 가스흡수를 방지할 것

제10장 주물의 결함과 방지대책 및 검사

1 주형에 주입된 용탕은 주형 외벽에서부터 냉각, 응고되기 시작하여 점차 내부 또는 상부로 응고가 진행된다. 응고될 때 수축에 의해서 용탕이 부족해지고 최고 응고 부위에는 공동(空洞)이 생기는 현상을 말한다.

2 ① 용탕의 주입불량 ② 주형의 코어 불량 ③ 콜드쇼트(cold shut)를 수반한 가스구멍

3 ① 개재물(inclusion) ② 파임(scab), 꾸김(backle) ③ 소착(sand burning)
④ 용탕경계(cold shut) 등

4 • 원인
주물이 응고될 때 고온에서 응고수축이 저지되어 균열이 발생하는 것

• 방지대책
① 주물두께의 급격한 변화가 없도록 주형을 설계한다.
② 연결부위나 코너(cornor) 부위를 가급적 줄인다.

③ 최고 응고부위에 내금을 부착시켜 응력발생을 방지한다.
④ 합금의 함량을 조절한다.
⑤ 주형은 열팽창계수가 낮도록 할 것

5 • 원인

주물이 불균일하게 냉각되었을 때 잔류응력이 저온이 될수록 주물의 인장력부위의 결함부에서 고속으로 집중되어 균열이 일어나는 것

• 방지대

① 주물의 두께를 균일하도록 설계하거나 압탕, 탕구, 냉금배치를 적절히 하여 균일한 냉각이 되도록 한다.
② 주형에 첨가제등을 배합하여 수축성을 준다.
③ 주물의 후처리시 충격을 주지 않는다.
④ 냉간균열의 우려가 심한 주물은 상온까지 냉각시키지 말고 재가열하여 응력완화 및 인성부여 조치를 취한다.

6 • 원인

용탕이 주형을 완전히 채우지 못하고 응고된 것을 말하며, 용탕의 유동성이 나쁘거나, 주입온도가 낮을 때 탕구 방안이 잘못되어 주입속도가 늦을 때, 주형의 예열이 부적당할 때 또는 넓은 주물의 수평주입시에 발생한다.

• 방지대책

① 탕구 방안을 개선한다.
② 주입온도, 주입속도, 금형의 경우 예열온도를 높인다.
③ 가스배출이 잘 되도록 배기공의 수를 늘린다.
④ 충분한 압탕을 준다.

7 • 원인

주형내에 용탕이 합류될 때 그 경계면이 완전히 용융되지 않아 형태가 생기는 것을 말하며, 또는 용탕의 온도가 낮아서 용탕이 완전히 융착하지 못하고 기계적으로 접촉되어 있는 결함

• 방지대책

① 용탕의 유동성은 주입온도, 용탕의 화학조성, 탕구 방안 등에 따라 영향을 받는데, 규정된 주입온도 및 주입속도를 지키고 주입온도가 떨어지지 않도록 한다.
② 탕구계에서 탕구나 주입구의 단면적을 적절하게 하여 용탕의 유입이 잘 되도록 해야 한다.
③ 용탕의 산화피막은 합류된 두 용탕의 완전한 용융을 방해하므로 용탕의 산화를 막아야 한다.

8 ① 외형검사 ② 치수검사 ③ 중량검사 ④ 재질검사 ⑤ 내부결함검사 등

9 ① 표면의 거칠기 검사 ② 부분적 변형 검사 ③ 합형의 틀림검사

10 X선이나 γ선 등의 방사선을 주물에 투과시키면 주물의 검사부위의 두께나 밀도, 재질 등에 따라서 투과상대가 달라지는 원리를 이용하여 주물내에 결함 부위를 검사하는 방법

11 가. 재료 시험법(파괴시험법)

① 인장시험법(인장강도, 항복강도, 연신율, 단면수축율)
② 압축시험법
③ 굽힘시험법
④ 항절시험법
⑤ 경도시험법(로크웰, 브리넬, 비커어스 및 쇼어경도 시험법)
⑥ 충격시험법(샤르피, 아이조이드시험법)
⑦ 피로시험법
⑧ 크리이프시험법
⑨ 마모시험법

나. 결함 검사법(비파괴 검사법)

① 침투탐상 검사법
② 방사선 투과 검사법
③ 초음파탐상 검사법
④ 자분탐상 검사법
⑤ 부식 검사법
⑥ 내압 검사법

12 • 원인

레이들에서 용제가 주입법이나 탕구 방안의 불량으로 주물내에 혼입되거나 탕도 및 주형의 일부가 강도부족 또는 탕구 방안 잘못으로 주물내에 들어가거나, 금속의 산화물이 주물내에 혼입되어 주물내에 형성되는 현상

• 방지대책

① 용탕 운반시 슬래그 처리를 완벽히 한다.
② 용탕 주입시 비금속 이물질의 주입을 막기 위해 필터를 사용
③ 레이들의 선정을 위하여 개재물의 혼입을 방지
④ 탕구 방안의 개선을 통해 주물사의 혼입을 막는다.
⑤ 주물사에 점결제의 첨가량을 증가시킨다.
⑥ 모래를 균일하게 다진다.
⑦ 모형 표면에 결함이 없어야 하며, 모형빼기 기울기를 붙여야 한다.

13 • 원인

주형과 용탕간에 반응에 의해 주물사가주물표면에 융착되어 표면이 거칠어지는 현상

• 방지대책

① 충분한 내화성을 갖는 주형재료 사용
② 조형시에 모래다짐을 규정대로 하고 그 경도를 검사
③ 국부적으로 과열되는 주형부분에는 핀 또는 못 등의 형지를 사용
④ 건조형, 가스주형 등에는 내화도가 높은 도형제를 도포
⑤ 생형의 경우 주물사에 소착방지 첨가제 배합
⑥ 대형 주물의 경우에는 주물사의 모래로서 크롬마그네 사이트, 샤모트모래를 사용한다.

제11장 주조공장의 환경오염 대책과 에너지관리

1 ① 삿갓에 의한 집진 ② 사이클론에 의한 집진
③ 습식 집진장치에 의한 집진 ④ 백필터에 의한 집진

2 전기로의 장입구, 출강구, 전극 둘레 등을 덮게로 피복하여 흡인시키는 간접 흡인법이 좋으며 많이 사용됨

3 ① 용융 지금이 연소 가스와 베드코크스를 통과하여 열을 흡수하는 시간이 수십 초로써 극히 짧다.
② 코크스 중의 탄소가 완전히 연소하여 그 연소열에 의하여 다시 CO가스로 환원되면 흡열을 한다.

4 ① 코크스를 균일하게 하여 집중적으로 연소시키고 CO가스의 생성을 억제하여 연소효율을 높인다.
② 발생된 CO가스의 잠열과 배기가스의 현열을 회수하여 이용된다.

제12장 안전관리

1 ① 안전에 대한 고취
② 시고예방에 대한 인식 고취
③ 사고예방 조치의 중요성에 대한 인식
④ 책임의 소재를 인식하게 책임감 부여

2 ① 사고기록 검토 ② 작업분석 ③ 안전점검 ④ 안전사고의 분석

3 ① 선철이나 고철을 적당한 크기로 파쇄하기 위해서는 해머를 점검한다.
② 편안한 자세도 일할 수 있게 하고 주위에 불필요한 것은 모두 치운다.
③ 파쇄할 때 부근에서의 작업자 및 통행자에 주의하여, 파편의 비산을 방지하는 방법을 강구할 것

4 안전점검은 안전 확보를 위해 실태를 파악하여 설비의 불안전한 상태나 인간의 불안전한 행동에서 생기는 결함을 발견하고 안전대책의 이상상태를 확인하는 행동이다.
① 기계설비의 설계, 제조, 운전, 보전, 수리 등의 각각 과정에서 인간의 착오 등에 의한 위험요인의 잠재성을 제거하는데 목적이 있다.
② 운전 중인 기계설비나 작업환경도 수시로 변화함으로써 위험요인을 제거하는 것이 목적이다.

5 ① 정기점검 ② 임시점검(일상점검) ③ 수시점검 ④ 특별점검

6 ① 예방 가능의 원칙 ②원인 연계의 원칙 ③ 손실우연의 원칙 ④ 대책 선정의 원칙

찾아보기

(ㄱ)

(ㄴ)

(ㄷ)

(ㄹ)

(ㅇ)

(ㅈ)

(ㅍ)

(ㅎ)

(2)

(C)

(M)

주조응고학

초　판 인쇄 | 2013년 1월　5일
초　판 발행 | 2013년 1월　10일
개정1판 발행 | 2015년 7월　17일
개정2판 1쇄 발행 | 2018년 1월　20일
개정2판 2쇄 발행 | 2021년 2월　10일

지은이 | 공학박사 조수연 · 문희권 공저

발행인 | 조규백
발행처 | **도서출판 구민사**
(07293) 서울특별시 영등포구 문래북로116, 604호((문래동 3가 46, 트리플렉스)
전화 (02) 701-7421(~2)
팩스 (02) 3273-9642
홈페이지 www.kuhminsa.co.kr

신고번호 | 제2012-000055호 (1980년 2월 4일)
I S B N | 979-11-5813-525-6　93550

값 25,000원